개념원리

이홍섭 지음

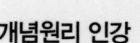

2022 개정 교육과정
2025년 고1부터 적용

개념원리 인강

수학의 시작 개념원리

공통수학 2

개념원리 수학연구소

첫 단원만 너덜너덜한 문제집은 그만!

 내 목표, 내 일정, 내 수준 모두 고려해 주는
무료 APP '에그릿'으로 개념원리/RPM 공부하기

당신만의 완독 메이트 **egr!t**

egr!t

홈
오늘의 공부 미션을
확인할 수 있는
나만의 **대시보드**

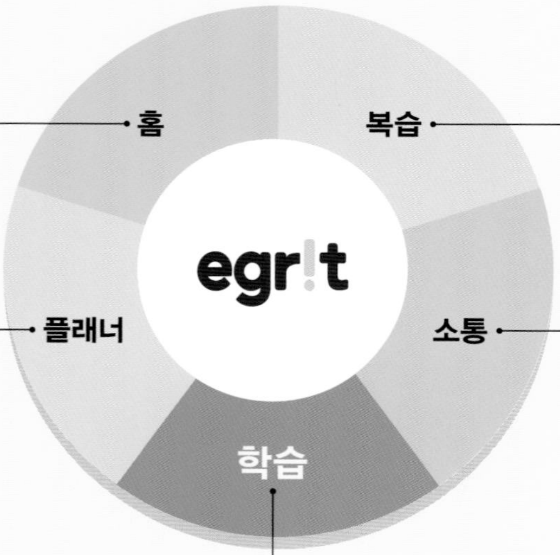

복습
• 자동으로 생성되는
오답노트
• 나만의 문제
플레이리스트

플래너
• 내 목표, 내 공부시간에
딱 맞는 **스케줄** 설정
• 수학 공부 전체
로드맵 제시

소통
• 함께 공부하면 더
효율적인 **스터디 그룹**
• 우리끼리 **질의응답**

학습
• 출판사 최초로 제공하는
RPM 전 문항 무료 강의
• 내 수준에 맞는 **추가문제** 제공

QR을 통해 앱을 다운받아 보세요.

긴 수학 공부 여정 에그릿과 함께 해요.

1
개념원리/RPM 교재 구매

2
에그릿 APP 무료 다운

3
수학 공부 일정 세우기
내 목표 완독일과
수준에 맞춘 **스케줄링** 제공

6
유형 공부
➕ with RPM
- **문제 해설 영상 제공**
- 질의응답 가능

5
개념 공부
➕ with 개념원리
- 개념 OX 퀴즈
- **개념 강의 제공**
- 질의응답 가능

4
소통
스터디 그룹 만들어
친구와 함께 공부하기

7
문제 플레이리스트
- 틀린 문제 오답노트
- 중간/기말고사 대비를 위한
  나만의 문제집 만들기

8
단원 마무리
- 단원 마무리 테스트 제공
- 결과에 따른 분석지 제공
- 분석에 따른 솔루션 제공

9
완독

당신만의 완독 메이트 **egr!t**

개념원리 공통수학 2

발행일	2024년 7월 10일 (1판 2쇄)
기획 및 집필	이홍섭, 개념원리 수학연구소
콘텐츠 개발 총괄	한소영
콘텐츠 개발 책임	이선옥, 모규리, 김현진, 오영석, 오지애, 오서희, 김경숙
사업 책임	정현호
마케팅 책임	권가민, 이미혜, 정성훈
제작/유통 책임	이건호
영업 책임	정현호
디자인	(주)이츠북스
펴낸이	고사무열
펴낸곳	(주)개념원리
등록번호	제 22-2381호
주소	서울시 강남구 테헤란로 8길 37, 7층(한동빌딩) 06239
고객센터	1644-1248

수학의 시작 개념원리

공통수학 2

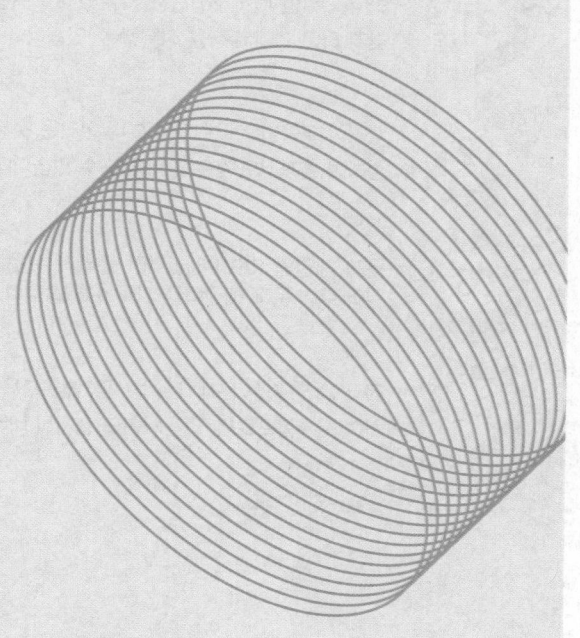

많은 학생들은
왜 개념원리로 공부할까요?

정확한 개념과 원리의 이해, 확실한 개념 학습 노하우가
개념원리에 있기 때문입니다.

개념원리 **수학의 특징**

01 하나를 알면 10개, 20개를 풀 수 있고 어려운 수학에 흥미를
갖게 하여 쉽게 수학을 정복할 수 있습니다.

02 나선식 교육법으로 쉬운 것부터 어려운 것까지 체계적으로 구
성하여 혼자서도 충분히 학습할 수 있습니다.

03 문제 해결의 **KEY** Point 부터 틀리기 쉬운 부분까지 꼼꼼히
짚어 주어 문제 해결력을 키울 수 있습니다.

04 전국 내신 기출 문제와 수능, 평가원, 교육청 기출 문제를 엄선
하여 수록함으로써 어떤 시험도 철저히 대비할 수 있습니다.

"
수학을 어떻게 하면
잘할 수 있을까요?

문제를 많이 풀어 보면 될까요?
개념과 공식을 단순히 암기하면 될까요?
두 방법 모두 수학 성적을 올리는 데 도움이 되겠지만,
근본적인 해결책은 아닙니다.

수학은 개념과 원리를 이해하고, 이를 적용하여 문제를 해결하면서
사고력을 키우는 과목입니다.
어렵고 복잡해 보이는 문제도, 새로운 유형의 문제도
핵심 개념을 파악하고, 하나하나 연결 지어 생각해 보면
결국, 답을 찾을 수 있기 때문입니다.

개념원리 수학은 단순 암기식 풀이가 아니라 학생들의 눈높이에 맞춰 **개념과 원리를
이해하기 쉽게 설명**하고, **개념을 문제에 적용하면서 쉬운 문제부터 차근차근 단계별로
학습해 스스로 사고하는 능력을 기를 수 있도록 구성**하였습니다.
이러한 개념원리만의 특별한 학습법으로 문제를 하나하나 풀어나가다 보면, 수학적 사고에
기반한 창의적인 문제 해결력뿐만 아니라 수학에 대한 자신감 또한 키울 수 있습니다.

스스로 생각하는 방법을 알려주는 개념원리 수학으로
개념을 차근차근 다져가면서
제대로 된 수학 개념 학습을 시작하세요!

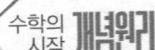
구성과 특징

66

개념원리 수학은 개념원리만의 교수법과 짜임새 있는 구성으로
단순 암기식 문제 풀이가 아닌 사고력, 응용력, 추리력을 기르고,
생각하는 방법까지 깨우칠 수 있습니다.

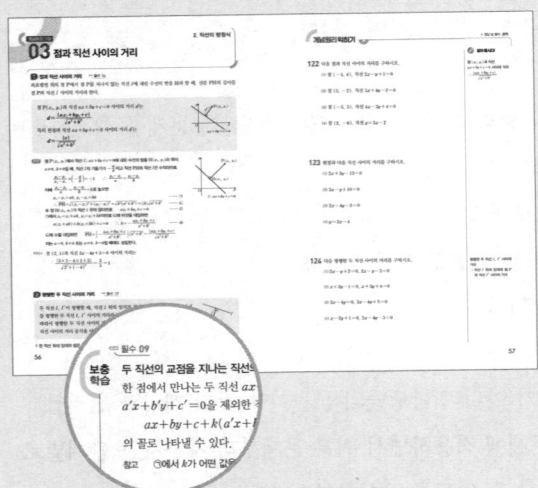

01 개념원리 이해

각 단원의 주요 개념을 일목요연하게 정리하고, 그 원리를 이해하기 쉽게 설명하였으므로 충분한 개념 학습을 할 수 있습니다.

▶ **보충 학습** 심화 개념, 혼동하기 쉬운 개념, 문제에 자주 활용되는 개념을 학습할 수 있습니다.

개념원리 익히기

개념과 공식을 바로 확인할 수 있는 기본 문제로 구성하여 개념을 정확히 이해했는지 확인할 수 있습니다.

✍ **알아둡시다!** 문제에 이용되는 개념, 공식을 다시 한번 확인하며 개념을 탄탄히 다질 수 있습니다.

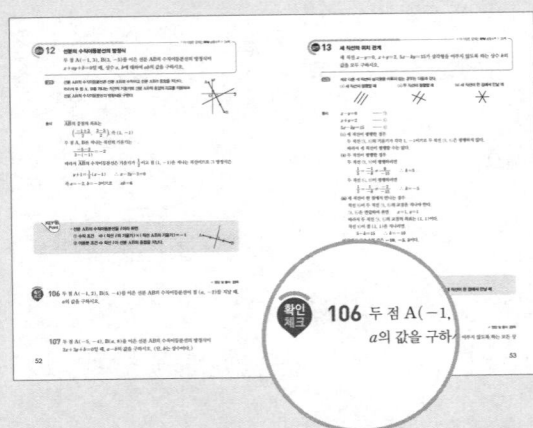

02 필수 / 발전

반드시 알아야 하는 중요 문제는 '필수' 문제로, 그중 어려운 문제는 '발전' 문제로 구성하였습니다.

◉ **KEY** Point 문제를 해결하기 위한 핵심 개념이나 해결 전략을 확인하고 정리할 수 있습니다.

확인체크

필수, 발전 문제와 유사한 문제를 풀어 봄으로써 해당 문제를 확실하게 이해할 수 있습니다.

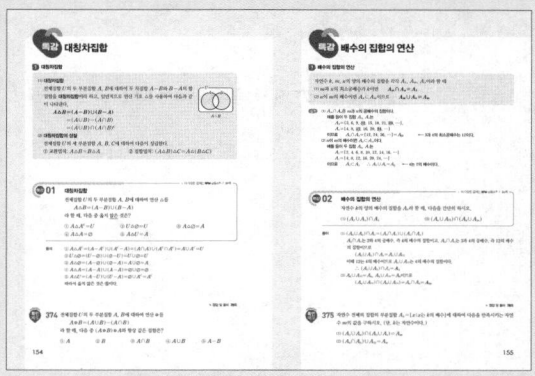

03 특강

내신 심화 개념 또는 교육과정 외의 개념이라도 실전에 도움이 되는 개념을 선별 제시하였습니다.
또 이전에 학습한 개념 중 해당 단원과 연계된 개념을 총정리함으로써 앞으로 학습할 개념에 대한 이해도를 높일 수 있습니다.

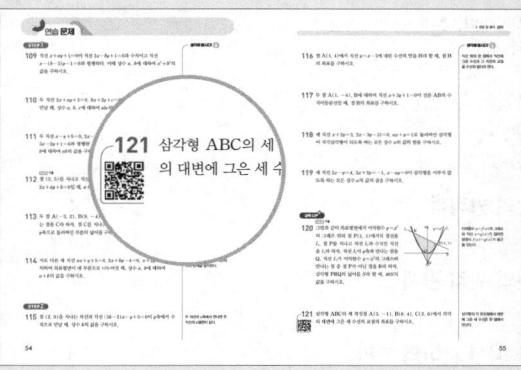

04 연습문제

단원에서 꼭 알아야 하는 중요 문제와 학교 시험에 자주 출제되는 문제를 STEP 1 , STEP 2 , 실력 UP⁺ 의 수준별 3단계로 구성하여 단계적으로 실력을 키울 수 있습니다. 또 최신 경향의 교육청 기출 모의고사 문제를 엄선, 수록하여 문제 해결력도 기를 수 있습니다.

QR 동영상 ▶ 무료 해설 강의를 이용하면 고난도 문제를 이해하는 데 도움이 됩니다.

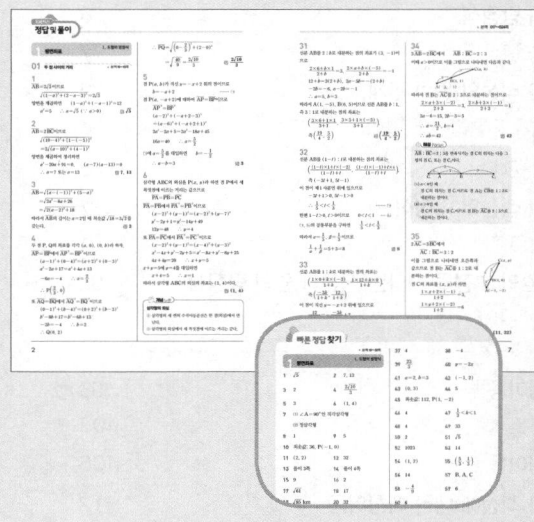

05 정답 및 풀이

누구나 이해할 수 있도록 풀이 과정을 쉽게 풀어 설명하였고, 사고력을 기를 수 있도록 다른 풀이를 충분히 제시하였습니다. 또 연습문제의 '전략'을 활용하면 문제 해결의 실마리를 찾을 수 있습니다.

📝 개념노트 문제 해결의 핵심 개념을 확인하여 문제 속에 내포된 개념을 이해할 수 있습니다.

◈ 해설 Focus 실전에 도움이 되는 활용 방법을 구체적으로 설명하였습니다.

빠른 정답 찾기

본책 뒤에 제시된 '빠른 정답 찾기'를 이용하면 정답을 빠르게 확인하고 채점할 수 있습니다.

II 집합과 명제

차례

III 함수

I

도형의 방정식

이 단원에서는

좌표평면에서 두 점 사이의 거리를 구하는 방법을 학습합니다. 또 선분의 내분점의 뜻을 알고, 내분점의 좌표와 삼각형의 무게중심의 좌표를 구하는 방법을 학습합니다.

개념원리 이해

01 두 점 사이의 거리

1 수직선 위의 두 점 사이의 거리

(1) 수직선 위의 두 점 $A(x_1)$, $B(x_2)$ 사이의 거리 $\overline{AB}$는
$$\overline{AB}=|x_2-x_1|$$

(2) 수직선 위의 원점 $O(0)$과 점 $A(x_1)$ 사이의 거리 $\overline{OA}$는
$$\overline{OA}=|x_1|$$

▶ $|x_2-x_1|=|x_1-x_2|$

설명 수직선 위의 두 점 $A(x_1)$, $B(x_2)$에 대하여

$x_1 \le x_2$일 때, $\overline{AB}=x_2-x_1$

$x_1 > x_2$일 때, $\overline{AB}=x_1-x_2$

∴ $\overline{AB}=|x_2-x_1|$

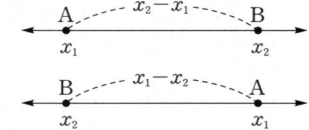

보기 ▶ 두 점 $A(-2)$, $B(3)$ 사이의 거리는
$$\overline{AB}=|3-(-2)|=|5|=5$$

2 좌표평면 위의 두 점 사이의 거리   ∽ 필수 01~03

(1) 좌표평면 위의 두 점 $A(x_1, y_1)$, $B(x_2, y_2)$ 사이의 거리 $\overline{AB}$는
$$\overline{AB}=\sqrt{(x_2-x_1)^2+(y_2-y_1)^2}$$

(2) 좌표평면 위의 원점 $O(0, 0)$과 점 $A(x_1, y_1)$ 사이의 거리 $\overline{OA}$는
$$\overline{OA}=\sqrt{x_1{}^2+y_1{}^2}$$

▶ $\sqrt{(x_2-x_1)^2+(y_2-y_1)^2}=\sqrt{(x_1-x_2)^2+(y_1-y_2)^2}$

설명 오른쪽 그림과 같이 점 $A(x_1, y_1)$을 지나면서 x축에 평행한 직선과 점 $B(x_2, y_2)$를 지나면서 y축에 평행한 직선의 교점을 C라 하면 점 C의 좌표는 (x_2, y_1)이므로

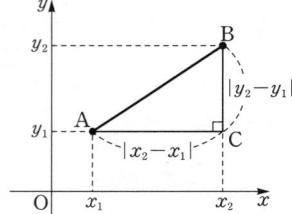

$\overline{AC}=|x_2-x_1|$, $\overline{BC}=|y_2-y_1|$

이때 삼각형 ABC는 직각삼각형이므로 피타고라스 정리에 의하여

$$\overline{AB}^2=\overline{AC}^2+\overline{BC}^2$$
$$=|x_2-x_1|^2+|y_2-y_1|^2$$
$$=(x_2-x_1)^2+(y_2-y_1)^2$$
$$\therefore \overline{AB}=\sqrt{(x_2-x_1)^2+(y_2-y_1)^2}$$

보기 ▶ 두 점 $A(1, -3)$, $B(6, 9)$ 사이의 거리는
$$\overline{AB}=\sqrt{(6-1)^2+\{9-(-3)\}^2}=\sqrt{169}=13$$

01 **두 점 사이의 거리**

다음 물음에 답하시오.

(1) 두 점 $A(3, a)$, $B(-1, 2)$ 사이의 거리가 $2\sqrt{5}$일 때, a의 값을 모두 구하시오.

(2) 세 점 $A(3, -2)$, $B(2, a)$, $C(6, 1)$에 대하여 $\overline{AB}=\overline{BC}$일 때, a의 값을 구하시오.

풀이 (1) $\overline{AB}=2\sqrt{5}$이므로

$$\sqrt{(-1-3)^2+(2-a)^2}=2\sqrt{5}$$

양변을 제곱하면

$$16+(2-a)^2=20$$
$$a^2-4a=0, \qquad a(a-4)=0$$
$$\therefore a=0 \text{ 또는 } a=4$$

(2) $\overline{AB}=\overline{BC}$이므로

$$\sqrt{(2-3)^2+\{a-(-2)\}^2}=\sqrt{(6-2)^2+(1-a)^2}$$

양변을 제곱하면

$$1+(a+2)^2=16+(1-a)^2$$
$$a^2+4a+5=a^2-2a+17, \qquad 6a=12$$
$$\therefore a=2$$

KEY Point

• 좌표평면 위의 두 점 $A(x_1, y_1)$, $B(x_2, y_2)$ 사이의 거리

$$\Rightarrow \sqrt{(x_2-x_1)^2+(y_2-y_1)^2}$$

● 정답 및 풀이 **2**쪽

 1 두 점 $A(a, 3)$, $B(1, 2-a)$ 사이의 거리가 $2\sqrt{3}$일 때, 양수 a의 값을 구하시오.

2 세 점 $A(4, -5)$, $B(10, 1)$, $C(a, 4)$에 대하여 $\overline{AB}=2\overline{BC}$일 때, a의 값을 모두 구하시오.

3 두 점 $A(-1, a)$, $B(a, 5)$에 대하여 선분 AB의 길이가 최소가 되도록 하는 a의 값을 구하시오.

● 더 다양한 문제는 **RPM** 공통수학 2 8쪽

필수 02 **같은 거리에 있는 점의 좌표 – 좌표축 위의 점**

두 점 $A(-1, 2)$, $B(4, 5)$에서 같은 거리에 있는 x축 위의 점 P와 y축 위의 점 Q의 좌표를 구하시오.

설명 x축 위의 점의 좌표는 $(a, 0)$, y축 위의 점의 좌표는 $(0, b)$로 놓는다.

풀이 두 점 P, Q의 좌표를 각각 $(a, 0)$, $(0, b)$라 하자.
$\overline{AP}=\overline{BP}$에서 $\overline{AP}^2=\overline{BP}^2$이므로
$$(a+1)^2+(0-2)^2=(a-4)^2+(0-5)^2$$
$$a^2+2a+5=a^2-8a+41, \quad 10a=36$$
$$\therefore a=\frac{18}{5} \qquad \therefore P\left(\frac{18}{5}, 0\right)$$

또 $\overline{AQ}=\overline{BQ}$에서 $\overline{AQ}^2=\overline{BQ}^2$이므로
$$(0+1)^2+(b-2)^2=(0-4)^2+(b-5)^2$$
$$b^2-4b+5=b^2-10b+41, \qquad 6b=36$$
$$\therefore b=6 \qquad \therefore Q(0, 6)$$

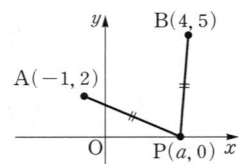

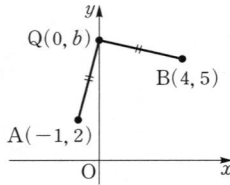

● 더 다양한 문제는 **RPM** 공통수학 2 8쪽

필수 03 **같은 거리에 있는 점의 좌표 – 직선 위의 점**

두 점 $A(5, -2)$, $B(-7, 2)$에서 같은 거리에 있는 직선 $y=2x+7$ 위의 점 P의 좌표를 구하시오.

설명 $y=f(x)$의 그래프 위의 점의 좌표는 $(a, f(a))$로 놓는다.

풀이 점 P의 좌표를 $(a, 2a+7)$이라 하자.
$\overline{AP}=\overline{BP}$에서 $\overline{AP}^2=\overline{BP}^2$이므로
$$(a-5)^2+(2a+7+2)^2=(a+7)^2+(2a+7-2)^2$$
$$5a^2+26a+106=5a^2+34a+74, \qquad -8a=-32 \quad \therefore a=4$$
따라서 점 P의 좌표는 $(4, 15)$이다.

● 정답 및 풀이 **2**쪽

4 두 점 $A(1, 4)$, $B(-2, 3)$에서 같은 거리에 있는 x축 위의 점을 P, y축 위의 점을 Q라 할 때, 선분 PQ의 길이를 구하시오.

5 두 점 $A(2, 3)$, $B(6, -1)$에서 같은 거리에 있는 직선 $y=-x+2$ 위의 점 $P(a, b)$에 대하여 $a-b$의 값을 구하시오.

6 세 점 $A(2, 1)$, $B(2, 7)$, $C(4, 3)$을 꼭짓점으로 하는 삼각형 ABC의 외심의 좌표를 구하시오.

 **04** **삼각형의 세 변의 길이와 모양**

세 점 $A(9, 7)$, $B(2, 3)$, $C(8, -1)$을 꼭짓점으로 하는 삼각형 ABC는 어떤 삼각형 인지 말하시오.

설명 삼각형의 모양 ⇨ 세 변의 길이 사이의 관계로 파악한다.

풀이 삼각형 ABC의 세 변의 길이를 각각 구하면
$$\overline{AB} = \sqrt{(2-9)^2 + (3-7)^2} = \sqrt{65}$$
$$\overline{BC} = \sqrt{(8-2)^2 + (-1-3)^2} = \sqrt{52} = 2\sqrt{13}$$
$$\overline{CA} = \sqrt{(9-8)^2 + (7+1)^2} = \sqrt{65}$$
$$\therefore \overline{AB} = \overline{CA}$$
따라서 삼각형 ABC는 $\overline{AB} = \overline{CA}$인 이등변삼각형이다.

KEY Point

• 삼각형 ABC에서
① $\overline{AB} = \overline{BC} = \overline{CA}$ ⇨ $\triangle ABC$는 정삼각형
② $\overline{AB}^2 = \overline{BC}^2 + \overline{CA}^2$ ⇨ $\triangle ABC$는 $\angle C = 90°$인 직각삼각형
③ $\overline{AB} = \overline{BC}$ 또는 $\overline{BC} = \overline{CA}$ 또는 $\overline{CA} = \overline{AB}$ ⇨ $\triangle ABC$는 이등변삼각형

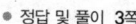 • 정답 및 풀이 **3**쪽

 7 다음 세 점을 꼭짓점으로 하는 삼각형 ABC는 어떤 삼각형인지 말하시오.

(1) $A(1, 0)$, $B(2, -2)$, $C(5, 2)$

(2) $A(-\sqrt{3}, 1)$, $B(0, -2)$, $C(\sqrt{3}, 1)$

8 세 점 $A(-1, 1)$, $B(3, 4)$, $C(a, 5)$를 꼭짓점으로 하는 삼각형 ABC가 $\angle C = 90°$인 직각삼각형일 때, a의 값을 구하시오.

9 세 점 $A(0, 1)$, $B(1, -2)$, $C(3, 2)$를 꼭짓점으로 하는 삼각형 ABC의 넓이를 구하시오.

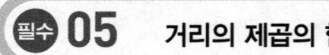 **05** ### 거리의 제곱의 합의 최솟값

두 점 $A(-1, 0)$, $B(4, 6)$과 y축 위의 점 P에 대하여 $\overline{AP}^2 + \overline{BP}^2$의 최솟값과 그때의 점 P의 좌표를 구하시오.

설명 점 P의 좌표를 $(0, a)$로 놓고 $\overline{AP}^2 + \overline{BP}^2$을 a에 대한 이차식으로 나타낸다.

풀이 점 P의 좌표를 $(0, a)$라 하면

$$\overline{AP}^2 + \overline{BP}^2 = (1^2 + a^2) + \{(-4)^2 + (a-6)^2\}$$
$$= 2a^2 - 12a + 53$$
$$= 2(a-3)^2 + 35$$

따라서 $\overline{AP}^2 + \overline{BP}^2$은 $a=3$일 때 **최솟값 35**를 갖고, 그때의 **점 P의 좌표는 $(0, 3)$**이다.

참고 $y = a(x-p)^2 + q\ (a>0) \Rightarrow x=p$일 때 최솟값 q를 갖는다.

· 두 점 A, B와 임의의 점 P에 대하여 $\overline{AP}^2 + \overline{BP}^2$의 최솟값은 다음과 같은 순서로 구한다.
  (i) 점 P의 좌표를 a를 사용하여 나타낸다.
  (ii) $\overline{AP}^2 + \overline{BP}^2$을 a에 대한 이차식으로 나타내어 최솟값을 구한다.

● 정답 및 풀이 **3쪽**

 10 두 점 $A(-4, 3)$, $B(2, -3)$과 x축 위의 점 P에 대하여 $\overline{AP}^2 + \overline{BP}^2$의 최솟값과 그때의 점 P의 좌표를 구하시오.

11 두 점 $A(-3, 2)$, $B(4, 5)$와 직선 $y=x$ 위의 점 P에 대하여 $\overline{AP}^2 + \overline{BP}^2$의 값이 최소가 되도록 하는 점 P의 좌표를 구하시오.

12 세 점 $A(1, -4)$, $B(3, 2)$, $C(-1, -1)$과 직선 $y=-x+2$ 위의 점 P에 대하여 $\overline{AP}^2 + \overline{BP}^2 + \overline{CP}^2$의 최솟값을 구하시오.

필수 06 　좌표를 이용한 도형의 성질의 증명

삼각형 ABC에서 변 BC의 중점을 M이라 할 때,
$$\overline{AB}^2 + \overline{AC}^2 = 2(\overline{AM}^2 + \overline{BM}^2)$$
이 성립함을 좌표평면을 이용하여 증명하시오.

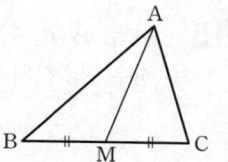

설명 　도형을 좌표평면으로 옮기면 좌표를 이용하여 변의 길이를 간단하게 나타낼 수 있기 때문에 도형의 성질을 쉽게 증명할 수 있다. 이때 주어진 도형의 한 변을 x축 또는 y축 위에 놓고 주어진 점을 원점 또는 좌표축 위의 점이 되도록 하면 계산이 간단해진다.

풀이 　오른쪽 그림과 같이 직선 BC를 x축, 점 M을 지나고 $\overline{BC}$에 수직인 직선을 y축으로 하는 좌표평면을 잡으면 점 M은 원점이 된다.
A(a, b), C$(c, 0)$ $(c>0)$이라 하면 점 B의 좌표는 $(-c, 0)$이므로
$$\overline{AB}^2 + \overline{AC}^2 = \{(a+c)^2 + b^2\} + \{(a-c)^2 + b^2\}$$
$$= 2(a^2 + b^2 + c^2)$$
또 $\overline{AM}^2 = a^2 + b^2$, $\overline{BM}^2 = c^2$이므로
$$2(\overline{AM}^2 + \overline{BM}^2) = 2(a^2 + b^2 + c^2)$$
따라서 $\overline{AB}^2 + \overline{AC}^2 = 2(\overline{AM}^2 + \overline{BM}^2)$이 성립한다.

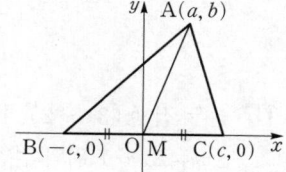

참고 　**파푸스 정리 (중선 정리)**
삼각형 ABC에서 변 BC의 중점을 M이라 할 때, 중선 AM에 대하여
$$\overline{AB}^2 + \overline{AC}^2 = 2(\overline{AM}^2 + \overline{BM}^2)$$

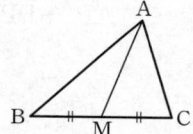

● 정답 및 풀이 **3**쪽

 13 　삼각형 ABC의 변 BC 위의 점 D에 대하여 $\overline{BD} = 2\overline{CD}$일 때,
$$\overline{AB}^2 + 2\overline{AC}^2 = 3(\overline{AD}^2 + 2\overline{CD}^2)$$
이 성립함을 좌표평면을 이용하여 증명하시오.

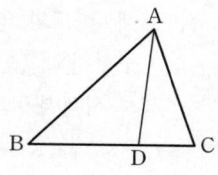

14 　직사각형 ABCD와 점 P가 한 평면 위에 있을 때,
$$\overline{PA}^2 + \overline{PC}^2 = \overline{PB}^2 + \overline{PD}^2$$
이 성립함을 좌표평면을 이용하여 증명하시오.

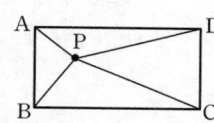

STEP 1

15 두 점 $A(a, 4)$, $B(2, a)$ 사이의 거리가 2 이하가 되도록 하는 모든 정수 a의 값의 합을 구하시오.

생각해 봅시다! 💡

$\overline{AB} \le 2$
$\Rightarrow \overline{AB}^2 \le 4$

교육청 기출

16 좌표평면 위에 두 점 $A(2t, -3)$, $B(-1, 2t)$가 있다. 선분 AB의 길이를 l이라 할 때, 실수 t에 대하여 l^2의 최솟값을 구하시오.

17 두 점 $A(3, -2)$, $B(2, -1)$에서 같은 거리에 있는 점 P가 직선 $y = 2x - 1$ 위의 점일 때, 두 점 A, P 사이의 거리를 구하시오.

$y = f(x)$의 그래프 위의 점의 좌표 $\Rightarrow (a, f(a))$

18 두 점 $A(-2, 0)$, $B(2, 0)$과 직선 $y = x + 3$ 위의 점 P에 대하여 $\overline{AP}^2 + \overline{BP}^2$의 최솟값을 구하시오.

STEP 2

19 오른쪽 그림과 같이 집에서 서쪽으로 3 km, 북쪽으로 2 km 떨어진 지점에 마트가 있고, 집에서 남동쪽으로 $4\sqrt{2}$ km 떨어진 지점에 영화관이 있을 때, 마트와 영화관 사이의 직선 거리를 구하시오. (단, 남동쪽은 북쪽을 기준으로 시계 방향으로 $135°$ 회전한 방향이다.)

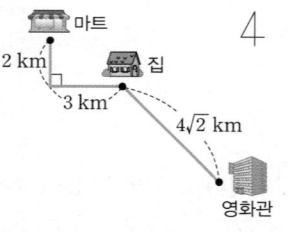

집을 원점으로 하는 좌표평면을 생각한다.

20 세 점 $A(a, 1)$, $B(0, 6)$, $C(12, -3)$을 꼭짓점으로 하는 삼각형 ABC가 있다. $\angle A$의 이등분선이 변 BC와 만나는 점 D의 좌표가 $(8, 0)$일 때, 모든 a의 값의 합을 구하시오.

$\overline{AD}$는 $\angle A$의 이등분선이므로
$\overline{AB} : \overline{AC} = \overline{BD} : \overline{CD}$

21 세 점 $A(-2, 1)$, $B(1, 4)$, $C(3, -2)$를 꼭짓점으로 하는 삼각형 ABC의 외접원의 넓이를 구하시오.

22 세 점 $A(-1, 2)$, $B(1, -2)$, $C(a, b)$를 꼭짓점으로 하는 삼각형 ABC가 정삼각형일 때, ab의 값을 구하시오.

> 생각해 봅시다! 💡
>
> 정삼각형이면 세 변의 길이가 모두 같다.
> ⇨ $\overline{AB}=\overline{BC}=\overline{CA}$

23 다음은 평행사변형 ABCD의 두 대각선 AC, BD에 대하여

$$\overline{AC}^2+\overline{BD}^2=2(\overline{AB}^2+\overline{BC}^2)$$

이 성립함을 증명하는 과정이다. ㈎, ㈏, ㈐에 알맞은 것을 구하시오.

증명

오른쪽 그림과 같이 직선 BC를 x축, 점 B를 지나고 $\overline{BC}$에 수직인 직선을 y축으로 하는 좌표평면을 잡고 $A(a, b)$, $C(c, 0)$이라 하면 $D(\boxed{㈎}, b)$

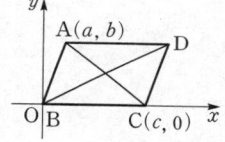

$$\therefore \overline{AC}^2+\overline{BD}^2=\boxed{㈏}$$

$$\overline{AB}^2+\overline{BC}^2=\boxed{㈐}$$ 이므로

$$\overline{AC}^2+\overline{BD}^2=2(\overline{AB}^2+\overline{BC}^2)$$

실력 UP⁺

24 x, y가 실수일 때, $\sqrt{(x-5)^2+(y+2)^2}+\sqrt{(x+3)^2+(y-4)^2}$의 최솟값을 구하시오.

> $\sqrt{(x-a)^2+(y-b)^2}$
> ⇨ 두 점 (x, y), (a, b) 사이의 거리

25  오른쪽 그림과 같이 지점 O에서 수직으로 만나는 두 직선 도로가 있다. A와 B가 지점 O로부터 각각 북쪽으로 10 km, 서쪽으로 5 km 떨어진 지점에서 동시에 출발하여 A는 남쪽으로 시속 3 km, B는 동쪽으로 시속 4 km의 일정한 속력으로 걸어간다. 이때 A와 B 사이의 거리의 최솟값을 구하시오.

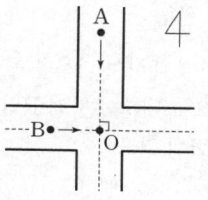

> A와 B의 출발점의 위치를 각각 $(0, 10)$, $(-5, 0)$으로 놓는다.

02 선분의 내분점

1 선분의 내분점

선분 AB 위의 점 P에 대하여
$$\overline{AP} : \overline{PB} = m : n \ (m>0, \ n>0)$$
일 때, 점 P는 선분 AB를 $m : n$으로 **내분**한다고 하고, 점 P를 선분 AB의 **내분점**이라 한다.

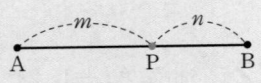

2 수직선 위의 선분의 내분점

수직선 위의 두 점 $A(x_1)$, $B(x_2)$에 대하여
(1) 선분 AB를 $m : n \ (m>0, \ n>0)$으로 내분하는 점을 P라 하면
$$P\left(\frac{mx_2+nx_1}{m+n}\right)$$
(2) 선분 AB의 중점을 M이라 하면
$$M\left(\frac{x_1+x_2}{2}\right)$$

▷ 선분 AB의 중점은 선분 AB를 1 : 1로 내분하는 점이다.

설명 (1) 수직선 위의 두 점 $A(x_1)$, $B(x_2)$에 대하여 선분 AB를 $m : n$으로 내분하는 점 P의 좌표 x를 구해 보자.

(ⅰ) $x_1 < x_2$일 때
오른쪽 그림에서 $\overline{AP}=x-x_1$, $\overline{PB}=x_2-x$이므로
$\overline{AP} : \overline{PB} = m : n$에서 $(x-x_1) : (x_2-x) = m : n$
$m(x_2-x) = n(x-x_1)$, $(m+n)x = mx_2+nx_1$
$$\therefore x = \frac{mx_2+nx_1}{m+n}$$

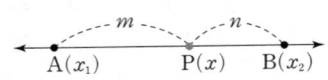

(ⅱ) $x_1 > x_2$일 때
같은 방법으로 하면 $x = \dfrac{mx_2+nx_1}{m+n}$

(ⅰ), (ⅱ)에서 $x = \dfrac{mx_2+nx_1}{m+n}$

(2) 수직선 위의 두 점 $A(x_1)$, $B(x_2)$에 대하여 선분 AB의 중점은 선분 AB를 1 : 1로 내분하는 점이므로 중점 M의 좌표 x는
$$x = \frac{1 \times x_2 + 1 \times x_1}{1+1} = \frac{x_1+x_2}{2}$$

예제 ▷ 두 점 $A(-3)$, $B(5)$에 대하여 다음을 구하시오.
(1) 선분 AB를 1 : 3으로 내분하는 점 P의 좌표
(2) 선분 AB의 중점 M의 좌표

풀이 (1) $\dfrac{1 \times 5 + 3 \times (-3)}{1+3} = -1$ $\therefore P(-1)$

(2) $\dfrac{-3+5}{2} = 1$ $\therefore M(1)$

❸ 좌표평면 위의 선분의 내분점   ☞ 필수 07~09

좌표평면 위의 두 점 $A(x_1, y_1)$, $B(x_2, y_2)$에 대하여

(1) 선분 AB를 $m : n$ $(m>0,\ n>0)$으로 내분하는 점을 P라 하면

$$P\left(\frac{mx_2+nx_1}{m+n},\ \frac{my_2+ny_1}{m+n}\right)$$

(2) 선분 AB의 중점을 M이라 하면

$$M\left(\frac{x_1+x_2}{2},\ \frac{y_1+y_2}{2}\right)$$

▶ 두 점 $A(x_1, y_1)$, $B(x_2, y_2)$에 대하여 선분 AB를 $m : n$으로 내분하는 점의 좌표를 구할 때에는

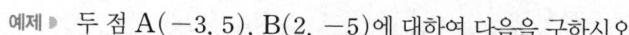

와 같이 대각선 방향으로 곱하여 더한다.

$$\Rightarrow \left(\frac{mx_2+nx_1}{m+n},\ \frac{my_2+ny_1}{m+n}\right)$$

설명   (1) 좌표평면 위의 두 점 $A(x_1, y_1)$, $B(x_2, y_2)$에 대하여 선분 AB를 $m : n$으로 내분하는 점을 $P(x, y)$라 하자.

세 점 A, P, B에서 x축에 내린 수선의 발을 각각 A', P', B'이라 하면 평행선 사이의 선분의 길이의 비에 의하여

$$\overline{A'P'} : \overline{P'B'} = \overline{AP} : \overline{PB} = m : n$$

이므로 점 P'은 선분 $A'B'$을 $m : n$으로 내분하는 점이다.

$$\therefore x = \frac{mx_2+nx_1}{m+n}$$

또 세 점 A, P, B에서 y축에 내린 수선의 발을 이용하여 같은 방법으로 점 P의 y좌표를 구하면

$$y = \frac{my_2+ny_1}{m+n}$$

$$\therefore P\left(\frac{mx_2+nx_1}{m+n},\ \frac{my_2+ny_1}{m+n}\right)$$

(2) 좌표평면 위의 두 점 $A(x_1, y_1)$, $B(x_2, y_2)$에 대하여 선분 AB의 중점 M은 선분 AB를 $1 : 1$로 내분하는 점이므로

$$M\left(\frac{x_1+x_2}{2},\ \frac{y_1+y_2}{2}\right)$$

예제 ▶ 두 점 $A(-3, 5)$, $B(2, -5)$에 대하여 다음을 구하시오.

(1) 선분 AB를 $3 : 2$로 내분하는 점 P의 좌표

(2) 선분 AB를 $2 : 3$으로 내분하는 점 Q의 좌표

(3) 선분 AB의 중점 M의 좌표

풀이   (1) $P\left(\dfrac{3\times 2+2\times(-3)}{3+2},\ \dfrac{3\times(-5)+2\times 5}{3+2}\right)$ $\therefore P(0, -1)$

(2) $Q\left(\dfrac{2\times 2+3\times(-3)}{2+3},\ \dfrac{2\times(-5)+3\times 5}{2+3}\right)$ $\therefore Q(-1, 1)$

(3) $M\left(\dfrac{-3+2}{2},\ \dfrac{5-5}{2}\right)$ $\therefore M\left(-\dfrac{1}{2}, 0\right)$

1 선분의 외분점

선분 AB의 연장선 위의 점 P에 대하여
$$\overline{AP} : \overline{BP} = m : n \ (m > 0, \ n > 0, \ m \neq n)$$
일 때, 점 P는 선분 AB를 $m : n$으로 **외분**한다고 하고, 점 P를 선분 AB의 **외분점**이라 한다.

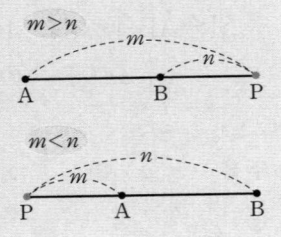

▶ 선분 AB를 1 : 1로 외분하는 점은 존재하지 않으므로 $m \neq n$인 경우만 생각한다.

2 수직선 위의 선분의 외분점

수직선 위의 두 점 $A(x_1)$, $B(x_2)$에 대하여 선분 AB를 $m : n \ (m > 0, \ n > 0, \ m \neq n)$으로 외분하는 점을 P라 하면
$$P\left(\frac{mx_2 - nx_1}{m - n} \right)$$

보기 ▶ 두 점 $A(-3)$, $B(5)$에 대하여 선분 AB를 1 : 3으로 외분하는 점의 좌표는
$$\left(\frac{1 \times 5 - 3 \times (-3)}{1 - 3} \right), \ \text{즉} \ (-7)$$

3 좌표평면 위의 선분의 외분점

좌표평면 위의 두 점 $A(x_1, y_1)$, $B(x_2, y_2)$에 대하여 선분 AB를 $m : n \ (m > 0, \ n > 0, \ m \neq n)$으로 외분하는 점을 P라 하면
$$P\left(\frac{mx_2 - nx_1}{m - n}, \ \frac{my_2 - ny_1}{m - n} \right)$$

▶ 두 점 $A(x_1, y_1)$, $B(x_2, y_2)$에 대하여 선분 AB를 $m : n$으로 외분하는 점의 좌표를 구할 때에는

$$x \Rightarrow \begin{matrix} m \ : \ n \\ x_1 \quad x_2 \end{matrix} \qquad y \Rightarrow \begin{matrix} m \ : \ n \\ y_1 \quad y_2 \end{matrix}$$

와 같이 대각선 방향으로 곱하여 뺀다.
$$\Rightarrow \left(\frac{mx_2 - nx_1}{m - n}, \ \frac{my_2 - ny_1}{m - n} \right)$$

보기 ▶ 두 점 $A(-3, 5)$, $B(2, -5)$에 대하여 선분 AB를 3 : 2로 외분하는 점의 좌표는
$$\left(\frac{3 \times 2 - 2 \times (-3)}{3 - 2}, \ \frac{3 \times (-5) - 2 \times 5}{3 - 2} \right), \ \text{즉} \ (12, -25)$$

26 다음 그림과 같이 수직선 위에 있는 두 점 A, B에 대하여 선분 AB를 6등분하는 점을 각각 C, D, E, F, G라 할 때, ☐ 안에 알맞은 것을 써넣으시오.

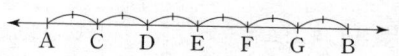

(1) 점 D는 선분 AB를 ☐ : ☐ 로 내분하는 점이다.

(2) 점 G는 선분 AB를 ☐ : ☐ 로 내분하는 점이다.

(3) 선분 AB를 2 : 1로 내분하는 점은 ☐이다.

(4) 선분 AB의 중점은 ☐이다.

27 두 점 A(2), B(6)에 대하여 다음을 구하시오.

(1) 선분 AB를 3 : 1로 내분하는 점 P의 좌표

(2) 선분 AB를 1 : 2로 내분하는 점 Q의 좌표

(3) 선분 AB의 중점 M의 좌표

28 두 점 A$(-1, 6)$, B$(3, 2)$에 대하여 다음을 구하시오.

(1) 선분 AB를 1 : 3으로 내분하는 점 P의 좌표

(2) 선분 BA를 1 : 3으로 내분하는 점 Q의 좌표

(3) 선분 AB의 중점 M의 좌표

필수 07 선분의 내분점

세 점 $A(3, 1)$, $B(-2, -4)$, $C(8, 6)$에 대하여 선분 AB를 $2 : 3$으로 내분하는 점을 P, 선분 BC를 $3 : 2$로 내분하는 점을 Q라 할 때, 선분 PQ의 길이를 구하시오.

설명 선분의 내분점을 구하는 공식을 이용하여 두 점 P, Q의 좌표를 구한 후 선분 PQ의 길이를 구한다.

풀이 선분 AB를 $2 : 3$으로 내분하는 점 P의 좌표는
$$\left(\frac{2\times(-2)+3\times 3}{2+3}, \frac{2\times(-4)+3\times 1}{2+3}\right), \text{ 즉 } (1, -1)$$

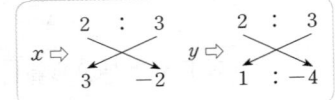

선분 BC를 $3 : 2$로 내분하는 점 Q의 좌표는
$$\left(\frac{3\times 8+2\times(-2)}{3+2}, \frac{3\times 6+2\times(-4)}{3+2}\right), \text{ 즉 } (4, 2)$$
따라서 선분 PQ의 길이는
$$\sqrt{(4-1)^2+(2+1)^2}=\mathbf{3\sqrt{2}}$$

KEY Point

• 두 점 $A(x_1, y_1)$, $B(x_2, y_2)$에 대하여 선분 AB를 $m : n$으로 내분하는 점의 좌표
$$\Rightarrow \left(\frac{mx_2+nx_1}{m+n}, \frac{my_2+ny_1}{m+n}\right)$$

● 정답 및 풀이 **6**쪽

29 세 점 $A(-1, 4)$, $B(5, -2)$, $C(1, 6)$에 대하여 선분 AB를 $2 : 1$로 내분하는 점을 P, 선분 BC를 $1 : 3$으로 내분하는 점을 Q라 할 때, 선분 PQ의 중점의 좌표를 구하시오.

30 두 점 $A(-1, -2)$, $B(x, y)$에 대하여 선분 AB 위의 점 $P(5, -5)$가 $\overline{AP}=3\overline{PB}$를 만족시킬 때, xy의 값을 구하시오.

31 두 점 $A(1, -5)$, $B(6, a)$에 대하여 선분 AB를 $2 : b$로 내분하는 점의 좌표가 $(3, -1)$일 때, 선분 AB를 $b : 1$로 내분하는 점의 좌표를 구하시오.

필수 08 **선분의 내분점의 활용 (1)**

두 점 $A(-4, 2)$, $B(5, -6)$에 대하여 선분 AB를 $t : (1-t)$로 내분하는 점이
제3사분면 위에 있도록 하는 실수 t의 값의 범위를 구하시오.

풀이 선분 AB를 $t : (1-t)$로 내분하는 점의 좌표는

$$\left(\frac{t \times 5 + (1-t) \times (-4)}{t+(1-t)}, \frac{t \times (-6) + (1-t) \times 2}{t+(1-t)} \right), \ \text{즉} \ (9t-4, -8t+2)$$

이 점이 제3사분면 위에 있으므로

$$9t-4 < 0, \ -8t+2 < 0 \quad \therefore \ \frac{1}{4} < t < \frac{4}{9} \quad \cdots\cdots \ \bigcirc$$

한편 $t > 0$, $1-t > 0$이므로 $\quad 0 < t < 1 \quad \cdots\cdots \ \bigcirc$

$\bigcirc$, $\bigcirc$의 공통부분을 구하면 $\quad \dfrac{1}{4} < t < \dfrac{4}{9}$

필수 09 **선분의 내분점의 활용 (2)**

두 점 $A(2, 3)$, $B(-3, 5)$에 대하여 선분 AB를 $k : 2$로 내분하는 점이 직선
$y = x + 6$ 위에 있을 때, 양수 k의 값을 구하시오.

풀이 선분 AB를 $k : 2$로 내분하는 점의 좌표는

$$\left(\frac{k \times (-3) + 2 \times 2}{k+2}, \frac{k \times 5 + 2 \times 3}{k+2} \right), \ \text{즉} \ \left(\frac{-3k+4}{k+2}, \frac{5k+6}{k+2} \right)$$

이 점이 직선 $y = x + 6$ 위에 있으므로

$$\frac{5k+6}{k+2} = \frac{-3k+4}{k+2} + 6, \quad 5k+6 = -3k+4 + 6(k+2)$$

$$2k = 10 \quad \therefore \ k = 5$$

● 정답 및 풀이 7쪽

32 두 점 $A(-2, 4)$, $B(1, -1)$에 대하여 선분 AB를 $(1-t) : t$로 내분하는 점이 제1사분
면 위에 있도록 하는 실수 t의 값의 범위가 $\alpha < t < \beta$일 때, $\dfrac{1}{\alpha} + \dfrac{1}{\beta}$의 값을 구하시오.

33 두 점 $A(-3, 0)$, $B(0, 12)$에 대하여 선분 AB를 $1 : k$로 내분하는 점이 직선
$y = -x + 2$ 위에 있을 때, 양수 k의 값을 구하시오.

10 등식을 만족시키는 선분의 연장선 위의 점

두 점 $A(2, 3)$, $B(-1, 6)$을 이은 선분 AB의 연장선 위의 점 C에 대하여
$\overline{AB} = 3\overline{BC}$일 때, 점 C의 좌표를 구하시오.

 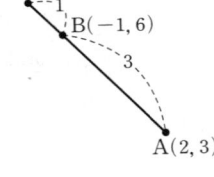

⇨ 점 B는 $\overline{AC}$를 3 : 1로 내분하는 점이다.

풀이 $\overline{AB} = 3\overline{BC}$에서 $\overline{AB} : \overline{BC} = 3 : 1$

이를 그림으로 나타내면 오른쪽과 같으므로 점 B는 $\overline{AC}$를 3 : 1로 내분
하는 점이다.

점 C의 좌표를 (x, y)라 하면 $\overline{AC}$를 3 : 1로 내분하는 점의 좌표가
$(-1, 6)$이므로

$$\frac{3 \times x + 1 \times 2}{3 + 1} = -1, \ \frac{3 \times y + 1 \times 3}{3 + 1} = 6$$

$$3x + 2 = -4, \ 3y + 3 = 24$$

$$\therefore \ x = -2, \ y = 7$$

따라서 점 C의 좌표는 $(-2, 7)$이다.

KEY Point

• $m\overline{AB} = n\overline{BC}$ ($m > 0$, $n > 0$)를 만족시키는 점 C의 좌표는 다음과 같은 순서로 구한다.

(ⅰ) 비례식으로 만든다. ⇨ $\overline{AB} : \overline{BC} = n : m$

(ⅱ) 점 C의 좌표를 미지수로 놓고 내분점을 구하는 공식에 대입한다.

● 정답 및 풀이 7쪽

 34 두 점 $A(-2, -1)$, $B(3, 1)$을 이은 선분 AB의 연장선 위의 점 $C(a, b)$에 대하여
$3\overline{AB} = 2\overline{BC}$일 때, ab의 값을 구하시오. (단, $a > 0$)

35 두 점 $A(-1, -2)$, $B(3, 6)$을 이은 선분 AB의 연장선 위의 점 C에 대하여
$2\overline{AC} = 3\overline{BC}$일 때, 점 C의 좌표를 구하시오.

36 두 점 $A(-3, -2)$, B와 선분 AB의 연장선 위의 점 $C(18, 7)$에 대하여 $2\overline{AB} = \overline{BC}$를
만족시키는 점 B의 좌표를 모두 구하시오.

● 더 다양한 문제는 **RPM** 공통수학 2 12쪽

필수 11 **평행사변형에서 중점의 활용**

평행사변형 ABCD에서 세 꼭짓점이 A$(0, 6)$, B$(6, -2)$, C$(7, 5)$일 때, 꼭짓점 D의 좌표를 구하시오.

풀이 평행사변형의 두 대각선은 서로 다른 것을 이등분하므로 $\overline{AC}$의 중점과 $\overline{BD}$의 중점이 일치한다.

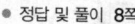

$\overline{AC}$의 중점의 좌표는

$$\left(\frac{0+7}{2}, \frac{6+5}{2}\right), \text{즉} \left(\frac{7}{2}, \frac{11}{2}\right) \quad \cdots\cdots \ \bigcirc$$

점 D의 좌표를 (x, y)라 하면 $\overline{BD}$의 중점의 좌표는

$$\left(\frac{6+x}{2}, \frac{-2+y}{2}\right) \quad \cdots\cdots \ \bigcirc$$

$\bigcirc$, $\bigcirc$이 일치하므로

$$\frac{7}{2} = \frac{6+x}{2}, \ \frac{11}{2} = \frac{-2+y}{2}$$

$$\therefore \ x=1, \ y=13$$

따라서 점 D의 좌표는 **(1, 13)**이다.

KEY Point

• 평행사변형의 두 대각선은 서로 다른 것을 이등분한다.
⇨ 두 대각선의 중점이 일치한다.

● 정답 및 풀이 **8**쪽

37 좌표평면 위의 네 점 A$(-1, 0)$, B$(a, 1)$, C$(0, 3)$, D$(-3, b)$에 대하여 사각형 ABCD가 평행사변형일 때, ab의 값을 구하시오.

38 네 점 A$(2, 1)$, B$(b, 5)$, C$(a, 7)$, D$(-2, 3)$을 꼭짓점으로 하는 사각형 ABCD가 마름모일 때, $a+b$의 값을 구하시오. (단, $a<0$)

● 더 다양한 문제는 **RPM** 공통수학 2 14쪽

 12 **삼각형의 내각의 이등분선**

오른쪽 그림과 같이 세 점 A(1, 5), B(−4, −7), C(5, 2)
를 꼭짓점으로 하는 삼각형 ABC에서 ∠A의 이등분선이
변 BC와 만나는 점을 D라 할 때, 점 D의 좌표를 구하시오.

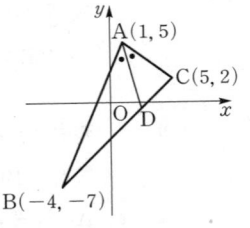

설명 삼각형의 내각의 이등분선의 성질에 의하여 점 D가 선분 BC를 $\overline{AB} : \overline{AC}$로 내분하는 점임을 이용한다.

풀이 $\overline{AD}$는 ∠A의 이등분선이므로

$\overline{AB} : \overline{AC} = \overline{BD} : \overline{CD}$

$\overline{AB} = \sqrt{(-4-1)^2 + (-7-5)^2} = 13$, $\overline{AC} = \sqrt{(5-1)^2 + (2-5)^2} = 5$이므로

$\overline{BD} : \overline{CD} = 13 : 5$

따라서 점 D는 $\overline{BC}$를 13 : 5로 내분하는 점이므로 점 D의 좌표는

$$\left(\frac{13 \times 5 + 5 \times (-4)}{13 + 5}, \frac{13 \times 2 + 5 \times (-7)}{13 + 5} \right), \ \ \text{즉} \left(\frac{5}{2}, -\frac{1}{2} \right)$$

• 삼각형의 내각의 이등분선의 성질
  ⇨ 삼각형 ABC에서 ∠A의 이등분선이 변 BC와 만나는 점을 D라 하면

  $\overline{AB} : \overline{AC} = \overline{BD} : \overline{CD}$

  $= \triangle ABD : \triangle ACD$

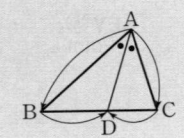

● 정답 및 풀이 **8**쪽

 39 세 점 A(4, 9), B(0, 1), C(6, 5)를 꼭짓점으로 하는 삼각형 ABC에서 ∠A의 이등분선
이 변 BC와 만나는 점 D의 좌표를 (a, b)라 할 때, a+b의 값을 구하시오.

40 두 점 A(−3, 0), B(3, 4)를 이은 선분 AB 위의 점 P가 ∠AOP = ∠BOP를 만족시킬
때, 직선 OP의 방정식을 구하시오. (단, O는 원점이다.)

03 삼각형의 무게중심

1 삼각형의 무게중심 🔗 필수 13

---

(1) **삼각형의 무게중심**

① 삼각형의 세 중선의 교점을 무게중심이라 한다.

② 삼각형의 무게중심은 세 중선을 꼭짓점으로부터 각각 $2:1$로 내
분한다.

(2) **삼각형의 무게중심의 좌표**

세 점 $A(x_1,\, y_1)$, $B(x_2,\, y_2)$, $C(x_3,\, y_3)$을 꼭짓점으로 하는 삼각
형 ABC의 무게중심 G의 좌표는

$$G\left(\frac{x_1+x_2+x_3}{3},\ \frac{y_1+y_2+y_3}{3}\right)$$

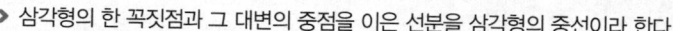

▶ 삼각형의 한 꼭짓점과 그 대변의 중점을 이은 선분을 삼각형의 중선이라 한다.

설명 (2) 세 점 $A(x_1,\, y_1)$, $B(x_2,\, y_2)$, $C(x_3,\, y_3)$을 꼭짓점으로 하는 삼각형 ABC의 변 BC의 중점을 M이라 하면

$$M\left(\frac{x_2+x_3}{2},\ \frac{y_2+y_3}{2}\right)$$

이때 무게중심 $G(x,\, y)$는 선분 AM을 $2:1$로 내분하는 점이므로

$$x=\frac{2\times\frac{x_2+x_3}{2}+x_1}{2+1}=\frac{x_1+x_2+x_3}{3},\quad y=\frac{2\times\frac{y_2+y_3}{2}+y_1}{2+1}=\frac{y_1+y_2+y_3}{3}$$

보기 ▶ 세 점 $A(1,\, 2)$, $B(0,\, 4)$, $C(-4,\, 3)$을 꼭짓점으로 하는 삼각형 ABC의 무게중심의 좌표는

$$\left(\frac{1+0+(-4)}{3},\ \frac{2+4+3}{3}\right),\ 즉\ (-1,\, 3)$$

보충 학습 삼각형 ABC의 세 변 AB, BC, CA를 각각 $m:n\ (m>0,\ n>0)$으로 내분하는 점을 연결한 삼각형의 무게중심은 삼각형 ABC의 무게중심과 일치한다.

증명 오른쪽 그림과 같이 삼각형 ABC의 세 변 AB, BC, CA를 $m:n$
으로 내분하는 점을 각각 D, E, F라 하고, 이 세 점의 x좌표를 각각
구하면

$$\frac{mx_2+nx_1}{m+n},\ \frac{mx_3+nx_2}{m+n},\ \frac{mx_1+nx_3}{m+n}$$

이므로 삼각형 DEF의 무게중심의 x좌표는

$$\frac{\frac{mx_2+nx_1}{m+n}+\frac{mx_3+nx_2}{m+n}+\frac{mx_1+nx_3}{m+n}}{3}=\frac{x_1+x_2+x_3}{3}$$

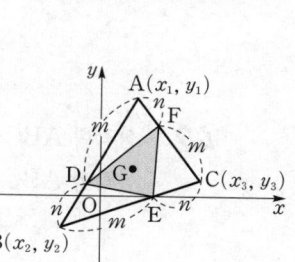

즉 삼각형 DEF의 무게중심의 x좌표는 삼각형 ABC의 무게중심의 x좌표와 일치한다.
같은 방법으로 삼각형 DEF의 무게중심의 y좌표를 구하면 삼각형 ABC의 무게중심의 y좌표와 일치한다.
따라서 삼각형 DEF의 무게중심은 삼각형 ABC의 무게중심과 일치한다.

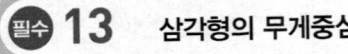 **13** **삼각형의 무게중심**

삼각형 ABC에서 두 꼭짓점이 A(1, 5), B(6, 1)이고 삼각형 ABC의 무게중심의 좌표가 (5, 5)일 때, 꼭짓점 C의 좌표를 구하시오.

풀이 점 C의 좌표를 (x, y)라 하면 삼각형 ABC의 무게중심의 좌표는

$$\left(\frac{1+6+x}{3}, \frac{5+1+y}{3} \right), \ 즉 \left(\frac{7+x}{3}, \frac{6+y}{3} \right)$$

이때 무게중심의 좌표가 (5, 5)이므로

$$\frac{7+x}{3}=5, \ \frac{6+y}{3}=5$$

$$\therefore \ x=8, \ y=9$$

따라서 점 C의 좌표는 **(8, 9)**이다.

 • 세 점 $A(x_1, y_1)$, $B(x_2, y_2)$, $C(x_3, y_3)$을 꼭짓점으로 하는 삼각형 ABC의 무게중심의 좌표

$$\Rightarrow \left(\frac{x_1+x_2+x_3}{3}, \frac{y_1+y_2+y_3}{3} \right)$$

● 정답 및 풀이 **9**쪽

 41 세 점 $A(a, 5)$, $B(-1, b)$, $C(5, 1)$을 꼭짓점으로 하는 삼각형 ABC의 무게중심의 좌표가 (2, 3)일 때, a, b의 값을 구하시오.

42 삼각형 ABC에서 꼭짓점 A의 좌표는 $(-5, 6)$이고, 변 BC의 중점의 좌표는 (1, 0)일 때, 삼각형 ABC의 무게중심의 좌표를 구하시오.

43 삼각형 ABC에서 세 변 AB, BC, CA의 중점의 좌표가 각각 $(-4, 5)$, $(-1, -2)$, $(5, 6)$일 때, 삼각형 ABC의 무게중심의 좌표를 구하시오.

14 삼각형의 무게중심의 활용

세 점 A$(-2, 7)$, B$(6, -1)$, C$(8, 3)$을 꼭짓점으로 하는 삼각형 ABC와 임의의 점 P에 대하여 다음을 구하시오.

(1) $\overline{AP}^2 + \overline{BP}^2 + \overline{CP}^2$의 최솟값과 그때의 점 P의 좌표

(2) 삼각형 ABC의 무게중심의 좌표

설명 (1) 점 P의 좌표를 (x, y)라 하고 $\overline{AP}^2 + \overline{BP}^2 + \overline{CP}^2$을 x, y에 대한 식으로 나타낸다.

풀이 (1) 점 P의 좌표를 (x, y)라 하면

$$\overline{AP}^2 = (x+2)^2 + (y-7)^2 = x^2 + 4x + y^2 - 14y + 53$$
$$\overline{BP}^2 = (x-6)^2 + (y+1)^2 = x^2 - 12x + y^2 + 2y + 37$$
$$\overline{CP}^2 = (x-8)^2 + (y-3)^2 = x^2 - 16x + y^2 - 6y + 73$$
$$\therefore \overline{AP}^2 + \overline{BP}^2 + \overline{CP}^2 = 3x^2 - 24x + 3y^2 - 18y + 163$$
$$= 3(x^2 - 8x + 16) + 3(y^2 - 6y + 9) + 88$$
$$= 3(x-4)^2 + 3(y-3)^2 + 88$$

따라서 $\overline{AP}^2 + \overline{BP}^2 + \overline{CP}^2$은 $x=4$, $y=3$일 때 **최솟값 88**을 갖고, 그때의 **점 P의 좌표**는 **(4, 3)**이다.

(2) 삼각형 ABC의 무게중심의 좌표는

$$\left(\frac{-2+6+8}{3}, \frac{7-1+3}{3} \right), 즉 (4, 3)$$

KEY Point

● 삼각형 ABC와 임의의 점 P에 대하여 $\overline{AP}^2 + \overline{BP}^2 + \overline{CP}^2$의 값이 최소가 되도록 하는 점 P는 삼각형 ABC의 무게중심이다.

● 정답 및 풀이 **9**쪽

 44 세 점 A$(-2, 1)$, B$(3, 4)$, C$(5, 4)$에 대하여 $\overline{AP}^2 + \overline{BP}^2 + \overline{CP}^2$의 값이 최소가 되도록 하는 점 P의 좌표가 (a, b)일 때, $a+b$의 값을 구하시오.

45 세 점 A$(-5, -2)$, B$(2, 3)$, C$(6, -7)$과 임의의 점 P에 대하여 $\overline{AP}^2 + \overline{BP}^2 + \overline{CP}^2$의 최솟값과 그때의 점 P의 좌표를 구하시오.

STEP 1

46 두 점 $A(-4, a)$, $B(b, 1)$을 이은 선분 AB 위의 점 $P(0, 1)$에 대하여 $3\overline{AP}=4\overline{PB}$일 때, $a+b$의 값을 구하시오.

생각해 봅시다! 💡
$3\overline{AP}=4\overline{PB}$이면
$\overline{AP} : \overline{PB}=4 : 3$

47 두 점 $A(1, -3)$, $B(-4, 6)$에 대하여 선분 AB를 $k : (1-k)$로 내분하는 점이 제2사분면 위에 있도록 하는 실수 k의 값의 범위를 구하시오.

점 (x, y)가 제2사분면 위의 점이다.
⇨ $x<0$, $y>0$

48 두 점 $A(-3, 1)$, $B(1, 6)$을 이은 선분 AB가 y축에 의하여 $m : n$으로 내분될 때, $m+n$의 값을 구하시오.
(단, m, n은 서로소인 자연수이다.)

49 네 점 $A(a, 3)$, $B(3, 1)$, $C(b, c)$, $D(4, 4)$를 꼭짓점으로 하는 사각형 $ABCD$가 마름모일 때, $a^2+b^2+c^2$의 값을 구하시오.

마름모는 두 대각선의 중점이 일치하고 이웃하는 두 변의 길이가 같다.

50 세 점 $A(a, 2)$, $B(-1, 0)$, $C(5, b)$를 꼭짓점으로 하는 삼각형 ABC에서 세 변 AB, BC, CA를 $2 : 1$로 내분하는 점을 각각 D, E, F라 하자. 삼각형 DEF의 무게중심의 좌표가 $(2, 1)$일 때, ab의 값을 구하시오.

51 세 점 $A(1, 3)$, $B(-3, -2)$, $C(2, 2)$가 있다. $\overline{PA}^2+\overline{PB}^2+\overline{PC}^2$의 값이 최소가 되도록 하는 점 P에 대하여 $\overline{PA}$의 길이를 구하시오.

STEP 2

52 선분 AB의 중점을 M_1, 선분 AM_1의 중점을 M_2, 선분 AM_2의 중점을 M_3이라 하자. 같은 방법으로 점 M_4, 점 M_5, …를 정할 때, 점 M_{10}은 선분 AB를 $1 : k$로 내분하는 점이다. 이때 k의 값을 구하시오.

53 교육청 기출

곡선 $y=x^2-2x$와 직선 $y=3x+k$ $(k>0)$이 두 점 P, Q에서 만난다. 선분 PQ를 $1 : 2$로 내분하는 점의 x좌표가 1일 때, 상수 k의 값을 구하시오.

(단, 점 P의 x좌표는 점 Q의 x좌표보다 작다.)

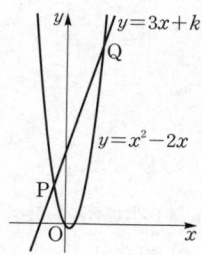

생각해 봅시다! 💡

함수 $y=f(x)$, $y=g(x)$의 그래프의 교점의 x좌표는 방정식 $f(x)=g(x)$의 실근과 같다.

54 평행사변형 ABCD의 세 꼭짓점이 A$(-1, 3)$, B$(-5, 1)$, C$(-3, k)$이고 평행사변형 ABCD의 둘레의 길이가 $6\sqrt{5}$일 때, 점 D의 좌표를 구하시오.

평행사변형의 두 쌍의 대변의 길이는 각각 같음을 이용하여 k의 값을 구한다.

55 삼각형 ABC에서 꼭짓점 A의 좌표가 $(7, 5)$이고 변 AB의 중점의 좌표가 $(3, 0)$이다. 삼각형 ABC의 무게중심의 좌표가 $(3, 1)$일 때, 변 BC를 $2 : 1$로 내분하는 점의 좌표를 구하시오.

56 교육청 기출

좌표평면에서 이차함수 $y=x^2-8x+1$의 그래프와 직선 $y=2x+6$이 만나는 두 점을 각각 A, B라 하자. 삼각형 OAB의 무게중심의 좌표를 (a, b)라 할 때, $a+b$의 값을 구하시오. (단, O는 원점이다.)

 **연습 문제**

실력 UP⁺

57 다음 그림과 같이 수직선 위에 두 점 P($\sqrt{2}$), Q($\sqrt{3}$)이 있다.

```
  ←————————————————————————→
      P                    Q
     √2                   √3
```

세 점 A$\left(\dfrac{\sqrt{2}+\sqrt{3}}{2}\right)$, B$\left(\dfrac{2\sqrt{2}+\sqrt{3}}{3}\right)$, C$\left(\dfrac{\sqrt{2}+3\sqrt{3}}{4}\right)$을 수직선 위에 나타낼 때, 위치가 왼쪽인 점부터 순서대로 나열하시오.

생각해 봅시다!

세 점 A, B, C의 좌표를
$\dfrac{m\times\sqrt{3}+n\times\sqrt{2}}{m+n}$
의 꼴로 나타낸다.

58 두 점 A(2, 3), B(0, 4)에 대하여 직선 AB 위의 점 C가 $\overline{AB}=3\overline{BC}$를 만족시킨다. 점 C의 좌표가 (a, b) 또는 (p, q)일 때, $ab+pq$의 값을 구하시오.

점 C가 $\overline{AB}$ 위에 있는 경우와 $\overline{AB}$의 연장선 위에 있는 경우로 나누어 생각한다.

59 세 점 O(0, 0), A(0, 6), B(4, 3)을 꼭짓점으로 하는 삼각형 OAB에서 ∠A의 외각의 이등분선과 $\overline{OB}$의 연장선의 교점을 D(a, b)라 할 때, $a-b$의 값을 구하시오.

60 좌표평면 위의 세 점 A(1, 0), B(4, 0), C(1, a)와 임의의 점 P에 대하여 $\overline{AP}^2+\overline{BP}^2+\overline{CP}^2$의 최솟값이 30일 때, 양수 a의 값을 구하시오.

I

도형의 방정식

이 단원에서는

중학교에서 학습한 직선의 방정식을 바탕으로 두 직선의 평행과 수직 조건에 대하여 학습합니다. 또 점과 직선 사이의 거리를 구하는 방법을 배우고, 이를 활용한 다양한 문제를 풀어 봅니다.

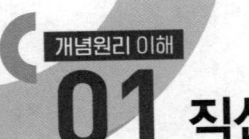

01 직선의 방정식

개념원리 이해

1 직선의 방정식   필수 01~03

(1) **기울기와 y절편이 주어진 직선의 방정식**

    기울기가 m이고 y절편이 n인 직선의 방정식은

$$y=mx+n$$

(2) **한 점과 기울기가 주어진 직선의 방정식**

    점 (x_1, y_1)을 지나고 기울기가 m인 직선의 방정식은

$$y-y_1=m(x-x_1)$$

(3) **두 점을 지나는 직선의 방정식**

    서로 다른 두 점 (x_1, y_1), (x_2, y_2)를 지나는 직선의 방정식은

    ① $x_1 \neq x_2$일 때, $y-y_1=\dfrac{y_2-y_1}{x_2-x_1}(x-x_1)$

    ② $x_1=x_2$일 때, $x=x_1$

(4) **x절편과 y절편이 주어진 직선의 방정식**

    x절편이 a, y절편이 b인 직선의 방정식은

$$\dfrac{x}{a}+\dfrac{y}{b}=1 \ (단, \ a\neq 0, \ b\neq 0)$$

> ① $y=mx+n$의 꼴을 직선의 방정식의 표준형이라 한다.
> ② 직선 $y=mx+n$이 x축의 양의 방향과 이루는 각의 크기를 θ라 하면
>
> $$(기울기)=\dfrac{(y의 \ 값의 \ 증가량)}{(x의 \ 값의 \ 증가량)}=\dfrac{m}{1}=\tan \theta$$

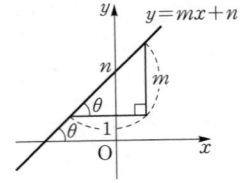

설명   (2) **점 $A(x_1, \ y_1)$을 지나고 기울기가 m인 직선의 방정식**

      구하는 직선의 방정식을

         $y=mx+n$ …… ㉠

      이라 하면 직선 ㉠이 점 $A(x_1, y_1)$을 지나므로

         $y_1=mx_1+n$ ∴ $n=y_1-mx_1$

      ㉠에 이것을 대입하면 $y=mx+y_1-mx_1$

         ∴ $y-y_1=m(x-x_1)$

  (3) **서로 다른 두 점 $A(x_1, \ y_1)$, $B(x_2, \ y_2)$를 지나는 직선의 방정식**

      ① $x_1 \neq x_2$일 때

         두 점 A, B를 지나는 직선의 기울기는

           $\dfrac{y_2-y_1}{x_2-x_1}$

         이고 이 직선은 점 $A(x_1, y_1)$을 지나므로

           $y-y_1=\dfrac{y_2-y_1}{x_2-x_1}(x-x_1)$

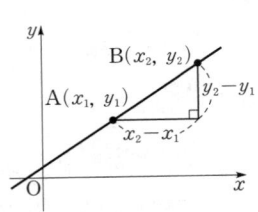

      ② $x_1=x_2$일 때

         직선 AB는 y축에 평행하므로 직선 위의 모든 점의 x좌표는 x_1이다.

         따라서 구하는 직선의 방정식은 $x=x_1$

(4) x절편이 a, y절편이 b인 직선의 방정식

직선이 두 점 $(a, 0)$, $(0, b)$를 지나므로

$$y-0=\frac{b-0}{0-a}(x-a) \qquad \therefore \ \frac{b}{a}x+y=b$$

양변을 b로 나누면 $\qquad \dfrac{x}{a}+\dfrac{y}{b}=1$

2 좌표축에 평행 또는 수직인 직선의 방정식

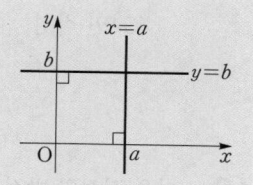

(1) x절편이 $a\,(a\neq0)$이고 **y축에 평행**한(x축에 수직인) 직선의 방정식은

$$x=a$$

(2) y절편이 $b\,(b\neq0)$이고 **x축에 평행**한(y축에 수직인) 직선의 방정식은

$$y=b$$

▶ 직선 $x=0$은 y축, 직선 $y=0$은 x축을 나타낸다.

보기 ▶ ① 점 $(6, 5)$를 지나고 y축에 평행한 직선의 방정식은 $\qquad x=6$

② 점 $(4, -5)$를 지나고 x축에 평행한 직선의 방정식은 $\qquad y=-5$

3 일차방정식 $ax+by+c=0$이 나타내는 도형

직선의 방정식은 x, y에 대한 일차방정식 $ax+by+c=0\,(a\neq0$ 또는 $b\neq0)$의 꼴로 나타낼 수 있다. 거꾸로 x, y에 대한 일차방정식 $ax+by+c=0\,(a\neq0$ 또는 $b\neq0)$이 나타내는 도형은 직선이다.

▶ $ax+by+c=0$의 꼴을 **직선의 방정식의 일반형**이라 한다.

설명 x, y에 대한 일차방정식 $ax+by+c=0$이 나타내는 도형은

(i) $a\neq0$, $b\neq0$이면 $\quad y=-\dfrac{a}{b}x-\dfrac{c}{b} \qquad \Rightarrow$ 기울기가 $-\dfrac{a}{b}$, y절편이 $-\dfrac{c}{b}$인 직선

(ii) $a\neq0$, $b=0$이면 $\quad ax+c=0$, 즉 $x=-\dfrac{c}{a} \Rightarrow y$축에 평행한 직선

(iii) $a=0$, $b\neq0$이면 $\quad by+c=0$, 즉 $y=-\dfrac{c}{b} \Rightarrow x$축에 평행한 직선

이상에서 x, y에 대한 일차방정식 $ax+by+c=0\,(a\neq0$ 또는 $b\neq0)$이 나타내는 도형은 항상 직선임을 알 수 있다.

🔖 필수 09

보충 학습 | **두 직선의 교점을 지나는 직선의 방정식**

한 점에서 만나는 두 직선 $ax+by+c=0$, $a'x+b'y+c'=0$의 교점을 지나는 직선 중 직선 $a'x+b'y+c'=0$을 제외한 직선의 방정식은

$$ax+by+c+k(a'x+b'y+c')=0 \ (k는 \ 실수) \qquad \cdots\cdots \ \bigcirc$$

의 꼴로 나타낼 수 있다.

참고 $\quad\bigcirc$에서 k가 어떤 값을 갖더라도 직선 $a'x+b'y+c'=0$을 나타낼 수 없다.

개념원리 익히기

61 다음 직선의 방정식을 구하시오.

(1) 점 $(1, 3)$을 지나고 기울기가 2인 직선

(2) 점 $(-2, 1)$을 지나고 기울기가 -3인 직선

(3) 점 $(-\sqrt{2}, \sqrt{2})$를 지나고 x축의 양의 방향과 이루는 각의 크기가 $45°$인 직선

62 다음 직선의 방정식을 구하시오.

(1) 두 점 $(1, 2)$, $(3, -4)$를 지나는 직선

(2) 두 점 $(-3, 5)$, $(2, -1)$을 지나는 직선

(3) 두 점 $(2, 4)$, $(0, -2)$를 지나는 직선

(4) 두 점 $(1, 0)$, $(4, 3)$을 지나는 직선

63 다음 직선의 방정식을 구하시오.

(1) x절편이 4이고 y절편이 -1인 직선

(2) x절편이 -1이고 점 $(0, 5)$를 지나는 직선

(3) 두 점 $(2, 0)$, $(0, 3)$을 지나는 직선

64 다음 직선의 방정식을 구하시오.

(1) 점 $(2, 8)$을 지나고 x축에 평행한 직선

(2) 점 $(3, -2)$를 지나고 y축에 평행한 직선

(3) 점 $(-5, 6)$을 지나고 x축에 수직인 직선

(4) 두 점 $(-2, -3)$, $(1, -3)$을 지나는 직선

● 더 다양한 문제는 **RPM** 공통수학 2 20쪽

필수 01 **한 점과 기울기가 주어진 직선의 방정식**

두 점 $(-4, 2)$, $(6, 8)$을 이은 선분의 중점을 지나고 기울기가 -3인 직선의 방정식을 구하시오.

풀이 두 점 $(-4, 2)$, $(6, 8)$을 이은 선분의 중점의 좌표는

$$\left(\frac{-4+6}{2}, \frac{2+8}{2}\right), \ \text{즉} \ (1, 5)$$

따라서 점 $(1, 5)$를 지나고 기울기가 -3인 직선의 방정식은

$$y-5=-3(x-1) \qquad \therefore \boldsymbol{y=-3x+8}$$

── 더 다양한 문제는 **RPM** 공통수학 2 20쪽 ──

필수 02 **두 점을 지나는 직선의 방정식**

두 점 $A(7, -3)$, $B(2, -8)$을 이은 선분 AB를 $3 : 2$로 내분하는 점과 점 $(5, 2)$를 지나는 직선의 방정식을 구하시오.

풀이 선분 AB를 $3 : 2$로 내분하는 점의 좌표는

$$\left(\frac{3\times 2+2\times 7}{3+2}, \frac{3\times(-8)+2\times(-3)}{3+2}\right), \ \text{즉} \ (4, -6)$$

따라서 두 점 $(4, -6)$, $(5, 2)$를 지나는 직선의 방정식은

$$y-(-6)=\frac{2-(-6)}{5-4}(x-4) \qquad \therefore \boldsymbol{y=8x-38}$$

● 정답 및 풀이 **14**쪽

65 직선 $\sqrt{3}x+ay+b=0$은 점 $(2, -1)$을 지나고 x축의 양의 방향과 이루는 각의 크기가 $60°$이다. 상수 a, b에 대하여 ab의 값을 구하시오.

66 점 $(-4, 3)$을 지나고 기울기가 $-\dfrac{1}{2}$인 직선과 x축, y축으로 둘러싸인 도형의 넓이를 구하시오.

67 세 점 $A(2, 4)$, $B(-3, -1)$, $C(7, -6)$을 꼭짓점으로 하는 삼각형 ABC의 무게중심 G와 점 C를 지나는 직선의 방정식을 구하시오.

● 더 다양한 문제는 **RPM** 공통수학 2 21쪽

 **03** **x절편과 y절편이 주어진 직선의 방정식**

x절편이 6이고 y절편이 -2인 직선 위에 두 점 $(a, -1)$, $(4, b)$가 있을 때, ab의 값을 구하시오.

풀이 x절편이 6이고 y절편이 -2인 직선의 방정식은 $\dfrac{x}{6} + \dfrac{y}{-2} = 1$ $\cdots\cdots$ ㉠

점 $(a, -1)$이 직선 ㉠ 위에 있으므로 $\dfrac{a}{6} + \dfrac{-1}{-2} = 1$ $\therefore a = 3$

점 $(4, b)$가 직선 ㉠ 위에 있으므로 $\dfrac{4}{6} + \dfrac{b}{-2} = 1$ $\therefore b = -\dfrac{2}{3}$

$\therefore ab = -2$

● 더 다양한 문제는 **RPM** 공통수학 2 21쪽

 **04** **세 점이 한 직선 위에 있을 조건**

세 점 $A(3, 2)$, $B(1, -a)$, $C(a, 5)$가 한 직선 위에 있도록 하는 양수 a의 값을 구하시오.

풀이   세 점 A, B, C가 한 직선 위에 있으려면 (직선 AB의 기울기)=(직선 AC의 기울기)이어야 하므로

$\dfrac{-a-2}{1-3} = \dfrac{5-2}{a-3}$, $(a+2)(a-3) = 6$

$a^2 - a - 12 = 0$, $(a+3)(a-4) = 0$

$\therefore a = 4 \ (\because a > 0)$

KEY Point

• 세 점 A, B, C가 한 직선 위에 있다.

⇨ (직선 AB의 기울기)=(직선 BC의 기울기)=(직선 AC의 기울기)

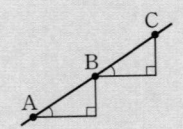

● 정답 및 풀이 **15**쪽

 68 직선 $4x + 3y = 6$이 x축과 만나는 점을 P, 직선 $3x - 2y = 12$가 y축과 만나는 점을 Q라 할 때, 직선 PQ의 방정식을 구하시오.

69 점 $(6, -4)$를 지나는 직선의 x절편이 y절편의 2배일 때, 이 직선의 방정식을 구하시오.

(단, y절편은 0이 아니다.)

70 세 점 $A(1, -1)$, $B(2, k)$, $C(-k, -10)$이 한 직선 위에 있도록 하는 모든 k의 값의 합을 구하시오.

필수 05 **도형의 넓이를 이등분하는 직선의 방정식**

세 점 $A(-2, 4)$, $B(-1, 2)$, $C(3, 4)$를 꼭짓점으로 하는 삼각형 ABC가 있다. 점 A를 지나고 삼각형 ABC의 넓이를 이등분하는 직선의 방정식을 구하시오.

풀이 점 A를 지나는 직선이 삼각형 ABC의 넓이를 이등분하려면 $\overline{BC}$의 중점을 지나야 한다.

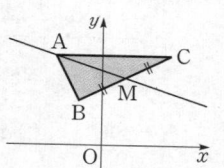

$\overline{BC}$의 중점을 M이라 하면 점 M의 좌표는

$$\left(\frac{-1+3}{2}, \frac{2+4}{2}\right), \text{ 즉 } (1, 3)$$

따라서 두 점 $A(-2, 4)$, $M(1, 3)$을 지나는 직선의 방정식은

$$y-4=\frac{3-4}{1-(-2)}\{x-(-2)\} \qquad \therefore \boldsymbol{y=-\frac{1}{3}x+\frac{10}{3}}$$

KEY Point

- 삼각형 ABC의 꼭짓점 A를 지나면서 그 넓이를 이등분하는 직선
  ⇨ $\overline{BC}$의 중점을 지난다.
- 직사각형, 마름모, 정사각형의 넓이를 이등분하는 직선
  ⇨ 두 대각선의 교점을 지난다.

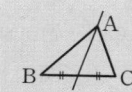

● 정답 및 풀이 15쪽

확인 체크

71 직선 $y=ax$가 세 점 $O(0, 0)$, $A(4, 4)$, $B(8, -6)$을 꼭짓점으로 하는 삼각형 OAB의 넓이를 이등분할 때, 상수 a의 값을 구하시오.

72 오른쪽 그림과 같이 마름모 $ABCD$가 좌표평면 위에 놓여 있다. 점 $(-1, 1)$을 지나고 마름모 $ABCD$의 넓이를 이등분하는 직선의 방정식을 구하시오.

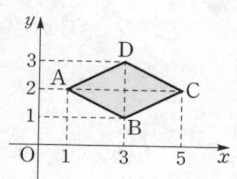

73 직선 $kx-4y+3=0$이 오른쪽 그림과 같은 직사각형 $ABCD$의 넓이를 이등분할 때, 상수 k의 값을 구하시오.

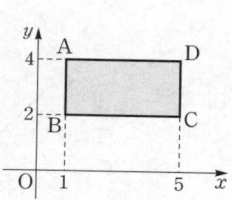

필수 06 **계수의 부호와 그래프의 개형**

상수 a, b, c가 다음을 만족시킬 때, 직선 $ax+by+c=0$이 지나는 사분면을 모두 구하시오.

(1) $ac>0$, $bc>0$　　　　(2) $ab<0$, $bc>0$　　　　(3) $ac>0$, $b=0$

설명 직선의 개형 ⇨ x절편과 y절편의 부호 또는 기울기와 y절편의 부호를 조사한다.

풀이 (1) $ax+by+c=0$에서　　$(x$절편$)=-\dfrac{c}{a}$, $(y$절편$)=-\dfrac{c}{b}$

$ac>0$, $bc>0$에서　　$\dfrac{c}{a}>0$, $\dfrac{c}{b}>0$　　∴ $-\dfrac{c}{a}<0$, $-\dfrac{c}{b}<0$

따라서 x절편과 y절편이 모두 음수인 직선은 오른쪽 그림과 같으므로
제2, 3, 4사분면을 지난다.

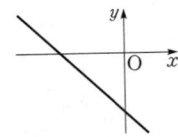

(2) $ax+by+c=0$에서 $y=-\dfrac{a}{b}x-\dfrac{c}{b}$이므로

$(기울기)=-\dfrac{a}{b}$, $(y$절편$)=-\dfrac{c}{b}$

$ab<0$, $bc>0$에서　　$\dfrac{a}{b}<0$, $\dfrac{c}{b}>0$　　∴ $-\dfrac{a}{b}>0$, $-\dfrac{c}{b}<0$

따라서 기울기가 양수, y절편이 음수인 직선은 오른쪽 그림과 같으므로
제1, 3, 4사분면을 지난다.

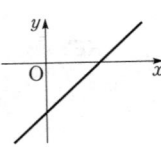

(3) $ax+by+c=0$에서 $b=0$이므로　　$x=-\dfrac{c}{a}$

$ac>0$에서　　$\dfrac{c}{a}>0$　　∴ $-\dfrac{c}{a}<0$

따라서 y축에 평행하고 x절편이 음수인 직선은 오른쪽 그림과 같으므로
제2, 3사분면을 지난다.

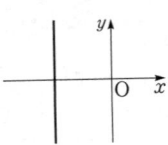

● 정답 및 풀이 **16쪽**

---

74 상수 a, b, c가 다음을 만족시킬 때, 직선 $ax+by+c=0$이 지나는 사분면을 모두 구하시오.

(1) $a=0$, $bc<0$　　　　(2) $ab<0$, $bc<0$　　　　(3) $c=0$, $ab<0$

75 상수 a, b, c에 대하여 $ab>0$, $ac<0$일 때, 다음 중 직선 $ax+by+c=0$의 개형은?

① 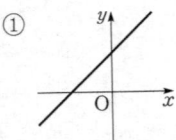　　② 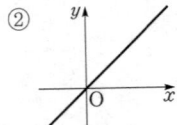　　③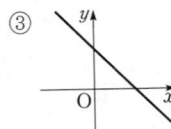

④ 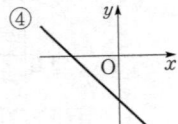　　⑤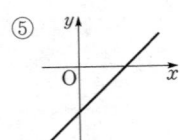

07 **직선이 항상 지나는 점**

직선 $(2-k)x+(3k-1)y-5=0$이 실수 k의 값에 관계없이 항상 지나는 점의 좌표를 구하시오.

풀이 주어진 식을 k에 대하여 정리하면

$$(2x-y-5)+k(-x+3y)=0$$

이 식이 k의 값에 관계없이 항상 성립하므로 항등식의 성질에 의하여

$$2x-y-5=0, \ -x+3y=0$$

두 식을 연립하여 풀면

$$x=3, \ y=1$$

따라서 구하는 점의 좌표는 **(3, 1)**이다. ← 점 $(3, 1)$은 두 직선 $2x-y-5=0$, $-x+3y=0$의 교점이다.

참고 두 직선 $ax+by+c=0$, $a'x+b'y+c'=0$이 한 점에서 만날 때, 직선

$$ax+by+c+k(a'x+b'y+c')=0$$

은 실수 k의 값에 관계없이 항상 두 직선 $ax+by+c=0$, $a'x+b'y+c'=0$의 교점을 지난다.

KEY Point

• k의 값에 관계없이 ⇨ k에 대한 항등식

⇨ ( )$+k($)$=0$의 꼴로 정리하여 항등식의 성질을 이용한다.

● 정답 및 풀이 **16**쪽

 76 직선 $(2k-1)x-(k-1)y-3=0$은 실수 k의 값에 관계없이 항상 점 P를 지난다. 이때 점 P의 좌표를 구하시오.

77 직선 $(k-2)x+(2k+1)y+7-k=0$이 실수 k의 값에 관계없이 항상 지나는 점을 P라 할 때, 선분 OP의 길이를 구하시오. (단, O는 원점이다.)

41

● 더 다양한 문제는 **RPM** 공통수학 2 27쪽

 08 직선이 항상 지나는 점의 활용

두 직선 $x+y-2=0$, $mx-y+m+1=0$이 제1사분면에서 만나도록 하는 실수 m의 값의 범위를 구하시오.

풀이 $mx-y+m+1=0$을 m에 대하여 정리하면

$$(x+1)m-y+1=0 \quad \cdots\cdots \ \textcircled{\tiny ㄱ}$$

이 식이 m의 값에 관계없이 항상 성립하려면

$$x+1=0, \ -y+1=0$$

$$\therefore \ x=-1, \ y=1$$

따라서 직선 ㉠은 m의 값에 관계없이 항상 점 $(-1, 1)$을 지난다.

오른쪽 그림에서

(ⅰ) 직선 ㉠이 점 $(2, 0)$을 지날 때

$$3m+1=0 \quad \therefore \ m=-\frac{1}{3}$$

(ⅱ) 직선 ㉠이 점 $(0, 2)$를 지날 때

$$m-1=0 \quad \therefore \ m=1$$

(ⅰ), (ⅱ)에서 구하는 m의 값의 범위는

$$-\frac{1}{3}<m<1$$

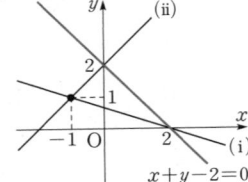

KEY Point

● 직선 $m(x-a)+(y-b)=0$

⇨ m의 값에 관계없이 항상 점 (a, b)를 지난다.

● 정답 및 풀이 **16**쪽

 78 두 직선 $x+y+1=0$, $mx+y-m+1=0$이 제3사분면에서 만나도록 하는 실수 m의 값의 범위를 구하시오.

79 직선 $y=mx+2$가 두 점 $A(5, 1)$, $B(2, 3)$을 이은 선분 AB와 만나도록 하는 실수 m의 값의 범위를 구하시오.

09 두 직선의 교점을 지나는 직선의 방정식

두 직선 $2x-y-1=0$, $x-y-3=0$의 교점과 점 $(2, 2)$를 지나는 직선의 방정식을 구하시오.

풀이 주어진 두 직선의 교점을 지나는 직선의 방정식을
$$2x-y-1+k(x-y-3)=0\,(k는 \ 실수) \quad \cdots\cdots \ \bigcirc$$
이라 하자.

직선 $\bigcirc$이 점 $(2, 2)$를 지나려면
$$1-3k=0 \quad \therefore k=\frac{1}{3}$$

$\bigcirc$에 $k=\dfrac{1}{3}$을 대입하면
$$2x-y-1+\frac{1}{3}(x-y-3)=0$$
$$\therefore \ \mathbf{7x-4y-6=0}$$

다른 풀이 두 식 $2x-y-1=0$, $x-y-3=0$을 연립하여 풀면
$$x=-2, y=-5$$
이므로 주어진 두 직선의 교점의 좌표는 $\quad (-2, -5)$

따라서 두 점 $(-2, -5)$, $(2, 2)$를 지나는 직선의 방정식은
$$y+5=\frac{2-(-5)}{2-(-2)}(x+2)$$
$$\therefore \ 7x-4y-6=0$$

KEY Point

• 두 직선 $ax+by+c=0$, $a'x+b'y+c'=0$의 교점을 지나는 직선의 방정식
⇨ $ax+by+c+k(a'x+b'y+c')=0$ (단, k는 실수이다.)

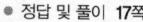

● 정답 및 풀이 **17**쪽

 80 두 직선 $3x+2y=-1$, $2x-y+10=0$의 교점과 원점을 지나는 직선의 방정식을 구하시오.

81 두 직선 $4x-3y+5=0$, $x+2y-7=0$의 교점을 지나고 기울기가 -6인 직선의 방정식을 구하시오.

STEP 1

생각해 봅시다!

82 x축의 양의 방향과 이루는 각의 크기가 $30°$이고 점 $(3, -\sqrt{3})$을 지나는 직선과 x축 및 y축으로 둘러싸인 삼각형의 넓이를 구하시오.

> 직선이 x축의 양의 방향과 이루는 각의 크기가 θ이다.
> ⇨ (기울기)$=\tan\theta$

83 점 $(a-1, a+5)$가 두 점 $(-1, 2)$, $(1, 8)$을 지나는 직선 위에 있을 때, 상수 a의 값을 구하시오.

84 x절편과 y절편의 절댓값이 같고 부호가 반대인 직선이 점 $(2, -1)$을 지날 때, 이 직선의 y절편을 구하시오.
> (단, 직선은 원점을 지나지 않는다.)

> x절편이 a, y절편이 b인 직선의 방정식
> ⇨ $\dfrac{x}{a}+\dfrac{y}{b}=1$
> (단, $a\neq0$, $b\neq0$)

85 세 점 $A(1, 1)$, $B(-1, -a)$, $C(a, 5)$가 직선 l 위에 있을 때, 직선 l의 방정식을 구하시오. (단, $a>0$)

86 직선 $5x+6y=1$과 x축 및 y축으로 둘러싸인 부분의 넓이를 직선 $y=mx$가 이등분할 때, 상수 m의 값을 구하시오.

> $\triangle ABC$의 꼭짓점 A를 지나면서 그 넓이를 이등분하는 직선 ⇨ $\overline{BC}$의 중점을 지난다.

87 직선 $ax+by+c=0$의 개형이 오른쪽 그림과 같을 때, 직선 $bx+cy+a=0$이 지나지 <u>않는</u> 사분면을 구하시오. (단, a, b, c는 상수이다.)

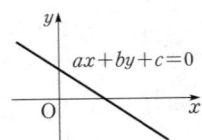

STEP 2

교육청 기출

88 그림과 같이 좌표평면에서 두 점 $A(2, 6)$, $B(8, 0)$에 대하여 일차함수 $y = \frac{1}{2}x + \frac{1}{2}$의 그래프가 x축과 만나는 점을 C, 선분 AB와 만나는 점을 D라 할 때, 삼각형 CBD의 넓이는?

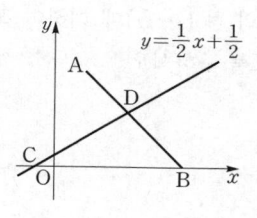

① $\frac{23}{2}$ ② 12 ③ $\frac{25}{2}$ ④ 13 ⑤ $\frac{27}{2}$

89 오른쪽 그림과 같은 직사각형 ABCD에서 점 A의 좌표는 $(-8, 3)$이고 직사각형의 둘레의 길이는 32이다. 직사각형의 가로의 길이가 세로의 길이의 3배일 때, 두 점 B, D를 지나는 직선의 y절편을 구하시오.

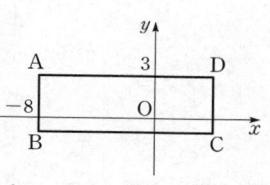

90 오른쪽 그림과 같이 두 점 $A(0, 1)$, $B(2, 0)$을 꼭짓점으로 하는 정사각형 ABCD에서 직선 BD의 방정식을 구하시오.

(단, 두 점 C, D는 제1사분면 위에 있다.)

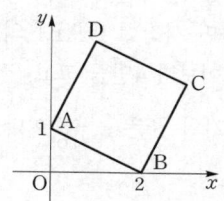

생각해 봅시다! 💡

점 D에서 y축에 수선의 발을 내린 후 합동인 도형을 찾는다.

91 세 점 $A(2, -5)$, $B(a, -2)$, $C(6, 2a+1)$이 삼각형을 이루지 않을 때, 선분 BC의 길이를 구하시오. (단, $a > 0$)

세 점이 삼각형을 이루지 않으려면 세 점이 한 직선 위에 있어야 한다.

92 오른쪽 그림과 같이 좌표평면 위에 놓인 두 직사각형의 넓이를 동시에 이등분하는 직선의 방정식을 구하시오.

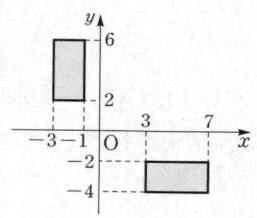

연습 문제

생각해 봅시다! 💡

93 직선 $2x-y=3$ 위의 점 (a, b)에 대하여 직선 $ax+by+6=0$이 항상 지나는 점의 좌표를 구하시오.

94 직선 $y=mx+2m-1$이 오른쪽 그림의 직사각형과 만나도록 하는 실수 m의 값의 범위가 $\alpha \leq m \leq \beta$일 때, $5\alpha\beta$의 값을 구하시오.

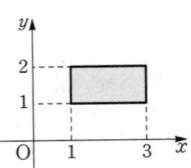

직선 $y=mx+2m-1$이 직사각형과 만나도록 직선을 움직여 본다.

실력 **UP⁺**

95 오른쪽 그림과 같이 좌표평면 위의 네 점 $O(0, 0)$, $A(4, 0)$, $B(4, 6)$, $C(0, 6)$에 대하여 선분 BA의 양 끝 점이 아닌 서로 다른 두 점 D, E가 선분 BA 위에 있다. 직선 OD와 직선 CE가 만나는 점을 F라 하면 사각형 OAEF의 넓이는 사각형 BCFD의 넓이보다 4만큼 크고, 직선 OD와 직선 CE의 기울기의 곱은 $-\dfrac{15}{16}$이다. 이때 직선 CE의 방정식을 구하시오.

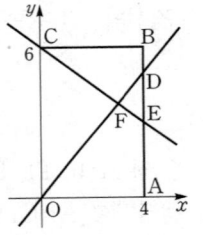

$\triangle OAD$
$= \square OAEF + \triangle DFE$
$= (\square BCFD + 4)$
$\quad + \triangle DFE$
$= \triangle BCE + 4$

96 원점을 지나는 두 직선 m, n이 직선 $x+3y-3=0$과 x축 및 y축으로 둘러싸인 삼각형의 넓이를 삼등분할 때, 두 직선 m, n의 기울기의 합을 구하시오.

97 세 점 $A(1, 2)$, $B(-1, 1)$, $C(3, -1)$을 꼭짓점으로 하는 삼각형 ABC가 직선 $y=kx-2k+2$와 만나지 않도록 하는 실수 k의 값의 범위를 구하시오.

좌표평면 위에 삼각형 ABC를 나타내고 조건을 만족시키도록 직선 $y=kx-2k+2$를 움직여 본다.

02 직선의 위치 관계

1 두 직선의 위치 관계

한 평면 위에서 두 직선 사이의 위치 관계는 다음과 같다.

(1) **평행하다.**

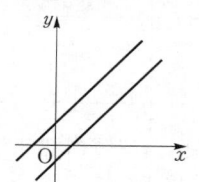

(2) **일치한다.**

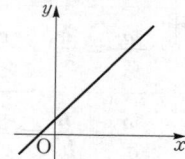

(3) **한 점에서 만난다.**

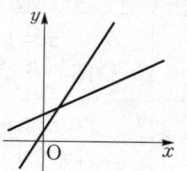

2 두 직선의 평행과 수직 조건   ∽ 필수 10, 11

> (1) **두 직선의 평행 조건**
>
> 두 직선 $y=mx+n$과 $y=m'x+n'$에서
> ① 두 직선이 평행하면 $m=m'$, $n\neq n'$이다.
> ② $m=m'$, $n\neq n'$이면 두 직선은 평행하다.
>
> (2) **두 직선의 수직 조건**
>
> 두 직선 $y=mx+n$과 $y=m'x+n'$에서
> ① 두 직선이 수직이면 $mm'=-1$이다.
> ② $mm'=-1$이면 두 직선은 수직이다.

설명 (1) 두 직선 $y=mx+n$, $y=m'x+n'$이 평행하면 두 직선의 기울기는 같고 y절편은 다르므로

$$m=m', \ n\neq n'$$

또 $m=m'$이고 $n\neq n'$이면 두 직선 $y=mx+n$, $y=m'x+n'$은 평행하다.

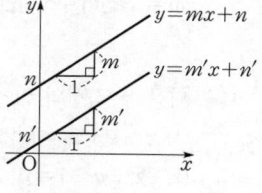

증명 (2) 두 직선 $y=mx+n$, $y=m'x+n'$이 수직이면 이 두 직선에 각각 평행하고 원점을 지나는 두 직선 $y=mx$, $y=m'x$도 수직이다.

오른쪽 그림과 같이 수직인 두 직선 $y=mx$, $y=m'x$와 직선 $x=1$의 교점을 각각 P, Q라 하면

$$P(1, m), \ Q(1, m')$$

이때 삼각형 POQ는 직각삼각형이므로 피타고라스 정리에 의하여

$$\overline{OP}^2+\overline{OQ}^2=\overline{PQ}^2$$
$$(1+m^2)+(1+m'^2)=(m-m')^2$$
$$\therefore \ mm'=-1$$

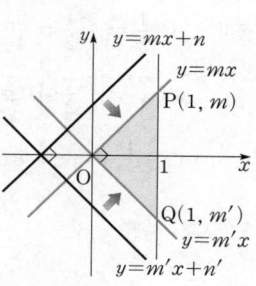

또 $mm'=-1$이면 $\overline{OP}^2+\overline{OQ}^2=\overline{PQ}^2$이므로 삼각형 POQ는 $\angle POQ=90°$인 직각삼각형이다.

따라서 두 직선 $y=mx$, $y=m'x$가 수직이므로 두 직선 $y=mx+n$, $y=m'x+n'$도 수직이다.

3 표준형과 일반형으로 표현된 두 직선의 위치 관계 ∽ 필수 10, 11

표준형 또는 일반형으로 표현된 두 직선의 위치 관계와 두 직선의 방정식을 연립한 연립방정식의 해의 개수는 다음과 같다.

두 직선의 위치 관계	$\begin{cases} y=mx+n \\ y=m'x+n' \end{cases}$	$\begin{cases} ax+by+c=0 \\ a'x+b'y+c'=0 \end{cases}$	두 직선의 교점	연립방정식의 해
평행하다.	$m=m',\ n\neq n'$ ⇨ 기울기가 같고 y절편이 다르다.	$\dfrac{a}{a'}=\dfrac{b}{b'}\neq\dfrac{c}{c'}$	없다.	없다.
일치한다.	$m=m',\ n=n'$ ⇨ 기울기와 y절편이 각각 같다.	$\dfrac{a}{a'}=\dfrac{b}{b'}=\dfrac{c}{c'}$	무수히 많다.	무수히 많다.
한 점에서 만난다.	$m\neq m'$ ⇨ 기울기가 다르다.	$\dfrac{a}{a'}\neq\dfrac{b}{b'}$	한 개	한 쌍
수직이다.	$mm'=-1$ ⇨ (기울기의 곱)$=-1$	$aa'+bb'=0$		

❯ 수직인 두 직선은 한 점에서 만나는 두 직선의 특수한 경우이다.

설명 두 직선의 방정식 $ax+by+c=0$, $a'x+b'y+c'=0$의 x, y의 계수가 모두 0이 아닐 때, 각각을

$$y=-\frac{a}{b}x-\frac{c}{b},\ y=-\frac{a'}{b'}x-\frac{c'}{b'}$$

의 꼴로 변형하면 두 직선의 기울기는 각각 $-\dfrac{a}{b}$, $-\dfrac{a'}{b'}$이고, y절편은 각각 $-\dfrac{c}{b}$, $-\dfrac{c'}{b'}$이다.

(1) 두 직선이 평행하면 $-\dfrac{a}{b}=-\dfrac{a'}{b'}$, $-\dfrac{c}{b}\neq-\dfrac{c'}{b'}$에서 $\dfrac{a}{a'}=\dfrac{b}{b'}\neq\dfrac{c}{c'}$

(2) 두 직선이 일치하면 $-\dfrac{a}{b}=-\dfrac{a'}{b'}$, $-\dfrac{c}{b}=-\dfrac{c'}{b'}$에서 $\dfrac{a}{a'}=\dfrac{b}{b'}=\dfrac{c}{c'}$

(3) 두 직선이 한 점에서 만나면 $-\dfrac{a}{b}\neq-\dfrac{a'}{b'}$에서 $\dfrac{a}{a'}\neq\dfrac{b}{b'}$

(4) 두 직선이 수직이면 $-\dfrac{a}{b}\times\left(-\dfrac{a'}{b'}\right)=-1$에서 $aa'+bb'=0$

예제 ▶ 다음 두 직선의 위치 관계를 말하시오.

(1) $x-y+2=0$, $2x-2y+4=0$

(2) $2x+y-1=0$, $x-2y+3=0$

(3) $x-3y+1=0$, $-x+3y+1=0$

풀이 (1) $\dfrac{1}{2}=\dfrac{-1}{-2}=\dfrac{2}{4}$이므로 두 직선은 일치한다.

(2) $\dfrac{2}{1}\neq\dfrac{1}{-2}$이므로 두 직선은 한 점에서 만난다.

(3) $\dfrac{1}{-1}=\dfrac{-3}{3}\neq\dfrac{1}{1}$이므로 두 직선은 평행하다.

알아둡시다!

98 다음 두 직선이 평행할 때, 상수 a의 값을 모두 구하시오.

(1) $y=ax+2,\ y=-3x-1$

(2) $ax+4y+1=0,\ x+ay-3=0$

두 직선이 평행
⇨ 기울기는 같고 y절편은 다르다.

99 다음 두 직선이 일치할 때, 상수 a, b의 값을 구하시오.

(1) $y=ax+5,\ y=-x+b$

(2) $ax+3y-2=0,\ 3x+by+6=0$

두 직선이 일치
⇨ 기울기와 y절편이 각각 같다.

100 다음 두 직선이 수직일 때, 상수 a의 값을 모두 구하시오.

(1) $y=ax-4,\ y=4x+1$

(2) $(a-2)x+3y-1=0,\ ax-y+3=0$

두 직선이 수직
⇨ (기울기의 곱)$=-1$

10 두 직선의 평행·수직 조건

두 직선 $x+ay+1=0$, $ax+(a+2)y+2=0$에 대하여 다음 물음에 답하시오.

(1) 두 직선이 평행할 때, 상수 a의 값을 구하시오.

(2) 두 직선이 수직일 때, 상수 a의 값을 구하시오. (단, $a \neq 0$)

풀이

(1) 두 직선이 평행하므로 $\dfrac{1}{a}=\dfrac{a}{a+2}\neq\dfrac{1}{2}$

$\dfrac{1}{a}=\dfrac{a}{a+2}$에서 $a^2-a-2=0$, $(a+1)(a-2)=0$

$\therefore a=-1$ 또는 $a=2$ ······ ㉠

$\dfrac{1}{a}\neq\dfrac{1}{2}$에서 $a\neq 2$ ······ ㉡

㉠, ㉡에서 $a=-1$

(2) 두 직선이 수직이므로

$1\times a+a\times(a+2)=0$, $a^2+3a=0$, $a(a+3)=0$

$\therefore a=-3 \ (\because a\neq 0)$

KEY Point

• 두 직선 $ax+by+c=0$, $a'x+b'y+c'=0$이

① 평행하다. ⇨ $\dfrac{a}{a'}=\dfrac{b}{b'}\neq\dfrac{c}{c'}$

② 수직이다. ⇨ $aa'+bb'=0$

● 정답 및 풀이 **22**쪽

 101 두 직선 $(a+1)x+y-1=0$, $2x-(a-2)y-1=0$이 평행할 때, 상수 a의 값을 구하시오.

102 직선 $ax-6y=5$가 직선 $x-2y=3$과 평행하고 직선 $2x-by+1=0$과 수직이다. 상수 a, b에 대하여 $a+b$의 값을 구하시오.

103 두 직선 $(a-2)x+y+1=0$과 $ax-3y+b=0$이 점 $(-2, c)$에서 수직으로 만난다. 상수 a, b, c에 대하여 $a+b+c$의 값을 구하시오. (단, $a>0$)

---

 11 **한 직선에 평행 또는 수직인 직선의 방정식**

다음 물음에 답하시오.

(1) 두 점 $(2, -1)$, $(4, 3)$을 지나는 직선에 평행하고 x절편이 4인 직선의 방정식을 구하시오.

(2) 점 $(-1, 2)$를 지나고 직선 $3x-2y+4=0$에 수직인 직선의 방정식을 구하시오.

설명 평행 또는 수직 조건을 만족시키는 직선의 기울기를 구한 후 이 직선이 지나는 점의 좌표를 이용하여 직선의 방정식을 구한다.

풀이 (1) 두 점 $(2, -1)$, $(4, 3)$을 지나는 직선의 기울기는

$$\frac{3-(-1)}{4-2}=2$$

따라서 기울기가 2이고 x절편이 4인 직선의 방정식은   ← x절편이 4이면 점 $(4, 0)$을 지난다.

$$y=2(x-4) \qquad \therefore \ \boldsymbol{y=2x-8}$$

(2) $3x-2y+4=0$에서 $y=\frac{3}{2}x+2$

이 직선에 수직인 직선의 기울기를 m이라 하면

$$\frac{3}{2} \times m=-1 \qquad \therefore \ m=-\frac{2}{3}$$

따라서 기울기가 $-\frac{2}{3}$이고 점 $(-1, 2)$를 지나는 직선의 방정식은

$$y-2=-\frac{2}{3}(x+1) \qquad \therefore \ \boldsymbol{y=-\frac{2}{3}x+\frac{4}{3}}$$

• 두 직선 $y=mx+n$, $y=m'x+n'$이
① 평행하다. ⇨ $m=m'$, $n \neq n'$
② 수직이다. ⇨ $mm'=-1$

• 정답 및 풀이 **22**쪽

 104 직선 $y=4x-12$에 평행하고 점 $(-2, 5)$를 지나는 직선이 점 $(6, k)$를 지날 때, k의 값을 구하시오.

105 두 점 $(1, 3)$, $(5, -7)$을 이은 선분의 중점을 지나고 직선 $3x+5y-12=0$에 수직인 직선의 방정식을 구하시오.

필수 12 **선분의 수직이등분선의 방정식**

두 점 $A(-1, 3)$, $B(3, -5)$를 이은 선분 AB의 수직이등분선의 방정식이 $x+ay+b=0$일 때, 상수 a, b에 대하여 ab의 값을 구하시오.

설명 선분 AB의 수직이등분선은 선분 AB와 수직이고 선분 AB의 중점을 지난다.
따라서 두 점 A, B를 지나는 직선의 기울기와 선분 AB의 중점의 좌표를 이용하여 선분 AB의 수직이등분선의 방정식을 구한다.

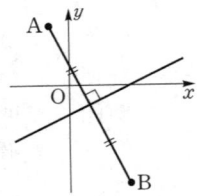

풀이 $\overline{AB}$의 중점의 좌표는

$$\left(\frac{-1+3}{2}, \frac{3-5}{2}\right), \ \text{즉} \ (1, -1)$$

두 점 A, B를 지나는 직선의 기울기는

$$\frac{-5-3}{3-(-1)}=-2$$

따라서 $\overline{AB}$의 수직이등분선은 기울기가 $\frac{1}{2}$이고 점 $(1, -1)$을 지나는 직선이므로 그 방정식은

$$y+1=\frac{1}{2}(x-1) \qquad \therefore \ x-2y-3=0$$

즉 $a=-2$, $b=-3$이므로 $\qquad ab=6$

 **KEY Point**

• 선분 AB의 수직이등분선을 l이라 하면
① 수직 조건 ⇨ (직선 l의 기울기) × (직선 AB의 기울기) $=-1$
② 이등분 조건 ⇨ 직선 l이 선분 AB의 중점을 지난다.

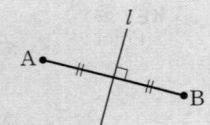

● 정답 및 풀이 **23**쪽

 106 두 점 $A(-1, 2)$, $B(5, -4)$를 이은 선분 AB의 수직이등분선이 점 $(a, -2)$를 지날 때, a의 값을 구하시오.

107 두 점 $A(-5, -4)$, $B(a, 8)$을 이은 선분 AB의 수직이등분선의 방정식이 $2x+3y+b=0$일 때, $a-b$의 값을 구하시오. (단, b는 상수이다.)

발전 13 세 직선의 위치 관계

세 직선 $x-y=0$, $x+y=2$, $5x-ky=15$가 삼각형을 이루지 않도록 하는 상수 k의 값을 모두 구하시오.

설명 서로 다른 세 직선이 삼각형을 이루지 않는 경우는 다음과 같다.

(ⅰ) 세 직선이 평행할 때   (ⅱ) 두 직선이 평행할 때   (ⅲ) 세 직선이 한 점에서 만날 때

풀이 $x-y=0$ ······ ㉠
$x+y=2$ ······ ㉡
$5x-ky=15$ ······ ㉢

(ⅰ) 세 직선이 평행한 경우
   두 직선 ㉠, ㉡의 기울기가 각각 1, -1이므로 두 직선 ㉠, ㉡은 평행하지 않다.
   따라서 세 직선이 평행할 수는 없다.

(ⅱ) 두 직선이 평행한 경우
   두 직선 ㉠, ㉢이 평행하려면
$$\frac{1}{5}=\frac{-1}{-k}\neq\frac{0}{-15} \qquad \therefore k=5$$
   두 직선 ㉡, ㉢이 평행하려면
$$\frac{1}{5}=\frac{1}{-k}\neq\frac{-2}{-15} \qquad \therefore k=-5$$

(ⅲ) 세 직선이 한 점에서 만나는 경우
   직선 ㉢이 두 직선 ㉠, ㉡의 교점을 지나야 한다.
   ㉠, ㉡을 연립하여 풀면 $x=1$, $y=1$
   따라서 두 직선 ㉠, ㉡의 교점의 좌표는 $(1, 1)$이다.
   직선 ㉢이 점 $(1, 1)$을 지나려면
$$5-k=15 \qquad \therefore k=-10$$
이상에서 상수 k의 값은 **-10**, **-5**, **5**이다.

KEY Point

• 서로 다른 세 직선이 삼각형을 이루지 않는 경우
  ① 세 직선이 평행할 때   ② 두 직선이 평행할 때   ③ 세 직선이 한 점에서 만날 때

● 정답 및 풀이 **23**쪽

108 세 직선 $2x+y+1=0$, $x-y+2=0$, $ax-y=0$이 삼각형을 이루지 않도록 하는 모든 상수 a의 값의 합을 구하시오.

STEP 1

109 직선 $x+ay+1=0$이 직선 $2x-by+1=0$과 수직이고 직선 $x-(b-3)y-1=0$과 평행하다. 이때 상수 a, b에 대하여 a^2+b^2의 값을 구하시오.

110 두 직선 $2x+ay+3=0$, $bx+2y+c=0$이 점 $(1, 1)$에서 수직으로 만날 때, 상수 a, b, c에 대하여 abc의 값을 구하시오.

> 두 직선은 모두 점 $(1, 1)$을 지난다.

111 두 직선 $x-y+5=0$, $2x-y+3=0$의 교점을 지나고 직선 $3x-2y+1=0$과 평행한 직선의 방정식이 $y=ax+b$일 때, 상수 a, b에 대하여 ab의 값을 구하시오.

교육청 기출
112 점 $(2, 5)$를 지나고 직선 $3x+2y-4=0$에 수직인 직선의 방정식이 $2x+ay+b=0$일 때, $a+b$의 값을 구하시오. (단, a, b는 상수이다.)

113 두 점 A$(-3, 2)$, B$(9, -4)$에 대하여 선분 AB를 $2:1$로 내분하는 점을 C라 하자. 점 C를 지나고 직선 AB에 수직인 직선과 x축 및 y축으로 둘러싸인 부분의 넓이를 구하시오.

114 서로 다른 세 직선 $ax+y+5=0$, $2x+by-4=0$, $x+2y+3=0$에 의하여 좌표평면이 네 부분으로 나누어질 때, 상수 a, b에 대하여 $a+b$의 값을 구하시오.

> 조건을 만족시키는 세 직선의 위치 관계를 생각한다.

STEP 2

115 점 $(2, 0)$을 지나는 직선과 직선 $(3k-2)x-y+5=0$이 y축에서 수직으로 만날 때, 상수 k의 값을 구하시오.

> 두 직선이 y축에서 만나면 두 직선의 y절편이 같다.

116 점 A$(1, 4)$에서 직선 $y=x-3$에 내린 수선의 발을 H라 할 때, 점 H의 좌표를 구하시오.

생각해 봅시다! 💡

직선 밖의 한 점에서 직선에 그은 수선과 그 직선의 교점을 수선의 발이라 한다.

117 두 점 A$(1, -4)$, B에 대하여 직선 $x+3y+1=0$이 선분 AB의 수직이등분선일 때, 점 B의 좌표를 구하시오.

118 세 직선 $x+2y=3$, $2x-3y-12=0$, $ax+y=1$로 둘러싸인 삼각형이 직각삼각형이 되도록 하는 모든 상수 a의 값의 합을 구하시오.

119 세 직선 $2x-y=4$, $3x+2y=-1$, $x-ay=0$이 삼각형을 이루지 않도록 하는 모든 상수 a의 값의 곱을 구하시오.

실력 UP⁺

교육청 기출

120 그림과 같이 좌표평면에서 이차함수 $y=x^2$의 그래프 위의 점 P$(1, 1)$에서의 접선을 l_1, 점 P를 지나고 직선 l_1과 수직인 직선을 l_2라 하자. 직선 l_1이 y축과 만나는 점을 Q, 직선 l_2가 이차함수 $y=x^2$의 그래프와 만나는 점 중 점 P가 아닌 점을 R라 하자. 삼각형 PRQ의 넓이를 S라 할 때, $40S$의 값을 구하시오.

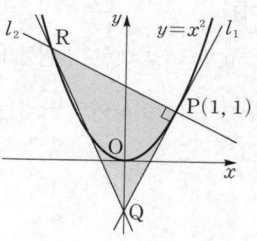

이차함수 $y=f(x)$의 그래프와 직선 $y=g(x)$가 접하면 방정식 $f(x)=g(x)$가 중근을 갖는다.

121 삼각형 ABC의 세 꼭짓점 A$(3, -1)$, B$(8, 4)$, C$(2, 6)$에서 각각의 대변에 그은 세 수선의 교점의 좌표를 구하시오.

삼각형의 각 꼭짓점에서 대변에 그은 세 수선은 한 점에서 만난다.

03 점과 직선 사이의 거리

1 점과 직선 사이의 거리 ♾ 필수 14

좌표평면 위의 점 P에서 점 P를 지나지 않는 직선 l에 내린 수선의 발을 H라 할 때, 선분 PH의 길이를 점 P와 직선 l 사이의 거리라 한다.

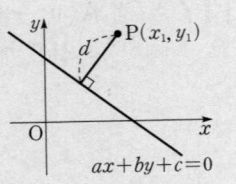

점 $P(x_1, y_1)$과 직선 $ax+by+c=0$ 사이의 거리 d는

$$d=\frac{|ax_1+by_1+c|}{\sqrt{a^2+b^2}}$$

특히 원점과 직선 $ax+by+c=0$ 사이의 거리 d는

$$d=\frac{|c|}{\sqrt{a^2+b^2}}$$

증명 점 $P(x_1, y_1)$에서 직선 $l: ax+by+c=0$에 내린 수선의 발을 $H(x_2, y_2)$라 하자.

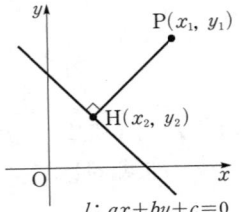

$a\neq0$, $b\neq0$일 때, 직선 l의 기울기가 $-\dfrac{a}{b}$이고 직선 PH와 직선 l은 수직이므로

$$\frac{y_2-y_1}{x_2-x_1}\times\left(-\frac{a}{b}\right)=-1 \qquad \therefore \frac{x_2-x_1}{a}=\frac{y_2-y_1}{b}$$

이때 $\dfrac{x_2-x_1}{a}=\dfrac{y_2-y_1}{b}=k$로 놓으면

$$x_2-x_1=ak, \ y_2-y_1=bk \qquad\cdots\cdots\text{㉠}$$
$$\therefore \overline{PH}=\sqrt{(x_2-x_1)^2+(y_2-y_1)^2}=\sqrt{k^2(a^2+b^2)}=|k|\sqrt{a^2+b^2} \qquad\cdots\cdots\text{㉡}$$

또 점 $H(x_2, y_2)$가 직선 l 위의 점이므로 $\quad ax_2+by_2+c=0 \qquad\cdots\cdots\text{㉢}$

㉠에서 $x_2=x_1+ak$, $y_2=y_1+bk$이므로 ㉢에 이것을 대입하면

$$a(x_1+ak)+b(y_1+bk)+c=0 \qquad \therefore k=-\frac{ax_1+by_1+c}{a^2+b^2} \qquad\cdots\cdots\text{㉣}$$

㉡에 ㉣을 대입하면 $\quad \overline{PH}=\left|-\dfrac{ax_1+by_1+c}{a^2+b^2}\right|\sqrt{a^2+b^2}=\dfrac{|ax_1+by_1+c|}{\sqrt{a^2+b^2}}$

이는 $a=0$, $b\neq0$ 또는 $a\neq0$, $b=0$일 때에도 성립한다.

보기 ▶ 점 $(2, 1)$과 직선 $3x-4y+3=0$ 사이의 거리는

$$\frac{|3\times2-4\times1+3|}{\sqrt{3^2+(-4)^2}}=\frac{5}{5}=1$$

2 평행한 두 직선 사이의 거리 ♾ 필수 15

두 직선 l, l'이 평행할 때, 직선 l 위의 임의의 점 P와 직선 l' 사이의 거리 d 를 평행한 두 직선 l, l' 사이의 거리라 한다.
따라서 평행한 두 직선 사이의 거리는 한 직선 위의 임의의 점을 택하고 점과 직선 사이의 거리 공식을 이용하여 구한다.

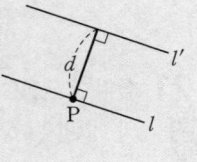

▶ 한 직선 위의 임의의 점은 x축과의 교점, y축과의 교점 등과 같이 계산이 간단한 점을 택한다.

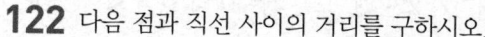
알아둡시다!

점 (x_1, y_1)과 직선
$ax+by+c=0$ 사이의 거리
$\Rightarrow \dfrac{|ax_1+by_1+c|}{\sqrt{a^2+b^2}}$

122 다음 점과 직선 사이의 거리를 구하시오.

(1) 점 $(-1, 4)$, 직선 $2x-y+1=0$

(2) 점 $(3, -2)$, 직선 $3x+4y-2=0$

(3) 점 $(-5, 3)$, 직선 $4x-3y+4=0$

(4) 점 $(2, -6)$, 직선 $y=3x-2$

123 원점과 다음 직선 사이의 거리를 구하시오.

(1) $2x+3y-13=0$

(2) $3x-y+10=0$

(3) $2x-4y-5=0$

(4) $y=2x-4$

124 다음 평행한 두 직선 사이의 거리를 구하시오.

(1) $2x-y+2=0$, $2x-y-3=0$

(2) $x+3y-1=0$, $x+3y+4=0$

(3) $3x-4y=0$, $3x-4y+5=0$

(4) $x-2y+1=0$, $2x-4y-3=0$

평행한 두 직선 l, l' 사이의 거리
$\Rightarrow$ 직선 l 위의 임의의 점 P 와 직선 l' 사이의 거리

필수 14 점과 직선 사이의 거리

점 $(2, 3)$과 직선 $y = \dfrac{3}{4}x + \dfrac{k}{2}$ 사이의 거리가 2일 때, 모든 상수 k의 값의 합을 구하시오.

설명 주어진 직선의 방정식을 $ax + by + c = 0$의 꼴로 고친 후 점과 직선 사이의 거리 공식을 이용한다.

풀이 점 $(2, 3)$과 직선 $y = \dfrac{3}{4}x + \dfrac{k}{2}$, 즉 $3x - 4y + 2k = 0$ 사이의 거리가 2이므로

$$\frac{|3 \times 2 - 4 \times 3 + 2k|}{\sqrt{3^2 + (-4)^2}} = 2$$

$$|2k - 6| = 10, \qquad 2k - 6 = \pm 10$$

$$\therefore k = -2 \text{ 또는 } k = 8$$

따라서 모든 상수 k의 값의 합은

$$-2 + 8 = 6$$

KEY Point

- 점 (x_1, y_1)과 직선 $ax + by + c = 0$ 사이의 거리

$$\Rightarrow \frac{|ax_1 + by_1 + c|}{\sqrt{a^2 + b^2}}$$

● 정답 및 풀이 **28쪽**

확인 체크

125 제1사분면 위의 점 $(1, a)$와 직선 $3x + y - 5 = 0$ 사이의 거리가 $\sqrt{10}$일 때, a의 값을 구하시오.

126 점 $(-2, 3)$에서 두 직선 $x + 2y - 1 = 0$, $2x + y + k = 0$까지의 거리가 같도록 하는 모든 상수 k의 값의 곱을 구하시오.

127 직선 $3x + 4y + 1 = 0$에 수직이고 원점으로부터의 거리가 1인 직선의 방정식을 모두 구하시오.

● 더 다양한 문제는 **RPM** 공통수학 2 26쪽

 15 **평행한 두 직선 사이의 거리**

평행한 두 직선 $2x-y+5=0$, $2x-y+k=0$ 사이의 거리가 $2\sqrt5$일 때, 상수 k의 값을 모두 구하시오.

설명 한 직선 위의 임의의 점을 택하여 그 점과 다른 직선 사이의 거리를 구한다. 이때 임의의 점은 x축과의 교점, y축과의 교점 등과 같이 계산이 간단한 점을 택한다.

풀이 두 직선 $2x-y+5=0$, $2x-y+k=0$ 사이의 거리는 직선 $2x-y+5=0$ 위의 점 $(0, 5)$와 직선 $2x-y+k=0$ 사이의 거리와 같으므로

$$\frac{|-5+k|}{\sqrt{2^2+(-1)^2}}=2\sqrt5$$
$$|-5+k|=10, \qquad -5+k=\pm10$$
$$\therefore k=-5 \text{ 또는 } k=15$$

KEY Point

• 평행한 두 직선 $ax+by+c=0$, $a'x+b'y+c'=0$ 사이의 거리
⇨ 직선 $ax+by+c=0$ 위의 한 점과 직선 $a'x+b'y+c'=0$ 사이의 거리를 구한다.

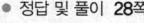
● 정답 및 풀이 28쪽

 128 평행한 두 직선 $x+y-3=0$, $x+y+m=0$ 사이의 거리가 $4\sqrt2$일 때, 양수 m의 값을 구하시오.

129 두 직선 $3x-y+12=0$, $ax+2y-4=0$이 평행할 때, 상수 a의 값과 두 직선 사이의 거리를 구하시오.

130 평행한 두 직선 $3x+4y-5=0$, $3x+ay+b=0$ 사이의 거리가 3일 때, 상수 a, b의 값을 구하시오. (단, $b<0$)

16 **꼭짓점의 좌표가 주어진 삼각형의 넓이**

세 점 $A(2, 5)$, $B(-3, 2)$, $C(1, -4)$를 꼭짓점으로 하는 삼각형 ABC의 넓이를 구하시오.

설명 삼각형의 높이는 한 꼭짓점과 그 꼭짓점의 대변 사이의 거리와 같다.
⇨ 점과 직선 사이의 거리 공식을 이용하여 구한다.

풀이 선분 BC의 길이는

$$\sqrt{(1+3)^2+(-4-2)^2}=2\sqrt{13}$$

직선 BC의 방정식은

$$y-2=\frac{-4-2}{1-(-3)}(x+3) \qquad \therefore 3x+2y+5=0$$

점 $A(2, 5)$와 직선 BC 사이의 거리를 h라 하면

$$h=\frac{|3\times2+2\times5+5|}{\sqrt{3^2+2^2}}=\frac{21}{\sqrt{13}}$$

따라서 △ABC의 넓이는

$$\frac{1}{2}\times\overline{BC}\times h=\frac{1}{2}\times2\sqrt{13}\times\frac{21}{\sqrt{13}}=\mathbf{21}$$

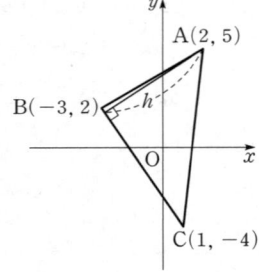

KEY Point

• 세 점 A, B, C를 꼭짓점으로 하는 삼각형 ABC의 넓이는 다음과 같은 순서로 구한다.
(ⅰ) $\overline{BC}$의 길이 구하기
(ⅱ) 직선 BC의 방정식 구하기
(ⅲ) 점 A와 직선 BC 사이의 거리 h 구하기
(ⅳ) $\triangle ABC=\frac{1}{2}\times\overline{BC}\times h$

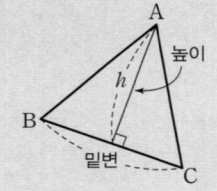

● 정답 및 풀이 **28**쪽

 131 원점 O와 두 점 $A(2, 2)$, $B(-3, 6)$에 대하여 삼각형 OAB의 넓이를 구하시오.

132 세 점 $A(1, 2)$, $B(3, -1)$, $C(a, 4)$를 꼭짓점으로 하는 삼각형 ABC의 넓이가 8이 되도록 하는 a의 값을 모두 구하시오.

발전 17 **각의 이등분선의 방정식**

두 직선 $2x-y-1=0$, $x+2y-1=0$이 이루는 각의 이등분선의 방정식을 구하시오.

설명 각의 이등분선 위의 임의의 점 $P(x, y)$에서 두 직선에 이르는 거리가 같음을 이용하여 각의 이등분선의 방정식을 구한다.

풀이 각의 이등분선 위의 임의의 점을 $P(x, y)$라 하면 점 P에서 두 직선
$2x-y-1=0$, $x+2y-1=0$에 이르는 거리가 같으므로

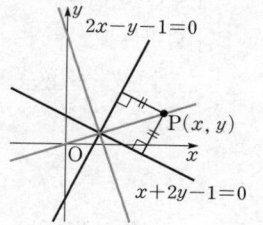

$$\frac{|2x-y-1|}{\sqrt{2^2+(-1)^2}} = \frac{|x+2y-1|}{\sqrt{1^2+2^2}}$$

$$|2x-y-1| = |x+2y-1|$$

$$2x-y-1 = \pm(x+2y-1) \quad \leftarrow |A|=|B|\text{에서} \quad A=\pm B$$

$$\therefore \; \boldsymbol{x-3y=0 \; \text{또는} \; 3x+y-2=0}$$

참고 두 직선 l, l'이 한 점에서 만날 때, 두 직선이 이루는 각의 이등분선 위의 임의의 점에서 두 직선 l, l'에 이르는 거리가 같다.
이때 두 직선이 한 점에서 만나면 두 쌍의 맞꼭지각이 생기므로 각의 이등분선도 두 개이며 서로 수직이다.

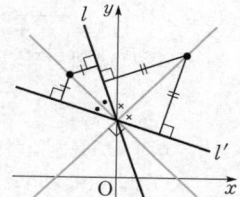

KEY Point

• 두 직선이 이루는 각의 이등분선
⇨ 두 직선으로부터 같은 거리에 있는 점이 나타내는 도형

● 정답 및 풀이 **29**쪽

133 두 직선 $y=-\dfrac{1}{2}x-\dfrac{3}{2}$, $y=2x-5$로부터 같은 거리에 있는 점 P가 나타내는 도형의 방정식을 구하시오.

134 두 직선 $x-3y+4=0$, $3x-y-2=0$이 이루는 각을 이등분하는 직선 중에서 기울기가 음수인 직선의 방정식을 구하시오.

 **특강** 한 꼭짓점이 원점인 삼각형의 넓이

1 삼각형 OAB의 넓이

원점 $O(0, 0)$과 두 점 $A(x_1, y_1)$, $B(x_2, y_2)$를 꼭짓점으로 하는 삼각형 OAB의 넓이는

$$\frac{|x_1y_2 - x_2y_1|}{2}$$

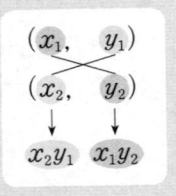

증명 오른쪽 그림과 같이 세 점 $O(0, 0)$, $A(x_1, y_1)$, $B(x_2, y_2)$를 꼭짓점으로 하는 삼각형 OAB에서

$$\overline{OA} = \sqrt{x_1^2 + y_1^2}$$

직선 OA의 방정식은

$$y = \frac{y_1}{x_1}x \qquad \therefore y_1x - x_1y = 0$$

이때 $\overline{OA}$를 삼각형 OAB의 밑변으로 생각하면 삼각형 OAB의 높이는 점 B와 직선 OA 사이의 거리와 같다.

점 B에서 직선 OA에 내린 수선의 발을 H라 하면

$$\overline{BH} = \frac{|y_1x_2 - x_1y_2|}{\sqrt{y_1^2 + (-x_1)^2}} = \frac{|x_1y_2 - x_2y_1|}{\sqrt{x_1^2 + y_1^2}}$$

따라서 삼각형 OAB의 넓이는

$$\frac{1}{2} \times \overline{OA} \times \overline{BH} = \frac{1}{2} \times \sqrt{x_1^2 + y_1^2} \times \frac{|x_1y_2 - x_2y_1|}{\sqrt{x_1^2 + y_1^2}}$$

$$= \frac{|x_1y_2 - x_2y_1|}{2}$$

참고 세 점 (x_1, y_1), (x_2, y_2), (x_3, y_3)을 꼭짓점으로 하는 삼각형의 넓이는

$$\frac{|x_1y_2 + x_2y_3 + x_3y_1 - x_2y_1 - x_3y_2 - x_1y_3|}{2}$$

예제 ▶ 원점 O와 두 점 $A(2, 2)$, $B(-3, 6)$에 대하여 삼각형 OAB의 넓이를 구하시오.

풀이 $\triangle OAB = \dfrac{|2 \times 6 - 2 \times (-3)|}{2} = \dfrac{18}{2} = 9$

● 정답 및 풀이 **29쪽**

 135 원점 O와 두 점 $A(-3, 5)$, $B(1, -3)$에 대하여 삼각형 OAB의 넓이를 구하시오.

연습 문제

STEP 1

136 x축 위의 점 P에서 두 직선 $x+3y-2=0$, $3x-y+3=0$까지의 거리가 같을 때, 점 P의 좌표를 모두 구하시오.

 생각해 봅시다!

점 P의 좌표를 $(a,\ 0)$으로 놓는다.

137 직선 $y=3x+2$에 평행하고 이 직선과의 거리가 $\sqrt{10}$인 두 직선의 y절편의 합을 구하시오.

138 두 점 O$(0,\ 0)$, A$(-1,\ 3)$과 직선 $3x+y-6=0$ 위의 점 P에 대하여 삼각형 AOP의 넓이를 구하시오.

139 네 점 O$(0,\ 0)$, A$(2,\ 1)$, B$(3,\ 3)$, C$(1,\ 2)$를 꼭짓점으로 하는 평행사변형 OABC의 넓이를 구하시오.

(평행사변형의 넓이)
=(밑변의 길이)×(높이)

140 두 직선 $3x+y=0$, $x+3y+4=0$이 이루는 각 중에서 예각을 이등분하는 직선의 방정식을 구하시오.

STEP 2

141 직선 $(a+1)x-(a-3)y+a-15=0$은 실수 a의 값에 관계없이 항상 점 A를 지난다. 점 A와 직선 $2x-y+p=0$ 사이의 거리가 $\sqrt{5}$일 때, 모든 상수 p의 값의 합을 구하시오.

a의 값에 관계없이
⇨ a에 대한 항등식

142 실수 k에 대하여 점 $(1,\ -2)$와 직선 $x-2y-4+k(2x+y)=0$ 사이의 거리를 $f(k)$라 할 때, $f(k)$의 최댓값을 구하시오.

$f(k)=\dfrac{|a|}{g(k)}$ (a는 상수)
에서 $g(k)$가 최소일 때
$f(k)$가 최댓값을 갖는다.
(단, $g(k)>0$)

연습문제

생각해 봅시다!

143 오른쪽 그림과 같은 마름모 ABCD에 대하여 점 P$(-3, 3)$과 마름모 ABCD 위의 점 Q 사이의 거리의 최솟값을 m, 최댓값을 M이라 할 때, M^2-m^2의 값을 구하시오.

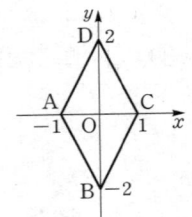

144 두 직선 $x-y+1=0$, $x-2y+3=0$의 교점을 지나고 원점으로부터의 거리가 1인 직선의 방정식을 모두 구하시오.

145 세 직선 $2x-y-1=0$, $x-2y+1=0$, $x+y-5=0$으로 둘러싸인 삼각형의 넓이를 구하시오.

먼저 두 직선씩 짝을 지어 교점의 좌표를 구한다.

146 좌표평면 위의 세 점 A$(6, 0)$, B$(0, -3)$, C$(10, -8)$에 대하여 삼각형 ABC에 내접하는 원의 중심을 P라 할 때, 선분 OP의 길이는? (단, O는 원점이다.)

① $2\sqrt{7}$ ② $\sqrt{30}$ ③ $4\sqrt{2}$ ④ $\sqrt{34}$ ⑤ 6

147 이차함수 $y=x^2+3$의 그래프 위의 점과 직선 $y=-2x+k$ 사이의 거리의 최솟값이 $\sqrt{5}$일 때, 상수 k의 값을 구하시오.

주어진 직선과 평행하고 이차함수의 그래프에 접하는 직선을 생각한다.

148 세 점 A$(1, 4)$, B$(0, -1)$, C$(2, 0)$을 꼭짓점으로 하는 삼각형 ABC의 넓이를 직선 $y=a$가 이등분할 때, 상수 a의 값을 구하시오.

I

도형의 방정식

이 단원에서는

주어진 조건을 만족시키는 원의 방정식을 구하는 방법을 학습합니다. 또 원과 직선의
위치 관계를 학습하고, 특히 접선의 방정식을 구하는 방법을 배웁니다.

01 원의 방정식

개념원리 이해

1 원

평면 위의 한 점 O에서 일정한 거리에 있는 모든 점으로 이루어진 도형을 **원**이라 한다.
이때 점 O는 **원의 중심**이고, 중심에서 원 위의 한 점을 이은 선분은 **원의 반지름**이다.

2 원의 방정식   ∞ 필수 01~03

중심이 점 (a, b)이고 반지름의 길이가 r인 원의 방정식은
$$(x-a)^2+(y-b)^2=r^2$$
특히 중심이 원점이고 반지름의 길이가 r인 원의 방정식은
$$x^2+y^2=r^2$$

▶ $(x-a)^2+(y-b)^2=r^2$의 꼴을 원의 방정식의 **표준형**이라 한다.

설명 점 $C(a, b)$를 중심으로 하고 반지름의 길이가 r인 원 위의 임의의 점을 $P(x, y)$라 하면
$\overline{CP}=r$이므로
$$\sqrt{(x-a)^2+(y-b)^2}=r$$
양변을 제곱하면
$$(x-a)^2+(y-b)^2=r^2 \quad \cdots\cdots \ㄱ$$
거꾸로 방정식 ㉠을 만족시키는 점 $P(x, y)$에 대하여 $\overline{CP}=r$이므로 점 P는 중심이 C이
고 반지름의 길이가 r인 원 위의 점이다.
특히 원점 $(0, 0)$을 중심으로 하고 반지름의 길이가 r인 원의 방정식은 ㉠에서 $a=0$, $b=0$인 경우이므로
$$x^2+y^2=r^2$$

보기 ▶ 중심이 점 $(3, -2)$이고 반지름의 길이가 5인 원의 방정식은
$$(x-3)^2+(y+2)^2=25$$

3 이차방정식 $x^2+y^2+Ax+By+C=0$이 나타내는 도형   ∞ 필수 04, 05

x, y에 대한 이차방정식 $x^2+y^2+Ax+By+C=0$ $(A^2+B^2-4C>0)$은
중심이 점 $\left(-\dfrac{A}{2}, -\dfrac{B}{2}\right)$, 반지름의 길이가 $\dfrac{\sqrt{A^2+B^2-4C}}{2}$
인 원을 나타낸다.

▶ ① $x^2+y^2+Ax+By+C=0$의 꼴을 원의 방정식의 **일반형**이라 한다.
② 원의 방정식은 x^2의 계수와 y^2의 계수가 같고 xy항이 없는 x, y에 대한 이차방정식이다.

설명 원의 방정식 $(x-a)^2+(y-b)^2=r^2$을 전개하여 정리하면
$$x^2+y^2-2ax-2by+a^2+b^2-r^2=0$$
이때 $-2a=A$, $-2b=B$, $a^2+b^2-r^2=C$라 하면
$$x^2+y^2+Ax+By+C=0 \qquad \cdots\cdots ㉠$$
과 같이 나타낼 수 있다.
또 ㉠을 변형하면
$$\left(x+\frac{A}{2}\right)^2+\left(y+\frac{B}{2}\right)^2=\frac{A^2+B^2-4C}{4}$$

이때 $A^2+B^2-4C>0$이면 ㉠이 나타내는 도형은 중심이 점 $\left(-\dfrac{A}{2},\ -\dfrac{B}{2}\right)$, 반지름의 길이가 $\dfrac{\sqrt{A^2+B^2-4C}}{2}$인
원이다.

참고 이차방정식 $x^2+y^2+Ax+By+C=0$에서
$$\left(x+\frac{A}{2}\right)^2+\left(y+\frac{B}{2}\right)^2=\frac{A^2+B^2-4C}{4} \qquad \cdots\cdots ㉠$$

(i) $A^2+B^2-4C=0$이면 $\left(x+\dfrac{A}{2}\right)^2+\left(y+\dfrac{B}{2}\right)^2=0$이므로 방정식 ㉠은 점 $\left(-\dfrac{A}{2},\ -\dfrac{B}{2}\right)$를 나타낸다.

(ii) $A^2+B^2-4C<0$이면 방정식 ㉠을 만족시키는 실수 x, y는 존재하지 않는다.

보기 ▶ 방정식 $x^2+y^2-2x+4y+1=0$을 변형하면
$$(x-1)^2+(y+2)^2=4$$
따라서 주어진 방정식은 중심이 점 $(1,\ -2)$이고 반지름의 길이가 2인 원을 나타낸다.

4 좌표축에 접하는 원의 방정식   📖 필수 07, 08

(1) 중심이 점 $(a,\ b)$이고 x축에 접하는 원
  ⇨ (반지름의 길이)$=|$(중심의 y좌표)$|=|b|$
  ⇨ 원의 방정식: $(x-a)^2+(y-b)^2=b^2$

(2) 중심이 점 $(a,\ b)$이고 y축에 접하는 원
  ⇨ (반지름의 길이)$=|$(중심의 x좌표)$|=|a|$
  ⇨ 원의 방정식: $(x-a)^2+(y-b)^2=a^2$

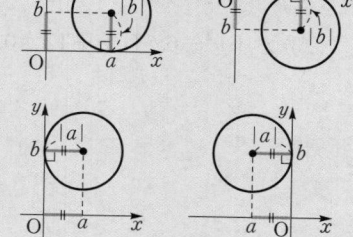

(3) 반지름의 길이가 $r\ (r>0)$이고 x축, y축에 동시에 접하는 원
  ⇨ (반지름의 길이)$=|$(중심의 x좌표)$|=|$(중심의 y좌표)$|$
  ⇨ 원의 방정식
    ① 제1사분면: $(x-r)^2+(y-r)^2=r^2$
    ② 제2사분면: $(x+r)^2+(y-r)^2=r^2$
    ③ 제3사분면: $(x+r)^2+(y+r)^2=r^2$
    ④ 제4사분면: $(x-r)^2+(y+r)^2=r^2$

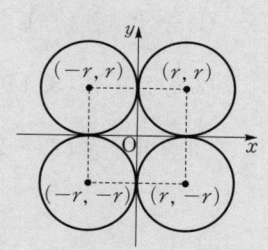

● 정답 및 풀이 **34**쪽

 알아둡시다!

중심이 점 (a, b)이고 반지름의 길이가 r인 원의 방정식은
$$(x-a)^2+(y-b)^2=r^2$$

149 다음 방정식이 나타내는 원의 중심의 좌표와 반지름의 길이를 구하시오.

(1) $x^2+y^2=11$

(2) $(x-5)^2+y^2=9$

(3) $(x+2)^2+(y-3)^2=25$

150 다음 원의 방정식을 구하시오.

(1) 중심이 원점이고 반지름의 길이가 3인 원

(2) 중심이 점 $(2, -3)$이고 반지름의 길이가 4인 원

(3) 중심이 점 $(-5, 1)$이고 반지름의 길이가 $\sqrt{5}$인 원

151 다음 방정식이 나타내는 원의 중심의 좌표와 반지름의 길이를 구하시오.

(1) $x^2+y^2-8x=0$

(2) $x^2+y^2+2x-4y-20=0$

(3) $x^2+y^2-6x+4y+12=0$

$x^2+y^2+Ax+By+C=0$
은 중심이 점 $\left(-\dfrac{A}{2}, -\dfrac{B}{2}\right)$,
반지름의 길이가
$\dfrac{\sqrt{A^2+B^2-4C}}{2}$ 인 원을 나타낸다.
（단, $A^2+B^2-4C>0$）

152 다음 원의 방정식을 구하시오.

(1) 중심이 점 $(-1, 3)$이고 x축에 접하는 원

(2) 중심이 점 $(3, 1)$이고 y축에 접하는 원

(3) 중심이 점 $(2, -2)$이고 x축, y축에 동시에 접하는 원

① x축에 접하는 원의 방정식
$\Rightarrow (x-a)^2+(y-b)^2=b^2$
② y축에 접하는 원의 방정식
$\Rightarrow (x-a)^2+(y-b)^2=a^2$
③ x축, y축에 동시에 접하는 원의 방정식
$\Rightarrow (x\pm r)^2+(y\pm r)^2=r^2$

● 더 다양한 문제는 **RPM** 공통수학 2 34쪽

필수 01 **중심과 한 점이 주어진 원의 방정식**

중심이 점 $(-4, 3)$이고 점 $(1, 6)$을 지나는 원의 방정식을 구하시오.

풀이 원의 반지름의 길이를 r라 하면 원의 방정식은

$$(x+4)^2+(y-3)^2=r^2 \quad \cdots\cdots \ \bigcirc$$

이 원이 점 $(1, 6)$을 지나므로

$$(1+4)^2+(6-3)^2=r^2 \quad \therefore \ r^2=34$$

$\bigcirc$에 $r^2=34$를 대입하면

$$(x+4)^2+(y-3)^2=34$$

다른 풀이 원의 반지름의 길이는 두 점 $(-4, 3)$, $(1, 6)$ 사이의 거리와 같으므로

$$\sqrt{(1+4)^2+(6-3)^2}=\sqrt{34}$$

따라서 구하는 원의 방정식은 $(x+4)^2+(y-3)^2=34$

● 더 다양한 문제는 **RPM** 공통수학 2 34쪽

필수 02 **지름의 양 끝 점이 주어진 원의 방정식**

두 점 $A(0, 3)$, $B(4, 1)$을 지름의 양 끝 점으로 하는 원의 방정식을 구하시오.

풀이 원의 중심은 $\overline{AB}$의 중점이므로 그 좌표는

$$\left(\frac{0+4}{2}, \frac{3+1}{2}\right), \ \text{즉} \ (2, 2)$$

또 $\overline{AB}$가 원의 지름이므로 원의 반지름의 길이는

$$\frac{1}{2}\overline{AB}=\frac{1}{2}\sqrt{(4-0)^2+(1-3)^2}=\sqrt{5}$$

따라서 구하는 원의 방정식은

$$(x-2)^2+(y-2)^2=5$$

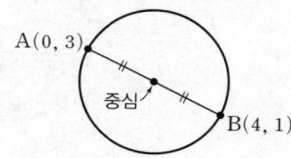

KEY Point

• 두 점 A, B를 지름의 양 끝 점으로 하는 원 $\Rightarrow$ $\begin{cases} \text{중심:} \ \overline{AB}\text{의 중점} \\ \text{반지름의 길이:} \ \frac{1}{2}\overline{AB} \end{cases}$

● 정답 및 풀이 **34쪽**

153 중심이 점 $(1, -2)$이고 점 $(4, 2)$를 지나는 원이 점 $(a, 1)$을 지날 때, 양수 a의 값을 구하시오.

154 두 점 $A(5, 1)$, $B(-1, 7)$을 지름의 양 끝 점으로 하는 원의 방정식이 $(x-a)^2+(y-b)^2=c$일 때, 상수 a, b, c에 대하여 $a+b+c$의 값을 구하시오.

필수 03 **중심을 지나는 직선이 주어진 원의 방정식**

중심이 직선 $y=3x-5$ 위에 있고 두 점 $(1, 2)$, $(5, -2)$를 지나는 원의 방정식을 구하시오.

풀이 원의 중심이 직선 $y=3x-5$ 위에 있으므로 원의 중심의 좌표를 $(a, 3a-5)$, 반지름의 길이를 r라 하면 원의 방정식은

$$(x-a)^2+(y-3a+5)^2=r^2$$

이 원이 두 점 $(1, 2)$, $(5, -2)$를 지나므로

$$(1-a)^2+(2-3a+5)^2=r^2, \quad (5-a)^2+(-2-3a+5)^2=r^2$$

$$\therefore 10a^2-44a+50=r^2, \quad 10a^2-28a+34=r^2$$

두 식을 연립하여 풀면 $a=1, r^2=16$

따라서 구하는 원의 방정식은

$$\boldsymbol{(x-1)^2+(y+2)^2=16}$$

다른 풀이 원의 중심의 좌표를 $(a, 3a-5)$라 하면 이 점에서 두 점 $(1, 2)$, $(5, -2)$까지의 거리가 같으므로

$$\sqrt{(a-1)^2+(3a-5-2)^2}=\sqrt{(a-5)^2+(3a-5+2)^2}$$

양변을 제곱하여 정리하면

$$10a^2-44a+50=10a^2-28a+34$$

$$-16a=-16 \quad \therefore a=1$$

즉 원의 중심의 좌표는 $(1, -2)$이고, 반지름의 길이는 두 점 $(1, -2)$, $(1, 2)$ 사이의 거리와 같으므로

$$\sqrt{(1-1)^2+(2+2)^2}=4$$

따라서 구하는 원의 방정식은 $(x-1)^2+(y+2)^2=16$

KEY Point

• 원의 중심이 직선 $y=f(x)$ 위에 있다.
  ⇨ 중심의 좌표를 $(a, f(a))$, 반지름의 길이를 r로 놓고 원의 방정식을 세운다.

● 정답 및 풀이 **34쪽**

155 중심이 x축 위에 있고 두 점 $(4, -3)$, $(2, 3)$을 지나는 원의 방정식을 구하시오.

156 중심이 직선 $y=x+5$ 위에 있고 원점과 점 $(1, 2)$를 지나는 원의 방정식을 구하시오.

━━━━━━ • 더 다양한 문제는 **RPM** 공통수학 2 **35쪽**

필수 04 이차방정식 $x^2+y^2+Ax+By+C=0$이 나타내는 도형

원 $x^2+y^2-2x+8y+a=0$의 중심의 좌표가 $(1,\ b)$이고 반지름의 길이가 3일 때, $a+b$의 값을 구하시오. (단, a는 상수이다.)

풀이 $x^2+y^2-2x+8y+a=0$에서 $(x-1)^2+(y+4)^2=17-a$

이 원의 중심의 좌표는 $(1,\ -4)$이므로 $b=-4$

원의 반지름의 길이는 $\sqrt{17-a}$이므로 $\sqrt{17-a}=3$

양변을 제곱하면 $17-a=9$ $\therefore\ a=8$

      $\therefore\ a+b=8+(-4)=\mathbf{4}$

━━━━━━ • 더 다양한 문제는 **RPM** 공통수학 2 **35쪽**

필수 05 원이 되기 위한 조건

방정식 $x^2+y^2-2x+4y+k+1=0$이 나타내는 도형이 원이 되도록 하는 실수 k의 값의 범위를 구하시오.

풀이 $x^2+y^2-2x+4y+k+1=0$에서 $(x-1)^2+(y+2)^2=4-k$

이 방정식이 원을 나타내려면

      $4-k>0$ $\therefore\ \mathbf{k<4}$

KEY Point

• 원의 방정식이 $x^2+y^2+Ax+By+C=0$의 꼴로 주어진 경우
⇨ $(x-a)^2+(y-b)^2=r^2$의 꼴로 변형한다.

• 방정식 $x^2+y^2+Ax+By+C=0$이 나타내는 도형이 원이다.
⇨ $(x-a)^2+(y-b)^2=c$의 꼴로 변형하였을 때 $c>0$이다.

● 정답 및 풀이 **35쪽**

157 원 $x^2+y^2+2x-4y-15+k=0$의 반지름의 길이가 5일 때, 상수 k의 값을 구하시오.

158 원 $x^2+y^2-6x+ay+9=0$의 중심의 좌표가 $(b,\ -3)$이고 반지름의 길이가 r일 때, $a+b+r$의 값을 구하시오. (단, a는 상수이다.)

159 방정식 $x^2+y^2-2(a+1)x+2ay+3a^2-2=0$이 나타내는 도형이 원이 되도록 하는 정수 a의 개수를 구하시오.

필수 06 세 점을 지나는 원의 방정식

세 점 $(0, 0)$, $(2, 2)$, $(-2, 6)$을 지나는 원의 방정식을 구하시오.

풀이 주어진 세 점을 $O(0, 0)$, $A(2, 2)$, $B(-2, 6)$이라 하고, 세 점 O, A, B를 지나는 원의 중심을 $P(a, b)$라 하면

$$\overline{OP} = \overline{AP} = \overline{BP}$$

$\overline{OP} = \overline{AP}$에서 $\overline{OP}^2 = \overline{AP}^2$이므로

$$a^2 + b^2 = (a-2)^2 + (b-2)^2, \quad 4a + 4b - 8 = 0$$

$$\therefore a + b = 2 \quad \cdots\cdots \text{㉠}$$

$\overline{OP} = \overline{BP}$에서 $\overline{OP}^2 = \overline{BP}^2$이므로

$$a^2 + b^2 = (a+2)^2 + (b-6)^2, \quad 4a - 12b + 40 = 0$$

$$\therefore a - 3b = -10 \quad \cdots\cdots \text{㉡}$$

㉠, ㉡을 연립하여 풀면 $a = -1$, $b = 3$

즉 원의 중심은 점 $P(-1, 3)$이고 반지름의 길이는

$$\overline{OP} = \sqrt{(-1)^2 + 3^2} = \sqrt{10}$$

따라서 구하는 원의 방정식은 $(x+1)^2 + (y-3)^2 = 10$

다른 풀이 구하는 원의 방정식을 $x^2 + y^2 + Ax + By + C = 0$이라 하면 이 원이 점 $(0, 0)$을 지나므로

$$C = 0$$

즉 원 $x^2 + y^2 + Ax + By = 0$이 두 점 $(2, 2)$, $(-2, 6)$을 지나므로

$$4 + 4 + 2A + 2B = 0, \quad 4 + 36 - 2A + 6B = 0$$

$$\therefore A + B = -4, \quad A - 3B = 20$$

두 식을 연립하여 풀면 $A = 2$, $B = -6$

따라서 구하는 원의 방정식은 $x^2 + y^2 + 2x - 6y = 0$

KEY Point

• 세 점을 지나는 원의 방정식 구하기

방법 1 원의 중심과 주어진 세 점 사이의 거리가 모두 같음을 이용한다.

방법 2 세 점의 좌표를 $x^2 + y^2 + Ax + By + C = 0$에 대입한다.

● 정답 및 풀이 **35쪽**

160 원점과 두 점 $(-1, 2)$, $(3, -1)$을 지나는 원의 방정식을 구하시오.

161 세 점 $A(-3, 4)$, $B(1, 0)$, $C(3, 4)$를 지나는 원의 넓이를 구하시오.

07 x축 또는 y축에 접하는 원의 방정식

다음 원의 방정식을 구하시오.

(1) 원 $x^2+y^2-10x+4y+20=0$과 중심이 같고 x축에 접하는 원

(2) 두 점 $(1, 0)$, $(2, -1)$을 지나고 y축에 접하는 원

풀이 (1) $x^2+y^2-10x+4y+20=0$에서 $(x-5)^2+(y+2)^2=9$

중심의 좌표가 $(5, -2)$이고 x축에 접하는 원의 반지름의 길이는 $|-2|=2$

따라서 구하는 원의 방정식은
$$(x-5)^2+(y+2)^2=4$$

(2) 원의 중심의 좌표를 (a, b)라 하면 반지름의 길이는 $|a|$이므로 원의 방정식은
$$(x-a)^2+(y-b)^2=a^2$$

이 원이 점 $(1, 0)$을 지나므로 $(1-a)^2+(-b)^2=a^2$

$$b^2-2a+1=0 \qquad \therefore a=\frac{b^2+1}{2} \qquad \cdots\cdots \ \text{㉠}$$

또 점 $(2, -1)$을 지나므로 $(2-a)^2+(-1-b)^2=a^2$

$$\therefore b^2+2b-4a+5=0 \qquad \cdots\cdots \ \text{㉡}$$

㉡에 ㉠을 대입하여 정리하면
$$b^2-2b-3=0, \qquad (b+1)(b-3)=0$$
$$\therefore b=-1 \ \text{또는} \ b=3$$

㉠에 $b=-1$을 대입하면 $a=1$

㉠에 $b=3$을 대입하면 $a=5$

따라서 구하는 원의 방정식은
$$(x-1)^2+(y+1)^2=1, \ (x-5)^2+(y-3)^2=25$$

KEY Point

• 중심이 점 (a, b)이고 x축에 접하는 원 ⇨ (반지름의 길이)$=|$(중심의 y좌표)$|=|b|$
$$\Rightarrow (x-a)^2+(y-b)^2=b^2$$

• 중심이 점 (a, b)이고 y축에 접하는 원 ⇨ (반지름의 길이)$=|$(중심의 x좌표)$|=|a|$
$$\Rightarrow (x-a)^2+(y-b)^2=a^2$$

● 정답 및 풀이 **36**쪽

 162 원 $x^2+y^2-8x+10y+k=0$이 x축에 접할 때, 상수 k의 값을 구하시오.

163 중심이 직선 $y=x+2$ 위에 있고 y축에 접하는 원 중에서 점 $(4, 4)$를 지나는 원은 두 개 존재한다. 이 두 원의 반지름의 길이의 합을 구하시오.

● 더 다양한 문제는 **RPM** 공통수학 2 36쪽

필수 08 **x축, y축에 동시에 접하는 원의 방정식**

점 $(2, 4)$를 지나고 x축과 y축에 동시에 접하는 원의 방정식을 모두 구하시오.

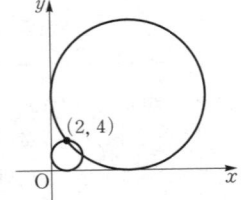

풀이 점 $(2, 4)$를 지나고 x축과 y축에 동시에 접하는 원은 오른쪽 그림과 같이 원의 중심이 제 1 사분면 위에 있다.

따라서 원의 반지름의 길이를 $r\,(r>0)$라 하면 원의 중심의 좌표는 (r, r)이므로 원의 방정식은

$$(x-r)^2+(y-r)^2=r^2$$

이 원이 점 $(2, 4)$를 지나므로

$$(2-r)^2+(4-r)^2=r^2, \qquad r^2-12r+20=0$$
$$(r-2)(r-10)=0 \qquad \therefore r=2 \text{ 또는 } r=10$$

따라서 구하는 원의 방정식은

$$(x-2)^2+(y-2)^2=4, \ (x-10)^2+(y-10)^2=100$$

KEY Point

• x축, y축에 동시에 접하고 반지름의 길이가 r인 원의 방정식

⇨ ① 제 1 사분면: $(x-r)^2+(y-r)^2=r^2$

② 제 2 사분면: $(x+r)^2+(y-r)^2=r^2$

③ 제 3 사분면: $(x+r)^2+(y+r)^2=r^2$

④ 제 4 사분면: $(x-r)^2+(y+r)^2=r^2$

● 정답 및 풀이 **36**쪽

164 점 $(-2, 1)$을 지나고 x축과 y축에 동시에 접하는 원은 두 개가 있다. 이 두 원의 중심 사이의 거리를 구하시오.

165 원 $x^2+y^2+2ax+6y+7-b=0$이 x축과 y축에 동시에 접할 때, 상수 a, b에 대하여 $a+b$의 값을 구하시오. (단, $a>0$)

166 중심이 직선 $x+3y+6=0$ 위에 있고 x축과 y축에 동시에 접하는 원의 방정식을 구하시오.
(단, 원의 중심은 제 4 사분면 위에 있다.)

09 원 밖의 점과 원 위의 점 사이의 거리

점 $P(6, 2)$와 원 $x^2+y^2+4x-8y+10=0$ 위의 점 Q에 대하여 선분 PQ의 길이의 최댓값을 M, 최솟값을 m이라 할 때, Mm의 값을 구하시오.

설명 원의 방정식을 표준형으로 변형한 후 점 P와 원의 중심 사이의 거리, 원의 반지름의 길이를 이용하여 M, m의 값을 구한다.

풀이 $x^2+y^2+4x-8y+10=0$에서
$$(x+2)^2+(y-4)^2=10$$
따라서 원의 중심을 C라 하면 점 C의 좌표는 $(-2, 4)$, 원의 반지름의 길이는 $\sqrt{10}$이다.
오른쪽 그림과 같이 직선 CP와 원이 만나는 두 점을 각각 Q_1,
Q_2라 하면
$$M=\overline{PQ_1}, \ m=\overline{PQ_2}$$
이때 $\overline{CP}=\sqrt{(6+2)^2+(2-4)^2}=2\sqrt{17}$이므로
$$M=\overline{PQ_1}=\overline{PC}+\overline{CQ_1}=2\sqrt{17}+\sqrt{10},$$
$$m=\overline{PQ_2}=\overline{PC}-\overline{CQ_2}=2\sqrt{17}-\sqrt{10}$$
$$\therefore Mm=(2\sqrt{17}+\sqrt{10})(2\sqrt{17}-\sqrt{10})=\mathbf{58}$$

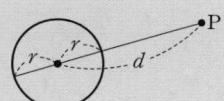

KEY Point

● 원 밖의 점 P와 원의 중심 사이의 거리를 d, 원의 반지름의 길이를 r라
할 때, 원 위의 점 Q에 대하여
① $\overline{PQ}$의 길이의 최댓값 ⇨ $d+r$
② $\overline{PQ}$의 길이의 최솟값 ⇨ $d-r$

● 정답 및 풀이 **37쪽**

167 원점 O와 원 $x^2+y^2-2x-10y+10=0$ 위의 점 A에 대하여 $\overline{OA}$의 길이의 최댓값을 M, 최솟값을 m이라 할 때, M^2+m^2의 값을 구하시오.

168 원 $(x+5)^2+(y-4)^2=r^2$ 밖의 점 $P(-1, 1)$과 이 원 위의 점 Q에 대하여 $\overline{PQ}$의 길이의 최솟값이 3일 때, 양수 r의 값을 구하시오.

발전 10 **점이 나타내는 도형의 방정식**

두 점 A$(-1, -1)$, B$(2, 2)$에 대하여 $\overline{AP} : \overline{BP} = 2 : 1$인 점 P가 나타내는 도형의 넓이를 구하시오.

설명 조건을 만족시키는 점 P가 나타내는 도형의 방정식
⇨ 점 P의 좌표를 (x, y)로 놓고 주어진 조건을 이용하여 x, y 사이의 관계식을 구한다.

풀이 $\overline{AP} : \overline{BP} = 2 : 1$에서
$$\overline{AP} = 2\overline{BP} \quad \therefore \ \overline{AP}^2 = 4\overline{BP}^2$$
점 P의 좌표를 (x, y)라 하면 $\overline{AP}^2 = 4\overline{BP}^2$에서
$$(x+1)^2 + (y+1)^2 = 4\{(x-2)^2 + (y-2)^2\}$$
$$x^2 + y^2 - 6x - 6y + 10 = 0$$
$$\therefore \ (x-3)^2 + (y-3)^2 = 8$$
따라서 점 P가 나타내는 도형은 중심의 좌표가 $(3, 3)$이고 반지름의 길이가 $2\sqrt{2}$인 원이므로 구하는 도형의 넓이는
$$\pi \times (2\sqrt{2})^2 = 8\pi$$

참고 평면 위의 두 점 A, B에 대하여
$$\overline{AP} : \overline{BP} = m : n \ (m > 0, \ n > 0, \ m \neq n)$$
인 점 P가 나타내는 도형은 선분 AB를 $m : n$으로 내분하는 점과 $m : n$으로 외분하는 점을 지름의 양 끝 점으로 하는 원이다.
이 원을 **아폴로니오스(Apollonios)의 원**이라 한다.

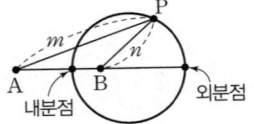

● 정답 및 풀이 **37쪽**

 169 두 점 A$(0, -1)$, B$(2, 3)$에 대하여 $\overline{AP}^2 + \overline{BP}^2 = 30$을 만족시키는 점 P가 나타내는 도형의 넓이를 구하시오.

170 두 점 A$(2, 0)$, B$(10, 0)$에 대하여 $\overline{AP} : \overline{BP} = 1 : 3$인 점 P가 나타내는 도형의 길이를 구하시오.

171 두 점 A$(-2, 0)$, B$(3, 0)$으로부터의 거리의 비가 $3 : 2$인 점 P에 대하여 삼각형 PAB의 넓이의 최댓값을 구하시오.

STEP 1

172 중심이 점 $(a, 1)$이고 반지름의 길이가 5인 원이 점 $(0, -2)$를 지날 때, 양수 a의 값을 구하시오.

생각해 봅시다!

173 두 점 $A(5, 1)$, $B(a, -3)$을 지름의 양 끝 점으로 하는 원의 반지름의 길이가 $\sqrt{5}$일 때, 이 원의 방정식을 구하시오. (단, $a < 5$)

174 두 원 $(x-1)^2 + y^2 = 4$, $x^2 + y^2 - 6x - 8y + 10 = 0$의 넓이를 동시에 이등분하는 직선의 y절편을 구하시오.

원의 넓이를 이등분하는 직선은 원의 중심을 지난다.

175 방정식 $x^2 + y^2 + 4x - 2y + 2k - 7 = 0$이 반지름의 길이가 $\sqrt{6}$ 이하인 원을 나타내도록 하는 실수 k의 값의 범위를 구하시오.

주어진 방정식을
$(x-a)^2 + (y-b)^2 = c$
의 꼴로 변형한다.

교육청 기출

176 좌표평면 위의 세 점 $(0, 0)$, $(6, 0)$, $(-4, 4)$를 지나는 원의 중심의 좌표를 (p, q)라 할 때, $p + q$의 값을 구하시오.

교육청 기출

177 곡선 $y = x^2 - x - 1$ 위의 점 중 제2사분면에 있는 점을 중심으로 하고, x축과 y축에 동시에 접하는 원의 방정식은
$x^2 + y^2 + ax + by + c = 0$이다. $a + b + c$의 값을 구하시오. (단, a, b, c는 상수이다.)

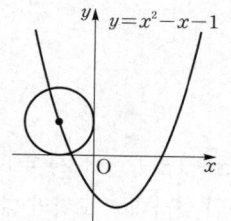

x축과 y축에 동시에 접하는 원
⇨ (반지름의 길이)
 $= |($중심의 x좌표$)|$
 $= |($중심의 y좌표$)|$

 **연습 문제**

STEP 2

생각해 봅시다!

178 두 점 $(-2, 3)$, $(4, -5)$를 지름의 양 끝 점으로 하는 원이 x축과 만나는 두 점 사이의 거리를 구하시오.

주어진 원과 x축의 교점의 좌표를 구한다.

179 원 $x^2+y^2-4kx+2ky+10k-15=0$의 넓이가 최소가 될 때, 이 원의 중심의 좌표를 구하시오. (단, k는 상수이다.)

원의 넓이가 최소이다.
⇨ 원의 반지름의 길이가 최소이다.

180 세 직선 $5x+2y+8=0$, $7x-3y-12=0$, $3x+7y-30=0$으로 만들어지는 삼각형의 외접원의 방정식을 구하시오.

세 직선의 교점을 지나는 원의 방정식을 구한다.

181 원 $x^2+y^2=1$ 위의 점 P와 원 $x^2+y^2+6x+6y+10=0$ 위의 점 Q에 대하여 선분 PQ의 길이의 최댓값을 구하시오.

실력 UP⁺

182 원 $(x-2)^2+(y-1)^2=25$ 위의 두 점 A$(6, 4)$, B$(-1, 5)$에 대하여 삼각형 PAB가 직각삼각형이 되도록 하는 원 위의 점 P는 두 개가 있다. 이 두 점을 이은 선분의 중점의 좌표를 (a, b)라 할 때, $a+b$의 값을 구하시오.

원 위의 세 점 A, B, P에 대하여 $\overline{\text{AP}}$가 원의 지름이면 $\angle\text{ABP}=90°$이다.

183 점 A$(3, 2)$와 원 $(x-1)^2+(y+2)^2=8$ 위를 움직이는 점 P에 대하여 선분 AP의 중점이 나타내는 도형의 넓이를 구하시오.

02 원과 직선의 위치 관계

❶ 원과 직선의 위치 관계 ⚭ 필수 11

원과 직선의 위치 관계는

서로 다른 두 점에서 만나는 경우, 한 점에서 만나는 경우, 만나지 않는 경우

의 세 가지가 있다. 이때 다음과 같이 두 가지 방법으로 원과 직선의 위치 관계를 판별할 수 있다.

방법 1 판별식 이용

원의 방정식과 직선의 방정식을 연립하여 얻은 이차방정식의 판별식을 D라 하면

(1) $D > 0 \iff$ 서로 다른 두 점에서 만난다.

(2) $D = 0 \iff$ 한 점에서 만난다. (접한다.)

(3) $D < 0 \iff$ 만나지 않는다.

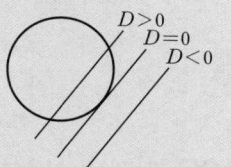

방법 2 원의 중심과 직선 사이의 거리 이용

원의 반지름의 길이를 r, 원의 중심과 직선 사이의 거리를 d라 하면

(1) $d < r \iff$ 서로 다른 두 점에서 만난다.

(2) $d = r \iff$ 한 점에서 만난다. (접한다.)

(3) $d > r \iff$ 만나지 않는다.

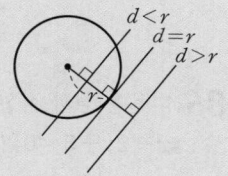

예제 ▶ 원 $x^2 + y^2 = 4$와 직선 $y = x + 1$의 위치 관계를 말하시오.

풀이 **방법 1** 판별식 이용

$x^2 + y^2 = 4$에 $y = x + 1$을 대입하면

$$x^2 + (x+1)^2 = 4 \qquad \therefore 2x^2 + 2x - 3 = 0$$

이 이차방정식의 판별식을 D라 하면

$$\frac{D}{4} = 1^2 - 2 \times (-3) = 7 > 0$$

따라서 원과 직선은 서로 다른 두 점에서 만난다.

방법 2 원의 중심과 직선 사이의 거리 이용

원의 중심 $(0, 0)$과 직선 $y = x + 1$, 즉 $x - y + 1 = 0$ 사이의 거리는

$$\frac{|1|}{\sqrt{1^2 + (-1)^2}} = \frac{\sqrt{2}}{2}$$

원의 반지름의 길이가 2이고 $\dfrac{\sqrt{2}}{2} < 2$이므로 원과 직선은 서로 다른 두 점에서 만난다.

개념원리 익히기

184 다음은 판별식을 이용하여 원 $x^2+y^2=8$과 직선 $y=x+1$의 교점의 개수를 구하는 과정이다. ☐ 안에 알맞은 것을 써넣으시오.

> $x^2+y^2=8$에 $y=x+1$을 대입하면
> $x^2+(\boxed{})^2=8$ $\therefore \boxed{}=0$
> 이 이차방정식의 판별식을 D라 하면
> $$\frac{D}{4}=1^2-2\times(-7)=15>0$$
> 따라서 원과 직선의 교점의 개수는 ☐이다.

원의 방정식과 직선의 방정식을 연립하여 얻은 이차방정식의 판별식을 D라 하면
① $D>0$
 ⟺ 서로 다른 두 점에서 만난다.
② $D=0$
 ⟺ 한 점에서 만난다.
③ $D<0$
 ⟺ 만나지 않는다.

185 판별식을 이용하여 다음 원과 직선의 위치 관계를 말하시오.

(1) $x^2+y^2+3x=0$, $y=x-1$

(2) $x^2+y^2-2x+4y-3=0$, $x+y=3$

186 다음은 점과 직선 사이의 거리를 이용하여 원 $x^2+y^2=5$와 직선 $x-2y+5=0$의 교점의 개수를 구하는 과정이다. ☐ 안에 알맞은 것을 써넣으시오.

> 원의 중심 $(0, 0)$과 직선 $x-2y+5=0$ 사이의 거리를 d라 하면
> $$d=\frac{|\boxed{}|}{\sqrt{1^2+(-2)^2}}=\boxed{}$$
> 이때 원의 반지름의 길이를 r라 하면 $r=\boxed{}$이므로
> $d \boxed{} r$
> 따라서 원과 직선의 교점의 개수는 ☐이다.

원의 반지름의 길이를 r, 원의 중심과 직선 사이의 거리를 d라 하면
① $d<r$
 ⟺ 서로 다른 두 점에서 만난다.
② $d=r$
 ⟺ 한 점에서 만난다.
③ $d>r$
 ⟺ 만나지 않는다.

187 점과 직선 사이의 거리를 이용하여 다음 원과 직선의 위치 관계를 말하시오.

(1) $x^2+y^2=7$, $3x+y-10=0$

(2) $(x+1)^2+(y-2)^2=8$, $2x+y+5=0$

 **11** 원과 직선의 위치 관계

● 더 다양한 문제는 **RPM** 공통수학 2 37, 38쪽

 **11** 원과 직선의 위치 관계

원 $x^2+y^2=2$와 직선 $y=x+k$의 위치 관계가 다음과 같도록 하는 실수 k의 값 또는 값의 범위를 구하시오.

(1) 서로 다른 두 점에서 만난다.　　(2) 접한다.　　(3) 만나지 않는다.

풀이　$x^2+y^2=2$에 $y=x+k$를 대입하면

$$x^2+(x+k)^2=2 \qquad \therefore 2x^2+2kx+k^2-2=0 \quad \cdots\cdots \ \bigcirc$$

이 이차방정식의 판별식을 D라 하면

$$\frac{D}{4}=k^2-2(k^2-2)=-k^2+4$$

(1) 원과 직선이 서로 다른 두 점에서 만나려면 $\bigcirc$이 서로 다른 두 실근을 가져야 하므로 $D>0$에서

$$-k^2+4>0, \qquad (k+2)(k-2)<0 \qquad \therefore \ \boldsymbol{-2<k<2}$$

(2) 원과 직선이 접하려면 $\bigcirc$이 중근을 가져야 하므로 $D=0$에서

$$-k^2+4=0, \qquad k^2=4 \qquad \therefore \ \boldsymbol{k=\pm 2}$$

(3) 원과 직선이 만나지 않으려면 $\bigcirc$이 허근을 가져야 하므로 $D<0$에서

$$-k^2+4<0, \qquad (k+2)(k-2)>0 \qquad \therefore \ \boldsymbol{k<-2 \ \text{또는} \ k>2}$$

다른 풀이　원의 중심 $(0, 0)$과 직선 $y=x+k$, 즉 $x-y+k=0$ 사이의 거리를 d라 하면

$$d=\frac{|k|}{\sqrt{1^2+(-1)^2}}=\frac{|k|}{\sqrt{2}}$$

이때 원의 반지름의 길이를 r라 하면 $r=\sqrt{2}$이다.

(1) 원과 직선이 서로 다른 두 점에서 만나려면 $d<r$이어야 하므로

$$\frac{|k|}{\sqrt{2}}<\sqrt{2}, \qquad |k|<2 \qquad \therefore \ -2<k<2$$

(2) 원과 직선이 접하려면 $d=r$이어야 하므로

$$\frac{|k|}{\sqrt{2}}=\sqrt{2}, \qquad |k|=2 \qquad \therefore \ k=\pm 2$$

(3) 원과 직선이 만나지 않으려면 $d>r$이어야 하므로

$$\frac{|k|}{\sqrt{2}}>\sqrt{2}, \qquad |k|>2 \qquad \therefore \ k<-2 \ \text{또는} \ k>2$$

• 원과 직선의 위치 관계 ⇨ 판별식 또는 원의 중심과 직선 사이의 거리 이용

● 정답 및 풀이 **41**쪽

 188 원 $x^2+y^2=5$와 직선 $y=2x+k$의 위치 관계가 다음과 같도록 하는 실수 k의 값 또는 값의 범위를 구하시오.

(1) 서로 다른 두 점에서 만난다.　　(2) 접한다.　　(3) 만나지 않는다.

189 원 $(x-1)^2+(y-2)^2=9$에 접하고 기울기가 2인 직선의 방정식을 모두 구하시오.

필수 **12** 현의 길이

원 $(x+1)^2+(y-1)^2=8$과 직선 $2x+y-4=0$이 만나서 생기는 현의 길이를 구하시오.

설명 원의 중심에서 현에 그은 수선은 그 현을 수직이등분함을 이용한다.

풀이 오른쪽 그림과 같이 주어진 원과 직선의 두 교점을 A, B, 원의 중심을 C$(-1, 1)$이라 하고 점 C에서 직선 AB에 내린 수선의 발을 H라 하자.
$\overline{CH}$의 길이는 점 C$(-1, 1)$과 직선 $2x+y-4=0$ 사이의 거리와 같으므로

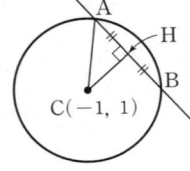

$$\overline{CH}=\frac{|-2+1-4|}{\sqrt{2^2+1^2}}=\frac{5}{\sqrt{5}}=\sqrt{5}$$

또 $\overline{AC}=2\sqrt{2}$이므로 직각삼각형 ACH에서
$$\overline{AH}=\sqrt{\overline{AC}^2-\overline{CH}^2}=\sqrt{(2\sqrt{2})^2-(\sqrt{5})^2}=\sqrt{3}$$

따라서 구하는 현의 길이는
$$\overline{AB}=2\overline{AH}=2\sqrt{3}$$

- 반지름의 길이가 r인 원의 중심에서 d만큼 떨어진 현의 길이를 l이라 하면
$$l=2\sqrt{r^2-d^2}$$

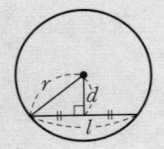

● 정답 및 풀이 **42**쪽

 190 원 $x^2+y^2-6x-8y+21=0$과 직선 $y=x+3$의 두 교점을 A, B라 할 때, 선분 AB의 길이를 구하시오.

191 직선 $y=-2x+k$와 원 $(x-2)^2+(y-1)^2=9$가 만나서 생기는 현의 길이가 4일 때, 양수 k의 값을 구하시오.

● 더 다양한 문제는 **RPM** 공통수학 2 **39쪽**

 13 **접선의 길이**

점 $P(3, 2)$에서 원 $x^2+y^2+4x+2y+1=0$에 그은 접선의 접점을 T라 할 때, $\overline{PT}$의 길이를 구하시오.

풀이 $x^2+y^2+4x+2y+1=0$에서 $(x+2)^2+(y+1)^2=4$

오른쪽 그림과 같이 원의 중심을 $C(-2, -1)$이라 하면

$$\overline{CP}=\sqrt{(3+2)^2+(2+1)^2}=\sqrt{34}$$

또 $\overline{CT}=2$이므로 직각삼각형 CTP에서

$$\overline{PT}=\sqrt{\overline{CP}^2-\overline{CT}^2}=\sqrt{(\sqrt{34})^2-2^2}=\sqrt{30}$$

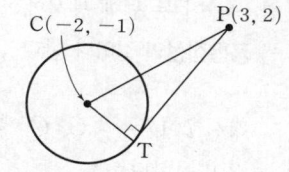

● 더 다양한 문제는 **RPM** 공통수학 2 **40쪽**

 14 **원 위의 점과 직선 사이의 거리의 최대·최소**

원 $x^2+y^2-2x+4y-3=0$ 위의 점과 직선 $x-y+3=0$ 사이의 거리의 최댓값과 최솟값을 구하시오.

풀이 $x^2+y^2-2x+4y-3=0$에서 $(x-1)^2+(y+2)^2=8$

원의 중심 $(1, -2)$와 직선 $x-y+3=0$ 사이의 거리는

$$\frac{|1+2+3|}{\sqrt{1^2+(-1)^2}}=\frac{6}{\sqrt{2}}=3\sqrt{2}$$

원의 반지름의 길이가 $2\sqrt{2}$이므로 원 위의 점과 직선 사이의 거리의

최댓값은 $3\sqrt{2}+2\sqrt{2}=5\sqrt{2}$

최솟값은 $3\sqrt{2}-2\sqrt{2}=\sqrt{2}$

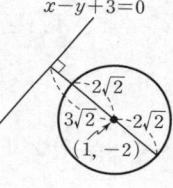

KEY Point

• 접선의 길이 ⇨ 원의 중심과 접점을 이은 반지름이 접선과 수직임을 이용한다.
• 원의 중심과 직선 사이의 거리를 d, 원의 반지름의 길이를 r $(d>r)$라 할 때, 원 위의 점과 직선 사이의 거리의 최댓값은 $d+r$, 최솟값은 $d-r$이다.

● 정답 및 풀이 **42쪽**

 192 점 $A(-2, a)$에서 원 $x^2+y^2-2x+4y-4=0$에 그은 접선의 접점을 B라 할 때, $\overline{AB}=5$를 만족시키는 양수 a의 값을 구하시오.

193 원 $x^2+y^2+6x-8y+9=0$ 위의 점과 직선 $3x-4y-10=0$ 사이의 거리의 최댓값과 최솟값을 구하시오.

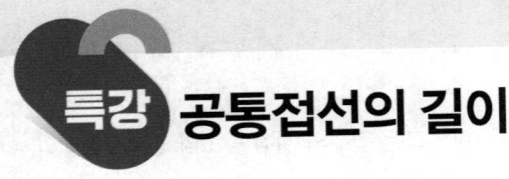 공통접선의 길이

1 공통접선의 길이

한 직선이 두 원에 동시에 접할 때, 이 직선을 두 원의 **공통접선**이라 하고 직선과 원의 두 접점 사이의 거리를 **공통접선의 길이**라 한다.

직선 l이 두 원 C, C'에 동시에 접할 때, 두 접점을 P, Q라 하자. 이때 공통접선의 길이는 다음과 같이 구한다.

(1) **공통접선에 대하여 두 원이 같은 쪽에 있는 경우**

오른쪽 그림과 같이 점 C'에서 $\overline{CP}$에 내린 수선의 발을 H라 하면 공통접선의 길이는

$$\overline{PQ}=\overline{C'H}=\sqrt{\overline{CC'}^2-\overline{CH}^2}$$

중심 사이의 거리　　반지름의 길이의 차

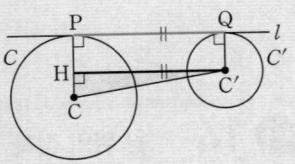

(2) **공통접선에 대하여 두 원이 다른 쪽에 있는 경우**

오른쪽 그림과 같이 점 C'에서 $\overline{CP}$의 연장선에 내린 수선의 발을 H'이라 하면 공통접선의 길이는

$$\overline{PQ}=\overline{C'H'}=\sqrt{\overline{CC'}^2-\overline{CH'}^2}$$

중심 사이의 거리　　반지름의 길이의 합

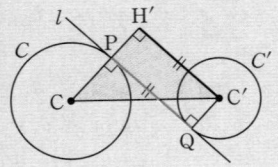

예제 ▶ 두 원 $x^2+y^2=4$, $(x-3)^2+(y+2)^2=1$의 공통접선의 길이를 구하시오.

풀이 원 $x^2+y^2=4$의 중심을 O라 하면 O(0, 0)이고 반지름의 길이는 2이다.

또 원 $(x-3)^2+(y+2)^2=1$의 중심을 O'이라 하면 $O'(3, -2)$이고 반지름의 길이는 1이다.

$$\therefore \overline{OO'}=\sqrt{3^2+(-2)^2}=\sqrt{13}$$

(i) 공통접선에 대하여 두 원이 같은 쪽에 있는 경우

오른쪽 그림과 같이 공통접선의 두 접점을 각각 P, Q라 하고 점 O'에서 $\overline{OP}$에 내린 수선의 발을 H라 하면 공통접선의 길이는

$$\begin{aligned}\overline{PQ}=\overline{O'H}&=\sqrt{\overline{OO'}^2-\overline{OH}^2}\\&=\sqrt{(\sqrt{13})^2-(2-1)^2}\\&=2\sqrt{3}\end{aligned}$$

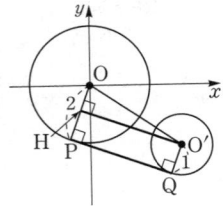

(ii) 공통접선에 대하여 두 원이 다른 쪽에 있는 경우

오른쪽 그림과 같이 공통접선의 두 접점을 각각 P, Q라 하고 점 O'에서 $\overline{OP}$의 연장선에 내린 수선의 발을 H'이라 하면 공통접선의 길이는

$$\begin{aligned}\overline{PQ}=\overline{O'H'}&=\sqrt{\overline{OO'}^2-\overline{OH'}^2}\\&=\sqrt{(\sqrt{13})^2-(2+1)^2}\\&=2\end{aligned}$$

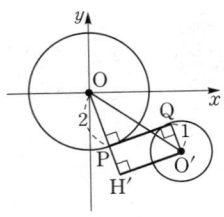

STEP 1

194 원 $x^2+y^2-4x-6y+12=0$과 직선 $kx+y-2=0$이 만나도록 하는 실수 k의 값의 범위를 구하시오.

 생각해 봅시다!

원과 직선이 만난다.
⇨ 원과 직선이 접하거나 서로 다른 두 점에서 만난다.

195 중심이 점 $(-1, 3)$이고 직선 $2x-y+k=0$에 접하는 원의 넓이가 20π일 때, 양수 k의 값을 구하시오.

196 원 $(x-2)^2+(y-3)^2=10$과 직선 $3x+4y-8=0$의 두 교점을 지나는 원 중에서 그 넓이가 최소인 원의 넓이를 구하시오.

두 점 A, B를 지나는 원 중에서 넓이가 최소인 원
⇨ $\overline{AB}$를 지름으로 하는 원

197 점 $P(2, 1)$에서 중심이 점 $(4, 5)$인 원에 그은 접선의 길이가 3일 때, 이 원의 반지름의 길이를 구하시오.

198 원 $x^2+y^2-4x+8y+16=0$ 위의 점 P와 직선 $4x+3y-16=0$ 사이의 거리가 정수가 되도록 하는 점 P의 개수를 구하시오.

STEP 2

199 직선 $y=ax+b$가 두 원 $x^2+y^2=1$, $x^2+(y-2)^2=4$에 동시에 접할 때, 실수 a, b에 대하여 a^2+b^2의 값을 구하시오.

교육청 기출
200 직선 $y=x$ 위의 점을 중심으로 하고, x축과 y축에 동시에 접하는 원 중에서 직선 $3x-4y+12=0$과 접하는 원의 개수는 2이다. 두 원의 중심을 각각 A, B라 할 때, $\overline{AB}^2$의 값을 구하시오.

원의 중심의 좌표를 (k, k)라 하면 반지름의 길이는 $|k|$이다.

 연습 문제

• 정답 및 풀이 **45**쪽

생각해 봅시다! 💡

원의 중심과 접점을 지나는 직선은 접선과 수직이다.

201 원 $x^2+y^2-2x+4y-5=0$ 위의 점 $(4, -1)$에서의 접선이 점 $(-1, k)$를 지날 때, k의 값을 구하시오.

202 원 $x^2+y^2+4y+k=0$과 직선 $y=-x-4$의 두 교점을 각각 A, B라 하고, 원의 중심을 C라 하자. 삼각형 ABC의 넓이가 4일 때, 상수 k 의 값을 구하시오. (단, $k<4$)

203 원 $x^2+y^2=5$ 위의 점 P와 두 점 A$(-3, 0)$, B$(0, 6)$에 대하여 삼각형 PAB의 넓이의 최댓값을 구하시오.

실력 UP⁺

두 원의 중심에서 직선 l에 내린 수선의 발의 좌표를 이용한다.

[교육청] 기출
204 좌표평면 위에 두 원
C_1: $(x+6)^2+y^2=4$,
C_2: $(x-5)^2+(y+3)^2=1$과 직선
l: $y=x-2$가 있다. 원 C_1 위의 점 P에
서 직선 l에 내린 수선의 발을 H$_1$, 원 C_2
위의 점 Q에서 직선 l에 내린 수선의 발
을 H$_2$라 하자. 선분 H$_1$H$_2$의 길이의 최댓값을 M, 최솟값을 m이라 할
때, 두 수 M, m의 곱 Mm의 값을 구하시오.

205 두 점 A$(-1, 1)$, B$(2, 1)$로부터의 거리의 비가 2 : 1인 점 P에 대하여 ∠PAB의 크기가 최대일 때, $\cos(\angle PAB)$의 값을 구하시오.

03 원의 접선의 방정식

1 기울기가 주어진 원의 접선의 방정식 🔗 필수 15

원 $x^2+y^2=r^2$ $(r>0)$에 접하고 기울기가 m인 접선의 방정식은
$$y=mx\pm r\sqrt{m^2+1}$$

▶ 한 원에서 기울기가 같은 접선은 두 개이다.

설명 원 $x^2+y^2=r^2$ $(r>0)$에 접하고 기울기가 m인 접선의 방정식을 구해 보자.

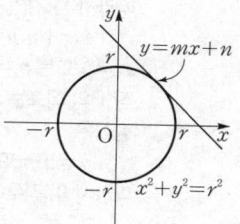

방법1 판별식 이용

기울기가 m인 접선의 방정식을
$$y=mx+n \qquad \cdots\cdots ㉠$$
이라 하고 $x^2+y^2=r^2$에 이 식을 대입하면
$$x^2+(mx+n)^2=r^2$$
$$\therefore (m^2+1)x^2+2mnx+n^2-r^2=0 \qquad \cdots\cdots ㉡$$
원과 직선이 접해야 하므로 이차방정식 ㉡의 판별식을 D라 하면
$$\frac{D}{4}=(mn)^2-(m^2+1)(n^2-r^2)=0$$
$$m^2r^2-n^2+r^2=0, \qquad n^2=r^2(m^2+1)$$
$$\therefore n=\pm r\sqrt{m^2+1}$$
㉠에 이것을 대입하면 구하는 접선의 방정식은
$$y=mx\pm r\sqrt{m^2+1}$$

방법2 원의 중심과 직선 사이의 거리 이용

기울기가 m인 접선의 방정식을 $y=mx+n$이라 하면 원 $x^2+y^2=r^2$의 중심 $(0,0)$과 직선 $y=mx+n$, 즉 $mx-y+n=0$ 사이의 거리가 원의 반지름의 길이 r와 같아야 하므로
$$\frac{|n|}{\sqrt{m^2+(-1)^2}}=r \qquad \therefore n=\pm r\sqrt{m^2+1}$$
따라서 구하는 접선의 방정식은
$$y=mx\pm r\sqrt{m^2+1}$$

보기 ▶ 원 $x^2+y^2=9$에 접하고 기울기가 2인 접선의 방정식은
$$y=2x\pm3\sqrt{2^2+1} \qquad \therefore y=2x\pm3\sqrt{5}$$

2 원 위의 점에서의 접선의 방정식 🔗 필수 16

원 $x^2+y^2=r^2$ 위의 점 $(x_1,\ y_1)$에서의 접선의 방정식은
$$x_1x+y_1y=r^2$$

▶ 원의 방정식에서 x^2 대신 x_1x, y^2 대신 y_1y를 대입한다.

설명 원 $x^2+y^2=r^2$ $(r>0)$ 위의 점 $P(x_1, y_1)$에서의 접선의 방정식을 구해 보자.

(i) $x_1 \neq 0$, $y_1 \neq 0$일 때,

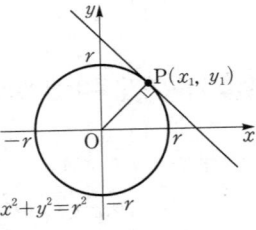

오른쪽 그림에서 직선 OP의 기울기는 $\dfrac{y_1}{x_1}$이고 접선과 직선 OP는 수직이므로 접

선의 기울기는 $-\dfrac{x_1}{y_1}$이다.

따라서 원 위의 점 $P(x_1, y_1)$에서의 접선의 방정식은

$$y-y_1=-\frac{x_1}{y_1}(x-x_1), \qquad y_1 y - y_1{}^2 = -x_1 x + x_1{}^2$$

$$\therefore x_1 x + y_1 y = x_1{}^2 + y_1{}^2$$

그런데 점 $P(x_1, y_1)$은 원 $x^2+y^2=r^2$ 위의 점이므로

$$x_1{}^2 + y_1{}^2 = r^2$$

따라서 원 위의 점 $P(x_1, y_1)$에서의 접선의 방정식은

$$x_1 x + y_1 y = r^2$$

(ii) $x_1=0$ 또는 $y_1=0$일 때,

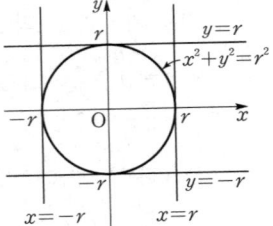

점 P의 좌표는 $(0, \pm r)$ 또는 $(\pm r, 0)$이므로 점 $P(x_1, y_1)$에서의 접선의 방정식은

$$y=\pm r \text{ 또는 } x=\pm r$$

따라서 이 경우에도 $x_1 x + y_1 y = r^2$이 성립한다.

보기 ▶ 원 $x^2+y^2=8$ 위의 점 $(2, -2)$에서의 접선의 방정식은

$$2 \times x - 2 \times y = 8 \qquad \therefore x-y-4=0$$

❸ 원 밖의 점에서 원에 그은 접선의 방정식 ⟐발전 17

원 밖의 한 점 P에서 원에 그은 접선의 방정식은 다음과 같은 방법으로 구한다.

> **방법1 원 위의 점에서의 접선의 방정식 이용**
> 접점의 좌표를 (x_1, y_1)이라 할 때, 이 점에서의 접선이 점 P를 지남을 이용한다.
>
> **방법2 원의 중심과 접선 사이의 거리 이용**
> 접선의 기울기를 m이라 할 때, 기울기가 m이고 점 P를 지나는 접선과 원의 중심 사이의 거리가 원의 반지름의 길이와 같음을 이용한다.
>
> **방법3 판별식 이용**
> 접선의 기울기를 m이라 할 때, 기울기가 m이고 점 P를 지나는 접선의 방정식과 원의 방정식을 연립하여 얻은 이차방정식의 판별식 D가 $D=0$임을 이용한다.

▶ 원 밖의 한 점에서 원에 그은 접선은 두 개이다.

● 더 다양한 문제는 **RPM** 공통수학 2 40쪽

필수 15 기울기가 주어진 원의 접선의 방정식

원 $x^2+y^2=4$에 접하고 직선 $2x-y+3=0$과 평행한 직선의 방정식을 모두 구하시오.

풀이 직선 $2x-y+3=0$, 즉 $y=2x+3$과 평행한 직선의 기울기는 2이고, 원 $x^2+y^2=4$의 반지름의 길이는 2이므로 구하는 직선의 방정식은
$$y=2x\pm2\sqrt{2^2+1} \qquad \therefore \ y=2x\pm2\sqrt{5}$$

● 더 다양한 문제는 **RPM** 공통수학 2 41쪽

필수 16 원 위의 점에서의 접선의 방정식

원 $x^2+y^2=5$ 위의 점 $(2, 1)$에서의 접선의 방정식이 $ax+y+b=0$일 때, 상수 a, b에 대하여 $a+b$의 값을 구하시오.

풀이 원 $x^2+y^2=5$ 위의 점 $(2, 1)$에서의 접선의 방정식은
$$2\times x+1\times y=5 \qquad \therefore \ 2x+y-5=0$$
따라서 $a=2, b=-5$이므로 $\quad a+b=-3$

KEY Point

- 원 $x^2+y^2=r^2$에 접하고 기울기가 m인 접선의 방정식 ⇨ $y=mx\pm r\sqrt{m^2+1}$
- 원 $x^2+y^2=r^2$ 위의 점 (x_1, y_1)에서의 접선의 방정식 ⇨ $x_1x+y_1y=r^2$

● 정답 및 풀이 **46**쪽

206 원 $x^2+y^2=9$에 접하고 직선 $y=-3x+5$와 수직인 직선의 방정식을 모두 구하시오.

207 원 $x^2+y^2=3$에 접하고 x축의 양의 방향과 이루는 각의 크기가 $45°$인 두 직선의 x절편의 곱을 구하시오.

208 원 $x^2+y^2=10$ 위의 점 $(-1, -3)$에서의 접선이 x축, y축과 만나는 점을 각각 A, B라 할 때, 삼각형 OAB의 넓이를 구하시오. (단, O는 원점이다.)

209 원 $x^2+y^2=25$와 직선 $y=x-1$의 교점 중에서 제1사분면 위에 있는 점에서의 접선의 방정식을 구하시오.

발전 17 원 밖의 점에서 원에 그은 접선의 방정식

점 $(-2, 4)$에서 원 $x^2+y^2=4$에 그은 접선의 방정식을 구하시오.

풀이 접점의 좌표를 (x_1, y_1)이라 하면 접선의 방정식은 $\quad x_1x+y_1y=4 \quad\quad \cdots\cdots$ ㉠

직선 ㉠이 점 $(-2, 4)$를 지나므로 $\quad -2x_1+4y_1=4 \quad \therefore x_1=2y_1-2 \quad\quad \cdots\cdots$ ㉡

또 접점 (x_1, y_1), 즉 $(2y_1-2, y_1)$은 원 $x^2+y^2=4$ 위의 점이므로 $\quad (2y_1-2)^2+y_1^2=4$

$$5y_1^2-8y_1=0, \quad y_1(5y_1-8)=0 \quad \therefore y_1=0 \text{ 또는 } y_1=\frac{8}{5}$$

㉡에서 $y_1=0$일 때 $x_1=-2$, $y_1=\frac{8}{5}$일 때 $x_1=\frac{6}{5}$이므로 ㉠에 대입하여 정리하면

$$x=-2, \quad 3x+4y-10=0$$

다른 풀이 1 점 $(-2, 4)$를 지나는 접선의 기울기를 m이라 하면 접선의 방정식은

$$y-4=m(x+2) \quad \therefore mx-y+2m+4=0 \quad\quad \cdots\cdots ㉢$$

원의 중심 $(0, 0)$과 접선 사이의 거리가 원의 반지름의 길이 2와 같아야 하므로

$$\frac{|2m+4|}{\sqrt{m^2+(-1)^2}}=2 \quad \therefore |2m+4|=2\sqrt{m^2+1}$$

양변을 제곱하여 정리하면 $\quad 16m+12=0 \quad \therefore m=-\frac{3}{4}$

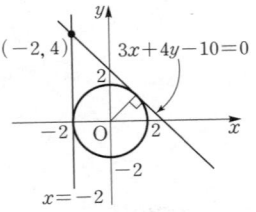

㉢에 이것을 대입하여 정리하면 $\quad 3x+4y-10=0$

그런데 원 밖의 한 점에서 원에 그은 접선은 두 개이므로 오른쪽 그림과 같이 원과 접선을 그려 보면 다른 접선의 방정식은

$$x=-2$$

다른 풀이 2 점 $(-2, 4)$를 지나는 접선의 기울기를 m이라 하면 접선의 방정식은

$$y-4=m(x+2) \quad \therefore y=mx+2m+4 \quad\quad \cdots\cdots ㉣$$

$x^2+y^2=4$에 이 식을 대입하여 정리하면

$$(m^2+1)x^2+4m(m+2)x+4m^2+16m+12=0$$

이 이차방정식의 판별식을 D라 하면

$$\frac{D}{4}=\{2m(m+2)\}^2-(m^2+1)(4m^2+16m+12)=0$$

$$-16m-12=0 \quad \therefore m=-\frac{3}{4}$$

㉣에 이것을 대입하여 정리하면 $\quad y=-\frac{3}{4}x+\frac{5}{2}$

그런데 원과 접선을 그려 보면 다른 접선의 방정식은 $\quad x=-2$

주의 접선의 방정식을 $y=mx+n$의 꼴로 놓으면 **다른 풀이**와 같이 접선의 방정식이 한 개만 구해지는 경우도 있다. 이 경우에는 x축에 수직인 접선이 존재하므로 원과 접선을 직접 그려서 다른 접선의 방정식을 구해야 한다.

● 정답 및 풀이 **47**쪽

210 점 $(3, -1)$에서 원 $x^2+y^2=5$에 그은 접선의 방정식을 구하시오.

211 점 $(2, -1)$에서 원 $(x+1)^2+(y-2)^2=3$에 그은 두 접선의 기울기의 합을 구하시오.

연습 문제

● 정답 및 풀이 **48**쪽

STEP 1

212 원 $x^2+y^2=10$에 접하고 직선 $y=3x+2$와 평행한 두 직선이 y축과 만나는 점을 각각 A, B라 할 때, 선분 AB의 길이를 구하시오.

213 원 $x^2+y^2=2$ 위의 점 $(1, -1)$에서의 접선이 원 $x^2+y^2-6x+2y+k=0$에 접할 때, 상수 k의 값을 구하시오.

(단, $k<10$)

STEP 2

214 원 $x^2+y^2=25$ 위의 두 점 A$(-4, 3)$, B$(0, -5)$와 원 위의 점 C에 대하여 삼각형 ABC의 넓이가 최대일 때, 점 C에서의 접선의 방정식을 구하시오.

> **생각해 봅시다!** 💡
>
> △ABC의 넓이가 최대이려면 점 C와 직선 AB 사이의 거리가 최대이어야 한다.

교육청 기출

215 그림과 같이 좌표평면에 원 $C: x^2+y^2=4$와 점 A$(-2, 0)$이 있다. 원 C 위의 제1사분면 위의 점 P에서의 접선이 x축과 만나는 점을 B, 점 P에서 x축에 내린 수선의 발을 H라 하자. $2\overline{AH}=\overline{HB}$일 때, 삼각형 PAB의 넓이는?

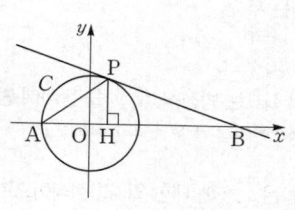

> 점 P에서의 접선이 점 B를 지난다.

① $\dfrac{10\sqrt{2}}{3}$ ② $4\sqrt{2}$ ③ $\dfrac{14\sqrt{2}}{3}$ ④ $\dfrac{16\sqrt{2}}{3}$ ⑤ $6\sqrt{2}$

216 점 A$(0, a)$에서 원 $x^2+(y-3)^2=8$에 그은 두 접선이 수직일 때, 양수 a의 값을 구하시오.

> 두 직선이 수직이다.
> ⇨ (기울기의 곱)$=-1$

실력 UP⁺

217 점 P$(-2\sqrt{3}, 2)$에서 원 $x^2+y^2=4$에 그은 두 접선의 접점을 각각 A, B라 할 때, 삼각형 ABP의 넓이를 구하시오.

04 두 원의 교점을 지나는 직선과 원의 방정식

① 두 원의 교점을 지나는 직선과 원의 방정식 🔗 필수 18, 19

(1) **두 원의 교점을 지나는 직선의 방정식**

서로 다른 두 점에서 만나는 두 원

$$x^2+y^2+ax+by+c=0,\ x^2+y^2+a'x+b'y+c'=0$$

의 교점을 지나는 직선의 방정식은

$$x^2+y^2+ax+by+c-(x^2+y^2+a'x+b'y+c')=0,$$

즉 $(a-a')x+(b-b')y+c-c'=0$

(2) **두 원의 교점을 지나는 원의 방정식**

서로 다른 두 점에서 만나는 두 원

$$O:x^2+y^2+ax+by+c=0,\ O':x^2+y^2+a'x+b'y+c'=0$$

의 교점을 지나는 원 중에서 원 O'을 제외한 원의 방정식은

$$x^2+y^2+ax+by+c+k(x^2+y^2+a'x+b'y+c')=0$$

(단, $k\neq-1$인 실수이다.)

설명   서로 다른 두 점에서 만나는 두 원

$$x^2+y^2+ax+by+c=0 \qquad\qquad\cdots\cdots\ ㉠$$
$$x^2+y^2+a'x+b'y+c'=0 \qquad\qquad\cdots\cdots\ ㉡$$

에 대하여 두 원의 교점의 좌표는 방정식 ㉠, ㉡을 동시에 만족시키므로 두 원의 교점을 지나는 도형의 방정식은

$$x^2+y^2+ax+by+c+k(x^2+y^2+a'x+b'y+c')=0\ (k는\ 실수) \qquad\cdots\cdots\ ㉢$$

의 꼴이다.

(1) $k=-1$이면 방정식 ㉢은 $x,\ y$에 대한 일차방정식이므로
　　두 원의 교점을 지나는 직선의 방정식이다.

(2) $k\neq-1$이면 방정식 ㉢은 $x^2,\ y^2$의 계수가 같고 xy항이 없는 $x,\ y$에 대한 이차방정식이므로
　　두 원의 교점을 지나는 원의 방정식이다.

이때 방정식 ㉢에서 k가 어떤 값을 갖더라도 방정식 ㉡이 될 수 없으므로 원 ㉡을 나타낼 수는 없다.

보기 ▶   두 원 $x^2+y^2-16=0$, $x^2+y^2-4x+2y=0$의 교점을 지나는 직선의 방정식은

$$(x^2+y^2-16)-(x^2+y^2-4x+2y)=0$$

$$4x-2y-16=0 \qquad \therefore\ 2x-y-8=0$$

참고   두 원 O, O'의 반지름의 길이가 각각 r, r' $(r>r')$이고 중심 사이의 거리가 d일 때, 두 원이
　　서로 다른 두 점에서 만나려면
　　　$r-r'<d<r+r'$

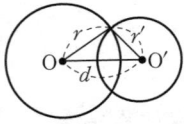

18 두 원의 교점을 지나는 직선의 방정식

● 더 다양한 문제는 **RPM** 공통수학 2 **42쪽**

두 원 $x^2+y^2-ax+6y+9=0$, $x^2+y^2-2x+2ay+1=0$의 교점을 지나는 직선이
점 $(-1, 2)$를 지날 때, 상수 a의 값을 구하시오.

풀이   두 원의 교점을 지나는 직선의 방정식은

$$x^2+y^2-ax+6y+9-(x^2+y^2-2x+2ay+1)=0$$
$$\therefore (-a+2)x+(6-2a)y+8=0$$

이 직선이 점 $(-1, 2)$를 지나므로

$$-(-a+2)+2(6-2a)+8=0, \qquad -3a=-18 \qquad \therefore a=6$$

---

19 두 원의 교점을 지나는 원의 방정식

● 더 다양한 문제는 **RPM** 공통수학 2 **42쪽**

두 원 $x^2+y^2-4x=0$, $x^2+y^2-6x-2y+4=0$의 교점과 점 $(1, 2)$를 지나는 원의
방정식을 구하시오.

풀이   두 원의 교점을 지나는 원의 방정식은

$$x^2+y^2-4x+k(x^2+y^2-6x-2y+4)=0 \; (k\neq-1) \qquad \cdots\cdots \; \bigcirc$$

이 원이 점 $(1, 2)$를 지나므로 $1-k=0$ $\therefore k=1$
$\bigcirc$에 $k=1$을 대입하면 $x^2+y^2-4x+x^2+y^2-6x-2y+4=0$
$$\therefore \boldsymbol{x^2+y^2-5x-y+2=0}$$

KEY Point

• 두 원 $x^2+y^2+ax+by+c=0$, $x^2+y^2+a'x+b'y+c'=0$에 대하여
① 두 원의 교점을 지나는 직선의 방정식
  $\Rightarrow x^2+y^2+ax+by+c-(x^2+y^2+a'x+b'y+c')=0$
② 두 원의 교점을 지나는 원의 방정식
  $\Rightarrow x^2+y^2+ax+by+c+k(x^2+y^2+a'x+b'y+c')=0 \; (단, k\neq-1)$

● 정답 및 풀이 **50쪽**

확인체크 **218** 두 원 $x^2+y^2-2x+ky-4=0$, $x^2+y^2-4x-2y+4=0$의 교점을 지나는 직선이 직선
$y=3x+4$와 수직일 때, 상수 k의 값을 구하시오.

219 두 원 $x^2+y^2=5$, $x^2+y^2-3x-y-4=0$의 교점과 원점을 지나는 원의 방정식을 구하시오.

220 두 원 $x^2+y^2+ax-2ay=0$, $x^2+y^2-10x-8y+16=0$의 교점과 두 점 $(0, 2)$, $(3, 1)$
을 지나는 원의 넓이를 구하시오. (단, a는 상수이다.)

20 **공통인 현의 길이**

두 원 $x^2+y^2=4$, $x^2+y^2-4x-4y=0$의 공통인 현의 길이를 구하시오.

설명 원의 중심에서 현에 그은 수선은 그 현을 수직이등분함을 이용한다.

풀이 두 원의 교점을 지나는 직선의 방정식은

$$x^2+y^2-4-(x^2+y^2-4x-4y)=0$$

$$\therefore x+y-1=0 \quad \cdots\cdots \; \fbox{ㄱ}$$

오른쪽 그림과 같이 두 원의 교점을 각각 A, B라 하고, 원 $x^2+y^2=4$의

중심 $O(0, 0)$에서 $\overline{AB}$에 내린 수선의 발을 H라 하자.

$\overline{OH}$의 길이는 원점 O와 직선 ㄱ 사이의 거리와 같으므로

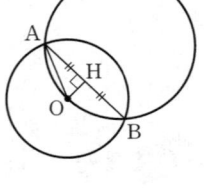

$$\overline{OH}=\frac{|-1|}{\sqrt{1^2+1^2}}=\frac{1}{\sqrt{2}}$$

또 $\overline{OA}=2$이므로 직각삼각형 AOH에서

$$\overline{AH}=\sqrt{\overline{OA}^2-\overline{OH}^2}=\sqrt{2^2-\left(\frac{1}{\sqrt{2}}\right)^2}=\sqrt{\frac{7}{2}}=\frac{\sqrt{14}}{2}$$

따라서 구하는 공통인 현의 길이는

$$\overline{AB}=2\overline{AH}=2\times\frac{\sqrt{14}}{2}=\sqrt{14}$$

KEY Point

• 두 원 O, O'의 공통인 현 AB의 길이는 다음과 같은 순서로 구한다.

(i) 직선 AB의 방정식을 구한다.

(ii) $\overline{OH}$의 길이를 구한다.

(iii) 직각삼각형 AOH에서 $\overline{AH}$의 길이를 구한다.

(iv) $\overline{AB}=2\overline{AH}$임을 이용한다.

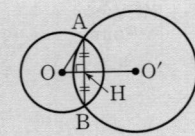

● 정답 및 풀이 **51**쪽

 221 두 원 $x^2+y^2-2x-4y+1=0$, $x^2+y^2-6x+5=0$의 공통인 현의 길이를 구하시오.

222 두 원 $x^2+y^2-5=0$, $x^2+y^2+4x-3y+a=0$의 공통인 현의 길이가 2일 때, 양수 a의 값을 구하시오.

연습 문제

● 정답 및 풀이 51쪽

STEP 1

223 두 원 $x^2+y^2-6=0$, $x^2+y^2-4x+ky=0$의 교점을 지나는 직선이 직선 $x-y+3=0$과 평행할 때, 두 직선 사이의 거리를 구하시오. (단, k는 상수이다.)

224 두 원 $x^2+y^2-4=0$, $x^2+y^2+3x-4y+k=0$의 공통인 현의 길이가 $2\sqrt{3}$이 되도록 하는 모든 상수 k의 값의 합을 구하시오.

225 두 원 $x^2+y^2=9$, $x^2+y^2-8x-6y+1=0$의 교점을 A, B라 할 때, 삼각형 OAB의 넓이를 구하시오. (단, O는 원점이다.)

STEP 2

226 두 원 $x^2+y^2+6x+2y+1=0$, $x^2+y^2-2x-3=0$의 교점을 지나는 원 중에서 그 넓이가 최소인 원의 중심의 좌표를 (a, b)라 할 때, $\dfrac{b}{a}$의 값을 구하시오.

227 두 원 $x^2+y^2+4x+4y=0$, $x^2+y^2+x-2y-6=0$의 교점을 지나고 중심이 x축 위에 있는 원의 반지름의 길이를 구하시오.

실력 UP⁺

228 오른쪽 그림과 같이 원 $x^2+y^2=4$를 점 $(-1, 0)$에서 x축에 접하도록 선분 PQ를 접는 선으로 하여 접었을 때, 두 점 P, Q를 지나는 직선의 방정식을 구하시오.

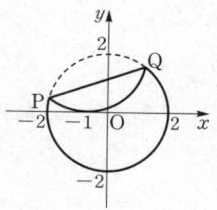

생각해 봅시다! 💡

평행한 두 직선 사이의 거리는 한 직선 위의 점과 다른 직선 사이의 거리와 같다.

두 원의 교점을 지나는 원 중에서 넓이가 최소인 원 ⇨ 공통인 현을 지름으로 하는 원

원의 중심이 x축 위에 있으면 중심의 y좌표가 0이므로 원의 방정식에서 y의 계수가 0이다.

점 $(-1, 0)$에서 x축에 접하고 반지름의 길이가 2인 원의 방정식을 구한다.

세상을 움직이려면
먼저 자기 자신을
움직여야 한다.

— 소크라테스 —

Ⅰ

도형의 방정식

이 단원에서는

점과 도형의 평행이동과 x축, y축, 원점, 직선 $y=x$에 대한 대칭이동을 학습하고, 이를 바탕으로 다양한 문제를 풀어 봅니다.

01 평행이동

개념원리 이해

1 평행이동

어떤 도형을 모양과 크기를 바꾸지 않고 일정한 방향으로 일정한 거리만큼 이동하는 것을 **평행이동**이라 한다.

2 점의 평행이동 〰 필수 01

> 점 (x, y)를 x축의 방향으로 a만큼, y축의 방향으로 b만큼 평행이동한 점의 좌표는
> $$(x+a, y+b)$$
> 이 평행이동을 $(x, y) \longrightarrow (x+a, y+b)$로 나타낸다.

▸ x축의 방향으로 a만큼 평행이동한다는 것은 $a>0$이면 양의 방향으로, $a<0$이면 음의 방향으로 $|a|$만큼 평행이동함을 뜻한다.

설명   점 P(x, y)를 x축의 방향으로 a만큼, y축의 방향으로 b만큼 평행이동한 점을 P$'(x', y')$이라 하면
    $x'=x+a, y'=y+b$
따라서 점 P$'$의 좌표는 $(x+a, y+b)$이다.

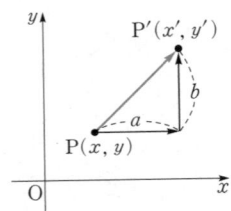

3 도형의 평행이동 〰 필수 02, 03

> 방정식 $f(x, y)=0$이 나타내는 도형을 x축의 방향으로 a만큼, y축의 방향으로 b만큼 평행이동한 도형의 방정식은
> $$f(x-a, y-b)=0 \quad \leftarrow x \text{ 대신 } x-a, y \text{ 대신 } y-b \text{를 대입한 방정식}$$

▸ 방정식 $ax+by+c=0 \, (a \neq 0 \text{ 또는 } b \neq 0)$은 직선을 나타내고 방정식 $x^2+y^2+Ax+By+C=0 \, (A^2+B^2-4C>0)$은 원을 나타내는 것처럼 방정식 $f(x, y)=0$은 일반적으로 좌표평면 위의 도형을 나타낸다.

설명   방정식 $f(x, y)=0$이 나타내는 도형 위의 점 P(x, y)를 x축의 방향으로 a만큼, y축의 방향으로 b만큼 평행이동한 점을 P$'(x', y')$이라 하면
    $x'=x+a, y'=y+b$
    $\therefore x=x'-a, y=y'-b$ ⋯⋯ ㉠
이때 점 P(x, y)는 방정식 $f(x, y)=0$이 나타내는 도형 위의 점이므로 방정식 $f(x, y)=0$에 ㉠을 대입하면
    $f(x'-a, y'-b)=0$
따라서 점 P$'(x', y')$은 방정식 $f(x-a, y-b)=0$이 나타내는 도형 위의 점이므로 평행이동한 도형의 방정식은 $f(x-a, y-b)=0$이다.

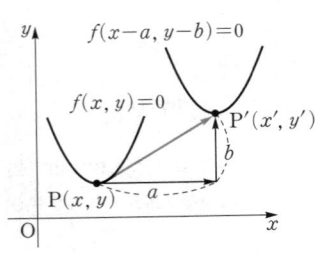

● 정답 및 풀이 53쪽

 알아둡시다!

점 (x, y)를 x축의 방향으로 a만큼, y축의 방향으로 b만 큼 평행이동한 점의 좌표
$\Rightarrow (x+a, y+b)$

229 다음 점을 x축의 방향으로 -3만큼, y축의 방향으로 4만큼 평행이동 한 점의 좌표를 구하시오.

(1) $(7, 2)$

(2) $(-6, 5)$

(3) $(-2, -4)$

230 평행이동 $(x, y) \longrightarrow (x-5, y+3)$에 의하여 다음 점이 옮겨지는 점의 좌표를 구하시오.

(1) $(1, 3)$

(2) $(4, -6)$

(3) $(-2, 5)$

231 다음 방정식이 나타내는 도형을 x축의 방향으로 2만큼, y축의 방향으로 -3만큼 평행이동한 도형의 방정식을 구하시오.

(1) $3x-2y+5=0$

(2) $y=x^2+4$

(3) $(x-3)^2+(y+4)^2=1$

방정식 $f(x, y)=0$이 나타 내는 도형을 x축의 방향으로 a만큼, y축의 방향으로 b만 큼 평행이동한 도형의 방정식
$\Rightarrow f(x-a, y-b)=0$

232 평행이동 $(x, y) \longrightarrow (x-2, y+5)$에 의하여 다음 방정식이 나타 내는 도형이 옮겨지는 도형의 방정식을 구하시오.

(1) $2x-y-3=0$

(2) $y=-x^2+2x$

(3) $(x+3)^2+(y-2)^2=5$

필수 01 점의 평행이동

다음 물음에 답하시오.

(1) 평행이동 $(x, y) \longrightarrow (x+1, y-b)$에 의하여 점 $(-2, 3)$이 점 $(a, 2)$로 옮겨질 때, $a-b$의 값을 구하시오.

(2) 점 $(5, -1)$을 점 $(3, 4)$로 옮기는 평행이동에 의하여 점 $(1, -3)$이 옮겨지는 점의 좌표를 구하시오.

풀이

(1) 평행이동 $(x, y) \longrightarrow (x+1, y-b)$는 x축의 방향으로 1만큼, y축의 방향으로 $-b$만큼 평행이동하는 것이므로 이 평행이동에 의하여 점 $(-2, 3)$이 옮겨지는 점의 좌표는

$(-2+1, 3-b)$, 즉 $(-1, 3-b)$

따라서 $-1=a, 3-b=2$이므로 $a=-1, b=1$

$\therefore a-b=-2$

(2) 점 $(5, -1)$을 x축의 방향으로 a만큼, y축의 방향으로 b만큼 평행이동한 점의 좌표가 $(3, 4)$라 하면

$5+a=3, -1+b=4$ $\therefore a=-2, b=5$

즉 주어진 평행이동은 x축의 방향으로 -2만큼, y축의 방향으로 5만큼 평행이동하는 것이므로 이 평행이동에 의하여 점 $(1, -3)$이 옮겨지는 점의 좌표는

$(1-2, -3+5)$, 즉 **$(-1, 2)$**

KEY Point

• 점 (x, y)를 x축의 방향으로 a만큼, y축의 방향으로 b만큼 평행이동한 점의 좌표
$\Rightarrow (x+a, y+b)$

● 정답 및 풀이 **54**쪽

233 평행이동 $(x, y) \longrightarrow (x-3, y+2)$에 의하여 점 $(a, -1)$이 직선 $y=2x-3$ 위의 점으로 옮겨질 때, a의 값을 구하시오.

234 점 $(2, -4)$를 점 $(1, -3)$으로 옮기는 평행이동에 의하여 점 $(-3, 6)$이 옮겨지는 점의 좌표를 구하시오.

235 점 (m, n)을 x축의 방향으로 2만큼, y축의 방향으로 -3만큼 평행이동하였더니 원 $x^2+y^2-6x+8y+19=0$의 중심과 일치하였다. 이때 mn의 값을 구하시오.

• 더 다양한 문제는 **RPM** 공통수학 2 52쪽

 02 **직선의 평행이동**

점 $(-3, 4)$를 점 $(-1, 1)$로 옮기는 평행이동에 의하여 직선 $3x-y+2=0$이 직선 $ax-y+b=0$으로 옮겨질 때, 상수 a, b에 대하여 $a+b$의 값을 구하시오.

풀이 점 $(-3, 4)$를 x축의 방향으로 m만큼, y축의 방향으로 n만큼 평행이동한 점의 좌표가 $(-1, 1)$이라 하면

$$-3+m=-1, \ 4+n=1 \qquad \therefore \ m=2, \ n=-3$$

즉 주어진 평행이동은 x축의 방향으로 2만큼, y축의 방향으로 -3만큼 평행이동하는 것이므로 $3x-y+2=0$에 x 대신 $x-2$, y 대신 $y+3$을 대입하면

$$3(x-2)-(y+3)+2=0$$
$$\therefore \ 3x-y-7=0$$

이 직선이 직선 $ax-y+b=0$과 일치하므로

$$a=3, \ b=-7$$
$$\therefore \ a+b=-4$$

참고 직선은 평행이동해도 기울기가 변하지 않으므로 두 직선 $3x-y+2=0$, $ax-y+b=0$에서 $a=3$임을 쉽게 알 수 있다.

KEY Point

• 도형 $f(x, y)=0$을 x축의 방향으로 a만큼, y축의 방향으로 b만큼 평행이동한 도형의 방정식
$\Rightarrow f(x-a, \ y-b)=0$ ← x 대신 $x-a$, y 대신 $y-b$를 대입

• 정답 및 풀이 **54**쪽

 236 직선 $2x-3y+k=0$을 x축의 방향으로 1만큼, y축의 방향으로 -2만큼 평행이동한 직선이 점 $(1, -4)$를 지날 때, 상수 k의 값을 구하시오.

237 점 $(1, 2)$를 점 $(-2, 4)$로 옮기는 평행이동에 의하여 직선 $3x-4y+2=0$이 직선 $3x+py+q=0$으로 옮겨질 때, 상수 p, q에 대하여 $p+q$의 값을 구하시오.

238 직선 $y=ax+b$를 x축의 방향으로 -3만큼, y축의 방향으로 2만큼 평행이동한 직선과 직선 $y=2x+1$이 y축에서 수직으로 만난다. 이때 상수 a, b에 대하여 $b-a$의 값을 구하시오.

필수 03 포물선과 원의 평행이동

다음 물음에 답하시오.

(1) 포물선 $y=2x^2-4x+5$를 x축의 방향으로 p만큼, y축의 방향으로 $p+2$만큼 평행이동한 포물선의 꼭짓점이 x축 위에 있을 때, p의 값을 구하시오.

(2) 평행이동 $(x, y) \longrightarrow (x+3, y-4)$에 의하여 원 $x^2+y^2+4x-2y+a=0$이 원 $(x-1)^2+(y+b)^2=3$으로 옮겨질 때, 상수 a, b의 값을 구하시오.

풀이

(1) $y=2x^2-4x+5$에서 $y=2(x-1)^2+3$
이 포물선을 x축의 방향으로 p만큼, y축의 방향으로 $p+2$만큼 평행이동한 포물선의 방정식은
$$y-(p+2)=2(x-p-1)^2+3 \quad \therefore y=2(x-p-1)^2+p+5$$
이 포물선의 꼭짓점 $(p+1, p+5)$가 x축 위에 있으므로
$$p+5=0 \quad \therefore p=-5$$

(2) $x^2+y^2+4x-2y+a=0$에서 $(x+2)^2+(y-1)^2=5-a$ …… ㉠
주어진 평행이동은 x축의 방향으로 3만큼, y축의 방향으로 -4만큼 평행이동하는 것이므로 ㉠에 x 대신 $x-3$, y 대신 $y+4$를 대입하면
$$(x-3+2)^2+(y+4-1)^2=5-a \quad \therefore (x-1)^2+(y+3)^2=5-a$$
이 원이 원 $(x-1)^2+(y+b)^2=3$과 일치하므로
$$3=b, \ 5-a=3 \quad \therefore a=2, \ b=3$$

다른 풀이

(1) 포물선 $y=2(x-1)^2+3$의 꼭짓점 $(1, 3)$을 x축의 방향으로 p만큼, y축의 방향으로 $p+2$만큼 평행이동한 점의 좌표는 $(1+p, 3+p+2)$, 즉 $(1+p, 5+p)$
이 점이 x축 위에 있으므로 $5+p=0 \quad \therefore p=-5$

(2) 원 ㉠의 중심 $(-2, 1)$을 x축의 방향으로 3만큼, y축의 방향으로 -4만큼 평행이동한 점의 좌표는 $(-2+3, 1-4)$, 즉 $(1, -3)$
이 점이 원 $(x-1)^2+(y+b)^2=3$의 중심 $(1, -b)$와 일치하므로 $b=3$
또 원은 평행이동해도 반지름의 길이가 변하지 않으므로 $\sqrt{5-a}=\sqrt{3} \quad \therefore a=2$

• 포물선의 평행이동 ⇨ $y=a(x-p)^2+q$의 꼴로 바꾸어 평행이동한다.
• 원의 평행이동 ⇨ $(x-a)^2+(y-b)^2=r^2$의 꼴로 바꾸어 평행이동한다.
• 포물선의 평행이동은 꼭짓점의 평행이동으로, 원의 평행이동은 중심의 평행이동으로 생각할 수 있다.

● 정답 및 풀이 **54**쪽

239 평행이동 $(x, y) \longrightarrow (x-a, y+2b)$에 의하여 포물선 $y=x^2-4x+3$이 포물선 $y=x^2-3$으로 옮겨질 때, $a+b$의 값을 구하시오.

240 원 $x^2+y^2+6x+2y+8=0$을 x축의 방향으로 a만큼, y축의 방향으로 b만큼 평행이동하면 원 $x^2+y^2-4x-4y+6=0$과 일치할 때, ab의 값을 구하시오.

STEP 1

241 두 점 A$(2, a)$, B$(b, 3)$을 각각 A$'(-1, 5)$, B$'(1, 0)$으로 옮기는 평행이동에 의하여 점 $(a+b, a-b)$가 옮겨지는 점의 좌표를 구하시오.

생각해 봅시다! 💡

242 직선 $2x-y+4=0$을 x축의 방향으로 a만큼, y축의 방향으로 b만큼 평행이동하였더니 원래의 직선과 일치하였다. 이때 $\dfrac{a}{b}$의 값을 구하시오. (단, $ab \neq 0$)

243 직선 $y=\dfrac{1}{2}x-1$을 x축의 방향으로 a만큼, y축의 방향으로 -3만큼 평행이동하였더니 직선 $y=-x+5$와 y축에서 만났다. 이 평행이동에 의하여 점 $(-1, 2)$로 옮겨지는 점의 좌표를 구하시오.

244 도형 $f(x, y)=0$을 도형 $f(x-4, y+1)=0$으로 옮기는 평행이동에 의하여 포물선 $y=x^2+2ax+a+3$이 옮겨지는 포물선의 꼭짓점의 좌표가 $(3, b)$일 때, $a+b$의 값을 구하시오. (단, a는 상수이다.)

도형 $f(x, y)=0$을 x축의 방향으로 a만큼, y축의 방향으로 b만큼 평행이동
$\Rightarrow f(x-a, y-b)=0$

245 원 $x^2+(y-1)^2=9$를 원 $(x-1)^2+y^2=9$로 옮기는 평행이동에 의하여 직선 $x+2y-4=0$이 직선 $x+ay+b=0$으로 옮겨질 때, $a+b$의 값을 구하시오. (단, a, b는 상수이다.)

STEP 2

246 오른쪽 그림과 같이 좌표평면 위의 원점 O와 두 점 A$(2, 0)$, C$(0, 3)$에 대하여 $\overline{\mathrm{OA}}$, $\overline{\mathrm{OC}}$를 두 변으로 하는 직사각형 OABC가 있다. 이 직사각형을 평행이동하여 직사각형 O$'$A$'$B$'$C$'$으로 옮겼을 때, 점 B$'$의 좌표가 $(6, 4)$이었다. 이때 직선 A$'$C$'$의 y절편을 구하시오.

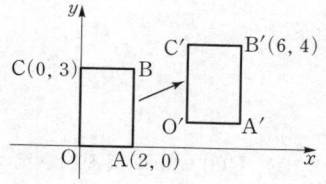

점 B를 점 B$'$으로 옮기는 평행이동에 의하여 직선 AC가 직선 A$'$C$'$으로 평행이동한다.

 **연습 문제**

생각해 봅시다!

247 직선 $4x+3y-5=0$을 y축의 방향으로 k만큼 평행이동한 직선이 원 $(x-1)^2+y^2=4$에 접할 때, 양수 k의 값을 구하시오.

248 포물선 $y=x^2+8x+9$를 포물선 $y=x^2$으로 옮기는 평행이동에 의하여 직선 $l : 2x-3y-2=0$이 옮겨지는 직선을 l'이라 하자. 이때 두 직선 l과 l' 사이의 거리를 구하시오.

두 직선 l, l' 사이의 거리는 직선 l 위의 한 점과 직선 l' 사이의 거리와 같다.

249 원 $C_1 : x^2+y^2-6x+2y+2=0$을 x축의 방향으로 -2만큼, y축의 방향으로 p만큼 평행이동한 원을 C_2라 하자. 두 원 C_1, C_2의 중심 사이의 거리가 3일 때, 원 C_2의 중심의 좌표를 구하시오. (단, $p>0$)

교육청 기출
250 좌표평면에서 두 양수 a, b에 대하여 원 $(x-a)^2+(y-b)^2=b^2$을 x축의 방향으로 3만큼, y축의 방향으로 -8만큼 평행이동한 원을 C라 하자. 원 C가 x축과 y축에 동시에 접할 때, $a+b$의 값은?

① 5   ② 6   ③ 7   ④ 8   ⑤ 9

원이 x축과 y축에 동시에 접한다.
⇨ |(중심의 x좌표)|
 =|(중심의 y좌표)|
 =(반지름의 길이)

251 평행이동 $(x, y) \longrightarrow (x+2, y-3)$에 의하여 원 $x^2+(y-1)^2=9$를 평행이동한 원이 직선 $3x-4y+k=0$과 서로 다른 두 점에서 만나도록 하는 실수 k의 값의 범위가 $m<k<n$일 때, $n-m$의 값을 구하시오.

실력 UP⁺

252 세 점 O$(0, 0)$, A$(3, 0)$, B$(0, 4)$를 꼭짓점으로 하는 삼각형 OAB를 평행이동한 삼각형 O′A′B′에서 점 B′의 좌표가 $(6, 2)$일 때, 삼각형 O′A′B′의 내접원의 방정식을 구하시오.

삼각형의 내접원의 중심과 삼각형의 세 변 사이의 거리는 모두 같다.

개념원리 이해

02 대칭이동

1 대칭이동

어떤 도형을 한 점 또는 한 직선에 대하여 대칭인 도형으로 이동하는 것을 **대칭이동**이라 한다.

2 점의 대칭이동   ∞ 필수 04

점 (x, y)를 x축, y축, 원점 및 직선 $y=x$에 대하여 대칭이동한 점의 좌표는 다음과 같다.

x축에 대한 대칭이동	y축에 대한 대칭이동	원점에 대한 대칭이동	직선 $y=x$에 대한 대칭이동
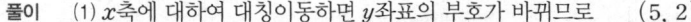			
$(x, y) \longrightarrow (x, -y)$	$(x, y) \longrightarrow (-x, y)$	$(x, y) \longrightarrow (-x, -y)$	$(x, y) \longrightarrow (y, x)$
⇨ y좌표의 부호가 바뀐다.	⇨ x좌표의 부호가 바뀐다.	⇨ x, y좌표의 부호가 바뀐다.	⇨ x, y좌표가 서로 바뀐다.

> ① 원점에 대한 대칭이동은 x축에 대하여 대칭이동한 후 y축에 대하여 대칭이동한 것과 같다.
> ② 직선 $y=-x$에 대한 대칭이동: $(x, y) \longrightarrow (-y, -x)$

설명 **직선 $y=x$에 대한 대칭이동**

좌표평면에서 점 $P(x, y)$를 직선 $y=x$에 대하여 대칭이동한 점을 $P'(x', y')$이라 하면

선분 PP'의 중점 $M\left(\dfrac{x+x'}{2}, \dfrac{y+y'}{2}\right)$은 직선 $y=x$ 위의 점이므로

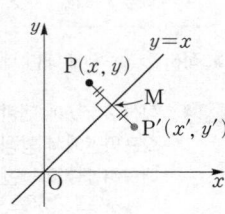

$$\dfrac{x+x'}{2} = \dfrac{y+y'}{2} \qquad \therefore x'-y'=-x+y \quad\cdots\cdots ㉠$$

또 직선 PP'은 직선 $y=x$에 수직이므로

$$\dfrac{y'-y}{x'-x}=-1 \qquad \therefore x'+y'=x+y \quad\cdots\cdots ㉡$$

㉠+㉡을 하면
$$2x'=2y \qquad \therefore x'=y$$

㉠−㉡을 하면
$$-2y'=-2x \qquad \therefore y'=x$$

따라서 점 $P(x, y)$를 직선 $y=x$에 대하여 대칭이동한 점 P'의 좌표는 (y, x)이다.

예제 ▶ 점 $(5, -2)$를 다음에 대하여 대칭이동한 점의 좌표를 구하시오.

(1) x축   (2) y축

(3) 원점   (4) 직선 $y=x$

풀이 (1) x축에 대하여 대칭이동하면 y좌표의 부호가 바뀌므로 $(5, 2)$

(2) y축에 대하여 대칭이동하면 x좌표의 부호가 바뀌므로 $(-5, -2)$

(3) 원점에 대하여 대칭이동하면 x좌표, y좌표의 부호가 바뀌므로 $(-5, 2)$

(4) 직선 $y=x$에 대하여 대칭이동하면 x좌표와 y좌표가 서로 바뀌므로 $(-2, 5)$

3 도형의 대칭이동 ⚭ 필수 05

방정식 $f(x, y)=0$이 나타내는 도형을 x축, y축, 원점 및 직선 $y=x$에 대하여 대칭이동한 도형의 방정식은 다음과 같다.

x축에 대한 대칭이동	y축에 대한 대칭이동
$f(x, y)=0 \longrightarrow f(x, -y)=0$ ⇨ y 대신 $-y$를 대입한다.	$f(x, y)=0 \longrightarrow f(-x, y)=0$ ⇨ x 대신 $-x$를 대입한다.
원점에 대한 대칭이동	직선 $y=x$에 대한 대칭이동
$f(x, y)=0 \longrightarrow f(-x, -y)=0$ ⇨ x 대신 $-x$, y 대신 $-y$를 대입한다.	$f(x, y)=0 \longrightarrow f(y, x)=0$ ⇨ x 대신 y, y 대신 x를 대입한다.

▶ 직선 $y=-x$에 대한 대칭이동: $f(x, y)=0 \longrightarrow f(-y, -x)=0$

설명 직선 $y=x$에 대한 대칭이동

좌표평면에서 방정식 $f(x, y)=0$이 나타내는 도형 위의 점 $\mathrm{P}(x, y)$를 직선 $y=x$에 대하여 대칭이동한 점을 $\mathrm{P}'(x', y')$이라 하면

$x'=y, \ y'=x$

$\therefore \ x=y', \ y=x'$

이것을 $f(x, y)=0$에 대입하면

$f(y', x')=0$

이므로 점 $\mathrm{P}'(x', y')$은 방정식 $f(y, x)=0$이 나타내는 도형 위의 점이다.

따라서 방정식 $f(x, y)=0$이 나타내는 도형을 직선 $y=x$에 대하여 대칭이동한 도형의 방정식은 $f(y, x)=0$이다.

예제 ▶ 직선 $x+3y+4=0$을 다음에 대하여 대칭이동한 도형의 방정식을 구하시오.

(1) x축 (2) y축

(3) 원점 (4) 직선 $y=x$

풀이 (1) y 대신 $-y$를 대입하면　　$x+3\times(-y)+4=0$　　$\therefore \ x-3y+4=0$

(2) x 대신 $-x$를 대입하면　　$-x+3y+4=0$　　$\therefore \ x-3y-4=0$

(3) x 대신 $-x$, y 대신 $-y$를 대입하면　　$-x+3\times(-y)+4=0$　　$\therefore \ x+3y-4=0$

(4) x 대신 y, y 대신 x를 대입하면　　$y+3x+4=0$　　$\therefore \ 3x+y+4=0$

• 정답 및 풀이 **58**쪽

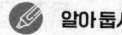 알아둡시다!

253 점 $(-2, 3)$을 다음에 대하여 대칭이동한 점의 좌표를 구하시오.

(1) x축

(2) y축

(3) 원점

(4) 직선 $y=x$

점 (x, y)를
① x축 대칭 ⇨ $(x, -y)$
② y축 대칭 ⇨ $(-x, y)$
③ 원점 대칭
   ⇨ $(-x, -y)$
④ 직선 $y=x$ 대칭
   ⇨ (y, x)

254 직선 $3x-2y+1=0$을 다음에 대하여 대칭이동한 도형의 방정식을 구하시오.

(1) x축

(2) y축

(3) 원점

(4) 직선 $y=x$

도형 $f(x, y)=0$을
① x축 대칭
   ⇨ $f(x, -y)=0$
② y축 대칭
   ⇨ $f(-x, y)=0$
③ 원점 대칭
   ⇨ $f(-x, -y)=0$
④ 직선 $y=x$ 대칭
   ⇨ $f(y, x)=0$

255 포물선 $y=x^2-2x+3$을 다음에 대하여 대칭이동한 도형의 방정식을 구하시오.

(1) x축

(2) y축

(3) 원점

256 원 $(x-3)^2+(y+2)^2=6$을 다음에 대하여 대칭이동한 도형의 방정식을 구하시오.

(1) x축

(2) y축

(3) 원점

(4) 직선 $y=x$

● 더 다양한 문제는 **RPM** 공통수학 2 54쪽

필수 04 점의 대칭이동

점 $(4, 6)$을 x축에 대하여 대칭이동한 점을 P, y축에 대하여 대칭이동한 점을 Q라 할 때, 두 점 P, Q를 지나는 직선의 방정식을 구하시오.

풀이 점 $(4, 6)$을 x축에 대하여 대칭이동한 점 P의 좌표는

$(4, -6)$

점 $(4, 6)$을 y축에 대하여 대칭이동한 점 Q의 좌표는

$(-4, 6)$

따라서 두 점 P, Q를 지나는 직선의 방정식은

$$y+6 = \frac{6-(-6)}{-4-4}(x-4)$$

$$\therefore y = -\frac{3}{2}x$$

KEY Point

• 점 (x, y)를 대칭이동한 점의 좌표
① x축에 대하여 대칭　⟹ $(x, -y)$　← y좌표 부호 바꾸기
② y축에 대하여 대칭　⟹ $(-x, y)$　← x좌표 부호 바꾸기
③ 원점에 대하여 대칭　⟹ $(-x, -y)$　← x좌표, y좌표 부호 바꾸기
④ 직선 $y=x$에 대하여 대칭 ⟹ (y, x)　← x좌표, y좌표 서로 바꾸기

● 정답 및 풀이 **58쪽**

257 점 $(3, -5)$를 원점에 대하여 대칭이동한 점이 직선 $ax-2y+1=0$ 위에 있을 때, 상수 a의 값을 구하시오.

258 점 $P(2, 4)$를 직선 $y=x$에 대하여 대칭이동한 점을 Q, 점 Q를 x축에 대하여 대칭이동한 점을 R라 할 때, 삼각형 PQR의 넓이를 구하시오.

259 점 $(k, 3)$을 y축에 대하여 대칭이동한 점을 P, 직선 $y=x$에 대하여 대칭이동한 점을 Q라 하자. 선분 PQ의 길이가 $2\sqrt{5}$일 때, 양수 k의 값을 구하시오.

필수 **05** 도형의 대칭이동

원 $x^2+y^2+4x-2y+1=0$을 직선 $y=x$에 대하여 대칭이동한 원과 x축의 방향으로 a만큼, y축의 방향으로 b만큼 평행이동한 원이 일치할 때, a, b의 값을 구하시오.

설명 원의 방정식을 $(x-a)^2+(y-b)^2=r^2$의 꼴로 변형한 후 대칭이동, 평행이동한 원의 방정식을 구한다.

풀이 $x^2+y^2+4x-2y+1=0$에서 $(x+2)^2+(y-1)^2=4$ …… ㉠
원 ㉠을 직선 $y=x$에 대하여 대칭이동한 원의 방정식은 $(x-1)^2+(y+2)^2=4$
원 ㉠을 x축의 방향으로 a만큼, y축의 방향으로 b만큼 평행이동한 원의 방정식은
$(x-a+2)^2+(y-b-1)^2=4$
두 원이 일치하므로 $-1=-a+2$, $2=-b-1$
∴ $\boldsymbol{a=3,\ b=-3}$

다른 풀이 원 $(x+2)^2+(y-1)^2=4$의 중심 $(-2,\ 1)$을 직선 $y=x$에 대하여 대칭이동한 점의 좌표는 $(1,\ -2)$
점 $(-2,\ 1)$을 x축의 방향으로 a만큼, y축의 방향으로 b만큼 평행이동한 점의 좌표는 $(-2+a,\ 1+b)$
두 점이 일치하므로 $1=-2+a$, $-2=1+b$ ∴ $a=3$, $b=-3$

I -4

도형의 이동

KEY Point

• 도형 $f(x,\ y)=0$을 대칭이동한 도형의 방정식
① x축에 대하여 대칭 ⇨ $f(x,\ -y)=0$ ← y 대신 $-y$를 대입
② y축에 대하여 대칭 ⇨ $f(-x,\ y)=0$ ← x 대신 $-x$를 대입
③ 원점에 대하여 대칭 ⇨ $f(-x,\ -y)=0$ ← x 대신 $-x$, y 대신 $-y$를 대입
④ 직선 $y=x$에 대하여 대칭 ⇨ $f(y,\ x)=0$ ← x 대신 y, y 대신 x를 대입

● 정답 및 풀이 **59**쪽

확인 체크

260 직선 $y=-3x+6$을 y축에 대하여 대칭이동한 직선에 수직이고 점 $(-3,\ 4)$를 지나는 직선의 방정식을 구하시오.

261 직선 $2x-3y+1=0$을 x축에 대하여 대칭이동한 직선이 원 $(x-4)^2+(y+k)^2=3$의 넓이를 이등분할 때, 상수 k의 값을 구하시오.

262 포물선 $y=x^2-2mx+m^2-5$를 원점에 대하여 대칭이동한 포물선의 꼭짓점의 좌표가 $(-2,\ k)$일 때, $m+k$의 값을 구하시오. (단, m은 상수이다.)

06 도형의 평행이동과 대칭이동

직선 $y=3x+2$를 x축의 방향으로 a만큼 평행이동한 후 원점에 대하여 대칭이동한 직선이 점 $(2, 1)$을 지날 때, a의 값을 구하시오.

풀이 직선 $y=3x+2$를 x축의 방향으로 a만큼 평행이동한 직선의 방정식은
$$y=3(x-a)+2$$
$$\therefore y=3x-3a+2$$
이 직선을 원점에 대하여 대칭이동한 직선의 방정식은
$$-y=3\times(-x)-3a+2$$
$$\therefore y=3x+3a-2$$
이 직선이 점 $(2, 1)$을 지나므로
$$1=6+3a-2$$
$$\therefore a=-1$$

KEY **Point**
● 평행이동과 대칭이동을 연달아 할 때에는 주어진 순서대로 적용한다.

● 정답 및 풀이 **59**쪽

 263 직선 $4x-2y+3=0$을 직선 $y=x$에 대하여 대칭이동한 후 x축의 방향으로 -1만큼, y축의 방향으로 2만큼 평행이동한 직선의 방정식을 구하시오.

264 포물선 $y=x^2-2x+a$를 x축의 방향으로 3만큼, y축의 방향으로 1만큼 평행이동한 후 x축에 대하여 대칭이동하였더니 포물선 $y=-x^2+8x-10$이 되었다. 이때 상수 a의 값을 구하시오.

265 원 $x^2+y^2-4x=0$을 y축에 대하여 대칭이동한 후 y축의 방향으로 1만큼 평행이동한 원이 직선 $y=mx-2$에 접할 때, 상수 m의 값을 구하시오.

필수 07   선분의 길이의 합의 최솟값

두 점 A$(0, 2)$, B$(6, 3)$과 x축 위를 움직이는 점 P에 대하여 $\overline{AP}+\overline{BP}$의 최솟값을 구하시오.

설명 $\overline{AP}+\overline{BP}$의 최솟값

⇨ 점 B를 x축에 대하여 대칭이동한 점 B′의 좌표를 구한 후 선분 AB′의 길이를 구한다.

풀이   오른쪽 그림과 같이 점 B$(6, 3)$을 x축에 대하여 대칭이동한 점을 B′이라 하면

$$B'(6, -3)$$

이때 $\overline{BP}=\overline{B'P}$이므로

$$\begin{aligned}
\overline{AP}+\overline{BP}&=\overline{AP}+\overline{B'P}\\
&\geq\overline{AB'}\\
&=\sqrt{(6-0)^2+(-3-2)^2}=\sqrt{61}
\end{aligned}$$

따라서 구하는 최솟값은 $\sqrt{61}$이다.

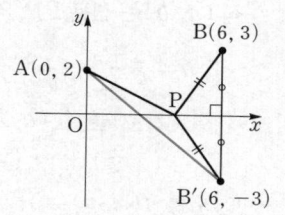

KEY Point

• 선분의 길이의 합의 최솟값
⇨ 한 점을 대칭이동하여 두 선분이 한 직선 위에 있도록 한다.

● 정답 및 풀이 **60**쪽

확인체크

266 두 점 A$(2, 4)$, B$(3, -5)$와 y축 위를 움직이는 점 P에 대하여 $\overline{AP}+\overline{BP}$의 최솟값을 구하시오.

267 두 점 A$(1, 2)$, B$(3, 4)$와 직선 $y=x$ 위를 움직이는 점 P에 대하여 $\overline{AP}+\overline{BP}$의 최솟값과 그때의 점 P의 좌표를 구하시오.

268 오른쪽 그림과 같이 두 점 A$(2, 3)$, B$(6, 1)$과 y축 위를 움직이는 점 P, x축 위를 움직이는 점 Q에 대하여 $\overline{AP}+\overline{PQ}+\overline{QB}$의 최솟값을 구하시오.

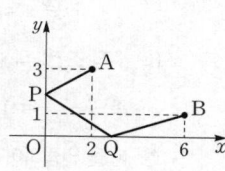

개념원리 이해

03 점과 직선에 대한 대칭이동

1 점에 대한 대칭이동 ☞ 필수 08

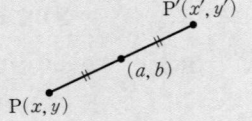

점 $P(x, y)$를 점 (a, b)에 대하여 대칭이동한 점을 $P'(x', y')$이라 하면
점 (a, b)는 선분 PP'의 중점이므로

$$a = \frac{x+x'}{2}, \ b = \frac{y+y'}{2} \qquad \therefore x' = 2a-x, \ y' = 2b-y$$

(1) 점 (x, y)를 점 (a, b)에 대하여 대칭이동하면

$$(x, y) \longrightarrow (2a-x, 2b-y)$$

(2) 도형 $f(x, y) = 0$을 점 (a, b)에 대하여 대칭이동하면

$$f(x, y) = 0 \longrightarrow f(2a-x, 2b-y) = 0$$

설명 (2) 도형 $f(x, y) = 0$ 위의 점 $P(x, y)$를 점 (a, b)에 대하여 대칭이동한 점을 $P'(x', y')$이라 하면

$x' = 2a-x, \ y' = 2b-y \qquad \therefore x = 2a-x', \ y = 2b-y'$

$f(x, y) = 0$에 이것을 대입하면 $f(2a-x', 2b-y') = 0$이므로 점 $P'(x', y')$은 도형 $f(2a-x, 2b-y) = 0$ 위의 점이다.

따라서 도형 $f(x, y) = 0$을 점 (a, b)에 대하여 대칭이동한 도형의 방정식은 $f(2a-x, 2b-y) = 0$이다.

2 직선에 대한 대칭이동 ☞ 필수 09

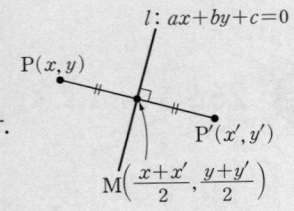

점 $P(x, y)$를 직선 $l : ax+by+c = 0$에 대하여 대칭이동한 점을 $P'(x', y')$이라 하면

(i) **중점 조건**: $\overline{PP'}$의 중점 $M\left(\dfrac{x+x'}{2}, \dfrac{y+y'}{2}\right)$은 직선 l 위의 점이다.

$$\Rightarrow a \times \frac{x+x'}{2} + b \times \frac{y+y'}{2} + c = 0$$

(ii) **수직 조건**: 직선 PP'과 직선 l은 수직이다.

$$\Rightarrow \frac{y'-y}{x'-x} \times \left(-\frac{a}{b}\right) = -1$$

참고 점 $P(x, y)$를 직선 $y = -x$에 대하여 대칭이동한 점을 $P'(x', y')$이라 하면

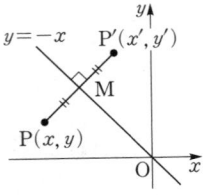

(i) 중점 조건: $\overline{PP'}$의 중점 $M\left(\dfrac{x+x'}{2}, \dfrac{y+y'}{2}\right)$은 직선 $y = -x$ 위에 있으므로

$$\frac{y+y'}{2} = -\frac{x+x'}{2} \qquad \therefore x'+y' = -x-y \qquad \cdots\cdots \ \text{㉠}$$

(ii) 수직 조건: 직선 PP'과 직선 $y = -x$는 수직이므로 직선 PP'의 기울기는 1이다.

즉 $\dfrac{y'-y}{x'-x} = 1$이므로 $x'-y' = x-y \qquad \cdots\cdots \ \text{㉡}$

㉠, ㉡을 연립하여 풀면 $x' = -y, \ y' = -x \qquad \therefore P'(-y, -x)$

08 점에 대한 대칭이동

다음 물음에 답하시오.

(1) 점 $(2, -3)$을 점 $(-2, 1)$에 대하여 대칭이동한 점의 좌표를 구하시오.

(2) 원 $x^2+y^2-10x+24=0$을 점 $(3, 4)$에 대하여 대칭이동한 원의 방정식을 구하시오.

 점 P를 점 (a, b)에 대하여 대칭이동한 점이 P′이면 점 (a, b)는 선분 PP′의 중점임을 이용한다.

이때 포물선 또는 원의 점에 대한 대칭이동은 포물선의 꼭짓점 또는 원의 중심의 대칭이동으로 생각한다.

풀이 (1) 대칭이동한 점의 좌표를 (a, b)라 하면 점 $(-2, 1)$이 두 점 $(2, -3)$, (a, b)를 이은 선분의 중점이므로

$$\frac{2+a}{2}=-2, \quad \frac{-3+b}{2}=1 \quad \therefore a=-6, b=5$$

따라서 구하는 점의 좌표는

$$(-6, 5)$$

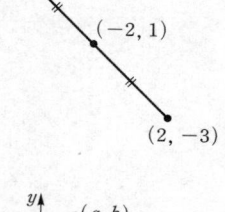

(2) $x^2+y^2-10x+24=0$에서 $(x-5)^2+y^2=1$

원의 중심 $(5, 0)$을 점 $(3, 4)$에 대하여 대칭이동한 점의 좌표를 (a, b)라 하면 점 $(3, 4)$가 두 점 $(5, 0)$, (a, b)를 이은 선분의 중점이므로

$$\frac{5+a}{2}=3, \quad \frac{0+b}{2}=4 \quad \therefore a=1, b=8$$

따라서 대칭이동한 원의 중심의 좌표는 $(1, 8)$이고 반지름의 길이는 1이므로 구하는 원의 방정식은

$$(x-1)^2+(y-8)^2=1$$

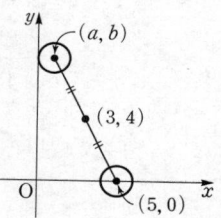

● 정답 및 풀이 **61**쪽

확인 체크 **269** 점 $(a, 3)$을 점 $(4, 5)$에 대하여 대칭이동한 점의 좌표가 $(-2, b)$일 때, ab의 값을 구하시오.

270 포물선 $y=-x^2+2x+5$를 점 (a, b)에 대하여 대칭이동한 포물선의 꼭짓점의 좌표가 $(3, 6)$일 때, $a+b$의 값을 구하시오.

271 원 $(x-3)^2+(y+1)^2=4$를 점 $(1, 2)$에 대하여 대칭이동한 원의 방정식을 구하시오.

09 **직선에 대한 대칭이동**

다음 물음에 답하시오.

(1) 점 $P(1, 4)$를 직선 $y=2x-3$에 대하여 대칭이동한 점의 좌표를 구하시오.

(2) 직선 $y=2x-1$을 직선 $y=x+3$에 대하여 대칭이동한 직선의 방정식을 구하시오.

풀이

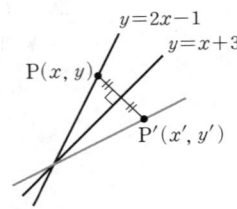

(1) 점 $P(1, 4)$를 직선 $y=2x-3$에 대하여 대칭이동한 점을 $P'(a, b)$라 하자.

$\overline{PP'}$의 중점 $\left(\dfrac{1+a}{2}, \dfrac{4+b}{2}\right)$가 직선 $y=2x-3$ 위의 점이므로

$$\dfrac{4+b}{2}=2\times\dfrac{1+a}{2}-3 \qquad \therefore 2a-b=8 \qquad \cdots\cdots \ \text{㉠}$$

또 두 점 P, P'을 지나는 직선과 직선 $y=2x-3$은 수직이므로

$$\dfrac{b-4}{a-1}\times 2=-1 \qquad \therefore a+2b=9 \qquad \cdots\cdots \ \text{㉡}$$

㉠, ㉡을 연립하여 풀면 $a=5$, $b=2$

따라서 구하는 점의 좌표는 **(5, 2)**

(2) 직선 $y=2x-1$ 위의 임의의 점 $P(x, y)$를 직선 $y=x+3$에 대하여 대칭이동한 점을 $P'(x', y')$이라 하자.

$\overline{PP'}$의 중점 $\left(\dfrac{x+x'}{2}, \dfrac{y+y'}{2}\right)$이 직선 $y=x+3$ 위의 점이므로

$$\dfrac{y+y'}{2}=\dfrac{x+x'}{2}+3$$

$$\therefore x-y=-x'+y'-6 \qquad \cdots\cdots \ \text{㉠}$$

또 두 점 P, P'을 지나는 직선과 직선 $y=x+3$은 수직이므로

$$\dfrac{y'-y}{x'-x}\times 1=-1 \qquad \therefore x+y=x'+y' \qquad \cdots\cdots \ \text{㉡}$$

㉠, ㉡을 연립하여 x, y에 대하여 풀면 $x=y'-3$, $y=x'+3$

이때 점 $P(x, y)$는 직선 $y=2x-1$ 위의 점이므로

$$x'+3=2(y'-3)-1 \qquad \therefore x'-2y'+10=0$$

따라서 구하는 직선의 방정식은 **$x-2y+10=0$**

KEY Point

• 점 P를 직선 l에 대하여 대칭이동한 점을 P'이라 하면

(i) 중점 조건: $\overline{PP'}$의 중점은 직선 l 위의 점이다.

(ii) 수직 조건: $\overline{PP'} \perp l$

• 정답 및 풀이 **61쪽**

 272 두 점 $P(-3, 4)$, $Q(1, 8)$이 직선 $y=ax+b$에 대하여 대칭일 때, 상수 a, b에 대하여 $a+b$의 값을 구하시오.

273 원 $x^2+(y+1)^2=4$를 직선 $x-2y+3=0$에 대하여 대칭이동한 원의 방정식을 구하시오.

 **특강** $f(x, y) = 0$이 나타내는 도형의 이동

1 방정식 $f(x, y) = 0$이 나타내는 도형의 평행이동과 대칭이동

(1) **방정식 $f(-x+p, y-q) = 0$이 나타내는 도형**

⇨ 방정식 $f(x, y) = 0$이 나타내는 도형을 y축에 대하여 대칭이동한 후 x축의 방향으로 p만큼, y축의 방향으로 q만큼 평행이동한 것이다.

(2) **방정식 $f(x-p, -y+q) = 0$이 나타내는 도형**

⇨ 방정식 $f(x, y) = 0$이 나타내는 도형을 x축에 대하여 대칭이동한 후 x축의 방향으로 p만큼, y축의 방향으로 q만큼 평행이동한 것이다.

(3) **방정식 $f(y-q, x-p) = 0$이 나타내는 도형**

⇨ 방정식 $f(x, y) = 0$이 나타내는 도형을 직선 $y=x$에 대하여 대칭이동한 후 x축의 방향으로 p만큼, y축의 방향으로 q만큼 평행이동한 것이다.

▶ $-x$를 포함하면 y축에 대한 대칭이동, $-y$를 포함하면 x축에 대한 대칭이동을 의미한다. 또 x, y의 위치가 서로 바뀌면 직선 $y=x$에 대한 대칭이동을 의미한다.

설명 (1) $\boxed{f(x, y) = 0}$ $\xrightarrow[\text{대칭이동}]{y\text{축에 대하여}}$ $\boxed{f(-x, y) = 0}$ $\xrightarrow[\text{평행이동}]{x\text{축으로 }p\text{만큼, }y\text{축으로 }q\text{만큼}}$ $\boxed{\begin{array}{l} f(-(x-p), y-q) = 0, \\ \text{즉 } f(-x+p, y-q) = 0 \end{array}}$

(2) $\boxed{f(x, y) = 0}$ $\xrightarrow[\text{대칭이동}]{x\text{축에 대하여}}$ $\boxed{f(x, -y) = 0}$ $\xrightarrow[\text{평행이동}]{x\text{축으로 }p\text{만큼, }y\text{축으로 }q\text{만큼}}$ $\boxed{\begin{array}{l} f(x-p, -(y-q)) = 0, \\ \text{즉 } f(x-p, -y+q) = 0 \end{array}}$

(3) $\boxed{f(x, y) = 0}$ $\xrightarrow[\text{대칭이동}]{y=x\text{에 대하여}}$ $\boxed{f(y, x) = 0}$ $\xrightarrow[\text{평행이동}]{x\text{축으로 }p\text{만큼, }y\text{축으로 }q\text{만큼}}$ $\boxed{f(y-q, x-p) = 0}$

주의 (3) 도형 $f(y, x) = 0$을 x축의 방향으로 p만큼, y축의 방향으로 q만큼 평행이동할 때, x, y의 위치에 관계없이 x 대신 $x-p$, y 대신 $y-q$를 대입한다.

 ● 정답 및 풀이 **61**쪽

 274 방정식 $f(x, y) = 0$이 나타내는 도형이 오른쪽 그림과 같을 때, 다음 방정식이 나타내는 도형을 그리시오.

(1) $f(-x+1, y+1) = 0$

(2) $f(y+1, x-1) = 0$

115

STEP 1

275 점 $(-5, 4)$를 x축에 대하여 대칭이동한 점을 P, y축에 대하여 대칭이동한 점을 Q라 할 때, 선분 PQ의 길이를 구하시오.

(직선 AB의 기울기)
=(직선 BC의 기울기)

교육청 기출

276 좌표평면 위의 점 $A(-3, 4)$를 직선 $y=x$에 대하여 대칭이동한 점을 B라 하고, 점 B를 x축의 방향으로 2만큼, y축의 방향으로 k만큼 평행이동한 점을 C라 하자. 세 점 A, B, C가 한 직선 위에 있을 때, 실수 k의 값은?

① -5　　② -4　　③ -3　　④ -2　　⑤ -1

277 직선 $l : x-3y-6=0$을 x축의 방향으로 -2만큼 평행이동한 직선을 m이라 하고, 직선 l을 x축에 대하여 대칭이동한 직선을 n이라 하자. 두 직선 m, n과 y축으로 둘러싸인 부분의 넓이를 구하시오.

대칭이동과 평행이동을 연달아 할 때에는 주어진 순서대로 적용한다.

278 점 $(6, -2)$를 x축에 대하여 대칭이동한 후 직선 $y=x$에 대하여 대칭이동한 점을 다시 x축의 방향으로 -3만큼 평행이동하였더니 직선 $y=ax+4$ 위의 점이 되었다. 이때 상수 a의 값을 구하시오.

대칭이동을 이용하여 최솟값을 구한다.

279 두 점 $A(3, 1)$, $B(a, 4)$와 y축 위를 움직이는 점 P에 대하여 $\overline{AP}+\overline{BP}$의 최솟값이 5가 되도록 하는 양수 a의 값을 구하시오.

직선에 대한 대칭이동
⇨ 중점 조건, 수직 조건을 이용한다.

280 점 $P(-1, 3)$을 직선 $y=2x+1$에 대하여 대칭이동한 점을 $Q(a, b)$라 할 때, $a+b$의 값을 구하시오.

STEP**2**

281 원 $(x-1)^2+(y-a)^2=4$를 x축의 방향으로 3만큼, y축의 방향으로 -2만큼 평행이동한 후 직선 $y=x$에 대하여 대칭이동한 원이 y축에 접한다. 이때 양수 a의 값을 구하시오.

282 오른쪽 그림과 같이 점 $A(3, 1)$과 직선 $y=x$ 위를 움직이는 점 P, x축 위를 움직이는 점 Q에 대하여 삼각형 APQ의 둘레의 길이의 최솟값을 구하시오. (단, 세 점 A, P, Q는 한 직선 위에 있지 않다.)

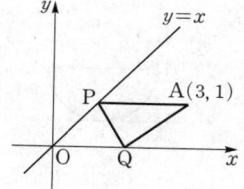

교육청 기출

283 원 $(x-6)^2+(y+3)^2=4$ 위의 점 P와 x축 위의 점 Q가 있다. 점 $A(0, -5)$에 대하여 $\overline{AQ}+\overline{QP}$의 최솟값은?

① 8   ② 9   ③ 10
④ 11   ⑤ 12

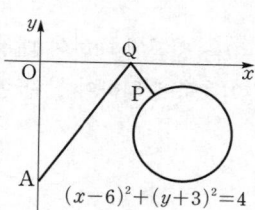

284 포물선 $y=3x^2+12x+8$을 점 $(a, -a)$에 대하여 대칭이동한 포물선의 꼭짓점이 제1사분면 위에 있도록 하는 정수 a의 개수를 구하시오.

285 원 $x^2+y^2-4x-8y=0$을 직선 $y=ax+b$에 대하여 대칭이동하였더니 원 $x^2+y^2=c$가 되었다. 이때 상수 a, b, c에 대하여 abc의 값을 구하시오.

연습 문제

생각해 봅시다! 💡

286 방정식 $f(x, y)=0$이 나타내는 도형이 오른쪽 그림과 같을 때, 다음 중 방정식 $f(y, x-1)=0$이 나타내는 도형은?

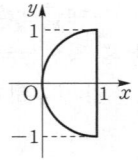

① 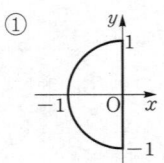　②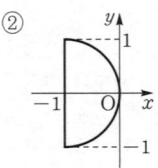

③ 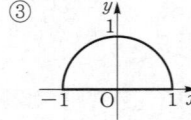　④ 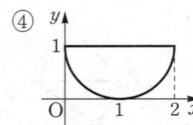　⑤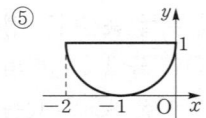

실력 UP⁺

287 원 $x^2+y^2-2x-3=0$을 원점에 대하여 대칭이동한 후 직선 $y=x$에 대하여 대칭이동한 원이 x축에 의하여 잘린 현의 길이를 구하시오.

대칭이동한 원과 x축의 교점의 좌표를 구한다.

288 오른쪽 그림과 같이 가로의 길이가 5, 세로의 길이가 6인 직사각형 ABCD에서 두 점 P, Q는 각각 변 BC, AD 위에 있고 $\overline{BP}=1$, $\overline{DQ}=1$이다. 변 AB 위의 점 X와 변 CD 위의 점 Y에 대하여 $\overline{PX}+\overline{XY}+\overline{YQ}$의 길이의 최솟값을 구하시오.

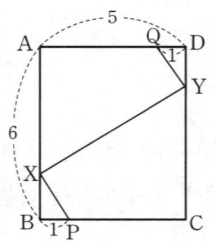

두 점 P, Q를 각각 대칭이동 하여 세 선분이 한 직선 위에 있는 경우를 생각해 본다.

289 직선 $3x+y-3=0$을 직선 $x-y-8=0$에 대하여 대칭이동한 직선을 l이라 할 때, 점 $(1, 2)$와 직선 l 사이의 거리를 구하시오.

II

집합과 명제

이 단원에서는

집합의 개념을 이해하고 집합을 여러 가지 방법으로 표현하는 것을 학습합니다. 또 두
집합 사이의 포함 관계를 판단하고 부분집합을 정의합니다.

개념원리 이해

01 집합의 뜻과 표현

1 집합과 원소 ⟨⟩ 필수 01, 02

(1) 어떤 기준에 따라 대상을 분명하게 정할 수 있을 때, 그 대상들의 모임을 **집합**이라 하고, 집합을 이루는 대상 하나하나를 **원소**라 한다.

(2) **집합과 원소 사이의 관계**

① a가 집합 A의 원소일 때, a는 집합 A에 속한다고 하며 이것을 기호로 $a \in A$와 같이 나타낸다.

② b가 집합 A의 원소가 아닐 때, b는 집합 A에 속하지 않는다고 하며 이것을 기호로 $b \notin A$와 같이 나타낸다.

▶ ① 일반적으로 집합은 알파벳 대문자 A, B, C, ⋯로 나타내고, 원소는 알파벳 소문자 a, b, c, ⋯로 나타낸다.
② 기호 $\in$는 원소를 뜻하는 영어 Element의 첫 글자 E를 기호화한 것이다.

보기 ▶ (1) '3보다 작은 자연수의 모임'은 그 대상을 분명하게 정할 수 있으므로 집합이고, 이 집합의 원소는 1, 2 이다.

'큰 자연수의 모임'은 '큰'의 기준이 명확하지 않아 그 대상을 분명하게 정할 수 없으므로 집합이 아니다.

(2) 4의 양의 약수의 집합을 A라 하면

집합 A의 원소는 1, 2, 4이므로 $1 \in A$, $2 \in A$, $4 \in A$

한편 3은 집합 A의 원소가 아니므로 $3 \notin A$

2 집합의 표현 방법 ⟨⟩ 필수 03, 04

(1) **원소나열법**: 집합에 속하는 모든 원소를 { } 안에 나열하여 집합을 나타내는 방법

(2) **조건제시법**: 집합에 속하는 모든 원소들이 갖는 공통된 성질을 { } 안에 조건으로 제시하여 집합을 나타내는 방법

(3) **벤다이어그램**: 오른쪽 그림과 같이 집합을 나타낸 그림

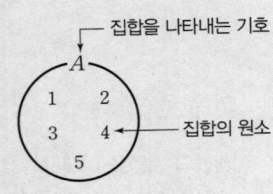

▶ 벤다이어그램에서 벤(Venn)은 이 그림을 처음으로 생각해 낸 영국 논리학자의 이름이고, 다이어그램(diagram)은 그림표를 뜻하는 영어이다.

설명 (1) 집합을 원소나열법으로 나타낼 때, 다음을 주의한다.

    ① 원소를 나열하는 순서는 관계없다.

        ⇨ $\{1, 2, 3\}$은 $\{2, 3, 1\}$로 나타낼 수 있다.

    ② 같은 원소는 중복하여 쓰지 않는다.

        ⇨ $\{1, 2, 2, 3\}$ (×), $\{1, 2, 3\}$ (○)

    ③ 원소의 개수가 많고 일정한 규칙이 있을 때에는 원소의 일부를 생략하고 '…'을 사용하여 나타낸다.

        ⇨ 100 이하의 자연수의 집합은 $\{1, 2, 3, \cdots, 100\}$과 같이 나타낸다.

  (2) 집합을 조건제시법으로 다음과 같이 나타낸다.

            ┌── 원소들이 갖는 공통된 성질

      $\{x \,|\, x$의 조건$\}$

        └── 원소를 대표하는 문자

보기▶ 10 이하의 홀수인 자연수의 집합을 A라 할 때

  (1) 원소나열법: $A = \{1, 3, 5, 7, 9\}$

  (2) 조건제시법: $A = \{x \,|\, x$는 10 이하의 홀수인 자연수$\}$

  (3) 벤다이어그램:

3 집합의 원소의 개수   ∞ 필수 05, 06

> (1) **원소의 개수에 따른 집합의 분류**
>
>   ① 유한집합: 원소가 유한개인 집합
>
>   ② 무한집합: 원소가 무수히 많은 집합
>
> 특히 유한집합 중 원소가 하나도 없는 집합을 **공집합**이라 하고, 기호로 $\varnothing$과 같이 나타낸다.
>
> (2) **유한집합의 원소의 개수**
>
> 집합 A가 유한집합일 때, 집합 A의 원소의 개수를 기호로 $\boldsymbol{n(A)}$와 같이 나타낸다.
>
> 특히 $n(\varnothing) = 0$이다.

▶ ① 공집합은 원소의 개수가 0이므로 유한집합이다.

  ② $n(A)$에서 n은 개수를 뜻하는 영어 number의 첫 글자이다.

보기▶ 집합 $A = \{1, 3, 5, 7, 9\}$ ⇨ 원소가 유한개이다. ⇨ 유한집합 ⇨ $n(A) = 5$

    집합 $B = \{1, 3, 5, 7, 9, \cdots\}$ ⇨ 원소가 무수히 많다. ⇨ 무한집합

    집합 $C = \{x \,|\, x$는 1보다 작은 자연수$\}$ ⇨ 1보다 작은 자연수는 없다. ⇨ 공집합 ⇨ $n(C) = 0$

참고 $\varnothing$, $\{\varnothing\}$, $\{0\}$의 원소의 개수를 알아보자.

  ① 공집합 $\varnothing$의 원소의 개수는 0이므로 $n(\varnothing) = 0$

  ② 집합 $\{\varnothing\}$의 원소는 $\varnothing$의 1개이므로 $n(\{\varnothing\}) = 1$

  ③ 집합 $\{0\}$의 원소는 0의 1개이므로 $n(\{0\}) = 1$

개념원리 익히기

290 보기에서 집합인 것만을 있는 대로 고르고, 그 집합의 원소를 구하시오.

> **보기**
> ㄱ. 15의 양의 약수의 모임
> ㄴ. 큰 정수의 모임
> ㄷ. 50에 가까운 자연수의 모임
> ㄹ. 이차방정식 $(x+1)(x-2)=0$의 해의 모임

291 5의 배수의 집합을 A라 할 때, 다음 □ 안에 기호 $\in$, $\notin$ 중 알맞은 것을 써넣으시오.

(1) 5 □ A　　　　　(2) 12 □ A

(3) 18 □ A　　　　　(4) 30 □ A

292 10 이하의 소수의 집합을 A라 할 때, 집합 A를 다음 방법으로 나타내시오.

(1) 원소나열법　　　(2) 조건제시법　　　(3) 벤다이어그램

293 아래의 집합에 대하여 다음을 모두 고르시오.

> $A=\{x \,|\, x는 6의 양의 약수\}$　　$B=\{x \,|\, x는 9의 양의 배수\}$
> $C=\{x \,|\, x는 1<x<5인 자연수\}$　$D=\{x \,|\, x는 2<x<4인 짝수\}$

(1) 유한집합　　　(2) 무한집합　　　(3) 공집합

294 다음 집합 A에 대하여 $n(A)$를 구하시오.

(1) $A=\{2,\,4,\,6,\,\cdots,\,20\}$

(2) $A=\{x \,|\, x는 x^2+1=0인 실수\}$

(3) $A=\{x \,|\, x는 |x|<2인 정수\}$

• 더 다양한 문제는 **RPM** 공통수학 2 **66쪽**

필수 01　**집합의 뜻**

다음 중 집합인 것을 모두 고르면? (정답 2개)

① 우리 반에서 키가 작은 학생들의 모임

② 예쁜 학생들의 모임

③ 혈액형이 B형인 우리 학교 학생들의 모임

④ 키가 170 cm에 가까운 사람들의 모임

⑤ 3보다 크고 10보다 작은 자연수의 모임

풀이　'키가 작은', '예쁜', '가까운'은 기준이 명확하지 않아 그 대상을 분명하게 정할 수 없으므로 집합이 아니다.

따라서 집합인 것은 ③, ⑤이다.

• 더 다양한 문제는 **RPM** 공통수학 2 **66쪽**

필수 02　**집합과 원소 사이의 관계**

4의 양의 배수의 집합을 A, 8의 양의 약수의 집합을 B라 할 때, 다음 중 옳은 것은?

① $1 \in A$　　② $2 \notin B$　　③ $5 \in B$　　④ $6 \notin A$　　⑤ $8 \notin B$

설명　a가 집합 A의 원소이다. ⇨ $a \in A$

b가 집합 A의 원소가 아니다. ⇨ $b \notin A$

풀이　집합 A의 원소는 4, 8, 12, 16, …, 집합 B의 원소는 1, 2, 4, 8이므로

① $1 \notin A$　　② $2 \in B$　　③ $5 \notin B$　　⑤ $8 \in B$

따라서 옳은 것은 ④이다.

● 정답 및 풀이 **66쪽**

295　다음 중 집합인 것을 모두 고르면? (정답 2개)

① 작은 홀수의 모임

② 제주도에서 유명한 식당의 모임

③ 노래를 잘하는 사람들의 모임

④ 우리 반에서 3월에 태어난 학생들의 모임

⑤ 1보다 크고 2보다 작은 자연수의 모임

296　이차부등식 $x^2 - 8x + 12 < 0$의 정수인 해의 집합을 A라 할 때, 다음 중 옳지 <u>않은</u> 것은?

① $-2 \notin A$　　② $0 \notin A$　　③ $2 \in A$　　④ $5 \in A$　　⑤ $7 \notin A$

● 더 다양한 문제는 **RPM** 공통수학 2 *67쪽*

필수 03　**집합의 표현 방법**

다음 집합에서 원소나열법으로 나타낸 것은 조건제시법으로, 조건제시법으로 나타낸 것은 원소나열법으로 나타내시오.

(1) $\{1,\ 2,\ 5,\ 10\}$　　　　　　　　　　　　(2) $\{3,\ 6,\ 9,\ 12,\ \cdots\}$

(3) $\{x\,|\,x$는 1보다 크고 14보다 작은 짝수$\}$

(4) $\{x\,|\,x$는 3으로 나누었을 때의 나머지가 1인 자연수$\}$

풀이　(1) $\{x\,|\,x$는 10의 양의 약수$\}$　(2) $\{x\,|\,x$는 3의 양의 배수$\}$

(3) $\{2,\ 4,\ 6,\ 8,\ 10,\ 12\}$　(4) $\{1,\ 4,\ 7,\ 10,\ \cdots\}$

● 더 다양한 문제는 **RPM** 공통수학 2 *67쪽*

필수 04　**조건제시법으로 나타내어진 집합**

집합 $A=\{0,\ 1,\ 2\}$에 대하여 다음 집합을 원소나열법으로 나타내시오.

(1) $B=\{x+y\,|\,x\in A,\ y\in A\}$　　　　(2) $C=\{xy\,|\,x\in A,\ y\in A\}$

풀이　(1) $x\in A$, $y\in A$일 때, $x+y$의 값은 [표 1]과 같으므로　$B=\{0,\ 1,\ 2,\ 3,\ 4\}$

(2) $x\in A$, $y\in A$일 때, xy의 값은 [표 2]와 같으므로　$C=\{0,\ 1,\ 2,\ 4\}$

$x\backslash y$	0	1	2
0	0	1	2
1	1	2	3
2	2	3	4

[표 1]

$x\backslash y$	0	1	2
0	0	0	0
1	0	1	2
2	0	2	4

[표 2]

● 정답 및 풀이 **66쪽**

297 다음 중 집합 $\{3,\ 5,\ 7\}$을 조건제시법으로 나타낸 것으로 옳은 것은?

① $\{x\,|\,x$는 2 이상 9 이하의 홀수$\}$　　② $\{x\,|\,x$는 2보다 큰 한 자리의 홀수$\}$

③ $\{x\,|\,x=2n+1,\ n=1,\ 2,\ 3\}$　　④ $\{x\,|\,x$는 10보다 작은 소수$\}$

⑤ $\{x\,|\,x$는 $0<x<9$인 홀수$\}$

298 집합 $A=\{x\,|\,x$는 $0<x<10$인 2의 배수$\}$에 대하여 집합 $B=\{y\,|\,y=3x-2,\ x\in A\}$를 원소나열법으로 나타내시오.

299 다음 중 집합 $A=\{x\,|\,x=2^p\times5^q,\ p,\ q$는 자연수$\}$의 원소가 <u>아닌</u> 것은?

① 10　　　　② 60　　　　③ 100　　　④ 250　　　⑤ 400

• 더 다양한 문제는 **RPM** 공통수학 2 67쪽

필수 05 **유한집합과 무한집합**

다음 중 무한집합인 것을 모두 고르면? (정답 2개)

① $\{x \mid x = 3n, \ n = 1, 2, 3, 4\}$ ② $\{x \mid x$는 9보다 큰 한 자리의 홀수$\}$

③ $\{x \mid x$는 $1 < x < 2$인 기약분수$\}$ ④ $\{x \mid x$는 세 자리 자연수$\}$

⑤ $\{x \mid x$는 $x^2 - 3x + 2 < 0$인 유리수$\}$

풀이

① $\{3, 6, 9, 12\}$이므로 유한집합이다.

② 9보다 큰 한 자리의 홀수는 없다. 따라서 공집합이므로 유한집합이다.

③ $\left\{\dfrac{3}{2}, \dfrac{4}{3}, \dfrac{5}{4}, \dfrac{6}{5}, \cdots\right\}$이므로 무한집합이다.

④ $\{100, 101, 102, \cdots, 998, 999\}$이므로 유한집합이다.

⑤ $x^2 - 3x + 2 < 0$에서 $(x-1)(x-2) < 0$ $\therefore \ 1 < x < 2$

    이때 1과 2 사이에 유리수는 무수히 많으므로 무한집합이다.

따라서 무한집합인 것은 ③, ⑤이다.

• 더 다양한 문제는 **RPM** 공통수학 2 68쪽

필수 06 **유한집합의 원소의 개수**

다음 중 옳은 것은?

① $n(\{0\}) = 0$ ② $n(\{\varnothing, 3\}) = 1$

③ $n(\{0, 1, 2\}) - n(\{1, 2\}) = 1$ ④ $n(\{3\}) < n(\{5\})$

⑤ $n(\{0\}) + n(\varnothing) + n(\{\varnothing\}) + n(\{0, 1\}) = 5$

풀이

① $n(\{0\}) = 1$

② $n(\{\varnothing, 3\}) = 2$

③ $n(\{0, 1, 2\}) - n(\{1, 2\}) = 3 - 2 = 1$

④ $n(\{3\}) = 1$, $n(\{5\}) = 1$이므로 $n(\{3\}) = n(\{5\})$

⑤ $n(\{0\}) + n(\varnothing) + n(\{\varnothing\}) + n(\{0, 1\}) = 1 + 0 + 1 + 2 = 4$

따라서 옳은 것은 ③이다.

• 정답 및 풀이 **66쪽**

300 보기에서 유한집합인 것만을 있는 대로 고르시오.

> **보기**
>
> ㄱ. $\{x \mid x$는 10보다 큰 홀수$\}$ ㄴ. $\{\varnothing\}$
>
> ㄷ. $\{x \mid x$는 $1 < x < 3$인 홀수$\}$ ㄹ. $\{x \mid x = 2n, \ n$은 자연수$\}$

301 세 집합 $A = \{x \mid x$는 50보다 작은 7의 양의 배수$\}$, $B = \{x \mid x$는 $x^2 = -4$인 실수$\}$, $C = \{x \mid \lvert x \rvert = 4\}$에 대하여 $n(A) + n(B) - n(C)$의 값을 구하시오.

STEP 1

302 보기에서 집합인 것만을 있는 대로 고르시오.

기준이 명확하지 않은 것은
집합이 아니다.

> **보기**
>
> ㄱ. 10보다 큰 짝수의 모임
> ㄴ. 게임을 좋아하는 학생들의 모임
> ㄷ. 1보다 작은 자연수의 모임
> ㄹ. 우리나라 광역시의 모임
> ㅁ. 30보다 작은 수 중에서 20에 가까운 수의 모임

303 집합 $A=\{x\,|\,x=2k^2+1,\ k\leq3$인 자연수$\}$에 대하여 집합
$B=\{y\,|\,y$는 x를 4로 나누었을 때의 나머지, $x\in A\}$의 모든 원소의
합을 구하시오.

304 다음 중 옳은 것은?

① $n(\{\varnothing,\ 1\})=1$ ② $n(\{0\})<n(\{2\})$
③ $n(\{a,\ c\})=n(\{f,\ g\})$ ④ $n(A)=0$이면 $A=\{\varnothing\}$이다.
⑤ $n(\{3,\ 5,\ 7\})-n(\{3,\ 7\})=5$

STEP 2

305 집합 $X=\{x\,|\,x^2-ax+4\leq0,\ x$는 실수$\}$가 공집합이 되도록 하는 정
수 a의 개수를 구하시오.

X가 공집합이다.
⇨ 부등식의 해가 없다.

306 두 집합
$$A=\{(x,\ y)\,|\,x^2+y^2=25,\ x,\ y$는 정수$\},$$
$$B=\{x\,|\,x$는 k 이하의 자연수$\}$$
에 대하여 $n(A)+n(B)=25$일 때, 자연수 k의 값을 구하시오.

실력 UP⁺

307 서로 다른 세 자연수를 원소로 갖는 집합 $A=\{a,\ b,\ c\}$에 대하여 집합
$$B=\{x+y\,|\,x\in A,\ y\in A,\ x\neq y\}=\{6,\ 9,\ 11\}$$
일 때, 집합 A의 원소 중 가장 큰 수를 구하시오.

02 집합 사이의 포함 관계

1 부분집합 ∽ 필수 07, 08

(1) 부분집합

① 두 집합 A, B에 대하여 A의 모든 원소가 B에 속할 때, 즉 $x \in A$이면 $x \in B$일 때 A를 B의 **부분집합**이라 하고, 이것을 기호로 $A \subset B$와 같이 나타낸다.

② 집합 A가 집합 B의 부분집합이 아닐 때, 이것을 기호로 $A \not\subset B$와 같이 나타낸다.

(2) 부분집합의 성질

세 집합 A, B, C에 대하여

① $\varnothing \subset A$ ⟶ 공집합은 모든 집합의 부분집합이다.

② $A \subset A$ ⟶ 모든 집합은 자기 자신의 부분집합이다.

③ $A \subset B$이고 $B \subset C$이면 $A \subset C$이다.

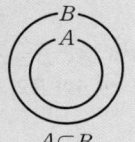

$A \subset B$

▶ ① 기호 $\subset$는 포함하다를 뜻하는 영어 Contain의 첫 글자 C를 기호화한 것이다.
　② 집합 A가 집합 B의 부분집합일 때, 'A는 B에 포함된다.' 또는 'B는 A를 포함한다.'고 한다.
　③ $A \not\subset B$는 집합 A의 원소 중에서 집합 B의 원소가 아닌 것이 적어도 하나 있다는 의미이다.

설명 (2) 공집합은 모든 집합의 부분집합이고, 모든 집합은 자기 자신의 부분집합이다.
즉 임의의 집합 A에 대하여 $\varnothing \subset A$, $A \subset A$가 성립한다.
또한 세 집합 A, B, C에 대하여 $A \subset B$이고 $B \subset C$이면 오른쪽 벤다이어그램에서 $A \subset C$임을 알 수 있다.

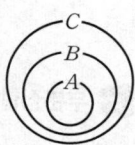

보기▶ 두 집합 $A = \{1, 2\}$, $B = \{1, 2, 3, 4\}$에 대하여

(1) 집합 A의 모든 원소 1, 2가 집합 B에 속하므로 　$A \subset B$ 　← A는 B의 부분집합이다.

(2) 집합 B의 원소 중 3, 4가 집합 A에 속하지 않으므로 　$B \not\subset A$ 　← B는 A의 부분집합이 아니다.

2 서로 같은 집합 ∽ 필수 09

(1) 두 집합 A, B에 대하여 $A \subset B$이고 $B \subset A$일 때, A와 B는 **서로 같다**고 하며 이것을 기호로 $A = B$와 같이 나타낸다.

(2) 두 집합 A, B가 서로 같지 않을 때, 이것을 기호로 $A \ne B$와 같이 나타낸다.

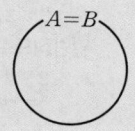

$A = B$

▶ 두 집합 A, B의 모든 원소가 같을 때, A와 B는 서로 같다.

보기▶ 두 집합 $A = \{1, 2, 3\}$, $B = \{x \mid x$는 3 이하의 자연수$\}$에 대하여 　← $B = \{1, 2, 3\}$
　　$A = B$

참고 두 집합 A, B에 대하여
① $A \subset B$이면 　$n(A) \le n(B)$
② $A = B$이면 　$n(A) = n(B)$

3 진부분집합

> 두 집합 A, B에 대하여 A가 B의 부분집합이고 A, B가 서로 같지 않을 때, 즉
> $A{\subset}B$이고 $A{\neq}B$
> 일 때, A를 B의 **진부분집합**이라 한다.
>   └ 자기 자신을 제외한 모든 부분집합

▶ ① $A{\subset}B$는 A가 B의 진부분집합이거나 $A{=}B$임을 뜻한다.
  ② A가 B의 진부분집합이면 $A{\subset}B$이고 B의 원소 중 A의 원소가 아닌 것이 존재한다.

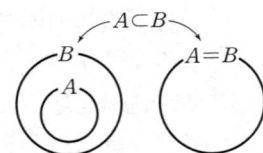

보기 ▶ (1) 두 집합 $A{=}\{1,\ 3\}$, $B{=}\{1,\ 3,\ 5\}$에 대하여
    $A{\subset}B$이고 $A{\neq}B$이므로 A는 B의 진부분집합이다.
  (2) 집합 $\{a,\ b\}$의 진부분집합은 $\varnothing$, $\{a\}$, $\{b\}$

4 부분집합의 개수

집합 $A{=}\{a_1,\ a_2,\ a_3,\ \cdots,\ a_n\}$의 부분집합과 진부분집합의 개수는 다음과 같다.

> (1) 집합 A의 부분집합의 개수 $\Rightarrow 2^n$
> (2) 집합 A의 진부분집합의 개수 $\Rightarrow 2^n-1$

설명 집합 $A{=}\{a,\ b,\ c\}$의 세 원소 a, b, c가 부분집합에 속하는 경우를 ○, 속하지 않는 경우를 ×로 나타내면 오른쪽 그림과 같이 a가 속하거나 속하지 않는 2가지 경우가 있고, 그 각각에 대하여 b, c가 각각 속하는 경우와 속하지 않는 경우가 있다.
따라서 원소의 개수가 3인 집합 A의 부분집합의 개수는
  $2\times2\times2{=}2^3{=}8$
일반적으로 원소의 개수가 n인 집합의 부분집합의 개수는
  $\underbrace{2\times2\times2\times\ \cdots\ \times2}_{n개}{=}2^n$
이때 진부분집합은 부분집합 중 자기 자신을 제외한 것이므로 원소의 개수가 n인 집합의 진부분집합의 개수는 2^n-1이다.

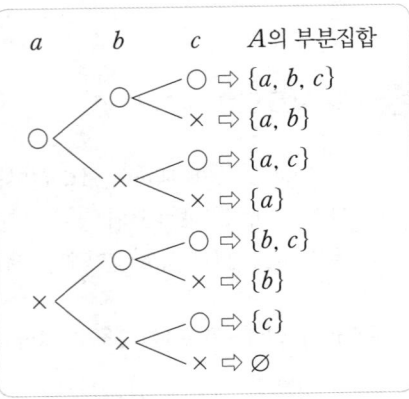

예제 ▶ 집합 $A{=}\{2,\ 3,\ 5,\ 7\}$에 대하여 다음을 구하시오.

  (1) 집합 A의 부분집합의 개수   (2) 집합 A의 진부분집합의 개수

풀이 (1) $2^4{=}16$ (2) $2^4-1{=}15$

5 **특정한 원소를 갖거나 갖지 않는 부분집합의 개수**   ∞ 필수 10, 11

집합 $A = \{a_1,\ a_2,\ a_3,\ \cdots,\ a_n\}$에 대하여 특정한 원소를 반드시 원소로 갖거나 갖지 않는 집합 A의 부분집합의 개수는 다음과 같다.

> (1) 집합 A의 원소 중에서 특정한 원소 k개를 반드시 원소로 갖는 부분집합의 개수
>   ⇨ 2^{n-k} (단, $k < n$)
> (2) 집합 A의 원소 중에서 특정한 원소 m개를 원소로 갖지 않는 부분집합의 개수
>   ⇨ 2^{n-m} (단, $m < n$)
> (3) 집합 A의 원소 중에서 특정한 원소 k개는 반드시 원소로 갖고 특정한 원소 m개는 원소로 갖지 않는 부분집합의 개수
>   ⇨ 2^{n-k-m} (단, $k+m < n$)

설명   집합 $A = \{a,\ b,\ c\}$의 부분집합은

$\varnothing,\ \{a\},\ \{b\},\ \{c\},\ \{a, b\},\ \{a, c\},\ \{b, c\},\ \{a, b, c\}$

이 중에서 a를 원소로 갖지 않는 부분집합은

$\varnothing,\ \{b\},\ \{c\},\ \{b, c\}$

이것은 집합 A에서 원소 a를 제외한 집합 $\{b, c\}$의 부분집합과 같으므로 a를 원소로 갖지 않는 집합 A의 부분집합의 개수는

┌── 집합 A의 원소의 개수
$2^{3-1} = 2^2 = 4$
   └── 부분집합에 속하지 않는 원소의 개수

또 a를 반드시 원소로 갖는 부분집합은

$\{a\},\ \{a, b\},\ \{a, c\},\ \{a, b, c\}$

이것은 집합 $\{b, c\}$의 부분집합 $\varnothing,\ \{b\},\ \{c\},\ \{b, c\}$에 각각 원소 a를 추가한 것과 같으므로 a를 반드시 원소로 갖는 집합 A의 부분집합의 개수는

┌── 집합 A의 원소의 개수
$2^{3-1} = 2^2 = 4$
   └── 부분집합에 반드시 속하는 원소의 개수

$\varnothing$	$\{b\}$	$\{c\}$	$\{b, c\}$
↓a	↓a	↓a	↓a
$\{a\}$	$\{a, b\}$	$\{a, c\}$	$\{a, b, c\}$

한편 a는 반드시 원소로 갖고, b는 원소로 갖지 않는 부분집합은

$\{a\},\ \{a, c\}$

이것은 집합 A에서 원소 a, b를 제외한 집합 $\{c\}$의 부분집합 $\varnothing,\ \{c\}$에 각각 원소 a를 추가한 것과 같으므로 a는 반드시 원소로 갖고, b는 원소로 갖지 않는 집합 A의 부분집합의 개수는

$2^{3-1-1} = 2$

예제 ▶   집합 $A = \{2,\ 4,\ 6,\ 8\}$에 대하여 다음을 구하시오.

(1) 2, 4를 반드시 원소로 갖는 집합 A의 부분집합의 개수

(2) 8을 원소로 갖지 않는 집합 A의 부분집합의 개수

(3) 2는 반드시 원소로 갖고 4, 6은 원소로 갖지 않는 집합 A의 부분집합의 개수

풀이   (1) $2^{4-2} = 2^2 = 4$

(2) $2^{4-1} = 2^3 = 8$

(3) $2^{4-1-2} = 2$

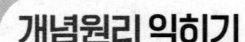

● 정답 및 풀이 **68**쪽

 알아둡시다!

308 다음 집합의 부분집합을 모두 구하시오.

(1) $\{2, 4\}$

(2) $\{x \mid x$는 9의 양의 약수$\}$

---

309 다음 □ 안에 기호 $\subset$, $\not\subset$ 중 알맞은 것을 써넣으시오.

(1) $\{1, 3\}$ □ $\{x \mid x$는 $1 \leq x \leq 3$인 정수$\}$

(2) $\{a, b, c\}$ □ $\{a, c, e\}$

(3) $\varnothing$ □ $\{2, 4, 5\}$

> 집합 A가 집합 B의 부분집합이다.
> $\Rightarrow A \subset B$
> 집합 A가 집합 B의 부분집합이 아니다.
> $\Rightarrow A \not\subset B$

---

310 다음 □ 안에 기호 $=$, $\neq$ 중 알맞은 것을 써넣으시오.

(1) $\{-1, 1\}$ □ $\{x \mid x^2 - 2x + 1 = 0\}$

(2) $\varnothing$ □ $\{x \mid x$는 $2 < x < 4$인 자연수$\}$

(3) $\{2, 4, 8\}$ □ $\{x \mid x = 2^n, n = 1, 2, 3\}$

> 집합 A의 원소와 집합 B의 원소가 일치하면
> $A = B$

---

311 집합 $\{x \mid x$는 5 이하의 소수$\}$의 진부분집합을 모두 구하시오.

> 집합 A가 집합 B의 진부분집합이다.
> $\Rightarrow A \subset B$이고 $A \neq B$

---

312 집합 $A = \{x \mid x$는 16의 양의 약수$\}$에 대하여 다음을 구하시오.

(1) 집합 A의 부분집합의 개수

(2) 집합 A의 진부분집합의 개수

(3) 1, 16을 반드시 원소로 갖는 집합 A의 부분집합의 개수

(4) 16을 원소로 갖지 않는 집합 A의 부분집합의 개수

> 원소의 개수가 n인 집합의 부분집합의 개수
> $\Rightarrow 2^n$

07 기호 ∈, ⊂의 사용

집합 $A=\{\varnothing,\ 1,\ 2,\ \{1,\ 2\}\}$에 대하여 다음 중 옳지 <u>않은</u> 것은?

① $\varnothing \in A$ ② $\{\varnothing\} \subset A$ ③ $\{1\} \in A$

④ $\{1,\ 2\} \in A$ ⑤ $\{1,\ 2\} \subset A$

(설명) x가 집합 A의 원소 ⇨ $x \in A$, $\{x\} \subset A$
        $\{x\}$가 집합 A의 원소 ⇨ $\{x\} \in A$, $\{\{x\}\} \subset A$

풀이   집합 A의 원소는 $\varnothing$, 1, 2, $\{1,\ 2\}$이다.

①, ② $\varnothing$는 집합 A의 원소이므로 $\varnothing \in A$, $\{\varnothing\} \subset A$

③ 1은 집합 A의 원소이므로 $1 \in A$, $\{1\} \subset A$

④ $\{1,\ 2\}$는 집합 A의 원소이므로 $\{1,\ 2\} \in A$

⑤ 1, 2는 집합 A의 원소이므로 $\{1,\ 2\} \subset A$

따라서 옳지 않은 것은 ③이다.

 KEY Point

• ∈, ∉ ⇨ 원소와 집합 사이의 관계
• ⊂, ⊄ ⇨ 집합과 집합 사이의 관계

● 정답 및 풀이 **68**쪽

 313 두 집합 A, B를 벤다이어그램으로 나타내면 오른쪽 그림과 같을 때, 다음 중 옳지 <u>않은</u> 것은?

① $\varnothing \subset A$ ② $1 \in B$ ③ $3 \notin A$

④ $\{2\} \subset A$ ⑤ $\{1,\ 3,\ 5\} \not\subset B$

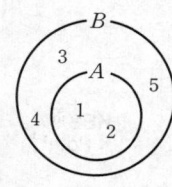

314 집합 $A=\{x \mid x=2n,\ n$은 5 이하의 자연수$\}$에 대하여 보기에서 옳은 것만을 있는 대로 고르시오.

> 보기
>
> ㄱ. $5 \in A$ ㄴ. $6 \notin A$ ㄷ. $\{4,\ 10\} \subset A$ ㄹ. $A \subset \{2,\ 4,\ 6,\ 8\}$

315 집합 $S=\{\varnothing,\ \{0\},\ 1\}$에 대하여 다음 중 옳지 <u>않은</u> 것은?

① $\varnothing \in S$ ② $\varnothing \subset S$ ③ $1 \in S$

④ $\{0\} \subset S$ ⑤ $\{\varnothing,\ \{0\}\} \subset S$

● 더 다양한 문제는 **RPM** 공통수학 2 69쪽

필수 08 **집합 사이의 포함 관계를 이용하여 미지수 구하기**

두 집합 $A=\{1,\ a+2\}$, $B=\{3,\ a^2+2,\ a+1\}$에 대하여 $A{\subset}B$일 때, 실수 a의 값을 구하시오.

풀이 $A{\subset}B$이고 $1{\in}A$이므로 $1{\in}B$

(i) $a^2+2=1$, 즉 $a^2=-1$일 때
  이를 만족시키는 실수 a는 존재하지 않는다.

(ii) $a+1=1$, 즉 $a=0$일 때
  $A=\{1,\ 2\}$, $B=\{1,\ 2,\ 3\}$이므로 $A{\subset}B$

(i), (ii)에서 $a=\mathbf{0}$

● 더 다양한 문제는 **RPM** 공통수학 2 70쪽

필수 09 **서로 같은 집합**

두 집합 $A=\{-2,\ a^2+2a\}$, $B=\{3,\ a^2-3a\}$에 대하여 $A=B$일 때, 상수 a의 값을 구하시오.

풀이 $A=B$이고 $-2{\in}A$, $3{\in}B$이므로 $-2{\in}B$, $3{\in}A$
  $\therefore\ a^2-3a=-2$, $a^2+2a=3$

(i) $a^2-3a=-2$일 때, $a^2-3a+2=0$
  $(a-1)(a-2)=0$ $\therefore\ a=1$ 또는 $a=2$

(ii) $a^2+2a=3$일 때, $a^2+2a-3=0$
  $(a+3)(a-1)=0$ $\therefore\ a=-3$ 또는 $a=1$

(i), (ii)에서 $a=\mathbf{1}$

KEY Point

- $A{\subset}B \Leftrightarrow$ 집합 A의 모든 원소가 집합 B의 원소이다.
- $A=B \Leftrightarrow$ 두 집합 A, B의 모든 원소가 같다.

● 정답 및 풀이 **69**쪽

확인 체크

316 두 집합 $A=\{-1,\ a^2-1\}$, $B=\{2,\ a-2,\ 1-a\}$에 대하여 $A{\subset}B$일 때, 상수 a의 값을 구하시오.

317 두 집합 $A=\{x|-5{\leq}x<-2\}$, $B=\{x|-3a-2<x<-a+6\}$에 대하여 $A{\subset}B$일 때, 정수 a의 최댓값과 최솟값의 합을 구하시오.

318 두 집합 $A=\{4,\ a+1,\ a-2\}$, $B=\{2,\ 5,\ a^2-3a\}$에 대하여 $A{\subset}B$이고 $B{\subset}A$일 때, 상수 a의 값을 구하시오.

10 특정한 원소를 갖거나 갖지 않는 부분집합의 개수

집합 $A=\{3, 4, 5, 6, 7\}$에 대하여 다음을 구하시오.

(1) 집합 A의 부분집합 중 5는 반드시 원소로 갖고 3, 6은 원소로 갖지 않는 부분집합의 개수

(2) 집합 A의 부분집합 중 적어도 한 개의 홀수를 원소로 갖는 부분집합의 개수

설명 (2) '적어도 ~인' 경우는 전체 경우에서 '모두 ~가 아닌' 경우를 제외한 것과 같다.

풀이 (1) 집합 A의 부분집합 중 5는 반드시 원소로 갖고 3, 6은 원소로 갖지 않는 부분집합의 개수는
$$2^{5-1-2}=2^2=\boldsymbol{4}$$

(2) 집합 A의 부분집합 중 적어도 한 개의 홀수를 원소로 갖는 부분집합의 개수는 집합 A의 부분집합의 개수에서 홀수를 원소로 갖지 않는 부분집합의 개수를 뺀 것과 같다.
집합 A의 부분집합의 개수는
$$2^5=32$$
집합 A의 부분집합 중 홀수 3, 5, 7을 원소로 갖지 않는 부분집합의 개수는
$$2^{5-3}=2^2=4$$
따라서 적어도 한 개의 홀수를 원소로 갖는 부분집합의 개수는
$$32-4=\boldsymbol{28}$$

KEY Point

- 원소의 개수가 n인 집합에 대하여
  ① 특정한 원소 k개는 반드시 원소로 갖고 특정한 원소 m개는 원소로 갖지 않는 부분집합의 개수
  $$\Rightarrow 2^{n-k-m} \;(단, k+m<n)$$
  ② 특정한 원소 k개 중 적어도 한 개를 원소로 갖는 부분집합의 개수
  $$\Rightarrow 2^n-2^{n-k} \;(단, k<n)$$

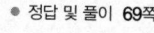 • 정답 및 풀이 **69**쪽

 319 집합 $A=\{1, 3, 5, 7, 9, 11\}$에 대하여 $3\in X$, $5\in X$, $9\not\in X$를 모두 만족시키는 집합 A의 부분집합 X의 개수를 구하시오.

320 집합 $A=\{2, 3, 4, 5\}$의 부분집합 중 적어도 한 개의 소수를 원소로 갖는 부분집합의 개수를 구하시오.

11 $A \subset X \subset B$를 만족시키는 집합 X의 개수

두 집합 $A = \{2, 4\}$, $B = \{x \mid x$는 12의 양의 약수$\}$에 대하여 $A \subset X \subset B$를 만족시키는 집합 X의 개수를 구하시오.

 설명 $A \subset X \subset B$를 만족시키는 집합 X의 개수

⇨ 집합 B의 부분집합 중 집합 A의 모든 원소를 반드시 원소로 갖는 부분집합의 개수

풀이 $A = \{2, 4\}$, $B = \{1, 2, 3, 4, 6, 12\}$이므로 집합 X는 집합 B의 부분집합 중 2, 4를 반드시 원소로 갖는 부분집합이다.

따라서 구하는 집합 X의 개수는

$$2^{6-2} = 2^4 = 16$$

KEY Point

• 두 집합 A, B에 대하여 $A \subset B$이고, $n(A) = p$, $n(B) = q$일 때,

$A \subset X \subset B$를 만족시키는 집합 X의 개수 ⇨ 2^{q-p} (단, $p < q$)

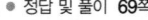 • 정답 및 풀이 **69**쪽

 321 다음 중 두 집합 $A = \{0, 1\}$, $B = \{0, 1, 2, 3\}$에 대하여 $A \subset X \subset B$를 만족시키는 집합 X가 될 수 <u>없는</u> 것은?

① $\{0, 1\}$ ② $\{0, 1, 2\}$ ③ $\{0, 1, 3\}$

④ $\{1, 2, 3\}$ ⑤ $\{0, 1, 2, 3\}$

322 두 집합 $A = \{1, 2\}$, $B = \{1, 2, 3, \cdots, n\}$에 대하여 $A \subset X \subset B$를 만족시키는 집합 X의 개수가 128일 때, 자연수 n의 값을 구하시오.

323 두 집합 $A = \{a, b, c, d, e\}$, $B = \{a, b, c\}$에 대하여 $B \subset X \subset A$, $X \neq A$를 만족시키는 집합 X의 개수를 구하시오.

STEP 1

324 세 집합 $A=\{-1,\ 0,\ 1\}$, $B=\{2x+y\,|\,x\in A,\ y\in A\}$, $C=\{xy\,|\,x\in A,\ y\in A\}$ 사이의 포함 관계를 바르게 나타낸 것은?

① $A\subset B\subset C$ ② $A=B\subset C$ ③ $A=C\subset B$
④ $B\subset A=C$ ⑤ $C=B\subset A$

> 생각해 봅시다! 💡
>
> 집합 B와 집합 C를 원소나 열법으로 나타낸다.

325 집합 $A=\{\varnothing,\ a,\ b,\ \{a,\ b\}\}$에 대하여 보기에서 옳은 것만을 있는 대로 고르시오.

보기

ㄱ. $n(A)=5$ ㄴ. $\{\varnothing\}\not\subset A$ ㄷ. $\{b\}\in A$
ㄹ. $\varnothing\subset A$ ㅁ. $\{\{a,\ b\}\}\not\subset A$ ㅂ. $\{a,\ b\}\in A$

326 두 집합 $A=\{x\,|\,x$는 15의 양의 약수$\}$, $B=\{1,\ a-2,\ b-2,\ 15\}$에 대하여 $A\subset B$이고 $B\subset A$일 때, ab의 값을 구하시오.

(단, a, b는 상수이다.)

> $A\subset B$이고 $B\subset A$
> $\Rightarrow A=B$

327 집합 $A=\{1,\ 2,\ 3,\ \cdots,\ n\}$의 부분집합 중 1, 2는 반드시 원소로 갖고 3, 4는 원소로 갖지 않는 부분집합의 개수가 16일 때, 자연수 n의 값을 구하시오.

328 두 집합 $A=\{x\,|\,x$는 $-4<x<4$인 정수$\}$, $B=\{x\,|\,|x|=2\}$에 대하여 $B\subset X\subset A$, $X\neq A$, $X\neq B$를 만족시키는 집합 X의 개수를 구하시오.

STEP 2

교육청 기출
329 자연수 n에 대하여 자연수 전체 집합의 부분집합 A_n을 다음과 같이 정의하자.

$$A_n=\{x\,|\,x$$는 $\sqrt{n}$ 이하의 홀수$\}$

$A_n\subset A_{25}$를 만족시키는 n의 최댓값을 구하시오.

연습 문제

생각해 봅시다! 💡

330 세 집합 $A=\{x-2\,|\,1<x\leq3\}$, $B=\{x+a\,|\,-1\leq x<7\}$, $C=\{x\,|\,x>2a\}$에 대하여 $A\subset B\subset C$를 만족시키는 정수 a의 개수를 구하시오.

331 두 집합 $A=\{a,\,b,\,c\}$, $B=\{ab,\,bc,\,ca\}$에 대하여 $A=B$이고 $a+b+c=-3$일 때, $a^3+b^3+c^3$의 값을 구하시오. (단, $abc\neq0$)

$a^3+b^3+c^3$
$=(a+b+c)$
$\quad\times(a^2+b^2+c^2-ab-bc$
$\qquad-ca)+3abc$

332 집합 $A=\{a,\,b,\,c,\,d,\,e,\,f,\,g\}$의 부분집합 중 b 또는 f를 원소로 갖는 부분집합의 개수를 구하시오.

333 두 집합
$$A=\{x\,|\,x^2-4x+3=0\},\ B=\{x\,|\,x^2-6x+5\leq0,\ x\text{는 정수}\}$$
에 대하여 $A\subset X\subset B$, $n(X)\geq3$인 집합 X의 개수를 구하시오.

334 다음 조건을 만족시키는 공집합이 아닌 집합 A의 개수를 구하시오.

> ㈎ 집합 A의 모든 원소는 자연수이다.
>
> ㈏ $a\in A$이면 $\dfrac{81}{a}\in A$이다.

335 집합 $A=\{2,\,3,\,4,\,5\}$의 공집합이 아닌 서로 다른 15개의 부분집합을 각각 $A_1,\,A_2,\,A_3,\,\cdots,\,A_{15}$라 하자. A_1의 원소 중 가장 작은 원소를 a_1, A_2의 원소 중 가장 작은 원소를 a_2, $\cdots$, A_{15}의 원소 중 가장 작은 원소를 a_{15}라 할 때, $a_1+a_2+a_3+\cdots+a_{15}$의 값을 구하시오.

가장 작은 원소가 2, 3, 4, 5 일 조건을 각각 생각한다.

II

집합과 명제

이 단원에서는

집합에서 사용되는 여러 가지 연산과 연산 법칙을 학습합니다. 또 유한집합의 원소의
개수를 구하는 방법을 배우고, 이를 바탕으로 다양한 문제를 풀어 봅니다.

개념원리 이해

01 집합의 연산

1 합집합과 교집합 ∞ 필수 01, 02

(1) 합집합

두 집합 A, B에 대하여 A에 속하거나 B에 속하는 모든 원소로 이루어진 집합을 A와 B의 **합집합**이라 하고, 이것을 기호로 $A \cup B$와 같이 나타낸다.

⇨ $A \cup B = \{x \mid x \in A \text{ 또는 } x \in B\}$

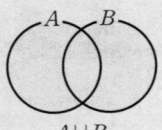

$A \cup B$

(2) 교집합

두 집합 A, B에 대하여 A에도 속하고 B에도 속하는 모든 원소로 이루어진 집합을 A와 B의 **교집합**이라 하고, 이것을 기호로 $A \cap B$와 같이 나타낸다.

⇨ $A \cap B = \{x \mid x \in A \text{ 그리고 } x \in B\}$

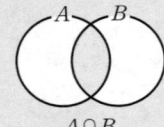

$A \cap B$

(3) 서로소

두 집합 A, B에서 공통인 원소가 하나도 없을 때, 즉

$A \cap B = \varnothing$

일 때, A와 B는 **서로소**라 한다.

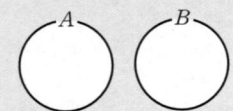

❯ 공집합은 모든 집합과 공통인 원소가 없으므로 모든 집합과 서로소이다.

보기 ▶ (1) 두 집합 $A = \{1, 2, 3\}$, $B = \{2, 3, 4, 5\}$에 대하여

$A \cup B = \{1, 2, 3, 4, 5\}$,

$A \cap B = \{2, 3\}$

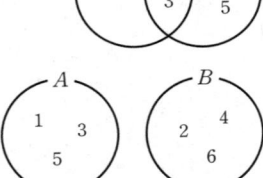

(2) 두 집합 $A = \{1, 3, 5\}$, $B = \{2, 4, 6\}$에 대하여

$A \cap B = \varnothing$이므로 두 집합 A, B는 서로소이다.

2 합집합과 교집합의 성질 ∞ 필수 06

두 집합 A, B에 대하여

(1) $A \cup \varnothing = A$, $A \cap \varnothing = \varnothing$

(2) $A \cup A = A$, $A \cap A = A$

(3) $A \cup (A \cap B) = A$, $A \cap (A \cup B) = A$

❯ 두 집합 A, B에 대하여

$(A \cap B) \subset A$, $A \subset (A \cup B)$

설명 (3)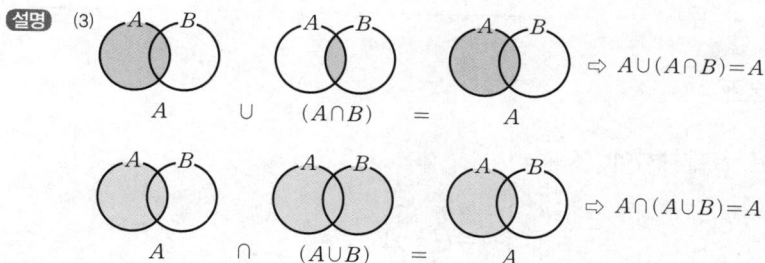

$$\Rightarrow A\cup(A\cap B)=A$$

$$\Rightarrow A\cap(A\cup B)=A$$

3 여집합과 차집합 ∞ 필수 03

(1) 전체집합

어떤 집합에 대하여 그 부분집합을 생각할 때, 처음의 집합을 **전체집합**이라 하고, 이것을 기호로 U와 같이 나타낸다.

(2) 여집합

전체집합 U의 부분집합 A에 대하여 U의 원소 중에서 A에 속하지 않는 모든 원소로 이루어진 집합을 U에 대한 A의 **여집합**이라 하고, 이것을 기호로 A^C와 같이 나타낸다.

$$\Rightarrow A^C=\{x\,|\,x\in U \text{ 그리고 } x\notin A\}$$

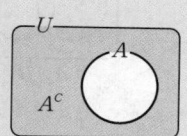

(3) 차집합

두 집합 A, B에 대하여 A에는 속하지만 B에는 속하지 않는 모든 원소로 이루어진 집합을 A에 대한 B의 **차집합**이라 하고, 이것을 기호로 $A-B$와 같이 나타낸다.

$$\Rightarrow A-B=\{x\,|\,x\in A \text{ 그리고 } x\notin B\}$$

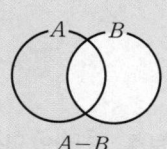

▶ ① 전체집합 U는 전체를 뜻하는 영어 Universal의 첫 글자이고,
   A^C에서 C는 여집합을 뜻하는 영어 Complement의 첫 글자이다.
② $A\cup U=U$, $A\cap U=A$
③ 서로 다른 두 집합 A, B에 대하여 $A-B$와 $B-A$는 서로 다른 집합이다.

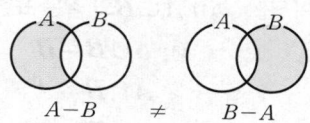

예제 ▶ 전체집합 $U=\{1, 2, 3, 4, 5, 6, 7\}$의 두 부분집합

$$A=\{1, 2, 3, 4\}, B=\{1, 3, 6\}$$

에 대하여 다음을 구하시오.

(1) A^C (2) B^C (3) $A-B$ (4) $B-A$

풀이 (1) $A^C=\{5, 6, 7\}$
(2) $B^C=\{2, 4, 5, 7\}$
(3) $A-B=\{2, 4\}$
(4) $B-A=\{6\}$

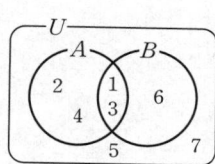

4 집합의 연산의 성질 ∞ 필수 06

전체집합 U의 두 부분집합 A, B에 대하여
(1) $A \cup A^c = U$, $A \cap A^c = \varnothing$
(2) $U^c = \varnothing$, $\varnothing^c = U$
(3) $(A^c)^c = A$
(4) $A^c = U - A$
(5) $A - B = A \cap B^c = A - (A \cap B) = (A \cup B) - B$

설명 (5)

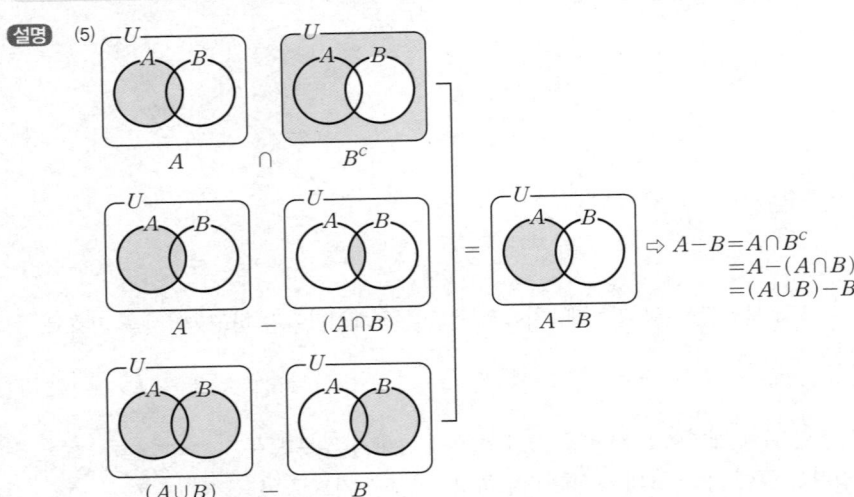

$\Rightarrow A - B = A \cap B^c$
$\quad\quad = A - (A \cap B)$
$\quad\quad = (A \cup B) - B$

보충
학습 **집합의 연산을 이용한 여러 가지 표현** ∞ 필수 07

전체집합 U의 두 부분집합 A, B에 대하여

(1) $A \subset B$와 같은 표현
　① $A \cup B = B$
　② $A \cap B = A$
　③ $A - B = \varnothing$ → $A \cap B^c = \varnothing$
　④ $B^c \subset A^c$ → $B^c - A^c = \varnothing$
　⑤ $A^c \cup B = U$

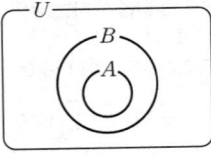

(2) $A \cap B = \varnothing$ (서로소)과 같은 표현
　① $A - B = A$
　② $B - A = B$
　③ $A \subset B^c$
　④ $B \subset A^c$

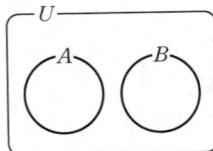

140

알아둡시다!

336 다음 두 집합 A, B에 대하여 $A \cup B$를 구하시오.

(1) $A = \{a,\ c,\ e\}$, $B = \{a,\ b,\ c,\ d,\ e\}$

(2) $A = \{3,\ 6,\ 9\}$, $B = \{x \,|\, x$는 6의 양의 약수$\}$

(3) $A = \{x \,|\, x$는 4 이하의 자연수$\}$, $B = \{x \,|\, (x+2)(x-1) = 0\}$

$A \cup B$
$= \{x \,|\, x \in A$ 또는 $x \in B\}$

337 다음 두 집합 A, B에 대하여 $A \cap B$를 구하시오.

(1) $A = \{1,\ 2,\ 3,\ 4\}$, $B = \{2,\ 4,\ 5\}$

(2) $A = \{a,\ b,\ c,\ d\}$, $B = \{d,\ e,\ f\}$

(3) $A = \{x \,|\, x$는 짝수인 자연수$\}$, $B = \{x \,|\, x$는 10 이하의 자연수$\}$

$A \cap B$
$= \{x \,|\, x \in A$ 그리고 $x \in B\}$

338 보기에서 두 집합 A, B가 서로소인 것만을 있는 대로 고르시오.

두 집합 A, B가 서로소
$\Rightarrow A \cap B = \varnothing$

| 보기 |

ㄱ. $A = \{a,\ b,\ c\}$, $B = \{1,\ 2,\ 3\}$

ㄴ. $A = \{0,\ 1,\ 2\}$, $B = \{x \,|\, (x-2)^2 = 0\}$

ㄷ. $A = \{x \,|\, x$는 4의 양의 약수$\}$, $B = \{x \,|\, x$는 9의 양의 약수$\}$

ㄹ. $A = \{x \,|\, x$는 음의 정수$\}$, $B = \{x \,|\, x$는 양의 정수$\}$

339 전체집합 $U = \{x \,|\, x$는 20 이하의 소수$\}$의 두 부분집합
$A = \{2,\ 5,\ 11,\ 17\}$, $B = \{5,\ 7,\ 17,\ 19\}$에 대하여 다음을 구하시오.

(1) A^c (2) B^c (3) $A - B$

(4) $B - A$ (5) $(A \cup B)^c$ (6) $(A \cap B)^c$

A^c
$= \{x \,|\, x \in U$ 그리고 $x \notin A\}$
$A - B$
$= \{x \,|\, x \in A$ 그리고 $x \notin B\}$

340 전체집합 U의 두 부분집합 A, B에 대하여 다음 중 옳지 <u>않은</u> 것은?

① $A \cap A^c = \varnothing$ ② $U - A^c = A$

③ $(A^c)^c \cap U = A$ ④ $B \cap A^c = B - A$

⑤ $A \cup (A \cap B) = B$

● 더 다양한 문제는 RPM 공통수학 2 80쪽

필수 01 합집합과 교집합

세 집합
$$A=\{3, 5, 7\}, \ B=\{x \mid x는 \ 4<x<9인 \ 정수\}, \ C=\{x \mid x는 \ 12의 \ 양의 \ 약수\}$$
에 대하여 다음을 구하시오.

(1) $A \cap (B \cup C)$ (2) $(A \cap B) \cup C$

풀이 $A=\{3, 5, 7\}, \ B=\{5, 6, 7, 8\}, \ C=\{1, 2, 3, 4, 6, 12\}$

(1) $B \cup C = \{1, 2, 3, 4, 5, 6, 7, 8, 12\}$이므로
$$A \cap (B \cup C) = \textbf{\{3, 5, 7\}}$$

(2) $A \cap B = \{5, 7\}$이므로
$$(A \cap B) \cup C = \textbf{\{1, 2, 3, 4, 5, 6, 7, 12\}}$$

● 더 다양한 문제는 RPM 공통수학 2 80쪽

필수 02 서로소인 두 집합

다음 중 두 집합 A, B가 서로소인 것은?

① $A=\{x \mid x-1=0\}, \ B=\{x \mid x^2-1=0\}$

② $A=\{x \mid x^2=16\}, \ B=\{x \mid x<-4\}$

③ $A=\{x \mid x는 \ 음이 \ 아닌 \ 정수\}, \ B=\{x \mid x는 \ 자연수\}$

④ $A=\{x \mid x=2n, \ n은 \ 자연수\}, \ B=\{x \mid x=3n+1, \ n은 \ 자연수\}$

⑤ $A=\{x \mid x는 \ 3의 \ 양의 \ 배수\}, \ B=\{x \mid x는 \ 8의 \ 양의 \ 배수\}$

설명   두 집합 A, B가 서로소이다. $\Rightarrow A \cap B = \varnothing$ $\Rightarrow$ 공통인 원소가 하나도 없다.

풀이   ① $A=\{1\}, \ B=\{-1, 1\}$이므로 $A \cap B = \{1\}$

② $A=\{-4, 4\}, \ B=\{x \mid x<-4\}$이므로 $A \cap B = \varnothing$

③ $A=\{0, 1, 2, \cdots\}, \ B=\{1, 2, 3, \cdots\}$이므로 $A \cap B = \{1, 2, 3, \cdots\}$

④ $A=\{2, 4, 6, 8, \cdots\}, \ B=\{4, 7, 10, 13, \cdots\}$이므로 $A \cap B = \{4, 10, 16, \cdots\}$

⑤ $A=\{3, 6, 9, \cdots\}, \ B=\{8, 16, 24, \cdots\}$이므로 $A \cap B = \{24, 48, 72, \cdots\}$

따라서 두 집합 A, B가 서로소인 것은 ②이다.

● 정답 및 풀이 73쪽

확인체크 341 세 집합 $A=\{x \mid x는 \ 3 \ 이하의 \ 자연수\}, \ B=\{x \mid x는 \ 4의 \ 양의 \ 약수\}$,
$C=\{x \mid x는 \ 1 \le x \le 8인 \ 홀수\}$에 대하여 다음 중 옳지 <u>않은</u> 것은?

① $A \cup B = \{1, 2, 3, 4\}$ ② $B \cap C = \{1\}$ ③ $(A \cup B) \cap C = \{3\}$

④ $A \cup (B \cap C) = \{1, 2, 3\}$ ⑤ $A \cap (B \cup C) = \{1, 2, 3\}$

342 집합 $A=\{a, b, c, d\}$의 부분집합 중에서 집합 $B=\{a, c\}$와 서로소인 집합의 개수를 구하시오.

필수 03 여집합과 차집합

전체집합 $U=\{x\mid x$는 12 이하의 자연수$\}$의 두 부분집합 $A=\{x\mid x$는 짝수$\}$,
$B=\{x\mid x$는 3의 배수$\}$에 대하여 다음을 구하시오.

(1) $(A\cup B)^C$ (2) $(A\cap B)^C$

(3) A^C-B (4) B^C-A^C

풀이 $U=\{1, 2, 3, \cdots, 12\}$, $A=\{2, 4, 6, 8, 10, 12\}$, $B=\{3, 6, 9, 12\}$

(1) $A\cup B=\{2, 3, 4, 6, 8, 9, 10, 12\}$이므로
$$(A\cup B)^C=\{1, 5, 7, 11\}$$

(2) $A\cap B=\{6, 12\}$이므로
$$(A\cap B)^C=\{1, 2, 3, 4, 5, 7, 8, 9, 10, 11\}$$

(3) $A^C=\{1, 3, 5, 7, 9, 11\}$이므로
$$A^C-B=\{1, 5, 7, 11\}$$

(4) $A^C=\{1, 3, 5, 7, 9, 11\}$, $B^C=\{1, 2, 4, 5, 7, 8, 10, 11\}$이므로
$$B^C-A^C=\{2, 4, 8, 10\}$$

KEY Point

• $A^C \Rightarrow U$에서 A의 원소 제외
• $A-B \Rightarrow A$에서 B의 원소 제외

• 정답 및 풀이 **73**쪽

343 전체집합 $U=\{x\mid x$는 10 이하의 자연수$\}$의 부분집합 $A=\{x\mid x$는 소수$\}$에 대하여
$n(A^C)-n(A)$의 값을 구하시오.

344 두 집합 $A=\{2, 5, 6, 8, 9\}$, $B=\{x\mid x$는 홀수인 한 자리 자연수$\}$에 대하여 집합
$(A\cup B)-(A\cap B)$를 구하시오.

345 전체집합 $U=\{1, 2, 3, \cdots, 8\}$의 두 부분집합 $A=\{x\mid x$는 8의 약수$\}$,
$B=\{x\mid x$는 6의 약수$\}$에 대하여 집합 $(A-B)^C$의 모든 원소의 합을 구하시오.

● 더 다양한 문제는 **RPM** 공통수학 2 81쪽

필수 04 **벤다이어그램을 이용한 집합의 연산**

두 집합 A, B에 대하여
$$B=\{1,\ 2,\ 4,\ 5\},\ A\cap B=\{2,\ 5\},\ A\cup B=\{1,\ 2,\ 3,\ 4,\ 5,\ 6,\ 7\}$$
일 때, 집합 A를 구하시오.

설명 합집합, 교집합, 여집합, 차집합의 원소가 주어진 문제는 벤다이어그램을 이용하여 해결할 수 있다.

오른쪽 그림과 같이 전체집합 U는 두 부분집합 A, B에 의하여 4개의 부분으로 나누어지며 각 부분을 나타내는 집합은 다음과 같다.

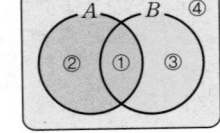

① $A\cap B$ ② $A-B$ ③ $B-A$ ④ $(A\cup B)^C$

이때 각 부분에 해당하는 원소를 써넣어 조건에 맞는 집합을 구한다.

풀이 주어진 조건을 만족시키는 두 집합 A, B를 벤다이어그램으로 나타내면 오른쪽 그림과 같다.
$$\therefore A=\{2,\ 3,\ 5,\ 6,\ 7\}$$

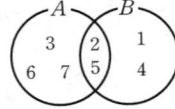

KEY Point • 집합의 원소가 주어진 문제 ⇨ 벤다이어그램으로 나타낸다.

● 정답 및 풀이 **73**쪽

346 전체집합 $U=\{x\,|\,x$는 9 이하의 자연수$\}$의 두 부분집합 A, B에 대하여
$$(A\cup B)^C=\{2\},\ A\cap B=\{5,\ 8\},\ A-B=\{1,\ 6,\ 7\}$$
일 때, 집합 B를 구하시오.

347 전체집합 $U=\{x\,|\,x$는 8 이하의 자연수$\}$의 두 부분집합 A, B에 대하여
$$B=\{4,\ 5,\ 8\},\ A\cap B=\varnothing,\ A\cup B=U$$
일 때, 집합 A의 모든 원소의 합을 구하시오.

348 전체집합 $U=\{x\,|\,x$는 $1\leq x\leq 11$인 홀수$\}$의 두 부분집합 A, B에 대하여
$$A-B=\{1,\ 11\},\ B-A=\{5,\ 9\},\ (A\cap B)^C=\{1,\ 5,\ 7,\ 9,\ 11\}$$
일 때, 집합 B의 모든 원소의 합을 구하시오.

144

필수 05 집합의 연산을 만족시키는 미지수 구하기

두 집합 $A=\{2, 3, a^2+4\}$, $B=\{a+1, 4, 2a+3\}$에 대하여 $A\cap B=\{2, 5\}$일 때,
상수 a의 값을 구하시오.

설명 $A\cap B$의 원소는 두 집합 A, B에 모두 속하는 원소이므로 $A\cap B=\{2, 5\}$에서 $5\in A$임을 이용한다.

풀이 $A\cap B=\{2, 5\}$에서 $5\in A$이므로

$$a^2+4=5, \qquad a^2=1 \qquad \therefore a=-1 \text{ 또는 } a=1$$

(i) $a=-1$일 때

$A=\{2, 3, 5\}$, $B=\{0, 1, 4\}$이므로 $A\cap B=\varnothing$

따라서 주어진 조건을 만족시키지 않는다.

(ii) $a=1$일 때

$A=\{2, 3, 5\}$, $B=\{2, 4, 5\}$이므로 $A\cap B=\{2, 5\}$

(i), (ii)에서 $a=1$

- $k\in(A\cup B) \Rightarrow k\in A$ 또는 $k\in B$
- $k\in(A\cap B) \Rightarrow k\in A$ 그리고 $k\in B$
- $k\in(A-B) \Rightarrow k\in A$ 그리고 $k\notin B$

● 정답 및 풀이 **73**쪽

349 두 집합 $A=\{1, 4, a^2+2\}$, $B=\{3, 3a-5, a^2+2a-2\}$에 대하여 $A\cap B=\{1, 6\}$일 때,
상수 a의 값을 구하시오.

350 두 집합 $A=\{1, a^2-a, 3, 5\}$, $B=\{a^2, a-1, a+6\}$에 대하여 $A-B=\{2, 3\}$일 때,
집합 B를 구하시오. (단, a는 상수이다.)

351 두 집합 $A=\{2, 5, a-1\}$, $B=\{4, 2a-3\}$에 대하여 $A\cup B=\{2, 4, 5, 7\}$일 때, 집합
B의 모든 원소의 합을 구하시오. (단, a는 상수이다.)

● 더 다양한 문제는 **RPM** 공통수학 2 83쪽

필수 06 **집합의 연산의 성질**

전체집합 U의 두 부분집합 A, B에 대하여 다음 중 항상 옳은 것은?

① $A \subset U^c$ ② $(A \cup B) \subset A$ ③ $(A \cap B) \subset B$
④ $U \cap B^c = B$ ⑤ $U \subset (A \cup B)$

풀이   ① $U^c = \varnothing$이므로 $U^c \subset A$ ② $A \subset (A \cup B)$
④ $U \cap B^c = B^c$ ⑤ $(A \cup B) \subset U$
따라서 항상 옳은 것은 **③**이다.

● 더 다양한 문제는 **RPM** 공통수학 2 83쪽

필수 07 **집합의 연산의 성질과 포함 관계**

전체집합 U의 서로 다른 두 부분집합 A, B에 대하여 $B \subset A$일 때, 다음 중 항상 옳은 것은?

① $A \cap B = B$ ② $A \cup B = B$ ③ $A - B = \varnothing$
④ $A^c \cup B = U$ ⑤ $B^c \subset A^c$

풀이   주어진 조건을 벤다이어그램으로 나타내면 오른쪽 그림과 같다.
② $A \cup B = A$ ③ $A - B \ne \varnothing$
④ $A^c \cup B \ne U$ ⑤ $A^c \subset B^c$
따라서 항상 옳은 것은 **①**이다.

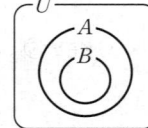

● 정답 및 풀이 **74**쪽

352 전체집합 U의 공집합이 아닌 서로 다른 두 부분집합 A, B에 대하여 다음 중 나머지 넷과 다른 하나는?

① $A - B^c$ ② $(A \cup A^c) \cup B$ ③ $(U - A^c) \cap B$
④ $(A^c)^c \cap (U - B^c)$ ⑤ $(A \cap B) \cup (B \cap B^c)$

353 전체집합 U의 두 부분집합 A, B에 대하여 $B^c \subset A^c$일 때, 다음 중 항상 성립한다고 할 수 없는 것은?

① $A \subset B$ ② $A \cup B = B$ ③ $A - B = \varnothing$
④ $A \cup B^c = U$ ⑤ $A \cap B = A$

354 전체집합 U의 공집합이 아닌 두 부분집합 A, B가 서로소일 때, 보기에서 항상 옳은 것만을 있는 대로 고르시오.

보기
ㄱ. $A - B = \varnothing$ ㄴ. $A \subset B^c$ ㄷ. $A \cup B^c = B^c$
ㄹ. $B \cap A^c = B$ ㅁ. $A \cap (B - A) = \varnothing$ ㅂ. $A - (U - B) = A$

• 더 다양한 문제는 **RPM** 공통수학 2 84쪽

 08 집합의 연산과 부분집합의 개수

두 집합 $A=\{a, b, c, d, e\}$, $B=\{d, e\}$에 대하여 $A\cap X=X$, $(A-B)\cup X=X$
를 만족시키는 집합 X의 개수를 구하시오.

설명 집합 X와 주어진 집합 사이의 포함 관계를 파악하여 집합 X가 반드시 포함하는 원소를 찾는다.

풀이

$A\cap X=X$에서　　$X\subset A$
$(A-B)\cup X=X$에서　$(A-B)\subset X$
　　∴ $(A-B)\subset X\subset A$
이때 $A-B=\{a, b, c\}$이므로
　　$\{a, b, c\}\subset X\subset\{a, b, c, d, e\}$
따라서 집합 X는 집합 A의 부분집합 중 a, b, c를 반드시 원소로 갖는 집합이므로 구하는 집합 X
의 개수는
　　$2^{5-3}=2^2=\textbf{4}$

KEY Point

• $A\cap B=A$ 또는 $A\cup B=B$ ⇨ $A\subset B$
• $A\subset X\subset B$를 만족시키는 집합 X의 개수
　⇨ 집합 A의 모든 원소를 반드시 원소로 갖는 집합 B의 부분집합의 개수

● 정답 및 풀이 **74**쪽

 355 두 집합 $A=\{1, 2, 3, 4, 5, 6\}$, $B=\{4, 5, 6, 7, 8\}$에 대하여 $A\cap X=X$,
$(A\cap B)\cup X=X$를 만족시키는 집합 X의 개수를 구하시오.

356 전체집합 $U=\{x\,|\,x$는 15 이하의 소수$\}$의 두 부분집합 $A=\{2, 7\}$, $B=\{3, 13\}$에 대하
여 $A-X=\varnothing$, $B-X=B$를 만족시키는 U의 부분집합 X의 개수를 구하시오.

357 전체집합 $U=\{1, 3, 5, 7, 9, 11, 13\}$의 두 부분집합 A, B에 대하여
$A=\{1, 5, 9, 13\}$, $B=\{7, 9, 11\}$일 때, $(A\cup X)\subset(B\cup X)$를 만족시키는 U의 부분
집합 X의 개수를 구하시오.

147

연습 문제

STEP 1

358 두 집합 $A=\{x\,|\,-2\leq x\leq 3\}$, $B=\{x\,|\,x\leq a\}$가 서로소일 때, 정수 a의 최댓값을 구하시오.

교육청 기출
359 집합 $A=\{1,\ 2,\ 3,\ 4\}$에 대하여 집합 B가 $B-A=\{5,\ 6\}$을 만족시킨다. 집합 B의 모든 원소의 합이 12일 때, 집합 $A-B$의 모든 원소의 합은?

$B=(B-A)\cup(A\cap B)$

① 5   ② 6   ③ 7   ④ 8   ⑤ 9

360 다음 중 오른쪽 벤다이어그램에서 색칠한 부분을 나타내는 것은? (단, U는 전체집합이다.)

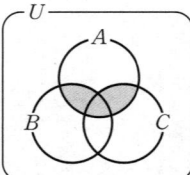

① $A\cup(B\cap C)$ ② $A\cap(B\cup C)$
③ $B\cap(A\cup C)$ ④ $A^C\cap(B\cup C)$
⑤ $B^C\cap(A\cup C)$

361 두 집합 A, B에 대하여
$$A=\{-2,\ 2a-3,\ a+1\},\ B=\{3,\ 2-a^2\},\ B-A=\varnothing$$
일 때, 상수 a의 값을 구하시오.

$B-A=\varnothing$
$\Rightarrow B\subset A$

362 전체집합 U의 두 부분집합 A, B에 대하여 $B-(A\cap B)=\varnothing$일 때, 다음 중 항상 성립한다고 할 수 <u>없는</u> 것은?

① $B\subset A$ ② $A\cap B=B$ ③ $A\cup B=A$
④ $A-B=\varnothing$ ⑤ $A\cup B^C=U$

교육청 기출
363 전체집합 $U=\{x\,|\,x$는 50 이하의 자연수$\}$의 두 부분집합
$$A=\{x\,|\,x$는 6의 배수$\},\ B=\{x\,|\,x$는 4의 배수$\}$$
가 있다. $A\cup X=A$이고 $B\cap X=\varnothing$인 집합 X의 개수는?

$A\cup B=B$
$\Rightarrow A\subset B$

① 8   ② 16   ③ 32   ④ 64   ⑤ 128

STEP 2

364 전체집합 $U=\{x|x$는 실수$\}$의 두 부분집합
$$A=\{x|x^3-3x^2+2x=0\},\ B=\{x|x^2+x+a=0\}$$
에 대하여 $A-B=\{0,\ 1\}$일 때, 집합 $B-A$를 구하시오.
(단, a는 상수이다.)

365 두 집합 $A=\{2,\ 9,\ a+2\}$, $B=\{a^3-2a,\ a+7\}$에 대하여 집합 $(A-B)\cup(B-A)=\{2,\ 9,\ b\}$일 때, $a+b$의 값을 구하시오.
(단, $a,\ b$는 상수이다.)

366 전체집합 $U=\{x|x$는 24의 양의 약수$\}$의 두 부분집합
$$A=\{x|x$는 6의 약수$\},\ B=\{2,\ 4,\ 6,\ 8\}$$
에 대하여 $(A-B)\cap C=\{3\}$, $B\cap C=B$를 만족시키는 U의 부분집합 C의 개수를 구하시오.

원소의 개수가 n인 집합에 대하여 특정한 원소 k개는 반드시 원소로 갖고, 특정한 원소 m개는 원소로 갖지 않는 부분집합의 개수
$\Rightarrow 2^{n-k-m}$

실력 UP⁺

367 두 집합 $A=\{-2,\ 3\}$, $B=\{x|ax+2=2x\}$에 대하여 $A\cap B=B$를 만족시키는 모든 실수 a의 값의 곱을 구하시오.

368 전체집합 $U=\{x|x$는 11 이하의 소수$\}$의 부분집합 X에 대하여 집합 X의 모든 원소의 합을 $S(X)$라 할 때, U의 두 부분집합 A, B가 다음 조건을 만족시킨다. 이때 집합 B를 구하시오. (단, $A\neq\varnothing$)

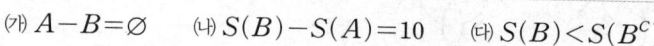

(가) $A-B=\varnothing$ (나) $S(B)-S(A)=10$ (다) $S(B)<S(B^c)$

교육청 기출

369 전체집합 $U=\{x|x$는 5 이하의 자연수$\}$의 두 부분집합
$$A=\{1,\ 2\},\ B=\{2,\ 3,\ 4\}$$
에 대하여 $X\cap A\neq\varnothing$, $X\cap B\neq\varnothing$을 만족시키는 U의 부분집합 X의 개수를 구하시오.

집합 X가 $A\cap B$의 원소를 포함하는 경우와 포함하지 않는 경우로 나누어 생각한다.

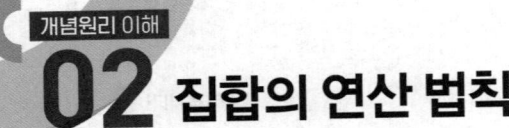

02 집합의 연산 법칙

1 집합의 연산 법칙 ∽ 필수 09, 10

세 집합 A, B, C에 대하여

(1) **교환법칙**: $A \cup B = B \cup A$, $A \cap B = B \cap A$

(2) **결합법칙**: $(A \cup B) \cup C = A \cup (B \cup C)$
   $(A \cap B) \cap C = A \cap (B \cap C)$

(3) **분배법칙**: $\boldsymbol{A \cap (B \cup C) = (A \cap B) \cup (A \cap C)}$
   $\boldsymbol{A \cup (B \cap C) = (A \cup B) \cap (A \cup C)}$

▶ 세 집합의 연산에서 결합법칙이 성립하므로 괄호를 사용하지 않고 $A \cup B \cup C$, $A \cap B \cap C$로 나타내기도 한다.

설명 (3) 벤다이어그램을 이용하여 분배법칙이 성립함을 확인해 보자.

① $A \cap (B \cup C) = (A \cap B) \cup (A \cap C)$

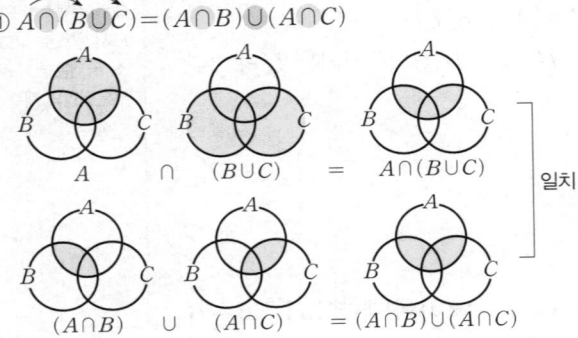

② $A \cup (B \cap C) = (A \cup B) \cap (A \cup C)$

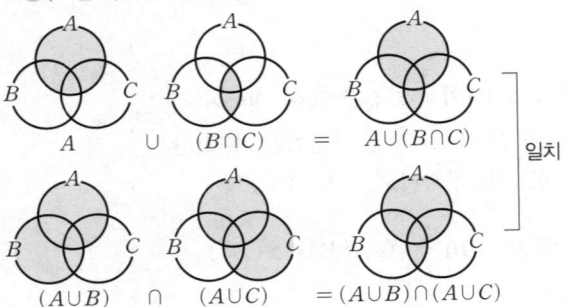

예제 ▶ 세 집합 A, B, C에 대하여 $A \cap B = \{2, 3, 4\}$, $A \cap C = \{3, 6\}$일 때, 집합 $A \cap (B \cup C)$를 구하시오.

풀이 $A \cap (B \cup C) = (A \cap B) \cup (A \cap C)$
   $= \{2, 3, 4\} \cup \{3, 6\}$
   $= \{2, 3, 4, 6\}$

2 드모르간의 법칙　∞ 필수 09, 10

전체집합 U의 두 부분집합 A, B에 대하여 다음이 성립하고, 이것을 **드모르간의 법칙**이라 한다.

(1) $(A \cup B)^c = A^c \cap B^c$

(2) $(A \cap B)^c = A^c \cup B^c$

> 전체집합 U의 세 부분집합 A, B, C에 대하여

① $(A \cup B \cup C)^c = \{(A \cup B) \cup C\}^c = (A \cup B)^c \cap C^c = A^c \cap B^c \cap C^c$

② $(A \cap B \cap C)^c = \{(A \cap B) \cap C\}^c = (A \cap B)^c \cup C^c = A^c \cup B^c \cup C^c$

설명 벤다이어그램을 이용하여 드모르간의 법칙이 성립함을 확인해 보자.

(1) $(A \cup B)^c = A^c \cap B^c$

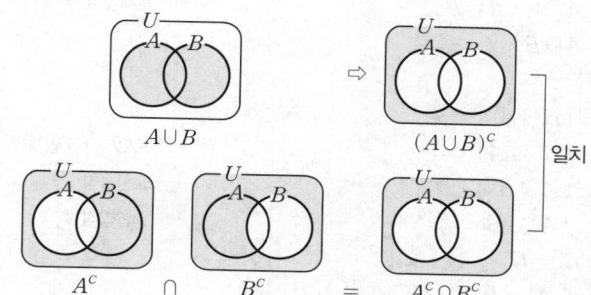

(2) $(A \cap B)^c = A^c \cup B^c$

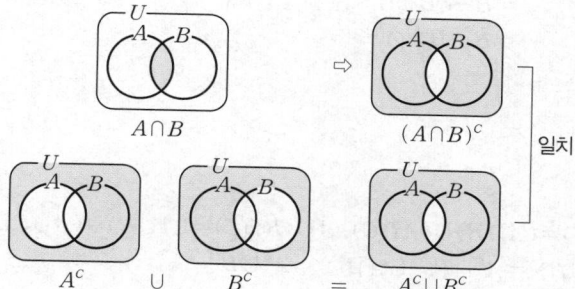

예제▶ 전체집합 U의 두 부분집합 A, B에 대하여 다음이 성립함을 증명하시오.

(1) $(A \cap B) \cup (A^c \cup B^c) = U$

(2) $A \cap (A \cup B)^c = \varnothing$

풀이 (1) $(A \cap B) \cup (A^c \cup B^c) = (A \cap B) \cup (A \cap B)^c = U$

(2) $A \cap (A \cup B)^c = A \cap (A^c \cap B^c) = (A \cap A^c) \cap B^c$

$\qquad\qquad = \varnothing \cap B^c = \varnothing$

필수 09 집합의 연산 법칙을 이용하여 식 간단히 하기

전체집합 U의 두 부분집합 A, B에 대하여 다음을 간단히 하시오.

(1) $A \cap (A-B)^c$

(2) $A^c \cup (B-A)^c$

(3) $B - \{(B-A) \cup (B-A^c)\}$

설명 복잡한 집합의 연산은 집합의 연산 법칙과 드모르간의 법칙을 이용하여 간단히 한다.

풀이

(1)
$$
\begin{aligned}
A \cap (A-B)^c &= A \cap (A \cap B^c)^c \\
&= A \cap (A^c \cup B) \qquad \leftarrow \text{드모르간의 법칙} \\
&= (A \cap A^c) \cup (A \cap B) \qquad \leftarrow \text{분배법칙} \\
&= \varnothing \cup (A \cap B) \\
&= \boldsymbol{A \cap B}
\end{aligned}
$$

(2)
$$
\begin{aligned}
A^c \cup (B-A)^c &= A^c \cup (B \cap A^c)^c \\
&= A^c \cup (B^c \cup A) \qquad \leftarrow \text{드모르간의 법칙} \\
&= A^c \cup (A \cup B^c) \qquad \leftarrow \text{교환법칙} \\
&= (A^c \cup A) \cup B^c \qquad \leftarrow \text{결합법칙} \\
&= U \cup B^c = \boldsymbol{U}
\end{aligned}
$$

(3)
$$
\begin{aligned}
B - \{(B-A) \cup (B-A^c)\} &= B - \{(B \cap A^c) \cup (B \cap A)\} \\
&= B - \{B \cap (A^c \cup A)\} \qquad \leftarrow \text{분배법칙} \\
&= B - (B \cap U) \\
&= B - B = \boldsymbol{\varnothing}
\end{aligned}
$$

KEY Point

- 분배법칙: $A \cap (B \cup C) = (A \cap B) \cup (A \cap C)$, $A \cup (B \cap C) = (A \cup B) \cap (A \cup C)$
- 드모르간의 법칙: $(A \cup B)^c = A^c \cap B^c$, $(A \cap B)^c = A^c \cup B^c$

● 정답 및 풀이 77쪽

370 전체집합 U의 세 부분집합 A, B, C에 대하여 다음을 간단히 하시오.

(1) $(A - B^c) \cup (B - A)$

(2) $\{A \cap (A^c \cup B)\} \cup \{B \cap (B \cup C)\}$

371 전체집합 U의 세 부분집합 A, B, C에 대하여 등식
$$ A - (B \cup C) = (A-B) - C $$
가 성립함을 집합의 연산 법칙과 드모르간의 법칙을 이용하여 증명하시오.

● 더 다양한 문제는 **RPM** 공통수학 2 85쪽

 10 **집합의 연산 법칙과 포함 관계**

전체집합 U의 두 부분집합 A, B에 대하여 $\{(A^c \cup B^c) \cap (A \cup B^c)\} \cap A = \varnothing$이 성립할 때, 다음 중 항상 옳은 것은?

① $A \subset B$ ② $B \subset A$ ③ $A = B$
④ $A \cap B = \varnothing$ ⑤ $A \cup B = U$

설명   집합의 연산 법칙을 이용하여 식을 간단히 한 후 두 집합 A, B 사이의 포함 관계를 구한다.

풀이   주어진 등식의 좌변을 간단히 하면

$$\{(A^c \cup B^c) \cap (A \cup B^c)\} \cap A = \{(A^c \cap A) \cup B^c\} \cap A$$
$$= (\varnothing \cup B^c) \cap A$$
$$= B^c \cap A = A \cap B^c$$
$$= A - B$$

즉 $A - B = \varnothing$이므로 $A \subset B$
따라서 항상 옳은 것은 ①이다.

참고 $A \subset B$이면
④ $A \cap B = A$ ⑤ $A \cup B = B$

KEY Point

• 집합의 연산 법칙을 이용하여 식을 간단히 한 후 다음을 이용하여 두 집합 사이의 포함 관계를 구한다.
① $A \cap B = A$이면 $A \subset B$
② $A \cup B = A$이면 $B \subset A$
③ $A - B = \varnothing$이면 $A \subset B$

● 정답 및 풀이 **78**쪽

 372 전체집합 U의 공집합이 아닌 두 부분집합 A, B에 대하여 $(A \cup B) \cap A^c = \varnothing$이 성립할 때, 보기에서 항상 옳은 것만을 있는 대로 고르시오.

┌ 보기 ┐
ㄱ. $A \cap B = \varnothing$ ㄴ. $A \cup B = A$ ㄷ. $A \cup B^c = U$

373 전체집합 U의 두 부분집합 A, B에 대하여 $(A \cup B) \cap (B - A)^c = A \cap B$가 성립할 때, 다음 중 항상 옳은 것은?

① $A \cap B = \varnothing$ ② $A \cap B = B$ ③ $A \cap B^c = A$
④ $A \cup B = U$ ⑤ $A \cup B = B$

153

특강 대칭차집합

1 대칭차집합

(1) 대칭차집합

전체집합 U의 두 부분집합 A, B에 대하여 두 차집합 $A-B$와 $B-A$의 합집합을 **대칭차집합**이라 하고, 일반적으로 연산 기호 $\triangle$를 사용하여 다음과 같이 나타낸다.

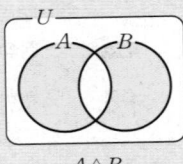

$$A\triangle B=(A-B)\cup(B-A)$$
$$=(A\cup B)-(A\cap B)$$
$$=(A\cup B)\cap(A\cap B)^c$$

$A\triangle B$

(2) 대칭차집합의 성질

전체집합 U의 세 부분집합 A, B, C에 대하여 다음이 성립한다.

① 교환법칙: $A\triangle B=B\triangle A$ ② 결합법칙: $(A\triangle B)\triangle C=A\triangle(B\triangle C)$

● 더 다양한 문제는 **RPM** 공통수학 2 89쪽

특강 01 대칭차집합

전체집합 U의 두 부분집합 A, B에 대하여 연산 $\triangle$를
$$A\triangle B=(A-B)\cup(B-A)$$
라 할 때, 다음 중 옳지 <u>않은</u> 것은?

① $A\triangle A^c=U$ ② $U\triangle\varnothing=U$ ③ $A\triangle\varnothing=A$

④ $A\triangle A=\varnothing$ ⑤ $A\triangle U=A$

풀이
① $A\triangle A^c=(A-A^c)\cup(A^c-A)=(A\cap A)\cup(A^c\cap A^c)=A\cup A^c=U$
② $U\triangle\varnothing=(U-\varnothing)\cup(\varnothing-U)=U\cup\varnothing=U$
③ $A\triangle\varnothing=(A-\varnothing)\cup(\varnothing-A)=A\cup\varnothing=A$
④ $A\triangle A=(A-A)\cup(A-A)=\varnothing\cup\varnothing=\varnothing$
⑤ $A\triangle U=(A-U)\cup(U-A)=\varnothing\cup A^c=A^c$
따라서 옳지 않은 것은 ⑤이다.

● 정답 및 풀이 **78**쪽

374 전체집합 U의 두 부분집합 A, B에 대하여 연산 $\odot$를
$$A\odot B=(A\cup B)-(A\cap B)$$
라 할 때, 다음 중 $(A\odot B)\odot A$와 항상 같은 집합은?

① A ② B ③ $A\cap B$ ④ $A\cup B$ ⑤ $A-B$

특강 배수의 집합의 연산

1 배수의 집합의 연산

자연수 k, m, n의 양의 배수의 집합을 각각 A_k, A_m, A_n이라 할 때

(1) m과 n의 최소공배수가 k이면　　$A_m \cap A_n = A_k$

(2) n이 m의 배수이면 $A_n \subset A_m$이므로　　$A_m \cup A_n = A_m$

설명 (1) $A_m \cap A_n$은 m과 n의 공배수의 집합이다.

예를 들어 두 집합 A_3, A_4는

$A_3 = \{3, 6, 9, 12, 15, 18, 21, 24, \cdots\}$,

$A_4 = \{4, 8, 12, 16, 20, 24, \cdots\}$

이므로　　$A_3 \cap A_4 = \{12, 24, 36, \cdots\} = A_{12}$　　←— 3과 4의 최소공배수는 12이다.

(2) n이 m의 배수이면 $A_n \subset A_m$이다.

예를 들어 두 집합 A_2, A_4는

$A_2 = \{2, 4, 6, 8, 10, 12, 14, 16, \cdots\}$

$A_4 = \{4, 8, 12, 16, 20, 24, \cdots\}$

이므로　　$A_4 \subset A_2$　　$\therefore A_2 \cup A_4 = A_2$　　←— 4는 2의 배수이다.

● 더 다양한 문제는 **RPM** 공통수학 2 86쪽

특강 02　배수의 집합의 연산

자연수 k의 양의 배수의 집합을 A_k라 할 때, 다음을 간단히 하시오.

(1) $(A_2 \cup A_3) \cap A_4$　　　　　　　　(2) $(A_6 \cup A_{12}) \cap (A_9 \cup A_{18})$

풀이 (1) $(A_2 \cup A_3) \cap A_4 = (A_2 \cap A_4) \cup (A_3 \cap A_4)$

$A_2 \cap A_4$는 2와 4의 공배수, 즉 4의 배수의 집합이고, $A_3 \cap A_4$는 3과 4의 공배수, 즉 12의 배수의 집합이므로

$(A_2 \cup A_3) \cap A_4 = A_4 \cup A_{12}$

이때 12는 4의 배수이므로 $A_4 \cup A_{12}$는 4의 배수의 집합이다.

$\therefore (A_2 \cup A_3) \cap A_4 = A_4$

(2) $A_6 \cup A_{12} = A_6$, $A_9 \cup A_{18} = A_9$이므로

$(A_6 \cup A_{12}) \cap (A_9 \cup A_{18}) = A_6 \cap A_9 = A_{18}$

● 정답 및 풀이 **78**쪽

375 자연수 전체의 집합의 부분집합 $A_k = \{x \mid x$는 k의 배수$\}$에 대하여 다음을 만족시키는 자연수 m의 값을 구하시오. (단, k는 자연수이다.)

(1) $(A_2 \cup A_8) \cap (A_3 \cup A_9) = A_m$

(2) $(A_6 \cap A_8) \cup A_{12} = A_m$

개념원리 이해

03 유한집합의 원소의 개수

1 합집합의 원소의 개수 🔗 필수 11, 12

세 유한집합 A, B, C에 대하여

(1) $n(A \cup B) = n(A) + n(B) - n(A \cap B)$

특히 A, B가 서로소, 즉 $A \cap B = \varnothing$이면 $n(A \cap B) = 0$이므로

$\qquad n(A \cup B) = n(A) + n(B)$

(2) $n(A \cup B \cup C)$
$\quad = n(A) + n(B) + n(C) - n(A \cap B) - n(B \cap C) - n(C \cap A) + n(A \cap B \cap C)$

설명 (1) 두 집합 A, B에 대하여 오른쪽 벤다이어그램과 같이 각 영역에 속하는 원소의 개수를 a, b, c라 하면

$$n(A \cup B) = a + b + c = (a+b) + (b+c) - b$$
$$\qquad\qquad = n(A) + n(B) - n(A \cap B)$$

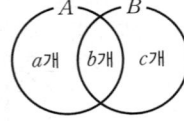

(2) 세 집합 A, B, C에 대하여 오른쪽 벤다이어그램과 같이 각 영역에 속하는 원소의 개수를 a, b, c, d, e, f, g라 하면

$$n(A \cup B \cup C) = a + b + c + d + e + f + g$$
$$\qquad = (a+b+f+g) + (b+c+d+g) + (d+e+f+g)$$
$$\qquad\quad - (b+g) - (d+g) - (f+g) + g$$
$$\qquad = n(A) + n(B) + n(C)$$
$$\qquad\quad - n(A \cap B) - n(B \cap C) - n(C \cap A) + n(A \cap B \cap C)$$

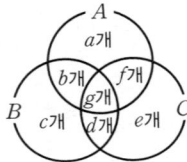

2 여집합과 차집합의 원소의 개수 🔗 필수 11, 12

전체집합 U가 유한집합일 때, 두 부분집합 A, B에 대하여

(1) $n(A^c) = n(U) - n(A)$

(2) $n(A - B) = n(A) - n(A \cap B) = n(A \cup B) - n(B)$

특히 $B \subset A$이면 $A \cap B = B$, $A \cup B = A$이므로 $\qquad n(A - B) = n(A) - n(B)$

> 일반적으로는 $n(A - B) \neq n(A) - n(B)$임에 유의한다.

설명 (1) 전체집합 U의 부분집합 A에 대하여 오른쪽 벤다이어그램과 같이 각 영역에 속하는 원소의 개수를 a, b라 하면

$$n(A^c) = b = (a+b) - a = n(U) - n(A)$$

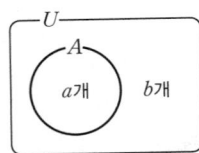

(2) 두 집합 A, B에 대하여 오른쪽 벤다이어그램과 같이 각 영역에 속하는 원소의 개수를 a, b, c라 하면

$$n(A - B) = a = (a+b) - b = n(A) - n(A \cap B)$$
$$n(A - B) = a = (a+b+c) - (b+c) = n(A \cup B) - n(B)$$
$$\therefore n(A - B) = n(A) - n(A \cap B) = n(A \cup B) - n(B)$$

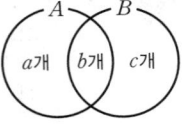

● 정답 및 풀이 **78쪽**

 알아둡시다!

376 두 집합 A, B에 대하여 다음을 구하시오.

(1) $n(A)=10$, $n(B)=8$, $n(A\cap B)=4$일 때, $n(A\cup B)$

(2) $n(A)=8$, $n(B)=5$, $n(A\cup B)=10$일 때, $n(A\cap B)$

(3) $n(A)=6$, $n(A\cap B)=2$, $n(A\cup B)=13$일 때, $n(B)$

$n(A\cup B)$
$=n(A)+n(B)$
$\ \ -n(A\cap B)$

377 세 집합 A, B, C에 대하여 $n(A)=12$, $n(B)=16$, $n(C)=17$, $n(A\cap B)=8$, $n(B\cap C)=12$, $n(C\cap A)=7$, $n(A\cap B\cap C)=5$ 일 때, $n(A\cup B\cup C)$를 구하시오.

$n(A\cup B\cup C)$
$=n(A)+n(B)+n(C)$
$\ \ -n(A\cap B)$
$\ \ -n(B\cap C)$
$\ \ -n(C\cap A)$
$\ \ +n(A\cap B\cap C)$

378 두 집합 A, B에 대하여 $n(A)=20$, $n(B)=13$, $n(A\cap B)=8$일 때, 다음을 구하시오.

(1) $n(A-B)$ (2) $n(B-A)$

$n(A-B)$
$=n(A)-n(A\cap B)$

379 전체집합 U의 두 부분집합 A, B에 대하여 $n(U)=33$, $n(A)=21$, $n(B)=14$, $n(A\cap B)=9$일 때, 다음을 구하시오.

(1) $n(A^c)$ (2) $n(B^c)$

(3) $n((A\cap B)^c)$ (4) $n(A^c\cap B^c)$

$n(A^c)=n(U)-n(A)$

II-2
집합의 연산

11 유한집합의 원소의 개수

전체집합 U의 두 부분집합 A, B에 대하여
$$n(U)=60,\ n(A)=37,\ n(B)=40,\ n(A^C\cap B^C)=15$$
일 때, $n(B-A)$를 구하시오.

풀이
$$n(A^C\cap B^C)=n((A\cup B)^C)=n(U)-n(A\cup B)에서$$
$$15=60-n(A\cup B)\quad\therefore n(A\cup B)=45$$
$$n(A\cup B)=n(A)+n(B)-n(A\cap B)에서$$
$$45=37+40-n(A\cap B)\quad\therefore n(A\cap B)=32$$
$$\therefore n(B-A)=n(B)-n(A\cap B)=40-32=8$$

다른 풀이
$$n(A^C\cap B^C)=n((A\cup B)^C)=n(U)-n(A\cup B)에서$$
$$15=60-n(A\cup B)\quad\therefore n(A\cup B)=45$$
$$\therefore n(B-A)=n(A\cup B)-n(A)=45-37=8$$

KEY Point

- $n(A\cup B)=n(A)+n(B)-n(A\cap B)$
- $n(A\cup B\cup C)=n(A)+n(B)+n(C)-n(A\cap B)-n(B\cap C)-n(C\cap A)+n(A\cap B\cap C)$
- $n(A^C)=n(U)-n(A)$
- $n(A-B)=n(A)-n(A\cap B)=n(A\cup B)-n(B)$

● 정답 및 풀이 **79**쪽

 380 전체집합 U의 두 부분집합 A, B에 대하여
$$n(U)=32,\ n(A\cap B)=4,\ n(A^C\cap B^C)=11$$
일 때, $n(A)+n(B)$의 값을 구하시오.

381 전체집합 U의 두 부분집합 A, B에 대하여
$$n(U)=25,\ n(A)=12,\ n(B)=10,\ n(A\cup B)=18$$
일 때, 오른쪽 벤다이어그램에서 색칠한 부분에 속하는 원소의 개수를 구하시오.

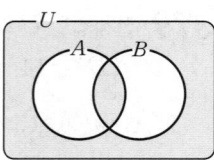

382 세 집합 A, B, C에 대하여 $A\cap C=\varnothing$이고,
$$n(A)=10,\ n(B)=9,\ n(C)=6,\ n(A\cup B)=15,\ n(B\cup C)=11$$
일 때, $n(A\cup B\cup C)$를 구하시오.

12 유한집합의 원소의 개수의 활용

60명의 학생에게 영어, 수학 문제를 풀게 했더니 영어 문제를 맞힌 학생은 35명, 수학 문제를 맞힌 학생은 28명이고, 영어와 수학 문제를 모두 틀린 학생은 5명이었다. 다음 물음에 답하시오.

(1) 영어 문제와 수학 문제 중 적어도 한 문제를 맞힌 학생 수를 구하시오.

(2) 영어 문제와 수학 문제를 둘 다 맞힌 학생 수를 구하시오.

(3) 영어 문제만 맞힌 학생 수를 구하시오.

설명 주어진 조건을 집합으로 나타낸다.

풀이 전체 학생의 집합을 U, 영어 문제를 맞힌 학생의 집합을 A, 수학 문제를 맞힌 학생의 집합을 B라 하면

$$n(U)=60, \ n(A)=35, \ n(B)=28, \ n(A^c \cap B^c)=5$$

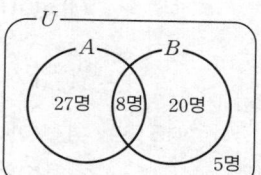

(1) 영어 문제와 수학 문제 중 적어도 한 문제를 맞힌 학생의 집합은 $A \cup B$이므로

$$n(A^c \cap B^c)=n((A \cup B)^c)=n(U)-n(A \cup B)에서$$

$$5=60-n(A \cup B) \qquad \therefore n(A \cup B)=\mathbf{55}$$

(2) 영어 문제와 수학 문제를 둘 다 맞힌 학생의 집합은 $A \cap B$이므로

$$n(A \cup B)=n(A)+n(B)-n(A \cap B)에서$$

$$55=35+28-n(A \cap B) \qquad \therefore n(A \cap B)=\mathbf{8}$$

(3) 영어 문제만 맞힌 학생의 집합은 $A-B$이므로

$$n(A-B)=n(A)-n(A \cap B)=35-8=\mathbf{27}$$

• 두 집합 A, B에 대하여

① 또는, 적어도 ~인 $\Rightarrow A \cup B$ ② 모두, 둘 다 $\Rightarrow A \cap B$

③ ~만, ~뿐 $\Rightarrow A-B$ 또는 $B-A$ ④ 둘 중 하나만 $\Rightarrow (A-B) \cup (B-A)$

● 정답 및 풀이 **79**쪽

 383 학생 80명이 방과 후 수업으로 중국어와 일본어 두 과목 중 적어도 한 과목을 신청하였다. 중국어를 신청한 학생이 52명, 일본어를 신청한 학생이 45명일 때, 한 과목만 신청한 학생 수를 구하시오.

384 어느 학급의 학생 40명을 대상으로 A, B 두 포털사이트의 이메일 이용 여부를 조사하였다. A 포털사이트의 이메일을 이용하는 학생이 25명, B 포털사이트의 이메일을 이용하는 학생이 20명, 두 포털사이트 중 어느 한 곳의 이메일도 이용하지 않는 학생이 5명이었을 때, 두 포털사이트의 이메일을 모두 이용하는 학생 수를 구하시오.

13 유한집합의 원소의 개수의 최댓값과 최솟값

전체집합 U의 두 부분집합 A, B에 대하여 $n(U)=30$, $n(A)=22$, $n(B)=17$일 때, $n(A\cap B)$의 최댓값을 M, 최솟값을 m이라 하자. 이때 $M+m$의 값을 구하시오.

풀이 $n(A\cup B)=n(A)+n(B)-n(A\cap B)$에서

$$n(A\cap B)=n(A)+n(B)-n(A\cup B)$$
$$=22+17-n(A\cup B)$$
$$=39-n(A\cup B)$$

(i) $n(A\cap B)$가 최대인 경우는 $n(A\cup B)$가 최소일 때이므로 $B\subset A$일 때이다.

$$\therefore M=n(B)=17$$

(ii) $n(A\cap B)$가 최소인 경우는 $n(A\cup B)$가 최대일 때이므로 $A\cup B=U$일 때이다.

$$\therefore m=39-30=9$$

(i), (ii)에서 $M+m=\mathbf{26}$

다른 풀이 $A\subset(A\cup B)$, $B\subset(A\cup B)$이므로

$$n(A)\le n(A\cup B),\ n(B)\le n(A\cup B)\qquad \therefore 22\le n(A\cup B)\qquad \cdots\cdots \bigcirc$$

$(A\cup B)\subset U$이므로 $n(A\cup B)\le n(U)\qquad \therefore n(A\cup B)\le 30\qquad \cdots\cdots \bigcirc$

$\bigcirc$, $\bigcirc$에서 $22\le n(A\cup B)\le 30$

$$-30\le -n(A\cup B)\le -22\qquad \therefore 9\le 39-n(A\cup B)\le 17$$

즉 $9\le n(A\cap B)\le 17$이므로

$$M=17,\ m=9\qquad \therefore M+m=26$$

 KEY Point

- 전체집합 U의 두 부분집합 A, B에 대하여 $n(B)<n(A)$일 때
  ① $n(A\cap B)$가 최대 $\Rightarrow$ $n(A\cup B)$가 최소 $\Rightarrow$ $B\subset A$
  ② $n(A\cap B)$가 최소 $\Rightarrow$ $n(A\cup B)$가 최대 $\Rightarrow$ $A\cup B=U$

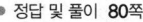 ● 정답 및 풀이 **80쪽**

 385 두 집합 A, B에 대하여 $n(A)=15$, $n(B)=26$, $n(A\cap B)\ge 7$일 때, $n(A\cup B)$의 최댓값과 최솟값의 합을 구하시오.

386 어느 학급의 40명의 학생 중 설악산에 가 본 학생은 25명이고, 지리산에 가 본 학생은 18명이었다. 설악산과 지리산에 모두 가 본 학생 수의 최댓값을 M, 최솟값을 m이라 할 때, $M+m$의 값을 구하시오.

연습 문제

STEP 1

387 전체집합 U의 세 부분집합 A, B, C에 대하여 보기에서 항상 성립하는 것만을 있는 대로 고르시오.

보기

ㄱ. $(A^c \cup B) \cap A = A \cap B$
ㄴ. $(A \cup B) \cap (A^c \cap B^c) = \varnothing$
ㄷ. $(A-B) \cup (A-C) = A-(B \cap C)$
ㄹ. $\{(A \cap B) \cup (A-B)\} \cap B = A$

388 전체집합 U의 두 부분집합 A, B에 대하여
$$\{(A \cap B) \cup (A \cap B^c)\} \cup \{(A^c \cup B) \cap (A^c \cup B^c)\}$$
를 간단히 하시오.

389 전체집합 $U = \{1, 2, 3, 4, 5, 6, 7\}$의 두 부분집합 A, B에 대하여
$A = \{1, 2, 3\}$, $(A \cup B) \cap (A^c \cup B^c) = \{2, 4, 6\}$일 때, 집합 B의
모든 원소의 합을 구하시오.

390 전체집합 U의 공집합이 아닌 두 부분집합 A, B에 대하여
$(A-B)^c \cap B^c = A^c$가 성립할 때, 다음 중 항상 옳은 것은?

① $A \subset B$ ② $B \subset A$ ③ $A = B$
④ $A \cap B = \varnothing$ ⑤ $A \cup B = U$

391 두 집합 X, Y에 대하여 연산 ⊙을 $X \odot Y = (X-Y) \cup (Y-X)$라
하자. 세 집합 $A = \{1, 2, 3, 4\}$, $B = \{1, 2\}$, $C = \{1, 3, 5\}$에 대하
여 집합 $(A \odot B) \odot C$의 모든 원소의 합을 구하시오.

392 전체집합 $U = \{1, 2, 3, \cdots, 200\}$의 부분집합 A_k를
$A_k = \{x \mid x$는 k의 배수, k는 자연수$\}$라 할 때, 집합 $A_5 \cap (A_3 \cup A_6)$
의 원소의 최댓값과 최솟값의 합을 구하시오.

생각해 봅시다! 💡

차집합은 여집합으로 변형한다.
⇨ $A-B = A \cap B^c$

자연수 k, m, n에 대하여
$$A_m \cap A_n = A_k$$
⇨ k는 m, n의 최소공배수

 **연습 문제**

393 48명의 학생에게 A, B 두 문제를 풀게 하였더니 A 문제를 맞힌 학생은 23명, 두 문제를 모두 맞힌 학생은 10명, A 문제와 B 문제를 모두 틀린 학생은 5명이었다. 이때 B 문제를 맞힌 학생 수를 구하시오.

STEP 2

394 전체집합 U의 세 부분집합 A, B, C에 대하여 연산 $*$ 을
$$A * B = (A - B) \cup (B - A)$$
라 할 때, 보기에서 항상 옳은 것만을 있는 대로 고르시오.

> **보기**
> ㄱ. $A^c * B^c = A * B$
> ㄴ. $(A * B) * C = A * (B * C)$
> ㄷ. $A * (A * B) = B$

집합의 연산 법칙과 벤다이어 그램을 이용하여 참, 거짓을 판별한다.

395 전체집합 $U = \{x \mid x$는 50 이하의 자연수$\}$의 부분집합 $A_n = \{x \mid x = kn + 2, k$는 정수$\}$에 대하여 집합 $A_3 \cap (A_4 \cup A_6)$의 원소의 개수를 구하시오. (단, n은 자연수이다.)

집합 A_n의 원소 x에 대하여 $x - 2$는 n의 배수임을 이용한다.

교육청 기출

396 전체집합 $U = \{x \mid x$는 50 이하의 자연수$\}$의 두 부분집합
$$A = \{x \mid x$는 30의 약수$\}, \quad B = \{x \mid x$는 3의 배수$\}$$
에 대하여 $n(A^c \cup B)$의 값은?

① 40 ② 42 ③ 44 ④ 46 ⑤ 48

397 다음은 어느 고등학교의 학생 50명을 대상으로 역사 체험과 과학 체험의 신청자 수를 조사한 결과이다. 과학 체험을 신청한 학생 수를 구하시오.

> (개) 역사 체험을 신청한 학생은 33명이다.
> (내) 역사 체험은 신청하고 과학 체험은 신청하지 않은 학생은 15명이다.
> (대) 두 가지 체험 중 어느 것도 신청하지 않는 학생은 8명이다.

$n(A \cup B)$
$= n(A) + n(B)$
$\quad - n(A \cap B)$
$n(A^c) = n(U) - n(A)$

398 전체집합 U의 두 부분집합 X, Y에 대하여 $n(U)=36$, $n(X)=23$, $n(Y)=19$이다. $n(X\cap Y)$의 최댓값을 M, 최솟값을 m이라 할 때, $M-m$의 값을 구하시오.

> 생각해 봅시다! 💡
>
> $n(X\cap Y)$를 $n(X\cup Y)$에 대한 식으로 나타내어 본다.

399 교육청 기출

전체집합 $U=\{x\,|\,x$는 10 이하의 자연수$\}$의 두 부분집합

$$A=\{1,\,2,\,3,\,4,\,5\},\ B=\{3,\,4,\,5,\,6,\,7\}$$

에 대하여 집합 U의 부분집합 X가 다음 조건을 만족시킬 때, 집합 X의 모든 원소의 합의 최솟값은?

> ㈎ $n(X)=6$ ㈏ $A-X=B-X$
> ㈐ $(X-A)\cap(X-B)\neq\varnothing$

① 26   ② 27   ③ 28   ④ 29   ⑤ 30

400 두 집합 X, Y에 대하여 연산 $\triangle$를 $X\triangle Y=(X-Y)\cup(Y-X)$라 하자. 세 집합 A, B, C에 대하여 $n(A\cup B\cup C)=75$, $n(A\triangle B)=45$, $n(B\triangle C)=47$, $n(C\triangle A)=42$일 때, $n(A\cap B\cap C)$를 구하시오.

401 지우네 학년 50명의 학생을 대상으로 과학 탐구, 코딩, 영화 논평의 세 동아리의 가입자 수를 조사하였다. 과학 탐구 동아리에 가입한 학생은 23명, 코딩 동아리에 가입한 학생은 28명, 영화 논평 동아리에 가입한 학생은 21명이고, 세 동아리에 모두 가입한 학생은 7명, 세 동아리 중 어느 동아리에도 가입하지 않은 학생은 4명이었다. 이때 세 동아리 중 두 동아리에만 가입한 학생 수를 구하시오.

> $n(A\cup B\cup C)$
> $=n(A)+n(B)+n(C)$
> $\quad-n(A\cap B)-n(B\cap C)$
> $\quad-n(C\cap A)$
> $\quad+n(A\cap B\cap C)$

402 어느 학급의 학생 36명을 대상으로 등교할 때 이용하는 교통수단을 조사하였더니 버스를 이용하는 학생이 22명, 지하철을 이용하는 학생이 9명이었다. 버스와 지하철을 모두 이용하는 학생이 5명 이상일 때, 버스와 지하철을 모두 이용하지 않는 학생은 최대 a명이고, 최소 b명이다. 이때 $a+b$의 값을 구하시오.

> 주어진 조건을 집합으로 나타내어 본다.

오늘만큼은 무엇이든
네가 좋아하는 것으로만
가득 찬 하루를 보내길

공감
한 스푼

II

집합과 명제

이 단원에서는

명제와 조건의 뜻을 알고 명제의 참·거짓을 판별하는 방법과 충분조건·필요조건에 대하여 학습합니다. 또 명제가 참임을 증명하는 두 가지 방법과 항상 성립하는 부등식에 대하여 배웁니다.

01 명제와 조건

개념원리 이해

1 명제 ∞ 필수 01

참 또는 거짓을 명확하게 판별할 수 있는 문장이나 식을 **명제**라 한다.

▶ ① 거짓인 문장이나 식도 명제이다.
　② 명제는 보통 알파벳 소문자 p, q, r, …로 나타낸다.

설명　명제가 참이면 참인 명제, 거짓이면 거짓인 명제라 한다.
　　　① 4는 2의 배수이다. ⇨ 참인 명제
　　　② 3은 5의 약수이다. ⇨ 거짓인 명제
　　　③ 서울과 인천은 가깝다.
　　　　⇨ '가깝다'는 참, 거짓을 판별할 수 있는 기준이 명확하지 않다.
　　　　⇨ 명제가 아니다.
　　　④ $2x=8$ ⇨ x의 값에 따라 참, 거짓이 달라진다. ⇨ 명제가 아니다.

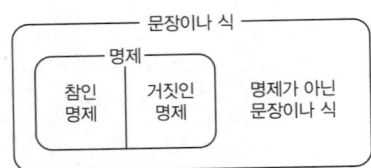

2 명제의 부정

(1) **명제의 부정**: 명제 p에 대하여 'p가 아니다.'를 명제 p의 **부정**이라 하고, 이것을 기호로 $\sim p$와 같이 나타낸다.

(2) 명제 p와 그 부정 $\sim p$의 참, 거짓 사이에는 다음과 같은 관계가 있다.
　① p가 참인 명제　⇨ $\sim p$는 거짓인 명제
　② p가 거짓인 명제 ⇨ $\sim p$는 참인 명제

(3) 명제 $\sim p$의 부정은 p이다. 즉 $\sim(\sim p)=p$이다.

▶ $\sim p$는 'p가 아니다.' 또는 'not p'라 읽는다.

설명　(2) ① 명제 p가 참이면 그 부정 $\sim p$는 거짓이다.
　　　　　　p: 2는 소수이다. ⇨ 참
　　　　　　$\sim p$: 2는 소수가 아니다. ⇨ 거짓
　　　　② 명제 p가 거짓이면 그 부정 $\sim p$는 참이다.
　　　　　　p: $5<3$ ⇨ 거짓
　　　　　　$\sim p$: $5\geq3$ ⇨ 참
　　　　이때 '$<$'의 부정을 '$>$'로 생각하지 않도록 주의한다.

3 조건

변수를 포함하는 문장이나 식이 그 변수의 값에 따라 참, 거짓이 판별될 때, 이 문장이나 식을 **조건**이라 한다.

> ① 일반적으로 조건은 명제가 아니다.
> ② 변수 x를 포함하는 조건을 $p(x)$, $q(x)$, $r(x)$, …로 나타내는데, 이를 간단히 p, q, r, …로 나타내기도 한다.

(설명) 등식 $2x-5=1$은 x의 값이 주어지지 않으면 참, 거짓을 판별할 수 없으므로 명제가 아니다. 그런데
$x=3$이면 $2 \times 3 - 5 = 1$이므로 참이 되고,
$x=4$이면 $2 \times 4 - 5 = 3 \neq 1$이므로 거짓이 된다.
즉 등식 $2x-5=1$은 x의 값에 따라 참, 거짓이 판별된다.
이와 같이 x를 포함한 문장이나 식이 x의 값에 따라 참, 거짓이 판별될 때, 그 문장이나 식을 조건이라 한다.

(보기) 3은 홀수이다. ⇨ 참, 거짓을 판별할 수 있다. ⇨ 명제
x는 홀수이다. ⇨ x의 값에 따라 참, 거짓이 판별된다. ⇨ 조건

4 진리집합 ꙮ 필수 02

전체집합 U의 원소 중에서 **조건 $p(x)$를 참이 되게 하는 모든 원소의 집합**을 조건 $p(x)$의 **진리집합**이라 하고, 주로 집합 P로 나타낸다.
⇨ $P = \{x \mid x \in U, p(x)$가 참$\}$

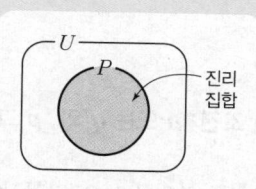

> ① 일반적으로 조건 p, q, r, …의 진리집합은 각각 P, Q, R, …로 나타낸다.
> ② 특별한 언급이 없으면 전체집합은 실수 전체의 집합으로 생각한다.

(설명) 전체집합 $U = \{x \mid x$는 6 이하의 자연수$\}$에 대하여 조건 p가
  p: x는 4의 약수이다.
일 때, 전체집합 U의 원소 중 조건 p를 참이 되게 하는 원소는 1, 2, 4이므로 조건 p의 진리집합을 P라 하면
  $P = \{1, 2, 4\}$
이와 같이 전체집합 U의 원소 중 조건 p를 참이 되게 하는 모든 원소의 집합을 조건 p의 진리집합이라 한다.

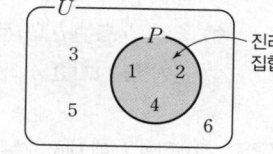

(예제) 전체집합 $U = \{1, 2, 3, 4, 5, 6, 7\}$에 대하여 두 조건
  p: $2 < x < 6$, q: $x^2 = 1$
의 진리집합을 각각 구하시오.

(풀이) 두 조건 p, q의 진리집합을 각각 P, Q라 하자.
  p: $2 < x < 6$이므로 $P = \{3, 4, 5\}$
  q: $x^2 = 1$에서 $x = -1$ 또는 $x = 1$
  그런데 $-1 \notin U$이므로 $Q = \{1\}$

167

5 **조건의 부정**

(1) **조건의 부정**: 조건 p에 대하여 'p가 아니다.'를 조건 p의 **부정**이라 하고, 이것을 기호로 **$\sim p$**와 같이 나타낸다.

(2) **조건의 부정의 진리집합**: 전체집합 U에 대하여 조건 p의 진리집합을 P라 하면 $\sim p$의 진리집합은 **P^c**이다.

(3) 조건 $\sim p$의 부정은 p, 즉 $\sim(\sim p)=p$이므로 $\sim(\sim p)$의 진리집합은 p의 진리집합과 같다.

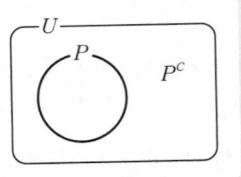

설명 전체집합 $U=\{1, 2, 3, \cdots, 10\}$에 대하여 조건 p가
  p: x는 10의 약수이다.
 일 때, 조건 p의 부정은
  $\sim p$: x는 10의 약수가 아니다.
 이때 두 조건 p, $\sim p$의 진리집합을 각각 P, Q라 하면
  $P=\{1, 2, 5, 10\}$, $Q=\{3, 4, 6, 7, 8, 9\}$
 즉 $Q=P^c$이므로 조건 $\sim p$의 진리집합은 P^c임을 알 수 있다.
 또 $(P^c)^c=P$이므로 조건 $\sim p$의 부정 $\sim(\sim p)$의 진리집합은 조건 p의 진리집합 P와 같음을 알 수 있다.

보기 ▶ 조건 p: $x-3>2$의 부정은 $\sim p$: $x-3\leq2$이다.
 이때 p의 진리집합은 $P=\{x\,|\,x>5\}$, $\sim p$의 진리집합은 $P^c=\{x\,|\,x\leq5\}$이다.

6 **조건 'p 또는 q'와 'p 그리고 q'**　　🔗 필수 02

(1) 두 조건 p, q의 진리집합을 각각 P, Q라 하면
  ① 조건 'p **또는** q'의 진리집합 　⇨ $P\cup Q$
  ② 조건 'p **그리고** q'의 진리집합 ⇨ $P\cap Q$

(2) 두 조건 p, q에 대하여
  ① 조건 'p **또는** q'의 부정 　⇨ '$\sim p$ **그리고** $\sim q$'
  ② 조건 'p **그리고** q'의 부정 ⇨ '$\sim p$ **또는** $\sim q$'

설명 전체집합 U에 대하여 두 조건 p, q의 진리집합을 각각 P, Q라 하면
 (2) ① 'p 또는 q'의 진리집합은　　$P\cup Q$
  'p 또는 q'의 부정의 진리집합은　　$(P\cup Q)^c=P^c\cap Q^c$
  즉 'p 또는 q'의 부정의 진리집합은 조건 '$\sim p$ 그리고 $\sim q$'의 진리집합과 같으므로
    $\sim(p$ 또는 $q) \Rightarrow \sim p$ 그리고 $\sim q$
  ② 'p 그리고 q'의 진리집합은　　$P\cap Q$
  'p 그리고 q'의 부정의 진리집합은　　$(P\cap Q)^c=P^c\cup Q^c$
  즉 'p 그리고 q'의 부정의 진리집합은 조건 '$\sim p$ 또는 $\sim q$'의 진리집합과 같으므로
    $\sim(p$ 그리고 $q) \Rightarrow \sim p$ 또는 $\sim q$

보기 ▶ (1) 조건 '$x\leq3$ 또는 $x\geq5$'의 부정은　　$x>3$ 그리고 $x<5$, 즉 $3<x<5$
 (2) 조건 '$x=2$이고 $y=3$'의 부정은　　$x\neq2$ 또는 $y\neq3$

II -3

명제

403 다음 중 명제인 것을 모두 고르면? (정답 2개)

① 사람은 꽃보다 아름답다.　② 농구 선수는 키가 크다.

③ $x \geq 2$　④ $7 - x = 2 - x$

⑤ 맞꼭지각의 크기는 서로 같다.

> 알아둡시다!
>
> 명제: 참 또는 거짓을 명확하게 판별할 수 있는 문장이나 식

404 다음 명제의 부정을 말하시오.

(1) $2 + 6 > 8$　(2) $\emptyset \not\subset \{a, b, c, d\}$

405 전체집합 U가 자연수 전체의 집합일 때, 다음 조건의 진리집합을 구하시오.

(1) p: x는 8의 약수이다.　(2) q: $x^2 - 5x - 6 = 0$

> 진리집합: 전체집합 U의 원소 중에서 조건을 참이 되게 하는 모든 원소의 집합

406 전체집합 $U = \{x \mid x$는 5 이하의 자연수$\}$에 대하여 두 조건 p, q가

p: $4x - 8 = 0$, q: $x^2 + 1 < 10$

일 때, 다음 조건의 진리집합을 구하시오.

(1) p　(2) $\sim p$

(3) q　(4) $\sim q$

> 조건 p의 진리집합을 P라 하면 $\sim p$의 진리집합은 P^C이다.

407 실수 전체의 집합에서 다음 조건의 부정을 말하시오.

(1) $x \neq -7$이고 $x \neq 5$

(2) $-4 < x < 6$

(3) $x \leq -2$ 또는 $x > 3$

> $\sim$ (또는) $\Rightarrow$ 그리고
> $\sim$ (그리고) $\Rightarrow$ 또는

● 더 다양한 문제는 **RPM** 공통수학 2 98쪽

 **01** 명제

다음 중 명제인 것을 찾고, 그 명제의 참, 거짓을 판별하시오.

(1) 소수는 홀수이다.

(2) 삼각형의 세 내각의 크기의 합은 $180°$이다.

(3) $x^2+4x-5\leq0$

 풀이 (1) 2는 소수이지만 홀수가 아니므로 **거짓인 명제**이다.

(2) 삼각형의 세 내각의 크기의 합은 $180°$이므로 **참인 명제**이다.

(3) x의 값에 따라 참, 거짓이 달라지므로 **명제가 아니다.**

KEY Point
• 명제: 참 또는 거짓을 명확하게 판별할 수 있는 문장이나 식

 ● 정답 및 풀이 **85쪽**

 408 다음 중 명제인 것을 찾고, 그 명제의 참, 거짓을 판별하시오.

(1) $\sqrt{4}$는 유리수이다.

(2) $3x=x-4$

(3) 직각삼각형의 한 내각의 크기는 $90°$보다 작거나 같다.

(4) 넓이가 같은 두 삼각형은 합동이다.

409 보기에서 참인 명제인 것만을 있는 대로 고르시오.

┌ 보기 ┐
ㄱ. $2^3<3^2$　　　　　　　ㄴ. 두 홀수의 곱은 홀수이다.
ㄷ. 6과 8의 최소공배수는 48이다.　ㄹ. 정사각형은 평행사변형이다.

410 다음 명제 중 그 부정이 참인 것은?

① $\sqrt{2}+\sqrt{5}\neq\sqrt{7}$　　　　② $3\leq\sqrt{5}$
③ 13은 소수이다.　　　　④ $1+\sqrt{2}$는 실수이다.
⑤ 정삼각형의 세 내각의 크기는 모두 같다.

● 더 다양한 문제는 RPM 공통수학 2 99쪽

필수 02   진리집합

실수 전체의 집합에서 두 조건 p, q가

$$p: 1<x\leq 4, \ q: x<3 \ \text{또는} \ x>5$$

일 때, 다음 조건의 진리집합을 구하시오.

(1) $\sim p$ (2) $\sim p$ 또는 q (3) p 그리고 $\sim q$

풀이   두 조건 p, q의 진리집합을 각각 P, Q라 하면

$$P=\{x|1<x\leq 4\}, \ Q=\{x|x<3 \ \text{또는} \ x>5\}$$

(1) 조건 $\sim p$의 진리집합은 P^C이므로

$$P^C=\{x|x\leq 1 \ \text{또는} \ x>4\}$$

(2) 조건 '$\sim p$ 또는 q'의 진리집합은 $P^C\cup Q$이므로

$$P^C\cup Q=\{x|x<3 \ \text{또는} \ x>4\}$$

(3) 조건 'p 그리고 $\sim q$'의 진리집합은 $P\cap Q^C$

$Q^C=\{x|3\leq x\leq 5\}$이므로 $P\cap Q^C=\{x|3\leq x\leq 4\}$

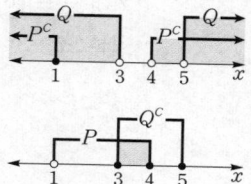

KEY Point

● 두 조건 p, q의 진리집합을 각각 P, Q라 하면
① 조건 $\sim p$의 진리집합 ⇨ P^C
② 조건 'p 또는 q'의 진리집합 ⇨ $P\cup Q$
③ 조건 'p 그리고 q'의 진리집합 ⇨ $P\cap Q$

● 정답 및 풀이 85쪽

411 전체집합 $U=\{1, 2, 3, 4, 5, 6\}$에 대하여 두 조건 p, q가

$$p: x\text{는 짝수}, \ q: x^2-5x+6=0$$

일 때, 다음 조건의 진리집합을 구하시오.

(1) $\sim q$ (2) p 또는 q (3) $\sim p$ 그리고 q

412 전체집합 $U=\{x|x\text{는 10 이하의 정수}\}$에 대하여 두 조건 p, q가

$$p: -3\leq x<3, \ q: x>0$$

일 때, 조건 'p 그리고 $\sim q$'의 진리집합의 원소의 개수를 구하시오.

413 실수 전체의 집합에서 두 조건 $p: x\geq 3$, $q: x<-2$의 진리집합을 각각 P, Q라 할 때, 다음 중 조건 '$-2\leq x<3$'의 진리집합을 나타내는 것은?

① $P\cap Q^C$ ② $P^C\cap Q$ ③ $P^C\cup Q$ ④ $(P\cap Q)^C$ ⑤ $(P\cup Q)^C$

02 명제 $p \longrightarrow q$

1 명제 $p \longrightarrow q$

두 조건 p, q로 이루어진 명제 'p이면 q이다.'를 기호로 $p \longrightarrow q$와 같이 나타낸다. 이때 p를 가정, q를 **결론**이라 한다.

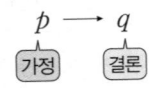

$$p \longrightarrow q$$
가정 결론

보기 ▶ 명제 '$x=1$이면 $x+3=4$이다.'에서

가정 : $x=1$이다.

결론 : $x+3=4$이다.

2 명제 $p \longrightarrow q$의 참, 거짓   ✎ 필수 03~05

명제 $p \longrightarrow q$에 대하여 두 조건 p, q의 진리집합을 각각 P, Q라 할 때

(1) $P \subset Q$이면 명제 $p \longrightarrow q$는 참이다.

거꾸로 **명제 $p \longrightarrow q$가 참이면 $P \subset Q$이다.**

(2) $P \not\subset Q$이면 명제 $p \longrightarrow q$는 거짓이다.

거꾸로 **명제 $p \longrightarrow q$가 거짓이면 $P \not\subset Q$이다.**

▶ 명제 $p \longrightarrow q$가 거짓임을 보일 때는 가정 p는 만족시키지만 결론 q는 만족시키지 않는 예가 하나라도 있음을 보이면 된다. 이와 같이 명제가 거짓임을 보이는 예를 반례라 한다.

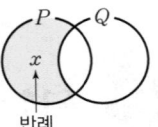

반례

설명 ▶ 명제 $p \longrightarrow q$에서 조건 p가 참이 되는 모든 경우에 조건 q도 참이 되면 그 명제는 참이고, 조건 p는 참이 되지만 조건 q가 거짓이 되는 경우가 있으면 그 명제는 거짓이다.

두 조건 p: $x=2$, q: $x^2=4$에 대하여 p, q의 진리집합을 각각 P, Q라 하면

$$P=\{2\}, \quad Q=\{-2, 2\}$$

두 명제 $p \longrightarrow q$, $q \longrightarrow p$의 참, 거짓을 판별해 보자.

(1) 명제 $p \longrightarrow q$, 즉 $x=2$이면 $x^2=4$이다.

집합 P의 모든 원소가 집합 Q에 속하므로 $\qquad P \subset Q$

따라서 명제 $p \longrightarrow q$는 참이다.

$P \subset Q$, $Q \not\subset P$

(2) 명제 $q \longrightarrow p$, 즉 $x^2=4$이면 $x=2$이다.

$-2 \in Q$이지만 $-2 \not\in P$이므로 $\qquad Q \not\subset P$

따라서 명제 $q \longrightarrow p$는 거짓이다.

이때 이 명제가 거짓임을 보여 주는 반례는 $x=-2$이다.

예제 ▶ 명제 '12의 양의 약수이면 6의 양의 약수이다.'의 참, 거짓을 판별하시오.

풀이 ▶ p: x는 12의 양의 약수, q: x는 6의 양의 약수라 하고, 두 조건 p, q의 진리집합을 각각 P, Q라 하면

$$P=\{1, 2, 3, 4, 6, 12\}, \quad Q=\{1, 2, 3, 6\}$$

따라서 $P \not\subset Q$이므로 주어진 명제는 거짓이다.

• 더 다양한 문제는 **RPM** 공통수학 2 99쪽 —

필수 03 명제 $p \longrightarrow q$의 참, 거짓

다음 명제의 참, 거짓을 판별하시오. (단, x, y는 실수이다.)

(1) x가 3의 양의 배수이면 x는 6의 양의 배수이다.

(2) $x^2-3x+2=0$이면 $0<x<4$이다.

(3) x, y가 무리수이면 $x+y$도 무리수이다.

II -3

명제

풀이 (1) p: x는 3의 양의 배수, q: x는 6의 양의 배수라 하고, 두 조건 p, q의 진리집합을 각각 P, Q라
하면 $P=\{3, 6, 9, \cdots\}$, $Q=\{6, 12, 18, \cdots\}$
따라서 $P \not\subset Q$이므로 주어진 명제는 **거짓**이다.

(2) p: $x^2-3x+2=0$, q: $0<x<4$라 하고, 두 조건 p, q의 진리집합을 각각 P, Q라 하자.
$x^2-3x+2=0$에서 $(x-1)(x-2)=0$ $\therefore$ $x=1$ 또는 $x=2$
$\therefore$ $P=\{1, 2\}$, $Q=\{x|0<x<4\}$
따라서 $P \subset Q$이므로 주어진 명제는 **참**이다.

(3) [반례] $x=\sqrt{2}$, $y=-\sqrt{2}$이면 x, y는 무리수이지만 $x+y=0$이므로 $x+y$는 유리수이다.
따라서 주어진 명제는 **거짓**이다.

• 더 다양한 문제는 **RPM** 공통수학 2 100쪽 —

필수 04 거짓인 명제의 반례

전체집합 U에 대하여 두 조건 p, q의 진리집합을 각각 P, Q라
하자. 두 집합 P, Q가 오른쪽 그림과 같을 때, 명제 $\sim p \longrightarrow q$
가 거짓임을 보이는 원소를 모두 구하시오.

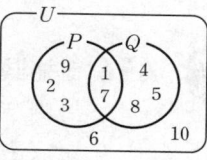

풀이 명제 $\sim p \longrightarrow q$가 거짓임을 보이는 원소는 P^c에는 속하고 Q에는 속하지
않아야 하므로 $P^c \cap Q^c$의 원소이다. 이때
$P^c \cap Q^c = (P \cup Q)^c = \{6, 10\}$
이므로 구하는 원소는 **6, 10**이다.

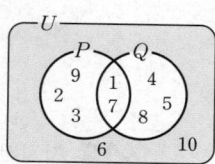

• 정답 및 풀이 **86쪽**

414 다음 명제의 참, 거짓을 판별하시오. (단, x, y는 실수이다.)

(1) $x^2=9$이면 $x^3=27$이다.

(2) $(x-1)(y-3)=0$이면 $x=1$ 또는 $y=3$이다.

415 전체집합 $U=\{x|x$는 20 이하의 자연수$\}$에 대하여 두 조건 p, q가
p: x는 4의 배수, q: x는 16의 약수
이다. 이때 명제 $p \longrightarrow q$가 거짓임을 보이는 모든 원소의 합을 구하시오.

173

05 명제 $p \longrightarrow q$의 참, 거짓과 진리집합의 포함 관계

전체집합 U에 대하여 두 조건 p, q의 진리집합을 각각 P, Q라 하자. 명제 $\sim p \longrightarrow q$ 가 참일 때, 다음 중 항상 옳은 것은?

① $P \subset Q$ ② $Q \subset P$ ③ $P \cap Q = \varnothing$

④ $P \cup Q = U$ ⑤ $P = Q$

풀이 명제 $\sim p \longrightarrow q$가 참이므로 $P^C \subset Q$

이것을 벤다이어그램으로 나타내면 오른쪽 그림과 같으므로

$P \cup Q = U$

따라서 항상 옳은 것은 ④이다.

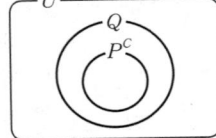

KEY Point

• 두 조건 p, q의 진리집합을 각각 P, Q라 할 때
① 명제 $p \longrightarrow q$가 참이면 $P \subset Q$이다.
② $P \subset Q$이면 명제 $p \longrightarrow q$가 참이다.

● 정답 및 풀이 **86**쪽

416 전체집합 U에 대하여 두 조건 p, q의 진리집합을 각각 P, Q라 하자. 명제 $p \longrightarrow \sim q$가 참일 때, 다음 중 항상 옳은 것은?

① $Q \subset P$ ② $P \cup Q = U$ ③ $Q \subset P^C$

④ $P - Q = \varnothing$ ⑤ $P^C \cap Q = \varnothing$

417 전체집합 U에 대하여 두 조건 p, q의 진리집합을 각각 P, Q라 하자. $P \cap Q = \varnothing$일 때, 보기에서 항상 참인 명제인 것만을 있는 대로 고르시오.

> **보기**
>
> ㄱ. $p \longrightarrow q$ ㄴ. $\sim p \longrightarrow q$ ㄷ. $p \longrightarrow \sim q$
>
> ㄹ. $q \longrightarrow p$ ㅁ. $q \longrightarrow \sim p$

418 전체집합 U에 대하여 세 조건 p, q, r의 진리집합을 각각 P, Q, R라 하자.
$P \cup Q = P$, $Q \cap R = R$일 때, 다음 명제 중 항상 참이라고 할 수 <u>없는</u> 것은?

① $r \longrightarrow q$ ② $\sim q \longrightarrow \sim r$ ③ $\sim p \longrightarrow \sim q$

④ $q \longrightarrow p$ ⑤ $\sim r \longrightarrow \sim p$

● 더 다양한 문제는 **RPM** 공통수학 2 101쪽

필수 06 명제 $p \longrightarrow q$가 참이 되도록 하는 상수 구하기

다음 물음에 답하시오.

(1) 두 조건 $p: -2 < x < a+1$, $q: -2a \leq x \leq 4$에 대하여 명제 $p \longrightarrow q$가 참이 되도록 하는 실수 a의 값의 범위를 구하시오.

(2) 두 조건 $p: x < -3$ 또는 $x \geq 3$, $q: a-1 < x \leq a+6$에 대하여 명제 $\sim p \longrightarrow q$가 참이 되도록 하는 실수 a의 값의 범위를 구하시오.

풀이 (1) 두 조건 p, q의 진리집합을 각각 P, Q라 하면

$$P = \{x \mid -2 < x < a+1\}, \quad Q = \{x \mid -2a \leq x \leq 4\}$$

명제 $p \longrightarrow q$가 참이 되려면 $P \subset Q$이어야 하므로 오른쪽 그림에서

$$-2a \leq -2, \quad a+1 \leq 4$$

$$\therefore 1 \leq a \leq 3$$

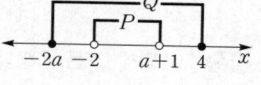

(2) $p: x < -3$ 또는 $x \geq 3$에서 $\sim p: -3 \leq x < 3$

두 조건 p, q의 진리집합을 각각 P, Q라 하면

$$P^C = \{x \mid -3 \leq x < 3\}, \quad Q = \{x \mid a-1 < x \leq a+6\}$$

명제 $\sim p \longrightarrow q$가 참이 되려면 $P^C \subset Q$이어야 하므로 오른쪽 그림에서

$$a-1 < -3, \quad a+6 \geq 3$$

$$\therefore -3 \leq a < -2$$

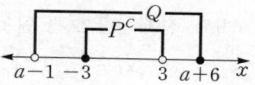

KEY Point

● 두 조건 p, q의 진리집합을 각각 P, Q라 할 때

명제 $p \longrightarrow q$가 참 $\Leftrightarrow$ $P \subset Q$가 성립하도록 집합 P, Q를 수직선 위에 나타낸다.

● 정답 및 풀이 **86쪽**

확인체크

419 명제 '$-1 < x < 4$이면 $x \leq k-2$이다.'가 참이 되도록 하는 실수 k의 값의 범위를 구하시오.

420 두 조건 $p: 2a-1 \leq x \leq a+2$, $q: 0 \leq x \leq 5$에 대하여 명제 $p \longrightarrow q$가 참이 되도록 하는 정수 a의 개수를 구하시오.

421 두 조건 $p: |x-1| \geq a$, $q: -6 < x < 6$에 대하여 명제 $\sim p \longrightarrow q$가 참이 되도록 하는 양수 a의 최댓값을 구하시오.

개념원리 이해

03 '모든'이나 '어떤'을 포함한 명제

1 '모든'이나 '어떤'을 포함한 명제의 참, 거짓 ♾️ 필수 07

전체집합 U에 대하여 조건 p의 진리집합을 P라 할 때

(1) '모든 x에 대하여 p이다.' ⇨ $\begin{cases} P=U\text{이면} & \textbf{참} \\ P\neq U\text{이면} & \textbf{거짓} \end{cases}$ ← 하나라도 거짓이면 거짓

(2) '어떤 x에 대하여 p이다.' ⇨ $\begin{cases} P\neq\varnothing\text{이면} & \textbf{참} \\ P=\varnothing\text{이면} & \textbf{거짓} \end{cases}$ ← 하나라도 참이면 참

설명 (1) 명제 '모든 x에 대하여 p이다.'가 참이려면 전체집합의 모든 원소가 조건 p를 만족시켜야 하므로 $P=U$이어야 한다.
따라서 $P\neq U$, 즉 조건 p를 만족시키지 않는 원소가 하나라도 존재하면 거짓이 된다.

(2) 명제 '어떤 x에 대하여 p이다.'가 참이려면 전체집합의 원소 중에서 조건 p를 만족시키는 원소가 적어도 한 개는 있어야 하므로 $P\neq\varnothing$이어야 한다.
따라서 $P=\varnothing$, 즉 조건 p를 만족시키는 원소가 하나도 존재하지 않으면 거짓이 된다.

보기▶ 전체집합 U가 실수 전체의 집합일 때, 조건 $p: x^2=1$의 진리집합을 P라 하면
$$P=\{-1, 1\}$$
(1) 명제 '모든 실수 x에 대하여 $x^2=1$이다.'
⇨ $P\neq U$이므로 이 명제는 거짓이다.
(2) 명제 '어떤 실수 x에 대하여 $x^2=1$이다.'
⇨ $P\neq\varnothing$이므로 이 명제는 참이다.

2 '모든'이나 '어떤'을 포함한 명제의 부정

조건 p에 대하여

(1) '모든 x에 대하여 p이다.'의 부정 ⇨ '어떤 x에 대하여 $\sim p$이다.'
(2) '어떤 x에 대하여 p이다.'의 부정 ⇨ '모든 x에 대하여 $\sim p$이다.'

보기▶ (1) 명제 '모든 실수 x에 대하여 $x^2-4x+4\geq 0$이다.'의 부정
⇨ 어떤 실수 x에 대하여 $x^2-4x+4<0$이다.
(2) 명제 '어떤 실수 x에 대하여 $x-4=5$이다.'의 부정
⇨ 모든 실수 x에 대하여 $x-4\neq 5$이다.

필수 07 **'모든'이나 '어떤'을 포함한 명제의 참, 거짓**

전체집합 $U=\{-2, -1, 0, 1, 2\}$에 대하여 보기에서 참인 명제인 것만을 있는 대로 고르시오.

> **보기**
>
> ㄱ. 모든 x에 대하여 $2x-1<5$이다. ㄴ. 어떤 x에 대하여 $|x|>2$이다.
> ㄷ. 어떤 x에 대하여 $x^2>x+2$이다. ㄹ. 모든 x에 대하여 $|x|=x$이다.

설명 '모든 ~'의 진리집합이 U인 경우와 '어떤 ~'의 진리집합이 공집합이 아닌 경우에 각 명제는 참이다.

풀이 주어진 조건의 진리집합을 P라 하자.

ㄱ. $2x-1<5$에서　$x<3$　∴ $P=\{-2, -1, 0, 1, 2\}$
　　따라서 $P=U$이므로 주어진 명제는 참이다.

ㄴ. $|x|>2$에서　$x<-2$ 또는 $x>2$　∴ $P=\varnothing$
　　따라서 주어진 명제는 거짓이다.

ㄷ. $x^2>x+2$에서　$x^2-x-2>0$,　$(x+1)(x-2)>0$
　　　∴ $x<-1$ 또는 $x>2$　∴ $P=\{-2\}$
　　따라서 $P\neq\varnothing$이므로 주어진 명제는 참이다.

ㄹ. $|x|=x$에서　$x\geq0$　∴ $P=\{0, 1, 2\}$
　　따라서 $P\neq U$이므로 주어진 명제는 거짓이다.

이상에서 참인 명제는 ㄱ, ㄷ이다.

- '모든 x에 대하여 ~' ⇨ 조건을 만족시키지 않는 x가 하나라도 존재하면 거짓
- '어떤 x에 대하여 ~' ⇨ 조건을 만족시키는 x가 하나라도 존재하면 참

● 정답 및 풀이 **87**쪽

422 다음 중 거짓인 명제는?

① 어떤 양의 정수 x에 대하여 $x-2=4$이다.
② 어떤 무리수 x에 대하여 $\sqrt{2}+x=0$이다.
③ 모든 실수 x에 대하여 $x^2\geq0$이다.
④ 모든 실수 x, y에 대하여 $x^2+y^2>0$이다.
⑤ 모든 자연수 x, y에 대하여 $x+y\geq2$이다.

423 다음 명제의 부정을 말하고, 그것의 참, 거짓을 판별하시오.

(1) 어떤 실수 x에 대하여 $x^2\leq0$이다.
(2) 모든 실수 x에 대하여 $x^2-x+4>0$이다.

STEP 1

424 전체집합 $U=\{x \mid x$는 $|x| \leq 4$인 정수$\}$에 대하여 두 조건 p, q가

$$p: x^2-4x=0, \ q: x^2-2x-3 \leq 0$$

일 때, 조건 'p 또는 $\sim q$'의 진리집합의 원소의 개수를 구하시오.

425 보기에서 참인 명제인 것만을 있는 대로 고르시오.

(단, x, y는 실수이다.)

┤보기├

ㄱ. x가 8의 양의 배수이면 x는 4의 양의 배수이다.

ㄴ. $xy=0$이면 $x^2+y^2=0$이다.

ㄷ. $x>0$, $y>0$이면 $|xy|=xy$이다.

ㄹ. 삼각형 ABC가 이등변삼각형이면 $\angle$A$=\angle$B이다.

426 전체집합 U에 대하여 두 조건 p, q의 진리집합을 각각 P, Q라 할 때, 다음 중 명제 $p \longrightarrow \sim q$가 거짓임을 보이는 원소가 속하는 집합은?

① $P \cap Q$ ② $P \cap Q^C$ ③ $P^C \cap Q$

④ $P^C \cap Q^C$ ⑤ $P^C \cup Q^C$

명제 $p \longrightarrow q$가 거짓임을 보이는 반례가 속하는 집합
$\Rightarrow P \cap Q^C$

427 실수 x에 대하여 세 조건 p, q, r가

$$p: x<2a-5, \ q: 4x-1=27, \ r: x^2-3x-4=0$$

일 때, 명제 $q \longrightarrow \sim p$, $r \longrightarrow p$가 모두 참이 되도록 하는 정수 a의 개수를 구하시오.

STEP 2

428 실수 x, y, z에 대하여 조건 $(x-y)^2+(y-z)^2+(z-x)^2=0$의 부정으로 옳은 것은?

① $(x-y)(y-z)(z-x)=0$

② $(x-y)(y-z)(z-x) \neq 0$

③ $x \neq y$이고 $y \neq z$이고 $z \neq x$

④ x, y, z는 모두 서로 다른 수이다.

⑤ x, y, z 중 적어도 두 수는 서로 다르다.

조건 'p 그리고 q'의 부정
$\Rightarrow \sim p$ 또는 $\sim q$

429 전체집합 U에 대하여 세 조건 p, q, r의 진리집합을 각각 P, Q, R라 하자. $P \subset (Q-R)$일 때, 다음 명제 중 항상 참인 것을 모두 고르면?

(정답 2개)

① $p \longrightarrow \sim r$ ② $q \longrightarrow p$ ③ $q \longrightarrow \sim r$
④ $r \longrightarrow \sim p$ ⑤ $r \longrightarrow q$

> **생각해 봅시다!** 💡
>
> $P \subset Q$이면 명제
> $p \longrightarrow q$가 참이다.

430 전체집합 $U = \{x \mid x$는 13 이하의 자연수$\}$에 대하여 두 조건 p, q의 진리집합을 각각 P, Q라 하자. 조건 'p: x는 소수'에 대하여 명제 $\sim p \longrightarrow q$가 참이 되도록 하는 집합 Q의 개수를 구하시오.

교육청 기출

431 자연수 n에 대한 조건

'$2 \leq x \leq 5$인 어떤 실수 x에 대하여 $x^2 - 8x + n \geq 0$이다.'

가 참인 명제가 되도록 하는 n의 최솟값은?

① 12   ② 13   ③ 14   ④ 15   ⑤ 16

실력 UP⁺

432 실수 전체의 집합에서 명제

'어떤 실수 x에 대하여 $x^2 - 2kx + k + 6 < 0$이다.'

의 부정이 참이 되도록 하는 정수 k의 개수를 구하시오.

> 모든 실수 x에 대하여 이차
> 부등식 $ax^2 + bx + c \geq 0$이
> 성립하려면
> $a > 0$, $b^2 - 4ac \leq 0$

433 전체집합 U에 대하여 세 조건 p, q, r의 진리집합을 각각 P, Q, R라 할 때, P, Q, R가 다음을 만족시킨다.

> (가) 어떤 $x \in P$에 대하여 $x \notin Q$이다.
> (나) 모든 $x \in Q$에 대하여 $x \notin R$이다.

이때 보기에서 항상 참인 명제인 것만을 있는 대로 고르시오.

> **보기**
>
> ㄱ. $q \longrightarrow p$ ㄴ. $r \longrightarrow \sim q$ ㄷ. $\sim q \longrightarrow p$

04 명제의 역과 대우

1 명제의 역과 대우 ∽ 필수 08

> 명제 $p \longrightarrow q$에서
> (1) 명제 $q \longrightarrow p$를 명제 $p \longrightarrow q$의 **역**이라 한다.
> (2) 명제 $\sim q \longrightarrow \sim p$를 명제 $p \longrightarrow q$의 **대우**라 한다.

설명 명제 $p \longrightarrow q$에 대하여
  (1) 가정과 결론의 위치를 서로 바꾼 명제 $q \longrightarrow p$를 $p \longrightarrow q$의 역이라 한다.
  (2) 가정과 결론을 각각 부정하여 위치를 서로 바꾼 명제 $\sim q \longrightarrow \sim p$를 $p \longrightarrow q$의 대우라 한다.

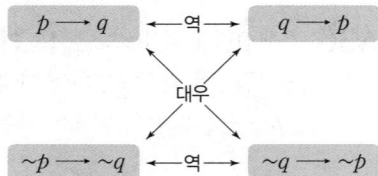

주의 명제의 역이나 대우를 구할 때 전제 조건은 변하지 않는다.
  예를 들어 '실수 x, y에 대하여'라 하면 이것은 가정도 결론도 아닌 x, y에 대한 전제 조건이므로 명제의 역이나 대우를 구할 때 이 조건은 그대로 적용된다.

예제▶ 다음 명제의 역과 대우를 말하시오.
  (1) $x = -3$이면 $x^2 = 9$이다.
  (2) $x \leq 2$이면 $x \leq 3$이다.

풀이 (1) 역: $x^2 = 9$이면 $x = -3$이다.
     대우: $x^2 \neq 9$이면 $x \neq -3$이다.
  (2) 역: $x \leq 3$이면 $x \leq 2$이다.
     대우: $x > 3$이면 $x > 2$이다.

2 명제와 그 대우의 참, 거짓 ∽ 필수 08, 09

> 명제 $p \longrightarrow q$와 그 대우 $\sim q \longrightarrow \sim p$는 참, 거짓이 일치한다.
> (1) 명제 $p \longrightarrow q$가 **참**이면 그 대우 $\sim q \longrightarrow \sim p$도 **참**이다.
> (2) 명제 $p \longrightarrow q$가 **거짓**이면 그 대우 $\sim q \longrightarrow \sim p$도 **거짓**이다.

▶ ① 명제 $p \longrightarrow q$가 참이더라도 그 역 $q \longrightarrow p$는 참이 아닌 경우가 있다.
  ② 어떤 명제가 참임을 보일 때에는 그 대우가 참임을 보여도 된다.

설명 전체집합 U에 대하여 두 조건 p, q의 진리집합을 각각 P, Q라 하면 $\sim p$, $\sim q$의 진리집합은 각각 P^C, Q^C이다.
  (1) 명제 $p \longrightarrow q$가 참이면 $P \subset Q$이므로 $Q^C \subset P^C$
     따라서 명제 $\sim q \longrightarrow \sim p$도 참이다.
     거꾸로 명제 $\sim q \longrightarrow \sim p$가 참이면 $Q^C \subset P^C$이므로 $P \subset Q$
     따라서 명제 $p \longrightarrow q$도 참이다.

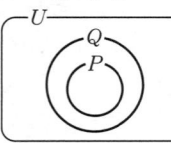

(2) 명제 $p \longrightarrow q$가 거짓이면 $P \not\subset Q$이므로 $Q^c \not\subset P^c$

따라서 명제 $\sim q \longrightarrow \sim p$도 거짓이다.

거꾸로 명제 $\sim q \longrightarrow \sim p$가 거짓이면 $Q^c \not\subset P^c$이므로 $P \not\subset Q$

따라서 명제 $p \longrightarrow q$도 거짓이다.

즉 명제 $p \longrightarrow q$와 그 대우 $\sim q \longrightarrow \sim p$는 참, 거짓이 항상 일치한다.

이처럼 명제가 참이면 그 대우도 참이고 대우가 참이면 원래의 명제도 참이므로 어떤 명제의 참, 거짓을 판별하기 어려울 때에는 대우의 참, 거짓을 판별하여 주어진 명제가 참인지 거짓인지를 알아낼 수 있다.

보기 ▶ 참인 명제 '$|x| < 1$이면 $x < 1$이다.'에 대하여

(1) 주어진 명제의 역은   '$x < 1$이면 $|x| < 1$이다.'

  [반례] $x = -2$이면 $x < 1$이지만 $|x| \geq 1$이므로 거짓이다.

(2) 주어진 명제의 대우는   '$x \geq 1$이면 $|x| \geq 1$이다.'

  이때 주어진 명제가 참이므로 그 대우도 참이다.

예제 ▶ 명제 $p \longrightarrow \sim q$가 참일 때, 다음 중 반드시 참인 명제는?

① $p \longrightarrow q$ ② $\sim q \longrightarrow p$ ③ $\sim p \longrightarrow q$

④ $q \longrightarrow p$ ⑤ $q \longrightarrow \sim p$

풀이   명제 $p \longrightarrow \sim q$가 참이므로 그 대우 ⑤ $q \longrightarrow \sim p$도 참이다.

3 삼단논법   ∞ 필수 10

세 조건 p, q, r에 대하여 두 명제 $p \longrightarrow q$, $q \longrightarrow r$가 모두 참이면 명제 $p \longrightarrow r$가 참이다.

설명   세 조건 p, q, r의 진리집합을 각각 P, Q, R라 하자.

명제 $p \longrightarrow q$가 참이면 $P \subset Q$

명제 $q \longrightarrow r$가 참이면 $Q \subset R$

이므로 $P \subset R$

따라서 명제 $p \longrightarrow r$는 참이다.

예를 들어 세 조건

  p: 소크라테스이다.

  q: 인간이다.

  r: 죽는다.

에 대하여 두 명제 $p \longrightarrow q$, $q \longrightarrow r$가 모두 참이므로 명제 $p \longrightarrow r$가 참이다.

즉 두 명제 '소크라테스는 인간이다.', '인간은 죽는다.'가 모두 참이므로 '소크라테스는 죽는다.'가 참이고, 이처럼 결론짓는 방법을 **삼단논법**이라 한다.

보기 ▶ 세 조건 p, q, r에 대하여 두 명제 $p \longrightarrow \sim q$, $r \longrightarrow q$가 모두 참이면

명제 $r \longrightarrow q$의 대우 $\sim q \longrightarrow \sim r$도 참이다.

따라서 두 명제 $p \longrightarrow \sim q$, $\sim q \longrightarrow \sim r$가 모두 참이므로 명제 $p \longrightarrow \sim r$가 참이다.

08 명제의 역과 대우의 참, 거짓

다음 명제의 역과 대우를 말하고 그것의 참, 거짓을 판별하시오. (단, x, y는 실수이다.)

(1) $x \geq 1$이고 $y \geq 1$이면 $x+y \geq 2$이다.

(2) $xy \neq 2$이면 $x \neq 1$ 또는 $y \neq 2$이다.

(3) 두 집합 A, B에 대하여 $A \cup B = B$이면 $A \subset B$이다.

풀이
  (1) 역: $x+y \geq 2$이면 $x \geq 1$이고 $y \geq 1$이다. (거짓)
     [반례] $x=2$, $y=0$이면 $x+y \geq 2$이지만 $x \geq 1$이고 $y < 1$이다.
     대우: $x+y < 2$이면 $x < 1$ 또는 $y < 1$이다. (참)
  (2) 역: $x \neq 1$ 또는 $y \neq 2$이면 $xy \neq 2$이다. (거짓)
     [반례] $x=2$, $y=1$이면 $x \neq 1$ 또는 $y \neq 2$이지만 $xy=2$이다.
     대우: $x=1$이고 $y=2$이면 $xy=2$이다. (참)
  (3) 역: 두 집합 A, B에 대하여 $A \subset B$이면 $A \cup B = B$이다. (참)
     대우: 두 집합 A, B에 대하여 $A \not\subset B$이면 $A \cup B \neq B$이다. (참)

KEY Point

  ● 명제 $p \longrightarrow q$에서 $\begin{cases} \text{역: } q \longrightarrow p \\ \text{대우: } \sim q \longrightarrow \sim p \end{cases}$

● 정답 및 풀이 **89**쪽

 434 다음 명제 중 그 역과 대우가 모두 참인 것은? (단, x, y는 실수이다.)

① $x^3 = x$이면 $x=0$ 또는 $x=1$이다.

② $xy > 1$이면 $x > 1$이고 $y > 1$이다.

③ $|x| + |y| = 0$이면 $x=0$이고 $y=0$이다.

④ $xy < 0$이면 $x^2 + y^2 > 0$이다.

⑤ 두 삼각형이 합동이면 두 삼각형의 둘레의 길이가 같다.

435 보기에서 역이 거짓인 명제인 것만을 있는 대로 고르시오. (단, x, y는 자연수이다.)

> **보기**
>
> ㄱ. x 또는 y가 홀수이면 xy는 홀수이다.
> ㄴ. x, y가 짝수이면 $x+y$는 짝수이다.
> ㄷ. $x-3=0$이면 $x^2-4x+3=0$이다.

● 더 다양한 문제는 **RPM** 공통수학 2 102쪽

필수 09 **명제의 대우가 참이 되도록 하는 상수 구하기**

두 실수 x, y에 대하여 명제 '$x+y>3$이면 $x>a$ 또는 $y>1$이다.'가 참일 때, 실수 a의 최댓값을 구하시오.

풀이 주어진 명제가 참이므로 그 대우 '$x \leq a$이고 $y \leq 1$이면 $x+y \leq 3$이다.'도 참이다.
$x \leq a$이고 $y \leq 1$에서 $x+y \leq a+1$이므로
　　$a+1 \leq 3$ ∴ $a \leq 2$
따라서 실수 a의 최댓값은 **2**이다.

● 더 다양한 문제는 **RPM** 공통수학 2 103쪽

필수 10 **삼단논법**

세 조건 p, q, r에 대하여 두 명제 $p \longrightarrow q$, $\sim r \longrightarrow \sim q$가 모두 참일 때, 보기에서 항상 참인 명제인 것만을 있는 대로 고르시오.

> **보기**
>
> ㄱ. $p \longrightarrow r$　　　　　　ㄴ. $\sim r \longrightarrow \sim p$　　　　　　ㄷ. $\sim p \longrightarrow \sim r$
>
> ㄹ. $\sim q \longrightarrow \sim p$　　　　　ㅁ. $q \longrightarrow \sim r$

설명 두 명제 $p \longrightarrow q$, $q \longrightarrow r$가 모두 참이면 명제 $p \longrightarrow r$가 참이다.

풀이 ㄱ. 명제 $\sim r \longrightarrow \sim q$가 참이므로 그 대우 $q \longrightarrow r$도 참이다.
　　따라서 두 명제 $p \longrightarrow q$, $q \longrightarrow r$가 모두 참이므로 명제 $p \longrightarrow r$가 참이다.
ㄴ. 명제 $p \longrightarrow r$가 참이므로 그 대우 $\sim r \longrightarrow \sim p$도 참이다.
ㄹ. 명제 $p \longrightarrow q$가 참이므로 그 대우 $\sim q \longrightarrow \sim p$도 참이다.
이상에서 항상 참인 명제인 것은 ㄱ, ㄴ, ㄹ이다.

● 정답 및 풀이 **90**쪽

436 명제 '$x^2-ax+7 \neq 0$이면 $x-1 \neq 0$이다.'가 참일 때, 상수 a의 값을 구하시오.

437 네 조건 p, q, r, s에 대하여 세 명제 $p \longrightarrow q$, $\sim q \longrightarrow \sim r$, $s \longrightarrow \sim q$가 모두 참일 때, 다음 명제 중 항상 참이라고 할 수 <u>없는</u> 것은?

① $\sim q \longrightarrow \sim p$　　　　　② $p \longrightarrow \sim s$　　　　　③ $p \longrightarrow r$

④ $r \longrightarrow \sim s$　　　　　　⑤ $s \longrightarrow \sim p$

05 충분조건과 필요조건

---

① 충분조건과 필요조건 ∽ 필수 11

(1) **충분조건과 필요조건**

명제 $p \longrightarrow q$가 참일 때, 기호로 $p \Longrightarrow q$와 같이 나타내고

$\quad$ p는 q이기 위한 **충분조건**,

$\quad$ q는 p이기 위한 **필요조건**

이라 한다.

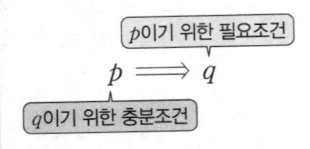

p이기 위한 필요조건

$$p \Longrightarrow q$$

q이기 위한 충분조건

(2) **필요충분조건**

명제 $p \longrightarrow q$에 대하여 $p \Longrightarrow q$이고 $q \Longrightarrow p$일 때, 기호로 $p \Longleftrightarrow q$와 같이 나타내고

$\quad$ p는 q이기 위한 **필요충분조건**

이라 한다.

▶ ① 명제 $p \longrightarrow q$가 거짓일 때, 기호로 $p \not\Longrightarrow q$와 같이 나타낸다.
$\quad$ ② p가 q이기 위한 필요충분조건이면 q도 p이기 위한 필요충분조건이다.
$\quad$ ③ $p \Longrightarrow q$에서 화살표 방향에 따라 p는 주는 쪽이므로 '충분조건', q는 받는 쪽이므로 '필요조건'으로 기억하자.

보기 ▶ (1) 두 조건 p: $x=2$, q: $x^2=4$에 대하여

$\qquad p \Longrightarrow q$, $q \not\Longrightarrow p$

$\qquad$ 따라서 p는 q이기 위한 충분조건, q는 p이기 위한 필요조건이다.

$\quad$ (2) 두 조건 p: $x=2$, q: $3x=6$에 대하여

$\qquad p \Longrightarrow q$, $q \Longrightarrow p$ $\qquad \therefore p \Longleftrightarrow q$

$\qquad$ 따라서 p는 q이기 위한 필요충분조건이다.

---

② 충분조건, 필요조건과 진리집합의 관계 ∽ 필수 12, 13

두 조건 p, q의 진리집합을 각각 P, Q라 할 때

(1) $P \subset Q$이면 $\quad p \Longrightarrow q \Rightarrow \begin{cases} p \text{는 } q \text{이기 위한 충분조건} \\ q \text{는 } p \text{이기 위한 필요조건} \end{cases}$

(2) $P = Q$이면 $\quad p \Longleftrightarrow q \Rightarrow p$는 q이기 위한 필요충분조건

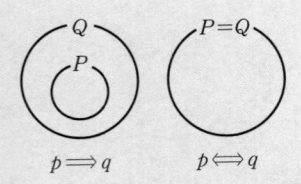

▶ $P \not\subset Q$, $Q \not\subset P$이면 아무 조건도 아니다.

참고 $\quad Q \subset P$이면 $\quad q \Longrightarrow p \Rightarrow \begin{cases} p \text{는 } q \text{이기 위한 필요조건} \\ q \text{는 } p \text{이기 위한 충분조건} \end{cases}$

보기 ▶ 두 조건 p: $|x| \leq 2$, q: $x<5$의 진리집합을 각각 P, Q라 하면

$\qquad P = \{x \mid -2 \leq x \leq 2\}$, $Q = \{x \mid x < 5\}$

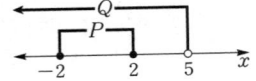

$\qquad P \subset Q$이므로 $\quad p \Longrightarrow q$

$\qquad$ 따라서 p는 q이기 위한 충분조건이고, q는 p이기 위한 필요조건이다.

II -3

필수 11 충분조건, 필요조건, 필요충분조건

두 조건 p, q가 다음과 같을 때, p는 q이기 위한 어떤 조건인지 말하시오.

(단, x, y는 실수이다.)

(1) p: $x<0$ q: $x+|x|=0$

(2) p: $x^2+y^2=0$ q: $|x|+|y|=0$

(3) p: △ABC는 이등변삼각형이다. q: △ABC는 정삼각형이다.

풀이

(1) q: $x+|x|=0$에서 $x \leq 0$

따라서 $p \Longrightarrow q$, $q \not\Longrightarrow p$이므로 p는 q이기 위한 **충분조건**이다.

(2) p: $x^2+y^2=0$에서 $x=0$, $y=0$

q: $|x|+|y|=0$에서 $x=0$, $y=0$

따라서 $p \Longleftrightarrow q$이므로 p는 q이기 위한 **필요충분조건**이다.

(3) $p \not\Longrightarrow q$, $q \Longrightarrow p$이므로 p는 q이기 위한 **필요조건**이다.

[$p \longrightarrow q$의 반례] 오른쪽 그림의 삼각형은 이등변삼각형이지만 정삼각형이 아니다.

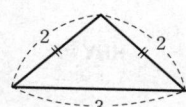

KEY Point

• 충분조건, 필요조건, 필요충분조건의 판별

⇨ 명제 $p \longrightarrow q$, $q \longrightarrow p$의 참, 거짓을 판별한다.

● 정답 및 풀이 **90**쪽

 두 조건 p, q에 대하여 p가 q이기 위한 필요충분조건인 것만을 보기에서 있는 대로 고르시오.(단, x, y, z는 실수이다.)

보기

ㄱ. p: $|x|<1$ q: $x<1$

ㄴ. p: $|x|=|y|$ q: $x^2=y^2$

ㄷ. p: $(x-y)(y-z)=0$ q: $x=y=z$

● 더 다양한 문제는 **RPM** 공통수학 2 104쪽

 충분조건, 필요조건과 진리집합의 관계

전체집합 U에 대하여 두 조건 p, q의 진리집합을 각각 P, Q라 하자. $\sim p$는 $\sim q$이기 위한 필요조건일 때, 다음 중 항상 옳은 것은?

① $P^c \subset Q$　　　　　② $Q^c \subset P$　　　　　③ $P \cap Q = P$

④ $P^c \cap Q = \varnothing$　　　　⑤ $P \cup Q^c = U$

풀이　$\sim p$는 $\sim q$이기 위한 필요조건이므로　$\sim q \Longrightarrow \sim p$

즉 $Q^c \subset P^c$이므로　$P \subset Q$

따라서 항상 옳은 것은 ③이다.

KEY Point

• 두 조건 p, q의 진리집합을 각각 P, Q라 할 때
① p가 q이기 위한 **충분조건**　　$\Rightarrow p \Longrightarrow q \Rightarrow P \subset Q$
② p가 q이기 위한 **필요조건**　　$\Rightarrow q \Longrightarrow p \Rightarrow Q \subset P$
③ p가 q이기 위한 **필요충분조건** $\Rightarrow p \Longleftrightarrow q \Rightarrow P = Q$

● 정답 및 풀이 **90**쪽

 439 전체집합 U에 대하여 세 조건 p, q, r의 진리집합을 각각 P, Q, R라 하자. $P \cap Q = \varnothing$, $Q \cup R = Q$일 때, 다음 □ 안에 충분, 필요, 필요충분 중에서 알맞은 것을 써넣으시오.

(단, P, Q, R는 공집합이 아니다.)

(1) q는 $\sim p$이기 위한 □조건이다.

(2) $\sim r$는 $\sim q$이기 위한 □조건이다.

(3) p는 $\sim r$이기 위한 □조건이다.

440 전체집합 U에 대하여 세 조건 p, q, r의 진리집합을 각각 P, Q, R라 하자. p는 $\sim r$이기 위한 필요조건이고, r는 q이기 위한 충분조건일 때, 보기에서 항상 옳은 것만을 있는 대로 고르시오.

보기

ㄱ. $R \subset Q$　　　　　ㄴ. $P \cup R^c = P$　　　　　ㄷ. $P - Q = Q^c$

• 더 다양한 문제는 **RPM** 공통수학 2 104쪽

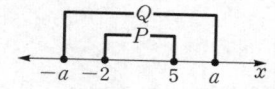

필수 13 충분조건, 필요조건이 되도록 하는 상수 구하기

다음 물음에 답하시오.

(1) 두 조건 $p:-2\leq x\leq 5$, $q:|x|\leq a$에 대하여 p가 q이기 위한 충분조건일 때, 양수 a의 값의 범위를 구하시오.

(2) $x+3\neq 0$이 $x^2+3ax+27\neq 0$이기 위한 필요조건일 때, 상수 a의 값을 구하시오.

설명 (2) p가 q이기 위한 필요조건이면 명제 $q \longrightarrow p$가 참이고 그 대우 $\sim p \longrightarrow \sim q$도 참이다.

풀이 (1) 두 조건 p, q의 진리집합을 각각 P, Q라 하면
$$P=\{x|-2\leq x\leq 5\}, \; Q=\{x||x|\leq a\}=\{x|-a\leq x\leq a\}$$
p가 q이기 위한 충분조건이므로 $p \Longrightarrow q$, 즉 $P\subset Q$

이를 만족시키도록 두 집합 P, Q를 수직선 위에 나타내면 오른쪽 그림과 같으므로

$$-a\leq -2, \; a\geq 5$$
$$\therefore a\geq 5$$

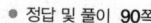

(2) $x+3\neq 0$이 $x^2+3ax+27\neq 0$이기 위한 필요조건이므로
$$x^2+3ax+27\neq 0 \Longrightarrow x+3\neq 0$$
따라서 '$x+3=0 \Longrightarrow x^2+3ax+27=0$'이므로
$x^2+3ax+27=0$에 $x+3=0$, 즉 $x=-3$을 대입하면
$$9-9a+27=0 \qquad \therefore a=4$$

KEY Point

• 충분조건, 필요조건이 되도록 하는 상수 구하기
① 조건이 부등식으로 주어진 경우 ⇨ 진리집합 사이의 포함 관계를 이용
② 조건에 $\neq$를 포함한 식이 주어진 경우 ⇨ 대우를 이용

• 정답 및 풀이 **90**쪽

441 두 조건 $p:-1\leq x\leq k$, $q:-\dfrac{k}{6}\leq x\leq 4$에 대하여 p가 q이기 위한 필요조건일 때, 양수 k의 값의 범위를 구하시오.

442 두 조건 $p:x^2-x+a=0$, $q:(x+3)(x-4)^2=0$에 대하여 p가 q이기 위한 필요충분조건일 때, 상수 a의 값을 구하시오.

443 세 조건 $p:-2<x<1$ 또는 $x>3$, $q:x>a$, $r:x>b$에 대하여 q는 p이기 위한 필요조건이고, r는 p이기 위한 충분조건일 때, a의 최댓값과 b의 최솟값의 곱을 구하시오.

(단, a, b는 실수이다.)

444 명제 '$x^2 > 100$이면 $x \neq k$이다.'가 참이 되도록 하는 정수 k의 개수를 구하시오.

445 네 조건 p, q, r, s에 대하여 세 명제 $p \longrightarrow q$, $\sim s \longrightarrow \sim q$, $s \longrightarrow r$ 가 모두 참일 때, 다음 명제 중 항상 참이라고 할 수 <u>없는</u> 것은?

① $q \longrightarrow s$ ② $p \longrightarrow s$ ③ $q \longrightarrow r$

④ $r \longrightarrow \sim q$ ⑤ $\sim r \longrightarrow \sim p$

> 두 명제 $p \longrightarrow q$, $q \longrightarrow r$가 모두 참이면 명제 $p \longrightarrow r$가 참이다.

446 다음 중 조건 p가 조건 q이기 위한 필요조건이지만 충분조건이 아닌 것은? (단, x, y는 실수, A, B는 집합이다.)

① p: x는 6의 양의 약수이다. q: x는 18의 양의 약수이다.

② p: $xy > 1$ q: $x > 1$이고 $y > 1$

③ p: x, y는 유리수이다. q: xy는 유리수이다.

④ p: □ABCD는 직사각형이다.

    q: □ABCD의 두 대각선의 길이가 같다.

⑤ p: $A \cap B = A$ q: $A \subset B$

447 세 조건 p, q, r에 대하여 p는 $\sim r$이기 위한 충분조건, r는 q이기 위한 필요조건일 때, 다음 중 항상 참인 명제는?

① $p \longrightarrow q$ ② $q \longrightarrow p$ ③ $p \longrightarrow \sim q$

④ $\sim q \longrightarrow p$ ⑤ $q \longrightarrow \sim r$

> 명제와 그 대우는 참, 거짓이 일치한다.

448 전체집합 U에 대하여 세 조건 p, q, r의 진리 집합 P, Q, R 사이의 포함 관계가 오른쪽 그림과 같을 때, 다음 중 옳은 것은?

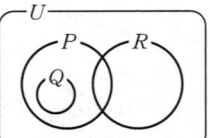

① p는 r이기 위한 충분조건이다.

② p는 q이기 위한 충분조건이다.

③ q는 $\sim r$이기 위한 필요충분조건이다.

④ r는 $\sim q$이기 위한 필요조건이다.

⑤ $\sim q$는 $\sim p$이기 위한 필요조건이다.

> $P \subset Q$
> ⇨ p는 q이기 위한 충분조건, q는 p이기 위한 필요조건

Ⅱ-3

명제

449 두 조건 $p: x^3-4x^2-x+4=0$, $q: 2x+a=0$에 대하여 p가 q이기 위한 필요조건이 되도록 하는 모든 실수 a의 값의 곱을 구하시오.

교육청 기출

450 실수 x에 대한 두 조건 p, q가 다음과 같다.

$p: x^2-4x-12=0$, $q: |x-3|>k$

p가 $\sim q$이기 위한 충분조건이 되도록 하는 자연수 k의 최솟값은?

① 3   ② 4   ③ 5   ④ 6   ⑤ 7

STEP 2

451 두 조건 $p: |x+2| \geq k$, $q: |x+3|<4$에 대하여 명제 $p \longrightarrow \sim q$의 역이 참이 되도록 하는 양수 k의 최댓값을 구하시오.

452 네 조건 p, q, r, s에 대하여 명제 $q \longrightarrow \sim p$, $\sim r \longrightarrow s$가 모두 참일 때, 다음 중 명제 $p \longrightarrow r$가 참임을 보이기 위해 필요한 참인 명제는?

① $p \longrightarrow s$ ② $\sim s \longrightarrow \sim q$ ③ $r \longrightarrow p$
④ $s \longrightarrow q$ ⑤ $q \longrightarrow \sim r$

453 조건 p, q, r, s, t에 대하여 p는 q이기 위한 필요조건, q는 r이기 위한 필요조건, r는 s이기 위한 충분조건, $\sim r$는 $\sim t$이기 위한 충분조건, t는 p이기 위한 필요조건일 때, p, q, s, t 중 r이기 위한 필요충분조건인 것의 개수를 구하시오.

454 세 조건

$p: |x|>a$, $q: x>b$, $r: -5<x<-2$ 또는 $x>5$

에 대하여 p는 r이기 위한 필요조건이고, q는 r이기 위한 충분조건일 때, 실수 a, b에 대하여 a의 최댓값과 b의 최솟값의 합을 구하시오.

(단, $a>0$)

연습 문제

455 x가 실수일 때, 두 조건
$$p: (x^2-kx+k)(x^2-x-6)\le 0, \quad q: x^2-x-6\le 0$$
에 대하여 명제 $p \longrightarrow q$가 참이 되도록 하는 실수 k의 최댓값을 M, 최솟값을 m이라 하자. $12Mm$의 값을 구하시오.

---

456 다음 두 명제가 모두 참일 때, 명제 '인지도가 높아지면 수입이 증가한다.'가 참이려면 하나의 참인 명제가 더 필요하다. 다음 중 필요한 명제로 가능한 것을 모두 고르면? (정답 2개)

주어진 문장에서 조건을 찾아 p, q, r, s로 나타낸다.

> (가) 판매량이 증가하지 않으면 인지도가 높아지지 않는다.
> (나) 가격이 상승하면 수입이 증가한다.

① 판매량이 증가하면 인지도가 높아진다.
② 판매량이 증가하지 않으면 가격이 상승하지 않는다.
③ 인지도가 높아지면 가격이 상승한다.
④ 가격이 상승하면 인지도가 높아진다.
⑤ 가격이 상승하지 않으면 판매량이 증가하지 않는다.

---

457 세 조건 p, q, r의 진리집합을 각각 P, Q, R라 할 때,
$$P=\{4\}, \quad Q=\{a^2, b\}, \quad R=\{a-1, ab\}$$
이다. p는 q이기 위한 충분조건이고, r는 p이기 위한 필요조건일 때, $a+b$의 최댓값을 구하시오. (단, a, b는 실수이다.)

$A \subset B$
⇨ A의 모든 원소는 B의 원소이다.

교육청 기출

458 실수 x에 대한 두 조건
$$p: x^2+2ax+1\ge 0, \quad q: x^2+2bx+9\le 0$$
이 있다. 다음 두 문장이 모두 참인 명제가 되도록 하는 정수 a, b의 순서쌍 (a, b)의 개수는?

> • 모든 실수 x에 대하여 p이다.
> • p는 $\sim q$이기 위한 충분조건이다.

① 15   ② 18   ③ 21   ④ 24   ⑤ 27

06 명제의 증명

1 정의, 정리

(1) **정의**: 용어의 뜻을 명확하게 정한 문장
(2) **정리**: 참임이 증명된 명제 중에서 기본이 되는 것이나 다른 명제를 증명할 때 이용할 수 있는 것

▶ 정의나 명제의 가정 또는 이미 옳다고 밝혀진 성질을 이용하여 어떤 명제가 참임을 설명하는 것을 **증명**이라 한다.

보기 ▶ (1) 이등변삼각형은 두 변의 길이가 같은 삼각형이다. ▷ 정의
　　　　이등변삼각형의 두 밑각의 크기는 같다. ▷ 정리
　　　 (2) 평행사변형은 두 쌍의 대변이 각각 평행한 사각형이다. ▷ 정의
　　　　평행사변형의 두 대각선은 서로 다른 것을 이등분한다. ▷ 정리

2 명제의 증명　　◎ 필수 14, 15

(1) **대우를 이용한 증명**
　　명제 $p \longrightarrow q$가 참이면 그 대우 $\sim q \longrightarrow \sim p$도 참이므로 어떤 명제가 참임을 증명할 때 그 **대우가**
　　참임을 증명하는 방법
(2) **귀류법**
　　명제 또는 명제의 결론을 **부정하면 모순이 생기는 것**을 보여서 주어진 명제가 참임을 증명하는 방법

설명 (1) 대우를 이용한 증명
　　　 명제 $p \longrightarrow q$가 참이면 그 대우 $\sim q \longrightarrow \sim p$도 참이므로 대우가 참임을 증명하여 주어진 명제가 참임을 증명할 수
　　　 있다.
　　　 예를 들어 명제 '자연수 a, b에 대하여 $a+b$가 홀수이면 a, b 중 적어도 하나는 짝수이다.'가 참임을 직접 증명하기
　　　 는 어려우므로 이 명제의 대우 '자연수 a, b에 대하여 a, b가 모두 홀수이면 $a+b$는 짝수이다.'가 참임을 증명하여
　　　 주어진 명제가 참임을 증명할 수 있다.
　　 (2) 귀류법
　　　 명제 p에 대하여 $\sim p$가 참임을 보이는 과정이나 명제 $p \longrightarrow q$에서 p이지만 $\sim q$임을 보이는 과정에서 모순이 생기
　　　 는 것을 보여서 명제 p 또는 명제 $p \longrightarrow q$가 참임을 증명할 수 있다.
　　　 예를 들어 명제 '자연수는 무한하다.'가 참임을 직접 증명하기는 어려우므로 명제를 부정하여 '자연수는 유한하다.'
　　　 라 하고 이를 증명하는 과정에서 모순이 생김을 보임으로써 주어진 명제가 참임을 증명할 수 있다.

14 **대우를 이용한 명제의 증명**

명제 '자연수 a, b에 대하여 ab가 짝수이면 a 또는 b는 짝수이다.'가 참임을 대우를 이용하여 증명하려고 한다. 다음 물음에 답하시오.

(1) 주어진 명제의 대우를 말하시오.

(2) (1)을 이용하여 주어진 명제가 참임을 증명하시오.

설명 자연수 n에 대하여
  짝수인 자연수는 $2n$, 홀수인 자연수는 $2n-1$
로 나타낼 수 있다.

풀이 (1) 주어진 명제의 대우는
  자연수 a, b에 대하여 a, b가 모두 홀수이면 ab는 홀수이다.

(2) a, b가 모두 홀수이면
  $a=2k-1$, $b=2l-1$ (k, l은 자연수)
로 나타낼 수 있다. 이때
  $ab=(2k-1)(2l-1)=4kl-2k-2l+1$
  $=2(2kl-k-l)+1$
이므로 ab는 홀수이다.
따라서 주어진 명제의 대우가 참이므로 주어진 명제도 참이다.

KEY Point
• 대우를 이용한 명제의 증명
 ⇨ 주어진 명제의 대우가 참임을 보여서 그 명제가 참임을 증명하는 방법

• 정답 및 풀이 **95**쪽

 459 다음 명제의 대우를 이용하여 명제가 참임을 증명하시오.

(1) 실수 x, y에 대하여 $xy\neq0$이면 $x\neq0$이고 $y\neq0$이다.

(2) 실수 x, y에 대하여 $x+y\geq2$이면 $x\geq1$ 또는 $y\geq1$이다.

(3) 자연수 m에 대하여 m^2이 홀수이면 m도 홀수이다.

필수 15 귀류법

명제 '$\sqrt{2}$는 유리수가 아니다.'가 참임을 귀류법을 이용하여 증명하려고 한다. 다음 물음에 답하시오.

(1) 주어진 명제의 부정을 말하시오.

(2) (1)을 이용하여 주어진 명제가 참임을 증명하시오.

풀이 (1) 주어진 명제의 부정은

　　　　$\sqrt{2}$는 유리수이다.

(2) $\sqrt{2}$가 유리수라 가정하면

$$\sqrt{2}=\frac{n}{m} \ (m, \ n\text{은 서로소인 자연수}) \qquad \cdots\cdots \ \text{㉠}$$

으로 나타낼 수 있다.

㉠의 양변을 제곱하면

$$2=\frac{n^2}{m^2} \qquad \therefore \ n^2=2m^2 \qquad\qquad \cdots\cdots \ \text{㉡}$$

이때 n^2이 2의 배수이므로 n도 2의 배수이다.

$n=2k \ (k\text{는 자연수})$로 놓고 ㉡에 대입하면

$$(2k)^2=2m^2 \qquad \therefore \ m^2=2k^2$$

이때 m^2이 2의 배수이므로 m도 2의 배수이다.

즉 $m, \ n$이 모두 2의 배수이므로 $m, \ n$이 서로소라는 가정에 모순이다.

따라서 $\sqrt{2}$는 유리수가 아니다.

KEY Point

• 귀류법
　⇨ 결론을 부정하면 모순이 생기는 것을 보여서 주어진 명제가 참임을 증명하는 방법

● 정답 및 풀이 95쪽

460 귀류법을 이용하여 다음 명제가 참임을 증명하시오.

(1) $2-\sqrt{3}$은 무리수이다.

(2) 자연수 n에 대하여 n^2이 3의 배수이면 n도 3의 배수이다.

(3) 실수 $a, \ b$에 대하여 $a^2+b^2=0$이면 $a=0$이고 $b=0$이다.

 **특강 두 수 또는 두 식의 대소 관계**

1 두 수 또는 두 식의 대소 관계

두 수 또는 두 식 A, B의 대소를 비교할 때에는 주로 다음과 같은 방법을 이용한다.

> (1) **$A-B$의 부호를 조사한다.**
>
>   ① $A-B>0 \Longleftrightarrow A>B$
>
>   ② $A-B=0 \Longleftrightarrow A=B$
>
>   ③ $A-B<0 \Longleftrightarrow A<B$
>
> (2) **A^2-B^2의 부호를 조사한다.**   ← 근호나 절댓값 기호를 포함한 경우
>
> $A>0$, $B>0$일 때
>
>   ① $A^2-B^2>0 \Longleftrightarrow A>B$
>
>   ② $A^2-B^2=0 \Longleftrightarrow A=B$
>
>   ③ $A^2-B^2<0 \Longleftrightarrow A<B$
>
> (3) **$\dfrac{A}{B}$와 1의 대소를 비교한다.**   ← 거듭제곱으로 표현되거나 비가 간단히 정리되는 경우
>
> $A>0$, $B>0$일 때
>
>   ① $\dfrac{A}{B}>1 \Longleftrightarrow A>B$
>
>   ② $\dfrac{A}{B}=1 \Longleftrightarrow A=B$
>
>   ③ $\dfrac{A}{B}<1 \Longleftrightarrow A<B$

증명 (2) ① $A^2-B^2>0$이면 $(A+B)(A-B)>0$

이때 $A>0$, $B>0$에서 $A+B>0$이므로 $A-B>0$ $\therefore A>B$

②, ③도 같은 방법으로 성립함을 보일 수 있다.

(3) ① $\dfrac{A}{B}>1$에서 $B>0$이므로 양변에 B를 곱하면 $A>B$

②, ③도 같은 방법으로 성립함을 보일 수 있다.

예제 ▶ 다음 물음에 답하시오.

(1) $a \geq b > 0$일 때, $\dfrac{a}{2+a}$, $\dfrac{b}{2+b}$의 대소를 비교하시오.

(2) 실수 a에 대하여 $|a|+2$, $|a+2|$의 대소를 비교하시오.

(3) 두 수 2^{60}, 6^{20}의 대소를 비교하시오.

풀이 (1) $\dfrac{a}{2+a}-\dfrac{b}{2+b}=\dfrac{a(2+b)-b(2+a)}{(2+a)(2+b)}=\dfrac{2(a-b)}{(2+a)(2+b)}\geq 0\ (\because a\geq b>0)$

$\therefore \dfrac{a}{2+a}\geq\dfrac{b}{2+b}$ (단, 등호는 $a=b$일 때 성립)

(2) $(|a|+2)^2-|a+2|^2=a^2+4|a|+4-(a^2+4a+4)=4(|a|-a)\geq 0\ (\because |a|\geq a)$

$\therefore |a|+2\geq|a+2|$ (단, 등호는 $|a|=a$, 즉 $a\geq 0$일 때 성립)

(3) $\dfrac{2^{60}}{6^{20}}=\dfrac{(2^3)^{20}}{6^{20}}=\left(\dfrac{8}{6}\right)^{20}>1$ $\therefore 2^{60}>6^{20}$

194

07 절대부등식

1 절대부등식 ∞ 필수 16

(1) **절대부등식** : 문자를 포함한 부등식에서 그 문자에 어떤 실수를 대입하여도 성립하는 부등식
(2) **부등식의 증명에 이용되는 실수의 성질**

a, b가 실수일 때

① $a>b \Longleftrightarrow a-b>0$ ② $a^2 \geq 0$, $a^2+b^2 \geq 0$
③ $a^2+b^2=0 \Longleftrightarrow a=b=0$ ④ $|a|^2=a^2$, $|ab|=|a||b|$
⑤ $a>0$, $b>0$일 때, $a>b \Longleftrightarrow a^2>b^2$, $a>b \Longleftrightarrow \sqrt{a}>\sqrt{b}$

보기 ▶ x가 실수일 때

(1) $x^2-9<0$에서 $(x+3)(x-3)<0$ ∴ $-3<x<3$
    즉 $-3<x<3$일 때만 부등식이 성립하므로 절대부등식이 아니다.
(2) $x^2+2x+3>0$에서 $(x+1)^2+2>0$
    즉 모든 실수 x에 대하여 부등식이 성립하므로 절대부등식이다.

2 여러 가지 절대부등식

다음은 부등식 문제 해결에 자주 이용되는 절대부등식이다.

a, b, c가 실수일 때
(1) $a^2 \pm ab+b^2 \geq 0$ (단, 등호는 $a=b=0$일 때 성립)
(2) $a^2 \pm 2ab+b^2 \geq 0$ (단, 등호는 $a=\mp b$일 때 성립, 복호동순)
(3) $a^2+b^2+c^2-ab-bc-ca \geq 0$ (단, 등호는 $a=b=c$일 때 성립)

▶ 등호가 포함된 절대부등식이 성립함을 증명할 때에는 특별한 말이 없더라도 등호가 성립하는 조건을 찾는다.

증명 (1) $a^2 \pm ab+b^2 = \left(a \pm \dfrac{b}{2}\right)^2 + \dfrac{3}{4}b^2$ (복호동순)

     그런데 $\left(a \pm \dfrac{b}{2}\right)^2 \geq 0$, $\dfrac{3}{4}b^2 \geq 0$이므로 $a^2 \pm ab+b^2 \geq 0$

     여기서 등호는 $a \pm \dfrac{b}{2}=0$, $b=0$, 즉 $a=b=0$일 때 성립한다.

   (2) $a^2 \pm 2ab+b^2 = (a \pm b)^2 \geq 0$
     여기서 등호는 $a \pm b=0$, 즉 $a=\mp b$일 때 성립한다. (복호동순)

   (3) $a^2+b^2+c^2-ab-bc-ca = \dfrac{1}{2}(2a^2+2b^2+2c^2-2ab-2bc-2ca)$

                             $= \dfrac{1}{2}\{(a-b)^2+(b-c)^2+(c-a)^2\}$

     그런데 $(a-b)^2 \geq 0$, $(b-c)^2 \geq 0$, $(c-a)^2 \geq 0$이므로
       $a^2+b^2+c^2-ab-bc-ca \geq 0$
     여기서 등호는 $a-b=0$, $b-c=0$, $c-a=0$, 즉 $a=b=c$일 때 성립한다.

3 산술평균과 기하평균의 관계 ∞ 필수 17~19, 발전 20

$a>0$, $b>0$일 때,

$$\frac{a+b}{2} \geq \sqrt{ab} \ (단, 등호는 a=b일 때 성립)$$

▶ $a>0$, $b>0$일 때, $\frac{a+b}{2}$를 a와 b의 **산술평균**, $\sqrt{ab}$를 a와 b의 **기하평균**이라 한다.

증명 $\dfrac{a+b}{2}-\sqrt{ab}=\dfrac{a+b-2\sqrt{ab}}{2}=\dfrac{(\sqrt{a})^2-2\sqrt{a}\sqrt{b}+(\sqrt{b})^2}{2}=\dfrac{(\sqrt{a}-\sqrt{b})^2}{2}\geq 0$ ← $a>0$, $b>0$이므로
$\sqrt{ab}=\sqrt{a}\sqrt{b}$

$\therefore \dfrac{a+b}{2}\geq\sqrt{ab}$

여기서 등호는 $\sqrt{a}-\sqrt{b}=0$, 즉 $a=b$일 때 성립한다.

예제 ▶ $a>0$일 때, $a+\dfrac{4}{a}$의 최솟값을 구하시오.

풀이 $a>0$, $\dfrac{4}{a}>0$이므로 산술평균과 기하평균의 관계에 의하여

$$a+\frac{4}{a}\geq 2\sqrt{a\times\frac{4}{a}}=4 \left(단, 등호는 a=\frac{4}{a}, 즉 a=2일 때 성립\right)$$

따라서 $a+\dfrac{4}{a}$의 최솟값은 4이다.

∞ 필수 21

**보충
학습** **코시-슈바르츠의 부등식**

실수 a, b, x, y에 대하여

$$(a^2+b^2)(x^2+y^2)\geq(ax+by)^2 \ (단, 등호는 ay=bx일 때 성립)$$

이 부등식을 코시-슈바르츠의 부등식이라 한다.

증명 $(a^2+b^2)(x^2+y^2)-(ax+by)^2=a^2x^2+a^2y^2+b^2x^2+b^2y^2-(a^2x^2+2abxy+b^2y^2)$
$\qquad\qquad\qquad\qquad\qquad\qquad\quad =a^2y^2-2abxy+b^2x^2$
$\qquad\qquad\qquad\qquad\qquad\qquad\quad =(ay-bx)^2$

이때 a, b, x, y가 실수이므로 $\quad(ay-bx)^2\geq 0$

$\therefore (a^2+b^2)(x^2+y^2)\geq(ax+by)^2$

여기서 등호는 $ay-bx=0$, 즉 $ay=bx$일 때 성립한다.

코시-슈바르츠의 부등식을 이용하면 x^2+y^2의 값이 일정할 때 $ax+by$의 값의 범위를 구하거나 $ax+by$의 값이 일정할 때 x^2+y^2의 값의 범위를 구할 수 있다.

예를 들어 x, y가 실수이고 $x^2+y^2=5$일 때, $x+y$의 값의 범위를 구하려면 코시-슈바르츠의 부등식에 의하여

$$(1^2+1^2)(x^2+y^2)\geq(x+y)^2, \qquad (x+y)^2\leq 10$$

$$\therefore -\sqrt{10}\leq x+y\leq\sqrt{10} \ (단, 등호는 x=y일 때 성립)$$

더 다양한 문제는 **RPM** 공통수학 2 107쪽

필수 16 **절대부등식의 증명**

a, b가 실수일 때, 다음 부등식이 성립함을 증명하시오.

(1) $(a+b)^2 \geq 4ab$

(2) $|a|+|b| \geq |a+b|$

II-3

설명

설명 부등식의 증명에 자주 이용되는 성질
$\Rightarrow$ (실수)$^2 \geq 0$, $|a|^2 = a^2$, $|ab| = |a||b|$, $|a| \geq a$

풀이 (1) $(a+b)^2 - 4ab = a^2 + 2ab + b^2 - 4ab$
$\qquad\qquad\qquad = a^2 - 2ab + b^2$
$\qquad\qquad\qquad = (a-b)^2 \geq 0$
$\qquad \therefore (a+b)^2 \geq 4ab$
여기서 등호는 $a-b=0$, 즉 $a=b$일 때 성립한다.

(2) $(|a|+|b|)^2 - |a+b|^2$
$= |a|^2 + 2|a||b| + |b|^2 - (a+b)^2$
$= a^2 + 2|ab| + b^2 - a^2 - 2ab - b^2$
$= 2(|ab| - ab)$
이때 $|ab| \geq ab$이므로 $\quad 2(|ab| - ab) \geq 0$
$\qquad \therefore (|a|+|b|)^2 \geq |a+b|^2$
그런데 $|a|+|b| \geq 0$, $|a+b| \geq 0$이므로
$\qquad |a|+|b| \geq |a+b|$
여기서 등호는 $|ab| = ab$, 즉 $ab \geq 0$일 때 성립한다.

KEY Point

• 부등식 $A \geq B$가 성립함을 증명할 때에는
① 다항식 $\Rightarrow A - B \geq 0$임을 보인다.
② 절댓값 기호를 포함한 식 $\Rightarrow A^2 - B^2 \geq 0$임을 보인다. (단, $A \geq 0$, $B \geq 0$)
특히 등호가 있을 때에는 등호가 성립하는 경우를 분명히 밝혀야 한다.

• 정답 및 풀이 **96**쪽

 461 a, b가 실수일 때, 다음 부등식이 성립함을 증명하시오.

(1) $a^2 + b^2 + 1 \geq ab + a + b$

(2) $|a| - |b| \leq |a-b|$

462 $a > 0$, $b > 0$일 때, 부등식 $\sqrt{2(a+b)} \geq \sqrt{a} + \sqrt{b}$가 성립함을 증명하시오.

17 산술평균과 기하평균의 관계—합 또는 곱이 일정할 때

$x>0$, $y>0$일 때, 다음 물음에 답하시오.

(1) $2x+3y=12$일 때, xy의 최댓값을 구하시오.

(2) $xy=8$일 때, $x+2y$의 최솟값을 구하시오.

설명 두 양수의 합의 최솟값 또는 곱의 최댓값을 구할 때에는 산술평균과 기하평균의 관계를 이용한다.

풀이 (1) $2x>0$, $3y>0$이므로 산술평균과 기하평균의 관계에 의하여
$$2x+3y\geq 2\sqrt{2x\times 3y}=2\sqrt{6xy}$$
그런데 $2x+3y=12$이므로
$$12\geq 2\sqrt{6xy} \qquad \therefore 6\geq \sqrt{6xy}\ (\text{단, 등호는 } 2x=3y\text{일 때 성립})$$
양변을 제곱하면
$$36\geq 6xy \qquad \therefore xy\leq 6$$
따라서 xy의 최댓값은 **6**이다.

(2) $x>0$, $2y>0$이므로 산술평균과 기하평균의 관계에 의하여
$$x+2y\geq 2\sqrt{x\times 2y}=2\sqrt{2xy}$$
그런데 $xy=8$이므로
$$x+2y\geq 2\sqrt{2\times 8}=8\ (\text{단, 등호는 } x=2y\text{일 때 성립})$$
따라서 $x+2y$의 최솟값은 **8**이다.

KEY Point

● 산술평균과 기하평균의 관계

⇨ $a>0$, $b>0$일 때, $\dfrac{a+b}{2}\geq \sqrt{ab}$ (단, 등호는 $a=b$일 때 성립)

● 정답 및 풀이 **96쪽**

 463 양수 a, b에 대하여 $ab=3$일 때, $3a+4b$의 최솟값을 m, 그때의 a, b의 값을 각각 α, β라 하자. 이때 $m+\alpha+\beta$의 값을 구하시오.

464 양수 a, b에 대하여 $9a^2+b^2=36$일 때, ab의 최댓값을 구하시오.

465 $x>0$, $y>0$이고 $3x+y=6$일 때, $\dfrac{1}{x}+\dfrac{3}{y}$의 최솟값을 구하시오.

● 더 다양한 문제는 **RPM** 공통수학 2 108쪽

필수 18 산술평균과 기하평균의 관계 – 식을 전개하는 경우

$a>0$, $b>0$일 때, $\left(a+\dfrac{1}{b}\right)\left(b+\dfrac{4}{a}\right)$의 최솟값을 구하시오.

설명 주어진 식을 전개한 후 산술평균과 기하평균의 관계를 이용한다.

풀이 $\left(a+\dfrac{1}{b}\right)\left(b+\dfrac{4}{a}\right)=ab+4+1+\dfrac{4}{ab}=ab+\dfrac{4}{ab}+5$

$ab>0$, $\dfrac{4}{ab}>0$이므로 산술평균과 기하평균의 관계에 의하여

$$ab+\dfrac{4}{ab}+5\geq 2\sqrt{ab\times\dfrac{4}{ab}}+5=2\times 2+5=9\left(\text{단, 등호는 } ab=\dfrac{4}{ab}, \text{ 즉 } ab=2\text{일 때 성립}\right)$$

따라서 구하는 최솟값은 **9**이다.

주의 $a+\dfrac{1}{b}\geq 2\sqrt{\dfrac{a}{b}}$ ······ ㉠, $\quad b+\dfrac{4}{a}\geq 2\sqrt{\dfrac{4b}{a}}$ ······ ㉡

㉠, ㉡을 변끼리 곱하면

$$\left(a+\dfrac{1}{b}\right)\left(b+\dfrac{4}{a}\right)\geq 2\sqrt{\dfrac{a}{b}}\times 2\sqrt{\dfrac{4b}{a}}=4\sqrt{\dfrac{4ab}{ab}}=8$$

이므로 주어진 식의 최솟값을 8이라 하면 안 된다. 왜냐하면 ㉠에서 등호는 $a=\dfrac{1}{b}$, 즉 $ab=1$일 때 성립하고 ㉡에서 등호는 $b=\dfrac{4}{a}$, 즉 $ab=4$일 때 성립하므로 ㉠, ㉡의 등호가 동시에 성립하지 않기 때문이다.

● 더 다양한 문제는 **RPM** 공통수학 2 108쪽

필수 19 산술평균과 기하평균의 관계 – 식을 변형하는 경우

$x>1$일 때, $4x+\dfrac{1}{x-1}$의 최솟값을 구하시오.

설명 $f(x)+\dfrac{1}{f(x)}$ $(f(x)>0)$의 꼴을 포함하도록 식을 변형한 후 산술평균과 기하평균의 관계를 이용한다.

풀이 $4x+\dfrac{1}{x-1}=4(x-1)+\dfrac{1}{x-1}+4$

$x>1$에서 $x-1>0$이므로 산술평균과 기하평균의 관계에 의하여

$$4(x-1)+\dfrac{1}{x-1}+4\geq 2\sqrt{4(x-1)\times\dfrac{1}{x-1}}+4=2\times 2+4=8$$
$$\left(\text{단, 등호는 } 4(x-1)=\dfrac{1}{x-1}, \text{ 즉 } x=\dfrac{3}{2}\text{일 때 성립}\right)$$

따라서 구하는 최솟값은 **8**이다.

● 정답 및 풀이 **97**쪽

466 $a>0$, $b>0$일 때, $(3a+4b)\left(\dfrac{3}{a}+\dfrac{1}{b}\right)$의 최솟값을 구하시오.

467 $x>-2$일 때, $3x+5+\dfrac{3}{x+2}$의 최솟값을 구하시오.

발전 20 산술평균과 기하평균의 관계의 활용

오른쪽 그림과 같이 수직인 두 벽면 사이를 길이가 20 m인 철망으로 막은 삼각형 모양의 닭장이 있다. 이 닭장의 바닥의 넓이의 최댓값을 구하시오. (단, 철망의 두께는 무시한다.)

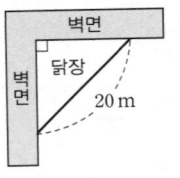

풀이 닭장에서 직각을 낀 두 변의 길이를 각각 x m, y m라 하면

$$x^2 + y^2 = 20^2 = 400$$

$x^2 > 0$, $y^2 > 0$이므로 산술평균과 기하평균의 관계에 의하여

$$x^2 + y^2 \geq 2\sqrt{x^2 \times y^2} = 2xy \; (\because \; x > 0, \; y > 0)$$

그런데 $x^2 + y^2 = 400$이므로 $400 \geq 2xy$

$$\therefore \; xy \leq 200 \; (\text{단, 등호는 } x = y \text{일 때 성립})$$

이때 닭장의 바닥의 넓이는 $\dfrac{1}{2}xy$ m²이므로

$$\frac{1}{2}xy \leq \frac{1}{2} \times 200 = 100$$

따라서 닭장의 바닥의 넓이의 최댓값은 **100 m²**이다.

KEY Point

● 두 양수의 합의 최솟값 또는 곱의 최댓값
  ⇨ 산술평균과 기하평균의 관계를 이용

● 정답 및 풀이 **97**쪽

468 길이가 40 cm인 철사를 모두 사용하여 오른쪽 그림과 같이 합동인 네 개의 작은 직사각형으로 이루어진 구역을 만들려고 한다. 이때 구역 전체 테두리인 바깥쪽 직사각형의 넓이의 최댓값과 그때의 가로의 길이를 구하시오. (단, 철사의 굵기는 무시한다.)

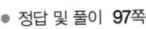

469 오른쪽 그림과 같이 반지름의 길이가 $2\sqrt{3}$인 반원 O에 내접하는 직사각형 ABCD의 넓이가 최대일 때, 이 직사각형의 둘레의 길이를 구하시오.

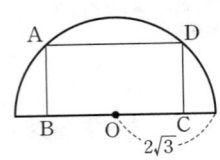

● 더 다양한 문제는 **RPM** 공통수학 2 109쪽

필수 21 코시-슈바르츠의 부등식

x, y가 실수일 때, 다음 물음에 답하시오.

(1) $x^2+y^2=4$일 때, $4x+3y$의 최댓값을 구하시오.

(2) $5x+12y=13$일 때, x^2+y^2의 최솟값을 구하시오.

설명 a, b, x, y가 실수일 때, $ax+by$, x^2+y^2의 최대·최소는 코시-슈바르츠의 부등식을 이용하여 구한다.

풀이 (1) x, y가 실수이므로 코시-슈바르츠의 부등식에 의하여

$$(4^2+3^2)(x^2+y^2) \geq (4x+3y)^2$$

그런데 $x^2+y^2=4$이므로　　$25 \times 4 \geq (4x+3y)^2$

$\therefore -10 \leq 4x+3y \leq 10$ (단, 등호는 $4y=3x$일 때 성립)

따라서 $4x+3y$의 최댓값은 **10**이다.

(2) x, y가 실수이므로 코시-슈바르츠의 부등식에 의하여

$$(5^2+12^2)(x^2+y^2) \geq (5x+12y)^2$$

그런데 $5x+12y=13$이므로　　$13^2(x^2+y^2) \geq 13^2$

$\therefore x^2+y^2 \geq 1$ (단, 등호는 $5y=12x$일 때 성립)

따라서 x^2+y^2의 최솟값은 **1**이다.

KEY Point

● 코시-슈바르츠의 부등식

⇨ a, b, x, y가 실수일 때, $(a^2+b^2)(x^2+y^2) \geq (ax+by)^2$ (단, 등호는 $ay=bx$일 때 성립)

● 정답 및 풀이 **97**쪽

확인 체크

470 a, b가 실수일 때, 다음 물음에 답하시오.

(1) $a^2+b^2=10$일 때, $2a+4b$의 최댓값을 구하시오.

(2) $2a+5b=29$일 때, a^2+b^2의 최솟값을 구하시오.

471 오른쪽 그림과 같이 반지름의 길이가 2인 원에 내접하는 직사각형이 있다. 이 직사각형의 둘레의 길이의 최댓값을 구하시오.

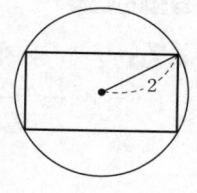

STEP 1

472 다음은 명제 '자연수 m, n에 대하여 m^2+n^2이 홀수이면 mn은 짝수이다.'가 참임을 증명하는 과정이다.

> **증명**
>
> mn이 [⑦] 라 가정하면 m, n은 모두 [⑭] 이어야 하므로
> $m=2k-1$, $n=2l-1$ (k, l은 자연수)로 나타낼 수 있다. 이때
> $$m^2+n^2=(2k-1)^2+(2l-1)^2=2(2k^2-2k+2l^2-2l+1)$$
> 이므로 m^2+n^2은 [⑭] 이다.
> 그런데 이것은 m^2+n^2이 [⑭] 라는 가정에 모순이다.
> 따라서 자연수 m, n에 대하여 m^2+n^2이 홀수이면 mn은 짝수이다.

위의 과정에서 ⑦ ~ ⑭에 알맞은 것을 구하시오.

귀류법을 이용한 증명
⇨ 결론을 부정하면 모순이 생기는 것을 보여서 명제가 참임을 증명

473 실수 a, b, c에 대하여 보기에서 옳은 것만을 있는 대로 고르시오.

> **보기**
>
> ㄱ. $\sqrt{a}-\sqrt{b}>\sqrt{a-b}$ (단, $a>b>0$)
> ㄴ. $a^3+b^3+c^3\geq 3abc$ (단, a, b, c는 양수이다.)
> ㄷ. $|a|+|b|\geq|a-b|$

부등식의 증명에 이용되는 성질
⇨ (실수)$^2\geq 0$, $|a|\geq a$

474 양수 x, y에 대하여 $2x+5y=10$일 때, xy의 최댓값을 a, 그때의 x, y의 값을 각각 b, c라 하자. 이때 $a+b+c$의 값을 구하시오.

$a>0$, $b>0$일 때,
$$\frac{a+b}{2}\geq\sqrt{ab}$$
(단, 등호는 $a=b$일 때 성립)

교육청 기출
475 $\angle C=90°$인 직각삼각형 ABC에 대하여 삼각형 ABC의 넓이가 16일 때, $\overline{AB}^2$의 최솟값은?

① 48   ② 56   ③ 64   ④ 72   ⑤ 80

STEP 2

476 명제 '세 자연수 a, b, c에 대하여 $a^2+b^2=c^2$이면 a, b, c 중 적어도 하나는 짝수이다.'를 대우를 이용하여 증명하시오.

477 $x>0$, $y>0$이고 $3x+2y=16$일 때, $\sqrt{3x}+\sqrt{2y}$의 최댓값을 구하시오.

생각해 봅시다!

$(\sqrt{3x}+\sqrt{2y})^2$의 최댓값을 구한다.

478 $a>0$, $b>0$, $c>0$일 때, $\left(1+\dfrac{2b}{a}\right)\left(1+\dfrac{c}{b}\right)\left(1+\dfrac{a}{2c}\right)$의 최솟값을 구하시오.

479 이차방정식 $x^2-2x+a=0$이 허근을 가질 때, $a+\dfrac{4}{a-1}$의 최솟값을 m, 그때의 실수 a의 값을 n이라 하자. 이때 $m+n$의 값을 구하시오.

이차방정식이 허근을 가지려 면 （판별식)＜0

실력 UP⁺

480 $a>0$, $b>0$일 때, $\left(4-\dfrac{9b}{a}\right)\left(1-\dfrac{a}{b}\right)\leq m$이 항상 성립하도록 하는 실수 m의 값의 범위를 구하시오.

$f(x)\leq k$가 항상 성립 ⇨ （$f(x)$의 최댓값)$\leq k$

교육청 기출

481 두 양수 a, b에 대하여 좌표평면 위의 점 $\mathrm{P}(a,\ b)$를 지나고 직선 OP 에 수직인 직선이 y축과 만나는 점을 Q라 하자. 점 $\mathrm{R}\left(-\dfrac{1}{a},\ 0\right)$에 대 하여 삼각형 OQR의 넓이의 최솟값은? (단, O는 원점이다.)

① $\dfrac{1}{2}$ ② 1 ③ $\dfrac{3}{2}$ ④ 2 ⑤ $\dfrac{5}{2}$

공감 한 스푼

괜찮아
항상 말하잖아
걱정하지마
넌 지금
잘하고 있어
힘내

III / 함수

이 단원에서는

중학교에서 학습한 함수를 집합을 이용하여 새롭게 정의합니다. 또 다양한 종류의 함수
와 합성함수, 역함수의 정의 및 그 성질에 대하여 학습합니다.

01 함수

개념원리 이해

1 대응

공집합이 아닌 두 집합 X, Y에 대하여 X의 원소에 Y의 원소를 짝 지어 주는 것을 집합 X에서 집합 Y로의 **대응**이라 한다.
이때 집합 X의 원소 x에 집합 Y의 원소 y가 짝 지어지면 x에 y가 대응한다 하며, 기호로
$$x \longrightarrow y$$
와 같이 나타낸다.

보기 ▶ 두 집합 $X=\{$한국, 일본, 프랑스, 영국$\}$, $Y=\{$도쿄, 서울, 런던, 파리$\}$에 대하여 X의 원소인 나라에 Y의 원소인 수도를 대응시키면 오른쪽 그림과 같다.

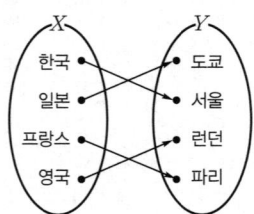

2 함수 🔗 필수 01

두 집합 X, Y에 대하여 **X의 각 원소에 Y의 원소가 오직 하나씩 대응**할 때, 이 대응을 X에서 Y로의 **함수**라 한다. 이 함수를 f라 할 때, 기호로
$$f : X \longrightarrow Y$$
와 같이 나타낸다.

▶ ① 함수를 영어로 function이라 하고, 일반적으로 알파벳 소문자 f, g, h, …로 나타낸다.
② 'X의 각 원소에'라는 말은 'X의 원소가 하나도 빠지지 않고 모두'라는 뜻이고,
'Y의 원소가 오직 하나씩'이라는 말은 'X의 원소 하나에 Y의 원소가 두 개 이상 대응해서는 안 된다.'라는 뜻이다.

설명 ▶ 다음의 경우는 함수가 아니다.
① 집합 X의 원소 중에서 대응하지 않고 남아 있는 원소가 있는 경우 ⇨ [그림 2]
② 집합 X의 한 원소에 집합 Y의 원소가 두 개 이상 대응하는 경우 ⇨ [그림 3]

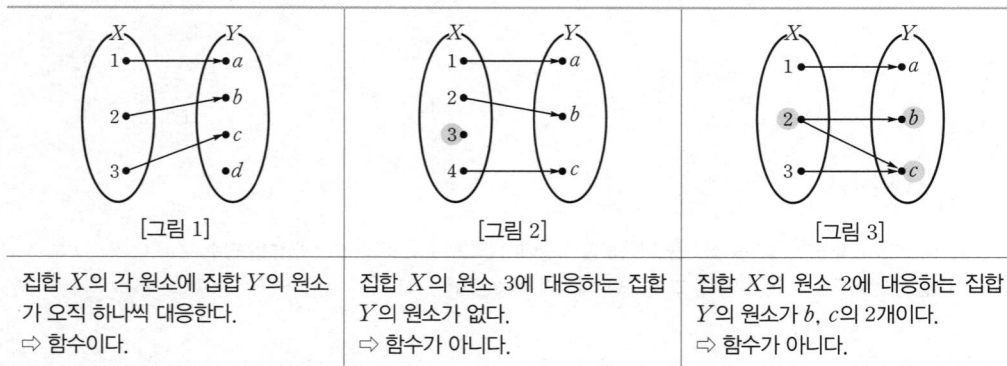

[그림 1]	[그림 2]	[그림 3]
집합 X의 각 원소에 집합 Y의 원소가 오직 하나씩 대응한다. ⇨ 함수이다.	집합 X의 원소 3에 대응하는 집합 Y의 원소가 없다. ⇨ 함수가 아니다.	집합 X의 원소 2에 대응하는 집합 Y의 원소가 b, c의 2개이다. ⇨ 함수가 아니다.

3 **정의역, 공역, 치역**   ⊙ 필수 02, 03

(1) **정의역과 공역**

집합 X에서 집합 Y로의 함수 f, 즉 $f : X \longrightarrow Y$에서 집합 X를 함수 f의 **정의역**, 집합 Y를 함수 f의 **공역**이라 한다.

(2) **치역**

함수 $f : X \longrightarrow Y$에서 정의역 X의 원소 x에 공역 Y의 원소 y가 대응할 때, 이것을 기호로 $y = f(x)$와 같이 나타내고 $f(x)$를 x에서의 **함숫값**이라 한다.

이때 함수 f에서 함숫값 전체의 집합 $\{f(x) \,|\, x \in X\}$를 함수 f의 **치역**이라 한다.

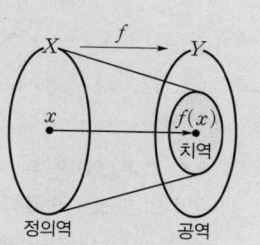

> ① 함수 $y = f(x)$의 정의역이나 공역이 주어져 있지 않은 경우, 정의역은 함수 f가 정의되는 실수 x의 값 전체의 집합으로, 공역은 실수 전체의 집합으로 생각한다.
> ② 치역은 공역의 부분집합이다. 즉 (치역) ⊂ (공역)이다.

보기 ▶ 오른쪽 그림에서 집합 X의 각 원소에 집합 Y의 원소가 오직 하나씩 대응하므로 이 대응은 함수이다.

이 함수 $f : X \longrightarrow Y$에서

① 정의역: $\{1, 2, 3\}$

② 공역: $\{a, b, c, d\}$

③ 치역: $\{a, b, c\}$

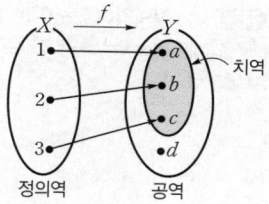

4 **서로 같은 함수**   ⊙ 필수 04

두 함수 f와 g가 다음 조건을 만족시킬 때, 두 함수 f와 g는 **서로 같다**고 하고 기호로 $f = g$와 같이 나타낸다.

(i) 정의역과 공역이 각각 같다.

(ii) 정의역의 모든 원소 x에 대하여 $f(x) = g(x)$이다.   ◀── 함숫값이 같다.

> 두 함수 f와 g가 서로 같지 않을 때에는 기호로 $f \neq g$와 같이 나타낸다.

보기 ▶ 두 함수 $f(x) = x$, $g(x) = x^3$에 대하여

정의역이 $\{-1, 1\}$인 경우에는

$$f(-1) = g(-1) = -1, \ f(1) = g(1) = 1$$

이므로 두 함수 f와 g는 서로 같다. 즉 $f = g$이다.

또 정의역이 $\{-2, 2\}$인 경우에는

$$f(-2) \neq g(-2), \ f(2) \neq g(2)$$

이므로 두 함수 f와 g는 서로 같지 않다. 즉 $f \neq g$이다.

5 함수의 그래프   필수 05

(1) 함수 $f : X \longrightarrow Y$에서 정의역 X의 원소 x와 이에 대응하는 함숫값 $f(x)$의 순서쌍 $(x, f(x))$ 전체의 집합 $\{(x, f(x)) \,|\, x \in X\}$를 **함수 f의 그래프**라 한다.

(2) 함수 $y = f(x)$의 정의역과 공역의 원소가 모두 실수일 때, 함수 f의 그래프는 순서쌍 $(x, f(x))$를 좌표로 하는 점을 좌표평면에 나타내어 그릴 수 있다.

(3) **함수의 그래프의 특징**

함수의 그래프는 정의역의 각 원소 a에 대하여 **직선 $x=a$와 오직 한 점**에서 만난다.
y축에 평행한 직선

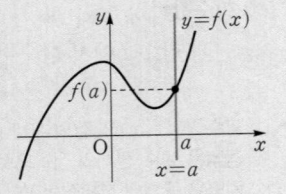

설명 (2) 정의역이 $\{-1, 0, 1\}$인 함수 $f(x) = x^2$의 그래프는 [그림 1]과 같고, 정의역이 실수 전체의 집합인 함수 $g(x) = x^2$의 그래프는 [그림 2]와 같다.

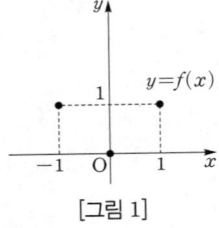

[그림 1]

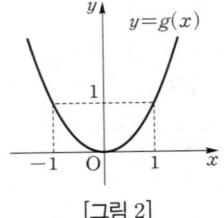

[그림 2]

(3) 함수의 정의에 의하여 정의역의 각 원소에 공역의 원소가 오직 하나씩 대응해야 하므로 함수의 그래프는 정의역의 각 원소 a에 대하여 y축에 평행한 직선(x축에 수직인 직선) $x=a$와 오직 한 점에서 만나야 한다.
따라서 어떤 그래프가 정의역의 원소 a에 대하여 직선 $x=a$와 만나지 않거나 두 점 이상에서 만나면 그 그래프는 함수의 그래프가 될 수 없다.

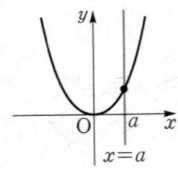	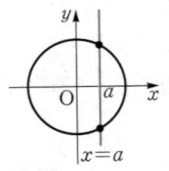
직선 $x=a$와 주어진 그래프의 교점이 1개이다. ⇨ 함수의 그래프이다.	직선 $x=a$와 주어진 그래프의 교점이 2개이다. ⇨ 함수의 그래프가 아니다.

482 다음 대응 중에서 집합 X에서 집합 Y로의 함수인 것을 모두 찾고, 함수인 경우 정의역, 공역, 치역을 구하시오.

(1)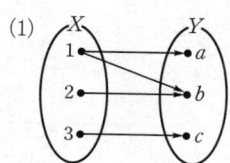

(2)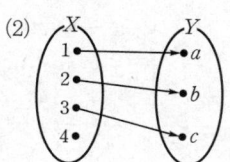

(3)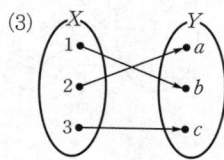

(4)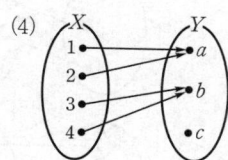

483 두 집합 $X=\{-1,\ 0,\ 1\}$, $Y=\{-2,\ -1,\ 0,\ 1,\ 2,\ 3\}$에 대하여 함수 $f : X \longrightarrow Y$가 다음과 같을 때, 함수 f의 치역을 구하시오.

(1) $f(x)=-x+1$

(2) $f(x)=x^3+x+1$

(3) $f(x)=|x|-1$

484 집합 $X=\{-1,\ 1\}$을 정의역으로 하는 두 함수 f, g에 대하여 두 함수가 서로 같은 것만을 보기에서 있는 대로 고르시오.

> **보기**
>
> ㄱ. $f(x)=x+1$, $g(x)=x-1$
> ㄴ. $f(x)=|x|$, $g(x)=x$
> ㄷ. $f(x)=x^3$, $g(x)=\dfrac{1}{x}$

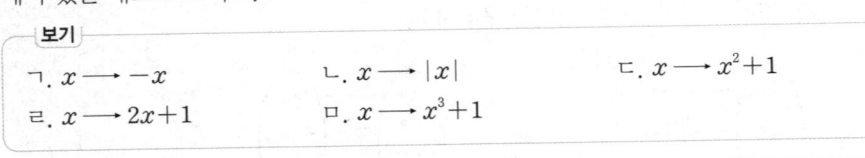

필수 01 **함수의 뜻**

두 집합 $X=\{-1,\ 0,\ 1\}$, $Y=\{0,\ 1,\ 2\}$에 대하여 X에서 Y로의 함수인 것만을 보기에서 있는 대로 고르시오.

> **보기**
>
> ㄱ. $x \longrightarrow -x$ ㄴ. $x \longrightarrow |x|$ ㄷ. $x \longrightarrow x^2+1$
>
> ㄹ. $x \longrightarrow 2x+1$ ㅁ. $x \longrightarrow x^3+1$

풀이

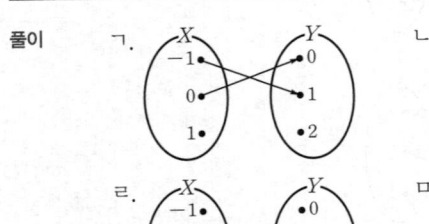 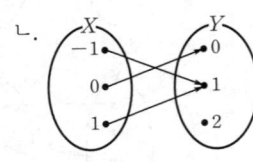 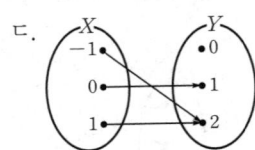

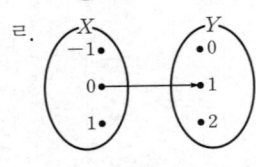 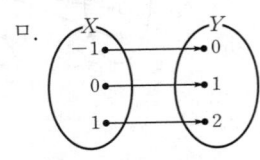

ㄱ. 집합 X의 원소 1에 대응하는 집합 Y의 원소가 없으므로 함수가 아니다.

ㄹ. 집합 X의 원소 -1, 1에 대응하는 집합 Y의 원소가 없으므로 함수가 아니다.

이상에서 함수인 것은 ㄴ, ㄷ, ㅁ이다.

 KEY Point

• 두 집합 X, Y에 대하여 X의 각 원소에 Y의 원소가 오직 하나씩 대응할 때, 이 대응을 X에서 Y로의 함수라 한다.

● 정답 및 풀이 **101**쪽

 485 두 집합 $X=\{0,\ 1,\ 2\}$, $Y=\{0,\ 1,\ 2,\ 3\}$에 대하여 X에서 Y로의 함수인 것만을 보기에서 있는 대로 고르시오.

> **보기**
>
> ㄱ. $f(x)=3-x$ ㄴ. $g(x)=|x-1|$ ㄷ. $h(x)=x^2$

486 집합 $X=\{-1,\ 0,\ 1\}$에 대하여 다음 대응 중 X에서 X로의 함수가 <u>아닌</u> 것은?

① $x \longrightarrow x$ ② $x \longrightarrow |x|+1$ ③ $x \longrightarrow x^2-|x|+1$

④ $x \longrightarrow -x^2+1$ ⑤ $x \longrightarrow x^3$

필수 02 **함숫값**

실수 전체의 집합에서 정의된 함수 f가 $f(x) = \begin{cases} x-2 & (x\text{는 유리수}) \\ -x & (x\text{는 무리수}) \end{cases}$ 일 때,

$f(3) - f(\sqrt{3}-1)$의 값을 구하시오.

풀이

3은 유리수이므로 $f(3) = 3-2 = 1$

$\sqrt{3}-1$은 무리수이므로 $f(\sqrt{3}-1) = -(\sqrt{3}-1) = 1-\sqrt{3}$

$\therefore f(3) - f(\sqrt{3}-1) = 1-(1-\sqrt{3}) = \boldsymbol{\sqrt{3}}$

필수 03 **함수의 치역**

집합 $X = \{1, 2, 3, 4, 5, 6\}$을 정의역으로 하는 함수 f가

$$f(x) = \begin{cases} 2x-1 & (x\text{는 홀수}) \\ -x+2 & (x\text{는 짝수}) \end{cases}$$

일 때, 함수 f의 치역을 구하시오.

풀이

(i) x가 홀수, 즉 $x=1, 3, 5$일 때

$f(x) = 2x-1$이므로

$f(1) = 2-1 = 1, \ f(3) = 6-1 = 5, \ f(5) = 10-1 = 9$

(ii) x가 짝수, 즉 $x=2, 4, 6$일 때

$f(x) = -x+2$이므로

$f(2) = -2+2 = 0, \ f(4) = -4+2 = -2, \ f(6) = -6+2 = -4$

(i), (ii)에서 함수 f의 치역은 $\boldsymbol{\{-4, -2, 0, 1, 5, 9\}}$

● 정답 및 풀이 **102쪽**

487 실수 전체의 집합에서 정의된 함수 f가 $f(x) = \begin{cases} 3x+4 & (x<0) \\ -3x+2 & (x \geq 0) \end{cases}$ 일 때,

$f(1-\sqrt{2}) + f(3-2\sqrt{2})$의 값을 구하시오.

488 집합 $X = \{x \,|\, x\text{는 } |x| \leq 2\text{인 정수}\}$를 정의역으로 하는 함수 f가 $f(x) = |x+1|$일 때,

함수 f의 치역의 모든 원소의 합을 구하시오.

489 두 집합 $X = \{0, 1, 2, 3, 4, 5\}$, $Y = \{y \,|\, y\text{는 정수}\}$에 대하여 함수 $f : X \longrightarrow Y$를

$f(x) = (x^2\text{을 5로 나누었을 때의 나머지})$

로 정의할 때, 함수 f의 치역을 구하시오.

필수 04 서로 같은 함수

집합 $X=\{-1,\ 1\}$을 정의역으로 하는 두 함수
$$f(x)=ax+b,\ g(x)=x^3+2a$$
에 대하여 $f=g$일 때, 상수 $a,\ b$의 값을 구하시오.

풀이 $f=g$이려면 정의역의 각 원소에 대하여 함숫값이 서로 같아야 한다.

$f(-1)=g(-1)$에서
$$-a+b=-1+2a \qquad \therefore 3a-b=1 \qquad \cdots\cdots \ \bigcirc$$
$f(1)=g(1)$에서
$$a+b=1+2a \qquad \therefore a-b=-1 \qquad \cdots\cdots \ \bigcirc$$
$\bigcirc$, $\bigcirc$을 연립하여 풀면
$$a=1,\ b=2$$

> **KEY Point**
> • 두 함수 f와 g에 대하여 $f=g$이면
> ① 정의역과 공역이 각각 같다.
> ② 정의역의 모든 원소에 대하여 함숫값이 서로 같다.

● 정답 및 풀이 **102쪽**

490 집합 $X=\{-1,\ 0,\ 1\}$을 정의역으로 하는 함수 f가 $f(x)=x$일 때, 함수 f와 서로 같은 함수인 것만을 보기에서 있는 대로 고르시오. (단, 함수 $g,\ h,\ p$의 정의역은 X이다.)

> **보기**
> ㄱ. $g(x)=x^3$ ㄴ. $h(x)=x^2$ ㄷ. $p(x)=\sqrt{x^2}$

491 집합 $X=\{0,\ 1\}$을 정의역으로 하는 두 함수 $f(x)=2x^2+ax-3,\ g(x)=x+b$에 대하여 $f=g$가 성립할 때, ab의 값을 구하시오. (단, $a,\ b$는 상수이다.)

492 공집합이 아닌 집합 X를 정의역으로 하는 두 함수 $f(x)=x^3+3x,\ g(x)=6x^2-8x+6$에 대하여 $f=g$를 만족시키는 집합 X를 모두 구하시오.

필수 05 **함수의 그래프**

보기에서 실수 전체의 집합에서 정의된 함수의 그래프인 것만을 있는 대로 고르시오.

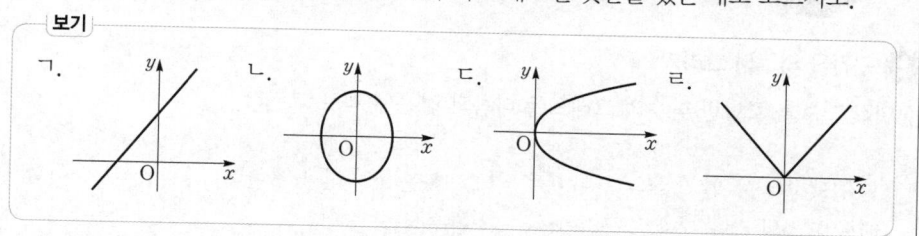

보기

설명 두 집합 X, Y에 대하여 X의 각 원소에 Y의 원소가 오직 하나씩 대응할 때, 이 대응을 X에서 Y로의 함수라 한다. 따라서 정의역의 각 원소 a에 대하여 y축에 평행한 직선 $x=a$를 그렸을 때, 그래프와 직선이 오직 한 점에서 만나면 함수의 그래프이다.

풀이

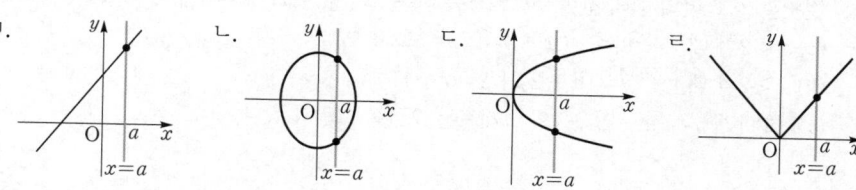

ㄱ, ㄹ. 실수 a에 대하여 직선 $x=a$와 오직 한 점에서 만나므로 함수의 그래프이다.

ㄴ, ㄷ. 실수 a에 대하여 직선 $x=a$와 만나지 않거나 2개의 점에서 만나기도 하므로 함수의 그래프가 아니다.

이상에서 함수의 그래프인 것은 ㄱ, ㄹ이다.

KEY Point

• 정의역의 각 원소 a에 대하여 그래프와 직선 $x=a$가 오직 한 점에서 만난다.
⇨ 함수의 그래프

● 정답 및 풀이 **102쪽**

493 보기에서 실수 전체의 집합에서 정의된 함수의 그래프인 것만을 있는 대로 고르시오.

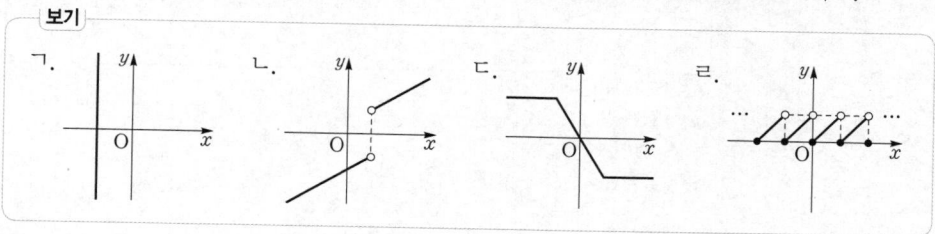

보기

 **특강** # 절댓값 기호를 포함한 함수의 그래프

① 구간을 나누어 그리기

절댓값 기호를 포함한 함수의 그래프는 다음과 같은 순서로 그린다.

> (i) 절댓값 기호 안의 식의 값이 0이 되도록 하는 x의 값을 구한다.
> (ii) 구한 x의 값을 경계로 구간을 나누어 함수식을 구한다.
> (iii) 각 구간에서 (ii)에서 구한 함수의 그래프를 그린다.

보기 ▶ $y=|x-2|+1$의 그래프를 그려 보자.

절댓값 기호 안의 식의 값이 0이 되도록 하는 x의 값은 $x-2=0$에서 $x=2$

(i) $x<2$일 때, $y=-(x-2)+1=-x+3$

(ii) $x\geq2$일 때, $y=(x-2)+1=x-1$

(i), (ii)에서 $y=|x-2|+1$의 그래프는 오른쪽 그림과 같다.

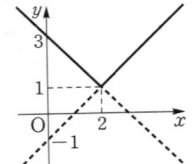

② 대칭이동을 이용하여 그리기

$y=|f(x)|$와 $y=f(|x|)$의 그래프는 $y=f(x)$의 그래프의 대칭이동을 이용하여 그릴 수 있다.

$y=|f(x)|$	$y=f(x)$의 그래프를 그리고 $y<0$인 부분을 x축에 대하여 대칭이동한다. ⇨ (x축의 윗부분)+(x축의 아랫부분을 x축에 대하여 대칭이동한 부분) $y=|x-3|$의 그래프 ⇨
$y=f(|x|)$	$x\geq0$에서 $y=f(x)$의 그래프를 그리고 $x<0$인 부분은 $x\geq0$인 부분의 그래프를 y축에 대하여 대칭이동한다. ⇨ (y축의 오른쪽 부분)+(y축의 오른쪽 부분을 y축에 대하여 대칭이동한 부분) $y=|x|-3$의 그래프 ⇨

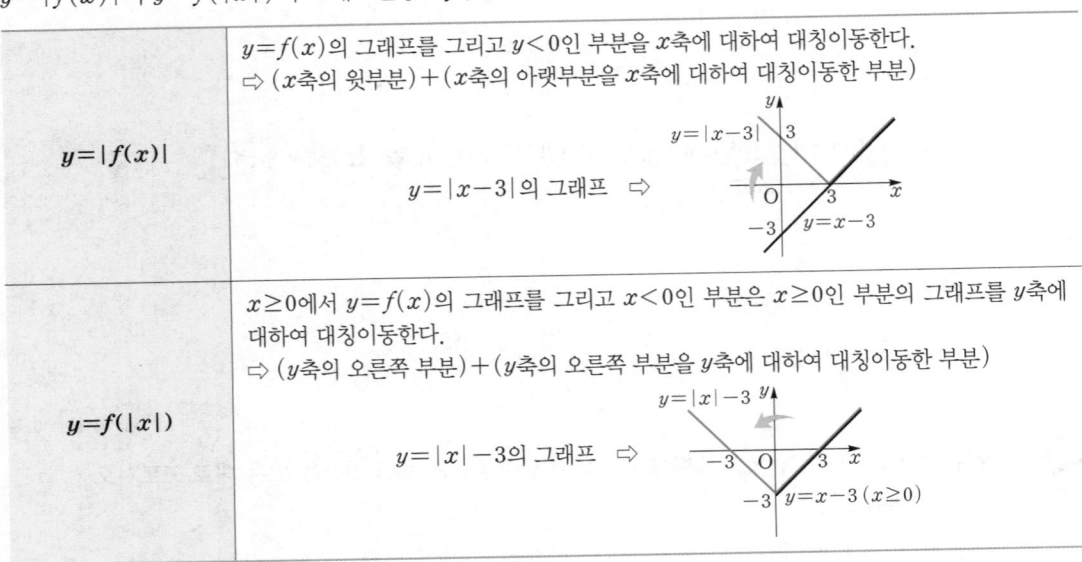

생각해 봅시다! 💡

STEP 1

494 두 집합 $X=\{-2, -1, 0\}$, $Y=\{0, 1, 2, 3\}$에 대하여 다음 대응 중 X에서 Y로의 함수가 <u>아닌</u> 것을 모두 고르면? (정답 2개)

① $x \longrightarrow 2-|x|$ ② $x \longrightarrow x+3$ ③ $x \longrightarrow x^3-3x$

④ $x \longrightarrow x^2+x+1$ ⑤ $x \longrightarrow \begin{cases} x-1 & (x \geq 0) \\ -x-1 & (x < 0) \end{cases}$

대응 관계를 그림으로 나타내어 본다.

495 실수 전체의 집합에서 정의된 함수 f가

$$f(x)=\begin{cases} -2x & (x는 유리수) \\ x-3 & (x는 무리수) \end{cases}$$

일 때, $f(2)+\sqrt{3}f(\sqrt{3}+2)$의 값을 구하시오.

496 두 집합 $X=\{15, 16, 17, 18, 19\}$, $Y=\{y \mid y$는 자연수$\}$에 대하여 X에서 Y로의 함수 f를 $f(x)=(x$의 양의 약수의 개수$)$로 정의할 때, 함수 f의 치역의 모든 원소의 합을 구하시오.

497 집합 $X=\{1, 3\}$을 정의역으로 하는 두 함수

$$f(x)=x^2+7ax+2b, g(x)=3ax+b$$

가 서로 같을 때, 함수 g의 치역을 구하시오. (단, a, b는 상수이다.)

498 다음 중 실수 전체의 집합에서 정의된 함수의 그래프가 <u>아닌</u> 것은?

① 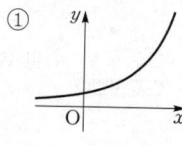   ② 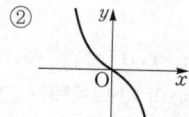   ③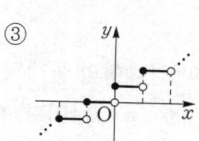

④ 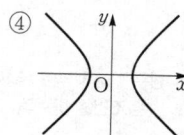   ⑤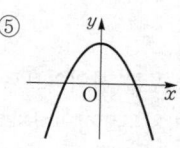

실수 a에 대하여 직선 $x=a$를 그려 본다.

연습 문제

STEP 2

생각해 봅시다!

499 두 집합 $X=\{-1,\,0,\,1\}$, $Y=\{1,\,2,\,3\}$에 대하여
$f(x)=ax^2+(a+1)x+2$가 X에서 Y로의 함수가 되도록 하는 모든 상수 a의 값의 합을 구하시오.

500 실수 전체의 집합에서 정의된 함수 f가
$$f(x)=\begin{cases} |x|+2 & (x<0) \\ x^2-3x-2 & (x\geq 0) \end{cases}$$
일 때, $f(a)=8$을 만족시키는 모든 실수 a의 값의 곱을 구하시오.

501 임의의 실수 a, b에 대하여 함수 f가 $f(a+b)=f(a)+f(b)+4$를 만족시킬 때, $f(4)+f(-4)$의 값을 구하시오.

a, b에 적당한 수를 대입해 본다.

502 집합 $X=\{-2,\,0,\,a\}$를 정의역으로 하는 두 함수
$$f(x)=x^2+2x,\ g(x)=x^3+bx$$
에 대하여 $f=g$일 때, 상수 a, b의 값을 구하시오. (단, $a\neq -2$, $a\neq 0$)

실력 UP⁺

503 양의 실수 전체의 집합에서 정의된 함수 $f(x)$가 다음 조건을 만족시킬 때, $f(2025)$의 값을 구하시오.

> ㈎ 모든 양의 실수 x에 대하여 $f(4x)=4f(x)$이다.
> ㈏ $f(x)=|3-x|-1\ (1\leq x<4)$

504 세 변의 길이가 a, 6, 10인 삼각형의 둘레의 길이를 $f(a)$라 할 때, 함수 $y=f(a)$의 치역은 $\{y\,|\,p<y<q\}$이다. 이때 pq의 값을 구하시오.

함수 $y=f(a)$의 정의역을 먼저 구한다.

505 집합 $A=\{x\,|\,x$는 30 이하의 자연수$\}$의 부분집합 X를 정의역으로 하는 함수 f를 $f(x)=(x$를 4로 나누었을 때의 나머지$)$로 정의하자. 함수 f의 치역이 $\{3\}$이 되도록 하는 정의역 X의 개수를 구하시오.

함수 f의 치역이 $\{3\}$이 되기 위한 조건을 찾는다.

1 일대일함수와 일대일대응   🔗 필수 06, 07

(1) 함수 $f : X \longrightarrow Y$에서 정의역 X의 서로 다른 두 원소에 대한 함숫값이 서로 다를 때, 즉 정의역 X의 임의의 두 원소 x_1, x_2에 대하여

$$x_1 \neq x_2 \text{이면 } f(x_1) \neq f(x_2)$$

가 성립할 때, 함수 f를 **일대일함수**라 한다.

(2) 함수 $f : X \longrightarrow Y$가 **일대일함수**이고 **치역과 공역이 같을 때**, 즉

   (ⅰ) 정의역 X의 임의의 두 원소 x_1, x_2에 대하여

$$x_1 \neq x_2 \text{이면 } f(x_1) \neq f(x_2) \quad \longleftarrow \text{일대일함수}$$

   (ⅱ) $\{f(x) | x \in X\} = Y$ $\longleftarrow$ (치역)=(공역)

가 성립할 때, 함수 f를 **일대일대응**이라 한다.

▶ ① 명제 '$x_1 \neq x_2$이면 $f(x_1) \neq f(x_2)$'의 대우 '$f(x_1) = f(x_2)$이면 $x_1 = x_2$'가 성립해도 함수 f는 일대일함수이다.

② 일대일대응이면 일대일함수이지만 일대일함수라고 해서 모두 일대일대응인 것은 아니다.

설명

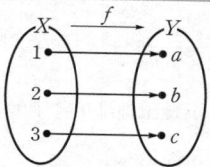	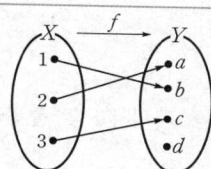	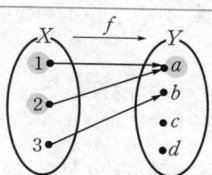
(ⅰ) 정의역의 원소 1, 2, 3의 함숫값이 각각 a, b, c로 서로 다르다. (ⅱ) (치역)=(공역) ⇨ 일대일대응이다.	(ⅰ) 정의역의 원소 1, 2, 3의 함숫값이 각각 b, a, c로 서로 다르다. (ⅱ) (치역)≠(공역) ⇨ 일대일함수이지만 일대일대응은 아니다.	정의역의 두 원소 1, 2의 함숫값이 모두 a이다. ⇨ 일대일함수가 아니므로 일대일대응도 아니다.

참고   **일대일함수와 일대일대응의 그래프의 판별**

일대일함수는 정의역의 서로 다른 두 원소에 대응하는 공역의 원소가 항상 서로 달라야 한다. 따라서 일대일함수의 그래프는 치역의 각 원소 k에 대하여 x축에 평행한 직선 $y = k$와 오직 한 점에서 만난다.

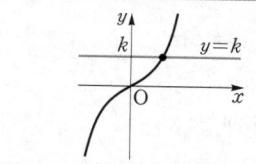	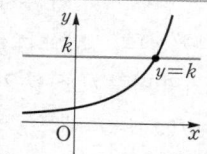	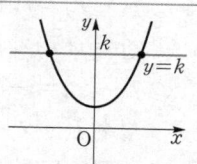
직선 $y = k$와의 교점이 1개이고 치역과 공역이 같다. ⇨ 일대일대응이다.	직선 $y = k$와의 교점이 1개이지만 치역과 공역이 같지 않다. ⇨ 일대일함수이지만 일대일대응은 아니다.	직선 $y = k$와의 교점이 2개이다. ⇨ 일대일함수가 아니므로 일대일대응도 아니다.

2 항등함수 ⟨⟩ 필수 06, 08

정의역과 공역이 같고 정의역 X의 각 원소 x에 그 자신인 x가 대응할 때, 즉

$$f : X \longrightarrow X,\ f(x)=x$$

일 때, 함수 f를 집합 X에서의 **항등함수**라 한다.

> ① 항등함수를 영어로 identity function이라 하고, 보통 I로 나타낸다. 특히 집합 X에서 정의된 항등함수를 I_X로 나타낸다.
> ② 항등함수는 일대일대응이다.

[설명] 오른쪽 그림의 함수 f는 정의역과 공역이 $\{1, 2, 3\}$으로 같고,
$$f(1)=1,\ f(2)=2,\ f(3)=3$$
이므로 정의역 X의 모든 원소 x에 대하여 $f(x)=x$가 성립한다.
이와 같은 함수 f를 항등함수라 한다.

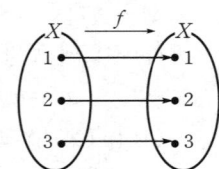

3 상수함수 ⟨⟩ 필수 06, 08

함수 $f : X \longrightarrow Y$에서 정의역 X의 모든 원소 x에 공역 Y의 단 하나의 원소가 대응할 때, 즉

$$f : X \longrightarrow Y,\ f(x)=c\ (c\text{는 상수},\ c\in Y)$$

일 때, 함수 f를 **상수함수**라 한다.

> ① 상수함수의 치역은 원소가 1개이다.
> ② 상수함수 $f(x)=c$에서 c는 공역의 어떤 원소가 아니라 상수를 나타내는 영어 constant에서 따온 것이다.

[설명] 오른쪽 그림의 함수 f에서
$$f(1)=b,\ f(2)=b,\ f(3)=b$$
이므로 정의역 X의 모든 원소 1, 2, 3에 공역 Y의 단 하나의 원소 b가 대응한다.
이와 같은 함수 f를 상수함수라 한다.

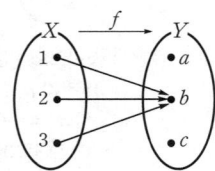

보충 학습 **우함수와 기함수**

모든 실수 x에 대하여 함수 $y=f(x)$가

① $f(-x)=f(x)$를 만족시키면 함수 $f(x)$를 **우함수**라 한다.

함수 $f(x)$가 우함수이면 $y=f(x)$의 그래프는 y**축**에 대하여 대칭이다.

② $f(-x)=-f(x)$를 만족시키면 함수 $f(x)$를 **기함수**라 한다.

함수 $f(x)$가 기함수이면 $y=f(x)$의 그래프는 **원점**에 대하여 대칭이다.

예를 들어 두 함수 $f(x)=2x^2$, $g(x)=2x$에 대하여
$$f(-x)=2\times(-x)^2=2x^2=f(x),$$
$$g(-x)=2\times(-x)=-2x=-g(x)$$
이므로 $f(x)$는 우함수, $g(x)$는 기함수이다.

필수 **06** 여러 가지 함수

보기의 함수의 그래프 중 다음에 해당하는 것만을 있는 대로 고르시오.

(단, 정의역과 공역은 모두 실수 전체의 집합이다.)

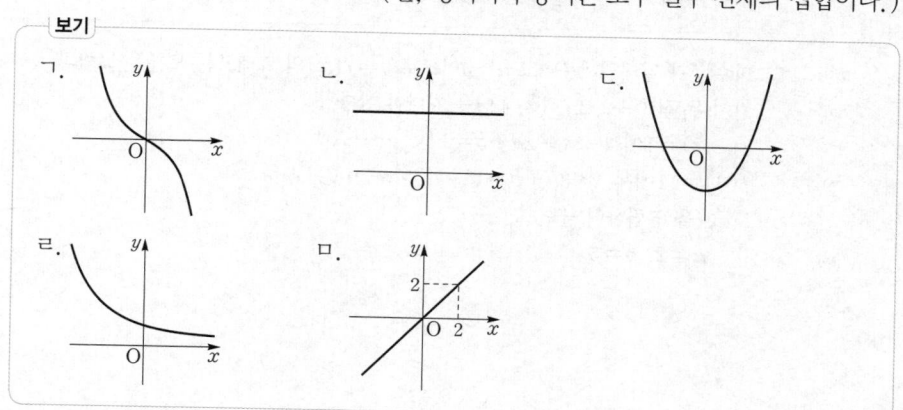

(1) 일대일함수

(2) 일대일대응

(3) 상수함수

(4) 항등함수

풀이 (1) 일대일함수의 그래프는 치역의 각 원소 k에 대하여 직선 $y=k$와 오직 한 점에서 만나므로 ㄱ, ㄹ, ㅁ이다.

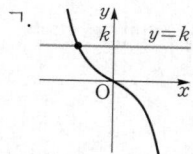 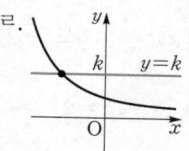 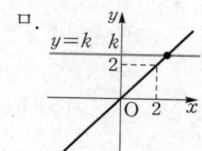

(2) 일대일대응은 일대일함수 중에서 치역과 공역이 같은 함수이므로 ㄱ, ㅁ이다.

(3) 상수함수는 치역의 원소가 1개, 즉 그 그래프가 x축에 평행한 직선이므로 ㄴ이다.

(4) 원점과 점 $(2, 2)$를 지나는 직선의 방정식은 $y=x$이므로 항등함수는 ㅁ이다.

● 정답 및 풀이 **105**쪽

**확인
체크** **506** 실수 전체의 집합에서 정의된 보기의 함수 중 다음에 해당하는 것만을 있는 대로 고르시오.

보기
ㄱ. $y=4x$ ㄴ. $y=3$ ㄷ. $y=x^2$ ㄹ. $y=x$

(1) 일대일대응   (2) 상수함수   (3) 항등함수

● 더 다양한 문제는 **RPM** 공통수학 2 122쪽

필수 07 **일대일대응이 되기 위한 조건**

두 집합 $X=\{x|-2\leq x\leq3\}$, $Y=\{y|1\leq y\leq11\}$에 대하여 X에서 Y로의 함수 $f(x)=ax+b$가 일대일대응일 때, 상수 a, b의 값을 구하시오. (단, $a>0$)

풀이 함수 f가 일대일대응이고 $a>0$이므로 $y=f(x)$의 그래프는 오른쪽 그림과 같이 두 점 $(-2, 1)$, $(3, 11)$을 지나야 한다.

$f(-2)=1$에서 $-2a+b=1$ ····· ㉠

$f(3)=11$에서 $3a+b=11$ ····· ㉡

㉠, ㉡을 연립하여 풀면

$a=2$, $b=5$

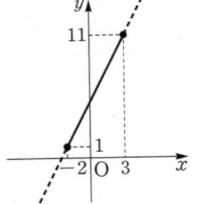

● 더 다양한 문제는 **RPM** 공통수학 2 123쪽

필수 08 **항등함수와 상수함수**

실수 전체의 집합에서 정의된 두 함수 f, g에 대하여 f는 항등함수이고, 모든 실수 x에 대하여 $g(x)=-3$일 때, $f(5)+g(-2)$의 값을 구하시오.

풀이 함수 f는 항등함수이므로 $f(5)=5$

모든 실수 x에 대하여 $g(x)=-3$이므로 함수 g는 상수함수이다.

즉 $g(-2)=-3$이므로

$f(5)+g(-2)=5+(-3)=2$

● 정답 및 풀이 **105쪽**

507 두 집합 $X=\{x|-1\leq x\leq a\}$, $Y=\{y|-1\leq y\leq7\}$에 대하여 X에서 Y로의 함수 $f(x)=-2x+b$가 일대일대응일 때, 상수 a, b에 대하여 $a-b$의 값을 구하시오.

508 실수 전체의 집합에서 정의된 함수 $f(x)=\begin{cases}-x+3 & (x\geq0)\\(a+1)x+3 & (x<0)\end{cases}$ 이 일대일대응이 되도록 하는 상수 a의 값의 범위를 구하시오.

509 실수 전체의 집합에서 정의된 두 함수 f, g에 대하여 f는 항등함수이고, g는 상수함수이다. $f(5)=g(5)$일 때, $f(7)+g(7)$의 값을 구하시오.

특강 함수의 개수

1 함수의 개수

두 집합 $X=\{x_1, x_2, x_3, \cdots, x_n\}$, $Y=\{y_1, y_2, y_3, \cdots, y_m\}$에 대하여 X에서 Y로의 여러 가지 함수의 개수는 다음과 같다.

(1) **함수의 개수**: m^n

(2) **일대일함수의 개수**: $_m\mathrm{P}_n$ (단, $m \geq n$)

(3) **일대일대응의 개수**: $_m\mathrm{P}_m$ (단, $m=n$)

(4) **상수함수의 개수**: m

설명 (1) 집합 X의 원소 $x_i\,(i=1, 2, 3, \cdots, n)$에 대응할 수 있는 집합 Y의 원소는 각각
$y_1, y_2, y_3, \cdots, y_m$의 m개
이므로 X에서 Y로의 함수의 개수는
$$\underbrace{m\times m\times m\times \cdots \times m}_{n개}=m^n$$

(2) 일대일함수는 집합 Y의 원소 중 n개의 원소를 택하여 집합 X의 원소에 하나씩 대응시키면 된다.
따라서 X에서 Y로의 일대일함수의 개수는 서로 다른 m개에서 n개를 택하는 순열의 수와 같으므로
$$_m\mathrm{P}_n=m\times(m-1)\times(m-2)\times \cdots \times(m-n+1)$$

(3) 일대일대응은 일대일함수에서 $m=n$인 경우이므로 X에서 Y로의 일대일대응의 개수는
$$_m\mathrm{P}_m=m!=m\times(m-1)\times(m-2)\times \cdots \times 1$$

(4) 상수함수는 집합 Y의 원소 중 1개를 택하여 집합 X의 원소를 모두 대응시키면 된다.
따라서 X에서 Y로의 상수함수의 개수는 서로 다른 m개에서 1개를 택하는 순열의 수와 같으므로
$$_m\mathrm{P}_1=m$$

참고 두 집합 $X=\{x_1, x_2, x_3, \cdots, x_n\}$, $Y=\{y_1, y_2, y_3, \cdots, y_m\}$에 대하여 X에서 Y로의 함수 $f(x)$가
$a<b$이면 $f(a)<f(b)$ (또는 $f(a)>f(b)$) (단, $a\in X$, $b\in X$)
를 만족시킨다고 할 때, 집합 Y의 원소 중 n개의 원소를 택하면 크기순으로 대응되는 X의 원소가 정해진다.
따라서 이 조건을 만족시키는 함수 $f(x)$의 개수는 서로 다른 m개에서 n개를 택하는 조합의 수와 같으므로
$$_m\mathrm{C}_n$$

보기 ▶ 두 집합 $X=\{1, 2, 3\}$, $Y=\{a, b, c, d\}$에 대하여 X에서 Y로의
(1) 함수의 개수는 $4^3=64$
(2) 일대일함수의 개수는 $_4\mathrm{P}_3=4\times 3\times 2=24$
(3) 상수함수의 개수는 4

● 정답 및 풀이 **106**쪽

510 집합 $X=\{-1, 0, 1\}$에 대하여 X에서 X로의 함수의 개수를 a, 일대일대응의 개수를 b, 상수함수의 개수를 c라 할 때, $a+b+c$의 값을 구하시오.

511 두 집합 $X=\{3, 5\}$, $Y=\{-2, -1, 0, 1, 2\}$에 대하여 다음 조건을 만족시키는 함수 $f(x)$의 개수를 구하시오. (단, $x_1\in X$, $x_2\in X$)

(1) $x_1\neq x_2$이면 $f(x_1)\neq f(x_2)$

(2) $x_1<x_2$이면 $f(x_1)>f(x_2)$

STEP 1

512 일대일함수이지만 일대일대응이 아닌 함수의 그래프인 것만을 보기에 서 있는 대로 고르시오.

(단, 정의역과 공역은 모두 실수 전체의 집합이다.)

보기

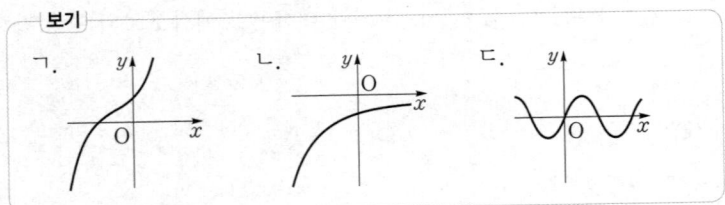

513 두 집합 $X=\{x\,|\,x\geq2\}$, $Y=\{y\,|\,y\geq3\}$에 대하여 X에서 Y로의 함 수 $f(x)=x^2+2x+a$가 일대일대응일 때, 상수 a의 값을 구하시오.

514 실수 전체의 집합에서 정의된 함수

$$f(x)=|2x-5|+kx-3$$

이 일대일대응일 때, 실수 k의 값의 범위를 구하시오.

x의 값이 증가할 때 $f(x)$의 값이 항상 증가하거나 항상 감소해야 한다.

515 집합 $A=\{-1,\ 0,\ 1\}$에 대하여 A에서 A로의 함수 f가 다음과 같을 때, 항등함수가 <u>아닌</u> 것은?

① $f(x)=x$ ② $f(x)=x^3$ ③ $f(x)=x^5$
④ $f(x)=|x|$ ⑤ $f(x)=x|x|$

516 두 집합 $X=\{1,\ 2,\ 3\}$, $Y=\{4,\ 5,\ 6,\ 7,\ 8\}$에 대하여 함수 $f:X\longrightarrow Y$가 상수함수일 때, $f(1)+f(2)+f(3)$의 최댓값과 최 솟값의 합을 구하시오.

$f(x)=c$
(단, c는 상수, $c\in$(공역))

517 두 집합 $X=\{a,\ b,\ c\}$, $Y=\{d,\ e\}$에 대하여 X에서 Y로의 함수 중 치역과 공역이 같은 것의 개수를 구하시오.

치역이 $\{d\}$ 또는 $\{e\}$인 경 우를 제외한다.

STEP 2

교육청 기출

518 집합 $X=\{x|x\geq a\}$에서 집합 $Y=\{y|y\geq b\}$로의 함수 $f(x)=x^2-4x+3$이 일대일대응이 되도록 하는 두 실수 a, b에 대하여 $a-b$의 최댓값은 $\dfrac{q}{p}$이다. $p+q$의 값을 구하시오.

(단, p와 q는 서로소인 자연수이다.)

519 집합 X를 정의역으로 하는 함수 $f(x)=x^3+x^2-x$가 항등함수가 되도록 하는 집합 X의 개수를 구하시오. (단, $X\neq\varnothing$)

생각해 봅시다! 💡

정의역의 각 원소 x에 대하여
$f(x)=x$

520 집합 $X=\{-1,\ 0,\ 1\}$에 대하여 X에서 X로의 세 함수 f, g, h는 각각 일대일대응, 항등함수, 상수함수이다. 세 함수가 다음 조건을 만족시킬 때, $f(-1)-g(1)+h(0)$의 값을 구하시오.

⑺ $f(0)=g(-1)=h(1)$　　⑷ $h(0)+g(1)=f(1)$

521 집합 $X=\{1,\ 2,\ 3,\ 4,\ 5\}$에서 집합 $Y=\{1,\ 2,\ 3,\ 4,\ 5,\ 6,\ 7,\ 8\}$로의 함수 f가 $x_1<x_2$이면 $f(x_1)<f(x_2)$이고 $f(4)=6$을 만족시킬 때, 함수 f의 개수를 구하시오. (단, $x_1\in X$, $x_2\in X$)

$f(1)<f(2)<f(3)<f(4)$,
$f(5)>f(4)$

실력 UP+

522 집합 $X=\{a,\ b,\ c\}$에 대하여 X에서 X로의 함수
$$f(x)=\begin{cases} -4 & (x<-2) \\ 2x+1 & (-2\leq x\leq 1) \\ 3 & (x>1) \end{cases}$$
이 항등함수일 때, $a+b+c$의 값을 구하시오.

(단, a, b, c는 서로 다른 상수이다.)

523 집합 $X=\{-3,\ -1,\ 0,\ 1,\ 3\}$에 대하여 X에서 X로의 함수 중에서 $f(x)=f(-x)$를 만족시키는 함수 f의 개수를 구하시오.

개념원리 이해

03 합성함수

1 합성함수 ∽ 필수 09, 10

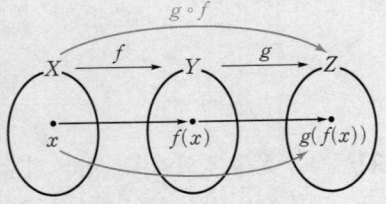

(1) 세 집합 X, Y, Z에 대하여 두 함수 f, g가
$f : X \longrightarrow Y, g : Y \longrightarrow Z$일 때, 집합 X의 각 원소 x에 집합 Y의 원소 $f(x)$를 대응시키고, 다시 이 $f(x)$에 집합 Z의 원소 $g(f(x))$를 대응시키면 X를 정의역, Z를 공역으로 하는 새로운 함수를 정의할 수 있다.
이 함수를 f와 g의 **합성함수**라 하고 기호로 $g \circ f$와 같이 나타낸다.

(2) 함수 $g \circ f : X \longrightarrow Z$에서 x의 함숫값을 기호로 $(g \circ f)(x)$와 같이 나타낸다. 이때 집합 X의 원소 x에 집합 Z의 원소 $g(f(x))$가 대응하므로
$$g \circ f : X \longrightarrow Z, \ (g \circ f)(x) = g(f(x)) \quad \longleftarrow g(x)\text{의 } x \text{ 대신 } f(x)\text{를 대입}$$
따라서 f와 g의 합성함수를 $y = g(f(x))$와 같이 나타낼 수 있다.

▶ ① 합성함수를 영어로 composite function이라 한다.
② 합성함수 $g \circ f$는 함수 f의 치역이 함수 g의 정의역의 부분집합일 때에만 정의된다. 즉 (f의 치역)⊂(g의 정의역)이다.
③ 합성함수 $g \circ f$의 정의역은 f의 정의역과 같고, 공역은 g의 공역과 같다.
④ $g \circ f \Rightarrow$ 함수 f를 함수 g에 합성한 함수
　$f \circ g \Rightarrow$ 함수 g를 함수 f에 합성한 함수

설명 두 함수 $f : X \longrightarrow Y, g : Y \longrightarrow Z$가 [그림 1]과 같을 때, $f(1) = 2$이고 $g(2) = 7$이므로
$$(g \circ f)(1) = g(f(1)) = g(2) = 7$$
이다. 같은 방법으로 하면
$$(g \circ f)(2) = g(f(2)) = g(6) = 5, \ (g \circ f)(3) = g(f(3)) = g(6) = 5$$
이므로 합성함수 $g \circ f : X \longrightarrow Z$는 [그림 2]와 같다.

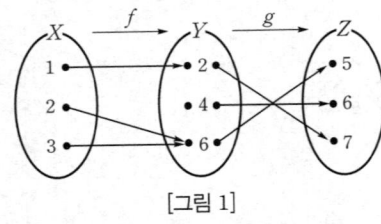

[그림 1]

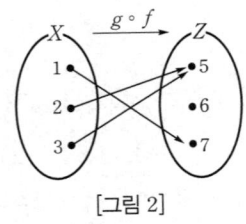

[그림 2]

이 대응 관계는 X에서 Z로의 새로운 함수가 되고 이 함수를 $g \circ f$와 같이 나타낸다.

예제 ▶ 두 함수 $f(x) = 2x - 1, g(x) = x^2 + 1$에 대하여 다음을 구하시오.

(1) $(f \circ g)(3)$ 　　　　　(2) $(g \circ f)(-2)$ 　　　　　(3) $(f \circ f)(2)$

풀이 (1) $(f \circ g)(3) = f(g(3)) = f(3^2 + 1) = f(10) = 2 \times 10 - 1 = 19$
(2) $(g \circ f)(-2) = g(f(-2)) = g(2 \times (-2) - 1) = g(-5) = (-5)^2 + 1 = 26$
(3) $(f \circ f)(2) = f(f(2)) = f(2 \times 2 - 1) = f(3) = 2 \times 3 - 1 = 5$

2 합성함수의 성질

일반적으로 합성함수는 다음과 같은 성질을 갖는다.

> 세 함수 f, g, h에 대하여
>
> (1) $g \circ f \neq f \circ g$ ← 교환법칙이 성립하지 않는다.
>
> (2) $h \circ (g \circ f) = (h \circ g) \circ f$ ← 결합법칙이 성립한다.
>
> (3) $f \circ I = I \circ f = f$ (단, I는 항등함수이다.)

▶ $h \circ (g \circ f) = (h \circ g) \circ f$가 성립하므로 $h \circ g \circ f$와 같이 표현할 수 있다. 즉
$$(h \circ (g \circ f))(x) = ((h \circ g) \circ f)(x) = (h \circ g \circ f)(x) = h(g(f(x)))$$

증명 (1) $[g \circ f = f \circ g$의 반례$]$
　　　두 함수 $f(x) = 2x + 3$, $g(x) = 4x - 2$에 대하여
　　　　$(g \circ f)(x) = g(f(x)) = g(2x + 3) = 4(2x + 3) - 2 = 8x + 10$
　　　　$(f \circ g)(x) = f(g(x)) = f(4x - 2) = 2(4x - 2) + 3 = 8x - 1$
　　　　$\therefore g \circ f \neq f \circ g \Rightarrow$ 교환법칙이 성립하지 않는다.
　　(2) 세 함수 $f : X \longrightarrow Y$, $g : Y \longrightarrow Z$, $h : Z \longrightarrow W$에 대하여
　　　　$g \circ f : X \longrightarrow Z$이므로　　$h \circ (g \circ f) : X \longrightarrow W$
　　　　$h \circ g : Y \longrightarrow W$이므로　　$(h \circ g) \circ f : X \longrightarrow W$
　　　따라서 두 합성함수 $h \circ (g \circ f)$와 $(h \circ g) \circ f$는 모두 X에서 W로의 함수이다.
　　　이때 정의역 X의 임의의 원소 x에 대하여
　　　　$(h \circ (g \circ f))(x) = h((g \circ f)(x)) = h(g(f(x)))$
　　　　$((h \circ g) \circ f)(x) = (h \circ g)(f(x)) = h(g(f(x)))$
　　　　$\therefore h \circ (g \circ f) = (h \circ g) \circ f \Rightarrow$ 결합법칙이 성립한다.
　　(3) 항등함수 I에 대하여 $I(x) = x$이므로
　　　　$(f \circ I)(x) = f(I(x)) = f(x)$
　　　　$(I \circ f)(x) = I(f(x)) = f(x)$
　　　　$\therefore f \circ I = I \circ f = f$

예제 ▶ 세 함수 f, g, h에 대하여
$$(h \circ g)(x) = 3x + 2, \quad f(x) = -2x + 1$$
일 때, 다음을 구하시오.

(1) $((h \circ g) \circ f)(1)$

(2) $(h \circ (g \circ f))(2)$

풀이 (1) $f(1) = -2 \times 1 + 1 = -1$이므로
　　　　$((h \circ g) \circ f)(1) = (h \circ g)(f(1)) = (h \circ g)(-1)$
　　　　　　　　　　　　　$= 3 \times (-1) + 2 = -1$
　　(2) $f(2) = -2 \times 2 + 1 = -3$이므로
　　　　$(h \circ (g \circ f))(2) = ((h \circ g) \circ f)(2) = (h \circ g)(f(2))$
　　　　　　　　　　　　　$= (h \circ g)(-3) = 3 \times (-3) + 2 = -7$

개념원리 익히기

524 두 함수 f, g가 아래 그림과 같을 때, 다음을 구하시오.

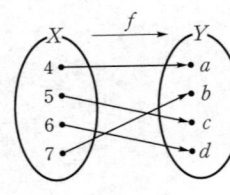 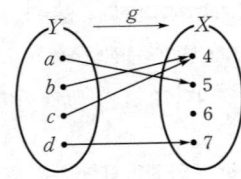

(1) $(g \circ f)(5)$

(2) $(g \circ f)(6)$

(3) $(g \circ f)(7)$

(4) $(f \circ g)(a)$

(5) $(f \circ g)(b)$

(6) $(f \circ g)(c)$

525 두 함수 $f(x) = 2x + 3$, $g(x) = -x^2$에 대하여 다음을 구하시오.

(1) $(g \circ f)(x)$

(2) $(f \circ g)(x)$

(3) $(f \circ f)(x)$

(4) $(g \circ g)(x)$

526 세 함수 $f(x) = x^2 - 2$, $g(x) = -x + 5$, $h(x) = 2x - 1$에 대하여 다음을 구하시오.

(1) $((f \circ g) \circ h)(x)$

(2) $(f \circ (g \circ h))(x)$

(3) $((g \circ f) \circ h)(x)$

(4) $(f \circ (h \circ g))(x)$

필수 09 **합성함수**

함수 $f : X \longrightarrow X$ 가 오른쪽 그림과 같을 때, 다음을 구하시오.

(1) $f(2)+(f \circ f)(2)+(f \circ f \circ f)(2)$

(2) 함수 $f \circ f$ 의 치역

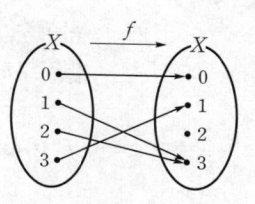

풀이

(1) $f(2)=3$ 이므로

$$(f \circ f)(2)=f(f(2))=f(3)=1$$
$$(f \circ f \circ f)(2)=f((f \circ f)(2))=f(1)=3$$
$$\therefore f(2)+(f \circ f)(2)+(f \circ f \circ f)(2)=3+1+3=\mathbf{7}$$

(2) $(f \circ f)(0)=f(f(0))=f(0)=0$
$(f \circ f)(1)=f(f(1))=f(3)=1$
$(f \circ f)(2)=f(f(2))=f(3)=1$
$(f \circ f)(3)=f(f(3))=f(1)=3$
따라서 $f \circ f$ 의 치역은 $\mathbf{\{0, 1, 3\}}$

KEY Point

• $(g \circ f)(x)=g(f(x))$ ⟵ $g(x)$ 에 x 대신 $f(x)$ 를 대입

● 정답 및 풀이 **109**쪽

확인 체크

527 두 함수 $f : X \longrightarrow Y$, $g : Y \longrightarrow Z$ 가 오른쪽 그림과 같을 때, $(g \circ f)(x)=3$ 을 만족시키는 x 의 값을 구하시오.

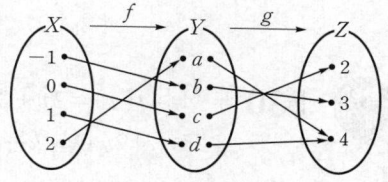

528 두 함수 $f(x)=2x-1$, $g(x)=\begin{cases} -x+3 & (x \geq 1) \\ 5 & (x<1) \end{cases}$ 에 대하여 $(f \circ g)(2)+(g \circ f)(-1)$ 의 값을 구하시오.

529 집합 $X=\{1, 2, 3\}$ 에 대하여 X 에서 X 로의 두 함수 f, g 가 모두 일대일대응이고 $f(2)=g(1)=3$, $(g \circ f)(2)=(f \circ g)(1)=1$ 일 때, $(f \circ f)(3)+(g \circ f)(1)$ 의 값을 구하시오.

● 더 다양한 문제는 **RPM** 공통수학 2 124쪽

 10 $f \circ g = g \circ f$인 경우

두 함수 $f(x) = ax + 3$, $g(x) = -x + 4$에 대하여 $f \circ g = g \circ f$가 성립할 때, 상수 a의 값을 구하시오.

풀이
$$(f \circ g)(x) = f(g(x)) = f(-x+4)$$
$$= a(-x+4) + 3 = -ax + 4a + 3$$
$$(g \circ f)(x) = g(f(x)) = g(ax+3)$$
$$= -(ax+3) + 4 = -ax + 1$$

$f \circ g = g \circ f$이므로
$$-ax + 4a + 3 = -ax + 1$$
$$4a + 3 = 1 \qquad \therefore a = -\frac{1}{2}$$

다른 풀이 $f \circ g = g \circ f$에서 $(f \circ g)(0) = (g \circ f)(0)$이므로
$$f(g(0)) = g(f(0)), \qquad f(4) = g(3)$$
$$4a + 3 = 1 \qquad \therefore a = -\frac{1}{2}$$

KEY Point

• $f \circ g = g \circ f$가 성립한다. ⇨ $f(g(x)) = g(f(x))$에서 동류항의 계수를 비교한다.

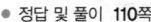
● 정답 및 풀이 110쪽

 530 두 함수 $f(x) = 2x + 3$, $g(x) = -x + k$에 대하여 $f \circ g = g \circ f$가 성립할 때, $g(-2)$의 값을 구하시오. (단, k는 상수이다.)

531 두 함수 $f(x) = ax - 1$, $g(x) = bx + 2$에 대하여 $f \circ g = g \circ f$가 성립한다. $g(3) = -1$일 때, 상수 a, b에 대하여 ab의 값을 구하시오.

532 함수 $f : X \longrightarrow X$가 오른쪽 그림과 같다. 함수 $g : X \longrightarrow X$가 $g(1) = 3$, $f \circ g = g \circ f$를 만족시킬 때, $g(2) - g(4)$의 값을 구하시오.

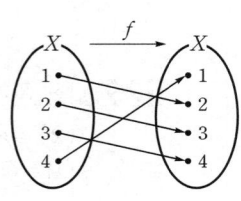

11 $f \circ g = h$를 만족시키는 함수 구하기

두 함수 $f(x) = x+2$, $g(x) = 3x+1$에 대하여 다음을 만족시키는 함수 $h(x)$를 구하시오.

(1) $(f \circ h)(x) = g(x)$ (2) $(h \circ f)(x) = g(x)$ (3) $(h \circ g \circ f)(x) = f(x)$

풀이

(1) $(f \circ h)(x) = f(h(x)) = h(x) + 2$이므로 $(f \circ h)(x) = g(x)$에서

$h(x) + 2 = 3x + 1$

$\therefore \boldsymbol{h(x) = 3x - 1}$

(2) $(h \circ f)(x) = h(f(x)) = h(x+2)$이므로 $(h \circ f)(x) = g(x)$에서

$h(x+2) = 3x + 1$

$x + 2 = t$라 하면 $x = t - 2$이므로

$h(t) = 3(t-2) + 1 = 3t - 5$

여기서 t 대신 x를 대입하면 $\boldsymbol{h(x) = 3x - 5}$

(3) $(h \circ g \circ f)(x) = h(g(f(x))) = h(g(x+2))$

$= h(3x + 7)$ ← $g(x+2) = 3(x+2) + 1 = 3x + 7$

$(h \circ g \circ f)(x) = f(x)$에서

$h(3x+7) = x + 2$

$3x + 7 = t$라 하면 $x = \dfrac{1}{3}t - \dfrac{7}{3}$이므로

$h(t) = \dfrac{1}{3}t - \dfrac{7}{3} + 2 = \dfrac{1}{3}t - \dfrac{1}{3}$

여기서 t 대신 x를 대입하면 $\boldsymbol{h(x) = \dfrac{1}{3}x - \dfrac{1}{3}}$

KEY Point

• 함수 $h(x)$를 구하는 방법

① $(f \circ h)(x) = g(x)$의 꼴 $\Rightarrow$ $f(h(x)) = g(x)$를 $h(x)$에 대하여 푼다.

② $(h \circ f)(x) = g(x)$의 꼴 $\Rightarrow$ $h(f(x)) = g(x)$에서 $f(x) = t$로 놓고 $h(t)$를 구한다.

• 정답 및 풀이 **110**쪽

 533 두 함수 $f(x) = 2x-1$, $g(x) = -3x+4$에 대하여 다음을 만족시키는 함수 $h(x)$를 구하시오.

(1) $(f \circ h)(x) = g(x)$ (2) $(h \circ f)(x) = g(x)$ (3) $(h \circ g \circ f)(x) = g(x)$

534 모든 실수 x에 대하여 함수 f가 $f\left(\dfrac{x+1}{2}\right) = 3x + 2$를 만족시킬 때, $f\left(\dfrac{1-2x}{3}\right)$를 구하시오.

필수 12 f^n의 꼴의 합성함수

함수 $f(x)=x+1$에 대하여
$$f^1=f,\ f^2=f\circ f^1,\ f^3=f\circ f^2,\ \cdots,\ f^{n+1}=f\circ f^n\ (n\text{은 자연수})$$
으로 정의할 때, $f^{10}(a)=30$을 만족시키는 상수 a의 값을 구하시오.

풀이
$$f^1(x)=f(x)=x+1$$
$$f^2(x)=(f\circ f^1)(x)=f(f^1(x))=f(x+1)=(x+1)+1=x+2$$
$$f^3(x)=(f\circ f^2)(x)=f(f^2(x))=f(x+2)=(x+2)+1=x+3$$
$$f^4(x)=(f\circ f^3)(x)=f(f^3(x))=f(x+3)=(x+3)+1=x+4$$
$$\vdots$$
$$\therefore f^n(x)=x+n$$
따라서 $f^{10}(x)=x+10$이므로 $f^{10}(a)=30$에서
$$a+10=30 \qquad \therefore a=\mathbf{20}$$

KEY Point

- 함수 f에 대하여 $f^1=f,\ f^{n+1}=f\circ f^n\ (n\text{은 자연수})$
  ⇨ $f^2,\ f^3,\ f^4,\ \cdots$를 직접 구하여 f^n을 추정한다.

● 정답 및 풀이 **111쪽**

 535 함수 $f(x)=x+2$에 대하여 $f^1=f,\ f^{n+1}=f\circ f^n\ (n\text{은 자연수})$으로 정의할 때, $f^{2025}(1)$의 값을 구하시오.

536 함수 $f(x)=\dfrac{x}{3}$에 대하여
$$f^1=f,\ f^2=f\circ f^1,\ f^3=f\circ f^2,\ \cdots,\ f^{n+1}=f\circ f^n\ (n\text{은 자연수})$$
으로 정의할 때, $f^5(729)+f^4(243)$의 값을 구하시오.

537 함수 $f:X\longrightarrow X$가 오른쪽 그림과 같고
$$f^1=f,\ f^{n+1}=f\circ f^n\ (n\text{은 자연수})$$
으로 정의할 때, $f^{100}(1)+f^{101}(3)$의 값을 구하시오.

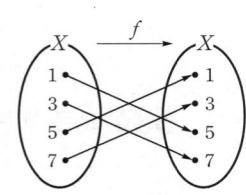

발전 13 **합성함수의 그래프**

$0 \leq x \leq 2$에서 정의된 두 함수 $y=f(x)$, $y=g(x)$의 그래프가 오른쪽 그림과 같을 때, 합성함수 $y=(f \circ g)(x)$의 그래프를 그리시오.

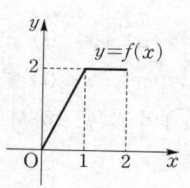 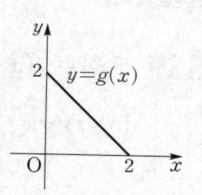

설명 함수 $y=f(x)$의 그래프가 꺾인 점(함수식이 달라지는 경계)을 기준으로 정의역의 범위를 나누어 함수식을 구한다.

풀이 주어진 그래프에서

$$f(x)=\begin{cases} 2x & (0 \leq x \leq 1) \\ 2 & (1 \leq x \leq 2) \end{cases}, \ g(x)=-x+2 \ (0 \leq x \leq 2)$$

$$\therefore (f \circ g)(x)=f(g(x))=\begin{cases} 2g(x) & (0 \leq g(x) \leq 1) \\ 2 & (1 \leq g(x) \leq 2) \end{cases}$$

$$=\begin{cases} 2(-x+2) & (0 \leq -x+2 \leq 1) \\ 2 & (1 \leq -x+2 \leq 2) \end{cases}$$

$$=\begin{cases} 2 & (0 \leq x \leq 1) \\ -2x+4 & (1 \leq x \leq 2) \end{cases}$$

따라서 함수 $y=(f \circ g)(x)$의 그래프는 오른쪽 그림과 같다.

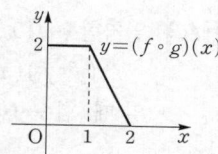

KEY Point

• 합성함수 $y=(f \circ g)(x)$의 그래프는 다음과 같은 순서로 그린다.

(i) 꺾인 점을 기준으로 정의역의 범위를 나누어 $f(x)$, $g(x)$의 식을 구한다.

(ii) $f(g(x))$의 식을 구한 후 그래프를 그린다.

● 정답 및 풀이 **111**쪽

확인 체크 538 두 함수 $y=f(x) \ (0 \leq x \leq 2)$, $y=g(x) \ (-1 \leq x \leq 1)$의 그래프가 다음 그림과 같을 때, 합성함수 $y=(g \circ f)(x)$의 그래프를 그리시오.

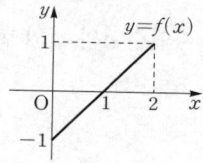 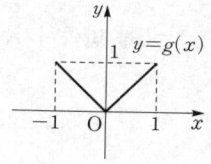

연습 문제

STEP 1

539 두 함수 $f(x)=\begin{cases} -x^2 & (x\geq 0) \\ x^2 & (x<0) \end{cases}$, $g(x)=-x$에 대하여
$(f\circ f\circ g\circ g)(\sqrt{2})$의 값을 구하시오.

540 집합 $X=\{2, 3\}$을 정의역으로 하는 함수 $f(x)=ax-3a$와 함수
$f(x)$의 치역을 정의역으로 하고 집합 X를 공역으로 하는 함수
$g(x)=x^2+2x+b$가 있다. 함수 $g\circ f : X \longrightarrow X$가 항등함수일 때,
$a+b$의 값을 구하시오. (단, a, b는 상수이다.)

541 일차함수 $f(x)$에 대하여
$$(f\circ f)(x)=9x-4$$
일 때, 함수 $f(x)$를 모두 구하시오.

542 세 함수 f, g, h에 대하여 $(f\circ g)(x)=x^2+4$, $h(x)=x-1$일 때,
$(f\circ(g\circ h))(x)=20$을 만족시키는 모든 실수 x의 값의 곱을 구하시오.

543 두 함수 $f(x)=-x$, $g(x)=2x-1$에 대하여 $h\circ g\circ f=f$를 만족시키는 일차함수 $h(x)$가 있다. $h(k)=4$일 때, 상수 k의 값을 구하시오.

STEP 2

544 정의역이 자연수 전체의 집합인 함수 f가
$$f(n)=\begin{cases} n+1 & (n\text{이 홀수}) \\ \dfrac{n}{2}+1 & (n\text{이 짝수}) \end{cases}$$
일 때, $(f\circ f)(n)=5$를 만족시키는 모든 자연수 n의 값의 합을 구하시오.

생각해 봅시다! 💡

545 세 집합 $X=\{1,\ 2,\ 3\}$, $Y=\{3,\ 4,\ 5\}$, $Z=\{5,\ 6,\ 7\}$에 대하여 두 함수 $f:X\longrightarrow Y$, $g:Y\longrightarrow Z$가 모두 일대일대응이고 $f(1)=3$, $g(5)=6$이다. $(g\circ f)(3)=5$일 때, $(g\circ f)(1)$의 값을 구하시오.

546 두 함수 $f(x)=-ax+b$, $g(x)=3x+4$가 $f\circ g=g\circ f$를 만족시킬 때, 함수 $y=f(x)$의 그래프는 a의 값에 관계없이 점 $(m,\ n)$을 항상 지난다. 이때 $m+n$의 값을 구하시오. (단, a, b는 상수이다.)

a의 값에 관계없이
⇨ a에 대한 항등식

547 집합 $X=\{1,\ 2,\ 3,\ 4,\ 5\}$에 대하여 함수 $f:X\longrightarrow X$가
$$f(x)=\begin{cases} 5 & (x=1) \\ x-1 & (x>1) \end{cases}$$
이고, $f^1=f$, $f^{n+1}=f\circ f^n$ (n은 자연수)일 때, $f^{2024}(3)$의 값을 구하시오.

실력UP⁺

548 두 함수 $f(x)=x-4$, $g(x)=\begin{cases} -x+7 & (x<0) \\ 2x^2-4ax+7 & (x\geq 0) \end{cases}$에 대하여 합성함수 $y=(f\circ g)(x)$의 치역이 $\{y|y\geq 1\}$일 때, 상수 a의 값을 구하시오.

549 $0\leq x\leq 4$에서 정의된 함수 $y=f(x)$의 그래프가 오른쪽 그림과 같을 때,
$$f^1(1)+f^2(1)+f^3(1)+\cdots+f^{100}(1)$$
의 값을 구하시오.
(단, $f^1=f$, $f^{n+1}=f\circ f^n$, n은 자연수이다.)

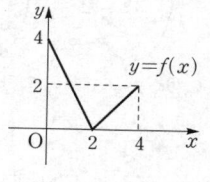

구간을 나누어 함수식을 구한다.

550 $0\leq x\leq 1$에서 정의된 함수 $y=f(x)$의 그래프가 오른쪽 그림과 같을 때, $y=(f\circ f)(x)$의 그래프를 그리시오.

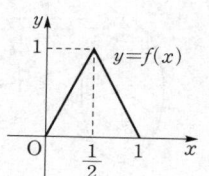

$0\leq x\leq\dfrac{1}{2}$, $\dfrac{1}{2}\leq x\leq 1$에서 함수 $f(x)$의 식을 각각 구한다.

04 역함수

개념원리 이해

1 역함수 ∞ 필수 14, 15

(1) 함수 $f : X \longrightarrow Y$가 일대일대응이면 집합 Y의 각 원소 y에 대하여 $f(x)=y$인 집합 X의 원소 x가 오직 하나씩 존재한다.

이때 Y의 각 원소 y에 $f(x)=y$인 X의 원소 x를 대응시키면 Y를 정의역, X를 공역으로 하는 새로운 함수를 정의할 수 있다.

이 함수를 f의 **역함수**라 하고 기호로 f^{-1}와 같이 나타낸다.

$$f^{-1} : Y \longrightarrow X, \ x=f^{-1}(y)$$

(2) **역함수가 존재할 조건**

함수 $f : X \longrightarrow Y$의 역함수 f^{-1}가 존재하기 위한 필요충분조건은 f가 **일대일대응**인 것이다.

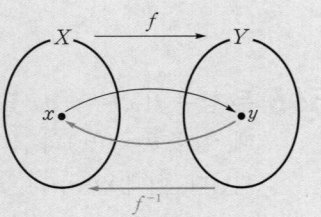

▶ 역함수를 영어로 inverse function이라 하고, f^{-1}는 'f의 역함수' 또는 'f inverse'라 읽는다.

설명 (2) 다음 그림과 같이 함수 $f : X \longrightarrow Y$가 일대일대응이면 역의 대응도 함수가 되고 이 함수가 f의 역함수이다.

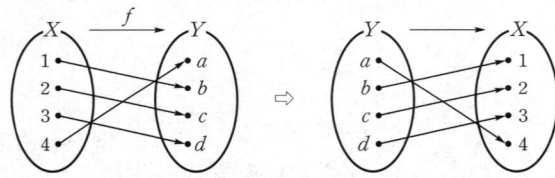

그러나 다음 그림과 같이 함수 $g : X \longrightarrow Y$가 일대일대응이 아니면 역의 대응은 함수가 아니므로 이 경우는 역함수가 정의되지 않는다.

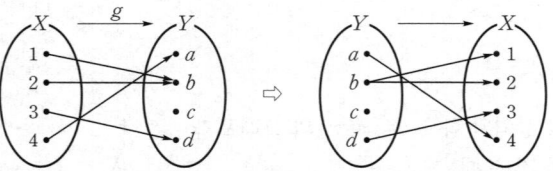

따라서 주어진 함수의 역함수가 존재하기 위한 필요충분조건은 주어진 함수가 일대일대응인 것이다.

보기 ▶ 다음 그림과 같은 함수 $f : X \longrightarrow Y$에 대하여

$$f(1)=b, \ f(2)=c, \ f(3)=a$$

이므로 $\quad f^{-1}(b)=1, \ f^{-1}(c)=2, \ f^{-1}(a)=3$

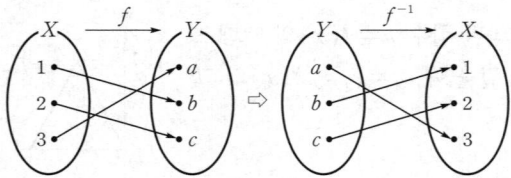

2 역함수 구하기　💬 필수 16

함수를 나타낼 때는 일반적으로 정의역의 원소를 x, 치역의 원소를 y로 나타내므로 함수 $y=f(x)$의 역함수 $x=f^{-1}(y)$도 x와 y를 서로 바꾸어 $y=f^{-1}(x)$와 같이 나타낸다.

이때 함수 $y=f(x)$의 역함수 $y=f^{-1}(x)$는 다음과 같은 순서로 구한다.

> (i) 주어진 함수가 일대일대응인지 확인한다.
>
> (ii) $y=f(x)$를 x에 대하여 푼다. 즉 $x=f^{-1}(y)$의 꼴로 나타낸다.
>
> (iii) $x=f^{-1}(y)$에서 **x와 y를 서로 바꾸어** $y=f^{-1}(x)$로 나타낸다.
>
> 이때 함수 f의 치역이 역함수 f^{-1}의 정의역이 되고, 함수 f의 정의역이 역함수 f^{-1}의 치역이 된다.
>
> $$y=f(x) \xrightarrow{\ x\text{에 대하여 푼다.}\ } x=f^{-1}(y) \xrightarrow{\ x\text{와 }y\text{를 서로 바꾼다.}\ } y=f^{-1}(x)$$

예제 ▶　함수 $y=2x+1$의 역함수를 구하시오.

풀이　함수 $y=2x+1$은 일대일대응이므로 역함수가 존재한다.

　　　$y=2x+1$을 x에 대하여 풀면　　$x=\dfrac{1}{2}y-\dfrac{1}{2}$

　　　x와 y를 서로 바꾸면 구하는 역함수는　　$y=\dfrac{1}{2}x-\dfrac{1}{2}$

3 역함수의 성질　💬 필수 17

> (1) 함수 $f: X \longrightarrow Y$가 일대일대응일 때, 그 역함수 $f^{-1}: Y \longrightarrow X$에 대하여
>
> ① $(f^{-1})^{-1}=f$　　　　　　　　　　← f^{-1}의 역함수는 f
>
> ② $(f^{-1}\circ f)(x)=x\ (x\in X)$, 즉 $f^{-1}\circ f=I_X$　← $f^{-1}\circ f$는 X에서의 항등함수
>
> 　$(f\circ f^{-1})(y)=y\ (y\in Y)$, 즉 $f\circ f^{-1}=I_Y$　← $f\circ f^{-1}$는 Y에서의 항등함수
>
> (2) 두 함수 $f: X \longrightarrow Y$, $g: Y \longrightarrow X$에 대하여
>
> 　$g\circ f=I_X,\ f\circ g=I_Y \Longleftrightarrow g=f^{-1}$
>
> (3) 세 함수 f, g, h가 모두 일대일대응이고 그 역함수가 각각 f^{-1}, g^{-1}, h^{-1}일 때
>
> ① $(g\circ f)^{-1}=f^{-1}\circ g^{-1}$
>
> ② $(h\circ g\circ f)^{-1}=f^{-1}\circ g^{-1}\circ h^{-1}$

▶ ① 함수 f와 그 역함수 f^{-1}를 합성한 결과는 항등함수이다.
　② 함수 f와 합성한 결과가 항등함수인 함수는 f의 역함수이다.

증명　(1) ① $y=f(x)$에서 역함수의 정의로부터　　$x=f^{-1}(y)$

　　　　　　 $x=f^{-1}(y)$에서 역함수의 정의로부터　　$y=(f^{-1})^{-1}(x)$

　　　　　　 즉 $y=f(x)$, $y=(f^{-1})^{-1}(x)$이므로　　$f(x)=(f^{-1})^{-1}(x)$

　　　　　　　∴ $(f^{-1})^{-1}=f$

　　　　② $(f^{-1}\circ f)(x)=f^{-1}(f(x))=f^{-1}(y)=x\ (x\in X)$

　　　　　　　∴ $f^{-1}\circ f=I_X$　← 집합 X에서의 항등함수

　　　　　　 $(f\circ f^{-1})(y)=f(f^{-1}(y))=f(x)=y\ (y\in Y)$

　　　　　　　∴ $f\circ f^{-1}=I_Y$　← 집합 Y에서의 항등함수

(2) ⟸는 (1)의 ②에 의하여 성립하므로 ⟹만 보이면 된다.

$g \circ f = I_X$에서 $(g \circ f)(x) = I_X(x) = x$이므로 f는 일대일함수이다.

또 $f \circ g = I_Y$에서 $(f \circ g)(y) = I_Y(y) = y$이므로 f의 치역과 공역은 서로 같다.

따라서 f는 일대일대응이고 역함수 f^{-1}가 존재하므로

$$g = g \circ I_Y = g \circ (f \circ f^{-1}) = (g \circ f) \circ f^{-1} = I_X \circ f^{-1} = f^{-1}$$

$$\therefore g = f^{-1}$$

(3) ① $(g \circ f) \circ (f^{-1} \circ g^{-1}) = g \circ (f \circ f^{-1}) \circ g^{-1}$ ⟵ 함수의 합성에 대한 결합법칙

$$= g \circ I \circ g^{-1} = g \circ g^{-1} = I$$

마찬가지로 $(f^{-1} \circ g^{-1}) \circ (g \circ f) = I$

따라서 $f^{-1} \circ g^{-1}$는 $g \circ f$의 역함수이므로

$$(g \circ f)^{-1} = f^{-1} \circ g^{-1}$$

② $(h \circ g \circ f) \circ (f^{-1} \circ g^{-1} \circ h^{-1}) = h \circ g \circ (f \circ f^{-1}) \circ g^{-1} \circ h^{-1}$

$$= h \circ g \circ I \circ g^{-1} \circ h^{-1} = h \circ g \circ g^{-1} \circ h^{-1}$$

$$= h \circ (g \circ g^{-1}) \circ h^{-1} = h \circ I \circ h^{-1} = h \circ h^{-1} = I$$

마찬가지로 $(f^{-1} \circ g^{-1} \circ h^{-1}) \circ (h \circ g \circ f) = I$

따라서 $f^{-1} \circ g^{-1} \circ h^{-1}$는 $h \circ g \circ f$의 역함수이므로

$$(h \circ g \circ f)^{-1} = f^{-1} \circ g^{-1} \circ h^{-1}$$

보기 ▶ 함수 $f(x) = 3x + 2$에 대하여 함수 $f(x)$는 일대일대응이므로 역함수 $f^{-1}(x)$가 존재한다.

$y = 3x + 2$로 놓고 x에 대하여 풀면

$$x = \frac{1}{3}y - \frac{2}{3}$$

x와 y를 서로 바꾸면 $y = \frac{1}{3}x - \frac{2}{3}$, 즉 $f^{-1}(x) = \frac{1}{3}x - \frac{2}{3}$

또 $y = \frac{1}{3}x - \frac{2}{3}$를 x에 대하여 풀면

$$x = 3y + 2$$

x와 y를 서로 바꾸면 $y = 3x + 2$, 즉 $(f^{-1})^{-1}(x) = 3x + 2$

$$\therefore (f^{-1})^{-1}(x) = f(x)$$

4 역함수의 그래프   ☞ 필수 19

함수 $y = f(x)$의 그래프와 그 역함수 $y = f^{-1}(x)$의 그래프는 **직선 $y = x$에 대하여 대칭**이다.

설명 함수 $y = f(x)$의 역함수 $y = f^{-1}(x)$가 존재할 때, 함수 $y = f(x)$의 그래프 위의 임의의 점 (a, b)에 대하여

$$b = f(a) \Longleftrightarrow a = f^{-1}(b)$$

가 성립하므로 점 (b, a)는 역함수 $y = f^{-1}(x)$의 그래프 위의 점이다.

이때 점 (a, b)와 점 (b, a)는 직선 $y = x$에 대하여 대칭이므로 함수 $y = f(x)$의 그래프와 그 역함수 $y = f^{-1}(x)$의 그래프는 직선 $y = x$에 대하여 대칭이다.

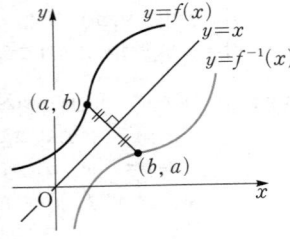

개념원리 익히기

알아둡시다!

함수 f의 역함수가 존재하기 위한 필요충분조건은 함수 f가 일대일대응인 것이다.

551 보기의 함수 f 중에서 역함수가 존재하는 것만을 있는 대로 고르시오.

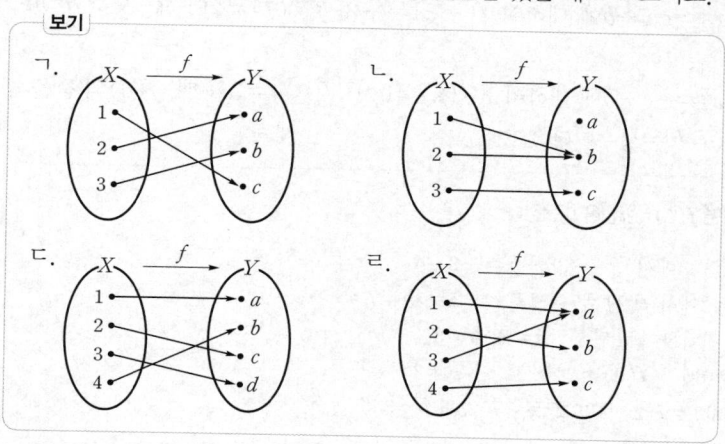

552 함수 $f(x)=-2x+3$에 대하여 다음 등식을 만족시키는 상수 a의 값을 구하시오.

(1) $f^{-1}(5)=a$

(2) $f^{-1}(a)=-2$

$f^{-1}(a)=b$
$\Rightarrow f(b)=a$

553 다음 함수의 역함수를 구하시오.

(1) $y=4x-2$

(2) $y=-\dfrac{1}{2}x+\dfrac{3}{2}$

$y=f(x)$의 역함수 구하기
(i) x에 대하여 푼다.
(ii) x와 y를 서로 바꾼다.

554 오른쪽 그림과 같은 함수 f에 대하여 다음을 구하시오.

(1) $f^{-1}(b)$

(2) $(f^{-1})^{-1}(2)$

(3) $(f^{-1}\circ f)(4)$

(4) $(f\circ f^{-1})(a)$

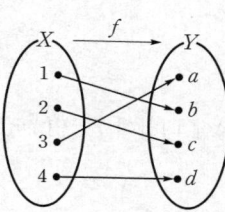

① $(f^{-1})^{-1}(x)=f(x)$
② $(f\circ f^{-1})(x)$
   $=(f^{-1}\circ f)(x)$
   $=x$

 **14** **역함수**

다음 물음에 답하시오.

(1) 함수 $f(x)=ax+b$에 대하여 $f(-3)=-3$, $f^{-1}(7)=2$일 때, 상수 a, b의 값을 구하시오.
(2) 함수 $f(x)=ax+b$에 대하여 $f^{-1}(2)=0$, $f(f(0))=3$일 때, $f(6)$의 값을 구하시오. (단, a, b는 상수이다.)

설명　$f^{-1}(a)=b$이면 $f(b)=a$임을 이용한다.

풀이　(1) $f(-3)=-3$에서　　$-3a+b=-3$　　　$\cdots\cdots$ ㉠
　　　$f^{-1}(7)=2$에서 $f(2)=7$이므로　　$2a+b=7$　　　$\cdots\cdots$ ㉡
　　　㉠, ㉡을 연립하여 풀면　　$a=2$, $b=3$
　　(2) $f^{-1}(2)=0$에서 $f(0)=2$이므로　　$b=2$
　　　또 $f(f(0))=f(2)=3$이므로　　$2a+b=3$
　　　위의 식에 $b=2$를 대입하면　　$2a+2=3$　　$\therefore a=\dfrac{1}{2}$
　　　따라서 $f(x)=\dfrac{1}{2}x+2$이므로
　　　$$f(6)=\dfrac{1}{2}\times6+2=5$$

● **함수 f의 역함수가 f^{-1}일 때,**
　　$$f^{-1}(a)=b \Longleftrightarrow f(b)=a$$

● 정답 및 풀이 **116**쪽

 555 함수 $f(x)=-2x+6$의 역함수를 $g(x)$라 할 때, $g(8)+g^{-1}(3)$의 값을 구하시오.

556 일차함수 $f(x)$에 대하여 $f^{-1}(1)=3$, $(f\circ f)(3)=-2$일 때, $f(-1)$의 값을 구하시오.

557 함수 f에 대하여 $f(2x+3)=-3x+4$일 때, $f(7)+f^{-1}(7)$의 값을 구하시오.

필수 15 역함수가 존재하기 위한 조건

함수 $f(x)=\begin{cases} 2x & (x\geq 1) \\ 2(1-k)x+2k & (x<1) \end{cases}$ 의 역함수가 존재하도록 하는 실수 k의 값의 범위를 구하시오.

풀이 함수 $f(x)$의 역함수가 존재하려면 $f(x)$가 일대일대응이어야 하므로
$y=f(x)$의 그래프는 오른쪽 그림과 같아야 한다.
즉 $x<1$에서 $y=2(1-k)x+2k$의 그래프의 기울기가 양수이어야 하므로
$$2(1-k)>0$$
$$\therefore k<1$$

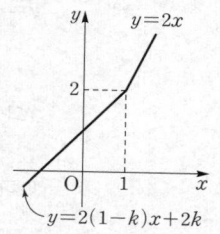

참고 $x<1$에서 $y=2(1-k)x+2k$의 그래프의 기울기가 0이거나 음수인 경우의 그래프는 다음 그림과 같으므로 이 경우에 $f(x)$는 일대일대응이 아니다.

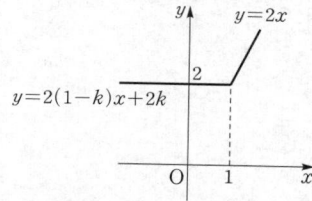 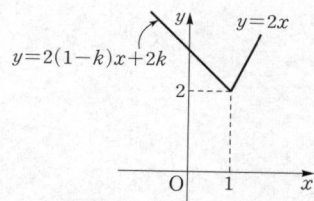

• 함수 f의 역함수 f^{-1}가 존재한다.
⇒ f가 일대일대응이다.
⇒ ① 정의역의 임의의 두 원소 x_1, x_2에 대하여 $x_1\neq x_2$이면 $f(x_1)\neq f(x_2)$이다.
② 치역과 공역이 서로 같다.

• 정답 및 풀이 **116쪽**

558 함수 $f(x)=\begin{cases} (3k-5)x+3(k-1) & (x\geq -1) \\ -x+1 & (x<-1) \end{cases}$ 의 역함수가 존재하도록 하는 정수 k의 최 댓값을 구하시오.

559 집합 $X=\{x\,|\,0\leq x\leq a\}$에서 집합 $Y=\{y\,|\,b\leq y\leq 5\}$로의 함수 $f(x)=3x+2$의 역함수 가 존재할 때, 상수 a, b에 대하여 $a+b$의 값을 구하시오.

560 실수 전체의 집합에서 정의된 함수 $f(x)=ax+|x-2|+3-2a$의 역함수가 존재하도록 하는 실수 a의 값의 범위를 구하시오.

● 더 다양한 문제는 **RPM** 공통수학 2 127쪽

필수 **16** 역함수 구하기

함수 $f(x) = \dfrac{1}{2}x + a$의 역함수가 $f^{-1}(x) = bx - 2$일 때, 상수 a, b에 대하여 $a+b$의 값을 구하시오.

풀이 $y = \dfrac{1}{2}x + a$로 놓고 x에 대하여 풀면

$$\dfrac{1}{2}x = y - a \qquad \therefore x = 2y - 2a$$

x와 y를 서로 바꾸면 $y = 2x - 2a$

$$\therefore f^{-1}(x) = 2x - 2a$$

따라서 $2x - 2a = bx - 2$이므로

$$2 = b, \ -2a = -2 \qquad \therefore a = 1, \ b = 2$$

$$\therefore a + b = \mathbf{3}$$

KEY Point

• 역함수 구하기

$$y = f(x) \xrightarrow{\ x\text{에 대하여 푼다.}\ } x = f^{-1}(y) \xrightarrow{\ x\text{와 }y\text{를 서로 바꾼다.}\ } y = f^{-1}(x)$$

● 정답 및 풀이 117쪽

561 함수 $y = ax + b$의 역함수가 $y = \dfrac{1}{3}x + 2$일 때, 상수 a, b에 대하여 ab의 값을 구하시오.

562 두 함수 $f(x) = -3x + 1$, $g(x) = x - 2$에 대하여 $h(x) = (g \circ f)(x)$일 때, $h^{-1}(x)$를 구하시오.

563 함수 f에 대하여 $f(3x-2) = 6x + 1$일 때, $f^{-1}(x) = ax + b$이다. 상수 a, b의 값을 구하시오.

필수 17 역함수의 성질

두 함수 $f(x)=3x-1$, $g(x)=-2x+4$에 대하여 다음을 구하시오.

(1) $(g \circ f)^{-1}(2)$ (2) $(f \circ (g \circ f)^{-1})(-2)$

풀이

(1) $(g \circ f)^{-1}(2)=(f^{-1} \circ g^{-1})(2)=f^{-1}(g^{-1}(2))$

$g^{-1}(2)=k$라 하면 $g(k)=2$이므로

$-2k+4=2$ $\therefore k=1$

$\therefore (g \circ f)^{-1}(2)=f^{-1}(g^{-1}(2))=f^{-1}(1)$

$f^{-1}(1)=l$이라 하면 $f(l)=1$이므로

$3l-1=1$ $\therefore l=\dfrac{2}{3}$

즉 $f^{-1}(1)=\dfrac{2}{3}$이므로 $(g \circ f)^{-1}(2)=f^{-1}(1)=\dfrac{2}{3}$

(2) $(f \circ (g \circ f)^{-1})(-2)=(f \circ f^{-1} \circ g^{-1})(-2)$ ← $(g \circ f)^{-1}=f^{-1} \circ g^{-1}$

$\qquad\qquad\qquad\qquad = g^{-1}(-2)$ ← $f \circ f^{-1}=I$

$g^{-1}(-2)=a$라 하면 $g(a)=-2$이므로

$-2a+4=-2$ $\therefore a=3$

즉 $g^{-1}(-2)=3$이므로

$(f \circ (g \circ f)^{-1})(-2)=g^{-1}(-2)=\mathbf{3}$

KEY Point

• 두 함수 f, g의 역함수가 각각 f^{-1}, g^{-1}일 때

① $f^{-1} \circ f=I$, $f \circ f^{-1}=I$ (단, I는 항등함수)

② $(f \circ g)^{-1}=g^{-1} \circ f^{-1}$

● 정답 및 풀이 **117**쪽

564 두 함수 $f(x)=2x-1$, $g(x)=\dfrac{1}{2}x-1$에 대하여 $(f^{-1} \circ g)^{-1}(3)$의 값을 구하시오.

565 두 함수 $f(x)=-2x+1$, $g(x)=x+4$에 대하여 $(f \circ (g \circ f)^{-1} \circ f)(x)=ax+b$일 때, 상수 a, b의 값을 구하시오.

566 두 함수 $f(x)=2x+1$, $g(x)=-\dfrac{1}{3}x+4$에 대하여 $((f^{-1} \circ g^{-1}) \circ f)(a)=1$을 만족시키는 상수 a의 값을 구하시오.

● 더 다양한 문제는 **RPM** 공통수학 2 129쪽

필수 18 그래프를 이용하여 역함수의 함숫값 구하기

함수 $y=f(x)$의 그래프와 직선 $y=x$가 오른쪽 그림과 같을 때, $(f \circ f)^{-1}(a)$의 값을 구하시오.

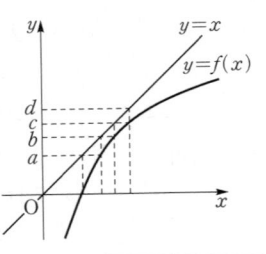

설명 $f^{-1}(n)=m$이면 $f(m)=n$임을 이용하여 점선을 따라가며 함숫값을 구한다.

풀이 직선 $y=x$를 이용하여 x축과 점선이 만나는 점의 x좌표를 구하면 오른쪽 그림과 같다.

$f^{-1}(a)=k$라 하면 $f(k)=a$이므로 $k=b$

$\therefore (f \circ f)^{-1}(a)=(f^{-1} \circ f^{-1})(a)$
$=f^{-1}(f^{-1}(a))=f^{-1}(b)$

$f^{-1}(b)=l$이라 하면 $f(l)=b$이므로 $l=c$

$\therefore (f \circ f)^{-1}(a)=f^{-1}(b)=\boldsymbol{c}$

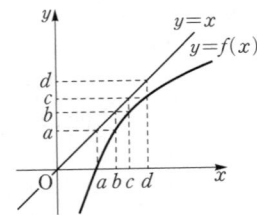

 KEY Point
• 그래프를 이용하여 역함수의 함숫값 구하기
⇨ 직선 $y=x$와 역함수의 정의를 이용한다.

● 정답 및 풀이 **118**쪽

확인체크 567 두 함수 $y=f(x)$와 $y=x$의 그래프가 오른쪽 그림과 같을 때, $(f \circ f)^{-1}(x_3)$의 값을 구하시오.

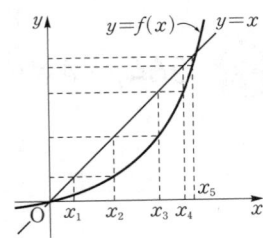

568 두 함수 $y=f(x)$, $y=g(x)$의 그래프와 직선 $y=x$가 오른쪽 그림과 같을 때, $(f \circ f \circ g)^{-1}(c)$의 값을 구하시오.

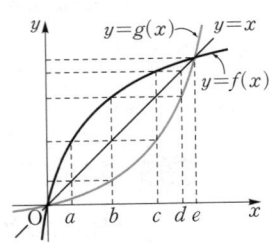

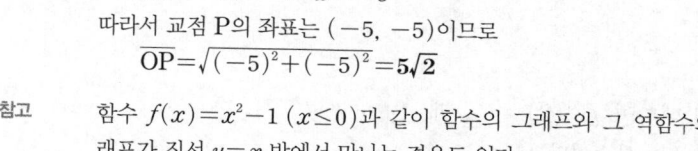

필수 19 역함수의 그래프의 성질

함수 $f(x)=3x+10$의 역함수를 $f^{-1}(x)$라 할 때, 두 함수 $y=f(x)$와 $y=f^{-1}(x)$의 그래프의 교점을 P라 하자. 이때 선분 OP의 길이를 구하시오. (단, O는 원점이다.)

설명 함수 $y=f(x)$의 그래프와 그 역함수 $y=f^{-1}(x)$의 그래프는 직선 $y=x$에 대하여 대칭임을 이용한다.

풀이 함수 $y=f(x)$의 그래프와 그 역함수 $y=f^{-1}(x)$의 그래프는 직선 $y=x$에 대하여 대칭이므로 오른쪽 그림과 같다.
이때 함수 $y=f(x)$의 그래프와 그 역함수 $y=f^{-1}(x)$의 그래프의 교점은 함수 $y=f(x)$의 그래프와 직선 $y=x$의 교점과 같으므로
$3x+10=x$에서
$2x=-10$ ∴ $x=-5$
따라서 교점 P의 좌표는 $(-5, -5)$이므로
$\overline{\text{OP}}=\sqrt{(-5)^2+(-5)^2}=\mathbf{5\sqrt{2}}$

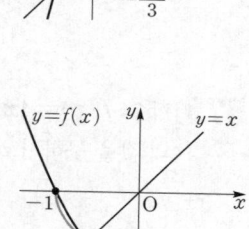

참고 함수 $f(x)=x^2-1 (x\leq0)$과 같이 함수의 그래프와 그 역함수의 그래프가 직선 $y=x$ 밖에서 만나는 경우도 있다.
따라서 직선 $y=x$를 이용하여 주어진 함수의 그래프와 그 역함수의 그래프의 교점을 구하는 경우에는 반드시 그래프를 그려 직선 $y=x$ 밖에 존재하는 교점이 없는지 확인해야 한다.

KEY Point

• 함수 $y=f(x)$의 그래프와 직선 $y=x$의 교점
⇨ 함수 $y=f(x)$의 그래프와 그 역함수 $y=f^{-1}(x)$의 그래프의 교점

• 정답 및 풀이 118쪽

569 함수 $f(x)=-3x+8$에 대하여 $y=f(x)$의 그래프와 그 역함수 $y=f^{-1}(x)$의 그래프의 교점의 좌표를 (p, q)라 할 때, pq의 값을 구하시오.

570 함수 $f(x)=\dfrac{1}{2}(x-2)^2+2 (x\geq2)$에 대하여 $y=f(x)$의 그래프와 그 역함수 $y=f^{-1}(x)$의 그래프는 서로 다른 두 점에서 만난다. 이 두 점 사이의 거리를 구하시오.

연습 문제

STEP 1

571 일차함수 $f(x)$와 그 역함수 $f^{-1}(x)$에 대하여 $y=f(x)$, $y=f^{-1}(x)$의 그래프가 모두 점 $(-2, 5)$를 지날 때, $f(1)+f^{-1}(-1)$의 값을 구하시오.

572 일차함수 $f(x)=ax+1$에 대하여 $f=f^{-1}$일 때, 상수 a의 값을 구하시오.

573 함수 $f(x)=4x+k$에 대하여 $f^{-1}(2)=1$일 때, $(f \circ (f \circ f)^{-1})(4)$의 값을 구하시오. (단, k는 상수이다.)

574 두 함수 $f(x)=\begin{cases} x^2+1 & (x \geq 0) \\ x+1 & (x<0) \end{cases}$, $g(x)=x+1$에 대하여
$((f^{-1} \circ g)^{-1} \circ f)(-2)$의 값을 구하시오.

575 세 함수 $y=f(x)$, $y=g(x)$, $y=x$의 그래프가 오른쪽 그림과 같을 때, $(g \circ f^{-1})(6)+(f^{-1} \circ g)(5)$의 값을 구하시오.

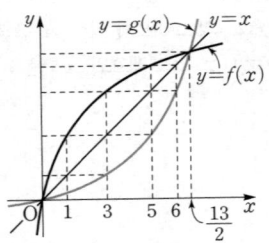

직선 $y=x$를 이용하여 y축과 점선이 만나는 점의 y좌표를 구한다.

STEP 2

576 함수 $f(x)=\begin{cases} 3x & (x \geq 2) \\ -x^2+5x & (x<2) \end{cases}$에 대하여 $(f \circ f)(3)+f^{-1}(-6)$의 값을 구하시오.

577 집합 $X=\{1, 2, 3, 4, 5\}$에 대하여 X에서 X로의 함수 f의 역함수
가 존재하고
$$f(1)+2f(3)=12, \quad f^{-1}(1)-f^{-1}(3)=2$$
일 때, $f(4)+f^{-1}(4)$의 값은?

① 5   ② 6   ③ 7   ④ 8   ⑤ 9

생각해 봅시다! 💡

함수 f의 역함수가 존재한다.
⇨ f는 일대일대응이다.

578 두 함수 $f(x)=ax+b$, $g(x)=x+c$에 대하여
$(f \circ g)^{-1}(2x+1)=x$, $f^{-1}(3)=-1$일 때, 상수 a, b, c에 대하여
$a+b+c$의 값을 구하시오.

579 일대일대응인 세 함수 f, g, h에 대하여 $(f \circ g)(x)=2x-3$,
$h(x)=x+1$일 때, $(h^{-1} \circ g^{-1} \circ f^{-1})(1)$의 값을 구하시오.

$h^{-1} \circ g^{-1} \circ f^{-1}$
$=h^{-1} \circ (f \circ g)^{-1}$

580 함수 $f(x)=-x|x|+k$에 대하여 $f^{-1}(2)=1$이다. 함수
$g(x)=2x+1$일 때, $(g^{-1} \circ f)^{-1}(2)$의 값을 구하시오.
(단, k는 상수이다.)

$(g^{-1} \circ f)^{-1}=f^{-1} \circ g$

581 집합 $A=\{x|0 \leq x \leq 1\}$에 대하여 A에서
A로의 함수 $y=f(x)$의 그래프가 오른쪽
그림과 같다. 함수 $f(x)$의 역함수를 $g(x)$
라 할 때, $(g \circ g)\left(\dfrac{1}{2}\right)$의 값을 구하시오.

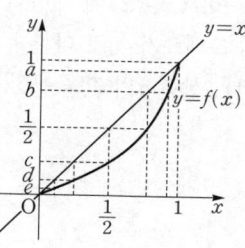

582 함수 $f(x)=\dfrac{1}{2}x^2+a \ (x \geq 0)$와 그 역함수 $g(x)$에 대하여 방정식
$f(x)=g(x)$가 실근을 갖도록 하는 실수 a의 값의 범위를 구하시오.

함수 $y=f(x)$의 그래프와
그 역함수 $y=g(x)$의 그래
프는 직선 $y=x$에 대하여 대
칭이다.

연습 문제

실력 UP⁺

583 함수 $f(x)$의 역함수를 $g(x)$라 할 때, 함수 $f(3x+1)$의 역함수는 $ag(x)+b$이다. 상수 a, b에 대하여 ab의 값을 구하시오.

교육청 기출

584 세 집합

$$X=\{1, 2, 3, 4\},\ Y=\{2, 3, 4, 5\},\ Z=\{3, 4, 5\}$$

에 대하여 두 함수 $f : X \longrightarrow Y$, $g : Y \longrightarrow Z$가 다음 조건을 만족시킨다.

> (가) 함수 f는 일대일대응이다.
> (나) $x \in (X \cap Y)$이면 $g(x) - f(x) = 1$이다.

보기에서 옳은 것만을 있는 대로 고른 것은?

> **보기**
> ㄱ. 함수 $g \circ f$의 치역은 Z이다.
> ㄴ. $f^{-1}(5) \geq 2$
> ㄷ. $f(3) < g(2) < f(1)$이면 $f(4) + g(2) = 6$이다.

① ㄱ   ② ㄱ, ㄴ   ③ ㄱ, ㄷ

④ ㄴ, ㄷ   ⑤ ㄱ, ㄴ, ㄷ

585 함수 $f(x) = x^2 - 4x + a$ $(x \geq 2)$에 대하여 $y = f(x)$의 그래프와 그 역함수 $y = f^{-1}(x)$의 그래프가 서로 다른 두 점에서 만난다. 이 두 점 사이의 거리가 $\sqrt{2}$일 때, 상수 a의 값을 구하시오.

586 함수 $f(x) = \begin{cases} 2x - 3 & (x \geq 1) \\ \dfrac{1}{2}x - \dfrac{3}{2} & (x < 1) \end{cases}$ 에 대하여 함수 $y = f(x)$의 그래프와 그 역함수 $y = f^{-1}(x)$의 그래프로 둘러싸인 도형의 넓이를 구하시오.

생각해 봅시다! 💡

$a \in (X \cap Y)$이면 $2 \leq f(a) \leq 4$, $3 \leq g(a) \leq 5$

Ⅲ
함수

이 단원에서는

유리식의 계산을 바탕으로 유리함수와 그 그래프에 대하여 학습합니다. 또 합성함수, 역
함수 등의 개념과 연계된 다양한 문제를 풀어 봅니다.

개념원리 이해

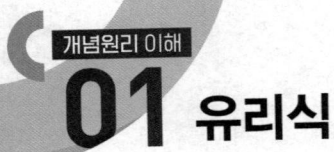

01 유리식

1 유리식

두 다항식 A, B $(B\neq0)$에 대하여 $\dfrac{A}{B}$의 꼴로 나타내어지는 식을 **유리식**이라 한다. 특히 B가 상수이면 $\dfrac{A}{B}$는 다항식이 되므로 다항식도 유리식이다.

> 다항식이 아닌 유리식을 **분수식**이라 한다.

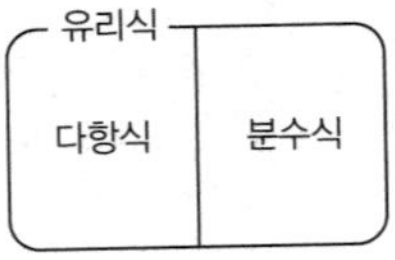

보기 ▸ $\dfrac{1}{x+1}$, x^2-1, $\dfrac{x^2+1}{2}$, $\dfrac{x+1}{x^2+1}$, $1+\dfrac{2}{x}$, $3x$는 모두 유리식이고, 이 중에서 x^2-1, $\dfrac{x^2+1}{2}$, $3x$는 다항식, $\dfrac{1}{x+1}$, $\dfrac{x+1}{x^2+1}$, $1+\dfrac{2}{x}$는 분수식이다.

2 유리식의 성질

세 다항식 A, B, C $(B\neq0,\ C\neq0)$에 대하여

(1) $\dfrac{A}{B}=\dfrac{A\times C}{B\times C}$

(2) $\dfrac{A}{B}=\dfrac{A\div C}{B\div C}$

> 두 개 이상의 유리식을 통분할 때에는 (1)의 성질을, 유리식을 약분할 때에는 (2)의 성질을 이용한다.

3 유리식의 사칙연산 필수 01, 02

유리식의 사칙연산은 유리수의 사칙연산과 같은 방법으로 한다. 즉 유리식의 덧셈과 뺄셈은 분모를 통분하여 계산하고 유리식의 곱셈은 분모는 분모끼리, 분자는 분자끼리 곱하여 계산한다. 또 유리식의 나눗셈은 나누는 식의 분자와 분모를 바꾸어 곱하여 계산한다.

네 다항식 A, B, C, D $(C\neq0,\ D\neq0)$에 대하여

(1) **덧셈**: $\dfrac{A}{C}+\dfrac{B}{C}=\dfrac{A+B}{C}$

(2) **뺄셈**: $\dfrac{A}{C}-\dfrac{B}{C}=\dfrac{A-B}{C}$

(3) **곱셈**: $\dfrac{A}{C}\times\dfrac{B}{D}=\dfrac{AB}{CD}$

(4) **나눗셈**: $\dfrac{A}{C}\div\dfrac{B}{D}=\dfrac{A}{C}\times\dfrac{D}{B}=\dfrac{AD}{BC}$ (단, $B\neq0$)

> 유리식의 덧셈, 곱셈에 대하여 교환법칙과 결합법칙이 성립한다.

보기 ▶ (1) $\dfrac{2}{x+1}-\dfrac{1}{x-2}=\dfrac{2(x-2)}{(x+1)(x-2)}-\dfrac{x+1}{(x+1)(x-2)}$

$\qquad\qquad =\dfrac{2(x-2)-(x+1)}{(x+1)(x-2)}=\dfrac{x-5}{(x+1)(x-2)}$

(2) $\dfrac{x+3}{x^2-1}\div\dfrac{x-2}{x^2+3x+2}=\dfrac{x+3}{(x+1)(x-1)}\div\dfrac{x-2}{(x+2)(x+1)}$

$\qquad\qquad =\dfrac{x+3}{(x+1)(x-1)}\times\dfrac{(x+2)(x+1)}{x-2}=\dfrac{(x+3)(x+2)}{(x-1)(x-2)}$

❹ 특수한 형태의 유리식의 계산 　◉ 필수 03~05

복잡한 유리식의 계산은 유리식의 꼴에 따라 다음과 같이 간단히 변형한 후 계산한다.

(1) **(분자의 차수) ≥ (분모의 차수)인 경우**

분자의 차수가 분모의 차수보다 크거나 같으면 분자를 분모로 나누어
(분자의 차수) < (분모의 차수)가 되도록 변형한 후 계산한다.

(2) **유리식이 네 개 이상인 경우**

유리식이 네 개 이상인 경우에는 계산 과정이 간단해지도록 적당히 두 개씩 묶어서 계산한다.

(3) **분모가 두 개 이상의 인수의 곱인 경우**

분모가 두 개 이상의 인수의 곱으로 되어 있으면 다음과 같이 부분분수로 변형한다.

$$\dfrac{1}{AB}=\dfrac{1}{B-A}\left(\dfrac{1}{A}-\dfrac{1}{B}\right)\ (\text{단},\ A\ne B)$$

(4) **분모 또는 분자가 분수식인 경우**

분모 또는 분자가 분수식이면 분자에 분모의 역수를 곱하여 계산한다.

$$\Rightarrow\ \dfrac{\dfrac{A}{B}}{\dfrac{C}{D}}=\dfrac{A}{B}\div\dfrac{C}{D}=\dfrac{A}{B}\times\dfrac{D}{C}=\dfrac{AD}{BC}$$

▶ ① 분자 또는 분모가 분수식인 유리식을 **번분수식**이라 한다.

② $\dfrac{A}{\dfrac{B}{C}}=A\div\dfrac{B}{C}=A\times\dfrac{C}{B}=\dfrac{AC}{B},\ \dfrac{\dfrac{A}{B}}{C}=\dfrac{A}{B}\div C=\dfrac{A}{B}\times\dfrac{1}{C}=\dfrac{A}{BC}$

보기 ▶ (1) $\dfrac{x+1}{x-2}=\dfrac{(x-2)+3}{x-2}=1+\dfrac{3}{x-2}$

(2) $\dfrac{1}{x+1}+\dfrac{1}{x+3}-\dfrac{1}{x+2}-\dfrac{1}{x+4}=\left(\dfrac{1}{x+1}-\dfrac{1}{x+2}\right)+\left(\dfrac{1}{x+3}-\dfrac{1}{x+4}\right)$

$\qquad\qquad\qquad\qquad\qquad =\dfrac{1}{(x+1)(x+2)}+\dfrac{1}{(x+3)(x+4)}$

(3) $\dfrac{1}{x(x+1)}=\dfrac{1}{(x+1)-x}\left(\dfrac{1}{x}-\dfrac{1}{x+1}\right)=\dfrac{1}{x}-\dfrac{1}{x+1}$

(4) $\dfrac{\dfrac{x-1}{x}}{x-\dfrac{1}{x}}=\dfrac{\dfrac{x-1}{x}}{\dfrac{x^2-1}{x}}=\dfrac{x-1}{x}\times\dfrac{x}{x^2-1}=\dfrac{1}{x+1}$

특강 비례식

1 비례식

비의 값이 같은 두 개의 비 $a:b$와 $c:d$를 $a:b=c:d$ 또는 $\dfrac{a}{b}=\dfrac{c}{d}$와 같이 나타낸 식을 **비례식**이라 한다.

비례식은 비례상수를 이용하여 다음과 같이 나타낼 수 있다.

> 0이 아닌 실수 k에 대하여
>
> (1) $a:b=c:d \iff \dfrac{a}{b}=\dfrac{c}{d}=k \iff a=bk,\ c=dk$
>
> (2) $a:b:c=d:e:f \iff \dfrac{a}{d}=\dfrac{b}{e}=\dfrac{c}{f}=k \iff a=dk,\ b=ek,\ c=fk$

● 더 다양한 문제는 **RPM** 공통수학 2 143쪽

특강 01 비례식이 주어졌을 때의 유리식의 값

0이 아닌 세 실수 x, y, z에 대하여 다음 물음에 답하시오.

(1) $x:y:z=3:4:5$일 때, $\dfrac{x^2-y^2+z^2}{x^2+y^2+z^2}$의 값을 구하시오.

(2) $\dfrac{x+y}{12}=\dfrac{y+z}{13}=\dfrac{z+x}{5}$일 때, $x:y:z$를 구하시오.

풀이 (1) $x=3k,\ y=4k,\ z=5k\ (k\neq0)$로 놓으면

$$\frac{x^2-y^2+z^2}{x^2+y^2+z^2}=\frac{(3k)^2-(4k)^2+(5k)^2}{(3k)^2+(4k)^2+(5k)^2}=\frac{18k^2}{50k^2}=\frac{9}{25}$$

(2) $\dfrac{x+y}{12}=\dfrac{y+z}{13}=\dfrac{z+x}{5}=k\ (k\neq0)$로 놓으면

$$x+y=12k,\ y+z=13k,\ z+x=5k \qquad \cdots\cdots \text{㉠}$$

세 식을 변끼리 더하면 $\quad 2(x+y+z)=30k \qquad \therefore x+y+z=15k \qquad \cdots\cdots \text{㉡}$

㉡에 ㉠을 대입하여 정리하면 $\quad x=2k,\ y=10k,\ z=3k$

$$\therefore x:y:z=2k:10k:3k=\mathbf{2:10:3}$$

● 정답 및 풀이 **123**쪽

 587 $\dfrac{2x+y}{5}=\dfrac{x+2y}{7}$일 때, $\dfrac{xy-x^2}{xy+y^2}$의 값을 구하시오. (단, $xy\neq0$)

588 $(x+y):(y+z):(z+x)=3:4:5$일 때, 다음을 구하시오.

(1) $x:y:z$

(2) $\dfrac{xy-yz+zx}{x^2+y^2+z^2}$의 값

589 보기에서 다음에 해당하는 것만을 있는 대로 고르시오.

> **보기**
>
> ㄱ. $\dfrac{4}{x+1}$ ㄴ. $\dfrac{x^2+1}{2x^2-3}$ ㄷ. $\dfrac{x^2-5x}{8}$
>
> ㄹ. $\dfrac{2x}{3}+\dfrac{3}{5}$ ㅁ. $\dfrac{2x}{x(x-1)}$ ㅂ. $\dfrac{1}{(x+1)(x+2)}$

(1) 다항식 (2) 다항식이 아닌 유리식

---

590 다음 두 유리식을 통분하시오.

(1) $\dfrac{1}{x^2-3x}$, $\dfrac{1}{x-3}$

(2) $\dfrac{2}{x^2-1}$, $\dfrac{3}{x^2+4x+3}$

세 다항식 A, B, C
($B\neq0$, $C\neq0$)에 대하여

$$\dfrac{A}{B}=\dfrac{A\times C}{B\times C}$$

---

591 다음 유리식을 약분하시오.

(1) $\dfrac{x^2-5x+6}{x^2-7x+12}$

(2) $\dfrac{x^4-y^4}{(x+y)(x^3-y^3)}$

세 다항식 A, B, C
($B\neq0$, $C\neq0$)에 대하여

$$\dfrac{A}{B}=\dfrac{A\div C}{B\div C}$$

---

592 다음 식을 계산하시오.

(1) $\dfrac{2}{x+2}+\dfrac{3}{x+3}$

(2) $\dfrac{1}{x-1}-\dfrac{6}{2x+1}$

(3) $\dfrac{x+2}{x^2+3x}\times\dfrac{x+3}{2x}$

(4) $\dfrac{x^2-1}{x+2}\div\dfrac{x+1}{x}$

① 유리식의 덧셈과 뺄셈
  ⇨ 분모를 통분하여 계산한다.
② 유리식의 곱셈
  ⇨ 분모는 분모끼리, 분자는 분자끼리 곱한다.
③ 유리식의 나눗셈
  ⇨ 나누는 식의 역수를 곱한다.

필수 01 유리식의 사칙연산

다음 식을 계산하시오.

(1) $\dfrac{2x^2-3x+10}{x^3-8}+\dfrac{1}{x-2}-\dfrac{x-3}{x^2+2x+4}$

(2) $\dfrac{x^2-3x+2}{x^2-x-6}\times\dfrac{x^2-4x+3}{x^2+2x-8}$

(3) $\dfrac{x^2+xz-xy-yz}{x^2-y^2}\div\dfrac{x+z}{x^3+y^3}$

풀이

(1) (주어진 식)$=\dfrac{2x^2-3x+10}{(x-2)(x^2+2x+4)}+\dfrac{x^2+2x+4}{(x-2)(x^2+2x+4)}-\dfrac{(x-3)(x-2)}{(x^2+2x+4)(x-2)}$

$\qquad=\dfrac{2x^2-3x+10+x^2+2x+4-(x^2-5x+6)}{(x-2)(x^2+2x+4)}$

$\qquad=\dfrac{2(x^2+2x+4)}{(x-2)(x^2+2x+4)}$

$\qquad=\dfrac{2}{x-2}$

(2) (주어진 식)$=\dfrac{(x-1)(x-2)}{(x+2)(x-3)}\times\dfrac{(x-1)(x-3)}{(x+4)(x-2)}=\dfrac{(x-1)^2}{(x+2)(x+4)}$

(3) (주어진 식)$=\dfrac{x(x+z)-y(x+z)}{(x+y)(x-y)}\div\dfrac{x+z}{(x+y)(x^2-xy+y^2)}$

$\qquad=\dfrac{(x-y)(x+z)}{(x+y)(x-y)}\times\dfrac{(x+y)(x^2-xy+y^2)}{x+z}$

$\qquad=x^2-xy+y^2$

 KEY Point

- 유리식의 덧셈과 뺄셈 ⇨ 분모를 통분하여 분자끼리 계산한다.
- 유리식의 곱셈과 나눗셈
  ⇨ 분자, 분모를 각각 인수분해하여 약분한 다음 곱셈과 나눗셈을 한다.

● 정답 및 풀이 **124**쪽

 593 다음 식을 계산하시오.

(1) $\dfrac{3x+1}{x^2-1}-\dfrac{2x+3}{x^2+3x+2}+\dfrac{x-2}{x^2+x-2}$

(2) $\dfrac{6x^2-x-1}{x^2-9}\times\dfrac{x^2-x-6}{3x^2-2x-1}\div\dfrac{2x^2+3x-2}{x^2+2x-3}$

필수 02 유리식과 항등식

$x \neq 1$, $x \neq 2$인 모든 실수 x에 대하여 등식

$$\frac{a}{x-1} + \frac{b}{x-2} = \frac{3x}{x^2-3x+2}$$

가 성립할 때, 상수 a, b의 값을 구하시오.

풀이 주어진 식의 좌변을 통분하여 정리하면

$$\frac{a}{x-1} + \frac{b}{x-2} = \frac{a(x-2)+b(x-1)}{(x-1)(x-2)} = \frac{(a+b)x-2a-b}{x^2-3x+2}$$

즉 $\dfrac{(a+b)x-2a-b}{x^2-3x+2} = \dfrac{3x}{x^2-3x+2}$가 x에 대한 항등식이므로 양변의 분자의 동류항의 계수를 비교하면

$$a+b=3, \quad -2a-b=0$$

두 식을 연립하여 풀면

$$\boldsymbol{a=-3, \ b=6}$$

다른 풀이 $x^2-3x+2=(x-1)(x-2)$이므로 주어진 식의 양변에 $(x-1)(x-2)$를 곱하면

$$a(x-2)+b(x-1)=3x$$

$$\therefore (a+b)x-2a-b=3x$$

이 식이 x에 대한 항등식이므로

$$a+b=3, \quad -2a-b=0$$

두 식을 연립하여 풀면 $\quad a=-3, \ b=6$

• 주어진 유리식이 항등식이면 통분하여 양변의 분모를 같게 한 후 양변의 분자의 동류항의 계수를 비교한다.

● 정답 및 풀이 **124**쪽

594 $x \neq 1$인 모든 실수 x에 대하여 등식

$$\frac{3x}{x^3-1} = \frac{a}{x-1} + \frac{bx+a}{x^2+x+1}$$

가 성립할 때, ab의 값을 구하시오. (단, a, b는 상수이다.)

595 다음 식의 분모가 0이 되지 않도록 하는 모든 실수 x에 대하여 등식

$$\frac{2}{x} + \frac{a}{x-1} + \frac{b}{x-2} = \frac{-x+4}{x(x-1)(x-2)}$$

가 성립할 때, $a-b$의 값을 구하시오. (단, a, b는 상수이다.)

03 (분자의 차수) ≥ (분모의 차수)인 유리식의 계산

다음 식을 계산하시오.

(1) $\dfrac{x^2+x-1}{x+1} - \dfrac{x^2-x+2}{x-1}$ (2) $\dfrac{x+2}{x} - \dfrac{x+3}{x+1} - \dfrac{x-5}{x-3} + \dfrac{x-6}{x-4}$

설명 분모를 바로 통분하여 계산하면 분자가 3차 이상의 복잡한 식이 된다. 따라서 분자를 분모로 나누어서 분자를 상수로 변형한 후 계산한다.

풀이

(1) (주어진 식) $= \dfrac{x(x+1)-1}{x+1} - \dfrac{x(x-1)+2}{x-1} = \left(x - \dfrac{1}{x+1}\right) - \left(x + \dfrac{2}{x-1}\right)$

$= -\dfrac{1}{x+1} - \dfrac{2}{x-1} = \dfrac{-(x-1)-2(x+1)}{(x+1)(x-1)}$

$= \dfrac{-3x-1}{(x+1)(x-1)}$

(2) (주어진 식) $= \dfrac{x+2}{x} - \dfrac{(x+1)+2}{x+1} - \dfrac{(x-3)-2}{x-3} + \dfrac{(x-4)-2}{x-4}$

$= \left(1 + \dfrac{2}{x}\right) - \left(1 + \dfrac{2}{x+1}\right) - \left(1 - \dfrac{2}{x-3}\right) + \left(1 - \dfrac{2}{x-4}\right)$

$= \left(\dfrac{2}{x} - \dfrac{2}{x+1}\right) + \left(\dfrac{2}{x-3} - \dfrac{2}{x-4}\right)$

$= \dfrac{2(x+1)-2x}{x(x+1)} + \dfrac{2(x-4)-2(x-3)}{(x-3)(x-4)}$

$= \dfrac{2}{x(x+1)} + \dfrac{-2}{(x-3)(x-4)}$

$= \dfrac{2(x-3)(x-4)-2x(x+1)}{x(x+1)(x-3)(x-4)}$

$= \dfrac{-8(2x-3)}{x(x+1)(x-3)(x-4)}$

KEY Point

• (분자의 차수) ≥ (분모의 차수) ⇨ 분자를 분모로 나누어 다항식과 분수식의 합으로 변형한다.

• 네 개 이상의 유리식의 계산 ⇨ 적당히 두 개씩 묶어서 계산한다.

● 정답 및 풀이 **125**쪽

 596 다음 식을 계산하시오.

(1) $\dfrac{x^2-x-3}{x+1} - \dfrac{x^2-4x+6}{x-2}$ (2) $\dfrac{x+3}{x+4} + \dfrac{x+7}{x+8} - \dfrac{x+1}{x+2} - \dfrac{x+5}{x+6}$

● 더 다양한 문제는 **RPM** 공통수학 2 **141쪽**

 04 **부분분수로의 변형**

다음 물음에 답하시오.

(1) $\dfrac{2}{x(x+2)} + \dfrac{2}{(x+2)(x+4)} + \dfrac{2}{(x+4)(x+6)} + \dfrac{2}{(x+6)(x+8)}$ 를 계산하시오.

(2) $\dfrac{1}{1\times 2} + \dfrac{1}{2\times 3} + \dfrac{1}{3\times 4} + \cdots + \dfrac{1}{9\times 10}$ 의 값을 구하시오.

설명 (1) 주어진 유리식을 살펴보면 다음과 같이 분모에 같은 식이 규칙적으로 반복됨을 알 수 있다.

$$\frac{2}{x(x+2)} + \frac{2}{(x+2)(x+4)} + \frac{2}{(x+4)(x+6)} + \frac{2}{(x+6)(x+8)}$$

이와 같은 문제는 부분분수로 변형하면 간단하게 계산할 수 있다.

풀이 (1) (주어진 식) $= \left(\dfrac{1}{x} - \dfrac{1}{x+2}\right) + \left(\dfrac{1}{x+2} - \dfrac{1}{x+4}\right)$ ← $\dfrac{2}{x(x+2)} = \dfrac{2}{(x+2)-x}\left(\dfrac{1}{x} - \dfrac{1}{x+2}\right)$

$\qquad\qquad\quad + \left(\dfrac{1}{x+4} - \dfrac{1}{x+6}\right) + \left(\dfrac{1}{x+6} - \dfrac{1}{x+8}\right)$ $\qquad\qquad\qquad = \dfrac{1}{x} - \dfrac{1}{x+2}$

$\qquad\qquad\quad = \dfrac{1}{x} - \dfrac{1}{x+8} = \dfrac{x+8-x}{x(x+8)} = \dfrac{8}{x(x+8)}$

(2) (주어진 식) $= \left(1 - \dfrac{1}{2}\right) + \left(\dfrac{1}{2} - \dfrac{1}{3}\right) + \left(\dfrac{1}{3} - \dfrac{1}{4}\right) + \cdots + \left(\dfrac{1}{9} - \dfrac{1}{10}\right)$

$\qquad\qquad\quad = 1 - \dfrac{1}{10} = \dfrac{9}{10}$

KEY Point

- 분모가 두 인수의 곱이면 부분분수로 변형한다.

$$\Rightarrow \frac{1}{AB} = \frac{1}{B-A}\left(\frac{1}{A} - \frac{1}{B}\right) \text{(단, } A \neq B)$$

● 정답 및 풀이 **125쪽**

 597 다음 물음에 답하시오.

(1) $\dfrac{1}{x^2+x} + \dfrac{2}{x^2+4x+3} + \dfrac{3}{x^2+9x+18} - \dfrac{6}{x^2+6x}$ 을 계산하시오.

(2) $\dfrac{1}{1\times 3} + \dfrac{1}{3\times 5} + \dfrac{1}{5\times 7} + \dfrac{1}{7\times 9} + \dfrac{1}{9\times 11}$ 의 값을 구하시오.

598 다음 식의 분모를 0으로 만들지 않는 모든 실수 x에 대하여 등식

$$\frac{2}{x(x-2)} + \frac{4}{x(x+4)} + \frac{6}{(x+4)(x+10)} = \frac{a}{(x+b)(x+c)}$$

가 성립할 때, $a+b+c$의 값을 구하시오. (단, a, b, c는 상수이다.)

255

 **05** 분모 또는 분자가 분수식인 유리식의 계산

다음 식을 간단히 하시오.

(1) $1 - \dfrac{1}{1 - \dfrac{1}{1-x}}$

(2) $\dfrac{\dfrac{1}{1-x} + \dfrac{1}{1+x}}{\dfrac{1}{1-x} - \dfrac{1}{1+x}}$

 설명

(1) 분모에 유리식이 반복되므로 가장 아래에 있는 유리식부터 차례대로 계산한다.

(2) 분모와 분자를 각각 간단히 한 후 분자에 분모의 역수를 곱하여 계산한다.

풀이

(1) (주어진 식) $= 1 - \dfrac{1}{\dfrac{(1-x)-1}{1-x}} = 1 - \dfrac{1}{\dfrac{-x}{1-x}} = 1 + \dfrac{1-x}{x} = \dfrac{x+(1-x)}{x} = \dfrac{1}{x}$

(2) (주어진 식) $= \dfrac{\dfrac{(1+x)+(1-x)}{(1-x)(1+x)}}{\dfrac{(1+x)-(1-x)}{(1-x)(1+x)}} = \dfrac{\dfrac{2}{(1-x)(1+x)}}{\dfrac{2x}{(1-x)(1+x)}} = \dfrac{2(1-x)(1+x)}{2x(1-x)(1+x)} = \dfrac{1}{x}$

다른 풀이

(1) 분자, 분모에 각각 $1-x$를 곱하여 계산하면

(주어진 식) $= 1 - \dfrac{1 \times (1-x)}{\left(1 - \dfrac{1}{1-x}\right) \times (1-x)} = 1 - \dfrac{1-x}{(1-x)-1} = 1 + \dfrac{1-x}{x} = \dfrac{1}{x}$

(2) 분자, 분모에 각각 $(1-x)(1+x)$를 곱하여 계산하면

(주어진 식) $= \dfrac{\left(\dfrac{1}{1-x} + \dfrac{1}{1+x}\right) \times (1-x)(1+x)}{\left(\dfrac{1}{1-x} - \dfrac{1}{1+x}\right) \times (1-x)(1+x)} = \dfrac{(1+x)+(1-x)}{(1+x)-(1-x)} = \dfrac{1}{x}$

KEY Point

$\cdot \dfrac{\dfrac{A}{B}}{\dfrac{C}{D}} = \dfrac{A}{B} \div \dfrac{C}{D} = \dfrac{A}{B} \times \dfrac{D}{C} = \dfrac{AD}{BC}$ $\leftarrow \times \dfrac{\left(\dfrac{A}{B}\right)}{\left(\dfrac{C}{D}\right)} \times = \dfrac{AD}{BC}$

● 정답 및 풀이 **126**쪽

 599 다음 식을 간단히 하시오.

(1) $\dfrac{\dfrac{1}{x+2} - \dfrac{1}{x+3}}{\dfrac{1}{x+3} - \dfrac{1}{x+4}}$

(2) $\dfrac{1 - \dfrac{2x-y}{x+y}}{\dfrac{y}{x+y} - 1}$

(3) $\dfrac{1 + \dfrac{2}{x}}{x - 3 - \dfrac{5}{x+1}}$

600 등식 $\dfrac{17}{72} = \dfrac{1}{a + \dfrac{1}{b + \dfrac{1}{c}}}$ 을 만족시키는 자연수 a, b, c에 대하여 $a+b+c$의 값을 구하시오.

필수 06 **조건이 주어졌을 때의 유리식의 값**

다음 물음에 답하시오.

(1) $x^2+4x+1=0$일 때, $x^3+\dfrac{1}{x^3}$의 값을 구하시오.

(2) 0이 아닌 세 실수 a, b, c에 대하여 $a+b+c=0$일 때,

$$a\left(\dfrac{1}{b}+\dfrac{1}{c}\right)+b\left(\dfrac{1}{c}+\dfrac{1}{a}\right)+c\left(\dfrac{1}{a}+\dfrac{1}{b}\right)$$

의 값을 구하시오.

풀이 (1) $x^2+4x+1=0$에서 $x\neq0$이므로 양변을 x로 나누면

$$x+4+\dfrac{1}{x}=0 \qquad \therefore x+\dfrac{1}{x}=-4$$

$$\therefore x^3+\dfrac{1}{x^3}=\left(x+\dfrac{1}{x}\right)^3-3\left(x+\dfrac{1}{x}\right)=(-4)^3-3\times(-4)=\boldsymbol{-52}$$

(2) $a\left(\dfrac{1}{b}+\dfrac{1}{c}\right)+b\left(\dfrac{1}{c}+\dfrac{1}{a}\right)+c\left(\dfrac{1}{a}+\dfrac{1}{b}\right)=\dfrac{a}{b}+\dfrac{a}{c}+\dfrac{b}{c}+\dfrac{b}{a}+\dfrac{c}{a}+\dfrac{c}{b}$

$$=\dfrac{b+c}{a}+\dfrac{c+a}{b}+\dfrac{a+b}{c}$$

이때 $a+b+c=0$에서 $b+c=-a$, $c+a=-b$, $a+b=-c$

$$\therefore (\text{주어진 식})=\dfrac{b+c}{a}+\dfrac{c+a}{b}+\dfrac{a+b}{c}=\dfrac{-a}{a}+\dfrac{-b}{b}+\dfrac{-c}{c}$$

$$=-1-1-1=\boldsymbol{-3}$$

다른 풀이 (2) $a\left(\dfrac{1}{b}+\dfrac{1}{c}\right)+b\left(\dfrac{1}{c}+\dfrac{1}{a}\right)+c\left(\dfrac{1}{a}+\dfrac{1}{b}\right)=\dfrac{a(b+c)}{bc}+\dfrac{b(c+a)}{ca}+\dfrac{c(a+b)}{ab}$

$$=\dfrac{-a^2}{bc}+\dfrac{-b^2}{ca}+\dfrac{-c^2}{ab}$$

$$=-\dfrac{a^3+b^3+c^3}{abc}$$

한편 $a+b+c=0$이므로

$$a^3+b^3+c^3=(a+b+c)(a^2+b^2+c^2-ab-bc-ca)+3abc=3abc$$

$$\therefore (\text{주어진 식})=-\dfrac{a^3+b^3+c^3}{abc}=-\dfrac{3abc}{abc}=-3$$

● 정답 및 풀이 **126**쪽

 601 다음 물음에 답하시오.

(1) $2x^2-5x-2=0$일 때, $8x^3-4x^2-\dfrac{4}{x^2}-\dfrac{8}{x^3}$의 값을 구하시오.

(2) $x+y+xy=0$일 때, $\dfrac{1}{(1+x)(1+y)}+\dfrac{x}{(1+x)(x+y)}+\dfrac{y}{(1+y)(x+y)}$의 값을 구하시오. (단, $xy\neq0$)

연습 문제

● 정답 및 풀이 127쪽

STEP 1

602 $\dfrac{1}{2-x}+\dfrac{1}{2+x}+\dfrac{4}{4+x^2}+\dfrac{32}{16+x^4}$ 를 계산하시오.

603 다음 식의 분모를 0으로 만들지 않는 모든 실수 x에 대하여 등식

$$\dfrac{2x+3}{x+1}-\dfrac{3x+7}{x+2}+\dfrac{3x+10}{x+3}-\dfrac{2x+9}{x+4}$$

$$=\dfrac{ax^2+bx+c}{(x+1)(x+2)(x+3)(x+4)}$$

가 성립할 때, abc의 값을 구하시오. (단, a, b, c는 상수이다.)

604 $\dfrac{\dfrac{1}{x-2}-\dfrac{1}{x+3}}{\dfrac{1}{x-2}+\dfrac{1}{x+3}}+\dfrac{\dfrac{1}{x+2}-\dfrac{1}{x-3}}{\dfrac{1}{x+2}+\dfrac{1}{x-3}}$ 을 계산하시오.

STEP 2

605 $f(x)=\dfrac{4x^2-1}{3}$ 일 때, $\dfrac{1}{f(1)}+\dfrac{1}{f(2)}+\dfrac{1}{f(3)}+\cdots+\dfrac{1}{f(20)}$ 의 값을 구하시오.

606 $x^2-3x+1=0$일 때, 다음 중 $3-\dfrac{1}{3-\dfrac{1}{3-\dfrac{1}{3-x}}}$ 과 같은 것은?

① $\dfrac{1}{x-3}$ ② $\dfrac{1}{3-x}$ ③ $-\dfrac{1}{x}$ ④ $\dfrac{1}{x}$ ⑤ x

실력 UP⁺

607 세 실수 a, b, c에 대하여 $\dfrac{1}{a}+\dfrac{1}{b}+\dfrac{1}{c}=0$일 때,

$$\dfrac{a^2}{(a+b)(a+c)}+\dfrac{b^2}{(b+a)(b+c)}+\dfrac{c^2}{(c+b)(c+a)}$$

$$+\dfrac{3abc}{(a+b)(b+c)(c+a)}$$

의 값을 구하시오.

생각해 봅시다! 💡

네 개 이상의 유리식의 계산은 적당히 두 개씩 묶어서 계산한다.

$$\dfrac{\dfrac{A}{B}}{\dfrac{C}{D}}=\dfrac{AD}{BC}$$

$$\dfrac{1}{AB}$$
$$=\dfrac{1}{B-A}\left(\dfrac{1}{A}-\dfrac{1}{B}\right)$$
(단, $A\neq B$)

02 유리함수

1 유리함수

(1) **유리함수**: 함수 $y=f(x)$에서 $f(x)$가 x에 대한 유리식일 때, 이 함수를 **유리함수**라 한다.
특히 $f(x)$가 x에 대한 다항식인 유리함수를 **다항함수**라 한다.
(2) **유리함수의 정의역**: 유리함수에서 정의역이 주어지지 않은 경우에는 **분모가 0이 되지 않도록 하는 실수 전체의 집합**을 정의역으로 한다.

▶ $f(x)$가 x에 대한 분수식인 유리함수를 **분수함수**라 한다.

보기 ▶ (1) $y=x+1$, $y=\dfrac{1}{x}$, $y=\dfrac{2x-3}{x+2}$, $y=x^2+3x-2$는 모두 유리함수이고,

이 중에서 $y=x+1$, $y=x^2+3x-2$는 다항함수, $y=\dfrac{1}{x}$, $y=\dfrac{2x-3}{x+2}$은 분수함수이다.

(2) 유리함수 $y=\dfrac{x+1}{x-3}$의 분모가 0이 되도록 하는 x의 값은 3이므로 이 함수의 정의역은
$\{x \mid x \neq 3$인 실수$\}$이다.

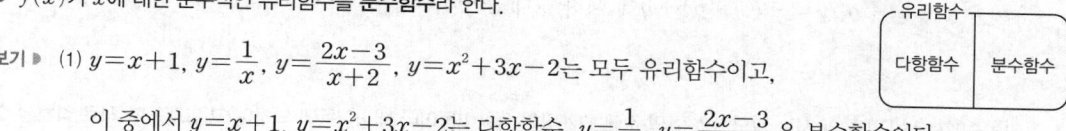

2 유리함수 $y=\dfrac{k}{x} \ (k \neq 0)$의 그래프

(1) 정의역: $\{x \mid x \neq 0$인 실수$\}$, 치역: $\{y \mid y \neq 0$인 실수$\}$
(2) $k>0$이면 그래프는 **제1사분면과 제3사분면**에 있고,
$k<0$이면 그래프는 **제2사분면과 제4사분면**에 있다.
(3) 점근선은 x축$(y=0)$, y축$(x=0)$이다.
(4) 원점 및 두 직선 $y=x$, $y=-x$에 대하여 대칭이다.
(5) $|k|$의 값이 커질수록 그래프는 원점에서 멀어진다.

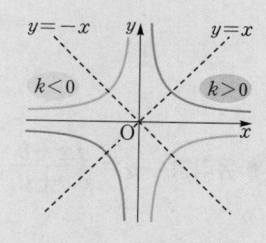

▶ ① 곡선이 어떤 직선에 한없이 가까워질 때, 이 직선을 그 곡선의 **점근선**이라 한다.
② 유리함수 $y=\dfrac{k}{x} \ (k \neq 0)$의 그래프는 직선 $y=x$에 대하여 대칭이므로 $y=\dfrac{k}{x}$의 역함수는 자기 자신이다.

설명 다음과 같이 k의 값을 변화시키면서 함수 $y=\dfrac{k}{x} \ (k \neq 0)$의 그래프를 그려 보면 그래프가 원점과 직선 $y=\pm x$에 대하여 대칭이고, $|k|$의 값이 커질수록 그래프가 원점에서 멀어짐을 알 수 있다.

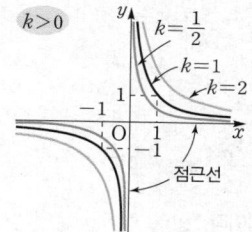
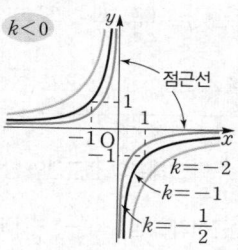

③ 유리함수 $y=\dfrac{k}{x-p}+q$ $(k\neq0)$의 그래프 ∽ 필수 07~11

유리함수 $y=\dfrac{k}{x-p}+q$ $(k\neq0)$의 그래프는 유리함수 $y=\dfrac{k}{x}$의 그래프를 x축의 방향으로 p만큼, y축의 방향으로 q만큼 평행이동한 것이다.

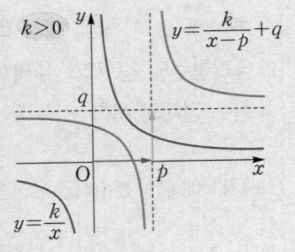

> (1) 정의역: $\{x\,|\,x\neq p$인 실수$\}$, 치역: $\{y\,|\,y\neq q$인 실수$\}$
> (2) 점근선의 방정식: $x=p$, $y=q$
> (3) 점 (p,q)에 대하여 대칭이다.
> (4) 두 점근선의 교점 (p,q)를 지나고 기울기가 ±1인 두 직선, 즉
> $y=(x-p)+q$, $y=-(x-p)+q$에 대하여 대칭이다.

▶ 유리함수에서 $|k|$의 값이 서로 같으면 p, q의 값에 관계없이 평행이동이나 대칭이동에 의하여 그 그래프가 서로 겹쳐질 수 있다.

보기 ▶ $y=\dfrac{5}{x-1}+2$의 그래프는 $y=\dfrac{5}{x}$의 그래프를 x축의 방향으로 1만큼, y축의 방향으로 2만큼 평행이동한 것이다.

(1) 정의역: $\{x\,|\,x\neq1$인 실수$\}$, 치역: $\{y\,|\,y\neq2$인 실수$\}$
(2) 점근선의 방정식: $x=1$, $y=2$
(3) 점 $(1,2)$에 대하여 대칭이다.
(4) 직선 $y=(x-1)+2$, $y=-(x-1)+2$, 즉 $y=x+1$, $y=-x+3$에 대하여 대칭이다.

④ 유리함수 $y=\dfrac{ax+b}{cx+d}$ $(ad-bc\neq0,\ c\neq0)$의 그래프 ∽ 필수 07~11

> 유리함수 $y=\dfrac{ax+b}{cx+d}$ $(ad-bc\neq0,\ c\neq0)$의 그래프는 $y=\dfrac{k}{x-p}+q$의 꼴로 변형하여 그린다.
>
> 분자를 분모로 나누어 $\dfrac{(나머지)}{(분모)}+(몫)$의 꼴로 변형⤴

▶ ① $ad-bc=0$, $c\neq0$인 경우 ⇨ $y=\dfrac{ax+b}{cx+d}=\dfrac{\dfrac{a}{c}(cx+d)+b-\dfrac{ad}{c}}{cx+d}=\dfrac{\dfrac{bc-ad}{c}}{cx+d}+\dfrac{a}{c}=\dfrac{a}{c}$ ⇨ 상수함수

 ② $c=0$, $d\neq0$인 경우 ⇨ $y=\dfrac{ax+b}{cx+d}=\dfrac{ax+b}{d}=\dfrac{a}{d}x+\dfrac{b}{d}$ ⇨ 일차함수

설명 $y=\dfrac{ax+b}{cx+d}=\dfrac{\dfrac{a}{c}(cx+d)+b-\dfrac{ad}{c}}{cx+d}=\dfrac{\dfrac{bc-ad}{c}}{cx+d}+\dfrac{a}{c}$

이므로 $y=\dfrac{ax+b}{cx+d}$의 그래프의 점근선의 방정식은 $x=-\dfrac{d}{c}$, $y=\dfrac{a}{c}$이다.

또 그래프는 두 점근선의 교점 $\left(-\dfrac{d}{c},\ \dfrac{a}{c}\right)$에 대하여 대칭이다.

보기 ▶ $y=\dfrac{2x+4}{x-1}=\dfrac{2(x-1)+6}{x-1}=\dfrac{6}{x-1}+2$

이므로 $y=\dfrac{2x+4}{x-1}$ 의 그래프는 $y=\dfrac{6}{x}$ 의 그래프를 x축의 방향으로 1만큼, y축의 방향으로 2만큼 평행이동한 것이다.

(1) 정의역: $\{x|x\neq1$인 실수$\}$, 치역: $\{y|y\neq2$인 실수$\}$

(2) 점근선의 방정식: $x=1$, $y=2$

(3) 점 $(1, 2)$에 대하여 대칭이다.

5 유리함수 $y=\dfrac{ax+b}{cx+d}$ $(ad-bc\neq0,\ c\neq0)$의 역함수 구하기　◎ 필수 14

유리함수 $f(x)=\dfrac{ax+b}{cx+d}$ $(ad-bc\neq0,\ c\neq0)$의 역함수 $f^{-1}(x)$는 다음과 같은 순서로 구한다.

(i) $y=\dfrac{ax+b}{cx+d}$ 로 놓고 x에 대하여 푼다. 즉 $x=f^{-1}(y)$의 꼴로 나타낸다.

(ii) x와 y를 서로 바꾸어 $y=f^{-1}(x)$로 나타낸다.

$\Rightarrow f^{-1}(x)=\dfrac{-dx+b}{cx-a}$ ← a, d의 부호와 위치가 바뀐다.

▶ 유리함수 $y=\dfrac{ax+b}{cx+d}$ 는 정의역 $\left\{x\,\middle|\,x\neq-\dfrac{d}{c}$인 실수$\right\}$에서 공역 $\left\{y\,\middle|\,y\neq\dfrac{a}{c}$인 실수$\right\}$로의 일대일대응이므로 역함수가 존재한다.

설명　유리함수 $y=\dfrac{ax+b}{cx+d}$ $(ad-bc\neq0,\ c\neq0)$의 역함수를 구해 보자.

(i) $y=\dfrac{ax+b}{cx+d}$ 를 x에 대하여 풀면

$y(cx+d)=ax+b$,　$cxy-ax=-dy+b$

$(cy-a)x=-dy+b$　∴ $x=\dfrac{-dy+b}{cy-a}$

(ii) $x=\dfrac{-dy+b}{cy-a}$ 에서 x와 y를 서로 바꾸면 구하는 역함수는

$y=\dfrac{-dx+b}{cx-a}$

예제 ▶ 유리함수 $y=\dfrac{3x+7}{x+2}$ 의 역함수를 구하시오.

풀이　$y=\dfrac{3x+7}{x+2}$ 을 x에 대하여 풀면

$y(x+2)=3x+7$,　$xy-3x=-2y+7$

$(y-3)x=-2y+7$　∴ $x=\dfrac{-2y+7}{y-3}$

x와 y를 서로 바꾸면 구하는 역함수는

$y=\dfrac{-2x+7}{x-3}$

261

 알아둡시다!

유리함수의 정의역
⇨ 분모가 0이 되지 않도록
  하는 실수 전체의 집합

608 다음 유리함수의 정의역을 구하시오.

(1) $y = \dfrac{10}{x}$

(2) $y = \dfrac{3-x}{x+3}$

(3) $y = \dfrac{2x+3}{3x-5}$

(4) $y = \dfrac{3x}{x^2-4}$

유리함수 $y = \dfrac{k}{x-p} + q$의
그래프의 점근선의 방정식
⇨ $x=p$, $y=q$

609 다음 유리함수의 그래프를 그리고, 점근선의 방정식을 구하시오.

(1) $y = \dfrac{2}{x}$

(2) $y = -\dfrac{3}{x}$

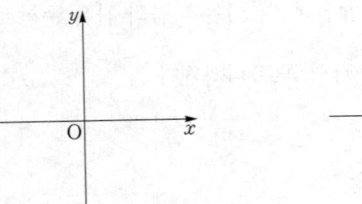

(3) $y = \dfrac{1}{x-1}$

(4) $y = -\dfrac{1}{x} + 2$

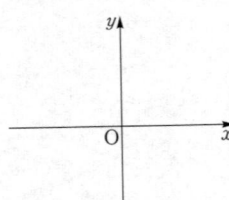

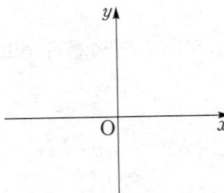

분자를 분모로 나누어
$\dfrac{(나머지)}{(분모)} + (몫)$
의 꼴로 변형한다.

610 다음 유리함수를 $y = \dfrac{k}{x-p} + q$의 꼴로 변형하시오.

(단, k, p, q는 상수이다.)

(1) $y = \dfrac{4x-15}{x-3}$

(2) $y = \dfrac{-5x-7}{x+2}$

필수 07 유리함수의 그래프

다음 유리함수의 그래프를 그리고, 정의역, 치역, 점근선의 방정식을 구하시오.

(1) $y=\dfrac{4}{x+1}+3$

(2) $y=\dfrac{2x+1}{x+2}$

풀이

(1) $y=\dfrac{4}{x+1}+3$의 그래프는 $y=\dfrac{4}{x}$의 그래프를 x축의 방향으로

-1만큼, y축의 방향으로 3만큼 평행이동한 것이다.

따라서 그래프는 오른쪽 그림과 같고,

정의역은 $\{x\,|\,x\neq-1$인 실수$\}$

치역은 $\{y\,|\,y\neq3$인 실수$\}$

점근선의 방정식은 $x=-1,\ y=3$

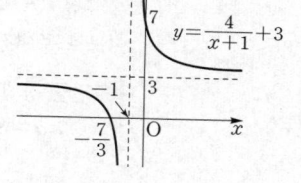

(2) $y=\dfrac{2x+1}{x+2}=\dfrac{2(x+2)-3}{x+2}=-\dfrac{3}{x+2}+2$

이므로 주어진 유리함수의 그래프는 $y=-\dfrac{3}{x}$의 그래프를

x축의 방향으로 -2만큼, y축의 방향으로 2만큼 평행이동한

것이다.

따라서 그래프는 오른쪽 그림과 같고,

정의역은 $\{x\,|\,x\neq-2$인 실수$\}$

치역은 $\{y\,|\,y\neq2$인 실수$\}$

점근선의 방정식은 $x=-2,\ y=2$

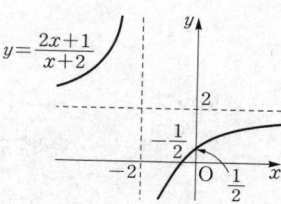

KEY Point

• 유리함수 $y=\dfrac{ax+b}{cx+d}\ (ad-bc\neq0,\ c\neq0)$의 그래프는 다음과 같은 순서로 그린다.

(i) $y=\dfrac{k}{x-p}+q$의 꼴로 변형하여 점근선의 방정식을 구한다.

(ii) x절편, y절편을 구하여 좌표축에 표시한다.

(iii) k의 부호에 따라 그래프가 지나는 사분면을 찾아 그래프를 그린다.

● 정답 및 풀이 129쪽

 611 다음 유리함수의 그래프를 그리고, 정의역, 치역, 점근선의 방정식을 구하시오.

(1) $y=-\dfrac{2}{x+2}+1$

(2) $y=\dfrac{-2x+1}{x+3}$

(3) $y=\dfrac{6-x}{x-3}$

08 유리함수의 그래프의 평행이동

유리함수 $y=\dfrac{-x+5}{x-2}$ 의 그래프는 유리함수 $y=\dfrac{a}{x}$ 의 그래프를 x축의 방향으로 b만큼, y축의 방향으로 c만큼 평행이동한 것이다. 이때 상수 a, b, c의 값을 구하시오.

풀이 $y=\dfrac{-x+5}{x-2}=\dfrac{-(x-2)+3}{x-2}=\dfrac{3}{x-2}-1$

이므로 주어진 유리함수의 그래프는 $y=\dfrac{3}{x}$ 의 그래프를 x축의 방향으로 2만큼, y축의 방향으로 -1만큼 평행이동한 것이다.

$\therefore a=3,\ b=2,\ c=-1$

KEY Point

• 유리함수 $y=\dfrac{k}{x-p}+q\,(k\neq 0)$ 의 그래프

⇨ $y=\dfrac{k}{x}$ 의 그래프를 x축의 방향으로 p만큼, y축의 방향으로 q만큼 평행이동한 것이다.

• 두 유리함수 $y=\dfrac{k}{x}$ 와 $y=\dfrac{l}{x-p}+q$ 의 그래프가 평행이동에 의하여 서로 겹쳐진다. ⇨ $k=l$

● 정답 및 풀이 **129**쪽

 612 유리함수 $y=-\dfrac{3}{x}$ 의 그래프를 x축의 방향으로 3만큼, y축의 방향으로 -2만큼 평행이동한 그래프의 식이 $y=\dfrac{ax+b}{x-c}$ 일 때, 상수 a, b, c에 대하여 abc의 값을 구하시오.

613 보기에서 그 그래프가 평행이동에 의하여 유리함수 $y=\dfrac{2}{x}$ 의 그래프와 겹쳐지는 것만을 있는 대로 고르시오.

$\boxed{\text{보기}}$

ㄱ. $y=\dfrac{x-1}{x-3}$ ㄴ. $y=\dfrac{2x+2}{x+2}$ ㄷ. $y=\dfrac{-4x-2}{x+1}$

614 유리함수 $y=\dfrac{4x+3}{x+1}$ 의 그래프를 x축의 방향으로 a만큼, y축의 방향으로 b만큼 평행이동하면 유리함수 $y=\dfrac{3x-4}{x-1}$ 의 그래프와 겹쳐진다. 이때 $a+b$의 값을 구하시오.

필수 09 **유리함수의 정의역과 치역**

유리함수 $y = \dfrac{-2x+4}{x-1}$ 의 정의역이 $\{x \mid -1 \leq x < 1$ 또는 $1 < x \leq 2\}$일 때, 치역을 구하시오.

설명 주어진 정의역에서 유리함수의 그래프를 그리고 함숫값의 범위를 확인한다.

풀이 $y = \dfrac{-2x+4}{x-1} = \dfrac{-2(x-1)+2}{x-1} = \dfrac{2}{x-1} - 2$

이므로 $y = \dfrac{-2x+4}{x-1}$ 의 그래프는 $y = \dfrac{2}{x}$ 의 그래프를 x축의 방향

으로 1만큼, y축의 방향으로 -2만큼 평행이동한 것이다.

$x = -1$일 때 $y = -3$

$x = 2$일 때 $y = 0$

이므로 $-1 \leq x < 1$ 또는 $1 < x \leq 2$에서 $y = \dfrac{-2x+4}{x-1}$ 의 그래프는

오른쪽 그림과 같다.

따라서 구하는 치역은 $\{y \mid y \leq -3$ 또는 $y \geq 0\}$

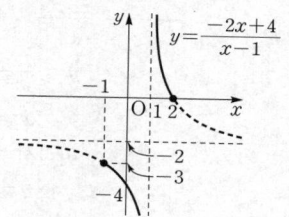

KEY Point

• 유리함수의 정의역 또는 치역이 주어진 경우

⇨ 유리함수를 $y = \dfrac{k}{x-p} + q \, (k \neq 0)$의 꼴로 변형하여 주어진 범위에서 그래프를 그리고, 대응하는 값의 범위를 구한다.

● 정답 및 풀이 **130쪽**

 615 유리함수 $y = \dfrac{2x+3}{x+2}$ 의 치역이 $\left\{ y \,\middle|\, y \leq \dfrac{3}{2} \text{ 또는 } y \geq 3 \right\}$일 때, 정의역을 구하시오.

616 $0 \leq x \leq 2$에서 유리함수 $y = \dfrac{2x-3}{x+1}$ 의 최댓값과 최솟값을 구하시오.

617 $0 \leq x \leq a$에서 유리함수 $y = \dfrac{3x+k}{x+2}$ 의 최댓값이 5, 최솟값이 4일 때, 양수 a, k에 대하여 $a+k$의 값을 구하시오. (단, $k > 6$)

필수 10 유리함수의 그래프의 대칭성

다음 물음에 답하시오.

(1) 유리함수 $y=\dfrac{ax-2}{x+1}$ 의 그래프가 점 $(b, 5)$에 대하여 대칭일 때, 상수 a, b의 값을 구하시오.

(2) 유리함수 $y=\dfrac{2x+1}{x-1}$ 의 그래프가 두 직선 $y=x+a$, $y=-x+b$에 대하여 대칭일 때, 상수 a, b의 값을 구하시오.

풀이

(1) $y=\dfrac{ax-2}{x+1}=\dfrac{a(x+1)-a-2}{x+1}=\dfrac{-a-2}{x+1}+a$ 이므로 그래프의 점근선의 방정식은

$x=-1, y=a$

따라서 주어진 유리함수의 그래프는 두 점근선의 교점 $(-1, a)$에 대하여 대칭이므로

$a=5, b=-1$

(2) $y=\dfrac{2x+1}{x-1}=\dfrac{2(x-1)+3}{x-1}=\dfrac{3}{x-1}+2$ 이므로 그래프의 점근선의 방정식은

$x=1, y=2$

따라서 주어진 유리함수의 그래프는 두 점근선의 교점 $(1, 2)$를 지나고 기울기가 1 또는 -1인 직선에 대하여 대칭이다.

즉 두 직선 $y=x+a$, $y=-x+b$는 각각 점 $(1, 2)$를 지나므로

$2=1+a, 2=-1+b$

$\therefore a=1, b=3$

KEY Point

• 유리함수 $y=\dfrac{k}{x-p}+q\,(k\neq0)$의 그래프는

① 점 (p, q)에 대하여 대칭

② 점 (p, q)를 지나고 기울기가 ±1인 두 직선에 대하여 각각 대칭

● 정답 및 풀이 **131쪽**

618 유리함수 $y=\dfrac{5x+6}{2x+3}$ 의 그래프가 점 (a, b)에 대하여 대칭일 때, $a+b$의 값을 구하시오.

619 유리함수 $y=\dfrac{3x+4}{x+2}$ 의 그래프가 직선 $y=-x+k$에 대하여 대칭일 때, 상수 k의 값을 구하시오.

620 유리함수 $y=\dfrac{bx+3}{x+a}$ 의 그래프가 두 직선 $y=x+6$, $y=-x-2$에 대하여 대칭일 때, 상수 a, b에 대하여 ab의 값을 구하시오.

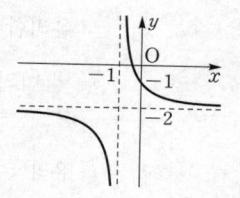

필수 11 **유리함수의 식 구하기**

유리함수 $y=\dfrac{ax+b}{x+c}$ 의 그래프가 오른쪽 그림과 같을 때, 상수
a, b, c의 값을 구하시오.

풀이 주어진 유리함수의 그래프의 점근선의 방정식이 $x=-1$, $y=-2$이므로 함수의 식을

$$y=\frac{k}{x+1}-2\ (k>0)\qquad\cdots\cdots\ \bigcirc$$

로 놓을 수 있다.

$\bigcirc$의 그래프가 점 $(0,\ -1)$을 지나므로

$$-1=k-2\qquad\therefore\ k=1$$

$\bigcirc$에 $k=1$을 대입하면

$$y=\frac{1}{x+1}-2=\frac{1-2(x+1)}{x+1}=\frac{-2x-1}{x+1}$$

$$\therefore\ a=-2,\ b=-1,\ c=1$$

KEY Point

• 점근선의 방정식이 $x=p$, $y=q$인 유리함수의 그래프의 식

$\Rightarrow y=\dfrac{k}{x-p}+q\ (k\neq0)$로 놓는다.

● 정답 및 풀이 131쪽

621 유리함수 $y=\dfrac{k}{x+a}+b$의 그래프가 오른쪽 그림과 같을 때, 상수 a,
b, k에 대하여 $a+b+k$의 값을 구하시오.

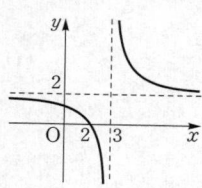

622 유리함수 $y=\dfrac{bx+c}{x+a}$의 그래프가 점 $(3,\ 1)$을 지나고 점근선의 방정식이 $x=2$, $y=3$일
때, 상수 a, b, c의 값을 구하시오.

623 유리함수 $y=\dfrac{bx-7}{x+a}$의 정의역이 $\{x\,|\,x\neq-2$인 실수$\}$, 치역이 $\{y\,|\,y\neq4$인 실수$\}$일 때,
상수 a, b에 대하여 ab의 값을 구하시오.

발전 12 유리함수의 그래프와 직선의 위치 관계

유리함수 $y=\dfrac{2x-1}{x-1}$의 그래프와 직선 $y=kx+2$가 만나지 않도록 하는 실수 k의 값의 범위를 구하시오.

풀이 유리함수 $y=\dfrac{2x-1}{x-1}$의 그래프와 직선 $y=kx+2$가 만나지 않으려면 방정식

$$\dfrac{2x-1}{x-1}=kx+2,\ \ 즉\ kx^2-kx-1=0$$

이 실근을 갖지 않아야 한다.

(i) $k=0$일 때, $0\times x^2-0\times x-1\neq0$에서 실근을 갖지 않으므로 조건을 만족시킨다.

(ii) $k\neq0$일 때, 이차방정식 $kx^2-kx-1=0$의 판별식을 D라 하면

$$D=(-k)^2-4\times k\times(-1)<0,\qquad k^2+4k<0$$
$$k(k+4)<0\qquad \therefore\ -4<k<0$$

(i), (ii)에서 구하는 k의 값의 범위는 $\quad\boldsymbol{-4<k\leq0}$

다른 풀이 $y=\dfrac{2x-1}{x-1}=\dfrac{2(x-1)+1}{x-1}=\dfrac{1}{x-1}+2$

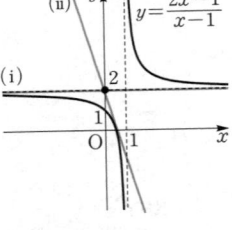

이므로 $y=\dfrac{2x-1}{x-1}$의 그래프는 $y=\dfrac{1}{x}$의 그래프를 x축의 방향으로

1만큼, y축의 방향으로 2만큼 평행이동한 것이다.

따라서 $y=\dfrac{2x-1}{x-1}$의 그래프는 오른쪽 그림과 같고, 직선 $y=kx+2$

는 k의 값에 관계없이 항상 점 $(0,\ 2)$를 지난다.

(i) $k=0$일 때, 직선 $y=kx+2$, 즉 $y=2$는 함수 $y=\dfrac{2x-1}{x-1}$의 그래프와 만나지 않는다.

(ii) $k\neq0$일 때, 함수 $y=\dfrac{2x-1}{x-1}$의 그래프와 직선 $y=kx+2$가 한 점에서 만나려면

$$\dfrac{2x-1}{x-1}=kx+2,\ \ 즉\ kx^2-kx-1=0$$

이 중근을 가져야 한다.

이차방정식 $kx^2-kx-1=0$의 판별식을 D라 하면

$$D=(-k)^2-4\times k\times(-1)=0,\qquad k^2+4k=0$$
$$k(k+4)=0\qquad \therefore\ k=-4\ (\because\ k\neq0)$$

(i), (ii)에서 구하는 k의 값의 범위는 $\quad-4<k\leq0$

● 정답 및 풀이 **132**쪽

624 유리함수 $y=-\dfrac{3}{x}+3$의 그래프와 직선 $y=3x+a$가 한 점에서 만나도록 하는 모든 실수 a의 값의 합을 구하시오.

625 유리함수 $y=\dfrac{2}{x-1}+2$의 그래프와 직선 $mx-y-2m=0$이 만나도록 하는 실수 m의 값의 범위를 구하시오.

필수 13 유리함수의 합성

유리함수 $f(x) = \dfrac{x+1}{x-1}$에 대하여 $f^{101}(10)$의 값을 구하시오.

(단, $f^1 = f$, $f^{n+1} = f \circ f^n$이고, n은 자연수이다.)

풀이

$f^2(x) = (f \circ f^1)(x) = f(f(x)) = \dfrac{\dfrac{x+1}{x-1} + 1}{\dfrac{x+1}{x-1} - 1} = \dfrac{\dfrac{2x}{x-1}}{\dfrac{2}{x-1}} = \dfrac{2x}{2} = x$

$f^3(x) = (f \circ f^2)(x) = f(f^2(x)) = f(x) = \dfrac{x+1}{x-1}$

$f^4(x) = (f \circ f^3)(x) = f(f^3(x)) = f(f(x)) = x$

$\qquad \vdots$

따라서 자연수 n에 대하여

$$f^n(x) = \begin{cases} \dfrac{x+1}{x-1} & (n\text{은 홀수}) \\ x & (n\text{은 짝수}) \end{cases}$$

$\therefore f^{101}(10) = \dfrac{10+1}{10-1} = \dfrac{\mathbf{11}}{\mathbf{9}}$

다른 풀이 $f(10) = \dfrac{10+1}{10-1} = \dfrac{11}{9}$, $f^2(10) = (f \circ f^1)(10) = f(f(10)) = f\left(\dfrac{11}{9}\right) = \dfrac{\dfrac{11}{9} + 1}{\dfrac{11}{9} - 1} = 10$,

$f^3(10) = (f \circ f^2)(10) = f(f^2(10)) = f(10) = \dfrac{11}{9}$,

$f^4(10) = (f \circ f^3)(10) = f(f^3(10)) = f\left(\dfrac{11}{9}\right) = 10$, $\cdots$이므로

$f^{101}(10) = \dfrac{11}{9}$

● 정답 및 풀이 **132**쪽

 626 유리함수 $f(x) = 1 - \dfrac{1}{x}$ $(x \neq 1)$에 대하여

$f^1 = f$, $f^2 = f \circ f$, $f^3 = f \circ f^2$, $\cdots$, $f^{n+1} = f \circ f^n$ (n은 자연수)

으로 정의할 때, $f^{200}(x)$를 구하시오.

627 유리함수 $y = f(x)$의 그래프가 오른쪽 그림과 같고

$f^1 = f$, $f^{n+1} = f \circ f^n$ (n은 자연수)

으로 정의할 때, $f^{500}(1)$의 값을 구하시오.

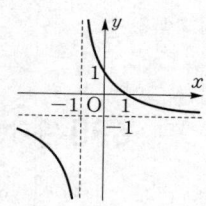

필수 14 유리함수의 역함수

유리함수 $f(x)=\dfrac{ax+3}{x-1}$에 대하여 $f=f^{-1}$가 성립할 때, 상수 a의 값을 구하시오.

(단, f^{-1}는 f의 역함수이다.)

풀이 $y=\dfrac{ax+3}{x-1}$으로 놓고 x에 대하여 풀면

$$y(x-1)=ax+3, \qquad (y-a)x=y+3 \qquad \therefore x=\dfrac{y+3}{y-a}$$

x와 y를 서로 바꾸면 $\quad y=\dfrac{x+3}{x-a} \qquad \therefore f^{-1}(x)=\dfrac{x+3}{x-a}$

$f=f^{-1}$이므로 $\quad \dfrac{ax+3}{x-1}=\dfrac{x+3}{x-a} \qquad \therefore a=\mathbf{1}$

다른 풀이 $f=f^{-1}$이므로 $\quad (f\circ f)(x)=x$

$f(x)=\dfrac{ax+3}{x-1}$에서

$$(f\circ f)(x)=f(f(x))=\dfrac{a\times\dfrac{ax+3}{x-1}+3}{\dfrac{ax+3}{x-1}-1}=\dfrac{\dfrac{(a^2+3)x+3a-3}{x-1}}{\dfrac{(a-1)x+4}{x-1}}=\dfrac{(a^2+3)x+3a-3}{(a-1)x+4}$$

즉 $\dfrac{(a^2+3)x+3a-3}{(a-1)x+4}=x$이므로 $\quad (a^2+3)x+3a-3=(a-1)x^2+4x$

이 식이 x에 대한 항등식이므로 $\quad a-1=0,\ a^2+3=4,\ 3a-3=0$

$\quad\therefore a=1$

KEY Point

• 유리함수 $y=f(x)$의 역함수
⇨ $y=f(x)$를 x에 대하여 푼 후 x와 y를 서로 바꾼다.

● 정답 및 풀이 **133**쪽

628 유리함수 $f(x)=\dfrac{ax+b}{2x+c}$의 역함수가 $f^{-1}(x)=\dfrac{-x+3}{2x-1}$일 때, 상수 a, b, c의 값을 구하시오.

629 유리함수 $f(x)=\dfrac{2x+1}{x-2}$일 때, $(f\circ g)(x)=x$를 만족시키는 함수 $g(x)$에 대하여 $(g\circ g)(3)$의 값을 구하시오.

630 유리함수 $f(x)=\dfrac{ax+b}{-x+2}$의 그래프와 그 역함수의 그래프가 모두 점 $(3,\ -9)$를 지날 때, 상수 a, b의 값을 구하시오.

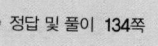
연습 문제

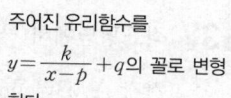
STEP 1

631 두 유리함수 $y=\dfrac{ax+3}{2x+1}$, $y=\dfrac{x-2}{3x+b}$ 의 그래프의 점근선이 일치할 때, ab의 값을 구하시오. (단, a, b는 상수이다.)

> 생각해 봅시다! 💡
>
> 주어진 유리함수를 $y=\dfrac{k}{x-p}+q$의 꼴로 변형 한다.

632 $-1 \le x \le 1$에서 유리함수 $y=\dfrac{k-4x}{x+2}$ 의 최댓값이 1일 때, 최솟값은 m이다. 이때 $k+m$의 값을 구하시오.

(단, k는 -8보다 큰 상수이다.)

633 다음 중 유리함수 $y=\dfrac{x+1}{2x-4}$ 에 대한 설명으로 옳지 <u>않은</u> 것은?

① 그래프의 점근선의 방정식은 $x=2$, $y=\dfrac{1}{2}$이다.

② 정의역은 $\{x \,|\, x \ne 2$인 실수$\}$, 치역은 $\left\{y \,\middle|\, y \ne \dfrac{1}{2}$인 실수$\right\}$이다.

③ 그래프는 모든 사분면을 지난다.

④ 그래프는 두 직선 $y=x-1$, $y=-x+2$에 대하여 대칭이다.

⑤ 그래프는 $y=\dfrac{3}{2x}$ 의 그래프를 평행이동한 것이다.

634 유리함수 $f(x)=\dfrac{3x-3}{x-3}$ 에 대하여 $f^{2024}(6)$의 값을 구하시오.

(단, $f^1=f$, $f^{n+1}=f \circ f^n$이고, n은 자연수이다.)

635 두 유리함수 $f(x)=\dfrac{2x}{x+1}$, $g(x)=\dfrac{3x-1}{x}$ 의 역함수를 각각 $f^{-1}(x)$, $g^{-1}(x)$라 할 때, $(g^{-1} \circ f)^{-1}(2)$의 값을 구하시오.

> $(g \circ f)^{-1}=f^{-1} \circ g^{-1}$임을 이용한다.

636 두 함수 $y=\dfrac{ax-3}{2x+b}$, $y=-\dfrac{2x+3}{2x+5}$ 의 그래프가 직선 $y=x$에 대하여 대칭일 때, 상수 a, b에 대하여 $b-a$의 값을 구하시오.

연습문제

STEP 2
교육청 기출

637 좌표평면에서 곡선 $y=\dfrac{k}{x-2}+1$ $(k<0)$이 x축, y축과 만나는 점을 각각 A, B라 하고, 이 곡선의 두 점근선의 교점을 C라 하자. 세 점 A, B, C가 한 직선 위에 있도록 하는 상수 k의 값은?

① -5 ② -4 ③ -3 ④ -2 ⑤ -1

638 두 유리함수 $y=\dfrac{2x-3}{x-a}$, $y=\dfrac{-ax+2}{x-2}$의 그래프의 점근선으로 둘러싸인 부분의 넓이가 3일 때, 모든 양수 a의 값의 곱을 구하시오.

639 유리함수 $y=\dfrac{bx+c}{ax-1}$의 그래프가 오른쪽 그림과 같을 때, 보기에서 옳은 것만을 있는 대로 고르시오. (단, a, b, c는 상수이다.)

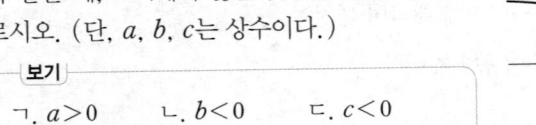

보기
ㄱ. $a>0$ ㄴ. $b<0$ ㄷ. $c<0$

640 두 집합 $A=\left\{(x,\,y)\,\middle|\,y=\dfrac{2x-4}{x-1}\right\}$, $B=\{(x,\,y)\,|\,y=kx+1\}$에 대하여 $A\cap B=\varnothing$일 때, 실수 k의 값의 범위를 구하시오.

641 유리함수 $f(x)=\dfrac{4x+1}{x-1}$의 역함수를 $g(x)$라 할 때, $y=g(x)$의 그래프를 x축의 방향으로 m만큼, y축의 방향으로 n만큼 평행이동하면 $y=f(x)$의 그래프와 겹쳐진다. 이때 $n-m$의 값을 구하시오.

생각해 봅시다! 💡

세 점 A, B, C가 한 직선 위에 있으면
(직선 AB의 기울기)
=(직선 AC의 기울기)

그래프가 y축과 만나는 점과 점근선의 방정식을 이용한다.

실력 UP⁺

642 오른쪽 그림과 같이 유리함수 $y=\dfrac{1}{x}$ $(x>0)$
의 그래프 위의 한 점 A에서 x축, y축에 평
행한 직선을 그어 유리함수 $y=\dfrac{k}{x}$ $(k>1)$
의 그래프와 만나는 점을 각각 B, C라 하자.
삼각형 ABC의 넓이가 50일 때, 상수 k의
값을 구하시오.

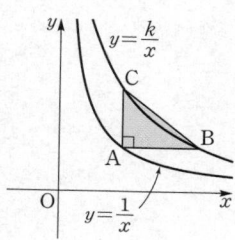

생각해 봅시다! 💡

$A\left(a, \dfrac{1}{a}\right)(a>0)$로 놓고
두 점 B, C의 좌표를 구한다.

교육청 기출

643 함수 $f(x)=\dfrac{a}{x-6}+b$에 대하여 함수 $y=\left|f(x+a)+\dfrac{a}{2}\right|$의 그래
프가 y축에 대하여 대칭일 때, $f(b)$의 값은?

(단, a, b는 상수이고, $a\neq0$이다.)

① $-\dfrac{25}{6}$ ② -4 ③ $-\dfrac{23}{6}$ ④ $-\dfrac{11}{3}$ ⑤ $-\dfrac{7}{2}$

$y=\left|f(x+a)+\dfrac{a}{2}\right|$의 그
래프는 $y=f(x+a)+\dfrac{a}{2}$의
그래프에서 $y<0$인 부분을
x축에 대하여 대칭이동한 것
이다.

644  유리함수 $f(x)=\dfrac{2x-3}{x-2}$ $(x>2)$의 그래프 위의 한 점 P에서 x축과
y축에 내린 수선의 발을 각각 A, B라 할 때, $\overline{PA}+\overline{PB}$의 최솟값을
m, 그때의 점 P의 x좌표를 p라 하자. $m+p$의 값을 구하시오.

645  $1\leq x\leq3$인 모든 실수 x에 대하여 부등식 $ax\leq\dfrac{2x}{x+1}\leq bx$가 항상
성립할 때, $b-a$의 최솟값을 구하시오. (단, a, b는 상수이다.)

$1\leq x\leq3$에서 $y=\dfrac{2x}{x+1}$의
그래프를 그리고 주어진 조건
을 만족시키도록 직선을 움직
여 본다.

교육청 기출

646 함수 $f(x)=\dfrac{a}{x}+b$ $(a\neq0)$이 다음 조건을 만족시킨다.

> ㈎ 곡선 $y=|f(x)|$는 직선 $y=2$와 한 점에서만 만난다.
> ㈏ $f^{-1}(2)=f(2)-1$

$f(8)$의 값은? (단, a, b는 상수이다.)

① $-\dfrac{1}{2}$ ② $-\dfrac{1}{4}$ ③ 0 ④ $\dfrac{1}{4}$ ⑤ $\dfrac{1}{2}$

공감
한 스푼

다른 사람을 아는 것은
지혜이고
자기 자신을 아는 것은
깨달음이다.

– 노자 –

III

함수

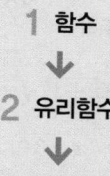
이 단원에서는

무리식의 계산을 바탕으로 무리함수와 그 그래프에 대하여 학습합니다. 또 합성함수, 역함수, 유리함수의 개념과 연계된 다양한 문제를 풀어 봅니다.

01 무리식

1 무리식

(1) **무리식**: 근호 안에 문자가 포함된 식 중에서 유리식으로 나타낼 수 없는 식을 **무리식**이라 한다.

(2) **무리식의 값이 실수가 되기 위한 조건**

무리식의 값이 실수가 되려면 근호 안의 식의 값이 양수 또는 0이어야 하고, 분모는 0이 아니어야 한다. 따라서 무리식을 계산할 때에는

(근호 안의 식의 값)≥0, (분모)≠0

이 되는 문자의 값의 범위에서만 생각한다.

▶ 유리식과 무리식을 통틀어 식이라 하므로 식을 분류하면 다음과 같다.

$$식 \begin{cases} 유리식 \begin{cases} 다항식 \\ 분수식 \end{cases} \\ 무리식 \end{cases}$$

보기 ▶ (1) $\sqrt{3x+1}$, $\sqrt{x+2}-\sqrt{4-x}$, $\dfrac{1}{\sqrt{x-1}}$과 같은 식을 무리식이라 한다.

(2) ① $\sqrt{x-3}$이 실수가 되려면 $x-3\geq0$에서 $x\geq3$

② $\dfrac{1}{\sqrt{x+5}}$이 실수가 되려면 $x+5\geq0$이고 $x+5\neq0$이므로 $x>-5$

2 무리식의 계산   ◯ 필수 01

무리식의 계산은 무리수의 계산과 마찬가지로 제곱근의 성질, 분모의 유리화를 이용한다.

(1) **제곱근의 성질**

$a>0$, $b>0$일 때

① $\sqrt{a}\sqrt{b}=\sqrt{ab}$, $\dfrac{\sqrt{a}}{\sqrt{b}}=\sqrt{\dfrac{a}{b}}$

② $\sqrt{a^2b}=a\sqrt{b}$, $\sqrt{\dfrac{a}{b^2}}=\dfrac{\sqrt{a}}{b}$

(2) **분모의 유리화**

$a>0$, $b>0$일 때

① $\dfrac{a}{\sqrt{b}}=\dfrac{a\sqrt{b}}{\sqrt{b}\sqrt{b}}=\dfrac{a\sqrt{b}}{b}$

② $\dfrac{c}{\sqrt{a}+\sqrt{b}}=\dfrac{c(\sqrt{a}-\sqrt{b})}{(\sqrt{a}+\sqrt{b})(\sqrt{a}-\sqrt{b})}=\dfrac{c(\sqrt{a}-\sqrt{b})}{a-b}$ (단, $a\neq b$)

③ $\dfrac{c}{\sqrt{a}-\sqrt{b}}=\dfrac{c(\sqrt{a}+\sqrt{b})}{(\sqrt{a}-\sqrt{b})(\sqrt{a}+\sqrt{b})}=\dfrac{c(\sqrt{a}+\sqrt{b})}{a-b}$ (단, $a\neq b$)

647 다음 무리식의 값이 실수가 되도록 하는 실수 x의 값의 범위를 구하시오.

(1) $2x + \sqrt{x+1}$

(2) $\sqrt{x-1} - \sqrt{2x-4}$

(3) $\sqrt{x+3} + \dfrac{1}{\sqrt{2-x}}$

(4) $\dfrac{\sqrt{2x-1}}{\sqrt{4-x}}$

648 다음 식의 분모를 유리화하시오.

(1) $\dfrac{x}{\sqrt{x+4}-2}$

(2) $\dfrac{6}{\sqrt{x+3}-\sqrt{x-3}}$

(3) $\dfrac{\sqrt{x-2}-1}{\sqrt{x-2}+1}$

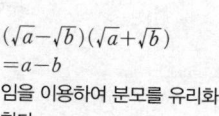

649 다음 식을 계산하시오.

(1) $\dfrac{1}{\sqrt{x}+\sqrt{y}} - \dfrac{1}{\sqrt{x}-\sqrt{y}}$

(2) $\dfrac{2x}{2-\sqrt{x+1}} + \dfrac{2x}{2+\sqrt{x+1}}$

Ⅲ-3
무리함수

01 무리식의 계산

$x=\sqrt{3}$일 때, $\dfrac{\sqrt{x+1}-\sqrt{x-1}}{\sqrt{x+1}+\sqrt{x-1}}$의 값을 구하시오.

풀이

$$\dfrac{\sqrt{x+1}-\sqrt{x-1}}{\sqrt{x+1}+\sqrt{x-1}}=\dfrac{(\sqrt{x+1}-\sqrt{x-1})^2}{(\sqrt{x+1}+\sqrt{x-1})(\sqrt{x+1}-\sqrt{x-1})}$$

$$=\dfrac{x+1-2\sqrt{x+1}\sqrt{x-1}+x-1}{x+1-(x-1)}$$

$$=\dfrac{2x-2\sqrt{x^2-1}}{2}=x-\sqrt{x^2-1}$$

$x=\sqrt{3}$을 대입하면

$$x-\sqrt{x^2-1}=\sqrt{3}-\sqrt{(\sqrt{3})^2-1}=\boldsymbol{\sqrt{3}-\sqrt{2}}$$

KEY Point

● 무리식의 계산

⇨ 제곱근의 성질과 분모의 유리화를 이용한다.

● 정답 및 풀이 **140**쪽

 650 다음 식을 계산하시오.

(1) $\dfrac{1}{x+\sqrt{x^2-1}}+\dfrac{1}{x-\sqrt{x^2-1}}$

(2) $\dfrac{x}{\sqrt{x}+\sqrt{x-1}}-\dfrac{x}{\sqrt{x}-\sqrt{x-1}}$

651 $x=\dfrac{1}{\sqrt{2}-1}$, $y=\dfrac{1}{\sqrt{2}+1}$일 때, $\dfrac{\sqrt{x}+\sqrt{y}}{\sqrt{x}-\sqrt{y}}$의 값을 구하시오.

652 $f(x)=\dfrac{1}{\sqrt{x}+\sqrt{x+1}}$일 때, $f(1)+f(2)+f(3)+\cdots+f(99)$의 값을 구하시오.

02 무리함수

1 무리함수

> (1) **무리함수**: 함수 $y=f(x)$에서 $f(x)$가 x에 대한 무리식일 때, 이 함수를 **무리함수**라 한다.
> (2) **무리함수의 정의역**: 무리함수에서 정의역이 주어지지 않은 경우에는 함숫값이 실수가 되도록 하는, 즉 **(근호 안의 식의 값)≥0**이 되도록 하는 실수 전체의 집합을 정의역으로 한다.

보기 ▶ (1) $y=\sqrt{x}$, $y=\sqrt{3x-2}$, $y=\sqrt{x-3}-1$은 모두 무리함수이다.
　　　 (2) 무리함수 $y=\sqrt{x+2}-3$에서 $x+2\geq0$, 즉 $x\geq-2$이므로 이 함수의 정의역은 $\{x|x\geq-2\}$이다.

2 무리함수 $y=\sqrt{x}$의 그래프

> 무리함수 $y=\sqrt{x}$, $y=-\sqrt{x}$, $y=\sqrt{-x}$, $y=-\sqrt{-x}$의 그래프는 오른쪽 그림과 같다.

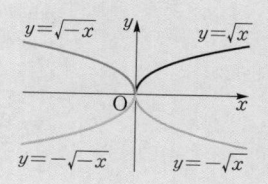

설명 ▶ 무리함수 $y=\sqrt{x}$의 그래프는 그 역함수의 그래프를 이용하여 그릴 수 있다.
　　　 $y=\sqrt{x}$ $(x\geq0)$를 x에 대하여 풀면　　$x=y^2$ $(y\geq0)$
　　　 x와 y를 서로 바꾸면　　$y=x^2$ $(x\geq0)$
　　　 즉 무리함수 $y=\sqrt{x}$의 역함수는 $y=x^2$ $(x\geq0)$이다.
　　　 따라서 함수 $y=\sqrt{x}$의 그래프는 함수 $y=x^2$ $(x\geq0)$의 그래프와 직선 $y=x$에 대하여
　　　 대칭이므로 오른쪽 그림과 같다.
　　　 또 무리함수 $y=-\sqrt{x}$, $y=\sqrt{-x}$, $y=-\sqrt{-x}$의 그래프는 함수 $y=\sqrt{x}$의 그래프를 각
　　　 각 x축, y축, 원점에 대하여 대칭이동한 것이다.

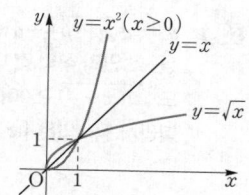

3 무리함수 $y=\sqrt{ax}$와 $y=-\sqrt{ax}$ $(a\neq0)$의 그래프

> (1) **무리함수 $y=\sqrt{ax}$ $(a\neq0)$의 그래프**
> 　① $a>0$일 때, 정의역: $\{x|x\geq0\}$, 치역: $\{y|y\geq0\}$ ⟶ 제1사분면
> 　② $a<0$일 때, 정의역: $\{x|x\leq0\}$, 치역: $\{y|y\geq0\}$ ⟶ 제2사분면

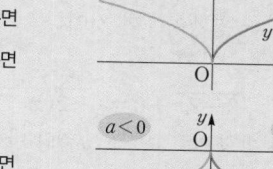

> (2) **무리함수 $y=-\sqrt{ax}$ $(a\neq0)$의 그래프**
> 　① $a>0$일 때, 정의역: $\{x|x\geq0\}$, 치역: $\{y|y\leq0\}$ ⟶ 제4사분면
> 　② $a<0$일 때, 정의역: $\{x|x\leq0\}$, 치역: $\{y|y\leq0\}$ ⟶ 제3사분면

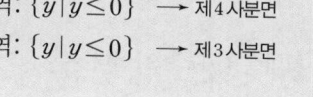

▶ ① 무리함수 $y=\sqrt{ax}\ (a\neq 0)$의 그래프는 함수 $y=\dfrac{x^2}{a}\ (x\geq 0)$의 그래프와 직선 $y=x$에 대하여 대칭이다.

또 무리함수 $y=-\sqrt{ax}$의 그래프는 함수 $y=\sqrt{ax}$의 그래프를 x축에 대하여 대칭이동한 것이다.

② 무리함수 $y=\sqrt{ax}$, $y=-\sqrt{ax}\ (a\neq 0)$의 그래프는 $|a|$의 값이 커질수록 x축에서 멀어진다.

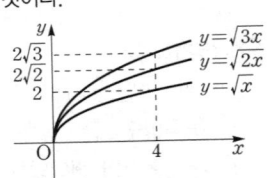

4 무리함수 $y=\sqrt{a(x-p)}+q\ (a\neq 0)$의 그래프 ⚬ 필수 02~05

무리함수 $y=\sqrt{a(x-p)}+q\ (a\neq 0)$의 그래프는 함수 $y=\sqrt{ax}$의 그래프를 x축의 방향으로 p만큼, y축의 방향으로 q만큼 평행이동한 것이다.

> ① $a>0$일 때, 정의역: $\{x\,|\,x\geq p\}$, 치역: $\{y\,|\,y\geq q\}$
> ② $a<0$일 때, 정의역: $\{x\,|\,x\leq p\}$, 치역: $\{y\,|\,y\geq q\}$

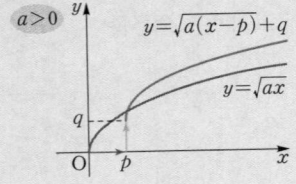 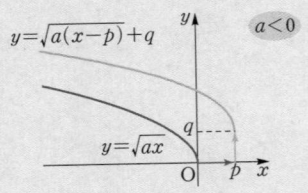

▶ 점 $(p,\ q)$가 그래프의 시작점이라 생각하고 그래프를 그린다.

설명 $y=\sqrt{a(x-p)}+q\ (a>0)$에서
(근호 안의 식의 값) ≥ 0이므로 $a(x-p)\geq 0$ $\therefore x\geq p\ (\because a>0)$
또 $\sqrt{a(x-p)}\geq 0$이므로 $y\geq q$
따라서 정의역은 $\{x\,|\,x\geq p\}$, 치역은 $\{y\,|\,y\geq q\}$이다.

5 무리함수 $y=\sqrt{ax+b}+c\ (a\neq 0)$의 그래프 ⚬ 필수 02~05

무리함수 $y=\sqrt{ax+b}+c\ (a\neq 0)$의 그래프는 $y=\sqrt{a\left(x+\dfrac{b}{a}\right)}+c$의 꼴로 변형하여 그린다.

⇨ $y=\sqrt{ax+b}+c$의 그래프는 $y=\sqrt{ax}$의 그래프를 x축의 방향으로 $-\dfrac{b}{a}$만큼, y축의 방향으로 c만큼 평행이동한 것이다.

보기 ▶ $y=\sqrt{2-2x}+3=\sqrt{-2(x-1)}+3$의 그래프는 $y=\sqrt{-2x}$의 그래프를 x축의 방향으로 1만큼, y축의 방향으로 3만큼 평행이동한 것이므로 오른쪽 그림과 같다.
또 정의역은 $\{x\,|\,x\leq 1\}$, 치역은 $\{y\,|\,y\geq 3\}$이다.

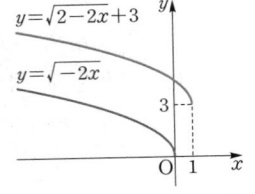

● 정답 및 풀이 141쪽

알아둡시다!

함수 $y=f(x)$에서 $f(x)$가 x에 대한 무리식일 때, 이 함수를 무리함수라 한다.

653 보기에서 무리함수인 것만을 있는 대로 고르시오.

┌ 보기 ┐

ㄱ. $y=\sqrt{3x}$　　　ㄴ. $y=-\sqrt{5}x$　　　ㄷ. $y=\sqrt{(2-x)^2}$

ㄹ. $y=\sqrt{4x-5}$　　　ㅁ. $y=\sqrt{4-x^2}$

654 다음 무리함수의 정의역을 구하시오.

(1) $y=\sqrt{-3-x}$

(2) $y=-\sqrt{x+2}$

(3) $y=1-\sqrt{2x-4}$

(4) $y=\sqrt{1-x^2}$

무리함수의 정의역
⇨ (근호 안의 식의 값)≥ 0
　　이 되도록 하는 실수 전체
　　의 집합

655 다음 무리함수의 그래프를 그리고, 정의역과 치역을 구하시오.

(1) $y=\sqrt{9x}$

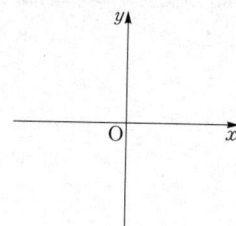

(2) $y=-\sqrt{16x}$

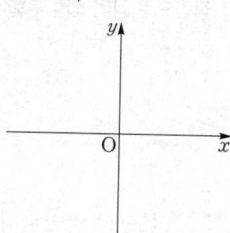

무리함수
$y=\sqrt{a(x-p)}+q$ $(a\neq 0)$
의 그래프는 함수 $y=\sqrt{ax}$의
그래프를 x축의 방향으로 p
만큼, y축의 방향으로 q만큼
평행이동한 것이다.

(3) $y=\sqrt{-(x-3)}$

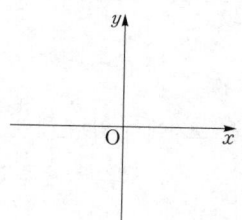

(4) $y=-\sqrt{x-2}+1$

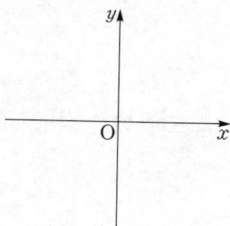

무리함수의 그래프

다음 무리함수의 그래프를 그리고, 정의역과 치역을 구하시오.

(1) $y=\sqrt{2x+4}+1$ (2) $y=-\sqrt{2-x}-1$

풀이

(1) $y=\sqrt{2x+4}+1=\sqrt{2(x+2)}+1$

따라서 $y=\sqrt{2x+4}+1$의 그래프는 $y=\sqrt{2x}$의 그래프를 x축의 방향으로 -2만큼, y축의 방향으로 1만큼 평행이동한 것이므로 오른쪽 그림과 같고,

정의역은 $\{x|x\geq -2\}$
치역은 $\{y|y\geq 1\}$

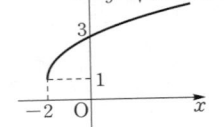

(2) $y=-\sqrt{2-x}-1=-\sqrt{-(x-2)}-1$

따라서 $y=-\sqrt{2-x}-1$의 그래프는 $y=-\sqrt{-x}$의 그래프를 x축의 방향으로 2만큼, y축의 방향으로 -1만큼 평행이동한 것이므로 오른쪽 그림과 같고,

정의역은 $\{x|x\leq 2\}$
치역은 $\{y|y\leq -1\}$

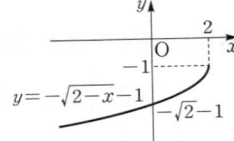

- 무리함수 $y=\pm\sqrt{ax+b}+c$의 그래프는 다음과 같은 순서로 그린다.

(i) $y=\pm\sqrt{a\left(x+\dfrac{b}{a}\right)}+c$의 꼴로 변형한다.

(ii) 점 $\left(-\dfrac{b}{a}, c\right)$를 시작점으로 하여 a의 부호에 따라 지나는 사분면을 찾아 그래프를 그린다.

● 정답 및 풀이 **142쪽**

656 다음 무리함수의 그래프를 그리고, 정의역과 치역을 구하시오.

(1) $y=\sqrt{3x-2}-1$ (2) $y=\sqrt{6-2x}+2$

(3) $y=-\sqrt{-x+1}-2$ (4) $y=2-\sqrt{2x-5}$

657 무리함수 $y=a\sqrt{bx}$의 그래프에 대한 설명으로 옳은 것만을 보기에서 있는 대로 고르시오. (단, a, b는 상수이다.)

┌ **보기** ┐

ㄱ. $a>0$이면 제3사분면을 지나지 않는다.

ㄴ. $b<0$이면 제2사분면을 지나지 않는다.

ㄷ. $ab>0$이면 제1사분면을 지난다.

● 더 다양한 문제는 **RPM** 공통수학 2 158쪽

 03 **무리함수의 그래프의 평행이동과 대칭이동**

무리함수 $y=\sqrt{4-2x}+1$의 그래프를 x축의 방향으로 a만큼, y축의 방향으로 b만큼 평행이동하면 무리함수 $y=\sqrt{8-2x}-5$의 그래프와 일치할 때, 상수 a, b에 대하여 $a+b$의 값을 구하시오.

풀이 $y=\sqrt{4-2x}+1$의 그래프를 x축의 방향으로 a만큼, y축의 방향으로 b만큼 평행이동한 그래프의 식은

$$y=\sqrt{4-2(x-a)}+1+b \qquad \therefore y=\sqrt{4+2a-2x}+1+b$$

이 함수의 그래프가 $y=\sqrt{8-2x}-5$의 그래프와 일치하므로

$$4+2a=8, \ 1+b=-5$$

따라서 $a=2$, $b=-6$이므로 $\qquad a+b=-4$

KEY Point

• 무리함수 $y=\sqrt{ax}$의 그래프를 x축의 방향으로 m만큼, y축의 방향으로 n만큼 평행이동한 그래프의 식 ⇨ $y=\sqrt{a(x-m)}+n$

● 정답 및 풀이 **142**쪽

 658 무리함수 $y=\sqrt{ax-3}+2$의 그래프를 x축의 방향으로 b만큼, y축의 방향으로 c만큼 평행이동하면 무리함수 $y=\sqrt{5x+2}$의 그래프와 일치할 때, 상수 a, b, c에 대하여 abc의 값을 구하시오.

659 보기에서 그 그래프가 평행이동 또는 대칭이동에 의하여 무리함수 $y=\sqrt{-x}$의 그래프와 겹쳐지는 것만을 있는 대로 고르시오.

> **보기**
> ㄱ. $y=-\sqrt{x}$ ㄴ. $y=\sqrt{-2x+6}$ ㄷ. $y=-\sqrt{4-x}+7$

660 무리함수 $y=\sqrt{-x+2}$의 그래프를 x축의 방향으로 1만큼, y축의 방향으로 -2만큼 평행이동한 후 y축에 대하여 대칭이동하면 무리함수 $y=\sqrt{ax+b}+c$의 그래프와 일치한다. 이때 상수 a, b, c에 대하여 $a+b+c$의 값을 구하시오.

● 더 다양한 문제는 **RPM** 공통수학 2 158, 160쪽

 04 **무리함수의 정의역과 치역**

무리함수 $y=\sqrt{-3x+6}-1$의 정의역이 $\{x|-1\le x\le 2\}$일 때, 치역을 구하시오.

설명 주어진 정의역에서 무리함수의 그래프를 그리고 함숫값의 범위를 확인한다.

풀이 $y=\sqrt{-3x+6}-1=\sqrt{-3(x-2)}-1$

이므로 $y=\sqrt{-3x+6}-1$의 그래프는 $y=\sqrt{-3x}$의 그래프를 x축의
방향으로 2만큼, y축의 방향으로 -1만큼 평행이동한 것이다.

$x=-1$일 때 $y=\sqrt{3+6}-1=2$,

$x=2$일 때 $y=\sqrt{-6+6}-1=-1$

이므로 $-1\le x\le 2$에서 $y=\sqrt{-3x+6}-1$의 그래프는 오른쪽 그림
과 같다.

따라서 구하는 치역은 $\{y|-1\le y\le 2\}$

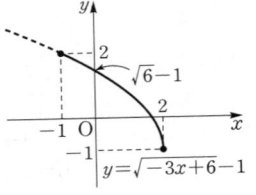

KEY Point

• 무리함수의 정의역 또는 치역이 주어진 경우
⇨ 무리함수를 $y=\sqrt{a(x-p)}+q$의 꼴로 변형하여 주어진 범위에서 그래프를 그리고, 대응하는
값의 범위를 구한다.

● 정답 및 풀이 **143**쪽

 661 무리함수 $y=-\sqrt{4x-4}+3$의 치역이 $\{y|-1\le y\le 1\}$일 때, 정의역을 구하시오.

662 $-2\le x\le 1$에서 무리함수 $y=-\sqrt{-3x+3}-1$의 최댓값을 a, 최솟값을 b라 할 때, $a-b$
의 값을 구하시오.

663 $-3\le x\le a$에서 무리함수 $y=\sqrt{3-2x}+2$의 최댓값이 b, 최솟값이 3일 때, $b-a$의 값을
구하시오. (단, a는 상수이다.)

필수 05 **무리함수의 식 구하기**

무리함수 $y=-\sqrt{ax+b}+c$의 그래프가 오른쪽 그림과 같을 때, 상수 a, b, c의 값을 구하시오.

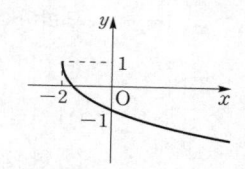

풀이 주어진 함수의 그래프는 $y=-\sqrt{ax}$ $(a>0)$의 그래프를 x축의 방향으로 -2만큼, y축의 방향으로 1만큼 평행이동한 것이므로 함수의 식을
$$y=-\sqrt{a(x+2)}+1 \quad \cdots\cdots \text{㉠}$$
로 놓을 수 있다.
이때 ㉠의 그래프가 점 $(0, -1)$을 지나므로
$$-1=-\sqrt{2a}+1, \qquad \sqrt{2a}=2, \qquad 2a=4 \qquad \therefore a=2$$
㉠에 $a=2$를 대입하면 $\quad y=-\sqrt{2(x+2)}+1=-\sqrt{2x+4}+1$
$$\therefore a=2, \ b=4, \ c=1$$

KEY Point

• 그래프가 시작하는 점의 좌표가 (p, q)인 무리함수의 식 구하기
⇨ 함수의 식을 $y=\sqrt{a(x-p)}+q$ 또는 $y=-\sqrt{a(x-p)}+q$로 놓고, 그래프가 지나는 점의 좌표를 대입하여 상수 a의 값을 구한다.

● 정답 및 풀이 **144쪽**

664 무리함수 $y=\sqrt{-ax+b}+c$의 그래프가 오른쪽 그림과 같을 때, 상수 a, b, c에 대하여 $a+b+c$의 값을 구하시오.

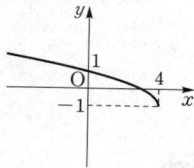

665 무리함수 $f(x)=-\sqrt{ax+b}+c$의 그래프가 오른쪽 그림과 같을 때, $f(k)=-1$을 만족시키는 상수 k의 값을 구하시오.
(단, a, b, c는 상수이다.)

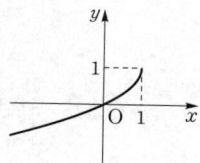

666 무리함수 $y=-\sqrt{ax+9}+b$의 정의역이 $\{x|x\geq-3\}$, 치역이 $\{y|y\leq2\}$일 때, 상수 a, b에 대하여 ab의 값을 구하시오.

무리함수의 그래프와 직선의 위치 관계

무리함수 $y=\sqrt{4-2x}$의 그래프와 직선 $y=-x+k$의 위치 관계가 다음과 같을 때, 실수 k의 값 또는 값의 범위를 구하시오.

(1) 서로 다른 두 점에서 만난다.

(2) 한 점에서 만난다.

(3) 만나지 않는다.

풀이

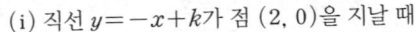

$y=\sqrt{4-2x}=\sqrt{-2(x-2)}$

이므로 주어진 무리함수의 그래프는 $y=\sqrt{-2x}$의 그래프를 x축의 방향으로 2만큼 평행이동한 것이다.

또 $y=-x+k$는 기울기가 -1이고 y절편이 k인 직선이다.

(i) 직선 $y=-x+k$가 점 $(2, 0)$을 지날 때

$$0=-2+k \quad \therefore k=2$$

(ii) 무리함수 $y=\sqrt{4-2x}$의 그래프와 직선 $y=-x+k$가 접할 때

$\sqrt{4-2x}=-x+k$의 양변을 제곱하면

$$4-2x=(-x+k)^2, \qquad 4-2x=x^2-2kx+k^2$$

$$\therefore x^2-2(k-1)x+k^2-4=0$$

이 이차방정식의 판별식을 D라 하면

$$\frac{D}{4}=\{-(k-1)\}^2-(k^2-4)=0, \qquad -2k+5=0 \quad \therefore k=\frac{5}{2}$$

(1) 서로 다른 두 점에서 만나는 경우는 직선이 (i)이거나 (i)과 (ii) 사이에 있을 때이므로

$$2\leq k<\frac{5}{2}$$

(2) 한 점에서 만나는 경우는 직선이 (i)보다 아래쪽에 있거나 (ii)일 때이므로

$$k<2 \text{ 또는 } k=\frac{5}{2}$$

(3) 만나지 않는 경우는 직선이 (ii)보다 위쪽에 있을 때이므로

$$k>\frac{5}{2}$$

● 정답 및 풀이 **144**쪽

 667 무리함수 $y=\sqrt{4x-8}$의 그래프와 직선 $y=2x-k$가 만나지 않도록 하는 실수 k의 값의 범위를 구하시오.

668 무리함수 $y=-\sqrt{6-2x}$의 그래프와 직선 $y=x+k$가 한 점에서 만나도록 하는 실수 k의 값의 범위를 구하시오.

669 무리함수 $y=-\sqrt{2x-8}$의 그래프가 직선 $y=mx$와 서로 다른 두 점에서 만나도록 하는 실수 m의 값의 범위를 구하시오.

필수 07 무리함수의 역함수

무리함수 $y=\sqrt{4x-2}+1$의 역함수를 구하고, 역함수의 정의역과 치역을 구하시오.

풀이

$y=\sqrt{4x-2}+1$에서 $y-1=\sqrt{4x-2}$

양변을 제곱하면 $(y-1)^2=4x-2$

$4x=(y-1)^2+2$ $\therefore x=\dfrac{1}{4}(y-1)^2+\dfrac{1}{2}$

x와 y를 서로 바꾸면 구하는 역함수는

$$y=\frac{1}{4}(x-1)^2+\frac{1}{2}$$

한편 함수 $y=\sqrt{4x-2}+1$의 정의역은 $4x-2\geq0$에서 $\left\{x\middle|x\geq\dfrac{1}{2}\right\}$, 치역은 $\{y|y\geq1\}$이고 역함수의 정의역, 치역은 각각 원래 함수의 치역, 정의역이므로

정의역: $\{x|x\geq1\}$, **치역**: $\left\{y\middle|y\geq\dfrac{1}{2}\right\}$

KEY Point

• 무리함수 $y=\sqrt{ax+b}+c$의 역함수

⇨ $y-c=\sqrt{ax+b}$의 양변을 제곱하여 x에 대하여 푼 다음 x와 y를 서로 바꾸어 역함수를 구한다. 이때 주어진 무리함수의 치역이 역함수의 정의역이다.

● 정답 및 풀이 **145**쪽

670 함수 $f(x)=x^2-8x+10$ $(x\leq4)$의 역함수가 $f^{-1}(x)=-\sqrt{ax+b}+c$ $(x\geq d)$일 때, 상수 a, b, c, d에 대하여 $ab-cd$의 값을 구하시오.

671 두 무리함수 $f(x)=\sqrt{x+3}$, $g(x)=\sqrt{2x+5}+1$에 대하여 $(g^{-1}\circ f)^{-1}(2)$의 값을 구하시오.

672 무리함수 $f(x)=\sqrt{ax+b}$와 그 역함수 $f^{-1}(x)$에 대하여 $y=f(x)$와 $y=f^{-1}(x)$의 그래프가 점 $(2, 5)$에서 만날 때, $f(1)$의 값을 구하시오. (단, a, b는 상수이다.)

필수 08 무리함수의 그래프와 역함수의 그래프의 교점

무리함수 $f(x)=\sqrt{x-2}+2$의 그래프와 그 역함수 $y=f^{-1}(x)$의 그래프는 서로 다른 두 점에서 만난다. 이때 이 두 점 사이의 거리를 구하시오.

풀이

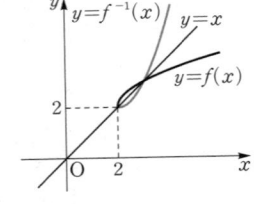

함수 $y=f(x)$의 그래프와 그 역함수 $y=f^{-1}(x)$의 그래프는 직선 $y=x$에 대하여 대칭이므로 오른쪽 그림과 같다.

따라서 두 함수 $y=f(x)$, $y=f^{-1}(x)$의 그래프의 교점은 $y=f(x)$의 그래프와 직선 $y=x$의 교점과 같으므로

$\sqrt{x-2}+2=x$에서　$\sqrt{x-2}=x-2$

양변을 제곱하면　$x-2=x^2-4x+4$

$x^2-5x+6=0$,　$(x-2)(x-3)=0$

$\therefore x=2$ 또는 $x=3$

따라서 두 교점의 좌표는 $(2, 2)$, $(3, 3)$이므로 두 점 사이의 거리는

$$\sqrt{(3-2)^2+(3-2)^2}=\sqrt{2}$$

● 무리함수 $y=f(x)$의 그래프와 그 역함수 $y=f^{-1}(x)$의 그래프는 직선 $y=x$에 대하여 대칭이다.

● 정답 및 풀이 **146**쪽

673 무리함수 $f(x)=-\sqrt{2-x}$의 그래프와 그 역함수 $y=f^{-1}(x)$의 그래프가 만나는 점의 좌표가 (a, b)일 때, $a+b$의 값을 구하시오.

674 두 함수 $y=\sqrt{2x+7}-2$, $x=\sqrt{2y+7}-2$의 그래프의 교점의 좌표를 구하시오.

675 무리함수 $y=2\sqrt{x-2}$의 그래프를 x축의 방향으로 a만큼 평행이동한 그래프의 식을 $y=f(x)$라 하자. 함수 $y=f(x)$의 그래프와 그 역함수의 그래프가 접할 때, a의 값을 구하시오.

STEP 1

676 $f(x)=\sqrt{2x+1}+\sqrt{2x-1}$ 일 때,

$$\frac{1}{f(1)}+\frac{1}{f(2)}+\frac{1}{f(3)}+\cdots+\frac{1}{f(24)}$$

의 값을 구하시오.

677 무리함수 $y=-\sqrt{6-3x}+4$의 그래프에 대한 설명으로 옳은 것만을 보기에서 있는 대로 고르시오.

┌ 보기 ┐
ㄱ. 그래프를 평행이동하면 $y=-\sqrt{-3x}$의 그래프와 일치한다.
ㄴ. 정의역은 $\{x|x\leq2\}$, 치역은 $\{y|y\leq4\}$이다.
ㄷ. 제2사분면을 지나지 않는다.

> **생각해 봅시다!** 💡
>
> $a<0$일 때, 무리함수 $y=-\sqrt{a(x-p)}+q$ 의 정의역은 $\{x|x\leq p\}$, 치역은 $\{y|y\leq q\}$이다.

교육청 기출

678 함수 $y=-\sqrt{x-a}+a+2$의 그래프가 점 $(a,\ -a)$를 지날 때, 이 함수의 치역은? (단, a는 상수이다.)

① $\{y|y\leq1\}$ ② $\{y|y\geq1\}$ ③ $\{y|y\leq0\}$
④ $\{y|y\leq-1\}$ ⑤ $\{y|y\geq-1\}$

679 정의역이 $\{x|-6\leq x\leq0\}$인 무리함수 $y=\sqrt{ax+b}+1$의 치역이 $\{y|3\leq y\leq5\}$일 때, 상수 a, b에 대하여 ab의 값을 구하시오.

(단, $a<0$)

교육청 기출

680 함수 $y=5-2\sqrt{1-x}$의 그래프와 직선 $y=-x+k$가 제1사분면에서 만나도록 하는 모든 정수 k의 값의 합은?

① 11   ② 13   ③ 15   ④ 17   ⑤ 19

> 무리함수의 그래프를 그리고 조건을 만족시키도록 직선을 움직여 본다.

681 집합 $A=\{x\,|\,x>1\}$에서 A로의 두 함수 $f(x)=\dfrac{x+2}{x-1}$,

$g(x)=\sqrt{2x-1}$에 대하여 $(f\circ(g\circ f)^{-1}\circ f)(4)$의 값을 구하시오.

STEP 2

682 무리함수 $y=\sqrt{-x+2}+a$의 그래프가 제4사분면은 지나고 제3사분면은 지나지 않도록 하는 실수 a의 값의 범위를 구하시오.

683 유리함수 $y=\dfrac{b}{x+a}+c$의 그래프가 오른쪽 그림과 같을 때, 다음 중 무리함수 $y=\sqrt{ax+b}+c$의 그래프의 개형으로 알맞은 것은?

(단, a, b, c는 상수이다.)

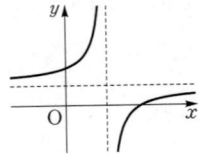

유리함수의 그래프의 개형과 점근선의 방정식을 이용하여 a, b, c의 부호를 구한다.

① 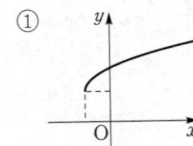 ② 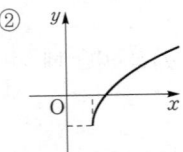 ③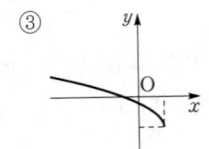

④ 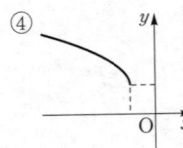 ⑤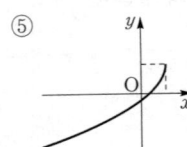

684 실수 x, y에 대하여 두 집합 A, B가
$$A=\{(x,y)\,|\,y=\sqrt{x-2}+3\},\ B=\{(x,y)\,|\,y=ax-3a+1\}$$
일 때, $A\cap B\neq\varnothing$이 되도록 하는 실수 a의 값의 범위를 구하시오.

교육청 기출
685 함수 $f(x)=\sqrt{3x-12}$가 있다. 함수 $g(x)$가 2 이상의 모든 실수 x에 대하여 $f^{-1}(g(x))=2x$를 만족시킬 때, $g(3)$의 값은?

① 2 ② $\sqrt{5}$ ③ $\sqrt{6}$ ④ $\sqrt{7}$ ⑤ $2\sqrt{2}$

686 함수 $f(x)=\begin{cases} \sqrt{2x-6}+1 & (x\geq3) \\ -\sqrt{-x+3}+1 & (x<3) \end{cases}$ 에 대하여 $f^{-1}(3)+f^{-1}(-2)$

의 값을 구하시오.

생각해 봅시다! 💡

$x\geq3$일 때 $f(x)\geq1$

$x<3$일 때 $f(x)<1$

687 오른쪽 그림은 정의역이 $\{x|x\geq2\}$이고 꼭
짓점의 좌표가 $(2,\ 3)$인 이차함수 $y=f(x)$
의 그래프이다. $6\leq x\leq12$에서 함수
$y=f^{-1}(x)$의 최댓값을 구하시오.

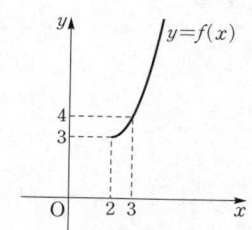

실력 UP⁺

688 함수 $y=\sqrt{|x-1|}$의 그래프와 직선 $y=x+k$가 서로 다른 세 점에서
만나도록 하는 실수 k의 값의 범위를 구하시오.

$|x-1|$
$=\begin{cases} x-1 & (x\geq1) \\ -(x-1) & (x<1) \end{cases}$

689 무리함수 $f(x)=\sqrt{2x-a}+2$의 그래프와 그 역함수 $y=f^{-1}(x)$의
그래프의 두 교점 사이의 거리가 $2\sqrt{2}$일 때, 상수 a의 값을 구하시오.

690 오른쪽 그림과 같이 두 함수 $f(x)=\sqrt{4x+5}$,
$g(x)=\dfrac{1}{4}(x^2-5)\ (x\geq0)$의 그래프의 교
점을 A라 하자. 함수 $y=f(x)$의 그래프 위
의 점 B$(1,\ 3)$을 지나고 기울기가 -1인 직
선 l이 함수 $y=g(x)$의 그래프와 만나는 점
을 C라 할 때, 삼각형 ABC의 넓이를 구하시오.

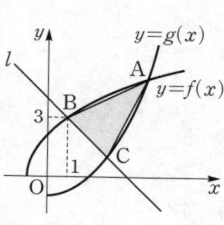

● 본책 10~32쪽

1 평면좌표

Ⅰ. 도형의 방정식

1 $\sqrt{5}$

2 7, 13

3 2

4 $\dfrac{2\sqrt{10}}{3}$

5 3

6 $(1, 4)$

7 (1) $\angle A = 90°$인 직각삼각형

(2) 정삼각형

8 1

9 5

10 최솟값: 36, $P(-1, 0)$

11 $(2, 2)$

12 32

13 풀이 3쪽

14 풀이 4쪽

15 9

16 2

17 $\sqrt{61}$

18 17

19 $\sqrt{85}$ km

20 32

21 $\dfrac{85}{8}\pi$

22 6

23 (가) $a+c$ (나) $2a^2+2b^2+2c^2$ (다) $a^2+b^2+c^2$

24 10

25 5 km

26 (1) 1, 2 (2) 5, 1 (3) F (4) E

27 (1) (5) (2) $\left(\dfrac{10}{3}\right)$ (3) (4)

28 (1) $(0, 5)$ (2) $(2, 3)$ (3) $(1, 4)$

29 $\left(\dfrac{7}{2}, 0\right)$

30 -42

31 $\left(\dfrac{19}{4}, \dfrac{5}{2}\right)$

32 8

33 2

34 42

35 $(11, 22)$

36 $(4, 1), (-24, -11)$

37 4

38 -4

39 $\dfrac{23}{3}$

40 $y=-2x$

41 $a=2, b=3$

42 $(-1, 2)$

43 $(0, 3)$

44 5

45 최솟값: 112, $P(1, -2)$

46 4

47 $\dfrac{1}{3} < k < 1$

48 4

49 33

50 2

51 $\sqrt{5}$

52 1023

53 14

54 $(1, 2)$

55 $\left(\dfrac{5}{3}, \dfrac{1}{3}\right)$

56 14

57 B, A, C

58 $-\dfrac{4}{9}$

59 6

60 6

● 본책 34~64쪽

2 직선의 방정식

Ⅰ. 도형의 방정식

61 (1) $y=2x+1$ (2) $y=-3x-5$

(3) $y=x+2\sqrt{2}$

62 (1) $y=-3x+5$ (2) $y=-\dfrac{6}{5}x+\dfrac{7}{5}$

(3) $y=3x-2$ (4) $y=x-1$

63 (1) $y=\dfrac{1}{4}x-1$ (2) $y=5x+5$

(3) $y=-\dfrac{3}{2}x+3$

64 (1) $y=8$ (2) $x=3$ (3) $x=-5$ (4) $y=-3$

65 $2\sqrt{3}+1$

66 1

67 $y=-x+1$

68 $y=4x-6$

69 $y=-\dfrac{1}{2}x-1$　　**70** -2

71 $-\dfrac{1}{6}$　　**72** $y=\dfrac{1}{4}x+\dfrac{5}{4}$

73 3

74 (1) 제1, 2사분면　(2) 제1, 2, 3사분면

　　(3) 제1, 3사분면

75 ③　　**76** $(3,\,6)$

77 $\sqrt{10}$　　**78** $0<m<\dfrac{1}{2}$

79 $-\dfrac{1}{5}\le m\le\dfrac{1}{2}$　　**80** $4x+3y=0$

81 $6x+y-9=0$　　**82** $6\sqrt{3}$

83 $\dfrac{3}{2}$　　**84** -3

85 $y=2x-1$　　**86** $\dfrac{5}{6}$

87 제4사분면　　**88** ⑤

89 $\dfrac{5}{3}$　　**90** $y=-3x+6$

91 $3\sqrt{10}$　　**92** $y=-x+2$

93 $(-4,\,2)$　　**94** 2

95 $y=-\dfrac{3}{4}x+6$　　**96** $\dfrac{5}{6}$

97 $-3<k<0$

98 (1) -3　(2) $-2,\,2$

99 (1) $a=-1,\,b=5$　(2) $a=-1,\,b=-9$

100 (1) $-\dfrac{1}{4}$　(2) $-1,\,3$

101 0　　**102** 2

103 13　　**104** 37

105 $y=\dfrac{5}{3}x-7$　　**106** 1

107 7　　**108** -2

109 5　　**110** 175

111 6　　**112** 8

113 36　　**114** $\dfrac{9}{2}$

115 $\dfrac{4}{5}$　　**116** $(4,\,1)$

117 $(3,\,2)$　　**118** $-\dfrac{1}{2}$

119 $\dfrac{1}{6}$　　**120** 125

121 $\left(\dfrac{9}{2},\,\dfrac{7}{2}\right)$

122 (1) $\sqrt{5}$　(2) $\dfrac{1}{5}$　(3) 5　(4) $\sqrt{10}$

123 (1) $\sqrt{13}$　(2) $\sqrt{10}$　(3) $\dfrac{\sqrt{5}}{2}$　(4) $\dfrac{4\sqrt{5}}{5}$

124 (1) $\sqrt{5}$　(2) $\dfrac{\sqrt{10}}{2}$　(3) 1　(4) $\dfrac{\sqrt{5}}{2}$

125 12　　**126** -8

127 $4x-3y-5=0,\ 4x-3y+5=0$

128 5　　**129** $a=-6$, 거리: $\sqrt{10}$

130 $a=4,\,b=-20$　　**131** 9

132 $5,\ -\dfrac{17}{3}$

133 $x-3y-8=0$ 또는 $3x+y-2=0$

134 $x+y-3=0$　　**135** 2

136 $\left(-\dfrac{5}{2},\,0\right),\left(-\dfrac{1}{4},\,0\right)$

137 4　　**138** 3

139 3　　**140** $x+y+1=0$

141 -4　　**142** $\dfrac{\sqrt{5}}{5}$

143 $\dfrac{121}{5}$

144 $3x-4y+5=0,\ x=1$

145 $\dfrac{3}{2}$ **146** ④

147 -3 **148** $4-\sqrt{10}$

● 본책 66~95쪽

I. 도형의 방정식

3 원의 방정식

149 (1) 중심의 좌표: $(0, 0)$, 반지름의 길이: $\sqrt{11}$

    (2) 중심의 좌표: $(5, 0)$, 반지름의 길이: 3

    (3) 중심의 좌표: $(-2, 3)$, 반지름의 길이: 5

150 (1) $x^2+y^2=9$ (2) $(x-2)^2+(y+3)^2=16$

    (3) $(x+5)^2+(y-1)^2=5$

151 (1) 중심의 좌표: $(4, 0)$, 반지름의 길이: 4

    (2) 중심의 좌표: $(-1, 2)$, 반지름의 길이: 5

    (3) 중심의 좌표: $(3, -2)$, 반지름의 길이: 1

152 (1) $(x+1)^2+(y-3)^2=9$

    (2) $(x-3)^2+(y-1)^2=9$

    (3) $(x-2)^2+(y+2)^2=4$

153 5 **154** 24

155 $(x-3)^2+y^2=10$

156 $\left(x+\dfrac{5}{2}\right)^2+\left(y-\dfrac{5}{2}\right)^2=\dfrac{25}{2}$

157 -5 **158** 12

159 3

160 $\left(x-\dfrac{5}{2}\right)^2+\left(y-\dfrac{5}{2}\right)^2=\dfrac{25}{2}$

161 10π **162** 16

163 12 **164** $4\sqrt{2}$

165 1

166 $(x-3)^2+(y+3)^2=9$

167 84 **168** 2

169 10π **170** 6π

171 15 **172** 4

173 $(x-4)^2+(y+1)^2=5$

174 -2 **175** $3\le k<6$

176 10 **177** 1

178 $4\sqrt{6}$ **179** $(2, -1)$

180 $(x+2)^2+(y-1)^2=29$

181 $1+5\sqrt{2}$ **182** -1

183 2π

184 $x+1,\ 2x^2+2x-7,\ 2$

185 (1) 만나지 않는다.

    (2) 한 점에서 만난다. (접한다.)

186 $5,\ \sqrt{5},\ \sqrt{5},\ =,\ 1$

187 (1) 만나지 않는다.

    (2) 서로 다른 두 점에서 만난다.

188 (1) $-5<k<5$ (2) $k=\pm5$

    (3) $k<-5$ 또는 $k>5$

189 $y=2x+3\sqrt{5},\ y=2x-3\sqrt{5}$

190 $2\sqrt{2}$ **191** 10

192 3

193 최댓값: 11, 최솟값: 3

194 $-\dfrac{4}{3}\le k\le 0$ **195** 15

196 6π **197** $\sqrt{11}$

198 8 **199** 7

200 50

201 14

202 -6

203 $\dfrac{33}{2}$

204 23

205 $\dfrac{\sqrt{3}}{2}$

206 $y=\dfrac{1}{3}x+\sqrt{10}$, $y=\dfrac{1}{3}x-\sqrt{10}$

207 -6

208 $\dfrac{50}{3}$

209 $4x+3y=25$

210 $x-2y-5=0$, $2x+y-5=0$

211 -3

212 20

213 8

214 $y=-2x+5\sqrt{5}$

215 ④

216 7

217 $3\sqrt{3}$

218 4

219 $x^2+y^2-15x-5y=0$

220 5π

221 $2\sqrt{2}$

222 5

223 $\dfrac{9\sqrt{2}}{4}$

224 -8

225 $2\sqrt{2}$

226 $\dfrac{6}{7}$

227 $\sqrt{5}$

228 $2x-4y+5=0$

● 본책 98~118쪽

4 도형의 이동　　　　Ⅰ. 도형의 방정식

229 (1) $(4, 6)$　(2) $(-9, 9)$　(3) $(-5, 0)$

230 (1) $(-4, 6)$　(2) $(-1, -3)$　(3) $(-7, 8)$

231 (1) $3x-2y-7=0$　(2) $y=x^2-4x+5$

　　(3) $(x-5)^2+(y+7)^2=1$

232 (1) $2x-y+6=0$　(2) $y=-x^2-2x+5$

　　(3) $(x+5)^2+(y-7)^2=5$

233 5

234 $(-4, 7)$

235 -1

236 -6

237 15

238 1

239 1

240 15

241 $(9, 1)$

242 $\dfrac{1}{2}$

243 $(17, 5)$

244 3

245 -1

246 10

247 3

248 $\sqrt{13}$

249 $(1, \sqrt{5}-1)$

250 ①

251 30

252 $(x-7)^2+(y+1)^2=1$

253 (1) $(-2, -3)$　(2) $(2, 3)$　(3) $(2, -3)$

　　(4) $(3, -2)$

254 (1) $3x+2y+1=0$　(2) $3x+2y-1=0$

　　(3) $3x-2y-1=0$　(4) $2x-3y-1=0$

255 (1) $y=-x^2+2x-3$　(2) $y=x^2+2x+3$

　　(3) $y=-x^2-2x-3$

256 (1) $(x-3)^2+(y-2)^2=6$

　　(2) $(x+3)^2+(y+2)^2=6$

　　(3) $(x+3)^2+(y-2)^2=6$

　　(4) $(x+2)^2+(y-3)^2=6$

257 -3

258 4

259 1

260 $y=-\dfrac{1}{3}x+3$

261 3

262 7

263 $2x-4y+7=0$

264 -6

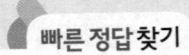

265 $-\dfrac{5}{12}$ **266** $\sqrt{106}$

267 최솟값: $\sqrt{10}$, $\mathrm{P}\left(\dfrac{5}{2}, \dfrac{5}{2}\right)$

268 $4\sqrt{5}$ **269** 70

270 8

271 $(x+1)^2+(y-5)^2=4$

272 4

273 $(x+2)^2+(y-3)^2=4$

274 (1) 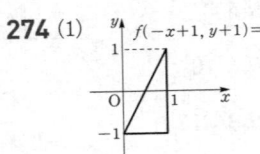 (2)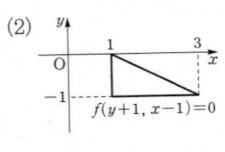

275 $2\sqrt{41}$ **276** ④

277 $\dfrac{25}{3}$ **278** -2

279 1 **280** $\dfrac{18}{5}$

281 4 **282** $2\sqrt{5}$

283 ① **284** 2

285 -25 **286** ④

287 $2\sqrt{3}$ **288** $\sqrt{85}$

289 $2\sqrt{10}$

● 본책 120~136쪽

II. 집합과 명제

1 집합의 뜻과 포함 관계

290 집합: ㄱ, ㄹ

　　　ㄱ의 원소: 1, 3, 5, 15,

　　　ㄹ의 원소: -1, 2

291 (1) $\in$ (2) $\notin$ (3) $\notin$ (4) $\in$

292 (1) $A=\{2, 3, 5, 7\}$

　　(2) $A=\{x\,|\,x$는 10 이하의 소수$\}$

　　(3)

293 (1) A, C, D (2) B (3) D

294 (1) 10 (2) 0 (3) 3　**295** ④, ⑤

296 ③ **297** ③

298 $\{4, 10, 16, 22\}$ **299** ②

300 ㄴ, ㄷ **301** 5

302 ㄱ, ㄷ, ㄹ **303** 4

304 ③ **305** 7

306 13 **307** 7

308 (1) $\varnothing$, $\{2\}$, $\{4\}$, $\{2, 4\}$

　　(2) $\varnothing$, $\{1\}$, $\{3\}$, $\{9\}$, $\{1, 3\}$, $\{1, 9\}$,

　　　$\{3, 9\}$, $\{1, 3, 9\}$

309 (1) $\subset$ (2) $\not\subset$ (3) $\subset$

310 (1) $\ne$ (2) $\ne$ (3) $=$

311 $\varnothing$, $\{2\}$, $\{3\}$, $\{5\}$, $\{2, 3\}$, $\{2, 5\}$, $\{3, 5\}$

312 (1) 32 (2) 31 (3) 8 (4) 16

313 ⑤ **314** ㄷ

315 ④ **316** 1

317 10 **318** 4

319 8 **320** 14

321 ④ **322** 9

323 3 **324** ③

325 ㄹ, ㅂ **326** 35

327 8 **328** 30

329 48

330 4

331 −51

332 96

333 7

334 7

335 41

● 본책 138~163쪽

2 집합의 연산   Ⅱ. 집합과 명제

336 (1) $\{a, b, c, d, e\}$ (2) $\{1, 2, 3, 6, 9\}$

     (3) $\{-2, 1, 2, 3, 4\}$

337 (1) $\{2, 4\}$ (2) $\{d\}$ (3) $\{2, 4, 6, 8, 10\}$

338 ㄱ, ㄹ

339 (1) $\{3, 7, 13, 19\}$ (2) $\{2, 3, 11, 13\}$

     (3) $\{2, 11\}$ (4) $\{7, 19\}$ (5) $\{3, 13\}$

     (6) $\{2, 3, 7, 11, 13, 19\}$

340 ⑤

341 ③

342 4

343 2

344 $\{1, 2, 3, 6, 7, 8\}$

345 24

346 $\{3, 4, 5, 8, 9\}$

347 19

348 17

349 2

350 $\{-2, 1, 5\}$

351 11

352 ②

353 ④

354 ㄴ, ㄷ, ㄹ, ㅁ

355 8

356 4

357 16

358 −3

359 ⑤

360 ②

361 2

362 ④

363 ②

364 $\{-3\}$

365 5

366 4

367 8

368 $\{2, 3, 7\}$

369 22

370 (1) B (2) B

371 풀이 78쪽

372 ㄴ, ㄷ

373 ⑤

374 ②

375 (1) 6   (2) 12

376 (1) 14   (2) 3   (3) 9   **377** 23

378 (1) 12   (2) 5

379 (1) 12   (2) 19   (3) 24   (4) 7

380 25

381 11

382 17

383 63

384 10

385 60

386 21

387 ㄱ, ㄴ, ㄷ

388 U

389 14

390 ②

391 10

392 210

393 30

394 ㄱ, ㄴ, ㄷ

395 9

396 ④

397 27

398 13

399 ②

400 8

401 12

402 24

● 본책 166~203쪽

3 명제   Ⅱ. 집합과 명제

403 ④, ⑤

404 (1) $2+6 \le 8$ (2) $\varnothing \subset \{a, b, c, d\}$

405 (1) $\{1, 2, 4, 8\}$ (2) $\{6\}$

406 (1) $\{2\}$ (2) $\{1, 3, 4, 5\}$ (3) $\{1, 2\}$

     (4) $\{3, 4, 5\}$

407 (1) $x=-7$ 또는 $x=5$

(2) $x\leq-4$ 또는 $x\geq6$

(3) $-2<x\leq3$

408 (1) 참인 명제, (3) 참인 명제, (4) 거짓인 명제

409 ㄱ, ㄴ, ㄹ   **410** ②

411 (1) $\{1, 4, 5, 6\}$ (2) $\{2, 3, 4, 6\}$ (3) $\{3\}$

412 4   **413** ⑤

414 (1) 거짓 (2) 참   **415** 32

416 ③   **417** ㄷ, ㅁ

418 ⑤   **419** $k\geq6$

420 3   **421** 5

422 ④

423 (1) 모든 실수 x에 대하여 $x^2>0$이다. (거짓)

(2) 어떤 실수 x에 대하여 $x^2-x+4\leq0$이다.

(거짓)

424 5   **425** ㄱ, ㄷ

426 ①   **427** 2

428 ⑤   **429** ①, ④

430 64   **431** ①

432 6   **433** ㄴ

434 ③   **435** ㄴ, ㄷ

436 8   **437** ③

438 ㄴ

439 (1) 충분 (2) 필요 (3) 충분

440 ㄱ, ㄴ, ㄷ   **441** $4\leq k\leq6$

442 -12 **443** -6

444 21   **445** ④

446 ②   **447** ③

448 ⑤   **449** 32

450 ③   **451** 3

452 ④   **453** 3

454 7   **455** -72

456 ③, ⑤   **457** 9

458 ①   **459** 풀이 95쪽

460 풀이 95쪽   **461** 풀이 96쪽

462 풀이 96쪽   **463** $\dfrac{31}{2}$

464 6   **465** 2

466 25   **467** 5

468 40 cm^2, 10 cm   **469** $6\sqrt{6}$

470 (1) $10\sqrt{2}$ (2) 29   **471** $8\sqrt{2}$

472 ㈎ 홀수 ㈏ 홀수 ㈐ 짝수 ㈑ 홀수

473 ㄴ, ㄷ   **474** 6

475 ③   **476** 풀이 99쪽

477 $4\sqrt{2}$ **478** 8

479 8   **480** $m\geq1$

481 ②

● 본책 206~246쪽

Ⅲ. 함수

1 함수

482 함수: (3), (4)

(3) 정의역: $\{1, 2, 3\}$, 공역: $\{a, b, c\}$,

치역: $\{a, b, c\}$

(4) 정의역: $\{1, 2, 3, 4\}$, 공역: $\{a, b, c\}$,

치역: $\{a, b\}$

483 (1) $\{0, 1, 2\}$ (2) $\{-1, 1, 3\}$ (3) $\{-1, 0\}$

484 ㄷ

485 ㄱ, ㄴ

486 ②

487 $3\sqrt{2}$

488 6

489 $\{0, 1, 4\}$

490 ㄱ

491 3

492 $\{1\}, \{2\}, \{3\}, \{1, 2\}, \{1, 3\}, \{2, 3\},$
$\{1, 2, 3\}$

493 ㄷ, ㄹ

494 ③, ⑤

495 $-1-\sqrt{3}$

496 17

497 $\{-6, 0\}$

498 ④

499 $-\dfrac{3}{2}$

500 -30

501 -8

502 $a=3, b=-4$

503 23

504 640

505 127

506 (1) ㄱ, ㄹ (2) ㄴ (3) ㄹ

507 -2

508 $a<-1$

509 12

510 36

511 (1) 20 (2) 10

512 ㄴ

513 -5

514 $k<-2$ 또는 $k>2$

515 ④

516 36

517 6

518 17

519 7

520 -1

521 20

522 -2

523 125

524 (1) 4 (2) 7 (3) 4 (4) c (5) a (6) a

525 (1) $(g \circ f)(x)=-4x^2-12x-9$

(2) $(f \circ g)(x)=-2x^2+3$

(3) $(f \circ f)(x)=4x+9$

(4) $(g \circ g)(x)=-x^4$

526 (1) $((f \circ g) \circ h)(x)=4x^2-24x+34$

(2) $(f \circ (g \circ h))(x)=4x^2-24x+34$

(3) $((g \circ f) \circ h)(x)=-4x^2+4x+6$

(4) $(f \circ (h \circ g))(x)=4x^2-36x+79$

527 -1

528 6

529 4

530 -4

531 -2

532 2

533 (1) $h(x)=-\dfrac{3}{2}x+\dfrac{5}{2}$

(2) $h(x)=-\dfrac{3}{2}x+\dfrac{5}{2}$

(3) $h(x)=\dfrac{1}{2}x+\dfrac{1}{2}$

534 $f\left(\dfrac{1-2x}{3}\right)=-4x+1$

535 4051

536 6

537 8

538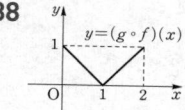

539 4

540 4

541 $f(x)=-3x+2, f(x)=3x-1$

542 -15

543 7

544 21

545 7

546 -4

547 4

548 1

549 200

550

551 ㄱ, ㄷ

552 (1) -1 (2) 7

553 (1) $y=\dfrac{1}{4}x+\dfrac{1}{2}$ (2) $y=-2x+3$

554 (1) 1 (2) c (3) 4 (4) a

555 -1　　　　　**556** -5

557 -1　　　　　**558** 1

559 3　　　　　　**560** $a<-1$ 또는 $a>1$

561 -18

562 $h^{-1}(x)=-\dfrac{1}{3}x-\dfrac{1}{3}$

563 $a=\dfrac{1}{2}$, $b=-\dfrac{5}{2}$　**564** 12

565 $a=-2$, $b=-3$　**566** 1

567 x_5　　　　　　**568** b

569 4　　　　　　**570** $2\sqrt{2}$

571 6　　　　　　**572** -1

573 $\dfrac{3}{2}$　　　　　**574** -1

575 4　　　　　　**576** 26

577 ②　　　　　**578** 5

579 1　　　　　　**580** $-\sqrt{2}$

581 a　　　　　　**582** $a\le\dfrac{1}{2}$

583 $-\dfrac{1}{9}$　　　　**584** ①

585 6　　　　　　**586** 12

● 본책 248~273쪽

Ⅲ. 함수

2 유리함수

587 $\dfrac{1}{6}$　　　　**588** (1) $2:1:3$ (2) $\dfrac{5}{14}$

589 (1) ㄷ, ㄹ (2) ㄱ, ㄴ, ㅁ, ㅂ

590 (1) $\dfrac{1}{x(x-3)}\cdot\dfrac{x}{x(x-3)}$

(2) $\dfrac{2(x+3)}{(x+3)(x+1)(x-1)}\cdot$

$\dfrac{3(x-1)}{(x+3)(x+1)(x-1)}$

591 (1) $\dfrac{x-2}{x-4}$ (2) $\dfrac{x^2+y^2}{x^2+xy+y^2}$

592 (1) $\dfrac{5x+12}{(x+2)(x+3)}$ (2) $\dfrac{-4x+7}{(x-1)(2x+1)}$

(3) $\dfrac{x+2}{2x^2}$ (4) $\dfrac{x(x-1)}{x+2}$

593 (1) $\dfrac{2x+3}{(x+2)(x-1)}$ (2) 1

594 -1　　　　　**595** -4

596 (1) $\dfrac{-3x}{(x+1)(x-2)}$

(2) $\dfrac{4(x^2+10x+28)}{(x+2)(x+4)(x+6)(x+8)}$

597 (1) 0 (2) $\dfrac{5}{11}$　　**598** 20

599 (1) $\dfrac{x+4}{x+2}$ (2) $\dfrac{x-2y}{x}$ (3) $\dfrac{x+1}{x(x-4)}$

600 12　　　　　**601** (1) 152 (2) 0

602 $\dfrac{1024}{256-x^8}$　　**603** 280

604 $\dfrac{-10}{(2x+1)(2x-1)}$

605 $\dfrac{60}{41}$　　　　　**606** ④

607 0

608 (1) $\{x|x\ne0$인 실수$\}$

(2) $\{x|x\ne-3$인 실수$\}$

(3) $\left\{x\left|x\ne\dfrac{5}{3}\right.$인 실수$\right\}$

(4) $\{x|x\ne\pm2$인 실수$\}$

609 (1)

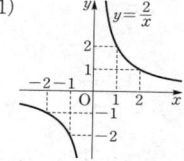

점근선의 방정식: $x=0$, $y=0$

(2)

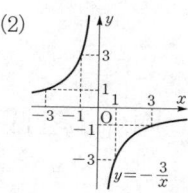

점근선의 방정식: $x=0$, $y=0$

(3)

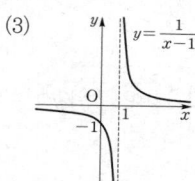

점근선의 방정식: $x=1$, $y=0$

(4)

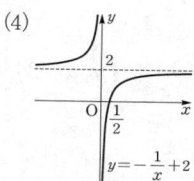

점근선의 방정식: $x=0$, $y=2$

610 (1) $y=-\dfrac{3}{x-3}+4$ (2) $y=\dfrac{3}{x+2}-5$

611 (1)

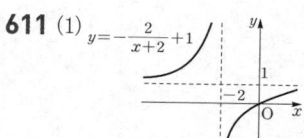

정의역: $\{x\,|\,x\neq-2$인 실수$\}$

치역: $\{y\,|\,y\neq1$인 실수$\}$

점근선의 방정식: $x=-2$, $y=1$

(2)

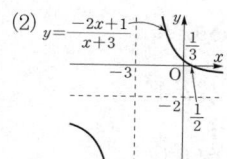

정의역: $\{x\,|\,x\neq-3$인 실수$\}$

치역: $\{y\,|\,y\neq-2$인 실수$\}$

점근선의 방정식: $x=-3$, $y=-2$

(3)

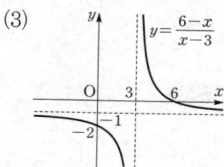

정의역: $\{x\,|\,x\neq3$인 실수$\}$

치역: $\{y\,|\,y\neq-1$인 실수$\}$

점근선의 방정식: $x=3$, $y=-1$

612 -18 **613** ㄱ, ㄷ

614 1

615 $\{x\,|-3\leq x<-2$ 또는 $-2<x\leq0\}$

616 최댓값: $\dfrac{1}{3}$, 최솟값: -3

617 12   **618** 1

619 1   **620** 8

621 1

622 $a=-2$, $b=3$, $c=-8$

623 8   **624** 6

625 $m\leq-6-4\sqrt{2}$ 또는 $m\geq-6+4\sqrt{2}$

626 $f^{200}(x)=-\dfrac{1}{x-1}$

627 1   **628** $a=1$, $b=3$, $c=1$

629 3   **630** $a=-2$, $b=15$

631 1   **632** $-\dfrac{16}{3}$

633 ④   **634** 6

635 -5 **636** 7

637 ④   **638** $\sqrt{7}$

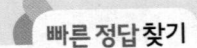

639 ㄱ, ㄷ

640 $5-2\sqrt{6}<k<5+2\sqrt{6}$

641 6 **642** 11

643 ④ **644** 9

645 $\dfrac{1}{2}$ **646** ①

● 본책 276~291쪽

Ⅲ. 함수

3 무리함수

647 (1) $x\geq-1$ (2) $x\geq 2$ (3) $-3\leq x<2$

(4) $\dfrac{1}{2}\leq x<4$

648 (1) $\sqrt{x+4}+2$ (2) $\sqrt{x+3}+\sqrt{x-3}$

(3) $\dfrac{x-1-2\sqrt{x-2}}{x-3}$

649 (1) $\dfrac{-2\sqrt{y}}{x-y}$ (2) $\dfrac{8x}{3-x}$

650 (1) $2x$ (2) $-2x\sqrt{x-1}$

651 $\sqrt{2}+1$ **652** 9

653 ㄱ, ㄹ, ㅁ

654 (1) $\{x|x\leq-3\}$ (2) $\{x|x\geq-2\}$

(3) $\{x|x\geq 2\}$ (4) $\{x|-1\leq x\leq 1\}$

655 (1)

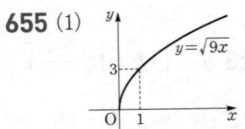

정의역: $\{x|x\geq 0\}$, 치역: $\{y|y\geq 0\}$

(2)

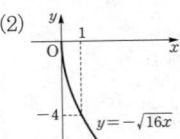

정의역: $\{x|x\geq 0\}$, 치역: $\{y|y\leq 0\}$

(3)

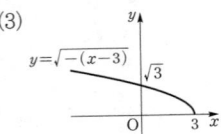

정의역: $\{x|x\leq 3\}$, 치역: $\{y|y\geq 0\}$

(4)

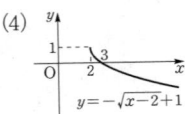

정의역: $\{x|x\geq 2\}$, 치역: $\{y|y\leq 1\}$

656 (1)

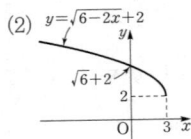

정의역: $\left\{x\,\middle|\,x\geq\dfrac{2}{3}\right\}$, 치역: $\{y|y\geq-1\}$

(2)

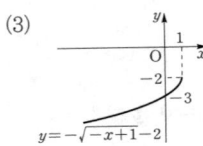

정의역: $\{x|x\leq 3\}$, 치역: $\{y|y\geq 2\}$

(3)

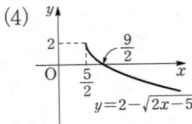

정의역: $\{x|x\leq 1\}$, 치역: $\{y|y\leq-2\}$

(4)

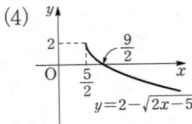

정의역: $\left\{x\,\middle|\,x\geq\dfrac{5}{2}\right\}$, 치역: $\{y|y\leq 2\}$

657 ㄱ **658** 10

659 ㄱ, ㄷ **660** 2

661 $\{x|2\leq x\leq 5\}$ **662** 3

663 4 **664** 4

665 -3 **666** 6

667 $k < \dfrac{7}{2}$

668 $k > -3$ 또는 $k = -\dfrac{7}{2}$

669 $-\dfrac{\sqrt{2}}{4} < m < 0$ **670** 30

671 13   **672** $4\sqrt{2}$

673 -4 **674** $(1, 1)$

675 -1 **676** 3

677 ㄱ, ㄴ   **678** ①

679 -8 **680** ③

681 $\dfrac{5}{2}$ **682** $-\sqrt{2} \leq a < 0$

683 ④   **684** $a \leq -2$ 또는 $a > 0$

685 ③   **686** -1

687 5   **688** $-1 < k < -\dfrac{3}{4}$

689 4   **690** 6

함께 만드는 개념원리

개념원리는 **선생님이 가르치기 쉽고** **학생이 배우기 쉬운**  **교육 콘텐츠를 만듭니다.**

전국 **360명** 선생님이 교재 개발 참여

총 **2,540명** 학생의 실사용 의견 청취

(2017년도~2023년도 교재 VOC 누적)

NEW
2022 개정 도서

5,500만

누적 5천5백만의
인정을 받은 **신뢰성**

(2003년도~2022년도
매출 수량 누적)

1/2

학생 2명 중 1명이
선택하는 **대중성**

(고등학생 수 대비
개념원리 판매기준)

10

10차례 검토
과정을 마친 **정확성**

SINCE 1991

30년 이상
축적된 **전문성**

✦ 2022 개정 더 좋아진 개념원리 ✦

2022 개정 교재는 학습자의 학습 편의성을 강화했습니다.
학습 과정에서 필요한 각종 학습자료를 추가해 더욱더 완전한 학습을 지원합니다.

A

2022 개정 교재 + 교재 연계 서비스 (APP)

개념원리&RPM + 교재 연계 서비스 제공

• 서비스를 통해 교재의 완전 학습 및 지속적인 학습 성장 지원

2015 개정
• 교재 학습으로
  학습종료

B

2022 개정 무료 해설 강의 확대

**RPM
영상 0% 제공**

**RPM 전 문항
해설 강의 100% 제공**

• QR 1개당 1년 평균 **3,900명** 이상 인입 (2015개정 개념원리 수학(상) p.34 기준)
• 완전한 학습을 위해 RPM 전 문항 무료 해설 강의 제공

2015 개정
• 개념원리 주요 문항만
  무료 해설 강의 제공
  (RPM 미제공)

학생 모두가 수학을 쉽게 배울 수 있는 환경이 조성될 때까지
개념원리의 노력은 계속됩니다.

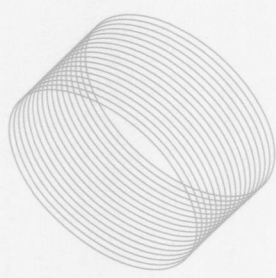

개념원리 공통수학 2

공통수학 2
정답 및 풀이

개념원리 수학연구소

개념원리 공통수학 2

정답 및 풀이

 친절한 풀이 정확하고 이해하기 쉬운 친절한 풀이 제시

 다른 풀이 수학적 사고력을 키우는 다양한 해결 방법 제시

 해설 Focus 문제 해결 TIP과 중요/보충 개념을 제시

 해결 전략 연습문제 해결의 실마리 제공

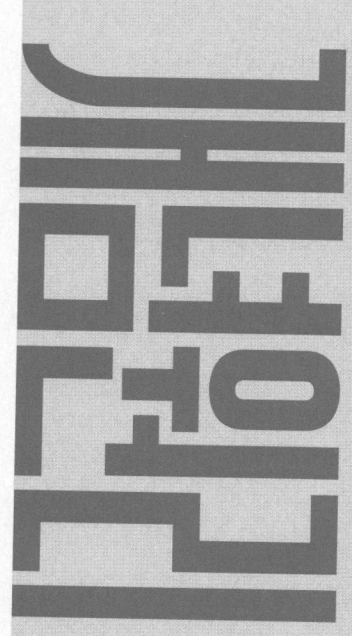

수학의 시작 개념원리

공통수학 2

정답 및 풀이

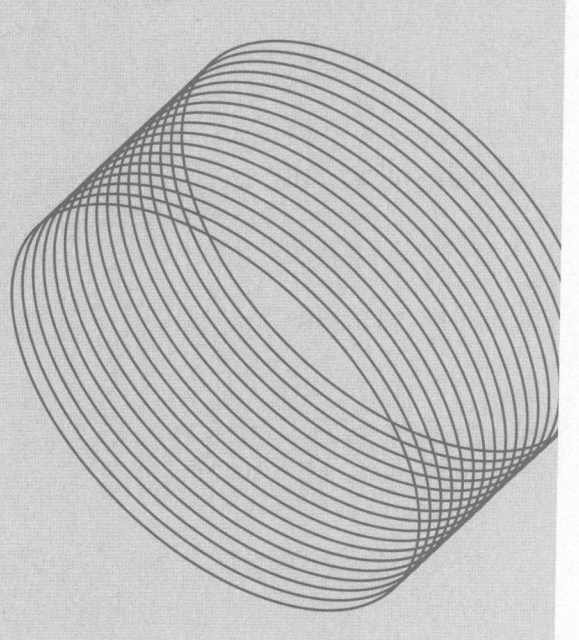

1 평면좌표

01 두 점 사이의 거리
● 본책 10~15쪽

1

$\overline{AB}=2\sqrt{3}$이므로

$$\sqrt{(1-a)^2+(2-a-3)^2}=2\sqrt{3}$$

양변을 제곱하면 $(1-a)^2+(-a-1)^2=12$

$a^2=5$ ∴ $a=\sqrt{5}$ (∵ $a>0$) 답 $\sqrt{5}$

2

$\overline{AB}=2\overline{BC}$이므로

$$\sqrt{(10-4)^2+\{1-(-5)\}^2}$$
$$=2\sqrt{(a-10)^2+(4-1)^2}$$

양변을 제곱하여 정리하면

$a^2-20a+91=0$, $(a-7)(a-13)=0$

∴ $a=7$ 또는 $a=13$ 답 **7, 13**

3

$\overline{AB}=\sqrt{\{a-(-1)\}^2+(5-a)^2}$
$=\sqrt{2a^2-8a+26}$
$=\sqrt{2(a-2)^2+18}$

따라서 $\overline{AB}$의 길이는 $a=2$일 때 최솟값 $\sqrt{18}=3\sqrt{2}$를 갖는다. 답 **2**

4

두 점 P, Q의 좌표를 각각 $(a,0)$, $(0,b)$라 하자.

$\overline{AP}=\overline{BP}$에서 $\overline{AP}^2=\overline{BP}^2$이므로

$(a-1)^2+(0-4)^2=(a+2)^2+(0-3)^2$

$a^2-2a+17=a^2+4a+13$

$-6a=-4$ ∴ $a=\dfrac{2}{3}$

∴ $P\left(\dfrac{2}{3},0\right)$

또 $\overline{AQ}=\overline{BQ}$에서 $\overline{AQ}^2=\overline{BQ}^2$이므로

$(0-1)^2+(b-4)^2=(0+2)^2+(b-3)^2$

$b^2-8b+17=b^2-6b+13$

$-2b=-4$ ∴ $b=2$

∴ $Q(0,2)$

∴ $\overline{PQ}=\sqrt{\left(0-\dfrac{2}{3}\right)^2+(2-0)^2}$

$=\sqrt{\dfrac{40}{9}}=\dfrac{2\sqrt{10}}{3}$ 답 $\dfrac{2\sqrt{10}}{3}$

5

점 P(a,b)가 직선 $y=-x+2$ 위의 점이므로

$b=-a+2$ ……㉠

점 P$(a,-a+2)$에 대하여 $\overline{AP}=\overline{BP}$이므로

$\overline{AP}^2=\overline{BP}^2$

$(a-2)^2+(-a+2-3)^2$
$=(a-6)^2+(-a+2+1)^2$

$2a^2-2a+5=2a^2-18a+45$

$16a=40$ ∴ $a=\dfrac{5}{2}$

㉠에 $a=\dfrac{5}{2}$를 대입하면 $b=-\dfrac{1}{2}$

∴ $a-b=3$ 답 **3**

6

삼각형 ABC의 외심을 P(x,y)라 하면 점 P에서 세 꼭짓점에 이르는 거리는 같으므로

$\overline{PA}=\overline{PB}=\overline{PC}$

$\overline{PA}=\overline{PB}$에서 $\overline{PA}^2=\overline{PB}^2$이므로

$(x-2)^2+(y-1)^2=(x-2)^2+(y-7)^2$

$y^2-2y+1=y^2-14y+49$

$12y=48$ ∴ $y=4$

또 $\overline{PA}=\overline{PC}$에서 $\overline{PA}^2=\overline{PC}^2$이므로

$(x-2)^2+(y-1)^2=(x-4)^2+(y-3)^2$

$x^2-4x+y^2-2y+5=x^2-8x+y^2-6y+25$

$4x+4y=20$ ∴ $x+y=5$

$x+y=5$에 $y=4$를 대입하면

$x+4=5$ ∴ $x=1$

따라서 삼각형 ABC의 외심의 좌표는 $(1,4)$이다.

답 **(1, 4)**

📝 **개념노트**

삼각형의 외심

① 삼각형의 세 변의 수직이등분선은 한 점(외심)에서 만난다.

② 삼각형의 외심에서 세 꼭짓점에 이르는 거리는 같다.

7

(1) $\overline{AB}=\sqrt{(2-1)^2+(-2-0)^2}=\sqrt{5}$

$\overline{BC}=\sqrt{(5-2)^2+(2+2)^2}=5$

$\overline{CA}=\sqrt{(1-5)^2+(0-2)^2}=2\sqrt{5}$

$\therefore \overline{BC}^2=\overline{AB}^2+\overline{CA}^2$

따라서 $\triangle ABC$는 $\angle A=90°$인 직각삼각형이다.

(2) $\overline{AB}=\sqrt{(0+\sqrt{3})^2+(-2-1)^2}=\sqrt{12}=2\sqrt{3}$

$\overline{BC}=\sqrt{(\sqrt{3}-0)^2+(1+2)^2}=\sqrt{12}=2\sqrt{3}$

$\overline{CA}=\sqrt{(-\sqrt{3}-\sqrt{3})^2+(1-1)^2}=\sqrt{12}=2\sqrt{3}$

$\therefore \overline{AB}=\overline{BC}=\overline{CA}$

따라서 $\triangle ABC$는 정삼각형이다.

답 (1) **∠A=90°인 직각삼각형** (2) **정삼각형**

8

$\overline{AB}=\sqrt{(3+1)^2+(4-1)^2}=\sqrt{25}=5$

$\overline{BC}=\sqrt{(a-3)^2+(5-4)^2}=\sqrt{a^2-6a+10}$

$\overline{CA}=\sqrt{(-1-a)^2+(1-5)^2}=\sqrt{a^2+2a+17}$

이때 $\triangle ABC$는 $\angle C=90°$인 직각삼각형이므로

$\overline{AB}^2=\overline{BC}^2+\overline{CA}^2$에서

$25=a^2-6a+10+a^2+2a+17$

$a^2-2a+1=0,\qquad (a-1)^2=0$

$\therefore a=1$

답 **1**

9

$\overline{AB}=\sqrt{(1-0)^2+(-2-1)^2}=\sqrt{10}$

$\overline{BC}=\sqrt{(3-1)^2+(2+2)^2}=\sqrt{20}=2\sqrt{5}$

$\overline{CA}=\sqrt{(0-3)^2+(1-2)^2}=\sqrt{10}$

$\therefore \overline{AB}=\overline{CA},\ \overline{BC}^2=\overline{AB}^2+\overline{CA}^2$

따라서 $\triangle ABC$는 $\angle A=90°$인 직각이등변삼각형이

므로 구하는 넓이는

$\dfrac{1}{2}\times\overline{AB}\times\overline{CA}=\dfrac{1}{2}\times\sqrt{10}\times\sqrt{10}=5$

답 **5**

10

점 P의 좌표를 $(a, 0)$이라 하면

$\overline{AP}^2+\overline{BP}^2$

$=\{(a+4)^2+(-3)^2\}+\{(a-2)^2+3^2\}$

$=2a^2+4a+38=2(a+1)^2+36$

따라서 $\overline{AP}^2+\overline{BP}^2$은 $a=-1$일 때 최솟값 36을 갖

고, 그때의 점 P의 좌표는 $(-1, 0)$이다.

답 **최솟값: 36, P(−1, 0)**

11

점 P의 좌표를 (a, a)라 하면

$\overline{AP}^2+\overline{BP}^2$

$=\{(a+3)^2+(a-2)^2\}+\{(a-4)^2+(a-5)^2\}$

$=4a^2-16a+54$

$=4(a-2)^2+38$

따라서 $\overline{AP}^2+\overline{BP}^2$은 $a=2$일 때 최솟값 38을 갖고,

그때의 점 P의 좌표는 $(2, 2)$이다.　　　**답** **(2, 2)**

12

점 P의 좌표를 $(a, -a+2)$라 하면

$\overline{AP}^2+\overline{BP}^2+\overline{CP}^2$

$=\{(a-1)^2+(-a+2+4)^2\}$

$\quad+\{(a-3)^2+(-a+2-2)^2\}$

$\quad+\{(a+1)^2+(-a+2+1)^2\}$

$=6a^2-24a+56$

$=6(a-2)^2+32$

따라서 $\overline{AP}^2+\overline{BP}^2+\overline{CP}^2$은 $a=2$일 때 최솟값 32를

갖는다.　　　**답** **32**

13

오른쪽 그림과 같이 직

선 BC를 x축, 점 D를

지나고 $\overline{BC}$에 수직인 직

선을 y축으로 하는 좌표

평면을 잡으면 점 D는

원점이 된다.

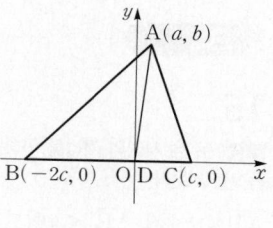

$A(a, b)$, $C(c, 0)$ $(c>0)$이라 하면 점 B의 좌표는

$(-2c, 0)$이므로

$\overline{AB}^2+2\overline{AC}^2$

$=\{(a+2c)^2+b^2\}+2\{(a-c)^2+b^2\}$

$=3a^2+3b^2+6c^2$

또 $\overline{AD}^2=a^2+b^2$, $\overline{CD}^2=c^2$이므로

$$3(\overline{AD}^2+2\overline{CD}^2)=3(a^2+b^2+2c^2)$$
$$=3a^2+3b^2+6c^2$$
$$\therefore \overline{AB}^2+2\overline{AC}^2=3(\overline{AD}^2+2\overline{CD}^2)$$

답 풀이 참조

14

오른쪽 그림과 같이 직선 BC를 x축, 직선 AB를 y축으로 하는 좌표평면을 잡으면 점 B는 원점이 된다.

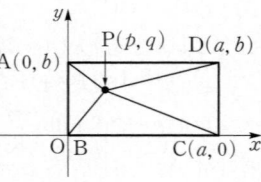

A$(0, b)$, C$(a, 0)$이라 하면 점 D의 좌표는 (a, b)

점 P의 좌표를 (p, q)라 하면

$$\overline{PA}^2+\overline{PC}^2$$
$$=\{p^2+(q-b)^2\}+\{(p-a)^2+q^2\}$$
$$=2p^2+2q^2-2ap-2bq+a^2+b^2$$
$$\overline{PB}^2+\overline{PD}^2$$
$$=(p^2+q^2)+\{(p-a)^2+(q-b)^2\}$$
$$=2p^2+2q^2-2ap-2bq+a^2+b^2$$
$$\therefore \overline{PA}^2+\overline{PC}^2=\overline{PB}^2+\overline{PD}^2$$

답 풀이 참조

🐣 **연습 문제** ──────────── ● 본책 16~17쪽

15

전략 두 점 사이의 거리를 구하는 공식을 이용하여 a에 대한 부등식을 세운다.

$\overline{AB}\le 2$에서 $\overline{AB}^2\le 4$이므로

$$(2-a)^2+(a-4)^2\le 4$$
$$a^2-6a+8\le 0, \qquad (a-2)(a-4)\le 0$$
$$\therefore 2\le a\le 4$$

따라서 정수 a는 2, 3, 4이므로 구하는 합은

$$2+3+4=9$$

답 9

16

전략 l^2을 t에 대한 이차식으로 나타내고 최솟값을 구한다.

$$l^2=\overline{AB}^2=(2t+1)^2+(-3-2t)^2$$
$$=8t^2+16t+10$$
$$=8(t+1)^2+2$$

따라서 l^2은 $t=-1$일 때 최솟값 2를 갖는다. **답** 2

17

전략 점 P의 좌표를 $(a, 2a-1)$로 놓고 $\overline{AP}=\overline{BP}$임을 이용하여 a에 대한 방정식을 세운다.

점 P의 좌표를 $(a, 2a-1)$이라 하면 $\overline{AP}=\overline{BP}$에서 $\overline{AP}^2=\overline{BP}^2$이므로

$$(a-3)^2+(2a-1+2)^2$$
$$=(a-2)^2+(2a-1+1)^2$$
$$5a^2-2a+10=5a^2-4a+4$$
$$2a=-6 \qquad \therefore a=-3$$

따라서 P$(-3, -7)$이므로

$$\overline{AP}=\sqrt{(-3-3)^2+(-7+2)^2}=\sqrt{61}$$

답 $\sqrt{61}$

18

전략 점 P의 좌표를 $(a, a+3)$으로 놓고 $\overline{AP}^2+\overline{BP}^2$을 a에 대한 이차식으로 나타낸다.

점 P의 좌표를 $(a, a+3)$이라 하면

$$\overline{AP}^2+\overline{BP}^2$$
$$=\{(a+2)^2+(a+3)^2\}+\{(a-2)^2+(a+3)^2\}$$
$$=4a^2+12a+26$$
$$=4\left(a+\frac{3}{2}\right)^2+17$$

따라서 $\overline{AP}^2+\overline{BP}^2$은 $a=-\dfrac{3}{2}$일 때 최솟값 17을 갖는다. **답** 17

19

전략 집, 마트, 영화관의 위치를 좌표평면 위에 나타낸다.

오른쪽 그림과 같이 집을 원점으로 하는 좌표평면을 잡고 마트와 영화관을 나타내는 점을 각각 A, B라 하면

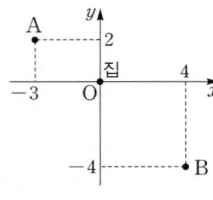

$$A(-3, 2), B(4, -4)$$

로 놓을 수 있다.

$$\therefore \overline{AB}=\sqrt{(4+3)^2+(-4-2)^2}=\sqrt{85}$$

따라서 마트와 영화관 사이의 직선 거리는 $\sqrt{85}$ km이다.

답 $\sqrt{85}$ **km**

20

전략 삼각형의 내각의 이등분선의 성질을 이용한다.

$\overline{AD}$는 $\angle A$의 이등분선이므로

$$\overline{AB}:\overline{AC}=\overline{BD}:\overline{CD}$$

이때 $\overline{BD}=\sqrt{8^2+(-6)^2}=10$,

$\overline{CD}=\sqrt{(8-12)^2+3^2}=5$이므로

$$\overline{AB}:\overline{AC}=10:5=2:1$$

즉 $2\overline{AC}=\overline{AB}$에서 $4\overline{AC}^2=\overline{AB}^2$이므로

$$4\{(12-a)^2+(-3-1)^2\}=(-a)^2+(6-1)^2$$
$$4(a^2-24a+160)=a^2+25$$
$$\therefore a^2-32a+205=0$$

따라서 이차방정식의 근과 계수의 관계에 의하여 모든 a의 값의 합은 32이다.

답 **32**

참고 이차방정식 $a^2-32a+205=0$의 판별식을 D라 하면

$$\frac{D}{4}=(-16)^2-205=51>0$$

따라서 이 이차방정식은 서로 다른 두 실근을 갖는다.

21

전략 삼각형의 외심에서 세 꼭짓점까지의 거리가 모두 같음을 이용하여 외심의 좌표를 구한다.

삼각형 ABC의 외심을 $P(a, b)$라 하면

$$\overline{AP}=\overline{BP}=\overline{CP}$$

$\overline{AP}=\overline{BP}$에서 $\overline{AP}^2=\overline{BP}^2$이므로

$$(a+2)^2+(b-1)^2=(a-1)^2+(b-4)^2$$
$$a^2+b^2+4a-2b+5=a^2+b^2-2a-8b+17$$
$$\therefore a+b=2 \qquad \cdots\cdots \text{㉠}$$

$\overline{AP}=\overline{CP}$에서 $\overline{AP}^2=\overline{CP}^2$이므로

$$(a+2)^2+(b-1)^2=(a-3)^2+(b+2)^2$$
$$a^2+b^2+4a-2b+5=a^2+b^2-6a+4b+13$$
$$\therefore 5a-3b=4 \qquad \cdots\cdots \text{㉡}$$

㉠, ㉡을 연립하여 풀면 $a=\dfrac{5}{4}$, $b=\dfrac{3}{4}$

따라서 외접원의 반지름의 길이는

$$\overline{AP}=\sqrt{\left(\frac{5}{4}+2\right)^2+\left(\frac{3}{4}-1\right)^2}=\frac{\sqrt{170}}{4}$$

이므로 외접원의 넓이는

$$\pi \times \left(\frac{\sqrt{170}}{4}\right)^2=\frac{85}{8}\pi$$

답 $\dfrac{85}{8}\pi$

22

전략 삼각형의 세 변의 길이가 모두 같음을 이용하여 a, b에 대한 연립방정식을 세운다.

$\triangle ABC$가 정삼각형이므로

$$\overline{AB}=\overline{BC}=\overline{CA}$$

$\overline{AB}=\overline{BC}$에서 $\overline{AB}^2=\overline{BC}^2$이므로

$$(1+1)^2+(-2-2)^2=(a-1)^2+(b+2)^2$$
$$\therefore a^2-2a+b^2+4b-15=0 \qquad \cdots\cdots \text{㉠}$$

$\overline{AB}=\overline{CA}$에서 $\overline{AB}^2=\overline{CA}^2$이므로

$$(1+1)^2+(-2-2)^2=(-1-a)^2+(2-b)^2$$
$$\therefore a^2+2a+b^2-4b-15=0 \qquad \cdots\cdots \text{㉡}$$

㉠-㉡을 하면

$$-4a+8b=0 \qquad \therefore a=2b$$

㉠에 $a=2b$를 대입하면

$$4b^2-4b+b^2+4b-15=0, \qquad b^2=3$$
$$\therefore b=\pm\sqrt{3}$$

$b=\sqrt{3}$일 때 $a=2\sqrt{3}$, $b=-\sqrt{3}$일 때 $a=-2\sqrt{3}$이므로

$$ab=6$$

답 **6**

23

전략 평행사변형의 성질을 이용하여 점 D의 좌표를 구한다.

$A(a, b)$, $C(c, 0)$이라 하면

$$D(\boxed{\text{㉮}\ a+c}, b)$$
$$\therefore \overline{AC}^2+\overline{BD}^2$$
$$=\{(c-a)^2+(-b)^2\}+\{(a+c)^2+b^2\}$$
$$=\boxed{\text{㉯}\ 2a^2+2b^2+2c^2}$$

$\overline{AB}^2+\overline{BC}^2=\boxed{\text{㉰}\ a^2+b^2+c^2}$이므로

$$\overline{AC}^2+\overline{BD}^2=2(\overline{AB}^2+\overline{BC}^2)$$

답 ㉮ $a+c$ ㉯ $2a^2+2b^2+2c^2$ ㉰ $a^2+b^2+c^2$

24

전략 주어진 식을 두 선분의 길이의 합으로 나타낸다.

$A(5, -2)$, $B(-3, 4)$, $P(x, y)$라 하면

$$\sqrt{(x-5)^2+(y+2)^2}=\overline{AP},$$
$$\sqrt{(x+3)^2+(y-4)^2}=\overline{BP}$$
$$\therefore \ \sqrt{(x-5)^2+(y+2)^2}+\sqrt{(x+3)^2+(y-4)^2}$$
$$=\overline{AP}+\overline{BP}$$
$$\geq\overline{AB}$$
$$=\sqrt{(-3-5)^2+(4+2)^2}$$
$$=10$$

따라서 구하는 최솟값은 10이다.　　　　　　　답 **10**

🔍 **해설 Focus**

두 점 A, B와 임의의 점 P에 대하여
$$\overline{AP}+\overline{BP}\geq\overline{AB}$$
이므로 $\overline{AP}+\overline{BP}$의 최솟값은 $\overline{AB}$의 길이와 같고, 이때 점 P는 $\overline{AB}$ 위에 있다.

25

전략 직선 도로를 좌표평면 위에 나타낸다.

오른쪽 그림과 같이 지점 O의 위치를 원점으로 하는 좌표평면에서 A와 B의 출발점의 위치를 각각 $(0, 10)$, $(-5, 0)$이라 하자.

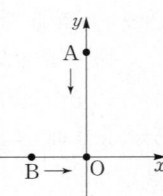

t시간 후의 A와 B의 위치를 각각 P, Q라 하면
$$P(0, 10-3t), \ Q(-5+4t, 0)$$
$$\therefore \ \overline{PQ}=\sqrt{(-5+4t)^2+(-10+3t)^2}$$
$$=\sqrt{25t^2-100t+125}$$
$$=\sqrt{25(t-2)^2+25}$$

따라서 $\overline{PQ}$의 길이는 $t=2$일 때 최솟값 $\sqrt{25}=5$를 갖는다.

즉 A와 B 사이의 거리의 최솟값은 5 km이다.

답 **5 km**

02 선분의 내분점
● 본책 18~26쪽

26
답 (1) **1, 2** (2) **5, 1** (3) **F** (4) **E**

27

(1) $\dfrac{3\times 6+1\times 2}{3+1}=5$ 　　$\therefore \ P(5)$

(2) $\dfrac{1\times 6+2\times 2}{1+2}=\dfrac{10}{3}$ 　　$\therefore \ Q\left(\dfrac{10}{3}\right)$

(3) $\dfrac{2+6}{2}=4$ 　　$\therefore \ M(4)$

답 (1) **(5)** (2) $\left(\dfrac{\mathbf{10}}{\mathbf{3}}\right)$ (3) **(4)**

28

(1) $P\left(\dfrac{1\times 3+3\times(-1)}{1+3}, \ \dfrac{1\times 2+3\times 6}{1+3}\right)$
$$\therefore \ P(0, 5)$$

(2) $Q\left(\dfrac{1\times(-1)+3\times 3}{1+3}, \ \dfrac{1\times 6+3\times 2}{1+3}\right)$
$$\therefore \ Q(2, 3)$$

(3) $M\left(\dfrac{-1+3}{2}, \ \dfrac{6+2}{2}\right)$ 　　$\therefore \ M(1, 4)$

답 (1) **(0, 5)** (2) **(2, 3)** (3) **(1, 4)**

29

선분 AB를 $2:1$로 내분하는 점 P의 좌표는
$$\left(\dfrac{2\times 5+1\times(-1)}{2+1}, \ \dfrac{2\times(-2)+1\times 4}{2+1}\right),$$
즉 $(3, 0)$
선분 BC를 $1:3$으로 내분하는 점 Q의 좌표는
$$\left(\dfrac{1\times 1+3\times 5}{1+3}, \ \dfrac{1\times 6+3\times(-2)}{1+3}\right),$$
즉 $(4, 0)$
따라서 선분 PQ의 중점의 좌표는
$$\left(\dfrac{3+4}{2}, \ \dfrac{0+0}{2}\right), \ \text{즉} \ \left(\dfrac{7}{2}, 0\right)$$　　답 $\left(\dfrac{\mathbf{7}}{\mathbf{2}}, \mathbf{0}\right)$

30

$\overline{AP}=3\overline{PB}$에서 　　$\overline{AP}:\overline{PB}=3:1$
따라서 점 P는 선분 AB를 $3:1$로 내분하는 점이므로
$$\dfrac{3\times x+1\times(-1)}{3+1}=5, \ \dfrac{3\times y+1\times(-2)}{3+1}=-5$$
$$3x-1=20, \ 3y-2=-20$$
$$\therefore \ x=7, \ y=-6$$
$$\therefore \ xy=-42$$　　　　　　　답 **-42**

31

선분 AB를 $2 : b$로 내분하는 점의 좌표가 $(3, -1)$이므로

$$\frac{2\times 6+b\times 1}{2+b}=3, \frac{2\times a+b\times(-5)}{2+b}=-1$$

$$12+b=3(2+b), \ 2a-5b=-(2+b)$$

$$-2b=-6, \ a-2b=-1$$

$$\therefore a=5, \ b=3$$

따라서 A$(1, -5)$, B$(6, 5)$이므로 선분 AB를 $b : 1$, 즉 $3 : 1$로 내분하는 점의 좌표는

$$\left(\frac{3\times 6+1\times 1}{3+1}, \ \frac{3\times 5+1\times(-5)}{3+1}\right),$$

즉 $\left(\dfrac{19}{4}, \ \dfrac{5}{2}\right)$ 답 $\left(\dfrac{19}{4}, \ \dfrac{5}{2}\right)$

32

선분 AB를 $(1-t) : t$로 내분하는 점의 좌표는

$$\left(\frac{(1-t)\times 1+t\times(-2)}{(1-t)+t}, \ \frac{(1-t)\times(-1)+t\times 4}{(1-t)+t}\right),$$

즉 $(-3t+1, \ 5t-1)$

이 점이 제1사분면 위에 있으므로

$$-3t+1>0, \ 5t-1>0$$

$$\therefore \frac{1}{5}<t<\frac{1}{3} \qquad \cdots\cdots \text{㉠}$$

한편 $1-t>0, \ t>0$이므로 $\quad 0<t<1 \quad \cdots\text{㉡}$

㉠, ㉡의 공통부분을 구하면 $\quad \dfrac{1}{5}<t<\dfrac{1}{3}$

따라서 $\alpha=\dfrac{1}{5}$, $\beta=\dfrac{1}{3}$이므로

$$\frac{1}{\alpha}+\frac{1}{\beta}=5+3=8$$ 답 8

33

선분 AB를 $1 : k$로 내분하는 점의 좌표는

$$\left(\frac{1\times 0+k\times(-3)}{1+k}, \ \frac{1\times 12+k\times 0}{1+k}\right),$$

즉 $\left(\dfrac{-3k}{1+k}, \ \dfrac{12}{1+k}\right)$

이 점이 직선 $y=-x+2$ 위에 있으므로

$$\frac{12}{1+k}=-\frac{-3k}{1+k}+2$$

$$12=3k+2(1+k), \qquad -5k=-10$$

$$\therefore k=2$$ 답 2

34

$3\overline{AB}=2\overline{BC}$에서 $\quad \overline{AB}:\overline{BC}=2:3$

이때 $a>0$이므로 이를 그림으로 나타내면 다음과 같다.

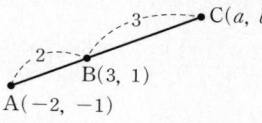

따라서 점 B는 $\overline{AC}$를 $2 : 3$으로 내분하는 점이므로

$$\frac{2\times a+3\times(-2)}{2+3}=3, \ \frac{2\times b+3\times(-1)}{2+3}=1$$

$$2a-6=15, \ 2b-3=5$$

$$\therefore a=\frac{21}{2}, \ b=4$$

$$\therefore ab=42$$ 답 42

해설 Focus

$\overline{AB}:\overline{BC}=2:3$을 만족시키는 점 C의 위치는 다음 그림의 점 C_1 또는 점 C_2이다.

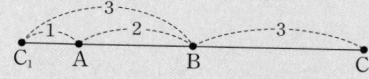

(i) $a<0$일 때

점 C의 위치는 점 C_1이므로 점 A는 $\overline{CB}$를 $1 : 2$로 내분하는 점이다.

(ii) $a>0$일 때

점 C의 위치는 점 C_2이므로 점 B는 $\overline{AC}$를 $2 : 3$으로 내분하는 점이다.

35

$2\overline{AC}=3\overline{BC}$에서

$$\overline{AC}:\overline{BC}=3:2$$

이를 그림으로 나타내면 오른쪽과 같으므로 점 B는 $\overline{AC}$를 $1 : 2$로 내분하는 점이다.

점 C의 좌표를 (x, y)라 하면

$$\frac{1\times x+2\times(-1)}{1+2}=3,$$

$$\frac{1\times y+2\times(-2)}{1+2}=6$$

$$x-2=9, \ y-4=18$$

$$\therefore x=11, \ y=22$$

$$\therefore C(11, 22)$$ 답 $(11, 22)$

$\overline{\text{AB}}$의 연장선 위의 점 C에 대하여

$\overline{\text{AC}}:\overline{\text{BC}}=3:2$이므로 점 C는 $\overline{\text{AB}}$를 $3:2$로 외분하는 점이다.

따라서 점 C의 좌표는

$$\left(\frac{3\times 3-2\times(-1)}{3-2},\ \frac{3\times 6-2\times(-2)}{3-2}\right),$$

즉 $(11,\ 22)$

36

$2\overline{\text{AB}}=\overline{\text{BC}}$에서 $\overline{\text{AB}}:\overline{\text{BC}}=1:2$

이를 그림으로 나타내면 다음과 같다.

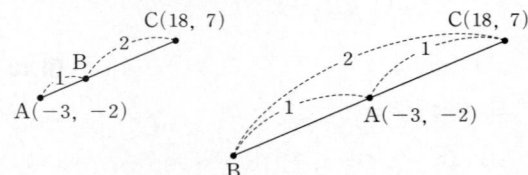

(i) 점 B가 선분 AC를 $1:2$로 내분하는 경우

점 B의 좌표는

$$\left(\frac{1\times 18+2\times(-3)}{1+2},\ \frac{1\times 7+2\times(-2)}{1+2}\right),$$

즉 $(4,\ 1)$

(ii) 점 A가 선분 BC의 중점인 경우

점 B의 좌표를 $(x,\ y)$라 하면

$$\frac{x+18}{2}=-3,\ \frac{y+7}{2}=-2$$

$$x+18=-6,\ y+7=-4$$

$$\therefore\ x=-24,\ y=-11$$

$$\therefore\ \text{B}(-24,\ -11)$$

(i), (ii)에서   B$(4,\ 1)$ 또는 B$(-24,\ -11)$

📋 **$(4,\ 1)$, $(-24,\ -11)$**

37

평행사변형 ABCD의 대각선 AC의 중점의 좌표는

$$\left(\frac{-1+0}{2},\ \frac{0+3}{2}\right),\ \text{즉}\ \left(-\frac{1}{2},\ \frac{3}{2}\right)$$

대각선 BD의 중점의 좌표는 $\left(\dfrac{a-3}{2},\ \dfrac{1+b}{2}\right)$

두 대각선의 중점이 일치하므로

$$-\frac{1}{2}=\frac{a-3}{2},\ \frac{3}{2}=\frac{1+b}{2}$$

$$\therefore\ a=2,\ b=2\quad \therefore\ ab=4$$

📋 **4**

38

마름모의 두 대각선은 서로 다른 것을 수직이등분한다.

마름모 ABCD의 대각선 AC의 중점의 좌표는

$$\left(\frac{2+a}{2},\ \frac{1+7}{2}\right),\ \text{즉}\ \left(\frac{2+a}{2},\ 4\right)$$

대각선 BD의 중점의 좌표는

$$\left(\frac{b-2}{2},\ \frac{5+3}{2}\right),\ \text{즉}\ \left(\frac{b-2}{2},\ 4\right)$$

두 대각선의 중점이 일치하므로

$$\frac{2+a}{2}=\frac{b-2}{2}$$

$$\therefore\ b=a+4 \qquad\qquad \cdots\cdots\ \bigcirc$$

또 마름모의 뜻에 의하여 $\overline{\text{AD}}=\overline{\text{DC}}$이므로

$$\overline{\text{AD}}^2=\overline{\text{DC}}^2$$

$$(-2-2)^2+(3-1)^2=(a+2)^2+(7-3)^2$$

$$a^2+4a=0,\qquad a(a+4)=0$$

$$\therefore\ a=-4\ (\because\ a<0)$$

$\bigcirc$에 $a=-4$를 대입하면 $b=0$

$$\therefore\ a+b=-4$$

📋 **-4**

39

$\overline{\text{AD}}$는 $\angle$A의 이등분선이므로

$$\overline{\text{AB}}:\overline{\text{AC}}=\overline{\text{BD}}:\overline{\text{CD}}$$

$$\overline{\text{AB}}=\sqrt{(-4)^2+(1-9)^2}=4\sqrt{5},$$

$$\overline{\text{AC}}=\sqrt{(6-4)^2+(5-9)^2}=2\sqrt{5}\ \text{이므로}$$

$$\overline{\text{BD}}:\overline{\text{CD}}=4\sqrt{5}:2\sqrt{5}=2:1$$

따라서 점 D는 $\overline{\text{BC}}$를 $2:1$로 내분하는 점이므로 점 D의 좌표는

$$\left(\frac{2\times 6+1\times 0}{2+1},\ \frac{2\times 5+1\times 1}{2+1}\right),\ \text{즉}\ \left(4,\ \frac{11}{3}\right)$$

$a=4,\ b=\dfrac{11}{3}$이므로

$$a+b=\frac{23}{3}$$

📋 **$\dfrac{23}{3}$**

40

$\angle$AOP$=\angle$BOP에서 점 P는 $\angle$AOB의 이등분선 위의 점이므로

$$\overline{\text{OA}}:\overline{\text{OB}}=\overline{\text{AP}}:\overline{\text{BP}}$$

$\overline{\text{OA}}=3$, $\overline{\text{OB}}=\sqrt{3^2+4^2}=5$이므로
$$\overline{\text{AP}}:\overline{\text{BP}}=3:5$$
따라서 점 P는 $\overline{\text{AB}}$를 $3:5$로 내분하는 점이므로 점 P의 좌표는
$$\left(\frac{3\times3+5\times(-3)}{3+5},\ \frac{3\times4+5\times0}{3+5}\right),$$
즉 $\left(-\dfrac{3}{4},\ \dfrac{3}{2}\right)$

직선 OP의 방정식은
$$y=\frac{\dfrac{3}{2}}{-\dfrac{3}{4}}x \qquad \therefore\ y=-2x \qquad \boxed{\text{답}}\ \boldsymbol{y=-2x}$$

03 삼각형의 무게중심
• 본책 27~29쪽

41
△ABC의 무게중심의 좌표는
$$\left(\frac{a-1+5}{3},\ \frac{5+b+1}{3}\right),\ \text{즉}\ \left(\frac{a+4}{3},\ \frac{b+6}{3}\right)$$
이때 무게중심의 좌표가 $(2,\ 3)$이므로
$$\frac{a+4}{3}=2,\ \frac{b+6}{3}=3$$
$$\therefore a=2,\ b=3 \qquad \boxed{\text{답}}\ \boldsymbol{a=2,\ b=3}$$

42
변 BC의 중점을 M이라 하면 △ABC의 무게중심은 중선 AM을 $2:1$로 내분하는 점이다.
따라서 구하는 무게중심의 좌표는
$$\left(\frac{2\times1+1\times(-5)}{2+1},\ \frac{2\times0+1\times6}{2+1}\right),$$
즉 $(-1,\ 2)$ \qquad $\boxed{\text{답}}\ \boldsymbol{(-1,\ 2)}$

43
세 변 AB, BC, CA의 중점을 각각 D, E, F라 하면 △ABC의 무게중심은 △DEF의 무게중심과 일치한다.
따라서 △ABC의 무게중심의 좌표는
$$\left(\frac{-4-1+5}{3},\ \frac{5-2+6}{3}\right),\ \text{즉}\ (0,\ 3)$$
$\boxed{\text{답}}\ \boldsymbol{(0,\ 3)}$

$\boxed{\text{다른 풀이}}$ $\text{A}(x_1,\ y_1)$, $\text{B}(x_2,\ y_2)$, $\text{C}(x_3,\ y_3)$이라 하면
변 AB의 중점의 좌표가 $(-4,\ 5)$이므로
$$\frac{x_1+x_2}{2}=-4 \qquad \cdots\cdots\ \text{㉠}$$
$$\frac{y_1+y_2}{2}=5 \qquad \cdots\cdots\ \text{㉡}$$
변 BC의 중점의 좌표가 $(-1,\ -2)$이므로
$$\frac{x_2+x_3}{2}=-1 \qquad \cdots\cdots\ \text{㉢}$$
$$\frac{y_2+y_3}{2}=-2 \qquad \cdots\cdots\ \text{㉣}$$
변 CA의 중점의 좌표가 $(5,\ 6)$이므로
$$\frac{x_3+x_1}{2}=5 \qquad \cdots\cdots\ \text{㉤}$$
$$\frac{y_3+y_1}{2}=6 \qquad \cdots\cdots\ \text{㉥}$$
㉠$+$㉢$+$㉤을 하면 $\quad x_1+x_2+x_3=0$
㉡$+$㉣$+$㉥을 하면 $\quad y_1+y_2+y_3=9$
따라서 △ABC의 무게중심의 좌표는
$$\left(\frac{x_1+x_2+x_3}{3},\ \frac{y_1+y_2+y_3}{3}\right),\ \text{즉}\ (0,\ 3)$$

44
$\overline{\text{AP}}^2+\overline{\text{BP}}^2+\overline{\text{CP}}^2$의 값이 최소가 되도록 하는 점 P는 △ABC의 무게중심과 일치하므로
$$a=\frac{-2+3+5}{3}=2,\ b=\frac{1+4+4}{3}=3$$
$$\therefore a+b=5 \qquad \boxed{\text{답}}\ \boldsymbol{5}$$

45
$\overline{\text{AP}}^2+\overline{\text{BP}}^2+\overline{\text{CP}}^2$의 값이 최소가 되도록 하는 점 P는 △ABC의 무게중심과 일치한다.
△ABC의 무게중심의 좌표는
$$\left(\frac{-5+2+6}{3},\ \frac{-2+3-7}{3}\right),\ \text{즉}\ (1,\ -2)$$
따라서 $\text{P}(1,\ -2)$일 때 $\overline{\text{AP}}^2+\overline{\text{BP}}^2+\overline{\text{CP}}^2$의 값은 최소이므로 구하는 최솟값은
$$\begin{aligned}&\overline{\text{AP}}^2+\overline{\text{BP}}^2+\overline{\text{CP}}^2\\&=\{(1+5)^2+(-2+2)^2\}\\&\quad+\{(1-2)^2+(-2-3)^2\}\\&\quad+\{(1-6)^2+(-2+7)^2\}\\&=36+26+50=112\end{aligned}$$
$\boxed{\text{답}}$ **최솟값: 112, P(1, −2)**

[다른 풀이] 점 P의 좌표를 (x, y)라 하면

$$\overline{AP}^2 + \overline{BP}^2 + \overline{CP}^2$$
$$= \{(x+5)^2 + (y+2)^2\}$$
$$\quad + \{(x-2)^2 + (y-3)^2\}$$
$$\quad + \{(x-6)^2 + (y+7)^2\}$$
$$= 3x^2 - 6x + 3y^2 + 12y + 127$$
$$= 3(x-1)^2 + 3(y+2)^2 + 112$$

따라서 $\overline{AP}^2 + \overline{BP}^2 + \overline{CP}^2$은 $x=1$, $y=-2$일 때 최솟값 112를 갖고, 그때의 점 P의 좌표는 $(1, -2)$이다.

● 본책 30~32쪽

연습문제

46

전략 점 P가 $\overline{AB}$를 $4:3$으로 내분하는 점임을 이용한다.

$3\overline{AP} = 4\overline{PB}$에서 $\overline{AP} : \overline{PB} = 4 : 3$

따라서 점 P는 선분 AB를 $4:3$으로 내분하는 점이므로

$$\frac{4 \times b + 3 \times (-4)}{4+3} = 0, \quad \frac{4 \times 1 + 3 \times a}{4+3} = 1$$
$$\therefore a = 1, \ b = 3$$
$$\therefore a + b = 4$$

답 **4**

47

전략 내분점의 좌표를 k에 대한 식으로 나타내어 부등식을 세운다.

선분 AB를 $k : (1-k)$로 내분하는 점의 좌표는

$$\left(\frac{k \times (-4) + (1-k) \times 1}{k + (1-k)}, \ \frac{k \times 6 + (1-k) \times (-3)}{k + (1-k)} \right),$$

즉 $(-5k+1, \ 9k-3)$

이 점이 제2사분면 위에 있으므로

$$-5k+1 < 0, \ 9k-3 > 0$$
$$\therefore k > \frac{1}{3} \qquad \cdots\cdots \ \text{㉠}$$

한편 $k > 0$, $1-k > 0$이므로

$$0 < k < 1 \qquad \cdots\cdots \ \text{㉡}$$

㉠, ㉡의 공통부분을 구하면

$$\frac{1}{3} < k < 1$$

답 $\dfrac{1}{3} < k < 1$

48

전략 y축 위의 점은 x좌표가 0임을 이용한다.

선분 AB를 $m:n$으로 내분하는 점의 좌표는

$$\left(\frac{m-3n}{m+n}, \ \frac{6m+n}{m+n} \right)$$

이 점이 y축 위에 있으므로

$$\frac{m-3n}{m+n} = 0, \qquad m-3n = 0$$
$$\therefore m = 3n$$

따라서 $m : n = 3 : 1$이고, m, n은 서로소인 자연수이므로

$$m = 3, \ n = 1$$
$$\therefore m + n = 4$$

답 **4**

49

전략 마름모의 뜻과 성질을 이용하여 a, b, c의 값을 구한다.

마름모 ABCD의 두 대각선 AC, BD의 중점이 일치하므로

$$\frac{a+b}{2} = \frac{3+4}{2}, \ \frac{3+c}{2} = \frac{1+4}{2}$$
$$\therefore a+b = 7, \ c = 2$$

또 마름모의 뜻에 의하여 $\overline{AB} = \overline{AD}$이므로

$$\overline{AB}^2 = \overline{AD}^2$$
$$(3-a)^2 + (1-3)^2 = (4-a)^2 + (4-3)^2$$
$$a^2 - 6a + 13 = a^2 - 8a + 17$$
$$2a = 4 \qquad \therefore a = 2$$

$a+b = 7$에 $a=2$를 대입하면

$$b = 5$$
$$\therefore a^2 + b^2 + c^2 = 2^2 + 5^2 + 2^2 = 33$$

답 **33**

50

전략 삼각형 ABC와 삼각형 DEF의 무게중심이 일치함을 이용한다.

△DEF의 무게중심은 △ABC의 무게중심과 일치하므로

$$\frac{a-1+5}{3} = 2, \ \frac{2+0+b}{3} = 1$$
$$a+4 = 6, \ b+2 = 3$$
$$\therefore a = 2, \ b = 1$$
$$\therefore ab = 2$$

답 **2**

다른 풀이 변 AB를 2 : 1로 내분하는 점 D의 좌표는

$$\left(\frac{2\times(-1)+1\times a}{2+1},\ \frac{2\times 0+1\times 2}{2+1}\right),$$

즉 $\left(\dfrac{a-2}{3},\ \dfrac{2}{3}\right)$

변 BC를 2 : 1로 내분하는 점 E의 좌표는

$$\left(\frac{2\times 5+1\times(-1)}{2+1},\ \frac{2\times b+1\times 0}{2+1}\right),$$

즉 $\left(3,\ \dfrac{2}{3}b\right)$

변 CA를 2 : 1로 내분하는 점 F의 좌표는

$$\left(\frac{2\times a+1\times 5}{2+1},\ \frac{2\times 2+1\times b}{2+1}\right),$$

즉 $\left(\dfrac{2a+5}{3},\ \dfrac{b+4}{3}\right)$

△DEF의 무게중심의 좌표가 $(2,\ 1)$이므로

$$\frac{\dfrac{a-2}{3}+3+\dfrac{2a+5}{3}}{3}=2,$$

$$\frac{\dfrac{2}{3}+\dfrac{2}{3}b+\dfrac{b+4}{3}}{3}=1$$

$a+4=6,\ b+2=3$

$\therefore a=2,\ b=1$

51

전략 점 P가 △ABC의 무게중심과 일치함을 이용한다.

$\overline{PA}^2+\overline{PB}^2+\overline{PC}^2$의 값이 최소가 되도록 하는 점 P는 삼각형 ABC의 무게중심과 일치한다.

따라서 점 P의 좌표는

$$\left(\frac{1-3+2}{3},\ \frac{3-2+2}{3}\right),\ 즉 (0,\ 1)$$

$\therefore \overline{PA}=\sqrt{(1-0)^2+(3-1)^2}=\sqrt{5}$ **답** $\sqrt{5}$

다른 풀이 점 P의 좌표를 $(x,\ y)$라 하면

$\overline{PA}^2+\overline{PB}^2+\overline{PC}^2$

$=\{(x-1)^2+(y-3)^2\}+\{(x+3)^2+(y+2)^2\}$

$\quad +\{(x-2)^2+(y-2)^2\}$

$=3x^2+3y^2-6y+31$

$=3x^2+3(y-1)^2+28$

따라서 $\overline{PA}^2+\overline{PB}^2+\overline{PC}^2$은 $x=0,\ y=1$일 때 최솟값 28을 갖고, 그때의 점 P의 좌표는 $(0,\ 1)$이다.

$\therefore \overline{PA}=\sqrt{(1-0)^2+(3-1)^2}=\sqrt{5}$

52

전략 선분 PQ의 중점이 M이면 $\overline{PM}=\dfrac{1}{2}\overline{PQ}$임을 이용한다.

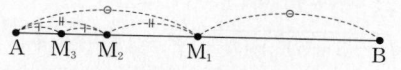

점 M_1은 선분 AB의 중점이므로

$$\overline{AM_1}=\frac{1}{2}\overline{AB}$$

점 M_2는 선분 AM_1의 중점이므로

$$\overline{AM_2}=\frac{1}{2}\overline{AM_1}=\frac{1}{2}\times\frac{1}{2}\overline{AB}=\frac{1}{4}\overline{AB}$$

점 M_3은 선분 AM_2의 중점이므로

$$\overline{AM_3}=\frac{1}{2}\overline{AM_2}=\frac{1}{2}\times\frac{1}{4}\overline{AB}=\frac{1}{8}\overline{AB}$$

같은 방법으로 하면 $\overline{AM_{10}}=\dfrac{1}{2^{10}}\overline{AB}$

따라서 $\overline{AB}=2^{10}\overline{AM_{10}}$에서 $\overline{AM_{10}}:\overline{AB}=1:2^{10}$이므로

$$\overline{AM_{10}}:\overline{M_{10}B}=1:(2^{10}-1)=1:1023$$

즉 점 M_{10}은 선분 AB를 1 : 1023으로 내분하는 점이므로 $k=1023$ **답** **1023**

53

전략 두 점 P, Q의 x좌표를 각각 $\alpha,\ \beta$로 놓고 $\alpha,\ \beta$에 대한 방정식을 세운다.

곡선 $y=x^2-2x$와 직선 $y=3x+k$가 두 점 P, Q에서 만나므로 두 점 P, Q의 x좌표를 각각 $\alpha,\ \beta$라 하면 이차방정식

$$x^2-2x=3x+k,\ 즉\ x^2-5x-k=0$$

의 두 실근이 $\alpha,\ \beta$이다.

따라서 이차방정식의 근과 계수의 관계에 의하여

$\alpha+\beta=5$ ...... ㉠

$\alpha\beta=-k$ ...... ㉡

한편 선분 PQ를 1 : 2로 내분하는 점의 x좌표가 1이므로

$$\frac{1\times\beta+2\times\alpha}{1+2}=1$$

$\therefore 2\alpha+\beta=3$ ...... ㉢

㉠, ㉢을 연립하여 풀면 $\alpha=-2,\ \beta=7$

따라서 ㉡에서

$$k=-\alpha\beta=-(-2)\times 7=14$$ **답** **14**

54

평행사변형의 성질을 이용하여 점 D의 좌표를 구한다.

$\overline{AB}=\sqrt{(-5+1)^2+(1-3)^2}=2\sqrt{5}$,

$\overline{BC}=\sqrt{(-3+5)^2+(k-1)^2}=\sqrt{k^2-2k+5}$

이고, 평행사변형 ABCD의 둘레의 길이가 $6\sqrt{5}$이므로
$2(\overline{AB}+\overline{BC})=6\sqrt{5}$에서

$$2(2\sqrt{5}+\sqrt{k^2-2k+5})=6\sqrt{5}$$

$$\therefore \sqrt{k^2-2k+5}=\sqrt{5}$$

양변을 제곱하면

$$k^2-2k+5=5$$

$$k^2-2k=0, \qquad k(k-2)=0$$

$$\therefore k=0 \text{ 또는 } k=2$$

이때 $k=2$이면 세 점 A$(-1,\,3)$, B$(-5,\,1)$, C$(-3,\,2)$는 일직선 위에 있으므로 평행사변형이 만들어지지 않는다.

$$\therefore k=0$$

평행사변형 ABCD에서 두 대각선 AC, BD의 중점이 일치하므로 점 D의 좌표를 $(a,\,b)$라 하면

$$\frac{-1-3}{2}=\frac{-5+a}{2},\ \frac{3+0}{2}=\frac{1+b}{2}$$

$$\therefore a=1,\ b=2$$

따라서 점 D의 좌표는 $(1,\,2)$이다.

답 $(1,\,2)$

55

중점의 좌표, 무게중심의 좌표를 이용하여 두 점 B, C의 좌표를 차례로 구한다.

변 AB의 중점의 좌표가 $(3,\,0)$이므로 점 B의 좌표를 $(a,\,b)$라 하면

$$\frac{7+a}{2}=3,\ \frac{5+b}{2}=0$$

$$\therefore a=-1,\ b=-5$$

즉 점 B의 좌표는 $(-1,\,-5)$이다.

또 △ABC의 무게중심의 좌표가 $(3,\,1)$이므로 점 C의 좌표를 $(c,\,d)$라 하면

$$\frac{7-1+c}{3}=3,\ \frac{5-5+d}{3}=1$$

$$\therefore c=3,\ d=3$$

즉 점 C의 좌표는 $(3,\,3)$이다.

따라서 변 BC를 $2:1$로 내분하는 점의 좌표는

$$\left(\frac{2\times3+1\times(-1)}{2+1},\ \frac{2\times3+1\times(-5)}{2+1}\right),$$

즉 $\left(\dfrac{5}{3},\,\dfrac{1}{3}\right)$

답 $\left(\dfrac{5}{3},\,\dfrac{1}{3}\right)$

56

두 점 A, B의 x좌표가 주어진 이차함수와 직선의 방정식을 연립한 방정식의 해임을 이용한다.

이차함수 $y=x^2-8x+1$의 그래프와 직선 $y=2x+6$이 만나는 두 점 A, B의 x좌표는

$$x^2-8x+1=2x+6, \text{ 즉 } x^2-10x-5=0$$

의 두 실근이다.

이차방정식 $x^2-10x-5=0$의 서로 다른 두 실근을 α, β라 하면 이차방정식의 근과 계수의 관계에 의하여

$$\alpha+\beta=10$$

한편 두 점 A, B의 좌표는 $(\alpha,\,2\alpha+6)$, $(\beta,\,2\beta+6)$이고, △OAB의 무게중심의 좌표가 $(a,\,b)$이므로

$$a=\frac{\alpha+\beta}{3}=\frac{10}{3},$$

$$b=\frac{(2\alpha+6)+(2\beta+6)}{3}=\frac{2(\alpha+\beta)+12}{3}$$

$$=\frac{2\times10+12}{3}=\frac{32}{3}$$

$$\therefore a+b=14$$

답 14

57

세 점 A, B, C의 좌표가 의미하는 것을 파악한다.

$$\frac{\sqrt{2}+\sqrt{3}}{2}=\frac{1\times\sqrt{3}+1\times\sqrt{2}}{1+1}$$

이므로 점 A는 선분 PQ의 중점이다.

$$\frac{2\sqrt{2}+\sqrt{3}}{3}=\frac{1\times\sqrt{3}+2\times\sqrt{2}}{1+2}$$

이므로 점 B는 선분 PQ를 $1:2$로 내분하는 점이다.

$$\frac{\sqrt{2}+3\sqrt{3}}{4}=\frac{3\times\sqrt{3}+1\times\sqrt{2}}{3+1}$$

이므로 점 C는 선분 PQ를 $3:1$로 내분하는 점이다.

따라서 세 점 A, B, C를 수직선 위에 나타내면 다음 그림과 같으므로 위치가 왼쪽인 점부터 순서대로 나열하면 B, A, C이다.

답 B, A, C

58

전략 조건을 만족시키는 점 C의 위치를 파악한다.

$\overline{AB}=3\overline{BC}$에서 $\overline{AB}:\overline{BC}=3:1$

이를 그림으로 나타내면 다음과 같다.

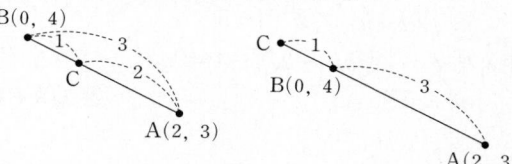

(i) 점 C가 선분 AB를 $2:1$로 내분하는 경우

점 C의 좌표는

$$\left(\frac{2\times0+1\times2}{2+1}, \frac{2\times4+1\times3}{2+1}\right),$$

즉 $\left(\frac{2}{3}, \frac{11}{3}\right)$

(ii) 점 B가 선분 AC를 $3:1$로 내분하는 경우

점 C의 좌표를 (x, y)라 하면

$$\frac{3\times x+1\times2}{3+1}=0, \frac{3\times y+1\times3}{3+1}=4$$

$$\therefore x=-\frac{2}{3}, y=\frac{13}{3}$$

(i), (ii)에서 점 C의 좌표는

$\left(\frac{2}{3}, \frac{11}{3}\right)$ 또는 $\left(-\frac{2}{3}, \frac{13}{3}\right)$

$$\therefore ab+pq=\frac{2}{3}\times\frac{11}{3}+\left(-\frac{2}{3}\right)\times\frac{13}{3}=-\frac{4}{9}$$

답 $-\dfrac{4}{9}$

59

전략 삼각형의 외각의 이등분선의 성질을 이용한다.

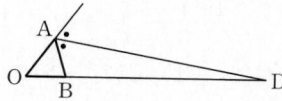

$\overline{AD}$는 $\angle A$의 외각의 이등분선이므로

$$\overline{AO}:\overline{AB}=\overline{OD}:\overline{BD}$$

이때 $\overline{AO}=6$, $\overline{AB}=\sqrt{4^2+(3-6)^2}=5$이므로

$$\overline{OD}:\overline{BD}=6:5$$

$$\therefore \overline{OB}:\overline{BD}=(6-5):5=1:5$$

따라서 점 B는 $\overline{OD}$를 $1:5$로 내분하는 점이므로

$$\frac{1\times a+5\times0}{1+5}=4, \frac{1\times b+5\times0}{1+5}=3$$

$\therefore a=24, b=18$ $\therefore a-b=6$ 답 6

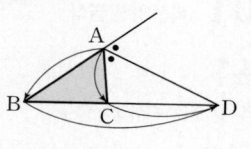

개념 노트

삼각형의 외각의 이등분선의 성질

삼각형 ABC에서 $\angle A$의 외각의 이등분선이 변 BC의 연장선과 만나는 점을 D라 하면

$$\overline{AB}:\overline{AC}=\overline{BD}:\overline{CD}$$

60

전략 $\overline{AP}^2+\overline{BP}^2+\overline{CP}^2$의 값이 최소가 되도록 하는 점 P는 △ABC의 무게중심임을 이용한다.

$\overline{AP}^2+\overline{BP}^2+\overline{CP}^2$의 값이 최소가 되도록 하는 점 P는 △ABC의 무게중심과 일치한다.

△ABC의 무게중심의 좌표는

$$\left(\frac{1+4+1}{3}, \frac{0+0+a}{3}\right), 즉 \left(2, \frac{a}{3}\right)$$

$P\left(2, \frac{a}{3}\right)$일 때

$$\overline{AP}^2+\overline{BP}^2+\overline{CP}^2$$
$$=\left\{(2-1)^2+\left(\frac{a}{3}\right)^2\right\}+\left\{(2-4)^2+\left(\frac{a}{3}\right)^2\right\}$$
$$+\left\{(2-1)^2+\left(\frac{a}{3}-a\right)^2\right\}$$
$$=\frac{2}{3}a^2+6$$

따라서 $\frac{2}{3}a^2+6=30$이므로

$a^2=36$ $\therefore a=6 (\because a>0)$ 답 6

다른 풀이 점 P의 좌표를 (x, y)라 하면

$$\overline{AP}^2+\overline{BP}^2+\overline{CP}^2$$
$$=(x-1)^2+y^2+(x-4)^2+y^2$$
$$+(x-1)^2+(y-a)^2$$
$$=3x^2+3y^2-12x-2ay+a^2+18$$
$$=3(x-2)^2+3\left(y-\frac{a}{3}\right)^2+\frac{2}{3}a^2+6$$

따라서 $\overline{AP}^2+\overline{BP}^2+\overline{CP}^2$은 $x=2, y=\frac{a}{3}$일 때 최솟값 $\frac{2}{3}a^2+6$을 가지므로

$$\frac{2}{3}a^2+6=30 \quad \therefore a=6 (\because a>0)$$

01 직선의 방정식
● 본책 34~43쪽

61

(1) $y-3=2(x-1)$ $\therefore y=2x+1$

(2) $y-1=-3\{x-(-2)\}$ $\therefore y=-3x-5$

(3) 직선의 기울기가 $\tan 45°=1$이므로
$$y-\sqrt{2}=1\times\{x-(-\sqrt{2})\}$$
$$\therefore y=x+2\sqrt{2}$$

답 (1) $y=2x+1$ (2) $y=-3x-5$

(3) $y=x+2\sqrt{2}$

62

(1) $y-2=\dfrac{-4-2}{3-1}(x-1)$ $\therefore y=-3x+5$

(2) $y-5=\dfrac{-1-5}{2-(-3)}\{x-(-3)\}$
$$\therefore y=-\frac{6}{5}x+\frac{7}{5}$$

(3) $y-(-2)=\dfrac{-2-4}{0-2}x$ $\therefore y=3x-2$

(4) $y=\dfrac{3-0}{4-1}(x-1)$ $\therefore y=x-1$

답 (1) $y=-3x+5$ (2) $y=-\dfrac{6}{5}x+\dfrac{7}{5}$

(3) $y=3x-2$ (4) $y=x-1$

63

(1) $\dfrac{x}{4}+\dfrac{y}{-1}=1$ $\therefore y=\dfrac{1}{4}x-1$

(2) x절편이 -1이고 y절편이 5이므로
$$\frac{x}{-1}+\frac{y}{5}=1 \quad \therefore y=5x+5$$

(3) x절편이 2이고 y절편이 3이므로
$$\frac{x}{2}+\frac{y}{3}=1 \quad \therefore y=-\frac{3}{2}x+3$$

답 (1) $y=\dfrac{1}{4}x-1$ (2) $y=5x+5$

(3) $y=-\dfrac{3}{2}x+3$

64

답 (1) $y=8$ (2) $x=3$ (3) $x=-5$ (4) $y=-3$

65

점 $(2, -1)$을 지나고 기울기가 $\tan 60°=\sqrt{3}$인 직선의 방정식은
$$y-(-1)=\sqrt{3}(x-2)$$
$$\therefore \sqrt{3}x-y-2\sqrt{3}-1=0$$
따라서 $a=-1$, $b=-2\sqrt{3}-1$이므로
$$ab=2\sqrt{3}+1$$
답 $2\sqrt{3}+1$

66

점 $(-4, 3)$을 지나고 기울기가 $-\dfrac{1}{2}$인 직선의 방정식은
$$y-3=-\frac{1}{2}(x+4)$$
$$\therefore y=-\frac{1}{2}x+1$$

이 직선의 x절편은 2, y절편은 1이므로 구하는 넓이는
$$\frac{1}{2}\times 2\times 1=1$$

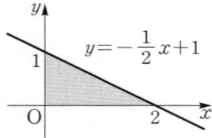

답 1

🔧 **해설 Focus**

x절편이 p, y절편이 q인 직선과 x축, y축으로 둘러싸인 도형의 넓이는
$$\frac{1}{2}\times|p|\times|q|=\frac{|pq|}{2}$$

67

$\triangle ABC$의 무게중심 G의 좌표는
$$\left(\frac{2-3+7}{3}, \frac{4-1-6}{3}\right), 즉 (2, -1)$$
따라서 두 점 $G(2, -1)$, $C(7, -6)$을 지나는 직선의 방정식은
$$y-(-1)=\frac{-6-(-1)}{7-2}(x-2)$$
$$\therefore y=-x+1$$
답 $y=-x+1$

다른 풀이 두 점 G, C를 지나는 직선은 $\triangle ABC$의 중선이므로 $\overline{AB}$의 중점을 지난다.
$\overline{AB}$의 중점의 좌표는
$$\left(\frac{2-3}{2}, \frac{4-1}{2}\right), 즉 \left(-\frac{1}{2}, \frac{3}{2}\right)$$

따라서 두 점 $\left(-\dfrac{1}{2}, \dfrac{3}{2}\right)$, $(7, -6)$을 지나는 직선의 방정식은

$$y-(-6)=\dfrac{-6-\dfrac{3}{2}}{7-\left(-\dfrac{1}{2}\right)}(x-7)$$

$$\therefore y=-x+1$$

68

$4x+3y=6$에 $y=0$을 대입하면

$$4x=6 \quad \therefore x=\dfrac{3}{2} \quad \therefore \mathrm{P}\left(\dfrac{3}{2}, 0\right)$$

$3x-2y=12$에 $x=0$을 대입하면

$$-2y=12 \quad \therefore y=-6 \quad \therefore \mathrm{Q}(0, -6)$$

따라서 직선 PQ의 x절편은 $\dfrac{3}{2}$, y절편은 -6이므로 직선 PQ의 방정식은

$$\dfrac{x}{\dfrac{3}{2}}+\dfrac{y}{-6}=1, \quad \dfrac{2}{3}x-\dfrac{1}{6}y=1$$

$$\therefore y=4x-6$$ 　　답 $y=4x-6$

69

y절편을 $a\,(a\neq0)$라 하면 x절편은 $2a$이므로 구하는 직선의 방정식은

$$\dfrac{x}{2a}+\dfrac{y}{a}=1 \qquad \cdots\cdots \text{㉠}$$

이 직선이 점 $(6, -4)$를 지나므로

$$\dfrac{6}{2a}+\dfrac{-4}{a}=1, \quad -\dfrac{1}{a}=1$$

$$\therefore a=-1$$

㉠에 $a=-1$을 대입하면

$$-\dfrac{x}{2}-y=1 \quad \therefore y=-\dfrac{1}{2}x-1$$

답 $y=-\dfrac{1}{2}x-1$

70

세 점 A, B, C가 한 직선 위에 있으려면

　　(직선 AB의 기울기)=(직선 AC의 기울기)

이어야 하므로

$$\dfrac{k-(-1)}{2-1}=\dfrac{-10-(-1)}{-k-1}$$

$$(k+1)^2=9, \quad k^2+2k-8=0$$

$$(k+4)(k-2)=0$$

$$\therefore k=-4 \text{ 또는 } k=2$$

따라서 모든 k의 값의 합은

$$-4+2=-2$$ 　　답 -2

71

직선 $y=ax$는 원점 O를 지나므로 삼각형 OAB의 넓이를 이등분하려면 $\overline{\mathrm{AB}}$의 중점을 지나야 한다.

$\overline{\mathrm{AB}}$의 중점의 좌표는

$$\left(\dfrac{4+8}{2}, \dfrac{4-6}{2}\right), \text{ 즉 } (6, -1)$$

따라서 직선 $y=ax$가 점 $(6, -1)$을 지나므로

$$-1=6a \quad \therefore a=-\dfrac{1}{6}$$ 　　답 $-\dfrac{1}{6}$

72

마름모의 넓이를 이등분하는 직선은 마름모의 두 대각선의 교점을 지난다.

마름모 ABCD의 두 대각선의 교점은 대각선 AC의 중점이고, 두 점 $\mathrm{A}(1, 2)$, $\mathrm{C}(5, 2)$에 대하여 $\overline{\mathrm{AC}}$의 중점의 좌표는

$$\left(\dfrac{1+5}{2}, \dfrac{2+2}{2}\right), \text{ 즉 } (3, 2)$$

따라서 두 점 $(-1, 1)$, $(3, 2)$를 지나는 직선의 방정식은

$$y-1=\dfrac{2-1}{3-(-1)}\{x-(-1)\}$$

$$\therefore y=\dfrac{1}{4}x+\dfrac{5}{4}$$

답 $y=\dfrac{1}{4}x+\dfrac{5}{4}$

73

직사각형의 넓이를 이등분하는 직선은 직사각형의 두 대각선의 교점을 지난다.

직사각형 ABCD의 두 대각선의 교점은 대각선 AC의 중점이고, 두 점 $\mathrm{A}(1, 4)$, $\mathrm{C}(5, 2)$에 대하여 $\overline{\mathrm{AC}}$의 중점의 좌표는

$$\left(\dfrac{1+5}{2}, \dfrac{4+2}{2}\right), \text{ 즉 } (3, 3)$$

따라서 직선 $kx-4y+3=0$이 점 $(3, 3)$을 지나야 하므로

$$3k-12+3=0, \qquad 3k=9$$
$$\therefore k=3 \qquad\qquad \text{답 } \boxed{3}$$

74

(1) $ax+by+c=0$에서 $a=0$이므로

$$y=-\frac{c}{b}$$

$bc<0$에서

$$\frac{c}{b}<0 \qquad \therefore -\frac{c}{b}>0$$

따라서 x축에 평행하고 y절편이 양수인 직선은 오른쪽 그림과 같으므로 제 1, 2 사분면을 지난다.

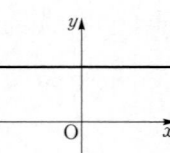

(2) $ax+by+c=0$에서 $y=-\frac{a}{b}x-\frac{c}{b}$이므로

$$(\text{기울기})=-\frac{a}{b}, \ (y\text{절편})=-\frac{c}{b}$$

$ab<0, bc<0$에서

$$\frac{a}{b}<0, \ \frac{c}{b}<0$$
$$\therefore -\frac{a}{b}>0, \ -\frac{c}{b}>0$$

따라서 기울기와 y절편이 모두 양수인 직선은 오른쪽 그림과 같으므로 제 1, 2, 3 사분면을 지난다.

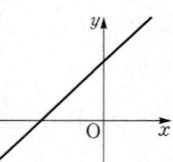

(3) $ax+by+c=0$에서 $c=0$이므로

$$y=-\frac{a}{b}x$$

$ab<0$에서

$$\frac{a}{b}<0 \qquad \therefore -\frac{a}{b}>0$$

따라서 기울기가 양수이고 원점을 지나는 직선은 오른쪽 그림과 같으므로 제 1, 3 사분면을 지난다.

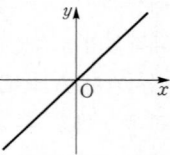

답 (1) 제 1, 2 사분면   (2) 제 1, 2, 3 사분면
(3) 제 1, 3 사분면

75

$ax+by+c=0$에서 $y=-\frac{a}{b}x-\frac{c}{b}$이므로

$$(\text{기울기})=-\frac{a}{b}, \ (y\text{절편})=-\frac{c}{b}$$

$ab>0, ac<0$에서 a, b의 부호는 같고, a, c의 부호는 서로 다르므로 b, c의 부호는 서로 다르다.

즉 $\frac{a}{b}>0, \frac{c}{b}<0$이므로

$$-\frac{a}{b}<0, \ -\frac{c}{b}>0$$

따라서 직선 $ax+by+c=0$의 기울기는 음수이고 y절편은 양수이므로 직선의 개형은 ③이다.   답 ③

76

$(2k-1)x-(k-1)y-3=0$을 k에 대하여 정리하면

$$(-x+y-3)+k(2x-y)=0$$

이 식이 k의 값에 관계없이 항상 성립하므로

$$-x+y-3=0, 2x-y=0$$

두 식을 연립하여 풀면

$$x=3, y=6$$

따라서 점 P의 좌표는 $(3, 6)$이다.   답 $(3, 6)$

77

$(k-2)x+(2k+1)y+7-k=0$을 k에 대하여 정리하면

$$(-2x+y+7)+k(x+2y-1)=0$$

이 식이 k의 값에 관계없이 항상 성립하므로

$$-2x+y+7=0, x+2y-1=0$$

두 식을 연립하여 풀면

$$x=3, y=-1$$

따라서 점 P의 좌표는 $(3, -1)$이므로

$$\overline{\text{OP}}=\sqrt{3^2+(-1)^2}=\sqrt{10} \qquad \text{답 } \sqrt{10}$$

78

$mx+y-m+1=0$을 m에 대하여 정리하면

$$(x-1)m+y+1=0 \qquad\qquad \cdots\cdots \ \bigcirc$$

이 식이 m의 값에 관계없이 항상 성립하려면

$$x-1=0, y+1=0$$
$$\therefore x=1, y=-1$$

따라서 직선 ㉠은 m의 값에 관계없이 항상 점 $(1, -1)$을 지난다.

오른쪽 그림에서

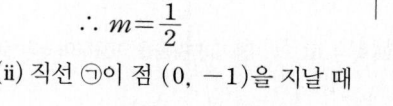

(ⅰ) 직선 ㉠이 점 $(-1, 0)$ 을 지날 때
$$-2m+1=0$$
$$\therefore m=\frac{1}{2}$$

(ⅱ) 직선 ㉠이 점 $(0, -1)$을 지날 때
$$-m=0 \quad \therefore m=0$$

(ⅰ), (ⅱ)에서 구하는 m의 값의 범위는
$$0<m<\frac{1}{2}$$ 답 $0<m<\dfrac{1}{2}$

79

$y=mx+2$에서
$$xm-y+2=0 \qquad\qquad \cdots\cdots ㉠$$
이 식이 m의 값에 관계없이 항상 성립하려면
$$x=0, -y+2=0$$
$$\therefore x=0, y=2$$
따라서 직선 ㉠은 m의 값에 관계없이 항상 점 $(0, 2)$ 를 지난다.

오른쪽 그림에서

(ⅰ) 직선 ㉠이 점 $\mathrm{A}(5, 1)$을 지날 때
$$5m+1=0$$
$$\therefore m=-\frac{1}{5}$$

(ⅱ) 직선 ㉠이 점 $\mathrm{B}(2, 3)$을 지날 때
$$2m-1=0 \quad \therefore m=\frac{1}{2}$$

(ⅰ), (ⅱ)에서 구하는 m의 값의 범위는
$$-\frac{1}{5} \le m \le \frac{1}{2}$$ 답 $-\dfrac{1}{5} \le m \le \dfrac{1}{2}$

80

주어진 두 직선의 교점을 지나는 직선의 방정식을
$$3x+2y+1+k(2x-y+10)=0 \ (k\text{는 실수})$$
$$\qquad\qquad \cdots\cdots ㉠$$
이라 하자.

직선 ㉠이 원점을 지나려면
$$1+10k=0$$
$$\therefore k=-\frac{1}{10}$$
㉠에 $k=-\dfrac{1}{10}$을 대입하면
$$3x+2y+1-\frac{1}{10}(2x-y+10)=0$$
$$\therefore 4x+3y=0$$
답 $4x+3y=0$

다른 풀이 두 식 $3x+2y=-1$, $2x-y+10=0$을 연립하여 풀면
$$x=-3, y=4$$
이므로 주어진 두 직선의 교점의 좌표는
$$(-3, 4)$$
따라서 두 점 $(-3, 4)$, $(0, 0)$을 지나는 직선의 방정식은
$$y=-\frac{4}{3}x \quad \therefore 4x+3y=0$$

81

주어진 두 직선의 교점을 지나는 직선의 방정식은
$$4x-3y+5+k(x+2y-7)=0, \ \text{즉}$$
$$(k+4)x+(2k-3)y-7k+5=0 \ (k\text{는 실수})$$
$$\qquad\qquad \cdots\cdots ㉠$$
직선 ㉠의 기울기가 -6이려면
$$-\frac{k+4}{2k-3}=-6, \qquad k+4=6(2k-3)$$
$$-11k=-22 \quad \therefore k=2$$
㉠에 $k=2$를 대입하면
$$6x+y-9=0$$
답 $6x+y-9=0$

다른 풀이 두 식 $4x-3y+5=0$, $x+2y-7=0$을 연립하여 풀면
$$x=1, y=3$$
이므로 주어진 두 직선의 교점의 좌표는
$$(1, 3)$$
따라서 기울기가 -6이고 점 $(1, 3)$을 지나는 직선의 방정식은
$$y-3=-6(x-1)$$
$$\therefore 6x+y-9=0$$

I -2
직선의 방정식

82

전략 주어진 직선의 기울기가 $\tan 30°$임을 이용한다.

기울기가 $\tan 30° = \dfrac{\sqrt{3}}{3}$ 이고 점 $(3, -\sqrt{3})$을 지나는 직선의 방정식은

$$y - (-\sqrt{3}) = \frac{\sqrt{3}}{3}(x-3)$$

$$\therefore y = \frac{\sqrt{3}}{3}x - 2\sqrt{3}$$

이 직선의 x절편은 6, y절편은 $-2\sqrt{3}$이므로 구하는 넓이는

$$\frac{1}{2} \times 6 \times 2\sqrt{3} = 6\sqrt{3}$$

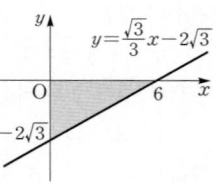

답 $6\sqrt{3}$

83

전략 먼저 두 점 $(-1, 2)$, $(1, 8)$을 지나는 직선의 방정식을 구한다.

두 점 $(-1, 2)$, $(1, 8)$을 지나는 직선의 방정식은

$$y - 2 = \frac{8-2}{1-(-1)}\{x-(-1)\}$$

$$\therefore y = 3x + 5$$

점 $(a-1, a+5)$가 이 직선 위의 점이므로

$$a + 5 = 3(a-1) + 5, \quad -2a = -3$$

$$\therefore a = \frac{3}{2}$$

답 $\dfrac{3}{2}$

다른 풀이 세 점 $(a-1, a+5)$, $(-1, 2)$, $(1, 8)$이 한 직선 위에 있으므로

$$\frac{2-(a+5)}{-1-(a-1)} = \frac{8-2}{1-(-1)}, \quad a+3 = 3a$$

$$\therefore a = \frac{3}{2}$$

84

전략 y절편을 a라 하면 x절편은 $-a$임을 이용하여 직선의 방정식을 세운다.

x절편과 y절편의 절댓값이 같고 부호가 반대이므로 y절편을 a $(a \neq 0)$라 하면 x절편은 $-a$이다.

따라서 직선의 방정식은

$$\frac{x}{-a} + \frac{y}{a} = 1$$

이 직선이 점 $(2, -1)$을 지나므로

$$-\frac{2}{a} - \frac{1}{a} = 1 \quad \therefore a = -3$$

답 -3

85

전략 직선 AB와 직선 AC의 기울기가 같음을 이용하여 a의 값을 구한다.

세 점 A$(1, 1)$, B$(-1, -a)$, C$(a, 5)$가 한 직선 위에 있으므로

(직선 AB의 기울기) = (직선 AC의 기울기)

$$\frac{-a-1}{-1-1} = \frac{5-1}{a-1}, \quad (a+1)(a-1) = 8$$

$$a^2 = 9 \quad \therefore a = 3 \ (\because a > 0)$$

따라서 직선 l은 두 점 A$(1, 1)$, B$(-1, -3)$을 지나므로 직선 l의 방정식은

$$y - 1 = \frac{-3-1}{-1-1}(x-1) \quad \therefore y = 2x - 1$$

답 $y = 2x - 1$

86

전략 직선 $5x + 6y = 1$의 x절편과 y절편을 이용하여 직선 $y = mx$가 지나는 점의 좌표를 구한다.

직선 $5x + 6y = 1$이 x축, y축과 만나는 점을 각각 A, B라 하면

$$\text{A}\left(\frac{1}{5}, 0\right), \text{B}\left(0, \frac{1}{6}\right)$$

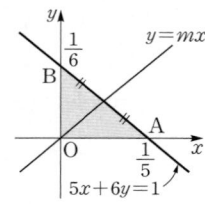

이때 직선 $y = mx$가 원점 O를 지나므로 △OAB의 넓이를 이등분하려면 $\overline{\text{AB}}$의 중점을 지나야 한다.

$\overline{\text{AB}}$의 중점의 좌표는

$$\left(\frac{\frac{1}{5}+0}{2}, \frac{0+\frac{1}{6}}{2}\right), \ \text{즉} \left(\frac{1}{10}, \frac{1}{12}\right)$$

따라서 직선 $y = mx$가 이 점을 지나므로

$$\frac{1}{12} = \frac{1}{10}m \quad \therefore m = \frac{5}{6}$$

답 $\dfrac{5}{6}$

87

전략 주어진 그림에서 직선의 기울기와 y절편의 부호를 이용하여 ab, bc의 부호를 알아낸다.

$ax+by+c=0$에서 $y=-\dfrac{a}{b}x-\dfrac{c}{b}$이므로

$\quad$ (기울기)$=-\dfrac{a}{b}<0$, (y절편)$=-\dfrac{c}{b}>0$

$\quad\therefore ab>0,\ bc<0$

이때 a, c의 부호는 서로 다르므로 $\qquad ac<0$

$bx+cy+a=0$에서 $y=-\dfrac{b}{c}x-\dfrac{a}{c}$이므로

$\quad$ (기울기)$=-\dfrac{b}{c}>0$, (y절편)$=-\dfrac{a}{c}>0$

따라서 직선 $bx+cy+a=0$
의 기울기와 y절편이 모두 양
수이므로 오른쪽 그림과 같이
제 4 사분면을 지나지 않는다.

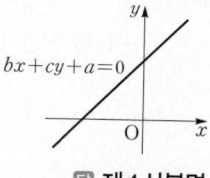

답 제4사분면

88

전략 직선 AB의 방정식과 일차함수 $y=\dfrac{1}{2}x+\dfrac{1}{2}$을 이용하여 두 점 C, D의 좌표를 구한다.

$y=\dfrac{1}{2}x+\dfrac{1}{2}$에 $y=0$을 대입하면

$\quad 0=\dfrac{1}{2}x+\dfrac{1}{2}\qquad\therefore x=-1$

따라서 C$(-1,\ 0)$이므로

$\quad \overline{BC}=8-(-1)=9$

한편 두 점 A$(2,\ 6)$, B$(8,\ 0)$을 지나는 직선의 방정식은

$\quad y=\dfrac{0-6}{8-2}(x-8)\qquad\therefore y=-x+8$

점 D는 직선 $y=\dfrac{1}{2}x+\dfrac{1}{2}$과 직선 $y=-x+8$의 교점이므로 $-x+8=\dfrac{1}{2}x+\dfrac{1}{2}$에서

$\quad -\dfrac{3}{2}x=-\dfrac{15}{2}\qquad\therefore x=5$

$\quad\therefore$ D$(5,\ 3)$

따라서 △CBD의 넓이는

$\quad \dfrac{1}{2}\times 9\times 3=\dfrac{27}{2}$

답 ⑤

89

전략 직사각형의 둘레의 길이를 이용하여 두 점 B, D의 좌표를 구한다.

직사각형의 둘레의 길이는 32이고 세로의 길이를
$a\ (a>0)$라 하면 가로의 길이는 $3a$이므로

$\quad 2(3a+a)=32\qquad\therefore a=4$

즉 직사각형의 세로의 길이는 4, 가로의 길이는 12이
므로 점 B의 y좌표를 m이라 하면

$\quad 3-m=4\qquad\therefore m=-1$

$\quad\therefore$ B$(-8,\ -1)$

점 D의 x좌표를 n이라 하면

$\quad n-(-8)=12\qquad\therefore n=4$

$\quad\therefore$ D$(4,\ 3)$

따라서 두 점 B, D를 지나는 직선의 방정식은

$$y-(-1)=\frac{3-(-1)}{4-(-8)}\{x-(-8)\}$$

$$\therefore y=\frac{1}{3}x+\frac{5}{3}$$

즉 구하는 y절편은 $\dfrac{5}{3}$이다.

답 $\dfrac{5}{3}$

90

전략 직각삼각형의 합동을 이용하여 점 D의 좌표를 구한다.

오른쪽 그림과 같이 점 D에서
y축에 내린 수선의 발을 H라
하면

$\quad$ △ABO≡△DAH

$\qquad$ (RHA 합동)

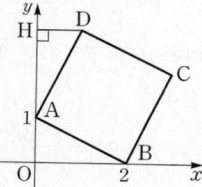

즉 $\overline{DH}=\overline{AO}=1$,
$\overline{HA}=\overline{OB}=2$이므로 $\qquad$ D$(1,\ 3)$

따라서 두 점 B$(2,\ 0)$, D$(1,\ 3)$을 지나는 직선의 방정식은

$\quad y=\dfrac{3-0}{1-2}(x-2)\qquad\therefore y=-3x+6$

답 $y=-3x+6$

91

전략 세 점이 한 직선 위에 있을 조건을 이용한다.

세 점 A$(2,\ -5)$, B$(a,\ -2)$, C$(6,\ 2a+1)$이 삼각
형을 이루지 않으려면 세 점이 한 직선 위에 있어야
하므로

$\quad$ (직선 AB의 기울기)$=$(직선 AC의 기울기)

$\quad \dfrac{-2-(-5)}{a-2}=\dfrac{2a+1-(-5)}{6-2}$

$$12=(2a+6)(a-2)$$
$$a^2+a-12=0, \qquad (a+4)(a-3)=0$$
$$\therefore a=3 \ (\because a>0)$$

따라서 $\mathrm{B}(3, -2)$, $\mathrm{C}(6, 7)$이므로

$$\overline{\mathrm{BC}}=\sqrt{(6-3)^2+(7+2)^2}=3\sqrt{10}$$

답 $3\sqrt{10}$

92

전략 직사각형의 넓이를 이등분하는 직선은 직사각형의 두 대각선의 교점을 지남을 이용한다.

두 직사각형의 넓이를 동시에 이등분하는 직선은 각 직사각형의 두 대각선의 교점을 동시에 지나야 한다.

제2사분면 위에 있는 직사각형의 두 대각선의 교점은 두 점 $(-3, 2)$, $(-1, 6)$을 이은 선분의 중점이므로 그 좌표는

$$\left(\frac{-3-1}{2}, \frac{2+6}{2}\right), \text{ 즉 } (-2, 4)$$

제4사분면 위에 있는 직사각형의 두 대각선의 교점은 두 점 $(3, -4)$, $(7, -2)$를 이은 선분의 중점이므로 그 좌표는

$$\left(\frac{3+7}{2}, \frac{-4-2}{2}\right), \text{ 즉 } (5, -3)$$

따라서 두 점 $(-2, 4)$, $(5, -3)$을 지나는 직선의 방정식은

$$y-4=\frac{-3-4}{5-(-2)}\{x-(-2)\}$$
$$\therefore y=-x+2$$

답 $y=-x+2$

93

전략 b를 a에 대한 식으로 나타낸 후 $ax+by+6=0$에 대입한다.

점 (a, b)가 직선 $2x-y=3$ 위에 있으므로

$$2a-b=3 \qquad \therefore b=2a-3$$

$ax+by+6=0$에 이것을 대입하면

$$ax+(2a-3)y+6=0$$

이 식을 a에 대하여 정리하면

$$-3y+6+(x+2y)a=0$$

이 식이 a의 값에 관계없이 항상 성립하므로

$$-3y+6=0, \ x+2y=0$$
$$\therefore x=-4, \ y=2$$

따라서 구하는 점의 좌표는 $(-4, 2)$이다.

답 $(-4, 2)$

94

전략 먼저 직선 $y=mx+2m-1$이 m의 값에 관계없이 항상 지나는 점의 좌표를 구한다.

$y=mx+2m-1$을 m에 대하여 정리하면

$$(x+2)m-(y+1)=0 \qquad \cdots\cdots \text{㉠}$$

이 식이 m의 값에 관계없이 항상 성립하려면

$$x+2=0, \ y+1=0$$
$$\therefore x=-2, \ y=-1$$

따라서 직선 ㉠은 m의 값에 관계없이 항상 점 $(-2, -1)$을 지난다.

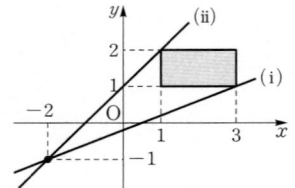

위의 그림에서

(i) 직선 ㉠이 점 $(3, 1)$을 지날 때

$$5m-2=0 \qquad \therefore m=\frac{2}{5}$$

(ii) 직선 ㉠이 점 $(1, 2)$를 지날 때

$$3m-3=0 \qquad \therefore m=1$$

(i), (ii)에서 m의 값의 범위는 $\dfrac{2}{5}\leq m\leq 1$

따라서 $\alpha=\dfrac{2}{5}$, $\beta=1$이므로

$$5\alpha\beta=2$$

답 2

95

전략 □OAEF와 □BCFD의 넓이 사이의 관계를 이용하여 $\overline{\mathrm{AD}}$와 $\overline{\mathrm{BE}}$의 길이 사이의 관계를 구한다.

□OAEF=□BCFD+4이므로

$$\triangle\mathrm{OAD}=\square\mathrm{OAEF}+\triangle\mathrm{DFE}$$
$$=(\square\mathrm{BCFD}+4)+\triangle\mathrm{DFE}$$
$$=\triangle\mathrm{BCE}+4$$

이때

$$\triangle\mathrm{OAD}=\frac{1}{2}\times\overline{\mathrm{OA}}\times\overline{\mathrm{AD}}=\frac{1}{2}\times 4\times\overline{\mathrm{AD}}=2\overline{\mathrm{AD}},$$

$$\triangle\mathrm{BCE}=\frac{1}{2}\times\overline{\mathrm{BC}}\times\overline{\mathrm{BE}}=\frac{1}{2}\times 4\times\overline{\mathrm{BE}}=2\overline{\mathrm{BE}}$$

이므로 $2\overline{\mathrm{AD}}=2\overline{\mathrm{BE}}+4$

$$\therefore \overline{\mathrm{AD}}=\overline{\mathrm{BE}}+2$$

이때 $\overline{BE}=k\ (0<k<6)$라 하면 $\overline{AD}=k+2$

한편 직선 OD의 기울기는

$$\frac{\overline{AD}}{\overline{OA}}=\frac{k+2}{4}$$

직선 CE의 기울기는

$$-\frac{\overline{BE}}{\overline{CB}}=-\frac{k}{4} \qquad\cdots\cdots\ ㉠$$

직선 OD와 직선 CE의 기울기의 곱이 $-\dfrac{15}{16}$이므로

$$\frac{k+2}{4}\times\left(-\frac{k}{4}\right)=-\frac{15}{16}$$

$$k(k+2)=15,\qquad k^2+2k-15=0$$

$$(k+5)(k-3)=0 \qquad \therefore\ k=3\ (\because\ 0<k<6)$$

따라서 ㉠에서 직선 CE의 기울기는 $-\dfrac{3}{4}$이므로 구하는 방정식은

$$y=-\frac{3}{4}x+6$$

답 $y=-\dfrac{3}{4}x+6$

96

전략 삼각형의 한 꼭짓점을 지나면서 넓이를 삼등분하는 직선은 그 꼭짓점의 대변을 삼등분하는 점을 각각 지남을 이용한다.

직선 $x+3y-3=0$이 x축, y축과 만나는 점을 각각 A, B라 하면
$A(3,\,0)$, $B(0,\,1)$

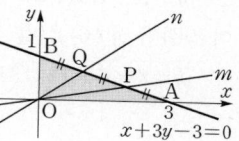

$\overline{AB}$의 삼등분점을 각각 P, Q라 하면 두 직선 m, n은 각각 점 P, Q를 지나야 한다.

위의 그림에서 점 P는 $\overline{AB}$를 $1:2$로 내분하므로 점 P의 좌표는

$$\left(\frac{1\times0+2\times3}{1+2},\ \frac{1\times1+2\times0}{1+2}\right),\ \ \text{즉}\ \left(2,\ \frac{1}{3}\right)$$

점 Q는 $\overline{AB}$를 $2:1$로 내분하므로 점 Q의 좌표는

$$\left(\frac{2\times0+1\times3}{2+1},\ \frac{2\times1+1\times0}{2+1}\right),\ \ \text{즉}\ \left(1,\ \frac{2}{3}\right)$$

따라서 직선 OP의 기울기는 $\dfrac{\frac{1}{3}}{2}=\dfrac{1}{6}$, 직선 OQ의 기울기는 $\dfrac{2}{3}$이므로 두 직선 m, n의 기울기의 합은

$$\frac{1}{6}+\frac{2}{3}=\frac{5}{6}$$

답 $\dfrac{5}{6}$

97

전략 먼저 직선 $y=kx-2k+2$가 k의 값에 관계없이 항상 지나는 점의 좌표를 구한다.

$y=kx-2k+2$에서

$$(x-2)k-y+2=0 \qquad\cdots\cdots\ ㉠$$

이 식이 k의 값에 관계없이 항상 성립하려면

$$x-2=0,\ -y+2=0$$

$$\therefore\ x=2,\ y=2$$

따라서 직선 ㉠은 k의 값에 관계없이 항상 점 $(2,\,2)$를 지난다.

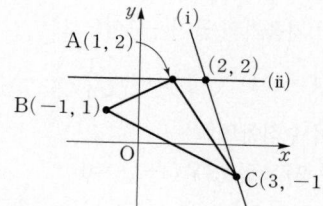

위의 그림에서

(i) 직선 ㉠이 점 $C(3,\,-1)$을 지날 때

$$k+3=0 \qquad \therefore\ k=-3$$

(ii) 직선 ㉠이 점 $A(1,\,2)$를 지날 때

$$-k=0 \qquad \therefore\ k=0$$

(i), (ii)에서 구하는 k의 값의 범위는

$$-3<k<0$$

답 $-3<k<0$

02 직선의 위치 관계

● 본책 47~53쪽

98

(2) 두 직선이 평행하므로

$$\frac{a}{1}=\frac{4}{a}\neq\frac{1}{-3}$$

$\dfrac{a}{1}=\dfrac{4}{a}$에서 $\quad a^2=4 \qquad \therefore\ a=\pm2$

답 (1) -3 (2) $-2,\,2$

99

(2) 두 직선이 일치하므로

$$\frac{a}{3}=\frac{3}{b}=\frac{-2}{6}$$

$\dfrac{a}{3}=\dfrac{-2}{6}$에서 $\quad 6a=-6 \quad \therefore a=-1$

$\dfrac{3}{b}=\dfrac{-2}{6}$에서 $\quad 18=-2b \quad \therefore b=-9$

$$\boxed{답}\ (1)\ a=-1,\ b=5 \quad (2)\ a=-1,\ b=-9$$

100

(1) 두 직선의 기울기의 곱이 -1이므로

$$a\times 4=-1 \quad \therefore a=-\frac{1}{4}$$

(2) 두 직선이 수직이므로

$$(a-2)\times a+3\times(-1)=0$$
$$a^2-2a-3=0, \quad (a+1)(a-3)=0$$
$$\therefore a=-1 \ \text{또는} \ a=3$$

$$\boxed{답}\ (1)\ -\frac{1}{4} \quad (2)\ -1,\ 3$$

101

두 직선이 평행하므로

$$\frac{a+1}{2}=\frac{1}{-(a-2)}\neq\frac{-1}{-1}$$

$\dfrac{a+1}{2}=\dfrac{1}{-(a-2)}$에서 $\quad -(a+1)(a-2)=2$

$$a^2-a=0, \quad a(a-1)=0$$
$$\therefore a=0 \ \text{또는} \ a=1 \qquad\qquad \cdots\cdots\ \text{㉠}$$

$\dfrac{a+1}{2}\neq\dfrac{-1}{-1}$에서 $\quad a+1\neq 2$

$$\therefore a\neq 1 \qquad\qquad\qquad\qquad \cdots\cdots\ \text{㉡}$$

㉠, ㉡에서 $\quad a=0 \qquad\qquad\qquad \boxed{답}\ 0$

102

두 직선 $ax-6y-5=0$, $x-2y-3=0$이 평행하므로

$$\frac{a}{1}=\frac{-6}{-2}\neq\frac{-5}{-3} \quad \therefore a=3$$

두 직선 $ax-6y-5=0$, $2x-by+1=0$이 수직이므로

$$a\times 2+(-6)\times(-b)=0$$
$$\therefore a+3b=0$$

이 식에 $a=3$을 대입하면

$$3+3b=0 \quad \therefore b=-1$$
$$\therefore a+b=2 \qquad\qquad\qquad \boxed{답}\ 2$$

103

두 직선 $(a-2)x+y+1=0$, $ax-3y+b=0$이 수직이므로

$$(a-2)\times a+1\times(-3)=0$$
$$a^2-2a-3=0, \quad (a+1)(a-3)=0$$
$$\therefore a=3\ (\because a>0)$$

즉 두 직선 $x+y+1=0$, $3x-3y+b=0$의 교점의 좌표가 $(-2,\ c)$이므로

$$-2+c+1=0, \quad -6-3c+b=0$$
$$\therefore c=1,\ b=9$$
$$\therefore a+b+c=3+9+1=13 \qquad \boxed{답}\ 13$$

104

직선 $y=4x-12$에 평행한 직선의 기울기는 4이다.

기울기가 4이고 점 $(-2,\ 5)$를 지나는 직선의 방정식은

$$y-5=4(x+2) \quad \therefore y=4x+13$$

이 직선이 점 $(6,\ k)$를 지나므로

$$k=4\times 6+13=37 \qquad\qquad \boxed{답}\ 37$$

105

두 점 $(1,\ 3)$, $(5,\ -7)$을 이은 선분의 중점의 좌표는

$$\left(\frac{1+5}{2},\ \frac{3-7}{2}\right),\ \text{즉}\ (3,\ -2)$$

$3x+5y-12=0$에서 $\quad y=-\dfrac{3}{5}x+\dfrac{12}{5}$

이 직선에 수직인 직선의 기울기를 m이라 하면

$$-\frac{3}{5}\times m=-1 \quad \therefore m=\frac{5}{3}$$

따라서 기울기가 $\dfrac{5}{3}$이고 점 $(3,\ -2)$를 지나는 직선의 방정식은

$$y+2=\frac{5}{3}(x-3) \quad \therefore y=\frac{5}{3}x-7$$

$$\boxed{답}\ y=\frac{5}{3}x-7$$

106

$\overline{AB}$의 중점의 좌표는

$$\left(\frac{-1+5}{2}, \frac{2-4}{2}\right), \ \text{즉} \ (2, -1)$$

두 점 A, B를 지나는 직선의 기울기는

$$\frac{-4-2}{5-(-1)} = -1$$

따라서 $\overline{AB}$의 수직이등분선은 기울기가 1이고 점 $(2, -1)$을 지나는 직선이므로 그 방정식은

$$y+1 = 1 \times (x-2) \qquad \therefore y = x-3$$

이 직선이 점 $(a, -2)$를 지나므로

$$-2 = a-3 \qquad \therefore a = 1$$

답 **1**

107

두 점 A, B를 지나는 직선의 기울기는

$$\frac{8-(-4)}{a-(-5)} = \frac{12}{a+5}$$

$2x+3y+b=0$에서

$$y = -\frac{2}{3}x - \frac{b}{3}$$

두 직선이 수직이므로

$$\frac{12}{a+5} \times \left(-\frac{2}{3}\right) = -1, \qquad a+5 = 8$$

$$\therefore a = 3$$

즉 B(3, 8)이므로 $\overline{AB}$의 중점의 좌표는

$$\left(\frac{-5+3}{2}, \frac{-4+8}{2}\right), \ \text{즉} \ (-1, 2)$$

따라서 직선 $2x+3y+b=0$이 점 $(-1, 2)$를 지나므로

$$-2+6+b=0 \qquad \therefore b = -4$$

$$\therefore a-b = 3-(-4) = 7$$

답 **7**

108

$2x+y+1=0$ ...... ㉠

$x-y+2=0$ ...... ㉡

$ax-y=0$ ...... ㉢

(i) 세 직선이 평행한 경우

두 직선 ㉠, ㉡은 평행하지 않으므로 세 직선이 평행할 수는 없다.

(ii) 두 직선이 평행한 경우

두 직선 ㉠, ㉢이 평행하려면

$$\frac{a}{2} = \frac{-1}{1} \neq \frac{0}{1} \qquad \therefore a = -2$$

두 직선 ㉡, ㉢이 평행하려면

$$\frac{a}{1} = \frac{-1}{-1} \neq \frac{0}{2} \qquad \therefore a = 1$$

(iii) 세 직선이 한 점에서 만나는 경우

㉠, ㉡을 연립하여 풀면 $x=-1, y=1$

따라서 두 직선 ㉠, ㉡의 교점의 좌표는 $(-1, 1)$이다.

직선 ㉢이 점 $(-1, 1)$을 지나려면

$$-a-1=0 \qquad \therefore a = -1$$

이상에서 모든 상수 a의 값의 합은

$$-2+1+(-1) = -2$$

답 **-2**

연습 문제
• 본책 54~55쪽

109

전략 두 직선의 평행과 수직 조건을 이용하여 $a+b$, ab의 값을 구한다.

두 직선 $x+ay+1=0$, $2x-by+1=0$이 수직이므로

$$1 \times 2 + a \times (-b) = 0 \qquad \therefore ab = 2$$

두 직선 $x+ay+1=0$, $x-(b-3)y-1=0$이 평행하므로

$$\frac{1}{1} = \frac{a}{-(b-3)} \neq \frac{1}{-1} \qquad \therefore a+b = 3$$

$$\therefore a^2+b^2 = (a+b)^2 - 2ab = 3^2 - 2 \times 2 = 5$$

답 **5**

110

전략 두 직선이 지나는 점의 좌표와 두 직선의 수직 조건을 이용한다.

직선 $2x+ay+3=0$이 점 $(1, 1)$을 지나므로

$$2+a+3=0 \qquad \therefore a = -5$$

직선 $bx+2y+c=0$도 점 $(1, 1)$을 지나므로

$$b+2+c=0$$

$$\therefore c = -b-2 \qquad ...... ㉠$$

한편 두 직선이 수직이므로
$$2\times b+a\times2=0, \qquad 2b-10=0$$
$$\therefore b=5$$
㉠에 $b=5$를 대입하면 $\qquad c=-7$
$$\therefore abc=-5\times5\times(-7)=175 \qquad \boxed{\text{답}}\ \mathbf{175}$$

111

전략 두 직선의 방정식을 연립하여 교점의 좌표를 구한다.

$x-y+5=0$, $2x-y+3=0$을 연립하여 풀면
$$x=2,\ y=7$$
따라서 두 직선 $x-y+5=0$, $2x-y+3=0$의 교점의 좌표는 $\quad (2,\ 7)$
한편 직선 $3x-2y+1=0$, 즉 $y=\dfrac{3}{2}x+\dfrac{1}{2}$과 평행한

직선의 기울기는 $\dfrac{3}{2}$이다.

기울기가 $\dfrac{3}{2}$이고 점 $(2,\ 7)$을 지나는 직선의 방정식은
$$y-7=\dfrac{3}{2}(x-2)$$
$$\therefore y=\dfrac{3}{2}x+4$$
따라서 $a=\dfrac{3}{2}$, $b=4$이므로
$$ab=6 \qquad\qquad \boxed{\text{답}}\ \mathbf{6}$$

다른 풀이 두 직선 $x-y+5=0$, $2x-y+3=0$의 교점을 지나는 직선의 방정식은
$$x-y+5+k(2x-y+3)=0, \text{ 즉}$$
$$(2k+1)x-(k+1)y+3k+5=0 \ (k\text{는 실수})$$
$$\cdots\cdots ㉠$$
이 직선이 직선 $3x-2y+1=0$과 평행하려면
$$\dfrac{2k+1}{3}=\dfrac{-(k+1)}{-2}\neq\dfrac{3k+5}{1}$$
$\dfrac{2k+1}{3}=\dfrac{-(k+1)}{-2}$에서
$$4k+2=3k+3$$
$$\therefore k=1$$
㉠에 $k=1$을 대입하면
$$3x-2y+8=0 \qquad \therefore y=\dfrac{3}{2}x+4$$

112

전략 두 직선의 수직 조건을 이용한다.

두 직선 $3x+2y-4=0$, $2x+ay+b=0$이 수직이므로
$$3\times2+2\times a=0 \qquad \therefore a=-3$$
따라서 직선 $2x+ay+b=0$, 즉 $2x-3y+b=0$이 점 $(2,\ 5)$를 지나므로
$$2\times2-3\times5+b=0 \qquad \therefore b=11$$
$$\therefore a+b=-3+11=8 \qquad \boxed{\text{답}}\ \mathbf{8}$$

113

전략 내분점의 좌표를 구하는 공식을 이용하여 점 C의 좌표를 구한다.

선분 AB를 $2:1$로 내분하는 점 C의 좌표는
$$\left(\dfrac{2\times9+1\times(-3)}{2+1},\ \dfrac{2\times(-4)+1\times2}{2+1}\right), \text{ 즉}$$
$$(5,\ -2)$$
직선 AB의 기울기는
$$\dfrac{-4-2}{9-(-3)}=-\dfrac{1}{2}$$
이므로 직선 AB와 수직인 직선의 기울기는 2이다.
따라서 점 C$(5,\ -2)$를 지나고 기울기가 2인 직선의 방정식은
$$y+2=2(x-5) \qquad \therefore y=2x-12$$
이 직선의 x절편은 6, y절편은 -12이므로 구하는 넓이는
$$\dfrac{1}{2}\times6\times12=36 \qquad\qquad \boxed{\text{답}}\ \mathbf{36}$$

114

전략 세 직선이 평면을 네 부분으로 나누려면 세 직선이 평행해야 한다.

서로 다른 세 직선이 좌표평면을 네 부분으로 나누려면 오른쪽 그림과 같이 세 직선이 평행해야 한다.
두 직선 $ax+y+5=0$, $x+2y+3=0$이 평행하므로
$$\dfrac{a}{1}=\dfrac{1}{2}\neq\dfrac{5}{3} \qquad \therefore a=\dfrac{1}{2}$$
두 직선 $2x+by-4=0$, $x+2y+3=0$이 평행하므로
$$\dfrac{2}{1}=\dfrac{b}{2}\neq\dfrac{-4}{3} \qquad \therefore b=4$$
$$\therefore a+b=\dfrac{9}{2} \qquad\qquad \boxed{\text{답}}\ \dfrac{9}{2}$$

해설 Focus

① 세 직선이 좌표평면을 네 부분으로 나누는 경우
   ⇨ 세 직선이 평행할 때

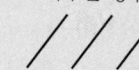

② 세 직선이 좌표평면을 여섯 부분으로 나누는 경우
   ⇨ 세 직선이 한 점에서 만나
   거나 세 직선 중 두 직선이
   평행할 때

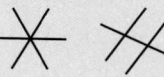

115

전략 직선 $(3k-2)x-y+5=0$의 기울기와 y절편을 이용한다.

직선 $(3k-2)x-y+5=0$, 즉 $y=(3k-2)x+5$와
y축에서 수직으로 만나는 직선의 방정식은

$$y=-\frac{1}{3k-2}x+5$$

이 직선이 점 $(2, 0)$을 지나므로

$$0=-\frac{1}{3k-2}\times 2+5, \qquad 3k-2=\frac{2}{5}$$

$$\therefore k=\frac{4}{5}$$

답 $\frac{4}{5}$

다른 풀이 직선 $(3k-2)x-y+5=0$의 y절편은 5이다.
x절편이 2, y절편이 5인 직선의 방정식은

$$\frac{x}{2}+\frac{y}{5}=1$$

두 직선 $(3k-2)x-y+5=0$, $\frac{x}{2}+\frac{y}{5}=1$이 수직이
므로

$$(3k-2)\times\frac{1}{2}+(-1)\times\frac{1}{5}=0$$

$$\frac{3k-2}{2}=\frac{1}{5}, \qquad 15k-10=2$$

$$\therefore k=\frac{4}{5}$$

116

전략 점 A를 지나고 직선 $y=x-3$에 수직인 직선의 방정식을
이용한다.

오른쪽 그림과 같이 직선 AH는
직선 $y=x-3$에 수직이므로 직
선 AH의 기울기는 -1이다.
따라서 직선 AH의 방정식은

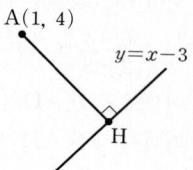

$$y-4=-1\times(x-1)$$

$$\therefore y=-x+5$$

즉 점 H는 두 직선 $y=x-3$, $y=-x+5$의 교점이다.
$y=x-3$, $y=-x+5$를 연립하여 풀면

$$x=4, y=1$$

따라서 점 H의 좌표는 $(4, 1)$이다.

답 $(4, 1)$

117

전략 수직 조건과 중점의 좌표를 이용하여 점 B의 좌표를 구한다.

점 B의 좌표를 (a, b)라 하면 직선 AB와 직선
$x+3y+1=0$, 즉 $y=-\frac{1}{3}x-\frac{1}{3}$이 수직이므로

$$\frac{b-(-4)}{a-1}\times\left(-\frac{1}{3}\right)=-1$$

$$\therefore 3a-b=7 \qquad \cdots\cdots ㉠$$

또 직선 $x+3y+1=0$이 $\overline{AB}$의 중점
$\left(\frac{1+a}{2}, \frac{-4+b}{2}\right)$를 지나므로

$$\frac{1+a}{2}+3\times\frac{-4+b}{2}+1=0$$

$$\therefore a+3b=9 \qquad \cdots\cdots ㉡$$

㉠, ㉡을 연립하여 풀면

$$a=3, b=2$$

따라서 점 B의 좌표는 $(3, 2)$이다.

답 $(3, 2)$

118

전략 세 직선으로 둘러싸인 삼각형이 직각삼각형이 되려면 세 직
선 중 두 직선이 수직이어야 한다.

세 직선

$$x+2y=3 \qquad \cdots\cdots ㉠$$
$$2x-3y-12=0 \qquad \cdots\cdots ㉡$$
$$ax+y=1 \qquad \cdots\cdots ㉢$$

로 둘러싸인 삼각형이 직각삼각형이 되려면 세 직선
중 두 직선이 수직이어야 한다.

세 직선 ㉠, ㉡, ㉢의 기울기가 각각 $-\frac{1}{2}$, $\frac{2}{3}$, $-a$이
므로 두 직선 ㉠, ㉡은 수직이 아니다.

(i) 두 직선 ㉠, ㉢이 수직이려면

$$-\frac{1}{2}\times(-a)=-1 \qquad \therefore a=-2$$

(ii) 두 직선 ㉡, ㉢이 수직이려면

$$\frac{2}{3}\times(-a)=-1 \qquad \therefore a=\frac{3}{2}$$

(i), (ii)에서 모든 상수 a의 값의 합은

$$-2+\frac{3}{2}=-\frac{1}{2}$$

답 $-\dfrac{1}{2}$

119

전략 주어진 세 직선 중 두 직선이 평행하거나 세 직선이 한 점에서 만나야 함을 이용한다.

$2x-y=4$에서 $2x-y-4=0$ …… ㉠
$3x+2y=-1$에서 $3x+2y+1=0$ …… ㉡
$x-ay=0$ …… ㉢

(i) 세 직선이 평행한 경우

두 직선 ㉠, ㉡은 평행하지 않으므로 세 직선이 평행할 수는 없다.

(ii) 두 직선이 평행한 경우

두 직선 ㉠, ㉢이 평행하려면

$$\frac{1}{2}=\frac{-a}{-1}\neq\frac{0}{-4} \qquad \therefore a=\frac{1}{2}$$

두 직선 ㉡, ㉢이 평행하려면

$$\frac{1}{3}=\frac{-a}{2}\neq\frac{0}{1} \qquad \therefore a=-\frac{2}{3}$$

(iii) 세 직선이 한 점에서 만나는 경우

㉠, ㉡을 연립하여 풀면 $x=1, y=-2$

따라서 두 직선 ㉠, ㉡의 교점의 좌표는 $(1, -2)$이다.

직선 ㉢이 점 $(1, -2)$를 지나려면

$$1+2a=0 \qquad \therefore a=-\frac{1}{2}$$

이상에서 모든 상수 a의 값의 곱은

$$\frac{1}{2}\times\left(-\frac{2}{3}\right)\times\left(-\frac{1}{2}\right)=\frac{1}{6}$$

답 $\dfrac{1}{6}$

120

전략 점 P에서의 접선의 기울기를 이용하여 직선 l_2의 기울기를 구한다.

직선 l_1의 기울기를 m이라 하면 직선 l_1이 점 $P(1, 1)$을 지나므로 직선 l_1의 방정식은

$$y-1=m(x-1)$$
$$\therefore y=mx-m+1$$

직선 l_1이 함수 $y=x^2$의 그래프에 접하므로 방정식

$$x^2=mx-m+1, \ \text{즉} \ x^2-mx+m-1=0$$

이 중근을 갖는다.

이 이차방정식의 판별식을 D라 하면

$$D=(-m)^2-4\times1\times(m-1)=0$$
$$m^2-4m+4=0, \qquad (m-2)^2=0$$
$$\therefore m=2 \ (\text{중근})$$

따라서 직선 l_1의 방정식은

$$y=2x-1 \qquad \therefore Q(0, -1)$$

한편 직선 l_1에 수직인 직선의 기울기는 $-\dfrac{1}{2}$이므로

직선 l_2는 기울기가 $-\dfrac{1}{2}$이고 점 $P(1, 1)$을 지난다.

즉 직선 l_2의 방정식은

$$y-1=-\frac{1}{2}(x-1) \qquad \therefore y=-\frac{1}{2}x+\frac{3}{2}$$

점 R는 직선 l_2와 함수 $y=x^2$의 그래프의 교점이므로

$$x^2=-\frac{1}{2}x+\frac{3}{2}\text{에서} \qquad 2x^2+x-3=0$$
$$(2x+3)(x-1)=0$$
$$\therefore x=-\frac{3}{2} \ \text{또는} \ x=1$$
$$\therefore R\left(-\frac{3}{2}, \frac{9}{4}\right)$$

따라서 $\overline{PQ}=\sqrt{(0-1)^2+(-1-1)^2}=\sqrt{5}$,

$\overline{PR}=\sqrt{\left(-\dfrac{3}{2}-1\right)^2+\left(\dfrac{9}{4}-1\right)^2}=\dfrac{5\sqrt{5}}{4}$이므로

$$S=\triangle PRQ=\frac{1}{2}\times\sqrt{5}\times\frac{5\sqrt{5}}{4}=\frac{25}{8}$$
$$\therefore 40S=40\times\frac{25}{8}=125$$

답 125

121

전략 두 직선 BC, AC의 기울기를 이용하여 두 수선의 방정식을 구한다.

점 A에서 변 BC에 내린 수선의 발을 D, 점 B에서 변 AC에 내린 수선의 발을 E라 하자.

직선 BC의 기울기는

$$\frac{6-4}{2-8}=-\frac{1}{3}$$

이므로 직선 AD의 기울기는 3이다.

따라서 직선 AD의 방정식은

$$y+1=3(x-3)$$
$$\therefore y=3x-10 \qquad …… ㉠$$

또 직선 AC의 기울기는

$$\frac{6-(-1)}{2-3}=-7$$

이므로 직선 BE의 기울기는 $\frac{1}{7}$이다.

따라서 직선 BE의 방정식은

$$y-4=\frac{1}{7}(x-8)$$

$$\therefore y=\frac{1}{7}x+\frac{20}{7} \qquad \cdots\cdots ㉡$$

㉠, ㉡을 연립하여 풀면 $x=\dfrac{9}{2}$, $y=\dfrac{7}{2}$

따라서 구하는 세 수선의 교점의 좌표는 $\left(\dfrac{9}{2},\ \dfrac{7}{2}\right)$이다.

답 $\left(\dfrac{9}{2},\ \dfrac{7}{2}\right)$

참고 점 C에서 변 AB에 내린 수선의 발을 F라 하면 직선 CF의 기울기는 -1이므로 직선 CF의 방정식은

$$y-6=-(x-2) \qquad \therefore y=-x+8$$

이 직선이 점 $\left(\dfrac{9}{2},\ \dfrac{7}{2}\right)$을 지나므로 세 수선은 한 점에서 만난다.

📝 **개념 노트**

삼각형의 각 꼭짓점에서 대변에 그은 세 수선은 한 점에서 만나고, 세 수선의 교점을 수심이라 한다.

수심

---

03 점과 직선 사이의 거리

● 본책 56~62쪽

122

(1) $\dfrac{|2\times(-1)-1\times4+1|}{\sqrt{2^2+(-1)^2}}=\dfrac{5}{\sqrt5}=\sqrt5$

(2) $\dfrac{|3\times3+4\times(-2)-2|}{\sqrt{3^2+4^2}}=\dfrac{1}{5}$

(3) $\dfrac{|4\times(-5)-3\times3+4|}{\sqrt{4^2+(-3)^2}}=\dfrac{25}{5}=5$

(4) 점 $(2,\ -6)$과 직선 $y=3x-2$, 즉 $3x-y-2=0$ 사이의 거리는

$$\dfrac{|3\times2-1\times(-6)-2|}{\sqrt{3^2+(-1)^2}}=\dfrac{10}{\sqrt{10}}=\sqrt{10}$$

답 (1) $\sqrt5$ (2) $\dfrac{1}{5}$ (3) 5 (4) $\sqrt{10}$

123

(1) $\dfrac{|-13|}{\sqrt{2^2+3^2}}=\dfrac{13}{\sqrt{13}}=\sqrt{13}$

(2) $\dfrac{|10|}{\sqrt{3^2+(-1)^2}}=\dfrac{10}{\sqrt{10}}=\sqrt{10}$

(3) $\dfrac{|-5|}{\sqrt{2^2+(-4)^2}}=\dfrac{5}{2\sqrt5}=\dfrac{\sqrt5}{2}$

(4) 원점과 직선 $y=2x-4$, 즉 $2x-y-4=0$ 사이의 거리는

$$\dfrac{|-4|}{\sqrt{2^2+(-1)^2}}=\dfrac{4}{\sqrt5}=\dfrac{4\sqrt5}{5}$$

답 (1) $\sqrt{13}$ (2) $\sqrt{10}$ (3) $\dfrac{\sqrt5}{2}$ (4) $\dfrac{4\sqrt5}{5}$

124

(1) 두 직선 사이의 거리는 직선 $2x-y+2=0$ 위의 점 $(0,\ 2)$와 직선 $2x-y-3=0$ 사이의 거리와 같으므로

$$\dfrac{|2\times0-1\times2-3|}{\sqrt{2^2+(-1)^2}}=\dfrac{5}{\sqrt5}=\sqrt5$$

(2) 두 직선 사이의 거리는 직선 $x+3y-1=0$ 위의 점 $(1,\ 0)$과 직선 $x+3y+4=0$ 사이의 거리와 같으므로

$$\dfrac{|1\times1+3\times0+4|}{\sqrt{1^2+3^2}}=\dfrac{5}{\sqrt{10}}=\dfrac{\sqrt{10}}{2}$$

(3) 두 직선 사이의 거리는 직선 $3x-4y=0$ 위의 점 $(0,\ 0)$과 직선 $3x-4y+5=0$ 사이의 거리와 같으므로

$$\dfrac{|5|}{\sqrt{3^2+(-4)^2}}=\dfrac{5}{5}=1$$

(4) 두 직선 사이의 거리는 직선 $x-2y+1=0$ 위의 점 $(-1,\ 0)$과 직선 $2x-4y-3=0$ 사이의 거리와 같으므로

$$\dfrac{|2\times(-1)-4\times0-3|}{\sqrt{2^2+(-4)^2}}=\dfrac{5}{2\sqrt5}=\dfrac{\sqrt5}{2}$$

답 (1) $\sqrt5$ (2) $\dfrac{\sqrt{10}}{2}$ (3) 1 (4) $\dfrac{\sqrt5}{2}$

125

점 $(1, a)$와 직선 $3x+y-5=0$ 사이의 거리가 $\sqrt{10}$ 이므로

$$\frac{|3+a-5|}{\sqrt{3^2+1^2}}=\sqrt{10}$$

$$|a-2|=10, \qquad a-2=\pm 10$$

$$\therefore a=-8 \text{ 또는 } a=12$$

그런데 점 $(1, a)$가 제1사분면 위의 점이므로

$$a>0$$

$$\therefore a=12 \qquad\qquad \boxed{\text{답}}\ \mathbf{12}$$

126

점 $(-2, 3)$과 직선 $x+2y-1=0$ 사이의 거리는

$$\frac{|-2+2\times 3-1|}{\sqrt{1^2+2^2}}=\frac{3}{\sqrt{5}}$$

점 $(-2, 3)$과 직선 $2x+y+k=0$ 사이의 거리는

$$\frac{|2\times(-2)+3+k|}{\sqrt{2^2+1^2}}=\frac{|k-1|}{\sqrt{5}}$$

두 직선까지의 거리가 같으므로

$$\frac{3}{\sqrt{5}}=\frac{|k-1|}{\sqrt{5}}, \qquad k-1=\pm 3$$

$$\therefore k=-2 \text{ 또는 } k=4$$

따라서 구하는 곱은

$$-2\times 4=-8 \qquad\qquad \boxed{\text{답}}\ \mathbf{-8}$$

127

직선 $3x+4y+1=0$, 즉 $y=-\dfrac{3}{4}x-\dfrac{1}{4}$에 수직인 직선의 기울기는 $\dfrac{4}{3}$이므로 구하는 직선의 방정식을

$$y=\frac{4}{3}x+k, \text{ 즉 } 4x-3y+3k=0 \ (k\text{는 상수})$$

으로 놓을 수 있다.

원점과 이 직선 사이의 거리가 1이므로

$$\frac{|3k|}{\sqrt{4^2+(-3)^2}}=1, \qquad |3k|=5$$

$$3k=\pm 5 \qquad \therefore k=-\frac{5}{3} \text{ 또는 } k=\frac{5}{3}$$

따라서 구하는 직선의 방정식은

$$4x-3y-5=0 \text{ 또는 } 4x-3y+5=0$$

$$\boxed{\text{답}}\ \mathbf{4x-3y-5=0,\ 4x-3y+5=0}$$

128

두 직선 $x+y-3=0$, $x+y+m=0$ 사이의 거리는 직선 $x+y-3=0$ 위의 점 $(0, 3)$과 직선 $x+y+m=0$ 사이의 거리와 같으므로

$$\frac{|3+m|}{\sqrt{1^2+1^2}}=4\sqrt{2}, \qquad |3+m|=8$$

$$3+m=\pm 8 \qquad \therefore m=5 \ (\because m>0)$$

$$\boxed{\text{답}}\ \mathbf{5}$$

129

주어진 두 직선이 평행하므로

$$\frac{3}{a}=\frac{-1}{2}\neq\frac{12}{-4} \qquad \therefore a=-6$$

따라서 두 직선 사이의 거리는 직선 $3x-y+12=0$ 위의 점 $(-4, 0)$과 직선 $-6x+2y-4=0$, 즉 $3x-y+2=0$ 사이의 거리와 같으므로

$$\frac{|3\times(-4)+2|}{\sqrt{3^2+(-1)^2}}=\frac{10}{\sqrt{10}}=\sqrt{10}$$

$$\boxed{\text{답}}\ \mathbf{a=-6},\ \text{거리:}\ \sqrt{10}$$

130

주어진 두 직선이 평행하므로

$$\frac{3}{3}=\frac{4}{a}\neq\frac{-5}{b} \qquad \therefore a=4, b\neq -5$$

따라서 두 직선 사이의 거리는 직선 $3x+4y-5=0$ 위의 점 $(3, -1)$과 직선 $3x+4y+b=0$ 사이의 거리와 같으므로

$$\frac{|3\times 3+4\times(-1)+b|}{\sqrt{3^2+4^2}}=3$$

$$|b+5|=15, \qquad b+5=\pm 15$$

$$\therefore b=-20 \ (\because b<0) \qquad \boxed{\text{답}}\ \mathbf{a=4,\ b=-20}$$

131

선분 OA의 길이는

$$\sqrt{2^2+2^2}=2\sqrt{2}$$

직선 OA의 방정식은

$$y=x \qquad \therefore x-y=0$$

점 $B(-3, 6)$과 직선 OA 사이의 거리를 h라 하면

$$h=\frac{|-3-6|}{\sqrt{1^2+(-1)^2}}=\frac{9}{\sqrt{2}}$$

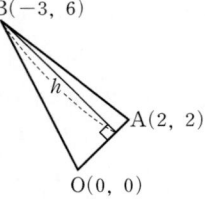

따라서 △OAB의 넓이는

$$\frac{1}{2} \times \overline{OA} \times h = \frac{1}{2} \times 2\sqrt{2} \times \frac{9}{\sqrt{2}} = 9$$

답 **9**

132

선분 AB의 길이는

$$\sqrt{(3-1)^2 + (-1-2)^2} = \sqrt{13}$$

직선 AB의 방정식은

$$y - 2 = \frac{-1-2}{3-1}(x-1)$$

$$\therefore 3x + 2y - 7 = 0$$

점 C(a, 4)와 직선 AB 사이의 거리를 h라 하면

$$h = \frac{|3a + 2 \times 4 - 7|}{\sqrt{3^2 + 2^2}} = \frac{|3a+1|}{\sqrt{13}}$$

이때 △ABC의 넓이가 8이므로

$$\frac{1}{2} \times \overline{AB} \times h = \frac{1}{2} \times \sqrt{13} \times \frac{|3a+1|}{\sqrt{13}} = 8$$

$$|3a+1| = 16, \quad 3a+1 = \pm 16$$

$$\therefore a = 5 \ \text{또는} \ a = -\frac{17}{3}$$

답 **5**, $-\dfrac{17}{3}$

133

$y = -\dfrac{1}{2}x - \dfrac{3}{2}$에서 $x + 2y + 3 = 0$

$y = 2x - 5$에서 $2x - y - 5 = 0$

점 P의 좌표를 (x, y)라 하면

$$\frac{|x+2y+3|}{\sqrt{1^2+2^2}} = \frac{|2x-y-5|}{\sqrt{2^2+(-1)^2}}$$

$$|x+2y+3| = |2x-y-5|$$

$$x+2y+3 = \pm(2x-y-5)$$

$$\therefore x - 3y - 8 = 0 \ \text{또는} \ 3x + y - 2 = 0$$

답 $x-3y-8=0$ 또는 $3x+y-2=0$

참고 점 P가 나타내는 도형은 두 직선 $y = -\dfrac{1}{2}x - \dfrac{3}{2}$, $y = 2x - 5$가 이루는 각의 이등분선이다.

134

각의 이등분선 위의 임의의 점을 P(x, y)라 하면 점 P에서 두 직선 $x - 3y + 4 = 0$, $3x - y - 2 = 0$에 이르는 거리가 같으므로

$$\frac{|x-3y+4|}{\sqrt{1^2+(-3)^2}} = \frac{|3x-y-2|}{\sqrt{3^2+(-1)^2}}$$

$$|x-3y+4| = |3x-y-2|$$

$$x-3y+4 = \pm(3x-y-2)$$

$$\therefore x+y-3 = 0 \ \text{또는} \ 2x-2y+1 = 0$$

따라서 기울기가 음수인 직선의 방정식은 $x+y-3=0$이다.

답 $x+y-3=0$

135

$$\triangle OAB = \frac{|-3 \times (-3) - 5 \times 1|}{2}$$

$$= \frac{4}{2} = 2$$

답 **2**

다른 풀이 선분 OB의 길이는

$$\sqrt{1^2 + (-3)^2} = \sqrt{10}$$

직선 OB의 방정식은

$$y = -3x \quad \therefore 3x + y = 0$$

점 A(-3, 5)와 직선 OB 사이의 거리는

$$\frac{|3 \times (-3) + 5|}{\sqrt{3^2 + 1^2}} = \frac{4}{\sqrt{10}}$$

따라서 △OAB의 넓이는

$$\frac{1}{2} \times \sqrt{10} \times \frac{4}{\sqrt{10}} = 2$$

136

전략 점과 직선 사이의 거리를 이용하여 방정식을 세운다.

점 P의 좌표를 (a, 0)이라 하면 점 P와 직선 $x + 3y - 2 = 0$ 사이의 거리는

$$\frac{|a-2|}{\sqrt{1^2+3^2}} = \frac{|a-2|}{\sqrt{10}}$$

점 P와 직선 $3x - y + 3 = 0$ 사이의 거리는

$$\frac{|3a+3|}{\sqrt{3^2+(-1)^2}} = \frac{|3a+3|}{\sqrt{10}}$$

두 직선까지의 거리가 같으므로

$$\frac{|a-2|}{\sqrt{10}} = \frac{|3a+3|}{\sqrt{10}}$$

$$|a-2| = |3a+3|$$

$$\therefore a-2 = \pm(3a+3)$$

(i) $a-2=3a+3$일 때

$$-2a=5 \qquad \therefore a=-\frac{5}{2}$$

(ii) $a-2=-(3a+3)$일 때

$$4a=-1 \qquad \therefore a=-\frac{1}{4}$$

(i), (ii)에서

$$P\left(-\frac{5}{2},\,0\right) \text{ 또는 } P\left(-\frac{1}{4},\,0\right)$$

$$\text{답 } \left(-\frac{5}{2},\,0\right),\,\left(-\frac{1}{4},\,0\right)$$

137

전략 평행한 두 직선의 기울기가 같음을 이용한다.

직선 $y=3x+2$에 평행하고 y절편이 k인 직선의 방정식은

$$y=3x+k, \text{ 즉 } 3x-y+k=0 \quad\cdots\cdots \text{㉠}$$

직선 $y=3x+2$ 위의 점 $(0,\,2)$와 직선 ㉠ 사이의 거리가 $\sqrt{10}$이려면

$$\frac{|-2+k|}{\sqrt{3^2+(-1)^2}}=\sqrt{10}, \qquad |-2+k|=10$$

$$-2+k=\pm 10$$

$$\therefore k=-8 \text{ 또는 } k=12$$

따라서 구하는 y절편의 합은

$$-8+12=4 \qquad\qquad\qquad \text{답 } 4$$

138

전략 직선 OA의 기울기와 직선 $3x+y-6=0$의 기울기가 같음을 이용한다.

선분 OA의 길이는

$$\sqrt{(-1)^2+3^2}=\sqrt{10}$$

이때 직선 OA의 방정식은 $y=-3x$, 즉 $3x+y=0$이므로 직선 $3x+y-6=0$과 평행하다.

따라서 삼각형 AOP의 밑변을 $\overline{OA}$라 할 때 높이는 직선 OA와 직선 $3x+y-6=0$ 사이의 거리와 같고, 두 직선 사이의 거리는 점 $O(0,\,0)$과 직선 $3x+y-6=0$ 사이의 거리와 같으므로

$$\frac{|-6|}{\sqrt{3^2+1^2}}=\frac{6}{\sqrt{10}}$$

즉 구하는 삼각형 AOP의 넓이는

$$\frac{1}{2}\times\sqrt{10}\times\frac{6}{\sqrt{10}}=3 \qquad\qquad \text{답 } 3$$

다른 풀이 직선 $3x+y-6=0$ 위의 점 P의 좌표를 $(2,\,0)$이라 하면 세 점 $(0,\,0)$, $(-1,\,3)$, $(2,\,0)$을 꼭짓점으로 하는 삼각형의 넓이는

$$\frac{|-1\times 0-3\times 2|}{2}=\frac{6}{2}=3$$

참고 직선 OA와 직선 $3x+y-6=0$이 평행하므로 점 P의 위치에 관계없이 $\triangle AOP$의 넓이는 일정하다.

139

전략 두 점 사이의 거리, 점과 직선 사이의 거리를 이용하여 평행사변형의 밑변의 길이와 높이를 구한다.

선분 OA의 길이는

$$\sqrt{2^2+1^2}=\sqrt{5}$$

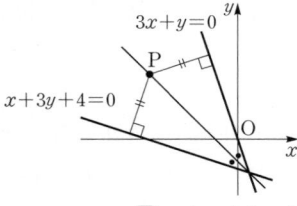

직선 OA의 방정식은

$$y=\frac{1}{2}x$$

$$\therefore x-2y=0$$

점 $C(1,\,2)$와 직선 OA 사이의 거리를 h라 하면

$$h=\frac{|1-2\times 2|}{\sqrt{1^2+(-2)^2}}=\frac{3}{\sqrt{5}}$$

따라서 평행사변형 OABC의 넓이는

$$\overline{OA}\times h=\sqrt{5}\times\frac{3}{\sqrt{5}}=3 \qquad \text{답 } 3$$

140

전략 각의 이등분선 위의 임의의 점에서 두 직선에 이르는 거리가 같음을 이용한다.

예각의 이등분선 위의 임의의 점을 $P(x,\,y)$라 하면 점 P에서 두 직선 $3x+y=0$, $x+3y+4=0$에 이르는 거리가 같으므로

$$\frac{|3x+y|}{\sqrt{3^2+1^2}}=\frac{|x+3y+4|}{\sqrt{1^2+3^2}}$$

$$|3x+y|=|x+3y+4|$$

$$3x+y=\pm(x+3y+4)$$

$$\therefore x-y-2=0 \text{ 또는 } x+y+1=0$$

그런데 오른쪽 그림에서 두 직선이 이루는 예각의 이등분선은 기울기가 음수이므로 구하는 직선의 방정식은

$$x+y+1=0 \qquad\qquad \text{답 } x+y+1=0$$

141

전략 주어진 직선의 방정식을 a에 대하여 정리하여 점 A의 좌표를 구한다.

$(a+1)x-(a-3)y+a-15=0$을 a에 대하여 정리하면

$$x+3y-15+(x-y+1)a=0$$

이 식이 a의 값에 관계없이 항상 성립하므로

$$x+3y-15=0,\ x-y+1=0$$

두 식을 연립하여 풀면

$$x=3,\ y=4$$

$$\therefore A(3,\ 4)$$

점 A와 직선 $2x-y+p=0$ 사이의 거리가 $\sqrt{5}$이므로

$$\frac{|2\times3-4+p|}{\sqrt{2^2+(-1)^2}}=\sqrt{5}$$

$$|2+p|=5,\quad 2+p=\pm5$$

$$\therefore p=-7 \ \text{또는}\ p=3$$

따라서 모든 상수 p의 값의 합은

$$-7+3=-4$$

답 -4

142

전략 점과 직선 사이의 거리를 이용하여 $f(k)$를 구한다.

$x-2y-4+k(2x+y)=0$에서

$$(2k+1)x+(k-2)y-4=0 \quad \cdots\cdots \ \bigcirc$$

점 $(1,\ -2)$와 직선 $\bigcirc$ 사이의 거리 $f(k)$는

$$f(k)=\frac{|2k+1-2(k-2)-4|}{\sqrt{(2k+1)^2+(k-2)^2}}$$

$$=\frac{1}{\sqrt{5k^2+5}}$$

$f(k)$의 분모 $\sqrt{5k^2+5}$의 값이 최소일 때 $f(k)$의 값은 최대가 된다.

임의의 실수 k에 대하여 $k^2\geq0$이므로

$$5k^2+5\geq5$$

따라서 $k=0$일 때 분모는 최솟값 $\sqrt{5}$를 가지므로 $f(k)$의 최댓값은

$$f(0)=\frac{1}{\sqrt{5}}=\frac{\sqrt{5}}{5}$$

답 $\dfrac{\sqrt{5}}{5}$

143

전략 마름모 ABCD 위의 점 중 점 P에서 가장 가까운 점과 가장 먼 점의 위치를 파악한다.

점 $P(-3,\ 3)$과 마름모 ABCD 위의 점 Q 사이의 거리의 최솟값 m은 점 P와 직선 AD 사이의 거리와 같고, 최댓값 M은 점 P와 점 B 사이의 거리와 같다.

직선 AD의 방정식은

$$\frac{x}{-1}+\frac{y}{2}=1 \quad \therefore 2x-y+2=0$$

$$\therefore m=\frac{|2\times(-3)-3+2|}{\sqrt{2^2+(-1)^2}}=\frac{7}{\sqrt{5}}$$

또 $B(0,\ -2)$이므로

$$M=\sqrt{(0+3)^2+(-2-3)^2}=\sqrt{34}$$

$$\therefore M^2-m^2=34-\frac{49}{5}=\frac{121}{5}$$

답 $\dfrac{121}{5}$

참고 $C(1,\ 0)$이므로 $\overline{PC}=\sqrt{(1+3)^2+(0-3)^2}=5$

$$\therefore \overline{PB}>\overline{PC}$$

144

전략 두 직선의 교점을 지나는 직선의 방정식을 세운다.

두 직선 $x-y+1=0$, $x-2y+3=0$의 교점을 지나는 직선의 방정식은

$$x-y+1+k(x-2y+3)=0,\ \text{즉}$$

$$(k+1)x-(2k+1)y+3k+1=0\ (k\text{는 실수})$$

$$\cdots\cdots \ \bigcirc$$

원점과 직선 $\bigcirc$ 사이의 거리가 1이므로

$$\frac{|3k+1|}{\sqrt{(k+1)^2+\{-(2k+1)\}^2}}=1$$

$$|3k+1|=\sqrt{5k^2+6k+2}$$

양변을 제곱하면

$$9k^2+6k+1=5k^2+6k+2$$

$$4k^2=1,\quad k^2=\frac{1}{4}$$

$$\therefore k=\pm\frac{1}{2}$$

(i) $\bigcirc$에 $k=\dfrac{1}{2}$을 대입하면

$$\frac{3}{2}x-2y+\frac{5}{2}=0 \quad \therefore 3x-4y+5=0$$

(ii) $\bigcirc$에 $k=-\dfrac{1}{2}$을 대입하면

$$\frac{1}{2}x-\frac{1}{2}=0 \quad \therefore x=1$$

(i), (ii)에서 구하는 직선의 방정식은

$$3x-4y+5=0,\ x=1$$

답 $3x-4y+5=0,\ x=1$

[다른 풀이] $x-y+1=0$, $x-2y+3=0$을 연립하여 풀면

$x=1$, $y=2$

따라서 두 직선의 교점의 좌표는

$(1, 2)$

점 $(1, 2)$를 지나고 기울기가 m인 직선의 방정식은

$y-2=m(x-1)$

$\therefore mx-y-m+2=0$ ...... ㉠

직선 ㉠과 원점 사이의 거리가 1이라 하면

$$\frac{|-m+2|}{\sqrt{m^2+(-1)^2}}=1$$

$$|-m+2|=\sqrt{m^2+1}$$

양변을 제곱하면

$$m^2-4m+4=m^2+1$$

$$\therefore m=\frac{3}{4}$$

㉠에 이것을 대입하면

$$\frac{3}{4}x-y+\frac{5}{4}=0$$

$$\therefore 3x-4y+5=0$$

또 점 $(1, 2)$를 지나고 y축에 평행한 직선 $x=1$과 원점 사이의 거리도 1이다.

145

[전략] 직선의 방정식을 연립하여 교점의 좌표를 구한다.

$2x-y-1=0$ ...... ㉠

$x-2y+1=0$ ...... ㉡

$x+y-5=0$ ...... ㉢

두 직선 ㉠과 ㉡, ㉡과 ㉢, ㉢과 ㉠의 교점을 각각 A, B, C라 하면

A$(1, 1)$, B$(3, 2)$, C$(2, 3)$

선분 AB의 길이는

$$\sqrt{(3-1)^2+(2-1)^2}=\sqrt{5}$$

점 C$(2, 3)$과 직선 ㉡ 사이의 거리는

$$\frac{|2-2\times3+1|}{\sqrt{1^2+(-2)^2}}=\frac{3}{\sqrt{5}}$$

따라서 △ABC의 넓이는

$$\frac{1}{2}\times\sqrt{5}\times\frac{3}{\sqrt{5}}=\frac{3}{2}$$

답 $\dfrac{3}{2}$

146

[전략] 점 P에서 삼각형 ABC의 세 변까지의 거리가 모두 같음을 이용한다.

직선 AB의 기울기는 $\dfrac{-3-0}{0-6}=\dfrac{1}{2}$이므로 직선 AB의 방정식은

$y=\dfrac{1}{2}x-3$ $\therefore x-2y-6=0$

직선 BC의 기울기는 $\dfrac{-8-(-3)}{10-0}=-\dfrac{1}{2}$이므로 직선 BC의 방정식은

$y=-\dfrac{1}{2}x-3$ $\therefore x+2y+6=0$

직선 CA의 기울기는 $\dfrac{0-(-8)}{6-10}=-2$이므로 직선 CA의 방정식은

$y=-2(x-6)$ $\therefore 2x+y-12=0$

삼각형 ABC에 내접하는 원의 중심 P의 좌표를 (a, b)라 하자.

점 P에서 직선 AB까지의 거리와 직선 BC까지의 거리가 같으므로

$$\frac{|a-2b-6|}{\sqrt{1^2+(-2)^2}}=\frac{|a+2b+6|}{\sqrt{1^2+2^2}}$$

$$|a-2b-6|=|a+2b+6|$$

$$\therefore a-2b-6=\pm(a+2b+6)$$

(i) $a-2b-6=a+2b+6$일 때

$-4b=12$ $\therefore b=-3$

(ii) $a-2b-6=-(a+2b+6)$일 때

$2a=0$ $\therefore a=0$

이때 $0<a<10$, $-8<b<0$이므로

$b=-3$

또 점 P에서 직선 BC까지의 거리와 직선 CA까지의 거리가 같으므로

$$\frac{|a+2b+6|}{\sqrt{1^2+2^2}}=\frac{|2a+b-12|}{\sqrt{2^2+1^2}}$$

$$\therefore |a+2b+6|=|2a+b-12|$$

이때 $b=-3$이므로

$|a|=|2a-15|$, $a=\pm(2a-15)$

$\therefore a=5$ ($\because 0<a<10$)

따라서 점 P의 좌표는 $(5, -3)$이므로 선분 OP의 길이는 $\sqrt{5^2+(-3)^2}=\sqrt{34}$

답 ④

삼각형의 내심

삼각형 ABC의 내심 I에 대하여
① 점 I는 세 내각의 이등분선의 교점이다.
② 점 I에서 세 변까지의 거리가 모두 같다.

147

전략 기울기가 -2이고 이차함수 $y=x^2+3$의 그래프에 접하는 직선과 주어진 직선 사이의 거리가 $\sqrt{5}$임을 이용한다.

직선 $y=-2x+k$와 평행하고 $y=x^2+3$의 그래프에 접하는 직선의 방정식을

$$y=-2x+a \ (a\text{는 상수})$$

라 하면 $x^2+3=-2x+a$에서

$$x^2+2x+3-a=0$$

이 이차방정식이 중근을 가져야 하므로 판별식을 D라 하면

$$\frac{D}{4}=1^2-(3-a)=0 \qquad \therefore \ a=2$$

따라서 접선의 방정식은 $y=-2x+2$이다.

오른쪽 그림에서 함수 $y=x^2+3$의 그래프 위의 점과 직선 $y=-2x+k$ 사이의 거리의 최솟값은 두 직선 $y=-2x+k$, $y=-2x+2$ 사이의 거리와 같다.

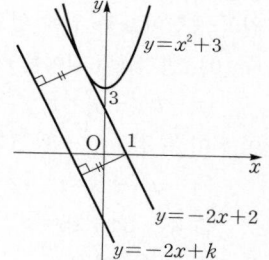

즉 직선 $y=-2x+2$ 위의 점 $(1, 0)$과 직선 $y=-2x+k$, 즉 $2x+y-k=0$ 사이의 거리가 $\sqrt{5}$이므로

$$\frac{|2\times1-k|}{\sqrt{2^2+1^2}}=\sqrt{5}, \qquad |2-k|=5$$

$$2-k=\pm5$$

$$\therefore \ k=-3 \ \text{또는} \ k=7$$

이때 $k=7$이면 이차함수 $y=x^2+3$의 그래프와 직선 $y=-2x+7$이 만나므로 $\qquad k\neq7$

$$\therefore \ k=-3$$

🔲 -3

참고 $k\geq2$이면 $y=x^2+3$의 그래프와 직선 $y=-2x+k$가 만나므로 그래프 위의 점과 직선 사이의 거리의 최솟값은 0이다.

148

전략 직선 AB, AC의 방정식을 각각 구하여 직선 $y=a$와의 교점의 x좌표를 구한다.

선분 BC의 길이는

$$\sqrt{2^2+1^2}=\sqrt{5}$$

직선 BC의 방정식은

$$\frac{x}{2}+\frac{y}{-1}=1 \qquad \therefore \ x-2y-2=0$$

점 A$(1, 4)$와 직선 BC 사이의 거리는

$$\frac{|1-2\times4-2|}{\sqrt{1^2+(-2)^2}}=\frac{9}{\sqrt{5}}$$

따라서 △ABC의 넓이는

$$\frac{1}{2}\times\sqrt{5}\times\frac{9}{\sqrt{5}}=\frac{9}{2}$$

한편 직선 AB의 방정식은

$$y=5x-1$$

이므로 직선 $y=a$와 직선 AB의 교점을 D라 하면 점 D의 x 좌표는 $a=5x-1$에서

$$x=\frac{a+1}{5}$$

직선 AC의 방정식은

$$y=-4x+8$$

이므로 직선 $y=a$와 직선 AC의 교점을 E라 하면 점 E의 x좌표는 $a=-4x+8$에서

$$x=\frac{8-a}{4}$$

$$\therefore \ \overline{DE}=\frac{8-a}{4}-\frac{a+1}{5}=\frac{36-9a}{20}$$

$$=\frac{9(4-a)}{20}$$

이때 점 A와 직선 $y=a$ 사이의 거리는 $4-a$이고

△ADE의 넓이가 $\frac{9}{2}\times\frac{1}{2}=\frac{9}{4}$이므로

$$\frac{1}{2}\times\frac{9(4-a)}{20}\times(4-a)=\frac{9}{4}$$

$$(4-a)^2=10, \qquad a^2-8a+6=0$$

$$\therefore \ a=4-\sqrt{10} \ (\because \ -1<a<4)$$

🔲 $4-\sqrt{10}$

3 원의 방정식

01 원의 방정식

● 본책 66~76쪽

149

답 (1) 중심의 좌표: $(0, 0)$, 반지름의 길이: $\sqrt{11}$

(2) 중심의 좌표: $(5, 0)$, 반지름의 길이: 3

(3) 중심의 좌표: $(-2, 3)$, 반지름의 길이: 5

150

답 (1) $x^2+y^2=9$

(2) $(x-2)^2+(y+3)^2=16$

(3) $(x+5)^2+(y-1)^2=5$

151

(1) $x^2+y^2-8x=0$에서

$$(x-4)^2+y^2=16$$

따라서 **중심의 좌표는 $(4, 0)$, 반지름의 길이는 4**이다.

(2) $x^2+y^2+2x-4y-20=0$에서

$$(x+1)^2+(y-2)^2=25$$

따라서 **중심의 좌표는 $(-1, 2)$, 반지름의 길이는 5**이다.

(3) $x^2+y^2-6x+4y+12=0$에서

$$(x-3)^2+(y+2)^2=1$$

따라서 **중심의 좌표는 $(3, -2)$, 반지름의 길이는 1**이다.

답 풀이 참조

152

답 (1) $(x+1)^2+(y-3)^2=9$

(2) $(x-3)^2+(y-1)^2=9$

(3) $(x-2)^2+(y+2)^2=4$

153

원의 반지름의 길이를 r라 하면 원의 방정식은

$$(x-1)^2+(y+2)^2=r^2 \qquad \cdots\cdots ㉠$$

이 원이 점 $(4, 2)$를 지나므로

$$(4-1)^2+(2+2)^2=r^2 \qquad \therefore r^2=25$$

㉠에 $r^2=25$를 대입하면

$$(x-1)^2+(y+2)^2=25$$

이 원이 점 $(a, 1)$을 지나므로

$$(a-1)^2+(1+2)^2=25, \qquad (a-1)^2=16$$

$$a-1=\pm4 \qquad \therefore a=5 \ (\because a>0) \qquad \text{답 } 5$$

154

두 점 A, B를 지름의 양 끝 점으로 하는 원의 중심은 $\overline{AB}$의 중점이므로 그 좌표는

$$\left(\frac{5-1}{2}, \frac{1+7}{2}\right), \text{즉 } (2, 4)$$

또 $\overline{AB}$가 원의 지름이므로 원의 반지름의 길이는

$$\frac{1}{2}\overline{AB}=\frac{1}{2}\sqrt{(-1-5)^2+(7-1)^2}=3\sqrt{2}$$

따라서 두 점 A, B를 지름의 양 끝 점으로 하는 원의 방정식은

$$(x-2)^2+(y-4)^2=18$$

즉 $a=2$, $b=4$, $c=18$이므로

$$a+b+c=24 \qquad \text{답 } 24$$

155

원의 중심이 x축 위에 있으므로 원의 중심의 좌표를 $(a, 0)$, 반지름의 길이를 r라 하면 원의 방정식은

$$(x-a)^2+y^2=r^2$$

이 원이 두 점 $(4, -3)$, $(2, 3)$을 지나므로

$$(4-a)^2+9=r^2, \quad (2-a)^2+9=r^2$$

$$\therefore a^2-8a+25=r^2, \ a^2-4a+13=r^2$$

두 식을 연립하여 풀면 $a=3$, $r^2=10$

따라서 구하는 원의 방정식은

$$(x-3)^2+y^2=10$$

답 $(x-3)^2+y^2=10$

[다른 풀이] 원의 중심의 좌표를 $(a, 0)$이라 하면 이 점에서 두 점 $(4, -3)$, $(2, 3)$까지의 거리가 같으므로

$$\sqrt{(a-4)^2+3^2}=\sqrt{(a-2)^2+(-3)^2}$$

양변을 제곱하여 정리하면

$$a^2-8a+25=a^2-4a+13$$

$$\therefore a=3$$

즉 원의 중심의 좌표는 $(3, 0)$이고, 반지름의 길이는 두 점 $(3, 0)$, $(4, -3)$ 사이의 거리와 같으므로

$$\sqrt{(4-3)^2+(-3)^2}=\sqrt{10}$$

따라서 구하는 원의 방정식은
$$(x-3)^2+y^2=10$$

156

원의 중심이 직선 $y=x+5$ 위에 있으므로 원의 중심의 좌표를 $(a, a+5)$, 반지름의 길이를 r라 하면 원의 방정식은
$$(x-a)^2+(y-a-5)^2=r^2$$
이 원이 두 점 $(0, 0)$, $(1, 2)$를 지나므로
$$(-a)^2+(-a-5)^2=r^2,$$
$$(1-a)^2+(2-a-5)^2=r^2$$
$$\therefore 2a^2+10a+25=r^2, \ 2a^2+4a+10=r^2$$
두 식을 연립하여 풀면
$$a=-\frac{5}{2}, \ r^2=\frac{25}{2}$$
따라서 구하는 원의 방정식은
$$\left(x+\frac{5}{2}\right)^2+\left(y-\frac{5}{2}\right)^2=\frac{25}{2}$$
$$\boxed{답} \left(x+\frac{5}{2}\right)^2+\left(y-\frac{5}{2}\right)^2=\frac{25}{2}$$

157

$x^2+y^2+2x-4y-15+k=0$에서
$$(x+1)^2+(y-2)^2=20-k$$
이 원의 반지름의 길이는 $\sqrt{20-k}$이므로
$$\sqrt{20-k}=5$$
양변을 제곱하면
$$20-k=25 \qquad \therefore k=-5 \qquad \boxed{답} -5$$

158

$x^2+y^2-6x+ay+9=0$에서
$$(x-3)^2+\left(y+\frac{a}{2}\right)^2=\frac{a^2}{4}$$
이 원의 중심의 좌표는 $\left(3, -\frac{a}{2}\right)$이므로
$$3=b, \ -\frac{a}{2}=-3 \qquad \therefore a=6, \ b=3$$
원의 반지름의 길이는 $\sqrt{\dfrac{a^2}{4}}$이므로
$$r=\sqrt{\frac{6^2}{4}}=3$$
$$\therefore a+b+r=6+3+3=12 \qquad \boxed{답} 12$$

159

$x^2+y^2-2(a+1)x+2ay+3a^2-2=0$에서
$$\{x-(a+1)\}^2+(y+a)^2=-a^2+2a+3$$
이 방정식이 원을 나타내려면
$$-a^2+2a+3>0, \qquad a^2-2a-3<0$$
$$(a+1)(a-3)<0$$
$$\therefore -1<a<3$$
따라서 정수 a는 0, 1, 2의 3개이다. $\boxed{답} 3$

160

주어진 세 점을 $O(0, 0)$, $A(-1, 2)$, $B(3, -1)$이라 하고, 세 점 O, A, B를 지나는 원의 중심을 $P(a, b)$라 하면
$$\overline{OP}=\overline{AP}=\overline{BP}$$
$\overline{OP}=\overline{AP}$에서 $\overline{OP}^2=\overline{AP}^2$이므로
$$a^2+b^2=(a+1)^2+(b-2)^2$$
$$\therefore 2a-4b=-5 \qquad\qquad \cdots\cdots ㉠$$
$\overline{OP}=\overline{BP}$에서 $\overline{OP}^2=\overline{BP}^2$이므로
$$a^2+b^2=(a-3)^2+(b+1)^2$$
$$\therefore 3a-b=5 \qquad\qquad \cdots\cdots ㉡$$
㉠, ㉡을 연립하여 풀면
$$a=\frac{5}{2}, \ b=\frac{5}{2}$$
즉 원의 중심은 점 $P\left(\dfrac{5}{2}, \dfrac{5}{2}\right)$이고 반지름의 길이는
$$\overline{OP}=\sqrt{\left(\frac{5}{2}\right)^2+\left(\frac{5}{2}\right)^2}=\frac{5\sqrt{2}}{2}$$
따라서 구하는 원의 방정식은
$$\left(x-\frac{5}{2}\right)^2+\left(y-\frac{5}{2}\right)^2=\frac{25}{2}$$
$$\boxed{답} \left(x-\frac{5}{2}\right)^2+\left(y-\frac{5}{2}\right)^2=\frac{25}{2}$$

[다른 풀이] 구하는 원의 방정식을
$$x^2+y^2+Ax+By+C=0$$
이라 하면 이 원이 점 $(0, 0)$을 지나므로
$$C=0$$
즉 원 $x^2+y^2+Ax+By=0$이 두 점 $(-1, 2)$, $(3, -1)$을 지나므로
$$1+4-A+2B=0, \ 9+1+3A-B=0$$
$$\therefore A-2B=5, \ 3A-B=-10$$

두 식을 연립하여 풀면

$$A=-5, \ B=-5$$

따라서 구하는 원의 방정식은

$$x^2+y^2-5x-5y=0$$

161

세 점 $A(-3, 4)$, $B(1, 0)$, $C(3, 4)$를 지나는 원의 중심을 $P(a, b)$라 하면

$$\overline{AP}=\overline{BP}=\overline{CP}$$

$\overline{AP}=\overline{BP}$에서 $\overline{AP}^2=\overline{BP}^2$이므로

$$(a+3)^2+(b-4)^2=(a-1)^2+b^2$$
$$\therefore \ a-b=-3 \qquad \cdots\cdots \ \bigcirc$$

$\overline{BP}=\overline{CP}$에서 $\overline{BP}^2=\overline{CP}^2$이므로

$$(a-1)^2+b^2=(a-3)^2+(b-4)^2$$
$$\therefore \ a+2b=6 \qquad \cdots\cdots \ \bigcirc$$

$\bigcirc$, $\bigcirc$을 연립하여 풀면 $\quad a=0, \ b=3$

즉 원의 중심은 점 $P(0, 3)$이고 반지름의 길이는

$$\overline{AP}=\sqrt{(0+3)^2+(3-4)^2}=\sqrt{10}$$

따라서 구하는 원의 넓이는

$$\pi \times (\sqrt{10})^2=10\pi \qquad \qquad \text{답 } \mathbf{10\pi}$$

(다른 풀이) 주어진 원의 방정식을

$x^2+y^2+Ax+By+C=0$이라 하면 이 원이 세 점 $A(-3, 4)$, $B(1, 0)$, $C(3, 4)$를 지나므로

$$9+16-3A+4B+C=0 \qquad \cdots\cdots \ \bigcirc$$
$$1+A+C=0 \qquad \cdots\cdots \ \bigcirc$$
$$9+16+3A+4B+C=0 \qquad \cdots\cdots \ \bigcirc$$

$\bigcirc-\bigcirc$을 하면

$$-6A=0 \qquad \therefore \ A=0$$

$\bigcirc$에 $A=0$을 대입하면

$$1+C=0 \qquad \therefore \ C=-1$$

$\bigcirc$에 $A=0$, $C=-1$을 대입하면

$$24+4B=0 \qquad \therefore \ B=-6$$

따라서 주어진 원의 방정식은

$$x^2+y^2-6y-1=0$$
$$\therefore \ x^2+(y-3)^2=10$$

162

$x^2+y^2-8x+10y+k=0$에서

$$(x-4)^2+(y+5)^2=41-k$$

이 원의 중심의 좌표가 $(4, -5)$이고 x축에 접하므로

$$\sqrt{41-k}=|-5|$$

양변을 제곱하면

$$41-k=25 \qquad \therefore \ k=16 \qquad \text{답 } \mathbf{16}$$

163

원의 중심이 직선 $y=x+2$ 위에 있으므로 원의 중심의 좌표를 $(a, a+2)$라 하면 원이 y축에 접하므로 반지름의 길이는 $|a|$이다.

즉 이 원의 방정식은

$$(x-a)^2+(y-a-2)^2=a^2$$

이 원이 점 $(4, 4)$를 지나므로

$$(4-a)^2+(4-a-2)^2=a^2$$
$$a^2-12a+20=0, \qquad (a-2)(a-10)=0$$
$$\therefore \ a=2 \ \text{또는} \ a=10$$

따라서 두 원의 반지름의 길이의 합은

$$2+10=12 \qquad \qquad \text{답 } \mathbf{12}$$

164

점 $(-2, 1)$을 지나고 x축과 y축에 동시에 접하는 원의 중심은 제2사분면 위에 있으므로 원의 반지름의 길이를 $r \ (r>0)$라 하면 원의 방정식은

$$(x+r)^2+(y-r)^2=r^2 \quad \rightarrow \text{중심의 좌표: } (-r, r)$$

이 원이 점 $(-2, 1)$을 지나므로

$$(-2+r)^2+(1-r)^2=r^2$$
$$r^2-6r+5=0, \qquad (r-1)(r-5)=0$$
$$\therefore \ r=1 \ \text{또는} \ r=5$$

따라서 두 원의 중심의 좌표는 각각 $(-1, 1)$, $(-5, 5)$이므로 두 원의 중심 사이의 거리는

$$\sqrt{(-5+1)^2+(5-1)^2}=4\sqrt{2} \qquad \text{답 } \mathbf{4\sqrt{2}}$$

165

$x^2+y^2+2ax+6y+7-b=0$에서

$$(x+a)^2+(y+3)^2=a^2+b+2$$

이 원의 중심의 좌표가 $(-a, -3)$이고 x축과 y축에 동시에 접하므로

$$|-a|=|-3|=\sqrt{a^2+b+2}$$

$|-a|=|-3|$에서 $\quad a=3 \ (\because \ a>0)$

$|-3|=\sqrt{a^2+b+2}$의 양변을 제곱하면

$$9=a^2+b+2$$

위의 식에 $a=3$을 대입하면

$$9=9+b+2 \quad \therefore b=-2$$

$$\therefore a+b=3+(-2)=1 \qquad \text{답 } 1$$

166

원의 반지름의 길이를 $r\ (r>0)$라 하면 x축과 y축에 동시에 접하고 원의 중심이 제4 사분면 위에 있으므로 원의 중심의 좌표는 $(r,\ -r)$

이때 점 $(r,\ -r)$가 직선 $x+3y+6=0$ 위에 있으므로

$$r-3r+6=0 \quad \therefore r=3$$

따라서 구하는 원의 방정식은

$$(x-3)^2+(y+3)^2=9$$

$$\text{답 } (x-3)^2+(y+3)^2=9$$

167

$x^2+y^2-2x-10y+10=0$에서

$$(x-1)^2+(y-5)^2=16$$

따라서 원의 중심을 C라 하면 점 C의 좌표는 $(1,\ 5)$, 원의 반지름의 길이는 4이다.

이때 $\overline{OC}=\sqrt{1^2+5^2}=\sqrt{26}$이므로

$$M=\sqrt{26}+4,\ m=\sqrt{26}-4$$

$$\therefore M^2+m^2=(\sqrt{26}+4)^2+(\sqrt{26}-4)^2$$

$$=42+8\sqrt{26}+42-8\sqrt{26}$$

$$=84 \qquad \text{답 } 84$$

168

원 $(x+5)^2+(y-4)^2=r^2$의 중심을 C라 하면

$$C(-5,\ 4)$$

$$\therefore \overline{CP}=\sqrt{(-1+5)^2+(1-4)^2}=5$$

이때 원의 반지름의 길이가 r이므로

$$5-r=3 \quad \therefore r=2 \qquad \text{답 } 2$$

169

점 P의 좌표를 $(x,\ y)$라 하면 $\overline{AP}^2+\overline{BP}^2=30$에서

$$x^2+(y+1)^2+(x-2)^2+(y-3)^2=30$$

$$x^2+y^2-2x-2y-8=0$$

$$\therefore (x-1)^2+(y-1)^2=10$$

따라서 점 P가 나타내는 도형은 중심의 좌표가 $(1,\ 1)$ 이고 반지름의 길이가 $\sqrt{10}$인 원이므로 구하는 도형의 넓이는

$$\pi \times (\sqrt{10})^2=10\pi \qquad \text{답 } 10\pi$$

170

$\overline{AP} : \overline{BP}=1 : 3$에서

$$3\overline{AP}=\overline{BP} \quad \therefore 9\overline{AP}^2=\overline{BP}^2$$

점 P의 좌표를 $(x,\ y)$라 하면

$$9\{(x-2)^2+y^2\}=(x-10)^2+y^2$$

$$x^2+y^2-2x-8=0$$

$$\therefore (x-1)^2+y^2=9$$

따라서 점 P가 나타내는 도형은 중심의 좌표가 $(1,\ 0)$ 이고 반지름의 길이가 3인 원이므로 구하는 도형의 길이는

$$2\pi \times 3=6\pi \qquad \text{답 } 6\pi$$

171

$\overline{AP} : \overline{BP}=3 : 2$에서

$$2\overline{AP}=3\overline{BP} \quad \therefore 4\overline{AP}^2=9\overline{BP}^2$$

점 P의 좌표를 $(x,\ y)$라 하면

$$4\{(x+2)^2+y^2\}=9\{(x-3)^2+y^2\}$$

$$x^2+y^2-14x+13=0$$

$$\therefore (x-7)^2+y^2=36$$

즉 점 P가 나타내는 도형은 중심의 좌표가 $(7,\ 0)$이고 반지름의 길이가 6인 원이다.

이때 $\triangle$PAB에서 $\overline{AB}$를 밑변으로 생각하면 점 P와 직선 AB 사이의 거리가 높이이므로 오른쪽 그림과 같이 높이가 원의 반지름의 길이와 같을 때 $\triangle$PAB의 넓이가 최대이다.

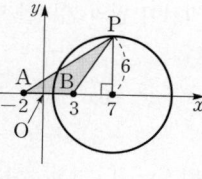

따라서 $\triangle$PAB의 넓이의 최댓값은

$$\frac{1}{2} \times |3-(-2)| \times 6=15$$

$$\text{답 } 15$$

172

전략 중심의 좌표와 반지름의 길이를 이용하여 원의 방정식을 세운다.

중심이 점 $(a, 1)$이고 반지름의 길이가 5인 원의 방정식은 $\quad (x-a)^2+(y-1)^2=25$

이 원이 점 $(0, -2)$를 지나므로

$$(0-a)^2+(-2-1)^2=25$$
$$a^2=16 \quad \therefore a=4 \ (\because a>0) \qquad \text{답} \ \mathbf{4}$$

173

전략 $\overline{\mathrm{AB}}$가 원의 지름임을 이용한다.

$\overline{\mathrm{AB}}$가 원의 지름이므로 $\dfrac{1}{2}\overline{\mathrm{AB}}=\sqrt{5}$에서

$$\overline{\mathrm{AB}}=2\sqrt{5}$$
$$\therefore \sqrt{(a-5)^2+(-3-1)^2}=2\sqrt{5}$$

양변을 제곱하여 정리하면

$$a^2-10a+21=0, \quad (a-3)(a-7)=0$$
$$\therefore a=3 \ (\because a<5)$$

즉 원의 중심은 두 점 $\mathrm{A}(5, 1)$, $\mathrm{B}(3, -3)$을 이은 선분 AB의 중점이므로 그 좌표는

$$\left(\dfrac{5+3}{2}, \dfrac{1-3}{2}\right), \text{즉} \ (4, -1)$$

따라서 구하는 원의 방정식은

$$(x-4)^2+(y+1)^2=5$$
$$\text{답} \ \boldsymbol{(x-4)^2+(y+1)^2=5}$$

174

전략 두 원의 넓이를 동시에 이등분하는 직선은 두 원의 중심을 지남을 이용한다.

직선이 원의 넓이를 이등분하려면 원의 중심을 지나야 한다.

$x^2+y^2-6x-8y+10=0$에서

$$(x-3)^2+(y-4)^2=15 \qquad \cdots\cdots \ \text{㉠}$$

원 $(x-1)^2+y^2=4$의 중심인 점 $(1, 0)$과 원 ㉠의 중심인 점 $(3, 4)$를 지나는 직선의 방정식은

$$y=\dfrac{4-0}{3-1}(x-1)$$
$$\therefore y=2x-2$$

따라서 구하는 y절편은 -2이다. $\qquad \text{답} \ \mathbf{-2}$

175

전략 주어진 방정식을 변형하여 반지름의 길이를 k에 대한 식으로 나타낸다.

$x^2+y^2+4x-2y+2k-7=0$에서

$$(x+2)^2+(y-1)^2=12-2k$$

이 방정식이 반지름의 길이가 $\sqrt{6}$ 이하인 원을 나타내려면

$$0<\sqrt{12-2k}\leq\sqrt{6}$$
$$0<12-2k\leq6, \quad -12<-2k\leq-6$$
$$\therefore 3\leq k<6 \qquad \text{답} \ \boldsymbol{3\leq k<6}$$

176

전략 원의 중심과 주어진 세 점 사이의 거리가 모두 같음을 이용한다.

주어진 세 점을 $\mathrm{O}(0, 0)$, $\mathrm{A}(6, 0)$, $\mathrm{B}(-4, 4)$라 하고, 세 점 O, A, B를 지나는 원의 중심을 $\mathrm{C}(p, q)$라 하면

$$\overline{\mathrm{OC}}=\overline{\mathrm{AC}}=\overline{\mathrm{BC}}$$

$\overline{\mathrm{OC}}=\overline{\mathrm{AC}}$에서 $\overline{\mathrm{OC}}^2=\overline{\mathrm{AC}}^2$이므로

$$p^2+q^2=(p-6)^2+q^2$$
$$-12p+36=0 \quad \therefore p=3$$

$\overline{\mathrm{OC}}=\overline{\mathrm{BC}}$에서 $\overline{\mathrm{OC}}^2=\overline{\mathrm{BC}}^2$이므로

$$p^2+q^2=(p+4)^2+(q-4)^2$$
$$\therefore q=p+4$$

위의 식에 $p=3$을 대입하면 $\quad q=7$

$$\therefore p+q=3+7=10 \qquad \text{답} \ \mathbf{10}$$

다른 풀이 원의 방정식을 $x^2+y^2+Ax+By+C=0$이라 하면 이 원이 점 $(0, 0)$을 지나므로

$$C=0$$

따라서 원 $x^2+y^2+Ax+By=0$이 두 점 $(6, 0)$, $(-4, 4)$를 지나므로

$$36+6A=0, \ 16+16-4A+4B=0$$
$$\therefore A=-6, \ B=-14$$

즉 주어진 원의 방정식은

$$x^2+y^2-6x-14y=0$$
$$\therefore (x-3)^2+(y-7)^2=58$$

따라서 $p=3$, $q=7$이므로

$$p+q=10$$

177

전략 제2사분면에서 x축과 y축에 동시에 접하는 원의 중심의 좌표를 $(-r, r)$로 놓는다.

주어진 원의 반지름의 길이를 r $(r>0)$라 하면 x축과 y축에 동시에 접하고 원의 중심이 제2사분면에 있으므로 원의 중심의 좌표는

$$(-r, r)$$

이때 점 $(-r, r)$가 곡선 $y=x^2-x-1$ 위에 있으므로

$$r=(-r)^2-(-r)-1$$
$$r^2=1 \quad \therefore r=1 \; (\because r>0)$$

즉 중심의 좌표가 $(-1, 1)$이고 반지름의 길이가 1인 원의 방정식은

$$(x+1)^2+(y-1)^2=1$$
$$\therefore x^2+y^2+2x-2y+1=0$$

따라서 $a=2$, $b=-2$, $c=1$이므로

$$a+b+c=1 \qquad \qquad \boxed{\text{답}} \; \mathbf{1}$$

178

전략 주어진 두 점을 이은 선분의 중점의 좌표와 두 점 사이의 거리를 이용하여 원의 방정식을 구한다.

원의 중심은 두 점 $(-2, 3)$, $(4, -5)$를 이은 선분의 중점이므로 그 좌표는

$$\left(\frac{-2+4}{2}, \frac{3-5}{2}\right), \text{즉} \; (1, -1)$$

또 두 점 $(-2, 3)$, $(4, -5)$를 이은 선분이 원의 지름이므로 원의 반지름의 길이는

$$\frac{1}{2}\sqrt{(4+2)^2+(-5-3)^2}=5$$

따라서 주어진 원의 방정식은

$$(x-1)^2+(y+1)^2=25$$

이때 x축 위의 점은 y좌표가 0이므로 위의 방정식에 $y=0$을 대입하면

$$(x-1)^2+1=25$$
$$(x-1)^2=24, \qquad x-1=\pm2\sqrt{6}$$
$$\therefore x=1\pm2\sqrt{6}$$

따라서 x축과 만나는 두 점의 좌표는

$$(1+2\sqrt{6}, 0), \; (1-2\sqrt{6}, 0)$$

이므로 구하는 두 점 사이의 거리는

$$1+2\sqrt{6}-(1-2\sqrt{6})=4\sqrt{6} \qquad \boxed{\text{답}} \; \mathbf{4\sqrt{6}}$$

다른 풀이 주어진 원의 중심의 좌표가 $(1, -1)$이고 반지름의 길이가 5이므로 오른쪽 그림과 같이 x축과 원이 만나는 두 점을 각각 A, B, 원의 중심에서 x축에 내린 수선의 발을 H라 하면

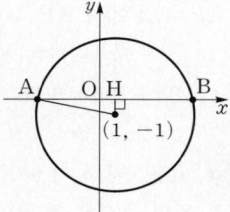

$$\overline{\text{AH}}=\sqrt{5^2-1^2}=2\sqrt{6}$$
$$\therefore \overline{\text{AB}}=2\overline{\text{AH}}=2\times2\sqrt{6}=4\sqrt{6}$$

179

전략 주어진 방정식을 변형하여 반지름의 길이를 k에 대한 식으로 나타낸다.

$x^2+y^2-4kx+2ky+10k-15=0$에서

$$(x-2k)^2+(y+k)^2=5k^2-10k+15$$

이 원의 중심의 좌표는 $(2k, -k)$이고 반지름의 길이는 $\sqrt{5k^2-10k+15}$이다.

원의 넓이가 최소가 되려면 반지름의 길이가 최소가 되어야 하고

$$\sqrt{5k^2-10k+15}=\sqrt{5(k-1)^2+10}$$

이므로 $k=1$일 때 원의 반지름의 길이가 최소이다.

따라서 구하는 원의 중심의 좌표는

$$(2, -1) \qquad \qquad \boxed{\text{답}} \; \mathbf{(2, -1)}$$

180

전략 세 직선의 교점의 좌표를 구하고 외접원의 중심에서 세 교점까지의 거리가 모두 같음을 이용한다.

$$5x+2y+8=0 \qquad \cdots\cdots \; \text{㉠}$$
$$7x-3y-12=0 \qquad \cdots\cdots \; \text{㉡}$$
$$3x+7y-30=0 \qquad \cdots\cdots \; \text{㉢}$$

직선 ㉠과 ㉡, 직선 ㉡과 ㉢, 직선 ㉢과 ㉠의 교점을 각각 A, B, C라 하면

$$\text{A}(0, -4), \; \text{B}(3, 3), \; \text{C}(-4, 6)$$

세 점 A, B, C를 지나는 원의 중심을 $\text{P}(a, b)$라 하면

$$\overline{\text{AP}}=\overline{\text{BP}}=\overline{\text{CP}}$$

$\overline{\text{AP}}=\overline{\text{BP}}$에서 $\overline{\text{AP}}^2=\overline{\text{BP}}^2$이므로

$$a^2+(b+4)^2=(a-3)^2+(b-3)^2$$
$$6a+14b=2$$
$$\therefore 3a+7b=1 \qquad \cdots\cdots \; \text{㉣}$$

$\overline{AP}=\overline{CP}$에서 $\overline{AP}^2=\overline{CP}^2$이므로

$$a^2+(b+4)^2=(a+4)^2+(b-6)^2$$
$$8a-20b=-36$$
$$\therefore 2a-5b=-9 \qquad \cdots\cdots \text{⑫}$$

⑪, ⑫을 연립하여 풀면 $a=-2$, $b=1$

즉 원의 중심은 점 $P(-2, 1)$이고 반지름의 길이는

$$\overline{AP}=\sqrt{(-2-0)^2+(1+4)^2}=\sqrt{29}$$

따라서 구하는 원의 방정식은

$$(x+2)^2+(y-1)^2=29$$

답 $(x+2)^2+(y-1)^2=29$

다른 풀이 구하는 원의 방정식을

$x^2+y^2+Ax+By+C=0$이라 하면 이 원이 세 점

$(0, -4)$, $(3, 3)$, $(-4, 6)$을 지나므로

$$16-4B+C=0 \qquad \cdots\cdots \text{⑭}$$
$$9+9+3A+3B+C=0 \qquad \cdots\cdots \text{⑮}$$
$$16+36-4A+6B+C=0 \qquad \cdots\cdots \text{⑯}$$

⑭에서 $C=4B-16 \qquad \cdots\cdots \text{⑰}$

⑮, ⑯에 각각 ⑰을 대입하면

$$18+3A+3B+4B-16=0,$$
$$52-4A+6B+4B-16=0$$
$$\therefore 3A+7B=-2,\ 2A-5B=18$$

두 식을 연립하여 풀면 $A=4$, $B=-2$

⑰에 $B=-2$를 대입하면 $C=-24$

따라서 구하는 원의 방정식은

$$x^2+y^2+4x-2y-24=0$$

⊙ 해설 Focus

두 직선 $7x-3y-12=0$, $3x+7y-30=0$에서

$$7\times3+(-3)\times7=0$$

이므로 두 직선은 수직이다.

이때 원의 지름에 대한 원주
각의 크기는 $90°$이므로 주어
진 세 직선으로 만들어지는
삼각형의 외접원은 오른쪽
그림과 같이 직선
$5x+2y+8=0$과 두 직선
$7x-3y-12=0$, $3x+7y-30=0$의 교점 $A(0, -4)$,
$C(-4, 6)$을 지름의 양 끝 점으로 하는 원과 같다.

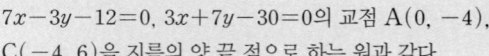

181

전략 두 원의 중심 사이의 거리와 반지름의 길이를 이용한다.

원 $x^2+y^2=1$의 중심의 좌표는 $(0, 0)$, 반지름의 길이
는 1이다.

$x^2+y^2+6x+6y+10=0$에서

$$(x+3)^2+(y+3)^2=8$$

이므로 이 원의 중심의 좌표는 $(-3, -3)$, 반지름의
길이는 $2\sqrt{2}$이다.

따라서 두 원의 중심 사이
의 거리는

$$\sqrt{(-3)^2+(-3)^2}$$
$$=3\sqrt{2}$$

이므로 선분 PQ의 길이의
최댓값은

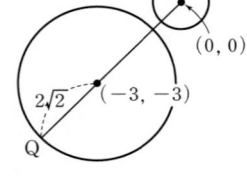

$$3\sqrt{2}+1+2\sqrt{2}=1+5\sqrt{2}$$

답 $1+5\sqrt{2}$

참고 선분 PQ의 길이의 최솟값은
$$3\sqrt{2}-1-2\sqrt{2}=\sqrt{2}-1$$

182

전략 직각삼각형이 되려면 삼각형의 한 변이 원의 지름이어야 함
을 이용한다.

원주각의 성질에 의하여
$\triangle PAB$가 직각삼각형이
되려면 선분 PA 또는 선
분 PB가 원의 지름이 되
어야 한다.

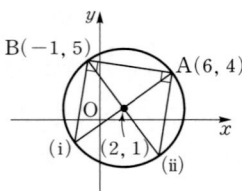

점 P의 좌표를 (x, y)라 하면

(ⅰ) 선분 PA가 원의 지름일 때

$\overline{PA}$의 중점이 원의 중심 $(2, 1)$이어야 하므로

$$\frac{x+6}{2}=2,\ \frac{y+4}{2}=1$$
$$\therefore x=-2,\ y=-2$$

(ⅱ) 선분 PB가 원의 지름일 때

$\overline{PB}$의 중점이 원의 중심 $(2, 1)$이어야 하므로

$$\frac{x-1}{2}=2,\ \frac{y+5}{2}=1$$
$$\therefore x=5,\ y=-3$$

(ⅰ), (ⅱ)에서 점 P의 좌표는

$$(-2, -2) \text{ 또는 } (5, -3)$$

이므로 이 두 점을 이은 선분의 중점의 좌표는

$\left(\dfrac{-2+5}{2}, \dfrac{-2-3}{2}\right)$, 즉 $\left(\dfrac{3}{2}, -\dfrac{5}{2}\right)$

따라서 $a=\dfrac{3}{2}$, $b=-\dfrac{5}{2}$이므로

$a+b=-1$

답 -1

183

전략 점 P의 좌표를 (a, b), $\overline{\text{AP}}$의 중점의 좌표를 (x, y)로 놓고 a, b를 x, y에 대한 식으로 나타낸다.

점 P의 좌표를 (a, b), 선분 AP의 중점의 좌표를 (x, y)라 하면

$x=\dfrac{a+3}{2}$, $y=\dfrac{b+2}{2}$

$\therefore a=2x-3$, $b=2y-2$ ...... ㉠

점 P가 원 $(x-1)^2+(y+2)^2=8$ 위의 점이므로

$(a-1)^2+(b+2)^2=8$ ...... ㉡

㉡에 ㉠을 대입하면

$(2x-3-1)^2+(2y-2+2)^2=8$

$4(x-2)^2+4y^2=8$

$\therefore (x-2)^2+y^2=2$

따라서 선분 AP의 중점이 나타내는 도형은 중심의 좌표가 $(2, 0)$이고 반지름의 길이가 $\sqrt{2}$인 원이므로 구하는 도형의 넓이는

$\pi \times (\sqrt{2})^2 = 2\pi$

답 2π

02 원과 직선의 위치 관계

● 본책 79~84쪽

184

답 $x+1$, $2x^2+2x-7$, 2

185

(1) $x^2+y^2+3x=0$에 $y=x-1$을 대입하면

$x^2+(x-1)^2+3x=0$

$\therefore 2x^2+x+1=0$

이 이차방정식의 판별식을 D라 하면

$D=1^2-4\times2\times1=-7<0$

따라서 원과 직선은 만나지 않는다.

(2) $x^2+y^2-2x+4y-3=0$에 $x+y=3$, 즉

$y=-x+3$을 대입하면

$x^2+(-x+3)^2-2x+4(-x+3)-3=0$

$\therefore x^2-6x+9=0$

이 이차방정식의 판별식을 D라 하면

$\dfrac{D}{4}=(-3)^2-1\times9=0$

따라서 원과 직선은 한 점에서 만난다. (접한다.)

답 (1) 만나지 않는다.

(2) 한 점에서 만난다. (접한다.)

186

답 5, $\sqrt{5}$, $\sqrt{5}$, $=$, 1

187

(1) 원의 중심 $(0, 0)$과 직선 $3x+y-10=0$ 사이의 거리는

$\dfrac{|-10|}{\sqrt{3^2+1^2}}=\sqrt{10}$

원의 반지름의 길이가 $\sqrt{7}$이고 $\sqrt{10}>\sqrt{7}$이므로 원과 직선은 만나지 않는다.

(2) 원의 중심 $(-1, 2)$와 직선 $2x+y+5=0$ 사이의 거리는

$\dfrac{|-2+2+5|}{\sqrt{2^2+1^2}}=\sqrt{5}$

원의 반지름의 길이가 $2\sqrt{2}$이고 $\sqrt{5}<2\sqrt{2}$이므로 원과 직선은 서로 다른 두 점에서 만난다.

답 (1) 만나지 않는다.

(2) 서로 다른 두 점에서 만난다.

188

$x^2+y^2=5$에 $y=2x+k$를 대입하면

$x^2+(2x+k)^2=5$

$\therefore 5x^2+4kx+k^2-5=0$

이 이차방정식의 판별식을 D라 하면

$\dfrac{D}{4}=(2k)^2-5(k^2-5)=-k^2+25$

(1) 원과 직선이 서로 다른 두 점에서 만나려면 $D>0$이어야 하므로 $-k^2+25>0$

$(k+5)(k-5)<0$ $\therefore -5<k<5$

(2) 원과 직선이 접하려면 $D=0$이어야 하므로

$$-k^2+25=0, \qquad k^2=25$$

$$\therefore k=\pm 5$$

(3) 원과 직선이 만나지 않으려면 $D<0$이어야 하므로

$$-k^2+25<0, \qquad (k+5)(k-5)>0$$

$$\therefore k<-5 \text{ 또는 } k>5$$

답 (1) $-5<k<5$ (2) $k=\pm 5$

(3) $k<-5$ 또는 $k>5$

다른 풀이 원의 중심 $(0, 0)$과 직선 $y=2x+k$, 즉 $2x-y+k=0$ 사이의 거리를 d라 하면

$$d=\frac{|k|}{\sqrt{2^2+(-1)^2}}=\frac{|k|}{\sqrt5}$$

이때 원의 반지름의 길이를 r라 하면 $r=\sqrt5$이다.

(1) 원과 직선이 서로 다른 두 점에서 만나려면 $d<r$이어야 하므로

$$\frac{|k|}{\sqrt5}<\sqrt5, \qquad |k|<5$$

$$\therefore -5<k<5$$

(2) 원과 직선이 접하려면 $d=r$이어야 하므로

$$\frac{|k|}{\sqrt5}=\sqrt5, \qquad |k|=5 \qquad \therefore k=\pm 5$$

(3) 원과 직선이 만나지 않으려면 $d>r$이어야 하므로

$$\frac{|k|}{\sqrt5}>\sqrt5, \qquad |k|>5$$

$$\therefore k<-5 \text{ 또는 } k>5$$

189

기울기가 2인 접선의 방정식을 $y=2x+n$ (n은 상수), 즉 $2x-y+n=0$이라 하면 원의 중심 $(1, 2)$와 접선 사이의 거리는 원의 반지름의 길이 3과 같으므로

$$\frac{|2-2+n|}{\sqrt{2^2+(-1)^2}}=3, \qquad |n|=3\sqrt5$$

$$\therefore n=\pm 3\sqrt5$$

따라서 구하는 직선의 방정식은

$$y=2x+3\sqrt5 \text{ 또는 } y=2x-3\sqrt5$$

답 $y=2x+3\sqrt5,\ y=2x-3\sqrt5$

다른 풀이 기울기가 2인 접선의 방정식을 $y=2x+n$ (n은 상수)이라 하자.

$(x-1)^2+(y-2)^2=9$에 $y=2x+n$을 대입하면

$$(x-1)^2+(2x+n-2)^2=9$$

$$\therefore 5x^2+2(2n-5)x+n^2-4n-4=0$$

이 이차방정식의 판별식을 D라 하면

$$\frac{D}{4}=(2n-5)^2-5(n^2-4n-4)=0$$

$$n^2-45=0 \qquad \therefore n=\pm 3\sqrt5$$

190

$x^2+y^2-6x-8y+21=0$에서

$$(x-3)^2+(y-4)^2=4$$

오른쪽 그림과 같이 주어진 원의 중심을 $C(3, 4)$라 하고 점 C에서 직선 $y=x+3$, 즉 $x-y+3=0$에 내린 수선의 발을 H라 하면

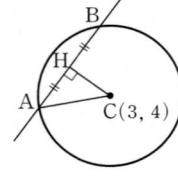

$$\overline{CH}=\frac{|3-4+3|}{\sqrt{1^2+(-1)^2}}=\sqrt2$$

또 $\overline{AC}=2$이므로 직각삼각형 ACH에서

$$\overline{AH}=\sqrt{\overline{AC}^2-\overline{CH}^2}=\sqrt{2^2-(\sqrt2)^2}=\sqrt2$$

$$\therefore \overline{AB}=2\overline{AH}=2\sqrt2$$

답 $2\sqrt2$

191

오른쪽 그림과 같이 주어진 원과 직선의 두 교점을 A, B, 원의 중심을 $C(2, 1)$이라 하고 점 C에서 직선 $y=-2x+k$, 즉 $2x+y-k=0$에 내린 수선의 발을 H라 하면

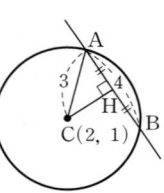

$$\overline{CH}=\frac{|4+1-k|}{\sqrt{2^2+1^2}}=\frac{|5-k|}{\sqrt5} \qquad \cdots\cdots \ \bigcirc$$

또 $\overline{AC}=3$, $\overline{AH}=\frac{1}{2}\overline{AB}=2$이므로 직각삼각형 ACH에서

$$\overline{CH}=\sqrt{\overline{AC}^2-\overline{AH}^2}$$

$$=\sqrt{3^2-2^2}=\sqrt5 \qquad \cdots\cdots \ \bigcirc$$

$\bigcirc$, $\bigcirc$에서 $\dfrac{|5-k|}{\sqrt5}=\sqrt5, \qquad |5-k|=5$

$$5-k=\pm 5 \qquad \therefore k=10 \ (\because k>0)$$

답 10

192

$x^2+y^2-2x+4y-4=0$에서

$$(x-1)^2+(y+2)^2=9$$

오른쪽 그림과 같이 원의 중
심을 $C(1, -2)$라 하면
$$\overline{CA}$$
$$=\sqrt{(-2-1)^2+(a+2)^2}$$
$$=\sqrt{a^2+4a+13}$$

또 $\overline{CB}=3$이므로 직각삼각형 ABC에서
$$\overline{CA}^2=\overline{AB}^2+\overline{CB}^2$$
$$a^2+4a+13=5^2+3^2$$
$$a^2+4a-21=0, \quad (a+7)(a-3)=0$$
$$\therefore a=3 \;(\because a>0)$$

답 3

193

$x^2+y^2+6x-8y+9=0$에서
$$(x+3)^2+(y-4)^2=16$$
원의 중심 $(-3, 4)$와 직선 $3x-4y-10=0$ 사이의
거리는
$$\frac{|-9-16-10|}{\sqrt{3^2+(-4)^2}}=7$$
원의 반지름의 길이가 4이므로 원 위의 점과 직선 사이
의 거리의
최댓값은 $\quad 7+4=11$
최솟값은 $\quad 7-4=3$

답 최댓값: 11, 최솟값: 3

연습 문제 • 본책 85~86쪽

194

전략 원의 중심과 직선 사이의 거리를 이용하여 k에 대한 부등식
을 세운다.

$x^2+y^2-4x-6y+12=0$에서
$$(x-2)^2+(y-3)^2=1$$
이 원과 직선 $kx+y-2=0$이 만나려면 원의 중심
$(2, 3)$과 직선 사이의 거리가 반지름의 길이 1보다 작
거나 같아야 하므로
$$\frac{|2k+3-2|}{\sqrt{k^2+1^2}}\le 1 \quad \therefore |2k+1|\le\sqrt{k^2+1}$$

양변을 제곱하면 $\quad 4k^2+4k+1\le k^2+1$
$$3k^2+4k\le 0, \quad k(3k+4)\le 0$$
$$\therefore -\frac{4}{3}\le k\le 0 \qquad \text{답 } -\frac{4}{3}\le k\le 0$$

다른 풀이 $kx+y-2=0$에서 $\quad y=-kx+2$
$x^2+y^2-4x-6y+12=0$에 이것을 대입하면
$$x^2+(-kx+2)^2-4x-6(-kx+2)+12=0$$
$$\therefore (k^2+1)x^2+2(k-2)x+4=0$$
이 이차방정식의 판별식을 D라 하면
$$\frac{D}{4}=(k-2)^2-(k^2+1)\times 4\ge 0$$
$$-3k^2-4k\ge 0, \quad k(3k+4)\le 0$$
$$\therefore -\frac{4}{3}\le k\le 0$$

195

전략 원과 직선이 접하면 원의 중심과 직선 사이의 거리가 원의
반지름의 길이와 같음을 이용한다.

주어진 직선에 접하는 원의 반지름의 길이를 r라 하면
$$\pi r^2=20\pi, \quad r^2=20$$
$$\therefore r=2\sqrt{5} \;(\because r>0)$$
이때 원과 직선이 접하면 원의 중심 $(-1, 3)$과 직선
$2x-y+k=0$ 사이의 거리가 원의 반지름의 길이 $2\sqrt{5}$
와 같으므로
$$\frac{|-2-3+k|}{\sqrt{2^2+(-1)^2}}=2\sqrt{5}$$
$$|k-5|=10, \quad k-5=\pm 10$$
$$\therefore k=15 \;(\because k>0)$$

답 15

196

전략 원과 직선이 만나서 생기는 현을 지름으로 하는 원의 넓이
를 구한다.

주어진 원과 직선의 두 교점을 A, B라 하면 두 점 A,
B를 지나는 원 중에서 그 넓이가 최소인 것은 $\overline{AB}$를
지름으로 하는 원이다.

오른쪽 그림과 같이 원의 중심
을 $C(2, 3)$이라 하고, 점 C에
서 직선 $3x+4y-8=0$에 내
린 수선의 발을 H라 하면
$$\overline{CH}=\frac{|6+12-8|}{\sqrt{3^2+4^2}}=2$$

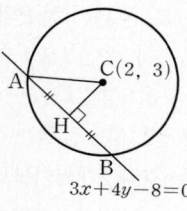

또 $\overline{CA}=\sqrt{10}$이므로 직각삼각형 CAH에서
$$\overline{AH}=\sqrt{\overline{CA}^2-\overline{CH}^2}$$
$$=\sqrt{(\sqrt{10})^2-2^2}=\sqrt{6}$$
따라서 $\overline{AB}$를 지름으로 하는 원의 반지름의 길이가
$\sqrt{6}$이므로 구하는 넓이는
$$\pi\times(\sqrt{6})^2=6\pi$$

답 6π

197

전략 원의 중심과 접선 사이의 거리가 원의 반지름의 길이와 같음을 이용한다.

오른쪽 그림과 같이 원의 중심을
C$(4,5)$라 하면
$$\overline{CP}=\sqrt{(2-4)^2+(1-5)^2}$$
$$=2\sqrt{5}$$

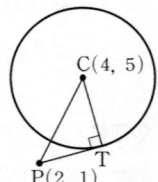

접점을 T라 하면 접선의 길이가 3
이므로
$$\overline{PT}=3$$
이때 원의 반지름의 길이는 $\overline{CT}$의 길이와 같으므로 직각삼각형 CPT에서
$$\overline{CT}=\sqrt{\overline{CP}^2-\overline{PT}^2}=\sqrt{(2\sqrt{5})^2-3^2}=\sqrt{11}$$

답 $\sqrt{11}$

198

전략 원의 중심과 직선 사이의 거리를 이용하여 점 P와 직선 사이의 거리의 최댓값과 최솟값을 구한다.

$x^2+y^2-4x+8y+16=0$에서
$$(x-2)^2+(y+4)^2=4$$
원의 중심 $(2,-4)$와 직선
$4x+3y-16=0$ 사이의 거리는
$$\frac{|8-12-16|}{\sqrt{4^2+3^2}}=4$$

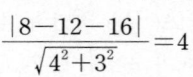
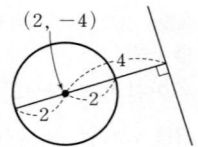

이때 원의 반지름의 길이가 2이
므로 원 위의 점 P와 직선 사이의 거리를 l이라 하면
$$4-2\le l\le 4+2$$
$$\therefore 2\le l\le 6$$
$l=2$, 6인 점 P는 각각 1개씩이고, $l=3$, 4, 5인 점 P
는 각각 2개씩이므로 구하는 점 P의 개수는
$$2\times1+3\times2=8$$

답 8

199

전략 원과 직선이 접하면 원의 중심과 직선 사이의 거리가 원의 반지름의 길이와 같음을 이용한다.

$y=ax+b$에서
$$ax-y+b=0 \qquad \cdots\cdots ㉠$$
직선 ㉠이 원 $x^2+y^2=1$에 접하면 원의 중심 $(0,0)$과 직선 사이의 거리가 반지름의 길이 1과 같으므로
$$\frac{|b|}{\sqrt{a^2+(-1)^2}}=1 \qquad \therefore |b|=\sqrt{a^2+1}$$
양변을 제곱하여 정리하면
$$a^2=b^2-1 \qquad \cdots\cdots ㉡$$
또 직선 ㉠이 원 $x^2+(y-2)^2=4$에 접하면 원의 중심 $(0,2)$와 직선 사이의 거리가 반지름의 길이 2와 같으므로
$$\frac{|-2+b|}{\sqrt{a^2+(-1)^2}}=2$$
$$\therefore |b-2|=2\sqrt{a^2+1}$$
양변을 제곱하여 정리하면
$$b^2-4b=4a^2$$
위의 식에 ㉡을 대입하면
$$b^2-4b=4(b^2-1)$$
$$3b^2+4b-4=0, \quad (b+2)(3b-2)=0$$
$$\therefore b=-2 \text{ 또는 } b=\frac{2}{3}$$
이때 ㉡에서 $a^2=b^2-1\ge0$이므로
$$b^2\ge1$$
$$\therefore b=-2, a^2=3$$
$$\therefore a^2+b^2=3+(-2)^2=7$$

답 7

200

전략 직선 $y=x$ 위의 점의 좌표를 (k,k)로 놓는다.

원의 중심의 좌표를 (k,k)라 하면 원이 x축과 y축에 동시에 접하므로 원의 반지름의 길이는 $|k|$이다.
이때 원과 직선 $3x-4y+12=0$이 접하면 원의 중심 (k,k)와 직선 $3x-4y+12=0$ 사이의 거리가 반지름의 길이 $|k|$와 같으므로
$$\frac{|3k-4k+12|}{\sqrt{3^2+(-4)^2}}=|k|$$
$$|-k+12|=5|k|$$

양변을 제곱하면 $k^2-24k+144=25k^2$

$k^2+k-6=0$, $(k+3)(k-2)=0$

$\therefore k=-3$ 또는 $k=2$

따라서 두 원의 중심 A, B의 좌표는 $(-3, -3)$, $(2, 2)$이므로

$\overline{AB}^2=\{2-(-3)\}^2+\{2-(-3)\}^2=50$

답 50

201

전략 원의 중심과 접점을 지나는 직선의 기울기를 이용하여 접선의 기울기를 구한다.

$x^2+y^2-2x+4y-5=0$에서

$(x-1)^2+(y+2)^2=10$

따라서 원의 중심의 좌표는 $(1, -2)$이므로 원의 중심과 점 $(4, -1)$을 지나는 직선의 기울기는

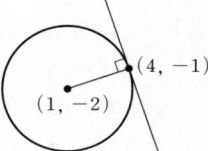

$\dfrac{-1-(-2)}{4-1}=\dfrac{1}{3}$

이때 점 $(4, -1)$에서의 접선과 두 점 $(1, -2)$, $(4, -1)$을 지나는 직선은 수직이므로 접선의 기울기는 -3이다.

따라서 접선의 방정식은

$y+1=-3(x-4)$ $\therefore y=-3x+11$

이 직선이 점 $(-1, k)$를 지나므로

$k=-3\times(-1)+11=14$

답 14

202

전략 $\triangle ABC$에서 $\overline{AB}$를 밑변, 원의 중심과 직선 사이의 거리를 높이로 생각한다.

$x^2+y^2+4y+k=0$에서

$x^2+(y+2)^2=4-k$

따라서 $C(0, -2)$이고, 점 C에서 직선 $y=-x-4$, 즉 $x+y+4=0$에 내린 수선의 발을 H라 하면

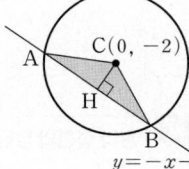

$\overline{CH}=\dfrac{|0-2+4|}{\sqrt{1^2+1^2}}=\sqrt{2}$

이때 $\triangle ABC$의 넓이가 4이므로

$\dfrac{1}{2}\times\overline{AB}\times\sqrt{2}=4$ $\therefore \overline{AB}=4\sqrt{2}$

따라서 $\overline{AH}=\dfrac{1}{2}\overline{AB}=2\sqrt{2}$이므로 직각삼각형 AHC에서

$\overline{CA}=\sqrt{\overline{CH}^2+\overline{AH}^2}=\sqrt{(\sqrt{2})^2+(2\sqrt{2})^2}=\sqrt{10}$

즉 원의 반지름의 길이가 $\sqrt{10}$이므로

$4-k=(\sqrt{10})^2$ $\therefore k=-6$

답 -6

203

전략 직선 AB와 원의 중심 사이의 거리를 이용하여 $\triangle PAB$의 넓이의 최댓값을 구한다.

$\overline{AB}=\sqrt{3^2+6^2}=3\sqrt{5}$

원 위의 점 P와 직선 AB 사이의 거리가 최대일 때 $\triangle PAB$의 넓이는 최대가 된다.

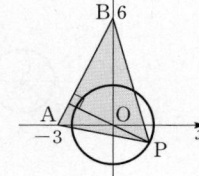

직선 AB의 방정식은

$\dfrac{x}{-3}+\dfrac{y}{6}=1$ $\therefore 2x-y+6=0$

원의 중심 $(0, 0)$과 직선 $2x-y+6=0$ 사이의 거리는

$\dfrac{|6|}{\sqrt{2^2+(-1)^2}}=\dfrac{6\sqrt{5}}{5}$

원의 반지름의 길이가 $\sqrt{5}$이므로 원 위의 점 P와 직선 AB 사이의 거리의 최댓값은

$\dfrac{6\sqrt{5}}{5}+\sqrt{5}=\dfrac{11\sqrt{5}}{5}$

따라서 $\triangle PAB$의 넓이의 최댓값은

$\dfrac{1}{2}\times3\sqrt{5}\times\dfrac{11\sqrt{5}}{5}=\dfrac{33}{2}$

답 $\dfrac{33}{2}$

204

전략 선분 H_1H_2의 길이가 최대인 경우와 최소인 경우를 파악한다.

원 C_1: $(x+6)^2+y^2=4$의 중심을 C_1이라 하면 $C_1(-6, 0)$이고 반지름의 길이는 2이다.

또 원 C_2: $(x-5)^2+(y+3)^2=1$의 중심을 C_2라 하면 $C_2(5, -3)$이고 반지름의 길이는 1이다.

이때 점 C_1에서 직선 l에 내린 수선의 발을 $R(a, a-2)$라 하면 직선 C_1R과 직선 l은 수직이므로

$\dfrac{a-2}{a-(-6)}=-1$, $a-2=-a-6$

$\therefore a=-2$

$\therefore R(-2, -4)$

또 점 C_2에서 직선 l에 내린 수선의 발을 S$(b, b-2)$라 하면 직선 C_2S와 직선 l은 수직이므로

$$\frac{b-2-(-3)}{b-5}=-1, \qquad b+1=-b+5$$

$$\therefore b=2 \qquad \therefore S(2, 0)$$

$$\therefore \overline{RS}=\sqrt{(2+2)^2+4^2}=4\sqrt{2}$$

선분 H_1H_2의 길이가 최대이려면 두 점 P, Q의 위치가 [그림 1]과 같아야 하므로

$$M=\overline{RS}+\overline{H_1R}+\overline{H_2S}$$
$$=4\sqrt{2}+2+1=4\sqrt{2}+3$$

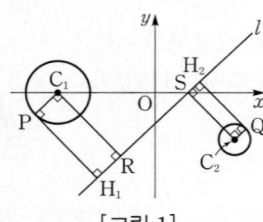

[그림 1]

선분 H_1H_2의 길이가 최소이려면 두 점 P, Q의 위치가 [그림 2]와 같아야 하므로

$$m=\overline{RS}-\overline{RH_1}-\overline{SH_2}$$
$$=4\sqrt{2}-2-1=4\sqrt{2}-3$$

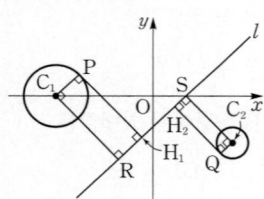

[그림 2]

$$\therefore Mm=(4\sqrt{2}+3)(4\sqrt{2}-3)=23 \qquad \boxed{답} \ 23$$

다른 풀이 원 C_1의 중심을 $C_1(-6, 0)$, 원 C_2의 중심을 $C_2(5, -3)$이라 하면

$$\overline{C_1C_2}=\sqrt{(5+6)^2+(-3)^2}=\sqrt{130}$$

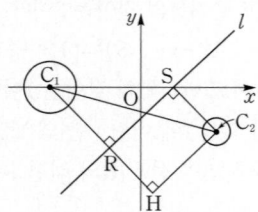

위의 그림과 같이 두 점 C_1, C_2에서 직선 l, 즉 $x-y-2=0$에 내린 수선의 발을 각각 R, S라 하고, 점 C_2에서 $\overline{C_1R}$의 연장선에 내린 수선의 발을 H라 하면

$$\overline{C_1R}=\frac{|-6-0-2|}{\sqrt{1^2+(-1)^2}}=4\sqrt{2},$$

$$\overline{C_2S}=\frac{|5+3-2|}{\sqrt{1^2+(-1)^2}}=3\sqrt{2}$$

$$\therefore \overline{C_1H}=\overline{C_1R}+\overline{C_2S}=4\sqrt{2}+3\sqrt{2}=7\sqrt{2}$$

$$\therefore \overline{RS}=\overline{HC_2}=\sqrt{\overline{C_1C_2}^2-\overline{C_1H}^2}$$
$$=\sqrt{(\sqrt{130})^2-(7\sqrt{2})^2}=4\sqrt{2}$$

205

전략 점 P의 좌표를 (x, y)로 놓고 점 P가 나타내는 도형의 방정식을 구한다.

$\overline{AP} : \overline{BP}=2 : 1$에서

$$\overline{AP}=2\overline{BP} \qquad \therefore \overline{AP}^2=4\overline{BP}^2$$

점 P의 좌표를 (x, y)라 하면

$$(x+1)^2+(y-1)^2=4\{(x-2)^2+(y-1)^2\}$$
$$x^2+y^2-6x-2y+6=0$$
$$\therefore (x-3)^2+(y-1)^2=4$$

즉 점 P가 나타내는 도형은 중심의 좌표가 $(3, 1)$이고 반지름의 길이가 2인 원이므로 오른쪽 그림과 같이 직선 AP가 원에 접할 때 $\angle PAB$의 크기가 최대이다.

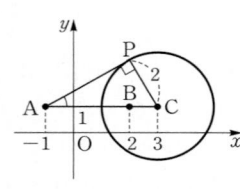

이때 원의 중심을 C라 하면 $\angle APC=90°$이므로 $\triangle PAC$에서

$$\overline{AP}=\sqrt{\overline{AC}^2-\overline{PC}^2}=\sqrt{4^2-2^2}=2\sqrt{3}$$

$$\therefore \cos(\angle PAB)=\frac{\overline{AP}}{\overline{AC}}=\frac{2\sqrt{3}}{4}=\frac{\sqrt{3}}{2}$$

$$\boxed{답} \ \frac{\sqrt{3}}{2}$$

03 원의 접선의 방정식 ● 본책 87~90쪽

206

직선 $y=-3x+5$와 수직인 직선의 기울기는 $\frac{1}{3}$이고, 원 $x^2+y^2=9$의 반지름의 길이는 3이므로 구하는 직

선의 방정식은

$$y = \frac{1}{3}x \pm 3\sqrt{\left(\frac{1}{3}\right)^2 + 1} \qquad \therefore y = \frac{1}{3}x \pm \sqrt{10}$$

답 $y = \dfrac{1}{3}x + \sqrt{10}$, $y = \dfrac{1}{3}x - \sqrt{10}$

207

x축의 양의 방향과 이루는 각의 크기가 $45°$인 직선의 기울기는

$$\tan 45° = 1$$

원 $x^2 + y^2 = 3$의 반지름의 길이는 $\sqrt{3}$이므로 접선의 방정식은

$$y = x \pm \sqrt{3} \times \sqrt{1^2 + 1}$$
$$\therefore y = x \pm \sqrt{6}$$

따라서 두 직선의 x절편은 $\sqrt{6}$, $-\sqrt{6}$이므로 구하는 곱은

$$\sqrt{6} \times (-\sqrt{6}) = -6$$

답 -6

208

원 $x^2 + y^2 = 10$ 위의 점 $(-1, -3)$에서의 접선의 방정식은

$$-1 \times x + (-3) \times y = 10$$
$$\therefore x + 3y + 10 = 0$$

이 접선의 x절편은 -10, y절편은 $-\dfrac{10}{3}$이므로 $\triangle$OAB의 넓이는

$$\frac{1}{2} \times |-10| \times \left| -\frac{10}{3} \right| = \frac{50}{3}$$

답 $\dfrac{50}{3}$

209

$x^2 + y^2 = 25$에 $y = x - 1$을 대입하면

$$x^2 + (x-1)^2 = 25$$
$$x^2 - x - 12 = 0, \qquad (x+3)(x-4) = 0$$
$$\therefore x = -3 \text{ 또는 } x = 4$$

원과 직선의 교점 중에서 제1사분면 위에 있는 교점의 좌표는

$$(4, 3)$$

따라서 원 $x^2 + y^2 = 25$ 위의 점 $(4, 3)$에서의 접선의 방정식은

$$4x + 3y = 25$$

답 $4x + 3y = 25$

210

접점의 좌표를 (x_1, y_1)이라 하면 접선의 방정식은

$$x_1 x + y_1 y = 5 \qquad \cdots\cdots \text{㉠}$$

직선 ㉠이 점 $(3, -1)$을 지나므로

$$3x_1 - y_1 = 5$$
$$\therefore y_1 = 3x_1 - 5 \qquad \cdots\cdots \text{㉡}$$

또 접점 $(x_1, 3x_1 - 5)$는 원 $x^2 + y^2 = 5$ 위의 점이므로

$$x_1^2 + (3x_1 - 5)^2 = 5$$
$$x_1^2 - 3x_1 + 2 = 0, \qquad (x_1 - 1)(x_1 - 2) = 0$$
$$\therefore x_1 = 1 \text{ 또는 } x_1 = 2$$

㉡에서 $x_1 = 1$일 때 $y_1 = -2$, $x_1 = 2$일 때 $y_1 = 1$이므로 ㉠에 대입하여 정리하면

$$x - 2y - 5 = 0, \ 2x + y - 5 = 0$$

답 $x - 2y - 5 = 0$, $2x + y - 5 = 0$

다른 풀이1 점 $(3, -1)$을 지나는 접선의 기울기를 m이라 하면 접선의 방정식은

$$y + 1 = m(x - 3)$$
$$\therefore mx - y - 3m - 1 = 0 \qquad \cdots\cdots \text{㉢}$$

원의 중심 $(0, 0)$과 접선 사이의 거리가 원의 반지름의 길이 $\sqrt{5}$와 같아야 하므로

$$\frac{|-3m - 1|}{\sqrt{m^2 + (-1)^2}} = \sqrt{5}$$
$$\therefore |3m + 1| = \sqrt{5(m^2 + 1)}$$

양변을 제곱하여 정리하면

$$2m^2 + 3m - 2 = 0, \qquad (m + 2)(2m - 1) = 0$$
$$\therefore m = -2 \text{ 또는 } m = \frac{1}{2}$$

이것을 ㉢에 대입하여 정리하면

$$-2x - y + 5 = 0, \ \frac{1}{2}x - y - \frac{5}{2} = 0$$
$$\therefore 2x + y - 5 = 0, \ x - 2y - 5 = 0$$

다른 풀이2 점 $(3, -1)$을 지나는 접선의 기울기를 m이라 하면 접선의 방정식은

$$y + 1 = m(x - 3)$$
$$\therefore y = mx - 3m - 1 \qquad \cdots\cdots \text{㉣}$$

$x^2 + y^2 = 5$에 ㉣을 대입하여 정리하면

$$(m^2 + 1)x^2 - 2m(3m + 1)x + 9m^2 + 6m - 4 = 0$$

이 이차방정식의 판별식을 D라 하면

47

$$\frac{D}{4} = \{-m(3m+1)\}^2$$
$$-(m^2+1)(9m^2+6m-4)$$
$$=0$$
$$-4m^2-6m+4=0, \quad 2m^2+3m-2=0$$
$$(m+2)(2m-1)=0$$
$$\therefore m=-2 \ \text{또는} \ m=\frac{1}{2}$$

㉣에 이것을 대입하여 정리하면
$$y=-2x+5, \ y=\frac{1}{2}x-\frac{5}{2}$$
$$\therefore 2x+y-5=0, \ x-2y-5=0$$

211

점 $(2, -1)$을 지나는 접선의 기울기를 m이라 하면 접선의 방정식은
$$y+1=m(x-2)$$
$$\therefore mx-y-2m-1=0$$
원의 중심 $(-1, 2)$와 접선 사이의 거리가 원의 반지름의 길이 $\sqrt{3}$과 같아야 하므로
$$\frac{|-m-2-2m-1|}{\sqrt{m^2+(-1)^2}}=\sqrt{3}$$
$$\therefore |3m+3|=\sqrt{3(m^2+1)}$$
양변을 제곱하여 정리하면
$$m^2+3m+1=0 \qquad \cdots\cdots\ ㉠$$
두 접선의 기울기를 m_1, m_2라 하면 이차방정식 ㉠의 두 근이 m_1, m_2이므로 근과 계수의 관계에 의하여
$$m_1+m_2=-3 \qquad \text{답}\ -3$$
참고 이차방정식 ㉠의 판별식을 D라 하면
$$D=3^2-4\times1\times1=5>0$$
따라서 이차방정식 ㉠은 서로 다른 두 실근을 갖는다.

● 본책 91쪽

212

전략 기울기가 3인 접선의 방정식을 구한다.

직선 $y=3x+2$와 평행한 직선의 기울기는 3이고, 원 $x^2+y^2=10$의 반지름의 길이는 $\sqrt{10}$이므로 접선의 방정식은

$$y=3x\pm\sqrt{10}\times\sqrt{3^2+1}$$
$$\therefore y=3x\pm10$$
따라서 두 직선이 y축과 만나는 점의 좌표는 $(0, 10)$, $(0, -10)$이므로
$$\overline{AB}=20 \qquad \text{답}\ 20$$

213

전략 원 위의 점 $(1, -1)$에서의 접선의 방정식을 먼저 구한다.

원 $x^2+y^2=2$ 위의 점 $(1, -1)$에서의 접선의 방정식은
$$1\times x+(-1)\times y=2$$
$$\therefore x-y-2=0$$
$x^2+y^2-6x+2y+k=0$에서
$$(x-3)^2+(y+1)^2=10-k$$
이 원과 직선 $x-y-2=0$이 접하려면 원의 중심 $(3, -1)$과 직선 $x-y-2=0$ 사이의 거리가 원의 반지름의 길이 $\sqrt{10-k}$와 같아야 하므로
$$\frac{|3+1-2|}{\sqrt{1^2+(-1)^2}}=\sqrt{10-k}$$
$$\sqrt{2}=\sqrt{10-k}, \qquad 2=10-k$$
$$\therefore k=8 \qquad \text{답}\ 8$$

214

전략 $\triangle ABC$의 넓이가 최대일 때, 점 C의 위치를 파악한다.

원 $x^2+y^2=25$와 두 점 $A(-4, 3)$, $B(0, -5)$는 오른쪽 그림과 같으므로 $\triangle ABC$의 넓이가 최대이려면 점 C에서의 접선이 직선 AB와 평행해야 한다.

직선 AB의 기울기는
$$\frac{-5-3}{0-(-4)}=-2$$
따라서 기울기가 -2인 접선의 방정식은
$$y=-2x\pm5\sqrt{(-2)^2+1}$$
$$\therefore y=-2x\pm5\sqrt{5}$$
이때 점 C에서의 접선의 y절편은 양수이어야 하므로 구하는 접선의 방정식은
$$y=-2x+5\sqrt{5}$$
$$\text{답}\ y=-2x+5\sqrt{5}$$

215

전략 점 P의 x좌표를 x_1이라 하고, 점 B의 좌표를 x_1에 대한 식으로 나타낸다.

점 P의 좌표를 (x_1, y_1) $(x_1>0, y_1>0)$이라 하면 원 C 위의 점 P에서의 접선의 방정식은

$$x_1 x + y_1 y = 4 \qquad \cdots\cdots \;㉠$$

이때 점 H의 좌표가 $(x_1, 0)$이므로

$$\overline{AH} = x_1 - (-2) = x_1 + 2$$

$$\therefore \overline{BH} = 2\overline{AH} = 2x_1 + 4$$

따라서 $\overline{OB} = \overline{OH} + \overline{BH} = 3x_1 + 4$이므로

$$B(3x_1+4, \, 0)$$

직선 ㉠이 점 B를 지나므로

$$x_1(3x_1+4)=4, \qquad 3{x_1}^2 + 4x_1 - 4 = 0$$

$$(x_1+2)(3x_1-2)=0$$

$$\therefore x_1 = \frac{2}{3} \;(\because x_1>0)$$

즉 점 B의 좌표는 $(6, 0)$이므로

$$\overline{AB} = 6 - (-2) = 8$$

또 점 $P\left(\dfrac{2}{3}, \, y_1\right)$은 원 C 위의 점이므로

$$\left(\frac{2}{3}\right)^2 + {y_1}^2 = 4, \qquad {y_1}^2 = \frac{32}{9}$$

$$\therefore y_1 = \frac{4\sqrt{2}}{3} \;(\because y_1>0)$$

따라서 △PAB의 넓이는

$$\frac{1}{2} \times \overline{AB} \times \overline{PH} = \frac{1}{2} \times 8 \times \frac{4\sqrt{2}}{3} = \frac{16\sqrt{2}}{3}$$

답 ④

216

전략 접선의 기울기를 m으로 놓고 접선의 방정식을 세운 다음 두 접선의 기울기의 곱이 -1임을 이용한다.

점 $A(0, a)$를 지나고 기울기가 m인 접선의 방정식은

$$y = mx + a$$

$$\therefore mx - y + a = 0 \qquad \cdots\cdots \;㉠$$

원의 중심 $(0, 3)$과 접선 ㉠ 사이의 거리는 원의 반지름의 길이 $2\sqrt{2}$와 같으므로

$$\frac{|-3+a|}{\sqrt{m^2 + (-1)^2}} = 2\sqrt{2}$$

$$\therefore |a-3| = \sqrt{8(m^2+1)}$$

양변을 제곱하여 정리하면

$$8m^2 - a^2 + 6a - 1 = 0$$

m에 대한 이 이차방정식의 두 근을 α, β라 하면 α, β는 두 접선의 기울기이고 두 접선이 수직이므로

$$\alpha\beta = -1$$

이차방정식의 근과 계수의 관계에 의하여

$$\frac{-a^2 + 6a - 1}{8} = -1, \qquad a^2 - 6a - 7 = 0$$

$$(a+1)(a-7)=0$$

$$\therefore a = 7 \;(\because a>0)$$

답 7

217

전략 원 위의 점 (x_1, y_1)에서의 접선이 점 P를 지남을 이용한다.

접점의 좌표를 (x_1, y_1)이라 하면 접선의 방정식은

$$x_1 x + y_1 y = 4 \qquad \cdots\cdots \;㉠$$

직선 ㉠이 점 $P(-2\sqrt{3}, 2)$를 지나므로

$$-2\sqrt{3}\,x_1 + 2y_1 = 4$$

$$\therefore y_1 = \sqrt{3}\,x_1 + 2 \qquad \cdots\cdots \;㉡$$

또 접점 (x_1, y_1), 즉 $(x_1, \sqrt{3}\,x_1 + 2)$는 원 $x^2 + y^2 = 4$ 위의 점이므로

$${x_1}^2 + (\sqrt{3}\,x_1 + 2)^2 = 4$$

$$4{x_1}^2 + 4\sqrt{3}\,x_1 = 0, \qquad x_1(x_1 + \sqrt{3}) = 0$$

$$\therefore x_1 = 0 \;\text{또는}\; x_1 = -\sqrt{3}$$

㉡에서 $x_1 = 0$일 때 $y_1 = 2$, $x_1 = -\sqrt{3}$일 때 $y_1 = -1$이므로 두 접점의 좌표는

$$(0, 2), \; (-\sqrt{3}, -1)$$

오른쪽 그림과 같이 $A(0, 2)$, $B(-\sqrt{3}, -1)$이라 하면

$$\overline{AP} = 2\sqrt{3}$$

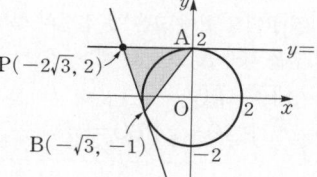

이고, 점 B와 직선 AP, 즉 $y=2$ 사이의 거리는 3이므로 △ABP의 넓이는

$$\frac{1}{2} \times 2\sqrt{3} \times 3 = 3\sqrt{3}$$

답 $3\sqrt{3}$

다른 풀이 점 $P(-2\sqrt{3}, 2)$를 지나고 기울기가 m인 접선의 방정식은

$$y - 2 = m(x + 2\sqrt{3})$$

$$\therefore mx - y + 2\sqrt{3}\,m + 2 = 0 \qquad \cdots\cdots \;㉢$$

원의 중심 $(0, 0)$과 접선 ⓒ 사이의 거리가 원의 반지름의 길이 2와 같으므로

$$\frac{|2\sqrt{3}m+2|}{\sqrt{m^2+(-1)^2}}=2$$

$$\therefore |2\sqrt{3}m+2|=2\sqrt{m^2+1}$$

양변을 제곱하여 정리하면

$$m^2+\sqrt{3}m=0, \qquad m(m+\sqrt{3})=0$$

$$\therefore m=0 \text{ 또는 } m=-\sqrt{3}$$

ⓒ에 이것을 대입하여 정리하면

$$y=2, \sqrt{3}x+y+4=0$$

다음 그림과 같이 $A(0, 2)$라 하고 다른 접점을 점 B라 하자.

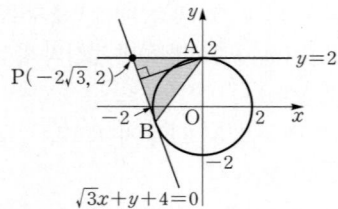

점 P에서 원에 그은 두 접선의 길이는 같으므로

$$\overline{AP}=\overline{BP}=2\sqrt{3}$$

점 $A(0, 2)$와 직선 $\sqrt{3}x+y+4=0$ 사이의 거리는

$$\frac{|2+4|}{\sqrt{(\sqrt{3})^2+1^2}}=3$$

따라서 △ABP의 넓이는

$$\frac{1}{2}\times 2\sqrt{3}\times 3=3\sqrt{3}$$

개념 노트

점 P에서 원에 그은 두 접선의 접점을 각각 A, B라 할 때

① $\overline{PA}=\overline{PB}$

② $\angle PAO=\angle PBO=90°$

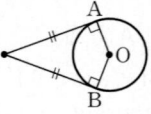

04 두 원의 교점을 지나는 직선과 원의 방정식

● 본책 92~94쪽

218

두 원의 교점을 지나는 직선의 방정식은

$$x^2+y^2-2x+ky-4-(x^2+y^2-4x-2y+4)=0$$

$$\therefore 2x+(k+2)y-8=0$$

이 직선이 직선 $y=3x+4$, 즉 $3x-y+4=0$과 수직이므로

$$2\times 3+(k+2)\times(-1)=0$$

$$\therefore k=4$$

답 4

개념 노트

두 직선의 평행과 수직

두 직선 $ax+by+c=0$, $a'x+b'y+c'=0$이

① 평행하다. $\Rightarrow \dfrac{a}{a'}=\dfrac{b}{b'}\neq\dfrac{c}{c'}$

② 수직이다. $\Rightarrow aa'+bb'=0$

219

두 원의 교점을 지나는 원의 방정식은

$$x^2+y^2-5+k(x^2+y^2-3x-y-4)=0 \ (k\neq -1) \qquad \cdots\cdots ㉠$$

이 원이 원점을 지나므로

$$-5-4k=0 \qquad \therefore k=-\frac{5}{4}$$

㉠에 $k=-\dfrac{5}{4}$를 대입하면

$$x^2+y^2-5-\frac{5}{4}(x^2+y^2-3x-y-4)=0$$

$$4(x^2+y^2-5)-5(x^2+y^2-3x-y-4)=0$$

$$-x^2-y^2+15x+5y=0$$

$$\therefore x^2+y^2-15x-5y=0$$

답 $x^2+y^2-15x-5y=0$

220

두 원의 교점을 지나는 원의 방정식은

$$x^2+y^2+ax-2ay+k(x^2+y^2-10x-8y+16)=0 \ (k\neq -1) \qquad \cdots\cdots ㉠$$

이 원이 두 점 $(0, 2)$, $(3, 1)$을 지나므로

$$4-4a+4k=0, \ 10+a-12k=0$$

$$\therefore a-k=1, \ a-12k=-10$$

두 식을 연립하여 풀면 $a=2, k=1$

○에 $a=2$, $k=1$을 대입하면

$$x^2+y^2+2x-4y+(x^2+y^2-10x-8y+16)$$
$$=0$$
$$2x^2+2y^2-8x-12y+16=0$$
$$x^2+y^2-4x-6y+8=0$$
$$\therefore (x-2)^2+(y-3)^2=5$$

따라서 구하는 원의 넓이는

$$\pi\times(\sqrt{5})^2=5\pi$$

답 5π

221

두 원의 교점을 지나는 직선의 방정식은

$$x^2+y^2-2x-4y+1-(x^2+y^2-6x+5)=0$$
$$\therefore x-y-1=0 \qquad \cdots\cdots ○$$

$x^2+y^2-2x-4y+1=0$에서

$$(x-1)^2+(y-2)^2=4$$

이므로 이 원의 중심을 C$(1, 2)$라 하자.

오른쪽 그림과 같이 두 원의 교점을 각각 A, B라 하고, 점 C에서 $\overline{AB}$에 내린 수선의 발을 H라 하면

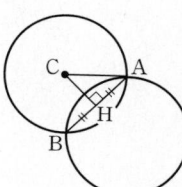

$$\overline{CH}=\frac{|1-2-1|}{\sqrt{1^2+(-1)^2}}=\sqrt{2}$$

또 $\overline{CA}=2$이므로 직각삼각형 ACH에서

$$\overline{AH}=\sqrt{\overline{CA}^2-\overline{CH}^2}=\sqrt{2^2-(\sqrt{2})^2}=\sqrt{2}$$

따라서 구하는 공통인 현의 길이는

$$\overline{AB}=2\overline{AH}=2\sqrt{2}$$

답 $2\sqrt{2}$

222

두 원의 교점을 지나는 직선의 방정식은

$$x^2+y^2-5-(x^2+y^2+4x-3y+a)=0$$
$$\therefore 4x-3y+a+5=0$$

오른쪽 그림과 같이 두 원의 교점을 각각 A, B라 하고, 원 $x^2+y^2=5$의 중심 O$(0, 0)$에서 $\overline{AB}$에 내린 수선의 발을 H라 하면

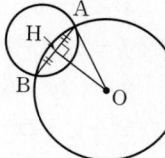

$$\overline{OH}=\frac{|a+5|}{\sqrt{4^2+(-3)^2}}=\frac{|a+5|}{5} \qquad \cdots\cdots ○$$

또 $\overline{AH}=\frac{1}{2}\overline{AB}=1$, $\overline{OA}=\sqrt{5}$이므로 직각삼각형 OAH에서

$$\overline{OH}=\sqrt{\overline{OA}^2-\overline{AH}^2}$$
$$=\sqrt{(\sqrt{5})^2-1^2}=2 \qquad \cdots\cdots ○$$

○, ○에서 $\quad \frac{|a+5|}{5}=2, \quad |a+5|=10$

$$a+5=\pm 10 \qquad \therefore a=5 \ (\because a>0)$$

답 5

223

전략 두 원의 교점을 지나는 직선의 방정식을 구한다.

두 원의 교점을 지나는 직선의 방정식은

$$x^2+y^2-6-(x^2+y^2-4x+ky)=0$$
$$\therefore 4x-ky-6=0$$

이 직선이 직선 $x-y+3=0$과 평행하므로

$$\frac{4}{1}=\frac{-k}{-1}\neq\frac{-6}{3} \qquad \therefore k=4$$

따라서 두 직선 $x-y+3=0$, $4x-4y-6=0$ 사이의 거리는 직선 $x-y+3=0$ 위의 점 $(0, 3)$과 직선 $4x-4y-6=0$, 즉 $2x-2y-3=0$ 사이의 거리와 같으므로

$$\frac{|-6-3|}{\sqrt{2^2+(-2)^2}}=\frac{9\sqrt{2}}{4}$$

답 $\frac{9\sqrt{2}}{4}$

224

전략 공통인 현의 길이를 이용하여 원 $x^2+y^2=4$의 중심과 공통인 현 사이의 거리를 구한다.

두 원의 교점을 지나는 직선의 방정식은

$$x^2+y^2-4-(x^2+y^2+3x-4y+k)=0$$
$$\therefore 3x-4y+k+4=0$$

오른쪽 그림과 같이 두 원의 교점을 각각 A, B라 하고, 원 $x^2+y^2=4$의 중심 O$(0, 0)$에서 $\overline{AB}$에 내린 수선의 발을 H라 하면

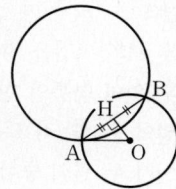

$$\overline{OH}=\frac{|k+4|}{\sqrt{3^2+(-4)^2}}=\frac{|k+4|}{5} \qquad \cdots\cdots ○$$

I -3
원의 방정식

또 $\overline{AH}=\dfrac{1}{2}\overline{AB}=\sqrt{3}$, $\overline{OA}=2$이므로

$$\begin{aligned}\overline{OH}&=\sqrt{\overline{OA}^2-\overline{AH}^2}\\&=\sqrt{2^2-(\sqrt{3})^2}=1 \qquad \cdots\cdots \text{ⓛ}\end{aligned}$$

㉠, ⓛ에서 $\dfrac{|k+4|}{5}=1$

$|k+4|=5, \qquad k+4=\pm5$

$\therefore k=-9$ 또는 $k=1$

따라서 모든 상수 k의 값의 합은

$-9+1=-8$ 답 -8

225

전략 두 원의 교점을 지나는 직선의 방정식을 이용한다.

두 원의 교점을 지나는 직선의 방정식은

$$x^2+y^2-9-(x^2+y^2-8x-6y+1)=0$$

$$\therefore 4x+3y-5=0 \qquad \cdots\cdots \text{㉠}$$

오른쪽 그림과 같이 원 $x^2+y^2=9$의 중심 $O(0, 0)$에서 $\overline{AB}$에 내린 수선의 발을 H라 하면

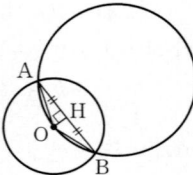

$$\overline{OH}=\dfrac{|-5|}{\sqrt{4^2+3^2}}=1$$

또 $\overline{OA}=3$이므로 직각삼각형 AOH에서

$$\overline{AH}=\sqrt{\overline{OA}^2-\overline{OH}^2}=\sqrt{3^2-1^2}=2\sqrt{2}$$

$$\therefore \overline{AB}=2\overline{AH}=4\sqrt{2}$$

따라서 삼각형 OAB의 넓이는

$$\dfrac{1}{2}\times\overline{AB}\times\overline{OH}=\dfrac{1}{2}\times4\sqrt{2}\times1=2\sqrt{2}$$

답 $2\sqrt{2}$

226

전략 두 원의 공통인 현을 지름으로 하는 원의 중심의 좌표를 구한다.

두 원의 교점을 지나는 원 중에서 넓이가 최소인 것은 두 원의 공통인 현을 지름으로 하는 원이므로 구하는 원의 중심의 좌표는 공통인 현의 중점이다.

이때 두 원의 중심을 지나는 직선은 공통인 현을 수직이등분하므로 공통인 현의 중점은 두 원의 교점을 지나는 직선과 두 원의 중심을 지나는 직선의 교점이다.

두 원의 교점을 지나는 직선의 방정식은

$$x^2+y^2+6x+2y+1-(x^2+y^2-2x-3)=0$$

$$\therefore 4x+y+2=0 \qquad \cdots\cdots \text{㉠}$$

$x^2+y^2+6x+2y+1=0$에서

$$(x+3)^2+(y+1)^2=9$$

$x^2+y^2-2x-3=0$에서

$$(x-1)^2+y^2=4$$

따라서 두 원의 중심 $(-3, -1)$, $(1, 0)$을 지나는 직선의 방정식은

$$y=\dfrac{0-(-1)}{1-(-3)}(x-1), \qquad y=\dfrac{1}{4}x-\dfrac{1}{4}$$

$$\therefore x-4y-1=0 \qquad \cdots\cdots \text{ⓛ}$$

㉠, ⓛ을 연립하여 풀면

$$x=-\dfrac{7}{17}, y=-\dfrac{6}{17}$$

즉 구하는 원의 중심의 좌표가 $\left(-\dfrac{7}{17}, -\dfrac{6}{17}\right)$이므로

$$a=-\dfrac{7}{17}, b=-\dfrac{6}{17}$$

$$\therefore \dfrac{b}{a}=\dfrac{6}{7} \qquad\qquad \text{답 } \dfrac{6}{7}$$

227

전략 두 원의 교점을 지나는 원의 방정식을 세우고 이 원의 중심이 x축 위에 있음을 이용한다.

두 원의 교점을 지나는 원의 방정식은

$$x^2+y^2+4x+4y+k(x^2+y^2+x-2y-6)=0$$

$$\begin{aligned}\therefore (k+1)x^2&+(k+1)y^2+(k+4)x\\&+(4-2k)y-6k\\&=0 \ (k\neq-1) \qquad \cdots\cdots \text{㉠}\end{aligned}$$

이 원의 중심이 x축 위에 있으므로 중심의 y좌표는 0이어야 한다.

즉 ㉠의 y의 계수가 0이어야 하므로

$$4-2k=0 \qquad \therefore k=2$$

㉠에 $k=2$를 대입하면

$$3x^2+3y^2+6x-12=0$$

$$x^2+y^2+2x-4=0$$

$$\therefore (x+1)^2+y^2=5$$

따라서 구하는 원의 반지름의 길이는 $\sqrt{5}$이다.

답 $\sqrt{5}$

228

전략 $\overline{PQ}$를 포함하는 원의 방정식을 구한다.

호 PQ는 오른쪽 그림과 같
이 점 $(-1, 0)$에서 x축에
접하고 반지름의 길이가 2
인 원의 일부이므로 그 원의
방정식을

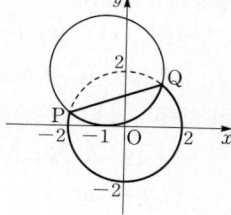

$$(x-a)^2+(y-2)^2=4$$

라 하자.

이 원이 점 $(-1, 0)$을 지나므로

$$(-1-a)^2+(0-2)^2=4$$

$$\therefore a=-1 \ (중근)$$

따라서 선분 PQ는 두 원

$$x^2+y^2=4, \ (x+1)^2+(y-2)^2=4$$

의 공통인 현이므로 직선 PQ의 방정식은

$$x^2+y^2-4-\{(x+1)^2+(y-2)^2-4\}=0$$

$$x^2+y^2-4-(x^2+y^2+2x-4y+1)=0$$

$$\therefore 2x-4y+5=0$$

답 $\boldsymbol{2x-4y+5=0}$

참고 점 $(-1, 0)$에서 x축에 접하고 반지름의 길이가 2인
원의 중심은 x축에 수직인 직선 $x=-1$ 위에 있다. 따라서
이 원은 중심의 좌표가 $(-1, 2)$이고 반지름의 길이가 2인 원
이다.

---

4 도형의 이동

01 평행이동

229

(1) $(7-3, 2+4)$, 즉 $(4, 6)$

(2) $(-6-3, 5+4)$, 즉 $(-9, 9)$

(3) $(-2-3, -4+4)$, 즉 $(-5, 0)$

답 (1) $\boldsymbol{(4, 6)}$　(2) $\boldsymbol{(-9, 9)}$　(3) $\boldsymbol{(-5, 0)}$

230

평행이동 $(x, y) \longrightarrow (x-5, y+3)$은 x축의 방향으
로 -5만큼, y축의 방향으로 3만큼 평행이동하는 것이
다.

(1) $(1-5, 3+3)$, 즉 $(-4, 6)$

(2) $(4-5, -6+3)$, 즉 $(-1, -3)$

(3) $(-2-5, 5+3)$, 즉 $(-7, 8)$

답 (1) $\boldsymbol{(-4, 6)}$　(2) $\boldsymbol{(-1, -3)}$　(3) $\boldsymbol{(-7, 8)}$

231

주어진 식에 x 대신 $x-2$, y 대신 $y+3$을 대입한다.

(1) $3(x-2)-2(y+3)+5=0$에서

$$3x-2y-7=0$$

(2) $y+3=(x-2)^2+4$에서

$$y=x^2-4x+5$$

(3) $(x-2-3)^2+(y+3+4)^2=1$에서

$$(x-5)^2+(y+7)^2=1$$

답 (1) $\boldsymbol{3x-2y-7=0}$

(2) $\boldsymbol{y=x^2-4x+5}$

(3) $\boldsymbol{(x-5)^2+(y+7)^2=1}$

232

평행이동 $(x, y) \longrightarrow (x-2, y+5)$는 x축의 방향으
로 -2만큼, y축의 방향으로 5만큼 평행이동하는 것
이므로 주어진 식에 x 대신 $x+2$, y 대신 $y-5$를 대
입한다.

(1) $2(x+2)-(y-5)-3=0$에서

$$2x-y+6=0$$

(2) $y-5=-(x+2)^2+2(x+2)$에서

$\qquad y=-x^2-2x+5$

(3) $(x+2+3)^2+(y-5-2)^2=5$에서

$\qquad (x+5)^2+(y-7)^2=5$

답 (1) $2x-y+6=0$

(2) $y=-x^2-2x+5$

(3) $(x+5)^2+(y-7)^2=5$

233

평행이동 $(x,\ y) \longrightarrow (x-3,\ y+2)$는 x축의 방향으로 -3만큼, y축의 방향으로 2만큼 평행이동하는 것이므로 이 평행이동에 의하여 점 $(a,\ -1)$이 옮겨지는 점의 좌표는

$\qquad (a-3,\ -1+2),$ 즉 $(a-3,\ 1)$

이 점이 직선 $y=2x-3$ 위의 점이므로

$\qquad 1=2(a-3)-3, \qquad -2a=-10$

$\qquad \therefore a=5$ 답 **5**

234

점 $(2,\ -4)$를 x축의 방향으로 a만큼, y축의 방향으로 b만큼 평행이동한 점의 좌표가 $(1,\ -3)$이라 하면

$\qquad 2+a=1,\ -4+b=-3$

$\qquad \therefore a=-1,\ b=1$

즉 주어진 평행이동은 x축의 방향으로 -1만큼, y축의 방향으로 1만큼 평행이동하는 것이므로 이 평행이동에 의하여 점 $(-3,\ 6)$이 옮겨지는 점의 좌표는

$\qquad (-3-1,\ 6+1),$ 즉 $(-4,\ 7)$ 답 $(-4,\ 7)$

235

점 $(m,\ n)$을 x축의 방향으로 2만큼, y축의 방향으로 -3만큼 평행이동한 점의 좌표는

$\qquad (m+2,\ n-3)$

한편 $x^2+y^2-6x+8y+19=0$에서

$\qquad (x-3)^2+(y+4)^2=6$

이 원의 중심의 좌표는 $(3,\ -4)$이므로

$\qquad m+2=3,\ n-3=-4 \qquad \therefore m=1,\ n=-1$

$\qquad \therefore mn=-1$ 답 -1

236

직선 $2x-3y+k=0$을 x축의 방향으로 1만큼, y축의 방향으로 -2만큼 평행이동한 직선의 방정식은

$\qquad 2(x-1)-3(y+2)+k=0$

$\qquad \therefore 2x-3y-8+k=0$

이 직선이 점 $(1,\ -4)$를 지나므로

$\qquad 2+12-8+k=0$

$\qquad \therefore k=-6$ 답 -6

237

점 $(1,\ 2)$를 x축의 방향으로 m만큼, y축의 방향으로 n만큼 평행이동한 점의 좌표가 $(-2,\ 4)$라 하면

$\qquad 1+m=-2,\ 2+n=4$

$\qquad \therefore m=-3,\ n=2$

즉 주어진 평행이동은 x축의 방향으로 -3만큼, y축의 방향으로 2만큼 평행이동하는 것이므로 이 평행이동에 의하여 직선 $3x-4y+2=0$이 옮겨지는 직선의 방정식은

$\qquad 3(x+3)-4(y-2)+2=0$

$\qquad \therefore 3x-4y+19=0$

이 직선이 직선 $3x+py+q=0$과 일치하므로

$\qquad p=-4,\ q=19$

$\qquad \therefore p+q=15$ 답 **15**

238

직선 $y=ax+b$를 x축의 방향으로 -3만큼, y축의 방향으로 2만큼 평행이동한 직선의 방정식은

$\qquad y-2=a(x+3)+b$

$\qquad \therefore y=ax+3a+b+2$

이 직선과 직선 $y=2x+1$이 y축에서 수직으로 만나므로 두 직선의 기울기의 곱이 -1이고, y절편이 같아야 한다.

즉 $a\times2=-1,\ 3a+b+2=1$이므로

$\qquad a=-\dfrac{1}{2},\ b=\dfrac{1}{2}$

$\qquad \therefore b-a=1$ 답 **1**

239

$y=x^2-4x+3$에서 $\qquad y=(x-2)^2-1 \cdots\cdots ㉠$

평행이동 $(x,\ y) \longrightarrow (x-a,\ y+2b)$는 x축의 방향으로 $-a$만큼, y축의 방향으로 $2b$만큼 평행이동하는 것이므로 이 평행이동에 의하여 포물선 ㉠이 옮겨지는 포물선의 방정식은

$$y-2b=(x+a-2)^2-1$$
$$\therefore y=x^2+2(a-2)x+(a-2)^2+2b-1$$

이 포물선이 포물선 $y=x^2-3$과 일치하므로

$$a-2=0,\ (a-2)^2+2b-1=-3$$
$$\therefore a=2,\ b=-1$$
$$\therefore a+b=1$$

답 1

(다른 풀이) 포물선 ㉠의 꼭짓점의 좌표는 $(2,\ -1)$, 포물선 $y=x^2-3$의 꼭짓점의 좌표는 $(0,\ -3)$이므로 주어진 평행이동은 점 $(2,\ -1)$을 점 $(0,\ -3)$으로 옮기는 평행이동이다.

즉 주어진 평행이동은 x축의 방향으로 -2만큼, y축의 방향으로 -2만큼 평행이동하는 것이므로

$$-a=-2,\ 2b=-2$$
$$\therefore a=2,\ b=-1$$

240

$x^2+y^2+6x+2y+8=0$에서

$$(x+3)^2+(y+1)^2=2$$

이 원을 x축의 방향으로 a만큼, y축의 방향으로 b만큼 평행이동한 원의 방정식은

$$(x-a+3)^2+(y-b+1)^2=2 \quad \cdots\cdots ㉠$$

$x^2+y^2-4x-4y+6=0$에서

$$(x-2)^2+(y-2)^2=2 \quad \cdots\cdots ㉡$$

두 원 ㉠, ㉡이 일치하므로

$$-a+3=-2,\ -b+1=-2$$
$$\therefore a=5,\ b=3$$
$$\therefore ab=15$$

답 15

(다른 풀이) 원 $(x+3)^2+(y+1)^2=2$의 중심의 좌표는 $(-3,\ -1)$

원 ㉡의 중심의 좌표는 $(2,\ 2)$

이때 점 $(-3,\ -1)$을 x축의 방향으로 a만큼, y축의 방향으로 b만큼 평행이동한 점의 좌표가 $(2,\ 2)$이므로

$$-3+a=2,\ -1+b=2$$
$$\therefore a=5,\ b=3$$

연습문제

241

(전략) 두 점 A, A′의 x좌표와 두 점 B, B′의 y좌표를 이용하여 주어진 평행이동을 파악한다.

두 점 A$(2,\ a)$, B$(b,\ 3)$을 x축의 방향으로 m만큼, y축의 방향으로 n만큼 평행이동한 점이 각각 A′$(-1,\ 5)$, B′$(1,\ 0)$이라 하면

$$2+m=-1,\ a+n=5,\ b+m=1,\ 3+n=0$$

$2+m=-1,\ 3+n=0$에서

$$m=-3,\ n=-3$$

$a+n=5,\ b+m=1$에 이것을 대입하면

$$a-3=5,\ b-3=1 \quad \therefore a=8,\ b=4$$

따라서 $a+b=12$, $a-b=4$이므로 점 $(12,\ 4)$를 x축의 방향으로 -3만큼, y축의 방향으로 -3만큼 평행이동한 점의 좌표는

$$(12-3,\ 4-3),\ 즉\ (9,\ 1)$$

답 $(9,\ 1)$

242

(전략) 평행이동한 직선의 방정식이 $2x-y+4=0$임을 이용한다.

직선 $2x-y+4=0$을 x축의 방향으로 a만큼, y축의 방향으로 b만큼 평행이동한 직선의 방정식은

$$2(x-a)-(y-b)+4=0$$
$$\therefore 2x-y-2a+b+4=0$$

이 직선이 원래의 직선과 일치하므로

$$-2a+b+4=4 \quad \therefore b=2a$$
$$\therefore \frac{a}{b}=\frac{a}{2a}=\frac{1}{2}$$

답 $\frac{1}{2}$

243

(전략) 직선의 평행이동을 이용하여 a의 값을 구한다.

직선 $y=\frac{1}{2}x-1$을 x축의 방향으로 a만큼, y축의 방향으로 -3만큼 평행이동한 직선의 방정식은

$$y+3=\frac{1}{2}(x-a)-1$$
$$\therefore y=\frac{1}{2}x-\frac{1}{2}a-4$$

이 직선이 직선 $y=-x+5$와 y축에서 만나므로

$$-\frac{1}{2}a-4=5,\quad -\frac{1}{2}a=9$$
$$\therefore a=-18$$

따라서 점 (p, q)를 x축의 방향으로 -18만큼, y축의 방향으로 -3만큼 평행이동한 점의 좌표가 $(-1, 2)$라 하면 $p-18=-1$, $q-3=2$

   $\therefore p=17$, $q=5$

즉 구하는 점의 좌표는 $(17, 5)$이다.   **답** $(17, 5)$

244

전략 주어진 평행이동은 x축의 방향으로 4만큼, y축의 방향으로 -1만큼 평행이동하는 것이다.

$y=x^2+2ax+a+3$에서

$\qquad y=(x+a)^2-a^2+a+3$

주어진 평행이동에 의하여 이 포물선이 옮겨지는 포물선의 방정식은

$\qquad y+1=(x-4+a)^2-a^2+a+3$

$\qquad \therefore y=(x-4+a)^2-a^2+a+2$

이 포물선의 꼭짓점의 좌표가 $(3, b)$이므로

$\qquad 4-a=3$, $-a^2+a+2=b$

$\qquad \therefore a=1$, $b=2$

$\qquad \therefore a+b=3$ **답** 3

다른 풀이 포물선 $y=(x+a)^2-a^2+a+3$의 꼭짓점의 좌표는

$\qquad (-a, -a^2+a+3)$

주어진 평행이동은 x축의 방향으로 4만큼, y축의 방향으로 -1만큼 평행이동하는 것이므로 이 꼭짓점이 주어진 평행이동에 의하여 옮겨지는 점의 좌표는

$\qquad (-a+4, -a^2+a+2)$

이 점이 점 $(3, b)$와 일치하므로

$\qquad -a+4=3$, $-a^2+a+2=b$ $\therefore a=1$, $b=2$

245

전략 두 원의 중심의 좌표를 이용하여 평행이동을 파악한다.

주어진 평행이동에 의하여 원 $x^2+(y-1)^2=9$의 중심 $(0, 1)$이 원 $(x-1)^2+y^2=9$의 중심 $(1, 0)$으로 옮겨지므로 주어진 평행이동은 x축의 방향으로 1만큼, y축의 방향으로 -1만큼 평행이동하는 것이다.

따라서 주어진 평행이동에 의하여 직선 $x+2y-4=0$이 옮겨지는 직선의 방정식은

$\qquad (x-1)+2(y+1)-4=0$

$\qquad \therefore x+2y-3=0$

이 직선이 직선 $x+ay+b=0$과 일치하므로

$\qquad a=2$, $b=-3$

$\qquad \therefore a+b=-1$ **답** -1

246

전략 두 점 B, B′의 좌표를 이용하여 평행이동을 파악한다.

직사각형 OABC에서 점 B의 좌표는

$\qquad (2, 3)$

따라서 주어진 평행이동에 의하여 점 $B(2, 3)$이 점 $B'(6, 4)$로 옮겨지므로 주어진 평행이동은 x축의 방향으로 4만큼, y축의 방향으로 1만큼 평행이동하는 것이다.

이때 직선 AC의 방정식은

$\qquad \dfrac{x}{2}+\dfrac{y}{3}=1$ $\therefore 3x+2y-6=0$

직선 A′C′은 직선 AC를 x축의 방향으로 4만큼, y축의 방향으로 1만큼 평행이동한 것이므로 직선 A′C′의 방정식은

$\qquad 3(x-4)+2(y-1)-6=0$

$\qquad \therefore 3x+2y-20=0$

$x=0$일 때 $y=10$이므로 구하는 y절편은 10이다.

    답 10

다른 풀이 두 점 A′, C′은 각각 두 점 $A(2, 0)$, $C(0, 3)$을 x축의 방향으로 4만큼, y축의 방향으로 1만큼 평행이동한 것이므로

$\qquad A'(6, 1)$, $C'(4, 4)$

따라서 직선 A′C′의 방정식은

$\qquad y-1=\dfrac{1-4}{6-4}(x-6)$ $\therefore y=-\dfrac{3}{2}x+10$

247

전략 평행이동한 직선과 원의 중심 사이의 거리가 원의 반지름의 길이와 같음을 이용한다.

직선 $4x+3y-5=0$을 y축의 방향으로 k만큼 평행이동한 직선의 방정식은

$\qquad 4x+3(y-k)-5=0$

$\qquad \therefore 4x+3y-3k-5=0$ ······ ㉠

직선 ㉠이 원 $(x-1)^2+y^2=4$에 접하므로 원의 중심 $(1, 0)$과 직선 ㉠ 사이의 거리가 원의 반지름의 길이 2와 같다.

즉 $\dfrac{|4-3k-5|}{\sqrt{4^2+3^2}}=2$이므로

$$|3k+1|=10, \qquad 3k+1=\pm10$$

$$\therefore k=3 \ (\because k>0) \qquad \boxed{\text{답}} \ 3$$

248

전략 포물선의 꼭짓점의 좌표를 이용하여 주어진 평행이동을 파악한다.

$y=x^2+8x+9$에서

$$y=(x+4)^2-7 \qquad \cdots\cdots ㉠$$

주어진 평행이동에 의하여 포물선 ㉠의 꼭짓점 $(-4, -7)$이 포물선 $y=x^2$의 꼭짓점 $(0, 0)$으로 옮겨지므로 주어진 평행이동은 x축의 방향으로 4만큼, y축의 방향으로 7만큼 평행이동하는 것이다.

따라서 직선 $2x-3y-2=0$을 x축의 방향으로 4만큼, y축의 방향으로 7만큼 평행이동한 직선 l'의 방정식은

$$2(x-4)-3(y-7)-2=0$$

$$\therefore 2x-3y+11=0$$

두 직선 l, l' 사이의 거리는 직선 l 위의 점 $(1, 0)$과 직선 $2x-3y+11=0$ 사이의 거리와 같으므로

$$\dfrac{|2+11|}{\sqrt{2^2+(-3)^2}}=\sqrt{13} \qquad \boxed{\text{답}} \ \sqrt{13}$$

249

전략 원 C_1의 방정식을 표준형으로 변형하여 원 C_2의 방정식을 구한다.

$x^2+y^2-6x+2y+2=0$에서

$$(x-3)^2+(y+1)^2=8$$

이 원을 x축의 방향으로 -2만큼, y축의 방향으로 p만큼 평행이동한 원 C_2의 방정식은

$$(x+2-3)^2+(y-p+1)^2=8$$

$$\therefore (x-1)^2+(y-p+1)^2=8$$

따라서 원 C_1의 중심의 좌표는 $(3, -1)$, 원 C_2의 중심의 좌표는 $(1, p-1)$이므로 두 원 C_1, C_2의 중심 사이의 거리는

$$\sqrt{(1-3)^2+(p-1+1)^2}=\sqrt{p^2+4}$$

즉 $\sqrt{p^2+4}=3$이므로 $p^2+4=9$

$$p^2=5 \qquad \therefore p=\sqrt{5} \ (\because p>0)$$

따라서 원 C_2의 중심의 좌표는

$$(1, \sqrt{5}-1) \qquad \boxed{\text{답}} \ (1, \sqrt{5}-1)$$

250

전략 원 C의 방정식을 구하고 원 C가 x축과 y축에 동시에 접함을 이용한다.

원 $(x-a)^2+(y-b)^2=b^2$을 x축의 방향으로 3만큼, y축의 방향으로 -8만큼 평행이동한 원 C의 방정식은

$$(x-3-a)^2+(y+8-b)^2=b^2$$

이므로 원 C의 중심의 좌표는 $(a+3, b-8)$이고 반지름의 길이는 b이다.

이때 원 C가 x축과 y축에 동시에 접하므로 두 양수 a, b에 대하여

$$a+3=|b-8|=b$$

$|b-8|=b$에서

$$-b+8=b \ (\because b-8\neq b)$$

$$-2b=-8 \qquad \therefore b=4$$

$a+3=b$에서 $\qquad a+3=4$

$$\therefore a=1$$

$$\therefore a+b=5 \qquad \boxed{\text{답}} \ ①$$

251

전략 원과 직선이 서로 다른 두 점에서 만나려면 원의 중심과 직선 사이의 거리가 원의 반지름의 길이보다 작아야 함을 이용한다.

평행이동 $(x, y) \longrightarrow (x+2, y-3)$은 x축의 방향으로 2만큼, y축의 방향으로 -3만큼 평행이동하는 것이다.

따라서 이 평행이동에 의하여 원 $x^2+(y-1)^2=9$가 옮겨지는 원의 방정식은

$$(x-2)^2+(y+3-1)^2=9$$

$$\therefore (x-2)^2+(y+2)^2=9$$

이 원이 직선 $3x-4y+k=0$과 서로 다른 두 점에서 만나려면 원의 중심 $(2, -2)$와 직선 사이의 거리가 원의 반지름의 길이 3보다 작아야 하므로

$$\dfrac{|6+8+k|}{\sqrt{3^2+(-4)^2}}<3$$

$$|14+k|<15, \qquad -15<14+k<15$$

$$\therefore -29<k<1$$

따라서 $m=-29$, $n=1$이므로

$$n-m=30 \qquad \boxed{\text{답}} \ 30$$

252

전략 삼각형 OAB의 내접원의 방정식을 구하여 평행이동한다.

오른쪽 그림과 같이 삼각 형 OAB의 내접원은 중심이 제1사분면 위에 있고 x축과 y축에 동시에 접하므로 내접원의 방정식을

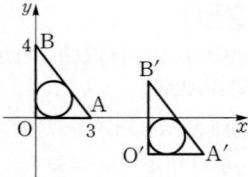

$$(x-r)^2+(y-r)^2=r^2 \ (r>0)$$

이라 하자.

이때 직선 AB의 방정식은

$$\frac{x}{3}+\frac{y}{4}=1 \qquad \therefore \ 4x+3y-12=0$$

내접원의 중심 (r, r)와 직선 AB 사이의 거리가 내접원의 반지름의 길이 r와 같아야 하므로

$$\frac{|4r+3r-12|}{\sqrt{4^2+3^2}}=r$$

$$|7r-12|=5r, \qquad 7r-12=\pm 5r$$

$$\therefore \ r=1 \left(\because \ 0<r<\frac{3}{2}\right)$$

따라서 삼각형 OAB의 내접원의 방정식은

$$(x-1)^2+(y-1)^2=1 \qquad \cdots\cdots \ \unicode{x24BF}$$

한편 주어진 평행이동에 의하여 점 B$(0, 4)$가 점 B$'(6, 2)$로 옮겨지므로 주어진 평행이동은 x축의 방향으로 6만큼, y축의 방향으로 -2만큼 평행이동하는 것이다.

따라서 삼각형 O$'$A$'$B$'$의 내접원은 원 ㉠을 x축의 방향으로 6만큼, y축의 방향으로 -2만큼 평행이동한 것이므로 삼각형 O$'$A$'$B$'$의 내접원의 방정식은

$$(x-6-1)^2+(y+2-1)^2=1$$

$$\therefore \ (x-7)^2+(y+1)^2=1$$

📋 $(x-7)^2+(y+1)^2=1$

02 대칭이동

● 본책 105~111쪽

253

📋 (1) $(-2, -3)$ (2) $(2, 3)$
(3) $(2, -3)$ (4) $(3, -2)$

254

(1) $3x-2\times(-y)+1=0$에서
$$3x+2y+1=0$$

(2) $3\times(-x)-2y+1=0$에서
$$3x+2y-1=0$$

(3) $3\times(-x)-2\times(-y)+1=0$에서
$$3x-2y-1=0$$

(4) $3y-2x+1=0$에서
$$2x-3y-1=0$$

📋 (1) $3x+2y+1=0$ (2) $3x+2y-1=0$
(3) $3x-2y-1=0$ (4) $2x-3y-1=0$

255

(1) $-y=x^2-2x+3$에서
$$y=-x^2+2x-3$$

(2) $y=(-x)^2-2\times(-x)+3$에서
$$y=x^2+2x+3$$

(3) $-y=(-x)^2-2\times(-x)+3$에서
$$y=-x^2-2x-3$$

📋 (1) $y=-x^2+2x-3$ (2) $y=x^2+2x+3$
(3) $y=-x^2-2x-3$

256

(1) $(x-3)^2+(-y+2)^2=6$에서
$$(x-3)^2+(y-2)^2=6$$

(2) $(-x-3)^2+(y+2)^2=6$에서
$$(x+3)^2+(y+2)^2=6$$

(3) $(-x-3)^2+(-y+2)^2=6$에서
$$(x+3)^2+(y-2)^2=6$$

(4) $(y-3)^2+(x+2)^2=6$에서
$$(x+2)^2+(y-3)^2=6$$

📋 (1) $(x-3)^2+(y-2)^2=6$
(2) $(x+3)^2+(y+2)^2=6$
(3) $(x+3)^2+(y-2)^2=6$
(4) $(x+2)^2+(y-3)^2=6$

257

점 $(3, -5)$를 원점에 대하여 대칭이동한 점의 좌표는
$$(-3, 5)$$

이 점이 직선 $ax-2y+1=0$ 위에 있으므로
$$-3a-10+1=0, \qquad -3a=9$$

$$\therefore \ a=-3$$

📋 -3

258

점 P(2, 4)를 직선 $y=x$에 대하여 대칭이동한 점 Q의 좌표는   (4, 2)

점 Q(4, 2)를 x축에 대하여 대칭이동한 점 R의 좌표는   (4, −2)

따라서 오른쪽 그림에서 삼각형 PQR의 넓이는

$$\frac{1}{2} \times 4 \times 2 = 4$$

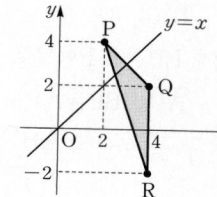

답 **4**

259

점 $(k, 3)$을 y축에 대하여 대칭이동한 점 P의 좌표는 $(-k, 3)$

점 $(k, 3)$을 직선 $y=x$에 대하여 대칭이동한 점 Q의 좌표는 $(3, k)$

이때 선분 PQ의 길이가 $2\sqrt{5}$이므로

$$\sqrt{(3+k)^2 + (k-3)^2} = 2\sqrt{5}$$

양변을 제곱하여 정리하면

$$2k^2 + 18 = 20$$

$$k^2 = 1 \qquad \therefore k = 1 \ (\because k > 0)$$

답 **1**

260

직선 $y = -3x + 6$을 y축에 대하여 대칭이동한 직선의 방정식은

$$y = -3 \times (-x) + 6 \qquad \therefore y = 3x + 6$$

이 직선에 수직인 직선의 기울기는 $-\frac{1}{3}$이므로 점 $(-3, 4)$를 지나고 기울기가 $-\frac{1}{3}$인 직선의 방정식은

$$y - 4 = -\frac{1}{3}(x+3) \qquad \therefore y = -\frac{1}{3}x + 3$$

답 $y = -\dfrac{1}{3}x + 3$

261

직선 $2x - 3y + 1 = 0$을 x축에 대하여 대칭이동한 직선의 방정식은

$$2x - 3 \times (-y) + 1 = 0$$

$$\therefore 2x + 3y + 1 = 0$$

이 직선이 원 $(x-4)^2 + (y+k)^2 = 3$의 넓이를 이등분하므로 원의 중심 $(4, -k)$를 지난다.

즉 $8 - 3k + 1 = 0$이므로 $-3k = -9$

$$\therefore k = 3$$

답 **3**

262

$y = x^2 - 2mx + m^2 - 5$에서

$$y = (x-m)^2 - 5$$

포물선 $y = (x-m)^2 - 5$를 원점에 대하여 대칭이동한 포물선의 방정식은

$$-y = (-x-m)^2 - 5$$

$$\therefore y = -(x+m)^2 + 5$$

이 포물선의 꼭짓점 $(-m, 5)$가 점 $(-2, k)$와 일치하므로 $m = 2, k = 5$

$$\therefore m + k = 7$$

답 **7**

다른 풀이 포물선 $y = (x-m)^2 - 5$의 꼭짓점 $(m, -5)$를 원점에 대하여 대칭이동한 점의 좌표는 $(-m, 5)$

이 점이 점 $(-2, k)$와 일치하므로 $m = 2, k = 5$

263

직선 $4x - 2y + 3 = 0$을 직선 $y = x$에 대하여 대칭이동한 직선의 방정식은

$$4y - 2x + 3 = 0 \qquad \therefore 2x - 4y - 3 = 0$$

이 직선을 x축의 방향으로 -1만큼, y축의 방향으로 2만큼 평행이동한 직선의 방정식은

$$2(x+1) - 4(y-2) - 3 = 0$$

$$\therefore 2x - 4y + 7 = 0$$

답 $2x - 4y + 7 = 0$

264

포물선 $y = x^2 - 2x + a$를 x축의 방향으로 3만큼, y축의 방향으로 1만큼 평행이동한 포물선의 방정식은

$$y - 1 = (x-3)^2 - 2(x-3) + a$$

$$\therefore y = x^2 - 8x + 16 + a$$

이 포물선을 x축에 대하여 대칭이동한 포물선의 방정식은 $-y = x^2 - 8x + 16 + a$

$$\therefore y = -x^2 + 8x - 16 - a$$

이 포물선이 포물선 $y = -x^2 + 8x - 10$과 일치하므로

$$-16 - a = -10 \qquad \therefore a = -6$$

답 **−6**

다른 풀이 $y=x^2-2x+a$에서

$$y=(x-1)^2+a-1 \qquad \cdots\cdots \text{㉠}$$

$y=-x^2+8x-10$에서

$$y=-(x-4)^2+6 \qquad \cdots\cdots \text{㉡}$$

포물선 ㉠의 꼭짓점 $(1,\ a-1)$을 x축의 방향으로 3만큼, y축의 방향으로 1만큼 평행이동한 점의 좌표는

$$(1+3,\ a-1+1),\ \text{즉}\ (4,\ a)$$

이 점을 x축에 대하여 대칭이동한 점의 좌표는

$$(4,\ -a)$$

이 점이 포물선 ㉡의 꼭짓점 $(4,\ 6)$과 일치하므로

$$-a=6 \qquad \therefore a=-6$$

265

원 $x^2+y^2-4x=0$을 y축에 대하여 대칭이동한 원의 방정식은 $\quad (-x)^2+y^2-4\times(-x)=0$

$$\therefore (x+2)^2+y^2=4$$

이 원을 y축의 방향으로 1만큼 평행이동한 원의 방정식은 $\quad (x+2)^2+(y-1)^2=4$

이 원이 직선 $y=mx-2$, 즉 $mx-y-2=0$과 접하므로

$$\frac{|-2m-1-2|}{\sqrt{m^2+(-1)^2}}=2$$

$$|2m+3|=2\sqrt{m^2+1}$$

양변을 제곱하면 $\quad 4m^2+12m+9=4(m^2+1)$

$$12m=-5 \qquad \therefore m=-\frac{5}{12} \qquad \boxed{답}\ -\frac{5}{12}$$

266

오른쪽 그림과 같이 점 $B(3,\ -5)$를 y축에 대하여 대칭이동한 점을 B'이라 하면

$$B'(-3,\ -5)$$

이때 $\overline{BP}=\overline{B'P}$이므로

$$\overline{AP}+\overline{BP}=\overline{AP}+\overline{B'P}$$
$$\geq \overline{AB'}$$
$$=\sqrt{(-3-2)^2+(-5-4)^2}=\sqrt{106}$$

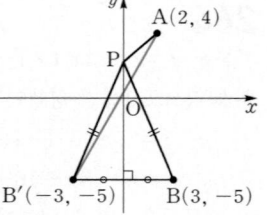

따라서 구하는 최솟값은 $\sqrt{106}$이다. $\qquad \boxed{답}\ \sqrt{106}$

267

오른쪽 그림과 같이 점 $B(3,\ 4)$를 직선 $y=x$에 대하여 대칭이동한 점을 B'이라 하면

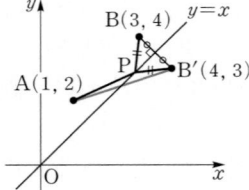

$$B'(4,\ 3)$$

이때 $\overline{BP}=\overline{B'P}$이므로

$$\overline{AP}+\overline{BP}=\overline{AP}+\overline{B'P}$$
$$\geq \overline{AB'}$$
$$=\sqrt{(4-1)^2+(3-2)^2}=\sqrt{10}$$

따라서 구하는 최솟값은 $\sqrt{10}$이다.

한편 이때의 점 P의 위치는 직선 AB'과 직선 $y=x$의 교점이다.

직선 AB'의 방정식은

$$y-2=\frac{3-2}{4-1}(x-1)$$

$$\therefore y=\frac{1}{3}x+\frac{5}{3}$$

따라서 점 P의 x좌표는 $\frac{1}{3}x+\frac{5}{3}=x$에서

$$-\frac{2}{3}x=-\frac{5}{3} \qquad \therefore x=\frac{5}{2}$$

즉 구하는 점 P의 좌표는

$$\left(\frac{5}{2},\ \frac{5}{2}\right) \qquad \boxed{답}\ \text{최솟값: } \sqrt{10},\ \text{P}\left(\frac{5}{2},\ \frac{5}{2}\right)$$

268

오른쪽 그림과 같이 점 $A(2,\ 3)$을 y축에 대하여 대칭이동한 점을 A', 점 $B(6,\ 1)$을 x축에 대하여 대칭이동한 점을 B'이라 하면

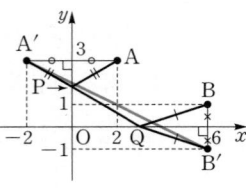

$$A'(-2,\ 3),\ B'(6,\ -1)$$

이때 $\overline{AP}=\overline{A'P},\ \overline{QB}=\overline{QB'}$이므로

$$\overline{AP}+\overline{PQ}+\overline{QB}=\overline{A'P}+\overline{PQ}+\overline{QB'}$$
$$\geq \overline{A'B'}$$
$$=\sqrt{(6+2)^2+(-1-3)^2}$$
$$=4\sqrt{5}$$

따라서 구하는 최솟값은 $4\sqrt{5}$이다. $\qquad \boxed{답}\ 4\sqrt{5}$

03 점과 직선에 대한 대칭이동
• 본책 112~115쪽

269
점 $(4, 5)$가 두 점 $(a, 3)$, $(-2, b)$를 이은 선분의 중점이므로

$$\frac{a-2}{2}=4, \quad \frac{3+b}{2}=5$$

$$\therefore a=10, \ b=7 \qquad \therefore ab=70$$

답 70

270
$y=-x^2+2x+5$에서 $\quad y=-(x-1)^2+6$

이 포물선의 꼭짓점 $(1, 6)$을 점 (a, b)에 대하여 대칭이동한 점의 좌표가 $(3, 6)$이므로 점 (a, b)는 두 점 $(1, 6)$, $(3, 6)$을 이은 선분의 중점이다.

$$\therefore a=\frac{1+3}{2}=2, \ b=\frac{6+6}{2}=6$$

$$\therefore a+b=8$$

답 8

271
원의 중심 $(3, -1)$을 점 $(1, 2)$에 대하여 대칭이동한 점의 좌표를 (a, b)라 하면 점 $(1, 2)$가 두 점 $(3, -1)$, (a, b)를 이은 선분의 중점이므로

$$\frac{3+a}{2}=1, \quad \frac{-1+b}{2}=2$$

$$\therefore a=-1, \ b=5$$

따라서 대칭이동한 원의 중심의 좌표는 $(-1, 5)$이고 반지름의 길이는 2이므로 구하는 원의 방정식은

$$(x+1)^2+(y-5)^2=4$$

답 $(x+1)^2+(y-5)^2=4$

272
두 점 $\mathrm{P}(-3, 4)$, $\mathrm{Q}(1, 8)$을 이은 선분 PQ의 중점

$$\left(\frac{-3+1}{2}, \frac{4+8}{2}\right), \ 즉 \ (-1, 6)$$

이 직선 $y=ax+b$ 위의 점이므로

$$6=-a+b \qquad \cdots\cdots \ \bigcirc$$

또 직선 PQ와 직선 $y=ax+b$는 수직이므로

$$\frac{8-4}{1-(-3)}\times a=-1 \qquad \therefore a=-1$$

$\bigcirc$에서 $\quad b=5$

$$\therefore a+b=4$$

답 4

273
원 $x^2+(y+1)^2=4$의 중심 $(0, -1)$을 직선 $x-2y+3=0$에 대하여 대칭이동한 점의 좌표를 (a, b)라 하자.

두 점 $(0, -1)$, (a, b)를 이은 선분의 중점 $\left(\dfrac{a}{2}, \dfrac{-1+b}{2}\right)$가 직선 $x-2y+3=0$ 위의 점이므로

$$\frac{a}{2}-2\times\frac{-1+b}{2}+3=0$$

$$\therefore a-2b=-8 \qquad \cdots\cdots \ \bigcirc$$

또 두 점 $(0, -1)$, (a, b)를 지나는 직선과 직선 $x-2y+3=0$은 수직이므로

$$\frac{b-(-1)}{a-0}\times\frac{1}{2}=-1$$

$$\therefore 2a+b=-1 \qquad \cdots\cdots \ \bigcirc$$

$\bigcirc$, $\bigcirc$을 연립하여 풀면

$$a=-2, \ b=3$$

따라서 대칭이동한 원의 중심의 좌표는 $(-2, 3)$이고 반지름의 길이는 2이므로 구하는 원의 방정식은

$$(x+2)^2+(y-3)^2=4$$

답 $(x+2)^2+(y-3)^2=4$

274
(1) 방정식 $f(x, y)=0$이 나타내는 도형을 y축에 대하여 대칭이동한 도형의 방정식은

$$f(-x, y)=0$$

방정식 $f(-x, y)=0$이 나타내는 도형을 x축의 방향으로 1만큼, y축의 방향으로 -1만큼 평행이동한 도형의 방정식은

$$f(-(x-1), y+1)=0,$$

$$즉 \ f(-x+1, y+1)=0$$

따라서 방정식 $f(-x+1, y+1)=0$이 나타내는 도형은 주어진 도형을 y축에 대하여 대칭이동한 후 x축의 방향으로 1만큼, y축의 방향으로 -1만큼 평행이동한 것이므로 다음 그림과 같다.

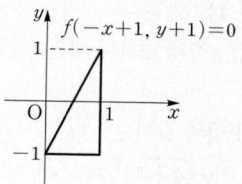

(2) 방정식 $f(x, y)=0$이 나타내는 도형을 직선 $y=x$에 대하여 대칭이동한 도형의 방정식은
$$f(y, x)=0$$
방정식 $f(y, x)=0$이 나타내는 도형을 x축의 방향으로 1만큼, y축의 방향으로 -1만큼 평행이동한 도형의 방정식은
$$f(y+1, x-1)=0$$
따라서 방정식 $f(y+1, x-1)=0$이 나타내는 도형은 주어진 도형을 직선 $y=x$에 대하여 대칭이동한 후 x축의 방향으로 1만큼, y축의 방향으로 -1만큼 평행이동한 것이므로 다음 그림과 같다.

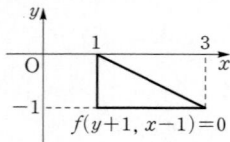

답 풀이 참조

다른 풀이 주어진 도형은 세 직선
$$x=0, \ y=0, \ y=-2x+2 \qquad \cdots\cdots \ \bigcirc$$
로 둘러싸인 도형이다.

(1) $\bigcirc$에 x 대신 $-x+1$, y 대신 $y+1$을 대입하면
$$-x+1=0, \ y+1=0,$$
$$y+1=-2(-x+1)+2$$
$$\therefore \ x=1, \ y=-1, \ y=2x-1$$

(2) $\bigcirc$에 x 대신 $y+1$, y 대신 $x-1$을 대입하면
$$y+1=0, \ x-1=0, \ x-1=-2(y+1)+2$$
$$\therefore \ y=-1, \ x=1, \ y=-\frac{1}{2}x+\frac{1}{2}$$

 연습문제 ────── ● 본책 116~118쪽

275
전략 두 점 P, Q의 좌표를 각각 구한다.
점 $(-5, 4)$를 x축에 대하여 대칭이동한 점 P의 좌표는
$$(-5, -4)$$
점 $(-5, 4)$를 y축에 대하여 대칭이동한 점 Q의 좌표는
$$(5, 4)$$
따라서 선분 PQ의 길이는
$$\sqrt{(5+5)^2+(4+4)^2}=2\sqrt{41}$$

답 $2\sqrt{41}$

276
전략 세 점이 한 직선 위에 있을 조건을 이용한다.
점 $A(-3, 4)$를 직선 $y=x$에 대하여 대칭이동한 점 B의 좌표는
$$(4, -3)$$
점 B를 x축의 방향으로 2만큼, y축의 방향으로 k만큼 평행이동한 점 C의 좌표는
$$(4+2, -3+k), \ 즉 \ (6, -3+k)$$
이때 세 점 A, B, C가 한 직선 위에 있으므로
$$\frac{-3-4}{4-(-3)}=\frac{-3+k-(-3)}{6-4}$$
$$-1=\frac{k}{2} \qquad \therefore \ k=-2$$

답 ④

📝 개념 노트
세 점 A, B, C가 한 직선 위에 있으면
$$(직선 \ AB의 \ 기울기)=(직선 \ BC의 \ 기울기)$$
$$=(직선 \ CA의 \ 기울기)$$

277
전략 두 직선 m, n의 방정식을 이용하여 교점의 좌표를 구한다.
직선 m의 방정식은
$$(x+2)-3y-6=0$$
$$\therefore \ x-3y-4=0 \qquad \cdots\cdots \ \bigcirc$$
직선 n의 방정식은
$$x-3\times(-y)-6=0$$
$$\therefore \ x+3y-6=0 \qquad \cdots\cdots \ \bigcirc\!\!\!\bigcirc$$
$\bigcirc$, $\bigcirc\!\!\!\bigcirc$을 연립하여 풀면 $x=5, \ y=\dfrac{1}{3}$

따라서 두 직선 m, n의 교점의 좌표는 $\left(5, \dfrac{1}{3}\right)$

또 두 직선 m, n의 y절편은 각각 $-\dfrac{4}{3}$, 2이므로 오른쪽 그림에서 구하는 넓이는

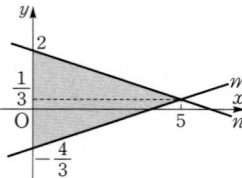

$$\frac{1}{2}\times\left(2+\frac{4}{3}\right)\times 5$$
$$=\frac{25}{3}$$

답 $\dfrac{25}{3}$

278

전략 점 $(6, -2)$를 주어진 순서대로 대칭이동하고 평행이동한다.

점 $(6, -2)$를 x축에 대하여 대칭이동한 점의 좌표는
$$(6, 2)$$
점 $(6, 2)$를 직선 $y=x$에 대하여 대칭이동한 점의 좌표는 $(2, 6)$
점 $(2, 6)$을 x축의 방향으로 -3만큼 평행이동한 점의 좌표는
$$(2-3, 6), 즉 (-1, 6)$$
따라서 점 $(-1, 6)$이 직선 $y=ax+4$ 위의 점이므로
$$6=-a+4 \quad \therefore a=-2$$
답 -2

279

전략 점 B를 y축에 대하여 대칭이동한 점을 이용하여 $\overline{AP}+\overline{BP}$의 최솟값을 a에 대한 식으로 나타낸다.

오른쪽 그림과 같이 점 $B(a, 4)$를 y축에 대하여 대칭이동한 점을 B'이라 하면
$$B'(-a, 4)$$
이때 $\overline{BP}=\overline{B'P}$이므로
$$\overline{AP}+\overline{BP}=\overline{AP}+\overline{B'P}$$
$$\geq \overline{AB'}$$
$$=\sqrt{(3+a)^2+(1-4)^2}$$
$$=\sqrt{a^2+6a+18}$$
$\overline{AP}+\overline{BP}$의 최솟값이 5이므로
$$\sqrt{a^2+6a+18}=5$$
양변을 제곱하여 정리하면
$$a^2+6a-7=0, \quad (a+7)(a-1)=0$$
$$\therefore a=1 \ (\because a>0)$$
답 1

280

전략 선분 PQ의 중점이 주어진 직선 위에 있고, 직선 PQ가 주어진 직선과 수직임을 이용한다.

두 점 $P(-1, 3)$, $Q(a, b)$를 이은 선분 PQ의 중점 $\left(\dfrac{a-1}{2}, \dfrac{b+3}{2}\right)$이 직선 $y=2x+1$ 위의 점이므로
$$\frac{b+3}{2}=2\times\frac{a-1}{2}+1$$
$$\therefore 2a-b=3 \quad \cdots\cdots ㉠$$

또 직선 PQ와 직선 $y=2x+1$은 수직이므로
$$\frac{b-3}{a-(-1)}\times 2=-1$$
$$\therefore a+2b=5 \quad \cdots\cdots ㉡$$
㉠, ㉡을 연립하여 풀면
$$a=\frac{11}{5}, b=\frac{7}{5}$$
$$\therefore a+b=\frac{18}{5}$$
답 $\dfrac{18}{5}$

281

전략 원 $(x-1)^2+(y-a)^2=4$를 주어진 순서대로 평행이동하고 대칭이동한 원의 방정식을 구한다.

원 $(x-1)^2+(y-a)^2=4$를 x축의 방향으로 3만큼, y축의 방향으로 -2만큼 평행이동한 원의 방정식은
$$(x-3-1)^2+(y+2-a)^2=4$$
$$\therefore (x-4)^2+(y+2-a)^2=4$$
이 원을 직선 $y=x$에 대하여 대칭이동한 원의 방정식은
$$(x+2-a)^2+(y-4)^2=4$$
이 원의 중심의 좌표가 $(a-2, 4)$이고 반지름의 길이가 2이므로 원이 y축에 접하려면
$$|a-2|=2, \quad a-2=\pm 2$$
$$\therefore a=4 \ (\because a>0)$$
답 4

282

전략 점 A를 직선 $y=x$, x축에 대하여 각각 대칭이동한 점을 이용한다.

점 $A(3, 1)$을 직선 $y=x$에 대하여 대칭이동한 점을 A', x축에 대하여 대칭이동한 점을 A''이라 하면

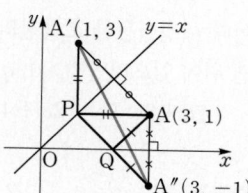

$$A'(1, 3), A''(3, -1)$$
이때 $\overline{AP}=\overline{A'P}$, $\overline{QA}=\overline{QA''}$이므로 삼각형 APQ의 둘레의 길이는
$$\overline{AP}+\overline{PQ}+\overline{QA}=\overline{A'P}+\overline{PQ}+\overline{QA''}$$
$$\geq \overline{A'A''}$$
$$=\sqrt{(3-1)^2+(-1-3)^2}$$
$$=2\sqrt{5}$$
따라서 구하는 최솟값은 $2\sqrt{5}$이다.
답 $2\sqrt{5}$

283

전략 점 A를 x축에 대하여 대칭이동한 점을 이용한다.

오른쪽 그림과 같이 원 $(x-6)^2+(y+3)^2=4$의 중심을 C라 하고 점 $A(0, -5)$를 x축에 대하여 대칭이동한 점을 A'이라 하면

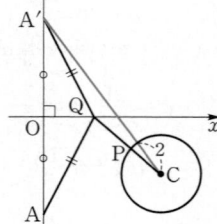

$$C(6, -3), \ A'(0, 5)$$

이때 $\overline{AQ}=\overline{A'Q}$이므로

$$\begin{aligned}\overline{AQ}+\overline{QP} &= \overline{A'Q}+\overline{QP}\\ &\geq \overline{A'C}-\overline{PC}\\ &= \sqrt{(6-0)^2+(-3-5)^2}-2\\ &= 8\end{aligned}$$

따라서 구하는 최솟값은 8이다. **답 ①**

284

전략 포물선 $y=3x^2+12x+8$의 꼭짓점을 대칭이동한 점의 좌표를 이용한다.

$y=3x^2+12x+8$에서 $y=3(x+2)^2-4$

이 포물선의 꼭짓점 $(-2, -4)$를 점 $(a, -a)$에 대하여 대칭이동한 점의 좌표를 (p, q)라 하면 점 $(a, -a)$가 두 점 $(-2, -4)$, (p, q)를 이은 선분의 중점이므로

$$\frac{-2+p}{2}=a, \ \frac{-4+q}{2}=-a$$

$$\therefore p=2a+2, \ q=-2a+4$$

이때 대칭이동한 포물선의 꼭짓점 (p, q)가 제1사분면 위에 있으려면 $p>0, q>0$에서

$$2a+2>0, \ -2a+4>0$$

$$\therefore -1<a<2$$

따라서 정수 a는 0, 1의 2개이다. **답 2**

285

전략 원의 중심의 대칭이동으로 생각한다.

$x^2+y^2-4x-8y=0$에서

$$(x-2)^2+(y-4)^2=20$$

이 원의 중심 $(2, 4)$와 원 $x^2+y^2=c$의 중심 $(0, 0)$이 직선 $y=ax+b$에 대하여 대칭이므로 두 점 $(2, 4)$, $(0, 0)$을 이은 선분의 중점 $(1, 2)$가 직선 $y=ax+b$ 위의 점이다.

$$\therefore 2=a+b \qquad \cdots\cdots \ \bigcirc$$

또 두 점 $(2, 4), (0, 0)$을 지나는 직선과 직선 $y=ax+b$는 수직이므로

$$\frac{4-0}{2-0}\times a=-1 \qquad \therefore a=-\frac{1}{2}$$

$\bigcirc$에 $a=-\dfrac{1}{2}$을 대입하면

$$2=-\frac{1}{2}+b \qquad \therefore b=\frac{5}{2}$$

한편 원을 대칭이동해도 반지름의 길이는 변하지 않으므로 $c=20$

$$\therefore abc=-\frac{1}{2}\times\frac{5}{2}\times 20=-25$$

답 -25

286

전략 두 방정식 $f(x, y)=0$과 $f(y, x-1)=0$ 사이의 관계를 파악한다.

방정식 $f(x, y)=0$이 나타내는 도형을 직선 $y=x$에 대하여 대칭이동한 도형의 방정식은

$$f(y, x)=0$$

방정식 $f(y, x)=0$이 나타내는 도형을 x축의 방향으로 1만큼 평행이동한 도형의 방정식은

$$f(y, x-1)=0$$

따라서 방정식 $f(y, x-1)=0$이 나타내는 도형은 주어진 도형을 직선 $y=x$에 대하여 대칭이동한 후 x축의 방향으로 1만큼 평행이동한 것이므로 다음 그림과 같다.

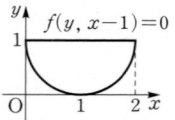

답 ④

287

전략 원의 방정식을 표준형으로 변형하여 대칭이동한 원의 방정식을 구한다.

$x^2+y^2-2x-3=0$에서

$$(x-1)^2+y^2=4$$

이 원을 원점에 대하여 대칭이동한 원의 방정식은

$$(-x-1)^2+(-y)^2=4$$

$$\therefore (x+1)^2+y^2=4$$

이 원을 직선 $y=x$에 대하여 대칭이동한 원의 방정식은

$$x^2+(y+1)^2=4 \qquad \cdots\cdots \ \bigcirc$$

○에 $y=0$을 대입하면 $x^2+1=4$

$x^2=3$ $\therefore x=\pm\sqrt{3}$

따라서 원과 x축의 교점의 좌표가 $(-\sqrt{3},\ 0)$, $(\sqrt{3},\ 0)$이므로 구하는 현의 길이는

$$\sqrt{3}-(-\sqrt{3})=2\sqrt{3}$$

답 $2\sqrt{3}$

288

전략 직사각형 ABCD를 좌표평면 위에 놓고, 각 점의 좌표를 구한다.

오른쪽 그림과 같이 $\overline{BC}$를 x축, $\overline{AB}$를 y축으로 하는 좌표평면을 잡으면

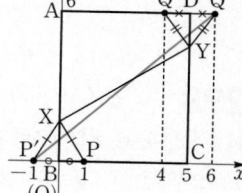

A$(0,\ 6)$, B$(0,\ 0)$,

C$(5,\ 0)$, D$(5,\ 6)$,

P$(1,\ 0)$, Q$(4,\ 6)$

점 P를 y축에 대하여 대칭이동한 점을 P$'$, 점 Q를 직선 CD에 대하여 대칭이동한 점을 Q$'$이라 하면

P$'(-1,\ 0)$, Q$'(6,\ 6)$

이때 $\overline{PX}=\overline{P'X}$, $\overline{YQ}=\overline{YQ'}$이므로

$\overline{PX}+\overline{XY}+\overline{YQ}=\overline{P'X}+\overline{XY}+\overline{YQ'}$

$\geq\overline{P'Q'}$

$=\sqrt{(6+1)^2+6^2}$

$=\sqrt{85}$

따라서 구하는 최솟값은 $\sqrt{85}$이다.

답 $\sqrt{85}$

289

전략 직선 $3x+y-3=0$ 위의 점 $(x,\ y)$를 대칭이동한 점의 좌표를 $(x',\ y')$으로 놓고, 중점 조건과 수직 조건을 이용한다.

직선 $3x+y-3=0$ 위의 임의의 점 P$(x,\ y)$를 직선 $x-y-8=0$에 대하여 대칭이동한 점을 P$'(x',\ y')$이라 하자.

$\overline{PP'}$의 중점 $\left(\dfrac{x+x'}{2},\ \dfrac{y+y'}{2}\right)$이 직선 $x-y-8=0$ 위의 점이므로

$\dfrac{x+x'}{2}-\dfrac{y+y'}{2}-8=0$

$\therefore x-y+x'-y'-16=0$ ····· ○

또 직선 PP$'$과 직선 $x-y-8=0$은 수직이므로

$\dfrac{y'-y}{x'-x}\times1=-1$, $y'-y=x-x'$

$\therefore x+y-x'-y'=0$ ····· ○

○+○을 하면

$2x-2y'-16=0$ $\therefore x=y'+8$

○-○을 하면

$-2y+2x'-16=0$ $\therefore y=x'-8$

이때 점 P$(x,\ y)$가 직선 $3x+y-3=0$ 위의 점이므로

$3(y'+8)+(x'-8)-3=0$

$\therefore x'+3y'+13=0$

즉 직선 l의 방정식이 $x+3y+13=0$이므로 점 $(1,\ 2)$와 직선 l 사이의 거리는

$$\dfrac{|1+6+13|}{\sqrt{1^2+3^2}}=2\sqrt{10}$$

답 $2\sqrt{10}$

다른 풀이 두 직선 $3x+y-3=0$, l이 직선 $x-y-8=0$에 대하여 대칭이므로 점 $(1,\ 2)$와 직선 l 사이의 거리는 점 $(1,\ 2)$를 직선

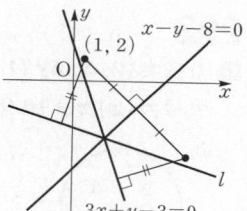

$x-y-8=0$에 대하여 대칭이동한 점과 직선 $3x+y-3=0$ 사이의 거리와 같다.

점 $(1,\ 2)$를 직선 $x-y-8=0$에 대하여 대칭이동한 점의 좌표를 $(a,\ b)$라 하면 두 점 $(1,\ 2)$, $(a,\ b)$를 이은 선분의 중점 $\left(\dfrac{a+1}{2},\ \dfrac{b+2}{2}\right)$가 직선 $x-y-8=0$ 위의 점이므로

$\dfrac{a+1}{2}-\dfrac{b+2}{2}-8=0$

$\therefore a-b=17$ ····· ○

또 두 점 $(1,\ 2)$, $(a,\ b)$를 지나는 직선과 직선 $x-y-8=0$은 수직이므로

$\dfrac{b-2}{a-1}\times1=-1$

$\therefore a+b=3$ ····· ○

○, ○을 연립하여 풀면 $a=10$, $b=-7$

따라서 구하는 거리는 점 $(10,\ -7)$과 직선 $3x+y-3=0$ 사이의 거리와 같으므로

$$\dfrac{|30-7-3|}{\sqrt{3^2+1^2}}=2\sqrt{10}$$

01 집합의 뜻과 표현   ● 본책 120~125쪽

290

ㄴ, ㄷ. '큰', '가까운'은 기준이 명확하지 않아 그 대상을 분명하게 정할 수 없으므로 집합이 아니다.

🔑 **집합: ㄱ, ㄹ**

ㄱ의 원소: 1, 3, 5, 15

ㄹ의 원소: −1, 2

291

🔑 (1) $\in$ (2) $\notin$ (3) $\notin$ (4) $\in$

292

🔑 (1) $A=\{2, 3, 5, 7\}$

(2) $A=\{x \,|\, x$는 10 이하의 소수$\}$

(3)

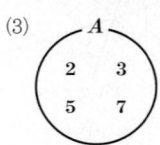

293

$A=\{1, 2, 3, 6\}$, $B=\{9, 18, 27, \cdots\}$,

$C=\{2, 3, 4\}$, $D=\varnothing$

🔑 (1) A, C, D (2) B (3) D

294

(2) $x^2+1=0$, 즉 $x^2=-1$을 만족시키는 실수 x는 존재하지 않으므로 $A=\varnothing$

$\therefore n(A)=0$

(3) $|x|<2$에서 $-2<x<2$

따라서 정수 x는 −1, 0, 1의 3개이므로

$n(A)=3$

🔑 (1) **10**   (2) **0**   (3) **3**

295

'작은', '유명한', '잘하는'은 기준이 명확하지 않아 그 대상을 분명하게 정할 수 없으므로 집합이 아니다.

🔑 ④, ⑤

296

$x^2-8x+12<0$에서 $(x-2)(x-6)<0$

$\therefore 2<x<6$

이를 만족시키는 정수 x는 3, 4, 5이므로

$A=\{3, 4, 5\}$

③ $2\notin A$ 🔑 ③

297

① $\{3, 5, 7, 9\}$ ② $\{3, 5, 7, 9\}$

④ $\{2, 3, 5, 7\}$ ⑤ $\{1, 3, 5, 7\}$

🔑 ③

298

$A=\{2, 4, 6, 8\}$이므로

$x=2$일 때, $y=3\times2-2=4$

$x=4$일 때, $y=3\times4-2=10$

$x=6$일 때, $y=3\times6-2=16$

$x=8$일 때, $y=3\times8-2=22$

$\therefore B=\{4, 10, 16, 22\}$

🔑 **{4, 10, 16, 22}**

299

① $10=2^1\times5^1$ ② $60=2^2\times3^1\times5^1$

③ $100=2^2\times5^2$ ④ $250=2^1\times5^3$

⑤ $400=2^4\times5^2$

따라서 집합 A의 원소가 아닌 것은 ②이다.   🔑 ②

300

ㄱ. $\{11, 13, 15, 17, \cdots\}$이므로 무한집합이다.

ㄴ. $\varnothing$를 원소로 갖는 집합이므로 유한집합이다.

ㄷ. $1<x<3$인 홀수 x는 없다.

따라서 공집합이므로 유한집합이다.

ㄹ. $n=1$일 때, $x=2\times1=2$

$n=2$일 때, $x=2\times2=4$

$n=3$일 때, $x=2\times3=6$

$\vdots$

즉 $\{2, 4, 6, \cdots\}$이므로 무한집합이다.

이상에서 유한집합인 것은 ㄴ, ㄷ이다.   🔑 ㄴ, ㄷ

301

$A=\{7,\ 14,\ 21,\ 28,\ 35,\ 42,\ 49\}$

$x^2=-4$를 만족시키는 실수 x는 존재하지 않으므로

$\qquad B=\varnothing$

$|x|=4$에서 $\quad x=\pm4$ $\quad \therefore C=\{-4,\ 4\}$

따라서 $n(A)=7$, $n(B)=0$, $n(C)=2$이므로

$\qquad n(A)+n(B)-n(C)=5$ 답 **5**

연습 문제 ● 본책 126쪽

302

전략 어떤 대상이 그 모임에 속하는지 판단할 수 있는 기준이 명확한 것을 찾는다.

'좋아하는', '가까운'은 기준이 명확하지 않아 그 대상을 분명하게 정할 수 없으므로 집합이 아니다.

ㄱ. $\{12,\ 14,\ 16,\ \cdots\}$

ㄷ. 1보다 작은 자연수는 없으므로 공집합이다.

ㄹ. {부산광역시, 대구광역시, 인천광역시,
　　광주광역시, 대전광역시, 울산광역시}

이상에서 집합인 것은 ㄱ, ㄷ, ㄹ이다. 답 **ㄱ, ㄷ, ㄹ**

303

전략 집합 A의 원소를 구하여 조건을 만족시키는 집합 B의 원소를 구한다.

집합 $A=\{x|x=2k^2+1,\ k\le3$인 자연수$\}$에서

$\qquad k=1,\ 2,\ 3$

$k=1$일 때, $\quad x=2\times1^2+1=3$

$k=2$일 때, $\quad x=2\times2^2+1=9$

$k=3$일 때, $\quad x=2\times3^2+1=19$

$\qquad \therefore A=\{3,\ 9,\ 19\}$

$B=\{y|y$는 x를 4로 나누었을 때의 나머지, $x\in A\}$에서

$x=3$일 때, $\quad y=3$

$x=9$일 때, $\quad y=1$

$x=19$일 때, $\quad y=3$

$\qquad \therefore B=\{1,\ 3\}$

따라서 집합 B의 모든 원소의 합은

$\qquad 1+3=4$ 답 **4**

304

전략 $n(A)$는 유한집합 A의 원소의 개수임을 이용한다.

① $n(\{\varnothing,\ 1\})=2$

② $n(\{0\})=1$, $n(\{2\})=1$이므로
$\qquad n(\{0\})=n(\{2\})$

③ $n(\{a,\ c\})=2$, $n(\{f,\ g\})=2$이므로
$\qquad n(\{a,\ c\})=n(\{f,\ g\})$

④ $n(A)=0$이면 $\qquad A=\varnothing$

⑤ $n(\{3,\ 5,\ 7\})-n(\{3,\ 7\})=3-2=1$

따라서 옳은 것은 ③이다. 답 ③

305

전략 이차부등식의 해가 존재하지 않을 조건을 이용한다.

집합 X가 공집합이 되려면 이차부등식 $x^2-ax+4\le0$의 해가 존재하지 않아야 하므로 이차함수

$y=x^2-ax+4$의 그래프가 x축과 만나지 않아야 한다.

즉 이차방정식 $x^2-ax+4=0$의 판별식을 D라 하면

$\qquad D=(-a)^2-4\times1\times4<0$

$\qquad a^2-16<0,\qquad (a+4)(a-4)<0$

$\qquad \therefore -4<a<4$

따라서 정수 a는 $-3,\ -2,\ \cdots,\ 3$의 7개이다. 답 **7**

📓 **개념 노트**

이차부등식 $ax^2+bx+c\le0$의 해가 없다.

⇨ 모든 실수 x에 대하여 $ax^2+bx+c>0$이 성립한다.

⇨ $a>0$, $b^2-4ac<0$

306

전략 두 집합 A, B의 원소의 개수를 각각 구한다.

$x^2+y^2=25$를 만족시키는 정수 x, y는

$x=0$일 때, $\quad y=\pm5$

$x=\pm3$일 때, $\quad y=\pm4$

$x=\pm4$일 때, $\quad y=\pm3$

$x=\pm5$일 때, $\quad y=0$

따라서 정수 x, y의 순서쌍 $(x,\ y)$의 개수는

$\qquad 2+4+4+2=12$ $\quad\therefore n(A)=12$

한편 k는 자연수이므로 $\qquad n(B)=k$

따라서 $n(A)+n(B)=25$에서

$\qquad 12+k=25$ $\quad\therefore k=13$ 답 **13**

307

전략 집합 B의 원소를 이용하여 a, b, c의 값을 구한다.

$x \in A$, $y \in A$, $x \neq y$일 때, $x+y$의 값은 다음 표와 같다.

x $\diagdown$ y	a	b	c
a		$a+b$	$a+c$
b	$a+b$		$b+c$
c	$a+c$	$b+c$	

$\therefore B = \{a+b, a+c, b+c\}$

이때 $a<b<c$라 하면 $a+b<a+c<b+c$이므로

$$a+b=6 \qquad \cdots\cdots \ \bigcirc$$
$$a+c=9 \qquad \cdots\cdots \ \bigcirc\!\!\bigcirc$$
$$b+c=11 \qquad \cdots\cdots \ \bigcirc\!\!\bigcirc\!\!\bigcirc$$

$\bigcirc - \bigcirc\!\!\bigcirc$을 하면 $\quad b-c=-3 \qquad \cdots\cdots \ \textcircled{e}$

$\bigcirc\!\!\bigcirc\!\!\bigcirc$, $\textcircled{e}$을 연립하여 풀면 $\quad b=4$, $c=7$

따라서 집합 A의 원소 중 가장 큰 수는 7이다.

답 7

다른 풀이 $\bigcirc+\bigcirc\!\!\bigcirc+\bigcirc\!\!\bigcirc\!\!\bigcirc$을 하면 $\quad 2(a+b+c)=26$

$\therefore a+b+c=13 \qquad \cdots\cdots \ \textcircled{m}$

$\textcircled{m}-\bigcirc$을 하면 $\quad c=7$

참고 $b=4$를 $\bigcirc$에 대입하면 $a+4=6$ $\quad \therefore a=2$

$\therefore A=\{2, 4, 7\}$

---

02 집합 사이의 포함 관계

● 본책 127~134쪽

308

답 (1) $\varnothing$, $\{2\}$, $\{4\}$, $\{2, 4\}$

(2) $\varnothing$, $\{1\}$, $\{3\}$, $\{9\}$, $\{1, 3\}$, $\{1, 9\}$, $\{3, 9\}$, $\{1, 3, 9\}$

309

답 (1) $\subset$ (2) $\not\subset$ (3) $\subset$

310

(1) $\{x \mid x^2-2x+1=0\}=\{1\}$이므로

$\{-1, 1\} \boxed{\neq} \{x \mid x^2-2x+1=0\}$

(2) $\{x \mid x$는 $2<x<4$인 자연수$\}=\{3\}$이므로

$\varnothing \boxed{\neq} \{x \mid x$는 $2<x<4$인 자연수$\}$

(3) $\{x \mid x=2^n, n=1, 2, 3\}=\{2, 4, 8\}$이므로

$\{2, 4, 8\} \boxed{=} \{x \mid x=2^n, n=1, 2, 3\}$

답 (1) $\neq$ (2) $\neq$ (3) $=$

311

$\{x \mid x$는 5 이하의 소수$\}=\{2, 3, 5\}$

이므로 주어진 집합의 진부분집합은

$\varnothing$, $\{2\}$, $\{3\}$, $\{5\}$, $\{2, 3\}$, $\{2, 5\}$, $\{3, 5\}$

답 풀이 참조

312

$A=\{1, 2, 4, 8, 16\}$이므로 $\quad n(A)=5$

(1) $2^5=32$ (2) $2^5-1=31$

(3) $2^{5-2}=2^3=8$ (4) $2^{5-1}=2^4=16$

답 (1) **32** (2) **31** (3) **8** (4) **16**

313

① 공집합은 모든 집합의 부분집합이므로 $\quad \varnothing \subset A$

② 1은 집합 B의 원소이므로 $\quad 1 \in B$

③ 3은 집합 A의 원소가 아니므로 $\quad 3 \notin A$

④ 2는 집합 A의 원소이므로 $\quad \{2\} \subset A$

⑤ 1, 3, 5는 집합 B의 원소이므로

$\{1, 3, 5\} \subset B$

따라서 옳지 않은 것은 ⑤이다. **답** ⑤

314

$A=\{2, 4, 6, 8, 10\}$

ㄱ. 5는 집합 A의 원소가 아니므로 $\quad 5 \notin A$ (거짓)

ㄴ. 6은 집합 A의 원소이므로 $\quad 6 \in A$ (거짓)

ㄷ. 4, 10은 집합 A의 원소이므로

$\{4, 10\} \subset A$ (참)

ㄹ. $10 \in A$, $10 \notin \{2, 4, 6, 8\}$이므로

$A \not\subset \{2, 4, 6, 8\}$ (거짓)

이상에서 옳은 것은 ㄷ뿐이다. **답** ㄷ

315

집합 S의 원소는 $\varnothing$, $\{0\}$, 1이다.

① $\varnothing$는 집합 S의 원소이므로 $\quad \varnothing \in S$

② 공집합은 모든 집합의 부분집합이므로 $\quad \varnothing \subset S$

③ 1은 집합 S의 원소이므로 $\quad 1 \in S$

④ {0}은 집합 S의 원소이므로
$$\{0\}\in S, \ \{\{0\}\}\subset S$$
⑤ $\varnothing$, {0}은 집합 S의 원소이므로
$$\{\varnothing, \{0\}\}\subset S$$
따라서 옳지 않은 것은 ④이다. 답 ④

316
$A\subset B$이고 $-1\in A$이므로 $-1\in B$
(i) $a-2=-1$, 즉 $a=1$일 때
$A=\{-1, 0\}$, $B=\{-1, 0, 2\}$이므로
$$A\subset B$$
(ii) $1-a=-1$, 즉 $a=2$일 때
$A=\{-1, 3\}$, $B=\{-1, 0, 2\}$이므로
$$A\not\subset B$$
(i), (ii)에서 $a=1$ 답 1

317
두 집합 A, B에 대하여 $A\subset B$가 성립하도록 수직선 위에 나타내면 다음 그림과 같다.

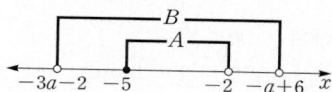

즉 $-3a-2<-5$, $-a+6\geq -2$이므로
$$1<a\leq 8$$
따라서 정수 a의 최댓값은 8, 최솟값은 2이므로 구하는 합은 $8+2=10$ 답 10

318
$A\subset B$이고 $B\subset A$이므로 $A=B$
$4\in A$이므로 $4\in B$
$$a^2-3a=4, \quad a^2-3a-4=0$$
$$(a+1)(a-4)=0 \quad \therefore a=-1 \text{ 또는 } a=4$$
(i) $a=-1$일 때
$A=\{-3, 0, 4\}$, $B=\{2, 4, 5\}$이므로
$$A\neq B$$
(ii) $a=4$일 때
$A=\{2, 4, 5\}$, $B=\{2, 4, 5\}$이므로
$$A=B$$
(i), (ii)에서 $a=4$ 답 4

다른 풀이 $A=B$이고 $2\in B$, $5\in B$이므로
$$2\in A, \ 5\in A$$
이때 $a-2<a+1$이므로
$$a-2=2, \ a+1=5 \quad \therefore a=4$$

319
집합 X는 집합 A의 부분집합 중 3, 5는 반드시 원소로 갖고 9는 원소로 갖지 않는 부분집합이므로 구하는 집합 X의 개수는
$$2^{6-2-1}=2^3=8$$ 답 8

320
집합 A의 부분집합의 개수는
$$2^4=16$$
집합 A의 부분집합 중 소수 2, 3, 5를 원소로 갖지 않는 부분집합의 개수는
$$2^{4-3}=2$$
따라서 적어도 한 개의 소수를 원소로 갖는 부분집합의 개수는
$$16-2=14$$ 답 14

321
집합 X는 집합 B의 부분집합 중 0, 1을 반드시 원소로 갖는 부분집합이므로
$$\{0, 1\}, \{0, 1, 2\}, \{0, 1, 3\}, \{0, 1, 2, 3\}$$
따라서 집합 X가 될 수 없는 것은 ④이다. 답 ④

322
집합 X의 개수는 집합 B의 부분집합 중 1, 2를 반드시 원소로 갖는 집합의 개수와 같으므로
$$2^{n-2}=128=2^7$$
$$n-2=7 \quad \therefore n=9$$ 답 9

323
집합 X는 a, b, c를 반드시 원소로 갖는 집합 A의 부분집합 중 집합 A를 제외한 것이다.
따라서 구하는 집합 X의 개수는
$$2^{5-3}-1=2^2-1=3$$ 답 3
참고 집합 X가 될 수 있는 것은
$$\{a, b, c\}, \{a, b, c, d\}, \{a, b, c, e\}$$

● 본책 135~136쪽

324

전략 두 집합 B, C의 원소를 구하여 세 집합 사이의 포함 관계를 파악한다.

$x \in A$, $y \in A$일 때, $2x + y$, xy의 값은 각각 [표 1], [표 2]와 같다.

2x\y	−1	0	1
−2	−3	−2	−1
0	−1	0	1
2	1	2	3

[표 1]

x\y	−1	0	1
−1	1	0	−1
0	0	0	0
1	−1	0	1

[표 2]

따라서 $B = \{-3, -2, -1, 0, 1, 2, 3\}$, $C = \{-1, 0, 1\}$이므로

$$A = C \subset B$$

답 ③

325

전략 x가 집합 S의 원소이면 $x \in S$, $\{x\} \subset S$이다.

집합 A의 원소는 $\varnothing$, a, b, $\{a, b\}$이다.

ㄱ. $n(A) = 4$ (거짓)

ㄴ. $\{\varnothing\} \subset A$ (거짓)

ㄷ. $b \in A$, $\{b\} \subset A$ (거짓)

ㅁ. $\{\{a, b\}\} \subset A$ (거짓)

이상에서 옳은 것은 ㄹ, ㅂ이다.

답 ㄹ, ㅂ

326

전략 $A = B$이면 두 집합 A, B의 모든 원소가 같음을 이용한다.

$A \subset B$이고 $B \subset A$이므로　$A = B$

$A = \{1, 3, 5, 15\}$에서 $3 \in A$, $5 \in A$이므로

$3 \in B$, $5 \in B$

즉 $a - 2 = 3$, $b - 2 = 5$ 또는 $a - 2 = 5$, $b - 2 = 3$이므로

$a = 5$, $b = 7$ 또는 $a = 7$, $b = 5$

$\therefore ab = 35$

답 35

327

전략 1, 2는 반드시 원소로 갖고 3, 4는 원소로 갖지 않는 부분집합의 개수는 집합 $\{5, 6, \cdots, n\}$의 부분집합의 개수와 같음을 이용한다.

집합 A의 원소의 개수는 n이고, 집합 A의 부분집합

중 1, 2는 반드시 원소로 갖고 3, 4는 원소로 갖지 않는 부분집합의 개수가 16이므로

$$2^{n-2-2} = 16, \qquad 2^{n-4} = 2^4$$

$$n - 4 = 4 \qquad \therefore n = 8$$

답 8

328

전략 집합 X가 반드시 원소로 갖는 것의 개수를 구한다.

$A = \{-3, -2, -1, 0, 1, 2, 3\}$, $B = \{-2, 2\}$이므로 집합 X는 -2, 2를 반드시 원소로 갖는 집합 A의 부분집합 중 두 집합 A, B를 제외한 것이다.

따라서 구하는 집합 X의 개수는

$$2^{7-2} - 2 = 2^5 - 2 = 30$$

답 30

329

전략 집합 A_{25}의 원소를 이용하여 $A_n \subset A_{25}$를 만족시키는 n의 값의 범위를 구한다.

$A_{25} = \{x \mid x\text{는 } 5 \text{ 이하의 홀수}\} = \{1, 3, 5\}$

따라서 $A_n \subset A_{25}$, 즉 $A_n \subset \{1, 3, 5\}$를 만족시키려면 집합 A_n의 원소는 5 이하의 홀수로만 이루어져 있어야 한다.

즉 $\sqrt{n} < 7$에서　$n < 49$

따라서 자연수 n의 최댓값은 48이다.

답 48

참고 $\sqrt{n} \geq 7$이면 $7 \in A_n$이므로　$A_n \not\subset A_{25}$

330

전략 포함 관계가 성립하도록 세 집합 A, B, C를 수직선 위에 나타낸다.

$1 < x \leq 3$에서 $-1 < x - 2 \leq 1$이므로

$$A = \{x \mid -1 < x \leq 1\}$$

$-1 \leq x < 7$에서 $-1 + a \leq x + a < 7 + a$이므로

$$B = \{x \mid -1 + a \leq x < 7 + a\}$$

$A \subset B \subset C$를 만족시키도록 세 집합 A, B, C를 수직선 위에 나타내면 다음 그림과 같다.

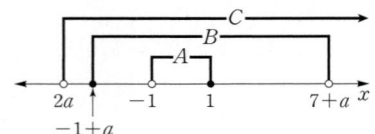

(i) $2a < -1 + a$에서　$a < -1$

(ii) $-1 + a \leq -1$에서　$a \leq 0$

(iii) $1 < 7 + a$에서　$a > -6$

이상에서 $-6 < a < -1$
따라서 정수 a는 -5, -4, -3, -2의 4개이다.

답 4

해설 Focus

수직선에서 $A \subset B$를 만족시키는 미지수의 범위를 구할 때에는 등호의 포함 여부에 주의한다.

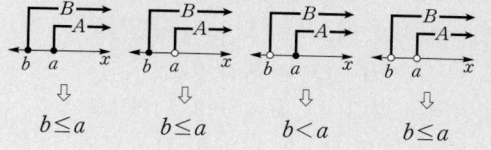

$$b \leq a \qquad b \leq a \qquad b < a \qquad b \leq a$$

331

전략 두 집합 A, B의 모든 원소의 합과 곱이 각각 같음을 이용한다.

$A = B$이므로 집합 A의 모든 원소의 합과 집합 B의 모든 원소의 합이 같다.
즉 $a + b + c = ab + bc + ca$에서
$\quad ab + bc + ca = -3$
또 집합 A의 모든 원소의 곱과 집합 B의 모든 원소의 곱이 같으므로
$\quad abc = ab \times bc \times ca$
$\quad abc = (abc)^2, \qquad abc(abc - 1) = 0$
$\quad \therefore abc = 1 \ (\because abc \neq 0)$
$\quad \therefore a^3 + b^3 + c^3$
$\qquad = (a + b + c)(a^2 + b^2 + c^2 - ab - bc - ca)$
$\qquad \quad + 3abc$
$\qquad = (a + b + c)$
$\qquad \quad \times \{(a + b + c)^2 - 3(ab + bc + ca)\} + 3abc$
$\qquad = -3 \times \{(-3)^2 - 3 \times (-3)\} + 3 \times 1$
$\qquad = -3 \times 18 + 3 = -51$

답 -51

332

전략 집합 A의 부분집합에서 b, f를 원소로 갖지 않는 부분집합을 제외한다.

집합 A의 부분집합의 개수는
$\quad 2^7 = 128$
집합 A의 부분집합 중 b, f를 원소로 갖지 않는 부분집합의 개수는
$\quad 2^{7-2} = 2^5 = 32$

따라서 집합 A의 부분집합 중 b 또는 f를 원소로 갖는 부분집합의 개수는
$\quad 128 - 32 = 96$

답 96

다른 풀이 (ⅰ) 집합 A의 부분집합 중 b를 반드시 원소로 갖는 부분집합의 개수는 $\quad 2^{7-1} = 2^6 = 64$
(ⅱ) 집합 A의 부분집합 중 f를 반드시 원소로 갖는 부분집합의 개수는 $\quad 2^{7-1} = 2^6 = 64$
(ⅲ) 집합 A의 부분집합 중 b, f를 반드시 원소로 갖는 부분집합의 개수는 $\quad 2^{7-2} = 2^5 = 32$
이상에서 구하는 부분집합의 개수는
$\quad 64 + 64 - 32 = 96$

333

전략 두 집합 A, B의 원소의 개수를 이용한다.

$x^2 - 4x + 3 = 0$에서
$\quad (x - 1)(x - 3) = 0 \qquad \therefore x = 1$ 또는 $x = 3$
$\quad \therefore A = \{1, 3\}$
$x^2 - 6x + 5 \leq 0$에서
$\quad (x - 1)(x - 5) \leq 0 \qquad \therefore 1 \leq x \leq 5$
$\quad \therefore B = \{1, 2, 3, 4, 5\}$
따라서 $A \subset X \subset B$를 만족시키는 집합 X의 개수는 1, 3을 반드시 원소로 갖는 집합 B의 부분집합의 개수와 같으므로
$\quad 2^{5-2} = 2^3 = 8$
이때 $n(X) \geq 3$이므로 $n(X) = 2$, 즉 $X = \{1, 3\}$인 경우를 제외하면 구하는 집합 X의 개수는
$\quad 8 - 1 = 7$

답 7

334

전략 $a \in A$이려면 a, $\dfrac{81}{a}$이 모두 자연수이어야 함을 이용한다.

조건 (가), (나)에서 집합 A의 원소는 81의 양의 약수이어야 한다.
이때 81의 양의 약수는 1, 3, 9, 27, 81이고 조건 (나)에 의하여 1과 81, 3과 27은 어느 하나가 A의 원소이면 나머지 하나도 반드시 A의 원소이어야 한다.
따라서 구하는 집합 A의 개수는 집합 $\{1, 3, 9\}$의 공집합이 아닌 부분집합의 개수와 같으므로
$\quad 2^3 - 1 = 7$

답 7

다른 풀이 조건 ㈎, ㈏에서 집합 A의 원소가 될 수 있는 것은 81의 양의 약수인 1, 3, 9, 27, 81이고 1과 81, 3과 27은 동시에 집합 A의 원소이거나 원소가 아니어야 한다.

따라서 원소의 개수에 따라 집합 A를 구해 보면 다음과 같다.

(ⅰ) 원소가 1개일 때
$$A=\{9\}$$

(ⅱ) 원소가 2개일 때
$$A=\{1,\ 81\}\ 또는\ A=\{3,\ 27\}$$

(ⅲ) 원소가 3개일 때
$$A=\{1,\ 9,\ 81\}\ 또는\ A=\{3,\ 9,\ 27\}$$

(ⅳ) 원소가 4개일 때
$$A=\{1,\ 3,\ 27,\ 81\}$$

(ⅴ) 원소가 5개일 때
$$A=\{1,\ 3,\ 9,\ 27,\ 81\}$$

이상에서 조건을 만족시키는 집합 A의 개수는
$$1+2+2+1+1=7$$

335

전략 $a_n=k$이면 집합 A_n은 k를 반드시 원소로 갖고 k보다 작은 수는 원소로 갖지 않아야 한다.

집합 A의 공집합이 아닌 부분집합의 원소 중 가장 작은 원소는 2, 3, 4, 5 중 하나이다.

(ⅰ) 가장 작은 원소가 2인 집합은 2를 반드시 원소로 갖는 부분집합이므로 그 개수는
$$2^{4-1}=2^3=8$$

(ⅱ) 가장 작은 원소가 3인 집합은 3은 반드시 원소로 갖고 2는 원소로 갖지 않는 부분집합이므로 그 개수는 $\quad 2^{4-1-1}=2^2=4$

(ⅲ) 가장 작은 원소가 4인 집합은 4는 반드시 원소로 갖고 2, 3은 원소로 갖지 않는 부분집합이므로 그 개수는 $\quad 2^{4-1-2}=2$

(ⅳ) 가장 작은 원소가 5인 집합은 $\{5\}$의 1개이다.

이상에서
$$\begin{aligned} &a_1+a_2+a_3+\cdots+a_{15}\\ &=2\times8+3\times4+4\times2+5\times1\\ &=16+12+8+5=41 \end{aligned}$$

답 **41**

---

2 집합의 연산

01 집합의 연산
● 본책 138∼147쪽

336

(1) $A\cup B=\{a,\ b,\ c,\ d,\ e\}$

(2) $A=\{3,\ 6,\ 9\},\ B=\{1,\ 2,\ 3,\ 6\}$이므로
$$A\cup B=\{1,\ 2,\ 3,\ 6,\ 9\}$$

(3) $A=\{1,\ 2,\ 3,\ 4\},\ B=\{-2,\ 1\}$이므로
$$A\cup B=\{-2,\ 1,\ 2,\ 3,\ 4\}$$

답 **풀이 참조**

337

(1) $A\cap B=\{2,\ 4\}$

(2) $A\cap B=\{d\}$

(3) $A=\{2,\ 4,\ 6,\ \cdots\},\ B=\{1,\ 2,\ 3,\ \cdots,\ 10\}$이므로
$$A\cap B=\{2,\ 4,\ 6,\ 8,\ 10\}$$

답 **풀이 참조**

338

ㄱ. $A\cap B=\varnothing$이므로 두 집합 A, B는 서로소이다.

ㄴ. $A=\{0,\ 1,\ 2\},\ B=\{2\}$이므로
$$A\cap B=\{2\}$$
따라서 두 집합 A, B는 서로소가 아니다.

ㄷ. $A=\{1,\ 2,\ 4\},\ B=\{1,\ 3,\ 9\}$이므로
$$A\cap B=\{1\}$$
따라서 두 집합 A, B는 서로소가 아니다.

ㄹ. 음의 정수이면서 양의 정수인 정수는 없으므로
$$A\cap B=\varnothing$$
따라서 두 집합 A, B는 서로소이다.

이상에서 두 집합 A, B가 서로소인 것은 ㄱ, ㄹ이다.

답 **ㄱ, ㄹ**

339

$U=\{2,\ 3,\ 5,\ 7,\ 11,\ 13,\ 17,\ 19\}$

전체집합 U와 두 부분집합 A, B를 벤다이어그램으로 나타내면 오른쪽 그림과 같다.

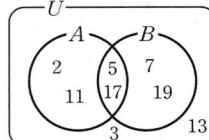

(1) $A^C=\{3,\ 7,\ 13,\ 19\}$

(2) $B^C=\{2,\ 3,\ 11,\ 13\}$

---

(3) $A-B=\{2, 11\}$

(4) $B-A=\{7, 19\}$

(5) $(A\cup B)^c=\{3, 13\}$

(6) $(A\cap B)^c=\{2, 3, 7, 11, 13, 19\}$

답 풀이 참조

340

② $U-A^c=(A^c)^c=A$

③ $(A^c)^c\cap U=A\cap U=A$

⑤ $(A\cap B)\subset A$이므로 $A\cup(A\cap B)=A$

따라서 옳지 않은 것은 ⑤이다.   답 ⑤

341

$A=\{1, 2, 3\}$, $B=\{1, 2, 4\}$, $C=\{1, 3, 5, 7\}$

③ $A\cup B=\{1, 2, 3, 4\}$이므로

$\quad (A\cup B)\cap C=\{1, 3\}$

④ $B\cap C=\{1\}$이므로

$\quad A\cup(B\cap C)=\{1, 2, 3\}$

⑤ $B\cup C=\{1, 2, 3, 4, 5, 7\}$이므로

$\quad A\cap(B\cup C)=\{1, 2, 3\}$

따라서 옳지 않은 것은 ③이다.   답 ③

342

구하는 집합의 개수는 집합 A의 부분집합 중 a, c를 원소로 갖지 않는 집합의 개수와 같으므로

$2^{4-2}=2^2=4$ 답 4

343

$A=\{2, 3, 5, 7\}$이므로

$\quad A^c=\{1, 4, 6, 8, 9, 10\}$

따라서 $n(A)=4$, $n(A^c)=6$이므로

$\quad n(A^c)-n(A)=6-4=2$ 답 2

344

$A=\{2, 5, 6, 8, 9\}$, $B=\{1, 3, 5, 7, 9\}$이므로

$\quad A\cup B=\{1, 2, 3, 5, 6, 7, 8, 9\}$,

$\quad A\cap B=\{5, 9\}$

$\therefore (A\cup B)-(A\cap B)=\{1, 2, 3, 6, 7, 8\}$

답 {1, 2, 3, 6, 7, 8}

345

전체집합 $U=\{1, 2, 3, \cdots, 8\}$의 두 부분집합 A, B가

$A=\{1, 2, 4, 8\}$, $B=\{1, 2, 3, 6\}$이므로

$\quad A-B=\{4, 8\}$

$\quad \therefore (A-B)^c=\{1, 2, 3, 5, 6, 7\}$

따라서 집합 $(A-B)^c$의 모든 원소의 합은

$\quad 1+2+3+5+6+7=24$ 답 24

346

전체집합 $U=\{1, 2, \cdots, 9\}$

와 주어진 조건을 만족시키는

두 부분집합 A, B를 벤다이어

그램으로 나타내면 오른쪽 그

림과 같으므로

$\quad B=\{3, 4, 5, 8, 9\}$ 답 {3, 4, 5, 8, 9}

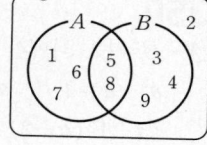

347

전체집합 $U=\{1, 2, \cdots, 8\}$

과 주어진 조건을 만족시키

는 두 부분집합 A, B를 벤다

이어그램으로 나타내면 오른

쪽 그림과 같으므로

$\quad A=\{1, 2, 3, 6, 7\}$

따라서 구하는 모든 원소의 합은

$\quad 1+2+3+6+7=19$ 답 19

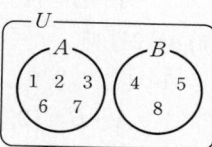

348

전체집합

$U=\{1, 3, 5, 7, 9, 11\}$과 주

어진 조건을 만족시키는 두

부분집합 A, B를 벤다이어그

램으로 나타내면 오른쪽 그림과 같으므로

$\quad B=\{3, 5, 9\}$

따라서 구하는 모든 원소의 합은

$\quad 3+5+9=17$ 답 17

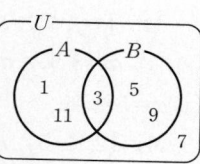

349

$A\cap B=\{1, 6\}$에서 $6\in A$이므로 $a^2+2=6$

$\quad a^2=4$ $\therefore a=-2$ 또는 $a=2$

(i) $a=-2$일 때

$A=\{1,\,4,\,6\}$, $B=\{-11,\,-2,\,3\}$이므로

$\qquad A\cap B=\varnothing$

따라서 주어진 조건을 만족시키지 않는다.

(ii) $a=2$일 때

$A=\{1,\,4,\,6\}$, $B=\{1,\,3,\,6\}$이므로

$\qquad A\cap B=\{1,\,6\}$

(i), (ii)에서 $\qquad a=2$ 답 **2**

350

$A-B=\{2,\,3\}$에서 $2\in A$이므로

$\qquad a^2-a=2$, $\qquad a^2-a-2=0$

$\qquad (a+1)(a-2)=0$

$\qquad \therefore a=-1$ 또는 $a=2$

(i) $a=-1$일 때

$A=\{1,\,2,\,3,\,5\}$, $B=\{-2,\,1,\,5\}$이므로

$\qquad A-B=\{2,\,3\}$

(ii) $a=2$일 때

$A=\{1,\,2,\,3,\,5\}$, $B=\{1,\,4,\,8\}$이므로

$\qquad A-B=\{2,\,3,\,5\}$

따라서 주어진 조건을 만족시키지 않는다.

(i), (ii)에서 $\qquad B=\{-2,\,1,\,5\}$

답 **{−2, 1, 5}**

351

$A\cup B=\{2,\,4,\,5,\,7\}$에서 $4\in A$ 또는 $7\in A$이므로

$\qquad a-1=4$ 또는 $a-1=7$

$\qquad \therefore a=5$ 또는 $a=8$

(i) $a=5$일 때

$A=\{2,\,4,\,5\}$, $B=\{4,\,7\}$이므로

$\qquad A\cup B=\{2,\,4,\,5,\,7\}$

(ii) $a=8$일 때

$A=\{2,\,5,\,7\}$, $B=\{4,\,13\}$이므로

$\qquad A\cup B=\{2,\,4,\,5,\,7,\,13\}$

따라서 주어진 조건을 만족시키지 않는다.

(i), (ii)에서 $\qquad B=\{4,\,7\}$

따라서 집합 B의 모든 원소의 합은

$\qquad 4+7=11$ 답 **11**

352

① $A-B^C=A\cap(B^C)^C=A\cap B$

② $(A\cup A^C)\cup B=U\cup B=U$

③ $(U-A^C)\cap B=(A^C)^C\cap B=A\cap B$

④ $(A^C)^C\cap(U-B^C)=A\cap(B^C)^C=A\cap B$

⑤ $(A\cap B)\cup(B\cap B^C)=(A\cap B)\cup\varnothing=A\cap B$

따라서 나머지 넷과 다른 하나는 ②이다. 답 **②**

353

$B^C\subset A^C$에서 $\qquad A\subset B$

이를 벤다이어그램으로 나타내면

오른쪽 그림과 같다.

④ $A\neq B$이면 $\qquad A\cup B^C\neq U$

따라서 항상 성립한다고 할 수 없

는 것은 ④이다. 답 **④**

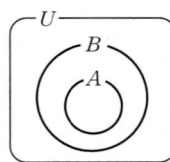

354

전체집합 U의 두 부분집합

A, B가 서로소이므로

$\qquad A\cap B=\varnothing$

이를 벤다이어그램으로 나타

내면 오른쪽 그림과 같다.

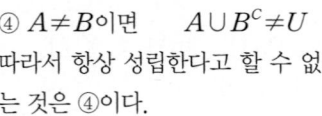

ㄱ. $A-B=A$ (거짓)

ㄴ. $A\subset B^C$ (참)

ㄷ. $A\cup B^C=B^C$ (참)

ㄹ. $B\cap A^C=B-A=B$ (참)

ㅁ. $A\cap(B-A)=A\cap B=\varnothing$ (참)

ㅂ. $A-(U-B)=A-B^C=A\cap(B^C)^C$

$\qquad\qquad =A\cap B=\varnothing$ (거짓)

이상에서 항상 옳은 것은 ㄴ, ㄷ, ㄹ, ㅁ이다.

답 **ㄴ, ㄷ, ㄹ, ㅁ**

355

$A\cap X=X$에서 $\qquad X\subset A$

$(A\cap B)\cup X=X$에서 $\qquad (A\cap B)\subset X$

$\qquad \therefore (A\cap B)\subset X\subset A$

이때 $A\cap B=\{4,\,5,\,6\}$이므로

$\qquad \{4,\,5,\,6\}\subset X\subset\{1,\,2,\,3,\,4,\,5,\,6\}$

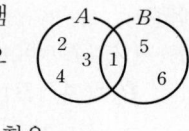

따라서 집합 X는 집합 A의 부분집합 중 4, 5, 6을 반드시 원소로 갖는 집합이므로 구하는 집합 X의 개수는
$$2^{6-3}=2^3=8$$
답 8

356

$A-X=\varnothing$에서 $A\subset X$
$B-X=B$에서 $B\cap X=\varnothing$
즉 집합 X는 전체집합 $U=\{2,\,3,\,5,\,7,\,11,\,13\}$의 부분집합 중 집합 A의 원소 2, 7은 반드시 원소로 갖고 집합 B의 원소 3, 13은 원소로 갖지 않는 집합이다.
따라서 구하는 집합 X의 개수는
$$2^{6-2-2}=2^2=4$$
답 4

357

$(A\cup X)\subset(B\cup X)$를 만족시키는 전체집합 U의 부분집합 X는 두 집합 A, B의 공통인 원소 9를 제외한 집합 A의 나머지 원소 1, 5, 13을 반드시 원소로 가져야 하므로
$$\{1,\,5,\,13\}\subset X\subset\{1,\,3,\,5,\,7,\,9,\,11,\,13\}$$
따라서 구하는 집합 X의 개수는
$$2^{7-3}=2^4=16$$
답 16

연습문제
• 본책 148~149쪽

358

전략 주어진 조건을 만족시키도록 두 집합 A, B를 수직선 위에 나타낸다.

두 집합 A, B가 서로소, 즉 $A\cap B=\varnothing$이려면 오른쪽 그림과 같아야 하므로
$$a<-2$$
따라서 정수 a의 최댓값은 -3이다.
답 -3

359

전략 집합 $B-A$의 원소를 이용하여 집합 $A\cap B$의 원소를 구한다.

$B=(B-A)\cup(A\cap B)$
$\quad=\{5,6\}\cup(A\cap B)$

이때 집합 B의 모든 원소의 합이 12이므로
$$A\cap B=\{1\}$$
즉 두 집합 A, B를 벤다이어그램으로 나타내면 오른쪽 그림과 같으므로
$$A-B=\{2,\,3,\,4\}$$
따라서 집합 $A-B$의 모든 원소의 합은
$$2+3+4=9$$
답 ⑤

360

전략 주어진 집합을 벤다이어그램으로 나타내어 본다.

① $A\cup(B\cap C)$

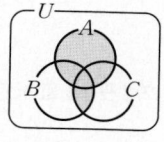

② $A\cap(B\cup C)$

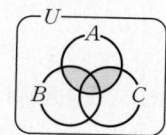

③ $B\cap(A\cup C)$

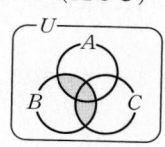

④ $A^C\cap(B\cup C)$

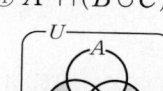

⑤ $B^C\cap(A\cup C)$

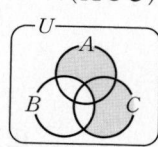

따라서 주어진 벤다이어그램에서 색칠한 부분을 나타내는 집합은 ②이다.
답 ②

361

전략 두 집합 A, B 사이의 포함 관계를 이용한다.

$B-A=\varnothing$에서 $B\subset A$
이때 $3\in B$이므로 $3\in A$
(i) $2a-3=3$, 즉 $a=3$일 때
$A=\{-2,\,3,\,4\}$, $B=\{-7,\,3\}$이므로
$\quad B\not\subset A$
따라서 주어진 조건을 만족시키지 않는다.
(ii) $a+1=3$, 즉 $a=2$일 때
$A=\{-2,\,1,\,3\}$, $B=\{-2,\,3\}$이므로
$\quad B\subset A$
(i), (ii)에서 $a=2$
답 2

362

전략 주어진 조건으로부터 두 집합 A, B 사이의 포함 관계를 알아낸다.

$B-(A \cap B)=\varnothing$에서

$\quad B \subset (A \cap B)$

$\quad \therefore B \subset A$

이를 벤다이어그램으로 나타내면
오른쪽 그림과 같다.

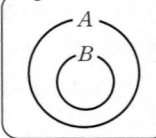

④ $A \neq B$이면 $\quad A-B \neq \varnothing$

따라서 항상 성립한다고 할 수 없는 것은 ④이다.

답 ④

363

전략 주어진 조건을 이용하여 집합 사이의 포함 관계를 알아낸다.

$A \cup X=A$에서 $\quad X \subset A$

$B \cap X=\varnothing$에서 두 집합 B, X는 서로소이므로

$\quad X \subset B^C$

따라서 집합 X는 집합 $A \cap B^C$, 즉 집합 $A-B$의 부분집합이다.

이때 집합 $A-B$는 50 이하의 6의 배수 중 4의 배수가 아닌 자연수의 집합이므로

$\quad A-B=\{6, 18, 30, 42\}$

따라서 구하는 집합 X의 개수는

$\quad 2^4=16$

답 ②

364

전략 삼차방정식을 풀어 집합 A의 원소를 구한다.

$x^3-3x^2+2x=0$에서

$\quad x(x-1)(x-2)=0$

$\quad \therefore x=0$ 또는 $x=1$ 또는 $x=2$

$\quad \therefore A=\{0, 1, 2\}$

이때 $A-B=\{0, 1\}$이므로

$\quad 2 \in B$

즉 $x^2+x+a=0$의 한 근이 2이므로

$\quad 4+2+a=0 \quad \therefore a=-6$

$x^2+x-6=0$에서 $\quad (x+3)(x-2)=0$

$\quad \therefore x=-3$ 또는 $x=2$

따라서 $B=\{-3, 2\}$이므로

$\quad B-A=\{-3\}$

답 $\{-3\}$

365

전략 $(A-B) \cup (B-A)=(A \cup B)-(A \cap B)$임을 이용한다.

$(A-B) \cup (B-A)=(A \cup B)-(A \cap B)$이므로

$\quad a+2 \in (A \cap B) \quad \therefore a+2 \in B$

그런데 $a+2 \neq a+7$이므로 $\quad a+2=a^3-2a$

$\quad a^3-3a-2=0, \quad (a+1)^2(a-2)=0$

$\quad \therefore a=-1$ (중근) 또는 $a=2$

(i) $a=-1$일 때

$\quad A=\{1, 2, 9\}$, $B=\{1, 6\}$이므로

$\quad (A-B) \cup (B-A)=\{2, 6, 9\}$

(ii) $a=2$일 때

$\quad A=\{2, 4, 9\}$, $B=\{4, 9\}$이므로

$\quad (A-B) \cup (B-A)=\{2\}$

(i), (ii)에서 $\quad a=-1$, $b=6$

$\quad \therefore a+b=5$

답 5

366

전략 집합 C가 반드시 원소로 갖는 것과 원소로 갖지 않는 것을 구한다.

$U=\{1, 2, 3, 4, 6, 8, 12, 24\}$, $A=\{1, 2, 3, 6\}$,
$B=\{2, 4, 6, 8\}$이므로

$\quad A-B=\{1, 3\}$

$(A-B) \cap C=\{3\}$에서 집합 C는 3을 반드시 원소로 갖고 1을 원소로 갖지 않는다.

또 $B \cap C=B$에서 $B \subset C$이므로 집합 C는 집합 B의 원소 2, 4, 6, 8을 반드시 원소로 갖는다.

따라서 집합 C는 전체집합 U의 부분집합 중 2, 3, 4, 6, 8을 반드시 원소로 갖고 1을 원소로 갖지 않는 집합이므로 구하는 집합 C의 개수는

$\quad 2^{8-5-1}=2^2=4$

답 4

367

전략 $B=\varnothing$일 때와 $B \neq \varnothing$일 때로 나누어 생각한다.

$A \cap B=B$이므로 $\quad B \subset A$

(i) $B=\varnothing$일 때

방정식 $ax+2=2x$, 즉 $(a-2)x=-2$의 해가 존재하지 않아야 하므로

$\quad a-2=0 \quad \therefore a=2$

(ii) $B \neq \varnothing$일 때

$B=\{-2\}$ 또는 $B=\{3\}$이므로

$\qquad -2a+2=-4$ 또는 $3a+2=6$

$\qquad \therefore a=3$ 또는 $a=\dfrac{4}{3}$

(i), (ii)에서 $\quad a=\dfrac{4}{3}$ 또는 $a=2$ 또는 $a=3$

따라서 모든 실수 a의 값의 곱은

$\qquad \dfrac{4}{3} \times 2 \times 3=8$ 　　　　　　 🖹 8

368

전략 조건 ㈎, ㈏를 만족시키는 집합 $B-A$를 구한다.

조건 ㈎에서 $A-B=\varnothing$이므로 $\quad A \subset B$

$\qquad \therefore S(B-A)=S(B)-S(A)$

$\qquad\qquad\qquad =10 \ (\because$ 조건 ㈏$)$

이때 전체집합 $U=\{2, 3, 5, 7, 11\}$에 대하여 원소의 합이 10인 경우는

$\qquad 2+3+5=10$ 또는 $3+7=10$

$\qquad \therefore B-A=\{2, 3, 5\}$ 또는 $B-A=\{3, 7\}$

한편

$S(B)+S(B^c)=S(U)=2+3+5+7+11=28$

이므로 조건 ㈐에서 $\quad S(B)<14$

$\qquad S(A)+10<14 \ (\because$ 조건 ㈏$)$

$\qquad \therefore S(A)<4$ 　　　　　　 ⋯⋯ ㉠

(i) $B-A=\{2, 3, 5\}$일 때

$\quad A \neq \varnothing$이므로

$\qquad 7 \in A$ 또는 $11 \in A$

$\quad$ 이때 ㉠을 만족시키지 않는다.

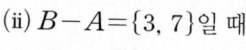

(ii) $B-A=\{3, 7\}$일 때

$\quad A \neq \varnothing$이므로

$\qquad 2 \in A$ 또는 $5 \in A$

$\qquad$ 또는 $11 \in A$

$\quad$ 이때 ㉠에서 $\quad A=\{2\}$

$\qquad \therefore B=\{2, 3, 7\}$

(i), (ii)에서 $\quad B=\{2, 3, 7\}$ 　　 🖹 $\{2, 3, 7\}$

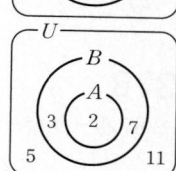

369

전략 집합 X가 2를 포함하는 경우와 포함하지 않는 경우로 나누어 생각한다.

집합 X는 $X \cap A \neq \varnothing$, $X \cap B \neq \varnothing$을 만족시켜야 하므로 집합 A의 원소 중 적어도 하나와 집합 B의 원소 중 적어도 하나를 원소로 가져야 한다.

(i) $2 \in X$인 경우

$\quad 2 \in (X \cap A)$, $2 \in (X \cap B)$이므로 집합 X는 $X \cap A \neq \varnothing$, $X \cap B \neq \varnothing$을 만족시킨다.

$\quad$ 이때 집합 X의 개수는 전체집합 U의 부분집합 중 2를 반드시 원소로 갖는 집합의 개수와 같으므로

$\qquad 2^{5-1}=16$

(ii) $2 \notin X$인 경우

$\quad$ 집합 X는 집합 A의 원소 1을 반드시 원소로 갖고, 집합 B의 원소 3, 4 중 적어도 하나를 반드시 원소로 가져야 한다.

$\quad$ 집합 $\{1, 3, 4, 5\}$의 부분집합 중 1을 반드시 원소로 갖는 집합의 개수는

$\qquad 2^{4-1}=2^3=8$

$\quad$ 집합 $\{1, 3, 4, 5\}$의 부분집합 중 1을 반드시 원소로 갖고, 3, 4를 원소로 갖지 않는 집합의 개수는

$\qquad 2^{4-1-2}=2$

$\quad$ 따라서 집합 X의 개수는

$\qquad 8-2=6$

(i), (ii)에서 구하는 집합 X의 개수는

$\qquad 16+6=22$ 　　　　　　 🖹 22

02 　집합의 연산 법칙 　　　● 본책 150~155쪽

370

(1) $(A-B^c) \cup (B-A)=(A \cap B) \cup (B \cap A^c)$

$\qquad\qquad\qquad\qquad =B \cap (A \cup A^c)$

$\qquad\qquad\qquad\qquad =B \cap U=B$

(2) $\{A \cap (A^c \cup B)\} \cup \{B \cap (B \cup C)\}$

$\quad =\{(A \cap A^c) \cup (A \cap B)\} \cup B \quad \leftarrow B \subset (B \cup C)$

$\quad =\{\varnothing \cup (A \cap B)\} \cup B$

$\quad =(A \cap B) \cup B=B \qquad\qquad \leftarrow (A \cap B) \subset B$

　　　　　　　　　　　　　 🖹 (1) B　 (2) B

371

$$A-(B\cup C)=A\cap(B\cup C)^C$$
$$=A\cap(B^C\cap C^C) \quad \leftarrow \text{드모르간의 법칙}$$
$$=(A\cap B^C)\cap C^C \quad \leftarrow \text{결합법칙}$$
$$=(A\cap B^C)-C$$
$$=(A-B)-C \qquad \text{탭 풀이 참조}$$

372

주어진 등식의 좌변을 간단히 하면
$$(A\cup B)\cap A^C=(A\cap A^C)\cup(B\cap A^C)$$
$$=\varnothing\cup(B\cap A^C)$$
$$=B\cap A^C=B-A$$
즉 $B-A=\varnothing$이므로 $\quad B\subset A$

ㄱ. $A\cap B=B$ (거짓)

ㄴ. $A\cup B=A$ (참)

ㄷ. $A\cup B^C=U$ (참)

이상에서 항상 옳은 것은 ㄴ, ㄷ이다. $\qquad$ 탭 ㄴ, ㄷ

373

주어진 등식의 좌변을 간단히 하면
$$(A\cup B)\cap(B-A)^C=(A\cup B)\cap(B\cap A^C)^C$$
$$=(A\cup B)\cap(B^C\cup A)$$
$$=(A\cup B)\cap(A\cup B^C)$$
$$=A\cup(B\cap B^C)$$
$$=A\cup\varnothing=A$$
즉 $A=A\cap B$이므로 $\quad A\subset B$

①, ② $A\cap B=A$

③ $A\cap B^C=\varnothing$

④, ⑤ $A\cup B=B$

따라서 항상 옳은 것은 ⑤이다. $\qquad$ 탭 ⑤

374

$$(A\circledcirc B)\circledcirc A=(B\circledcirc A)\circledcirc A \quad \leftarrow \text{교환법칙}$$
$$=B\circledcirc(A\circledcirc A) \quad \leftarrow \text{결합법칙}$$
$$=B\circledcirc\{(A\cup A)-(A\cap A)\}$$
$$=B\circledcirc(A-A)=B\circledcirc\varnothing$$
$$=(B\cup\varnothing)-(B\cap\varnothing)$$
$$=B-\varnothing$$
$$=B \qquad \text{탭 ②}$$

375

(1) $(A_2\cup A_8)\cap(A_3\cup A_9)=A_2\cap A_3=A_6$
$$\therefore m=6$$

(2) $(A_6\cap A_8)\cup A_{12}=A_{24}\cup A_{12}=A_{12}$
$$\therefore m=12$$

탭 (1) **6** (2) **12**

03 유한집합의 원소의 개수 ● 본책 156~160쪽

376

(1) $n(A\cup B)=n(A)+n(B)-n(A\cap B)$
$$=10+8-4=14$$

(2) $n(A\cup B)=n(A)+n(B)-n(A\cap B)$에서
$$10=8+5-n(A\cap B)$$
$$\therefore n(A\cap B)=3$$

(3) $n(A\cup B)=n(A)+n(B)-n(A\cap B)$에서
$$13=6+n(B)-2 \quad \therefore n(B)=9$$

탭 (1) **14** (2) **3** (3) **9**

377

$$n(A\cup B\cup C)$$
$$=n(A)+n(B)+n(C)-n(A\cap B)$$
$$\quad -n(B\cap C)-n(C\cap A)+n(A\cap B\cap C)$$
$$=12+16+17-8-12-7+5$$
$$=23 \qquad \text{탭 23}$$

378

(1) $n(A-B)=n(A)-n(A\cap B)$
$$=20-8=12$$

(2) $n(B-A)=n(B)-n(A\cap B)$
$$=13-8=5$$

탭 (1) **12** (2) **5**

379

(1) $n(A^C)=n(U)-n(A)=33-21=12$

(2) $n(B^c)=n(U)-n(B)=33-14=19$

(3) $n((A\cap B)^c)=n(U)-n(A\cap B)$
$\qquad\qquad\qquad =33-9=24$

(4) $n(A^c\cap B^c)=n((A\cup B)^c)$
$\qquad\qquad\qquad =n(U)-n(A\cup B)$

이때

$$n(A\cup B)=n(A)+n(B)-n(A\cap B)$$
$$\qquad\qquad =21+14-9=26$$

이므로

$$n(A^c\cap B^c)=n(U)-n(A\cup B)$$
$$\qquad\qquad =33-26=7$$

답 (1) **12** (2) **19** (3) **24** (4) **7**

380

$n(A^c\cap B^c)=n((A\cup B)^c)$
$\qquad\qquad\quad =n(U)-n(A\cup B)$

에서

$11=32-n(A\cup B)$ $\quad\therefore n(A\cup B)=21$

$n(A\cup B)=n(A)+n(B)-n(A\cap B)$에서

$21=n(A)+n(B)-4$

$\therefore n(A)+n(B)=25$ **답** **25**

381

$n(A\cup B)=n(A)+n(B)-n(A\cap B)$에서

$18=12+10-n(A\cap B)$

$\therefore n(A\cap B)=4$

따라서 벤다이어그램에 각 집
합의 원소의 개수를 나타내면
오른쪽 그림과 같으므로 색칠
한 부분에 속하는 원소의 개
수는 $\quad 4+7=11$

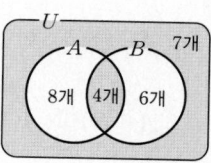

답 **11**

382

$n(A\cup B)=n(A)+n(B)-n(A\cap B)$에서

$15=10+9-n(A\cap B)$

$\therefore n(A\cap B)=4$

$n(B\cup C)=n(B)+n(C)-n(B\cap C)$에서

$11=9+6-n(B\cap C)$

$\therefore n(B\cap C)=4$

또 $A\cap C=\varnothing$이므로 $\quad A\cap B\cap C=\varnothing$

$\therefore n(A\cup B\cup C)$
$\quad =n(A)+n(B)+n(C)$
$\qquad -n(A\cap B)-n(B\cap C)-n(C\cap A)$
$\qquad +n(A\cap B\cap C)$
$\quad =10+9+6-4-4-0+0$
$\quad =17$

답 **17**

383

중국어를 신청한 학생의 집합을 A, 일본어를 신청한
학생의 집합을 B라 하면

$$n(A)=52, \ n(B)=45$$

80명의 학생이 두 과목 중 적어도 한 과목을 신청하였
으므로 $\qquad n(A\cup B)=80$

$n(A\cup B)=n(A)+n(B)-n(A\cap B)$에서

$80=52+45-n(A\cap B)$

$\therefore n(A\cap B)=17$

한 과목만 신청한 학생 수는 전체 학생 수에서 두 과목
을 모두 신청한 학생 수를 뺀 것과 같으므로

$$n(A\cup B)-n(A\cap B)=80-17=63$$

따라서 구하는 학생 수는 63이다.

답 **63**

다른 풀이 중국어만 신청한 학생 수는

$$n(A-B)=n(A\cup B)-n(B)$$
$$\qquad\qquad =80-45=35$$

일본어만 신청한 학생 수는

$$n(B-A)=n(A\cup B)-n(A)$$
$$\qquad\qquad =80-52=28$$

따라서 구하는 학생 수는

$$n(A-B)+n(B-A)=35+28=63$$

384

학급 전체 학생의 집합을 U, A 포털사이트의 이메일
을 이용하는 학생의 집합을 A, B 포털사이트의 이메
일을 이용하는 학생의 집합을 B라 하면

$$n(U)=40, \ n(A)=25, \ n(B)=20,$$
$$n(A^c\cap B^c)=5$$

$n(A^c\cap B^c)=n((A\cup B)^c)=n(U)-n(A\cup B)$

에서 $\quad 5=40-n(A\cup B)$

$\therefore n(A\cup B)=35$

두 포털사이트의 이메일을 모두 이용하는 학생의 집합은 $A \cap B$이므로

$n(A \cup B) = n(A) + n(B) - n(A \cap B)$에서

$\quad 35 = 25 + 20 - n(A \cap B)$

$\quad \therefore n(A \cap B) = 10$

따라서 구하는 학생 수는 10이다.   🖎 **10**

385

$n(A \cup B) = n(A) + n(B) - n(A \cap B)$
$\qquad\qquad = 15 + 26 - n(A \cap B)$
$\qquad\qquad = 41 - n(A \cap B)$

(ⅰ) $n(A \cup B)$가 최대인 경우는 $n(A \cap B)$가 최소일 때이므로 $n(A \cap B) = 7$일 때이다.

 따라서 $n(A \cup B)$의 최댓값은

$\qquad 41 - 7 = 34$

(ⅱ) $n(A \cup B)$가 최소인 경우는 $n(A \cap B)$가 최대일 때이므로 $A \subset B$일 때이다.

 따라서 $n(A \cup B)$의 최솟값은

$\qquad n(B) = 26$

(ⅰ), (ⅱ)에서 $n(A \cup B)$의 최댓값과 최솟값의 합은

$\qquad 34 + 26 = 60$ 🖎 **60**

다른 풀이 $(A \cap B) \subset A$, $(A \cap B) \subset B$이므로

$\quad n(A \cap B) \leq n(A)$, $n(A \cap B) \leq n(B)$

$\quad \therefore n(A \cap B) \leq 15$

또 $n(A \cap B) \geq 7$이므로

$\quad 7 \leq n(A \cap B) \leq 15$

$\qquad -15 \leq -n(A \cap B) \leq -7$

$\quad \therefore 26 \leq 41 - n(A \cap B) \leq 34$

즉 $26 \leq n(A \cup B) \leq 34$이므로 $n(A \cup B)$의 최댓값은 34, 최솟값은 26이다.

386

학급 전체 학생의 집합을 U, 설악산에 가 본 학생의 집합을 A, 지리산에 가 본 학생의 집합을 B라 하면

$\qquad n(U) = 40$, $n(A) = 25$, $n(B) = 18$

$n(A \cup B) = n(A) + n(B) - n(A \cap B)$에서

$\quad n(A \cap B) = n(A) + n(B) - n(A \cup B)$

$\qquad\qquad = 25 + 18 - n(A \cup B)$

$\qquad\qquad = 43 - n(A \cup B)$

(ⅰ) $n(A \cap B)$가 최대인 경우는 $n(A \cup B)$가 최소일 때이므로 $B \subset A$일 때이다.

$\qquad \therefore M = n(B) = 18$

(ⅱ) $n(A \cap B)$가 최소인 경우는 $n(A \cup B)$가 최대일 때이므로 $A \cup B = U$일 때이다.

$\qquad \therefore m = 43 - 40 = 3$

(ⅰ), (ⅱ)에서 $M + m = 21$

         🖎 **21**

다른 풀이 $A \subset (A \cup B) \subset U$이므로

$\quad n(A) \leq n(A \cup B) \leq n(U)$

$\quad \therefore 25 \leq n(A \cup B) \leq 40$

따라서 $3 \leq 43 - n(A \cup B) \leq 18$이므로

$\quad 3 \leq n(A \cap B) \leq 18$

$\quad \therefore M = 18$, $m = 3$

🐤 **연습 문제**   ● 본책 161~163쪽

387

전략 분배법칙과 드모르간의 법칙을 이용하여 좌변을 간단히 한다.

ㄱ. $(A^c \cup B) \cap A = (A^c \cap A) \cup (B \cap A)$
$\qquad\qquad\qquad = \varnothing \cup (B \cap A)$
$\qquad\qquad\qquad = A \cap B$

ㄴ. $(A \cup B) \cap (A^c \cap B^c) = (A \cup B) \cap (A \cup B)^c$
$\qquad\qquad\qquad\qquad = \varnothing$

ㄷ. $(A - B) \cup (A - C) = (A \cap B^c) \cup (A \cap C^c)$
$\qquad\qquad\qquad\qquad = A \cap (B^c \cup C^c)$
$\qquad\qquad\qquad\qquad = A \cap (B \cap C)^c$
$\qquad\qquad\qquad\qquad = A - (B \cap C)$

ㄹ. $\{(A \cap B) \cup (A - B)\} \cap B$
$\quad = \{(A \cap B) \cup (A \cap B^c)\} \cap B$
$\quad = \{A \cap (B \cup B^c)\} \cap B$
$\quad = (A \cap U) \cap B$
$\quad = A \cap B$

이상에서 항상 성립하는 것은 ㄱ, ㄴ, ㄷ이다.

        🖎 ㄱ, ㄴ, ㄷ

388

전략 분배법칙을 이용하여 주어진 식을 간단히 한다.
$$\{(A \cap B) \cup (A \cap B^c)\} \cup \{(A^c \cup B) \cap (A^c \cup B^c)\}$$
$$= \{A \cap (B \cup B^c)\} \cup \{A^c \cup (B \cap B^c)\}$$
$$= (A \cap U) \cup (A^c \cup \varnothing)$$
$$= A \cup A^c = U$$
답 U

389

전략 주어진 조건을 만족시키는 집합 U, A, B를 벤다이어그램으로 나타낸다.
$$(A \cup B) \cap (A^c \cup B^c) = (A \cup B) \cap (A \cap B)^c$$
$$= (A \cup B) - (A \cap B)$$
$$= \{2, 4, 6\}$$
이때 $A = \{1, 2, 3\}$이므로 전체집합 U와 주어진 조건을 만족시키는 두 부분집합 A, B를 벤다이어그램으로 나타내면 오른쪽 그림과 같다.

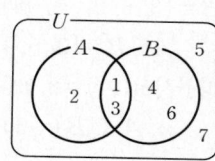

$$\therefore B = \{1, 3, 4, 6\}$$
따라서 집합 B의 모든 원소의 합은
$$1 + 3 + 4 + 6 = 14$$
답 14

390

전략 주어진 등식의 좌변을 간단히 하여 집합 A, B 사이의 포함관계를 구한다.
주어진 등식의 좌변을 간단히 하면
$$(A - B)^c \cap B^c = (A \cap B^c)^c \cap B^c$$
$$= (A^c \cup B) \cap B^c$$
$$= (A^c \cap B^c) \cup (B \cap B^c)$$
$$= (A^c \cap B^c) \cup \varnothing$$
$$= A^c \cap B^c$$
즉 $A^c \cap B^c = A^c$이므로 $A^c \subset B^c$
$$\therefore B \subset A$$
답 ②

391

전략 연산 $\odot$의 뜻에 따라 먼저 $A \odot B$의 원소를 구한다.
$$A \odot B = (A - B) \cup (B - A)$$
$$= (\{1, 2, 3, 4\} - \{1, 2\})$$
$$\quad \cup (\{1, 2\} - \{1, 2, 3, 4\})$$
$$= \{3, 4\} \cup \varnothing = \{3, 4\}$$

$$\therefore (A \odot B) \odot C$$
$$= \{(A \odot B) - C\} \cup \{C - (A \odot B)\}$$
$$= (\{3, 4\} - \{1, 3, 5\}) \cup (\{1, 3, 5\} - \{3, 4\})$$
$$= \{4\} \cup \{1, 5\} = \{1, 4, 5\}$$
따라서 구하는 모든 원소의 합은
$$1 + 4 + 5 = 10$$
답 10

392

전략 최소공배수의 성질을 이용한다.
$$A_5 \cap (A_3 \cup A_6) = A_5 \cap A_3 = A_{15}$$
$$= \{15, 30, 45, \cdots, 195\}$$
따라서 원소의 최댓값은 195, 최솟값은 15이므로 구하는 합은
$$195 + 15 = 210$$
답 210
다른 풀이 $A_5 \cap (A_3 \cup A_6) = (A_5 \cap A_3) \cup (A_5 \cap A_6)$
$$= A_{15} \cup A_{30} = A_{15}$$
$$= \{15, 30, 45, \cdots, 195\}$$

393

전략 주어진 조건을 집합을 이용하여 나타낸다.
전체 학생의 집합을 U, A 문제를 맞힌 학생의 집합을 A, B 문제를 맞힌 학생의 집합을 B라 하면
$$n(U) = 48, \ n(A) = 23, \ n(A \cap B) = 10,$$
$$n(A^c \cap B^c) = 5$$
$$n(A^c \cap B^c) = n((A \cup B)^c) = n(U) - n(A \cup B)$$
에서 $5 = 48 - n(A \cup B)$
$$\therefore n(A \cup B) = 43$$
$n(A \cup B) = n(A) + n(B) - n(A \cap B)$에서
$$43 = 23 + n(B) - 10$$
$$\therefore n(B) = 30$$
따라서 B 문제를 맞힌 학생 수는 30이다.
답 30

394

전략 벤다이어그램을 이용하여 연산 $*$에 대하여 결합법칙이 성립하는지 확인한다.
ㄱ. $A^c * B^c = (A^c - B^c) \cup (B^c - A^c)$
$$= (A^c \cap B) \cup (B^c \cap A)$$
$$= (B - A) \cup (A - B)$$
$$= (A - B) \cup (B - A)$$
$$= A * B \ (\text{참})$$

ㄴ.

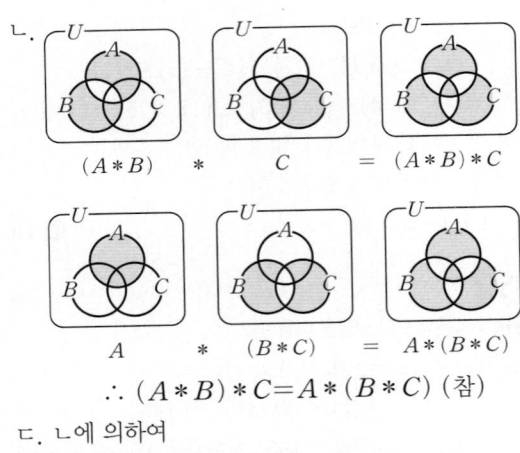

$(A*B)$ $*$ C $=$ $(A*B)*C$

A $*$ $(B*C)$ $=$ $A*(B*C)$

$$\therefore (A*B)*C=A*(B*C) \text{ (참)}$$

ㄷ. ㄴ에 의하여

$$A*(A*B)=(A*A)*B$$
$$=\{(A-A)\cup(A-A)\}*B$$
$$=\varnothing*B$$
$$=(\varnothing-B)\cup(B-\varnothing)$$
$$=\varnothing\cup B=B \text{ (참)}$$

이상에서 ㄱ, ㄴ, ㄷ 모두 항상 옳다.   답 ㄱ, ㄴ, ㄷ

395

전략 분배법칙을 이용하여 집합 $A_3\cap(A_4\cup A_6)$을 간단히 한다.

$$A_3\cap(A_4\cup A_6)=(A_3\cap A_4)\cup(A_3\cap A_6)$$

$x\in(A_3\cap A_4)$이면 $x-2$는 3과 4의 공배수, 즉 12의 배수이므로 $x=12k+2$ (단, k는 정수)

즉 $x\in A_{12}$이므로 $A_3\cap A_4=A_{12}$

$x\in(A_3\cap A_6)$이면 $x-2$는 3과 6의 공배수, 즉 6의 배수이므로 $x=6k+2$ (단, k는 정수)

즉 $x\in A_6$이므로 $A_3\cap A_6=A_6$

$$\therefore (A_3\cap A_4)\cup(A_3\cap A_6)=A_{12}\cup A_6$$

이때 $x\in(A_{12}\cup A_6)$이면 $x-2$는 6의 배수이므로
    $x=6k+2$ (단, k는 정수)

즉 $x\in A_6$이므로 $A_{12}\cup A_6=A_6$

이때 $A_6=\{2, 8, 14, 20, \cdots, 50\}$이므로 구하는 원소의 개수는 9이다.   답 9

396

전략 드모르간의 법칙을 이용한다.

$A^C\cup B=(A\cap B^C)^C=(A-B)^C$이므로

$$n(A^C\cup B)=n((A-B)^C)$$
$$=n(U)-n(A-B) \quad \cdots \text{㉠}$$

이때 $A=\{1, 2, 3, 5, 6, 10, 15, 30\}$,
$B=\{3, 6, 9, \cdots, 48\}$이므로
    $A-B=\{1, 2, 5, 10\}$
    $\therefore n(A-B)=4$
$n(U)=50$이므로 ㉠에서
    $n(A^C\cup B)=50-4=46$ 답 ④

다른 풀이 $n(A^C\cup B)$
$=n(A^C)+n(B)-n(A^C\cap B)$
$=\{n(U)-n(A)\}+n(B)-n(B-A)$
$=50-n(A)+n(B)-\{n(B)-n(A\cap B)\}$
$=50-n(A)+n(A\cap B)$ $\qquad$ ······ ㉡

이때 $A=\{1, 2, 3, 5, 6, 10, 15, 30\}$,
$B=\{3, 6, 9, \cdots, 48\}$이므로
    $A\cap B=\{3, 6, 15, 30\}$
따라서 $n(A)=8$, $n(A\cap B)=4$이므로 ㉡에서
    $n(A^C\cup B)=50-8+4=46$

397

전략 주어진 조건을 집합으로 나타낸 후 유한집합의 원소의 개수를 구하는 공식을 이용한다.

학생 전체의 집합을 U, 역사 체험을 신청한 학생의 집합을 A, 과학 체험을 신청한 학생의 집합을 B라 하면
    $n(U)=50$, $n(A)=33$, $n(A-B)=15$,
    $n(A^C\cap B^C)=8$
$n(A-B)=n(A)-n(A\cap B)$에서
    $15=33-n(A\cap B)$
    $\therefore n(A\cap B)=18$
$n(A^C\cap B^C)=n((A\cup B)^C)=n(U)-n(A\cup B)$에서
    $8=50-n(A\cup B)$
    $\therefore n(A\cup B)=42$
$n(A\cup B)=n(A)+n(B)-n(A\cap B)$에서
    $42=33+n(B)-18$
    $\therefore n(B)=27$
따라서 과학 체험을 신청한 학생 수는 27이다.   답 27

398

전략 집합 $X\cap Y$의 원소의 개수가 최대, 최소인 경우를 각각 생각해 본다.

$n(X\cup Y)=n(X)+n(Y)-n(X\cap Y)$에서
$$n(X\cap Y)=n(X)+n(Y)-n(X\cup Y)$$
$$=23+19-n(X\cup Y)$$
$$=42-n(X\cup Y)$$

(ⅰ) $n(X\cap Y)$가 최대인 경우는 $n(X\cup Y)$가 최소일 때이므로 $Y\subset X$일 때이다.
$$\therefore M=n(Y)=19$$

(ⅱ) $n(X\cap Y)$가 최소인 경우는 $n(X\cup Y)$가 최대일 때이므로 $X\cup Y=U$일 때이다.
$$\therefore m=42-36=6$$

(ⅰ), (ⅱ)에서 $M-m=13$ 답 13

399

전략 주어진 조건을 이용하여 집합 X가 포함해야 하는 원소를 구한다.

전체집합 U와 두 부분집합 A, B를 벤다이어그램으로 나타내면 오른쪽 그림과 같다.

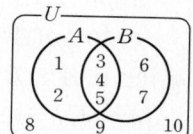

$(A-X)\subset A$, $(B-X)\subset B$이고 조건 (나)에서 $A-X=B-X$이므로 두 집합 $A-X$, $B-X$는 모두 $A\cap B$, 즉 $\{3,4,5\}$의 부분집합이다.
따라서 집합 X는 1, 2, 6, 7을 반드시 원소로 가져야 한다. …… ㉠
한편 조건 (다)에서 $(X-A)\cap(X-B)\neq\varnothing$이므로
$$(X\cap A^c)\cap(X\cap B^c)\neq\varnothing$$
$$X\cap(A^c\cap B^c)\neq\varnothing$$
$$X\cap(A\cup B)^c\neq\varnothing$$
$$\therefore X\cap\{8,9,10\}\neq\varnothing$$
따라서 집합 X는 8, 9, 10 중 적어도 하나를 원소로 가져야 한다. …… ㉡
즉 집합 X는 ㉠, ㉡을 만족시키고, 조건 (가)에 의하여 원소의 개수가 6이어야 하므로 집합 X의 모든 원소의 합이 최소가 되려면 8, 9, 10 중 가장 작은 수인 8과 3, 4, 5 중 가장 작은 수인 3을 원소로 가져야 한다.
따라서 $X=\{1,2,3,6,7,8\}$이어야 하므로 X의 모든 원소의 합의 최솟값은
$$1+2+3+6+7+8=27$$ 답 ②

해설 Focus

㉠을 자세히 알아보자.
예를 들어 $1\notin X$라 하면
$$1\in(A-X)$$
이때 $1\notin(A\cap B)$이므로
$$(A-X)\not\subset(A\cap B)$$
따라서 $(A-X)\subset(A\cap B)$이려면 $1\in X$이어야 한다.
같은 방법으로 하면 집합 X가 1, 2, 6, 7을 원소로 가져야 함을 알 수 있다.

400

전략 벤다이어그램을 그리고 각 영역에 속하는 원소의 개수를 나타내어 본다.

오른쪽 그림과 같이 벤다이어그램의 각 영역에 속하는 원소의 개수를 a,b,c,d,e,f,g라 하면

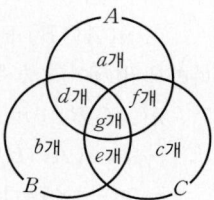

$n(A\cup B\cup C)=75$,
$n(A\triangle B)=45$,
$n(B\triangle C)=47$, $n(C\triangle A)=42$이므로
$$a+b+c+d+e+f+g=75 \quad\cdots\cdots ㉠$$
$$a+f+b+e=45 \quad\cdots\cdots ㉡$$
$$b+d+c+f=47 \quad\cdots\cdots ㉢$$
$$a+d+c+e=42 \quad\cdots\cdots ㉣$$
㉡+㉢+㉣을 하면
$$2(a+b+c+d+e+f)=134$$
$$\therefore a+b+c+d+e+f=67 \quad\cdots\cdots ㉤$$
㉠-㉤을 하면 $g=8$
$$\therefore n(A\cap B\cap C)=8$$ 답 8

401

전략 주어진 조건을 집합으로 나타낸 후 합집합의 원소의 개수를 구하는 공식을 이용한다.

전체 학생의 집합을 U, 과학 탐구, 코딩, 영화 논평의 세 동아리에 가입한 학생의 집합을 각각 A, B, C라 하면
$$n(U)=50, n(A)=23, n(B)=28,$$
$$n(C)=21, n(A\cap B\cap C)=7,$$
$$n(A^c\cap B^c\cap C^c)=4$$

이때
$$n(A^c \cap B^c \cap C^c) = n((A \cup B \cup C)^c)$$
$$= n(U) - n(A \cup B \cup C)$$
에서 $4 = 50 - n(A \cup B \cup C)$

$\therefore n(A \cup B \cup C) = 46$

$n(A \cup B \cup C)$
$$= n(A) + n(B) + n(C)$$
$$-n(A \cap B) - n(B \cap C) - n(C \cap A)$$
$$+n(A \cap B \cap C)$$
에서
$$46 = 23 + 28 + 21$$
$$-n(A \cap B) - n(B \cap C) - n(C \cap A)$$
$$+7$$

$\therefore n(A \cap B) + n(B \cap C) + n(C \cap A) = 33$

따라서 세 동아리 중 두 동아리에만 가입한 학생 수는
$$n(A \cap B) + n(B \cap C) + n(C \cap A)$$
$$-3 \times n(A \cap B \cap C)$$
$$= 33 - 3 \times 7 = 12 \qquad \text{달 } 12$$

참고 세 동아리 중 두 동아리에만 가
입한 학생의 집합은 오른쪽 벤다이어
그램의 색칠한 부분과 같으므로 두
동아리에만 가입한 학생 수는

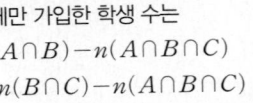

$$n(A \cap B) - n(A \cap B \cap C)$$
$$+n(B \cap C) - n(A \cap B \cap C)$$
$$+n(C \cap A) - n(A \cap B \cap C)$$
$$= n(A \cap B) + n(B \cap C) + n(C \cap A)$$
$$-3 \times n(A \cap B \cap C)$$

402

 버스 또는 지하철을 모두 이용하지 않는 학생이 최대인 경
우와 최소인 경우를 파악한다.

학급 전체 학생의 집합을 U, 버스를 이용하는 학생의
집합을 A, 지하철을 이용하는 학생의 집합을 B라 하면
$$n(U) = 36, \ n(A) = 22, \ n(B) = 9,$$
$$n(A \cap B) \geq 5$$
버스와 지하철을 모두 이용하지 않는 학생의 집합은
$A^c \cap B^c$이므로
$$n(A^c \cap B^c)$$
$$= n((A \cup B)^c)$$
$$= n(U) - n(A \cup B)$$

$$= 36 - \{n(A) + n(B) - n(A \cap B)\}$$
$$= 36 - \{22 + 9 - n(A \cap B)\}$$
$$= n(A \cap B) + 5$$

(i) $n(A^c \cap B^c)$가 최대인 경우는 $n(A \cap B)$가 최대
일 때이므로 $B \subset A$일 때이다.
$$\therefore a = n(B) + 5 = 9 + 5 = 14$$

(ii) $n(A^c \cap B^c)$가 최소인 경우는 $n(A \cap B)$가 최소
일 때이므로 $n(A \cap B) = 5$일 때이다.
$$\therefore b = 5 + 5 = 10$$

(i), (ii)에서 $a + b = 24$

답 24

다른 풀이 $(A \cap B) \subset A$, $(A \cap B) \subset B$이므로
$$n(A \cap B) \leq n(A), \ n(A \cap B) \leq n(B)$$
$$\therefore n(A \cap B) \leq 9$$
이때 $n(A \cap B) \geq 5$이므로
$$5 \leq n(A \cap B) \leq 9$$
$$\therefore 10 \leq n(A \cap B) + 5 \leq 14$$
즉 $10 \leq n(A^c \cap B^c) \leq 14$이므로
$$a = 14, \ b = 10$$

3 명제

II. 집합과 명제

01 명제와 조건

403

①, ② '아름답다', '크다'는 참, 거짓을 판별할 수 없으므로 명제가 아니다.

③ x의 값에 따라 참, 거짓이 달라지므로 명제가 아니다.

④ $7-x=2-x$에서 $7=2$이므로 거짓인 명제이다.

⑤ 맞꼭지각의 크기는 서로 같으므로 참인 명제이다.

따라서 명제인 것은 ④, ⑤이다. 답 ④, ⑤

404

답 (1) $2+6 \leq 8$ (2) $\varnothing \subset \{a, b, c, d\}$

405

(2) $x^2-5x-6=0$에서 $(x+1)(x-6)=0$

∴ $x=-1$ 또는 $x=6$

그런데 $-1 \notin U$이므로 조건 q의 진리집합은 $\{6\}$

답 (1) $\{1, 2, 4, 8\}$ (2) $\{6\}$

406

전체집합 $U=\{1, 2, 3, 4, 5\}$에 대하여 두 조건 p, q의 진리집합을 각각 P, Q라 하자.

(1) $4x-8=0$에서 $x=2$

따라서 조건 p의 진리집합은 $P=\{2\}$

(2) 조건 $\sim p$의 진리집합은 P^C이므로

$P^C=\{1, 3, 4, 5\}$

(3) $x^2+1<10$에서 $x^2-9<0$

$(x+3)(x-3)<0$ ∴ $-3<x<3$

따라서 조건 q의 진리집합은 $Q=\{1, 2\}$

(4) 조건 $\sim q$의 진리집합은 Q^C이므로

$Q^C=\{3, 4, 5\}$

답 (1) $\{2\}$ (2) $\{1, 3, 4, 5\}$ (3) $\{1, 2\}$ (4) $\{3, 4, 5\}$

407

답 (1) $x=-7$ 또는 $x=5$

(2) $x \leq -4$ 또는 $x \geq 6$

(3) $-2<x \leq 3$

408

(1) $\sqrt{4}=2$는 유리수이므로 참인 명제이다.

(2) x의 값에 따라 참, 거짓이 달라지므로 명제가 아니다.

(3) 직각삼각형은 한 내각의 크기가 $90°$이고 나머지 두 내각의 크기는 $90°$보다 작으므로 참인 명제이다.

(4)

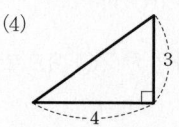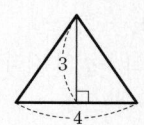

위의 그림의 두 삼각형의 넓이는 6으로 같지만 합동은 아니므로 거짓인 명제이다.

답 (1) 참인 명제, (3) 참인 명제, (4) 거짓인 명제

409

ㄷ. 6과 8의 최소공배수는 24이다.

이상에서 참인 명제는 ㄱ, ㄴ, ㄹ이다.

답 ㄱ, ㄴ, ㄹ

410

①, ③, ④, ⑤ 주어진 명제가 참이므로 그 부정은 거짓이다.

② 주어진 명제가 거짓이므로 그 부정은 참이다.

답 ②

411

두 조건 p, q의 진리집합을 각각 P, Q라 하면

$P=\{2, 4, 6\}$

$x^2-5x+6=0$에서

$(x-2)(x-3)=0$

∴ $x=2$ 또는 $x=3$

∴ $Q=\{2, 3\}$

(1) 조건 $\sim q$의 진리집합은 Q^C이므로

$Q^C=\{1, 4, 5, 6\}$

(2) 조건 'p 또는 q'의 진리집합은 $P \cup Q$이므로

$P \cup Q=\{2, 3, 4, 6\}$

(3) 조건 '$\sim p$ 그리고 q'의 진리집합은 $P^C \cap Q$이므로

$P^C \cap Q=Q-P=\{3\}$

답 (1) $\{1, 4, 5, 6\}$ (2) $\{2, 3, 4, 6\}$ (3) $\{3\}$

412
두 조건 p, q의 진리집합을 각각 P, Q라 하면

$P=\{-3,\ -2,\ -1,\ 0,\ 1,\ 2\}$,

$Q=\{1,\ 2,\ 3,\ \cdots,\ 10\}$

조건 $\sim q$의 진리집합은 Q^C이므로

$Q^C=\{0,\ -1,\ -2,\ \cdots\}$

이때 조건 'p 그리고 $\sim q$'의 진리집합은 $P\cap Q^C$이므로

$P\cap Q^C=\{-3,\ -2,\ -1,\ 0\}$

따라서 구하는 원소의 개수는 4이다. 답 **4**

413
$-2\le x<3$에서

$x\ge -2$ 그리고 $x<3$ …… ㉠

$P=\{x\,|\,x\ge 3\}$이므로 $P^C=\{x\,|\,x<3\}$

$Q=\{x\,|\,x<-2\}$이므로 $Q^C=\{x\,|\,x\ge -2\}$

따라서 ㉠의 진리집합은

$Q^C\cap P^C=(P\cup Q)^C$ 답 ⑤

02 명제 $p \longrightarrow q$
● 본책 172~175쪽

414
(1) p: $x^2=9$, q: $x^3=27$이라 하고, 두 조건 p, q의 진리집합을 각각 P, Q라 하면

$P=\{-3,\ 3\}$, $Q=\{3\}$

따라서 $P\not\subset Q$이므로 주어진 명제는 거짓이다.

(2) $(x-1)(y-3)=0$이면

$x-1=0$ 또는 $y-3=0$

$\therefore\ x=1$ 또는 $y=3$

따라서 주어진 명제는 참이다.

답 (1) **거짓** (2) **참**

415
두 조건 p, q의 진리집합을 각각 P, Q라 하면

$P=\{4,\ 8,\ 12,\ 16,\ 20\}$, $Q=\{1,\ 2,\ 4,\ 8,\ 16\}$

명제 $p \longrightarrow q$가 거짓임을 보이는 원소는 P에는 속하고 Q에는 속하지 않아야 하므로 $P\cap Q^C$의 원소이다.

이때 $P\cap Q^C=P-Q=\{12,\ 20\}$이므로 구하는 모든 원소의 합은

$12+20=32$ 답 **32**

416
명제 $p \longrightarrow \sim q$가 참이므로

$P\subset Q^C$

이것을 벤다이어그램으로 나타내면 오른쪽 그림과 같으므로

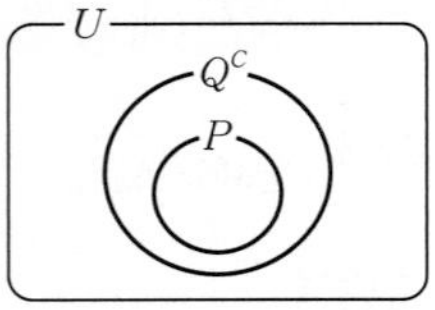

$Q\subset P^C$

따라서 항상 옳은 것은 ③이다. 답 ③

417
$P\cap Q=\varnothing$을 만족시키는 두 집합 P, Q를 벤다이어그램으로 나타내면 오른쪽 그림과 같다.

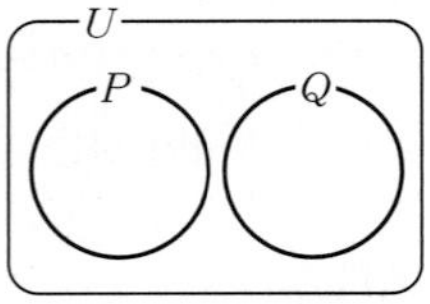

이때 $P\subset Q^C$이고 $Q\subset P^C$이므로 명제 $p \longrightarrow \sim q$와 $q \longrightarrow \sim p$는 항상 참이다.

따라서 항상 참인 명제는 ㄷ, ㅁ이다. 답 **ㄷ, ㅁ**

418
$P\cup Q=P$에서 $Q\subset P$

$Q\cap R=R$에서 $R\subset Q$

$\therefore\ R\subset Q\subset P$, $P^C\subset Q^C\subset R^C$

① $R\subset Q$이므로 명제 $r \longrightarrow q$는 참이다.

② $Q^C\subset R^C$이므로 명제 $\sim q \longrightarrow \sim r$는 참이다.

③ $P^C\subset Q^C$이므로 명제 $\sim p \longrightarrow \sim q$는 참이다.

④ $Q\subset P$이므로 명제 $q \longrightarrow p$는 참이다.

따라서 항상 참이라고 할 수 없는 것은 ⑤이다. 답 ⑤

419
주어진 명제가 참이 되려면

$\{x\,|\,-1<x<4\}\subset\{x\,|\,x\le k-2\}$

이어야 하므로 오른쪽 그림에서

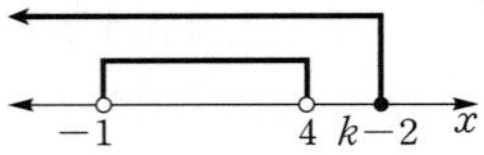

$k-2\ge 4$

$\therefore\ k\ge 6$ 답 $\boldsymbol{k\ge 6}$

420
두 조건 p, q의 진리집합을 각각 P, Q라 하면

$P=\{x\,|\,2a-1\le x\le a+2\}$,

$Q=\{x\,|\,0\le x\le 5\}$

명제 $p \longrightarrow q$가 참이 되려
면 $P \subset Q$이어야 하므로
오른쪽 그림에서

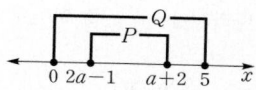

$$2a-1 \geq 0, \ a+2 \leq 5$$
$$\therefore \frac{1}{2} \leq a \leq 3$$

따라서 정수 a는 1, 2, 3의 3개이다.　　　　답 3

421

$\sim p: |x-1| < a$에서　　　$-a+1 < x < a+1$

두 조건 p, q의 진리집합을 각각 P, Q라 하면

$$P^C = \{x \mid -a+1 < x < a+1\},$$
$$Q = \{x \mid -6 < x < 6\}$$

명제 $\sim p \longrightarrow q$가 참이
되려면 $P^C \subset Q$이어야
하므로 오른쪽 그림에서

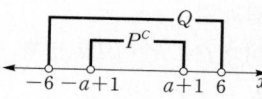

$$-a+1 \geq -6, \ a+1 \leq 6$$
$$\therefore a \leq 5$$

따라서 양수 a의 최댓값은 5이다.　　　　답 5

03 '모든'이나 '어떤'을 포함한 명제
● 본책 176~177쪽

422

① $x=6$이면 $x-2=4$이므로 주어진 명제는 참이다.
② $x=-\sqrt{2}$이면 $\sqrt{2}+x=0$이므로 주어진 명제는 참이다.
③ 모든 실수 x에 대하여 $x^2 \geq 0$이므로 주어진 명제는 참이다.
④ [반례] $x=0$, $y=0$이면 $x^2+y^2=0$이다.
⑤ 모든 자연수 x, y에 대하여 $x \geq 1$, $y \geq 1$이므로 $x+y \geq 2$이다.

따라서 거짓인 명제는 ④이다.　　　　답 ④

423

(1) 주어진 명제의 부정은

모든 실수 x에 대하여 $x^2 > 0$이다.

$x=0$이면 $x^2=0$이므로 주어진 명제의 부정은 **거짓**이다.

(2) 주어진 명제의 부정은

어떤 실수 x에 대하여 $x^2-x+4 \leq 0$이다.

이때 모든 실수 x에 대하여

$$x^2-x+4 = \left(x-\frac{1}{2}\right)^2 + \frac{15}{4} > 0$$

이므로 주어진 명제의 부정은 **거짓**이다.

답 풀이 참조

연습문제

424

전략 두 조건 p, q의 진리집합을 각각 P, Q라 하면 'p 또는 $\sim q$'의 진리집합은 $P \cup Q^C$임을 이용한다.

$|x| \leq 4$에서　　　$-4 \leq x \leq 4$
$$\therefore U = \{-4, -3, -2, -1, 0, 1, 2, 3, 4\}$$
$x^2-4x=0$에서　　　$x(x-4)=0$
$$\therefore x=0 \text{ 또는 } x=4$$
따라서 조건 p의 진리집합을 P라 하면
$$P = \{0, 4\}$$
$x^2-2x-3 \leq 0$에서　　　$(x+1)(x-3) \leq 0$
$$\therefore -1 \leq x \leq 3$$
따라서 조건 q의 진리집합을 Q라 하면
$$Q = \{-1, 0, 1, 2, 3\}$$
이때 조건 'p 또는 $\sim q$'의 진리집합은 $P \cup Q^C$이고
$Q^C = \{-4, -3, -2, 4\}$이므로
$$P \cup Q^C = \{-4, -3, -2, 0, 4\}$$
따라서 구하는 원소의 개수는 5이다.　　　　답 5

425

전략 주어진 명제의 반례를 찾아 참, 거짓을 판별한다.

ㄱ. $p: x$는 8의 양의 배수, $q: x$는 4의 양의 배수라 하고, 두 조건 p, q의 진리집합을 각각 P, Q라 하면
$$P = \{8, 16, 24, \cdots\}, \ Q = \{4, 8, 12, \cdots\}$$
따라서 $P \subset Q$이므로 주어진 명제는 참이다.

ㄴ. [반례] $x=1$, $y=0$이면 $xy=0$이지만 $x^2+y^2=1$이다.

따라서 주어진 명제는 거짓이다.

ㄷ. $x>0$, $y>0$이면 $xy>0$이므로 $|xy|=xy$
　　따라서 주어진 명제는 참이다.

ㄹ. [반례] $\angle A=40°$, $\angle B=\angle C=70°$이면 삼각형
　　ABC가 이등변삼각형이지만 $\angle A \neq \angle B$이다.
　　따라서 주어진 명제는 거짓이다.

이상에서 참인 명제인 것은 ㄱ, ㄷ이다.　　　**답** ㄱ, ㄷ

426

전략 p는 만족시키지만 $\sim q$는 만족시키지 않는 원소가 속하는 집합을 찾는다.

명제 $p \longrightarrow \sim q$가 거짓임을 보이는 원소는 P에는 속하고 Q^C에는 속하지 않아야 하므로 구하는 집합은
$$P \cap (Q^C)^C = P \cap Q$$
　　　　　　　　　　　　　　　　　　답 ①

427

전략 세 조건 p, q, r의 진리집합 사이의 포함 관계를 이용한다.

$4x-1=27$에서　　$4x=28$　　$\therefore x=7$

$x^2-3x-4=0$에서　　$(x+1)(x-4)=0$
　　$\therefore x=-1$ 또는 $x=4$

따라서 세 조건 p, q, r의 진리집합을 각각 P, Q, R라 하면
$$P=\{x \mid x<2a-5\},\ Q=\{7\},\ R=\{-1,\ 4\}$$

명제 $q \longrightarrow \sim p$, $r \longrightarrow p$가 모두 참이므로
$$Q \subset P^C,\ R \subset P$$

즉 $7 \in P^C$, $-1 \in P$, $4 \in P$이므로
$$7 \geq 2a-5,\ -1<2a-5,\ 4<2a-5$$
$$a \leq 6,\ a>2,\ a>\frac{9}{2}$$
$$\therefore \frac{9}{2}<a \leq 6$$

따라서 정수 a는 5, 6의 2개이다.　　　**답** 2

428

전략 (실수)$^2 \geq 0$임을 이용한다.

x, y, z는 모두 실수이므로
$$(x-y)^2+(y-z)^2+(z-x)^2=0$$에서
$$x-y=0,\ y-z=0,\ z-x=0$$
$$\therefore x=y=z$$

즉 '$x=y$이고 $y=z$이고 $z=x$'이므로 구하는 부정은
$$x \neq y\ 또는\ y \neq z\ 또는\ z \neq x$$

따라서 x, y, z 중 적어도 두 수는 서로 다르다.
　　　　　　　　　　　　　　　　　　답 ⑤

참고 ① $(x-y)(y-z)(z-x)=0$이면
　　$x=y$ 또는 $y=z$ 또는 $z=x$
② $(x-y)(y-z)(z-x) \neq 0$이면
　　$x \neq y$이고 $y \neq z$이고 $z \neq x$

429

전략 주어진 집합 사이의 포함 관계를 만족시키는 세 집합을 벤다이어그램으로 나타낸다.

$P \subset (Q-R)$를 만족시키는
세 집합 P, Q, R를 벤다이어
그램으로 나타내면 오른쪽 그
림과 같다.

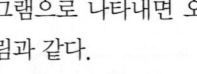

이때 $P \subset R^C$이므로 명제
$p \longrightarrow \sim r$가 참이다.

또 $R \subset P^C$이므로 명제 $r \longrightarrow \sim p$가 참이다.

따라서 항상 참인 명제는 ①, ④이다.　　**답** ①, ④

430

전략 $\sim p \longrightarrow q$가 참이면 $P^C \subset Q$임을 이용한다.

명제 $\sim p \longrightarrow q$가 참이므로　　$P^C \subset Q$

이때 $P=\{2,\ 3,\ 5,\ 7,\ 11,\ 13\}$에서
$$P^C=\{1,\ 4,\ 6,\ 8,\ 9,\ 10,\ 12\}$$

따라서 집합 Q는 P^C의 모든 원소를 반드시 원소로 가져야 하므로 집합 Q의 개수는
$$2^{13-7}=2^6=64$$　　　　　　　**답** 64

431

전략 주어진 조건이 참인 명제가 되려면 $2 \leq x \leq 5$에서 x^2-8x+n의 최댓값이 0 이상이어야 함을 이용한다.

$f(x)=x^2-8x+n$이라 하면
$$f(x)=(x-4)^2+n-16$$

$2 \leq x \leq 5$인 어떤 실수 x에 대하여 $f(x) \geq 0$이려면 이 범위에서 함수 $f(x)$의 최댓값이 0 이상이어야 한다.

이때
$$f(2)=n-12,\ f(4)=n-16,\ f(5)=n-15$$
이므로　　$n-12 \geq 0$
$$\therefore n \geq 12$$

따라서 자연수 n의 최솟값은 12이다.　　**답** ①

개념 노트

$a \leq x \leq \beta$에서 이차함수 $f(x) = a(x-p)^2 + q$의 최댓값과 최솟값은

① $a < p < \beta$일 때
$f(a)$, $f(p)$, $f(\beta)$ 중 가장 큰 값이 최댓값, 가장 작은 값이 최솟값이다.

② $p \leq a$ 또는 $p \geq \beta$일 때
$f(a)$, $f(\beta)$ 중 큰 값이 최댓값, 작은 값이 최솟값이다.

432

전략 '어떤 x에 대하여 p이다.'의 부정은 '모든 x에 대하여 $\sim p$이다.'임을 이용한다.

주어진 명제의 부정은

모든 실수 x에 대하여 $x^2 - 2kx + k + 6 \geq 0$이다.

즉 모든 실수 x에 대하여 이차부등식
$x^2 - 2kx + k + 6 \geq 0$이 성립해야 하므로 이차방정식
$x^2 - 2kx + k + 6 = 0$의 판별식을 D라 하면

$$\frac{D}{4} = (-k)^2 - (k+6) \leq 0$$

$$k^2 - k - 6 \leq 0, \qquad (k+2)(k-3) \leq 0$$

$$\therefore -2 \leq k \leq 3$$

따라서 주어진 명제의 부정이 참이 되도록 하는 정수 k는 -2, -1, 0, 1, 2, 3의 6개이다. **답 6**

433

전략 (가), (나)를 이용하여 세 집합 P, Q, R 사이의 포함 관계를 파악한다.

(가)에서 $\quad P \not\subset Q$

(나)에서 $\quad Q \cap R = \varnothing$

ㄱ. 명제 $q \longrightarrow p$가 참이려면 $\quad Q \subset P$
그런데 두 집합 P, Q 사이의 포함 관계는 알 수 없으므로 항상 참이라 할 수 없다.

ㄴ. 명제 $r \longrightarrow \sim q$가 참이려면 $\quad R \subset Q^C$
이때 $Q \cap R = \varnothing$에서 $R \subset Q^C$이므로 $r \longrightarrow \sim q$는 항상 참이다.

ㄷ. 명제 $\sim q \longrightarrow p$가 참이려면 $\quad Q^C \subset P$
그런데 두 집합 P, Q^C 사이의 포함 관계는 알 수 없으므로 항상 참이라 할 수 없다.

이상에서 항상 참인 명제는 ㄴ뿐이다. **답 ㄴ**

04 명제의 역과 대우

434

① 역: $x = 0$ 또는 $x = 1$이면 $x^3 = x$이다. (참)
대우: $x \neq 0$이고 $x \neq 1$이면 $x^3 \neq x$이다. (거짓)
[반례] $x = -1$이면 $x \neq 0$이고 $x \neq 1$이지만
$x^3 = (-1)^3 = -1 = x$이다.

② 역: $x > 1$이고 $y > 1$이면 $xy > 1$이다. (참)
대우: $x \leq 1$ 또는 $y \leq 1$이면 $xy \leq 1$이다. (거짓)
[반례] $x = -2$, $y = -1$이면 $x \leq 1$ 또는 $y \leq 1$이지만 $xy = 2 > 1$이다.

③ 역: $x = 0$이고 $y = 0$이면 $|x| + |y| = 0$이다. (참)
대우: $x \neq 0$ 또는 $y \neq 0$이면 $|x| + |y| \neq 0$이다.
(참)

④ 역: $x^2 + y^2 > 0$이면 $xy < 0$이다. (거짓)
[반례] $x = 1$, $y = 1$이면 $x^2 + y^2 > 0$이지만 $xy > 0$이다.
대우: $x^2 + y^2 \leq 0$이면 $xy \geq 0$이다. (참)

⑤ 역: 두 삼각형의 둘레의 길이가 같으면 두 삼각형은 합동이다. (거짓)
[반례] 다음 그림의 두 삼각형은 둘레의 길이는 12로 같지만 합동은 아니다.

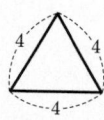 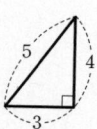

대우: 두 삼각형의 둘레의 길이가 같지 않으면 두 삼각형은 합동이 아니다. (참)

따라서 역과 대우가 모두 참인 명제는 ③이다. **답 ③**

435

ㄱ. 역: xy가 홀수이면 x 또는 y는 홀수이다. (참)

ㄴ. 역: $x + y$가 짝수이면 x, y는 짝수이다. (거짓)
[반례] $x = 3$, $y = 1$이면 $x + y$가 짝수이지만 x, y는 홀수이다.

ㄷ. 역: $x^2 - 4x + 3 = 0$이면 $x - 3 = 0$이다. (거짓)
[반례] $x = 1$이면 $x^2 - 4x + 3 = 0$이지만
$x - 3 \neq 0$이다.

이상에서 역이 거짓인 명제인 것은 ㄴ, ㄷ이다.

답 ㄴ, ㄷ

436

주어진 명제가 참이므로 그 대우

'$x-1=0$이면 $x^2-ax+7=0$이다.'

도 참이다.

$x^2-ax+7=0$에 $x-1=0$, 즉 $x=1$을 대입하면

$1-a+7=0$ $\therefore a=8$ **답 8**

437

① 명제 $p \longrightarrow q$가 참이므로 그 대우 $\sim q \longrightarrow \sim p$도 참이다.

② 명제 $s \longrightarrow \sim q$가 참이므로 그 대우 $q \longrightarrow \sim s$도 참이다.

따라서 두 명제 $p \longrightarrow q$, $q \longrightarrow \sim s$가 참이므로 명제 $p \longrightarrow \sim s$가 참이다.

④ 명제 $\sim q \longrightarrow \sim r$가 참이므로 그 대우 $r \longrightarrow q$도 참이다.

따라서 두 명제 $r \longrightarrow q$, $q \longrightarrow \sim s$가 참이므로 명제 $r \longrightarrow \sim s$가 참이다.

⑤ 명제 $p \longrightarrow \sim s$가 참이므로 그 대우 $s \longrightarrow \sim p$도 참이다.

따라서 항상 참이라고 할 수 없는 것은 ③이다.

답 ③

05 충분조건과 필요조건 ● 본책 184~187쪽

438

ㄱ. $p : |x|<1$에서 $-1<x<1$

따라서 $p \Longrightarrow q$, $q \not\Longrightarrow p$이므로 p는 q이기 위한 충분조건이다.

ㄴ. $|x|=|y| \Longleftrightarrow |x|^2=|y|^2 \Longleftrightarrow x^2=y^2$

즉 $p \Longleftrightarrow q$이므로 p는 q이기 위한 필요충분조건이다.

ㄷ. $p : (x-y)(y-z)=0$에서 $x=y$ 또는 $y=z$

따라서 $p \not\Longrightarrow q$, $q \Longrightarrow p$이므로 p는 q이기 위한 필요조건이다.

이상에서 필요충분조건인 것은 ㄴ뿐이다. **답 ㄴ**

439

$P \cap Q = \varnothing$이고 $Q \cup R = Q$에서 $R \subset Q$이므로 세 집합 P, Q, R를 벤다이어그램으로 나타내면 오른쪽 그림과 같다.

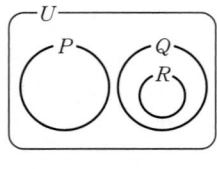

(1) $Q \subset P^C$이므로 $q \Longrightarrow \sim p$

따라서 q는 $\sim p$이기 위한 $\boxed{충분}$조건이다.

(2) $R \subset Q$에서 $Q^C \subset R^C$이므로 $\sim q \Longrightarrow \sim r$

따라서 $\sim r$는 $\sim q$이기 위한 $\boxed{필요}$조건이다.

(3) $P \subset R^C$이므로 $p \Longrightarrow \sim r$

따라서 p는 $\sim r$이기 위한 $\boxed{충분}$조건이다.

답 (1) 충분 (2) 필요 (3) 충분

440

p는 $\sim r$이기 위한 필요조건이므로 $\sim r \Longrightarrow p$

$\therefore R^C \subset P$ ...... ㉠

r는 q이기 위한 충분조건이므로 $r \Longrightarrow q$

즉 $R \subset Q$이므로 $Q^C \subset R^C$ ...... ㉡

㉠, ㉡에서 $Q^C \subset R^C \subset P$

ㄱ. $R \subset Q$ (참)

ㄴ. $R^C \subset P$이므로 $P \cup R^C = P$ (참)

ㄷ. $Q^C \subset P$이므로

$P-Q = P \cap Q^C = Q^C$ (참)

이상에서 ㄱ, ㄴ, ㄷ 모두 항상 옳다. **답 ㄱ, ㄴ, ㄷ**

441

두 조건 p, q의 진리집합을 각각 P, Q라 하면

$$P=\{x \mid -1 \le x \le k\}, \quad Q=\left\{x \mid -\frac{k}{6} \le x \le 4\right\}$$

p가 q이기 위한 필요조건이므로

$q \Longrightarrow p$, 즉 $Q \subset P$

이를 만족시키도록 두 집합 P, Q를 수직선 위에 나타내면 다음 그림과 같다.

따라서 $-\dfrac{k}{6} \ge -1$, $k \ge 4$이므로

$4 \le k \le 6$ **답 $4 \le k \le 6$**

442

$(x+3)(x-4)^2=0$에서
$$x=-3 \text{ 또는 } x=4 \text{ (중근)}$$
p가 q이기 위한 필요충분조건이려면 이차방정식 $x^2-x+a=0$의 해가 $x=-3$ 또는 $x=4$이어야 하므로 근과 계수의 관계에 의하여
$$a=-3 \times 4=-12$$

답 -12

443

세 조건 p, q, r의 진리집합을 각각 P, Q, R라 하면
$$P=\{x \mid -2<x<1 \text{ 또는 } x>3\},$$
$$Q=\{x \mid x>a\},\ R=\{x \mid x>b\}$$
q는 p이기 위한 필요조건이므로
$$p \Longrightarrow q,\ \text{즉 } P \subset Q$$
r는 p이기 위한 충분조건이므로
$$r \Longrightarrow p,\ \text{즉 } R \subset P$$
$$\therefore R \subset P \subset Q$$
이를 만족시키도록 세 집합 P, Q, R를 수직선 위에 나타내면 다음 그림과 같다.

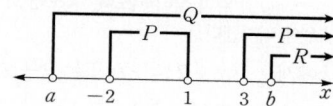

$$\therefore a \le -2,\ b \ge 3$$
따라서 a의 최댓값은 -2, b의 최솟값은 3이므로 구하는 곱은
$$-2 \times 3 = -6$$

답 -6

연습 문제 ● 본책 188~190쪽

444

전략 명제 $p \longrightarrow q$가 참이면 그 대우 $\sim q \longrightarrow \sim p$도 참임을 이용한다.

주어진 명제가 참이 되려면 그 대우
'$x=k$이면 $x^2 \le 100$이다.'
가 참이어야 한다.
즉 $k^2 \le 100$이므로 $\qquad -10 \le k \le 10$

따라서 정수 k는 -10, -9, -8, $\cdots$, 10의 21개이다.

답 21

445

전략 명제가 참이면 그 대우도 참임과 삼단논법을 이용한다.

① 명제 $\sim s \longrightarrow \sim q$가 참이므로 그 대우 $q \longrightarrow s$도 참이다.
② 두 명제 $p \longrightarrow q$, $q \longrightarrow s$가 참이므로 명제 $p \longrightarrow s$가 참이다.
③ 두 명제 $q \longrightarrow s$, $s \longrightarrow r$가 참이므로 명제 $q \longrightarrow r$가 참이다.
⑤ 두 명제 $p \longrightarrow q$, $q \longrightarrow r$가 참이므로 명제 $p \longrightarrow r$가 참이다.
따라서 그 대우 $\sim r \longrightarrow \sim p$도 참이다.
이상에서 항상 참이라고 할 수 없는 것은 ④이다.

답 ④

446

전략 명제 $p \longrightarrow q$는 거짓이고, 명제 $q \longrightarrow p$는 참인 것을 찾는다.

① $p \Longrightarrow q$, $q \not\Longrightarrow p$이므로 p는 q이기 위한 충분조건이다.
[$q \longrightarrow p$의 반례] x가 9이면 18의 양의 약수이지만 6의 양의 약수는 아니다.
② $p \not\Longrightarrow q$, $q \Longrightarrow p$이므로 p는 q이기 위한 필요조건이다.
[$p \longrightarrow q$의 반례] $x=-1$, $y=-2$이면 $xy>1$이지만 $x<1$, $y<1$이다.
③ $p \Longrightarrow q$, $q \not\Longrightarrow p$이므로 p는 q이기 위한 충분조건이다.
[$q \longrightarrow p$의 반례] $x=\sqrt{2}$, $y=\sqrt{2}$이면 $xy=2$는 유리수이지만 x, y는 유리수가 아니다.
④ $p \Longrightarrow q$, $q \not\Longrightarrow p$이므로 p는 q이기 위한 충분조건이다.
[$q \longrightarrow p$의 반례] □ABCD가 등변사다리꼴이면 두 대각선의 길이는 같지만 직사각형이 아니다.
⑤ $p \Longrightarrow q$, $q \Longrightarrow p$이므로 p는 q이기 위한 필요충분조건이다.
따라서 필요조건이지만 충분조건이 아닌 것은 ②이다.

답 ②

447

전략 $p \Longrightarrow q$, $q \Longrightarrow r$이면 $p \Longrightarrow r$임을 이용한다.

p는 $\sim r$이기 위한 충분조건이므로

$$p \Longrightarrow \sim r$$

r는 q이기 위한 필요조건이므로

$$q \Longrightarrow r \qquad \therefore \sim r \Longrightarrow \sim q$$

따라서 $p \Longrightarrow \sim r$, $\sim r \Longrightarrow \sim q$이므로

$$p \Longrightarrow \sim q$$

답 ③

448

전략 각 조건의 진리집합 사이의 포함 관계를 이용한다.

① $P \not\subset R$, $R \not\subset P$이므로 p는 r이기 위한 아무 조건도 아니다.

② $Q \subset P$이므로 p는 q이기 위한 필요조건이다.

③ $Q \subset R^C$이므로 q는 $\sim r$이기 위한 충분조건이다.

④ $R \subset Q^C$이므로 r는 $\sim q$이기 위한 충분조건이다.

⑤ $P^C \subset Q^C$이므로 $\sim q$는 $\sim p$이기 위한 필요조건이다.

따라서 옳은 것은 ⑤이다.

답 ⑤

449

전략 $q \Longrightarrow p$일 때 두 조건 p, q의 진리집합 사이의 포함 관계를 이용한다.

$x^3 - 4x^2 - x + 4 = 0$에서

$$x^2(x-4) - (x-4) = 0$$

$$(x^2 - 1)(x - 4) = 0$$

$$(x + 1)(x - 1)(x - 4) = 0$$

$$\therefore x = -1 \ \text{또는} \ x = 1 \ \text{또는} \ x = 4$$

따라서 조건 p의 진리집합을 P라 하면

$$P = \{-1, 1, 4\}$$

$2x + a = 0$에서 $x = -\dfrac{a}{2}$

따라서 조건 q의 진리집합을 Q라 하면

$$Q = \left\{ -\frac{a}{2} \right\}$$

p가 q이기 위한 필요조건이 되려면 $q \Longrightarrow p$, 즉 $Q \subset P$이어야 하므로

$$-\frac{a}{2} = -1 \ \text{또는} \ -\frac{a}{2} = 1 \ \text{또는} \ -\frac{a}{2} = 4$$

$$\therefore a = 2 \ \text{또는} \ a = -2 \ \text{또는} \ a = -8$$

따라서 구하는 모든 실수 a의 값의 곱은

$$2 \times (-2) \times (-8) = 32$$

답 32

450

전략 $p \Longrightarrow \sim q$일 때 두 조건 p, $\sim q$의 진리집합 사이의 포함 관계를 이용한다.

$x^2 - 4x - 12 = 0$에서 $\quad (x + 2)(x - 6) = 0$

$$\therefore x = -2 \ \text{또는} \ x = 6$$

따라서 조건 p의 진리집합을 P라 하면

$$P = \{-2, 6\}$$

$q : |x - 3| > k$에서 $\quad \sim q : |x - 3| \leq k$

조건 q의 진리집합을 Q라 하면

$$Q^C = \{x \mid |x - 3| \leq k\}$$

이때 p가 $\sim q$이기 위한 충분조건이 되려면

$$p \Longrightarrow \sim q, \ \text{즉} \ P \subset Q^C$$

즉 $-2 \in Q^C$, $6 \in Q^C$이어야 하므로

$$|-2 - 3| \leq k, \ |6 - 3| \leq k$$

$$\therefore k \geq 5$$

따라서 자연수 k의 최솟값은 5이다.

답 ③

451

전략 명제 $p \longrightarrow \sim q$의 역이 참이 되도록 두 조건 p, $\sim q$의 진리집합을 수직선 위에 나타낸다.

$|x + 2| \geq k$에서 $\quad x + 2 \leq -k \ \text{또는} \ x + 2 \geq k$

$$\therefore x \leq -k - 2 \ \text{또는} \ x \geq k - 2$$

따라서 조건 p의 진리집합을 P라 하면

$$P = \{x \mid x \leq -k - 2 \ \text{또는} \ x \geq k - 2\}$$

$|x + 3| < 4$에서 $\quad -4 < x + 3 < 4$

$$\therefore -7 < x < 1$$

따라서 조건 q의 진리집합을 Q라 하면

$$Q = \{x \mid -7 < x < 1\} \qquad \cdots\cdots \ \text{㉠}$$

명제 $p \longrightarrow \sim q$의 역, 즉 $\sim q \longrightarrow p$가 참이 되려면 $Q^C \subset P$이어야 한다.

이때 ㉠에서 $\quad Q^C = \{x \mid x \leq -7 \ \text{또는} \ x \geq 1\}$

따라서 $Q^C \subset P$를 만족시키도록 두 집합 P, Q^C를 수직선 위에 나타내면 다음 그림과 같다.

즉 $-k - 2 \geq -7$, $k - 2 \leq 1$이므로

$$0 < k \leq 3 \ (\because k > 0)$$

따라서 양수 k의 최댓값은 3이다.

답 3

452

전략 두 명제 $p \longrightarrow q$, $q \longrightarrow r$가 참이면 명제 $p \longrightarrow r$가 참임을 이용한다.

명제 $q \longrightarrow {\sim}p$가 참이므로 그 대우 $p \longrightarrow {\sim}q$도 참이다.

또 명제 ${\sim}r \longrightarrow s$가 참이므로 그 대우 ${\sim}s \longrightarrow r$도 참이다.

즉 두 명제 $p \longrightarrow {\sim}q$, ${\sim}s \longrightarrow r$가 참이므로 명제 $p \longrightarrow r$가 참이 되려면 명제 ${\sim}q \longrightarrow {\sim}s$ 또는 그 대우 $s \longrightarrow q$가 참이어야 한다.

따라서 명제 $p \longrightarrow r$가 참임을 보이기 위해 필요한 참인 명제는 ④이다.

답 ④

453

전략 $p \Longrightarrow q$이고 $q \Longrightarrow p$이면 $p \Longleftrightarrow q$이므로 p는 q이기 위한 필요충분조건이다.

p는 q이기 위한 필요조건이므로 $\qquad q \Longrightarrow p$

q는 r이기 위한 필요조건이므로 $\qquad r \Longrightarrow q$

r는 s이기 위한 충분조건이므로 $\qquad r \Longrightarrow s$

${\sim}r$는 ${\sim}t$이기 위한 충분조건이므로

$\qquad {\sim}r \Longrightarrow {\sim}t \qquad \therefore t \Longrightarrow r$

t는 p이기 위한 필요조건이므로

$\qquad p \Longrightarrow t$

따라서 $p \Longleftrightarrow q \Longleftrightarrow r \Longleftrightarrow t$이므로 r이기 위한 필요충분조건인 것은 p, q, t의 3개이다.

답 3

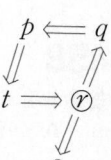

454

전략 $r \Longrightarrow p$, $q \Longrightarrow r$가 되도록 세 조건 p, q, r의 진리집합을 수직선 위에 나타낸다.

$|x| > a$에서 $\qquad x < -a$ 또는 $x > a$

세 조건 p, q, r의 진리집합을 각각 P, Q, R라 하면

$\qquad P = \{x \mid x < -a \text{ 또는 } x > a\}$, $Q = \{x \mid x > b\}$,

$\qquad R = \{x \mid -5 < x < -2 \text{ 또는 } x > 5\}$

p는 r이기 위한 필요조건이므로

$\qquad r \Longrightarrow p$, 즉 $R \subset P$

q는 r이기 위한 충분조건이므로

$\qquad q \Longrightarrow r$, 즉 $Q \subset R$

$\qquad \therefore Q \subset R \subset P$

이를 만족시키도록 세 집합 P, Q, R를 수직선 위에 나타내면 다음 그림과 같다.

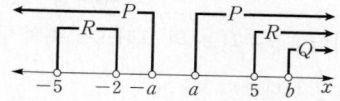

즉 $-a \geq -2$, $a \leq 5$, $b \geq 5$이므로

$\qquad 0 < a \leq 2$, $b \geq 5$ ($\because a > 0$)

따라서 a의 최댓값은 2, b의 최솟값은 5이므로 구하는 합은

$\qquad 2 + 5 = 7$

답 7

455

전략 명제 $p \longrightarrow q$가 참이면 그 대우 ${\sim}q \longrightarrow {\sim}p$도 참임을 이용한다.

명제 $p \longrightarrow q$가 참이면 그 대우 ${\sim}q \longrightarrow {\sim}p$도 참이다.

${\sim}q$: $x^2 - x - 6 > 0$에서 $\qquad (x+2)(x-3) > 0$

$\qquad \therefore x < -2$ 또는 $x > 3$

${\sim}p$: $(x^2 - kx + k)(x^2 - x - 6) > 0$

따라서 명제 ${\sim}q \longrightarrow {\sim}p$가 참이 되려면 $x < -2$ 또는 $x > 3$에서 $x^2 - kx + k > 0$이어야 한다.

$f(x) = x^2 - kx + k$라 하고, 이차방정식 $f(x) = 0$의 판별식을 D라 하면

$\qquad D = (-k)^2 - 4k = k^2 - 4k$

(i) $D < 0$, 즉 $0 < k < 4$일 때

모든 실수 x에 대하여 $f(x) > 0$이므로 명제 ${\sim}q \longrightarrow {\sim}p$가 참이다.

(ii) $D = 0$, 즉 $k = 0$ 또는 $k = 4$일 때

$f(x) = x^2$ 또는 $f(x) = (x-2)^2$이므로 $x < -2$ 또는 $x > 3$에서

$\qquad f(x) > 0$

따라서 명제 ${\sim}q \longrightarrow {\sim}p$가 참이다.

(iii) $D > 0$, 즉 $k < 0$ 또는 $k > 4$일 때

$x < -2$ 또는 $x > 3$에서 $f(x) > 0$이려면 함수 $y = f(x)$의 그래프가 오른쪽 그림과 같아야 한다.

ⓐ $f(-2) \geq 0$에서

$\qquad 4 + 2k + k \geq 0 \qquad \therefore k \geq -\dfrac{4}{3}$

ⓑ $f(3) \geq 0$에서

$$9 - 3k + k \geq 0 \qquad \therefore k \leq \frac{9}{2}$$

ⓒ 이차함수 $y = f(x)$의 그래프의 축의 방정식이

$x = \dfrac{k}{2}$이므로

$$-2 < \frac{k}{2} < 3 \qquad \therefore -4 < k < 6$$

이상에서 $\quad -\dfrac{4}{3} \leq k \leq \dfrac{9}{2}$

그런데 $k < 0$ 또는 $k > 4$이므로

$$-\frac{4}{3} \leq k < 0 \text{ 또는 } 4 < k \leq \frac{9}{2}$$

이상에서 $\quad -\dfrac{4}{3} \leq k \leq \dfrac{9}{2}$

따라서 $M = \dfrac{9}{2}$, $m = -\dfrac{4}{3}$이므로

$$12Mm = -72 \qquad\qquad \text{답 } -72$$

456

전략 삼단논법을 이용한다.

네 조건 p, q, r, s를

p: 판매량이 증가한다.

q: 인지도가 높아진다.

r: 가격이 상승한다.

s: 수입이 증가한다.

라 하면 (가), (나)에서 명제 $\sim p \longrightarrow \sim q$, $r \longrightarrow s$가 모두 참이다.

또한 명제 $\sim p \longrightarrow \sim q$가 참이므로 그 대우 $q \longrightarrow p$도 참이다.

따라서 명제 $q \longrightarrow s$가 참이 되는 경우는 다음과 같이 세 가지 경우가 있다.

(i) 명제 $p \longrightarrow s$ 또는 그 대우인 $\sim s \longrightarrow \sim p$가 참인 경우

(ii) 명제 $q \longrightarrow r$ 또는 그 대우인 명제 $\sim r \longrightarrow \sim q$가 참인 경우

(iii) 명제 $p \longrightarrow r$ 또는 그 대우인 명제 $\sim r \longrightarrow \sim p$가 참인 경우

① $p \longrightarrow q$ ② $\sim p \longrightarrow \sim r$ ③ $q \longrightarrow r$
④ $r \longrightarrow q$ ⑤ $\sim r \longrightarrow \sim p$

따라서 필요한 명제로 가능한 것은 ③, ⑤이다.

답 ③, ⑤

457

전략 $p \Longrightarrow q$이면 $P \subset Q$, $p \Longrightarrow r$이면 $P \subset R$임을 이용한다.

p는 q이기 위한 충분조건이므로

$$p \Longrightarrow q, \text{ 즉 } P \subset Q$$

$$\therefore a^2 = 4 \text{ 또는 } b = 4$$

또 r는 p이기 위한 필요조건이므로

$$p \Longrightarrow r, \text{ 즉 } P \subset R$$

$$\therefore 4 \in R \qquad\qquad \cdots\cdots \text{㉠}$$

(i) $a^2 = 4$일 때

$a = 2$이면 $R = \{1, 2b\}$이므로 ㉠에서

$$2b = 4 \qquad \therefore b = 2$$

$$\therefore a + b = 4$$

$a = -2$이면 $R = \{-3, -2b\}$이므로 ㉠에서

$$-2b = 4 \qquad \therefore b = -2$$

$$\therefore a + b = -4$$

(ii) $b = 4$일 때

$R = \{a - 1, 4a\}$이므로 ㉠에서

$$a - 1 = 4 \text{ 또는 } 4a = 4$$

$$\therefore a = 5 \text{ 또는 } a = 1$$

$$\therefore a + b = 9 \text{ 또는 } a + b = 5$$

(i), (ii)에서 $a + b$의 최댓값은 9이다.

답 9

458

전략 모든 실수 x에 대하여 $x^2 + mx + n \geq 0$이 성립할 조건은 $m^2 - 4n \leq 0$임을 이용한다.

실수 전체의 집합을 U라 하고 두 조건 p, q의 진리집합을 각각 P, Q라 하자.

'모든 실수 x에 대하여 p이다.'가 참인 명제가 되려면

$$P = U = \{x \mid x \text{는 모든 실수}\}$$

이어야 하므로 모든 실수 x에 대하여 $x^2 + 2ax + 1 \geq 0$이어야 한다.

이차방정식 $x^2 + 2ax + 1 = 0$의 판별식을 D_1이라 하면

$$\frac{D_1}{4} = a^2 - 1 \leq 0, \qquad (a+1)(a-1) \leq 0$$

$$\therefore -1 \leq a \leq 1$$

따라서 정수 a는 -1, 0, 1의 3개이다.

또 'p는 $\sim q$이기 위한 충분조건이다.'가 참인 명제가 되려면

$$p \Longrightarrow \sim q, \text{ 즉 } P \subset Q^C$$

이때 $P=U$이므로 $\quad Q^C=U$

따라서 모든 실수 x에 대하여 $x^2+2bx+9>0$이어야

하므로 이차방정식 $x^2+2bx+9=0$의 판별식을 D_2라

하면

$$\frac{D_2}{4}=b^2-9<0, \qquad (b+3)(b-3)<0$$

$$\therefore -3<b<3$$

따라서 정수 b는 $-2,\ -1,\ 0,\ 1,\ 2$의 5개이다.

즉 정수 $a,\ b$의 순서쌍 $(a,\ b)$의 개수는

$$3\times5=15$$

답 ①

06 명제의 증명

459

(1) 주어진 명제의 대우는

실수 $x,\ y$에 대하여 $x=0$ 또는 $y=0$이면

$xy=0$이다.

이때 $x=0$ 또는 $y=0$이면 $xy=0$이므로 주어진 명

제의 대우가 참이다.

따라서 주어진 명제도 참이다.

(2) 주어진 명제의 대우는

실수 $x,\ y$에 대하여 $x<1$이고 $y<1$이면

$x+y<2$이다.

이때 $x<1$이고 $y<1$이면 $x+y<2$이므로 주어진

명제의 대우가 참이다.

따라서 주어진 명제도 참이다.

(3) 주어진 명제의 대우는

자연수 m에 대하여 m이 짝수이면 m^2도 짝수

이다.

m이 짝수이면

$m=2k$ (k는 자연수)

로 나타낼 수 있다. 이때

$$m^2=(2k)^2=4k^2=2\times2k^2$$

이므로 m^2은 짝수이다.

따라서 주어진 명제의 대우가 참이므로 주어진 명

제도 참이다.

답 풀이 참조

460

(1) $2-\sqrt{3}$이 무리수가 아니라고 가정하면 $2-\sqrt{3}$은 유

리수이므로

$2-\sqrt{3}=k$ (k는 유리수)

로 놓을 수 있다.

이때 $2-k=\sqrt{3}$이고 유리수끼리의 뺄셈의 결과는

유리수이므로 $2-k$는 유리수이다.

그런데 $\sqrt{3}$은 유리수가 아니므로 모순이다.

따라서 $2-\sqrt{3}$은 무리수이다.

(2) n^2이 3의 배수일 때, n이 3의 배수가 아니라고 가

정하자.

n이 3의 배수가 아니므로

$n=3k-1$ 또는 $n=3k-2$ (k는 자연수)

로 나타낼 수 있다.

(i) $n=3k-1$일 때

$$n^2=(3k-1)^2$$
$$=9k^2-6k+1$$
$$=3(3k^2-2k)+1$$

(ii) $n=3k-2$일 때

$$n^2=(3k-2)^2$$
$$=9k^2-12k+4$$
$$=3(3k^2-4k+1)+1$$

(i), (ii)에서 n^2을 3으로 나누면 나머지가 1이므로

n^2이 3의 배수라는 가정에 모순이다.

따라서 자연수 n에 대하여 n^2이 3의 배수이면 n도

3의 배수이다.

(3) $a^2+b^2=0$일 때, $a\neq0$ 또는 $b\neq0$이라 가정하자.

(i) $a\neq0$일 때

$a^2>0,\ b^2\geq0$이므로

$a^2+b^2>0$, 즉 $a^2+b^2\neq0$

(ii) $b\neq0$일 때

$a^2\geq0,\ b^2>0$이므로

$a^2+b^2>0$, 즉 $a^2+b^2\neq0$

(i), (ii)에서 $a^2+b^2\neq0$이므로 $a^2+b^2=0$이라는 가

정에 모순이다.

따라서 실수 $a,\ b$에 대하여 $a^2+b^2=0$이면 $a=0$이

고 $b=0$이다.

답 풀이 참조

461

(1) $a^2+b^2+1-(ab+a+b)$

$= \dfrac{1}{2}(2a^2+2b^2+2-2ab-2a-2b)$

$= \dfrac{1}{2}\{(a^2-2ab+b^2)+(a^2-2a+1)$

$\qquad +(b^2-2b+1)\}$

$= \dfrac{1}{2}\{(a-b)^2+(a-1)^2+(b-1)^2\}$

a, b가 실수이므로

$\qquad (a-b)^2 \geq 0, \ (a-1)^2 \geq 0, \ (b-1)^2 \geq 0$

따라서 $a^2+b^2+1-(ab+a+b) \geq 0$이므로

$\qquad a^2+b^2+1 \geq ab+a+b$

여기서 등호는 $a-b=0$, $a-1=0$, $b-1=0$, 즉

$a=b=1$일 때 성립한다.

(2) (i) $|a| \geq |b|$일 때,

$\quad |a|-|b| \geq 0$, $|a-b| \geq 0$이므로

$\quad (|a|-|b|)^2 \leq |a-b|^2$임을 보이면 된다.

$\quad (|a|-|b|)^2-|a-b|^2$

$\quad = a^2-2|ab|+b^2-(a^2-2ab+b^2)$

$\quad = -2(|ab|-ab)$

$\quad$ 그런데 $|ab| \geq ab$이므로

$\qquad -2(|ab|-ab) \leq 0$

$\qquad \therefore |a|-|b| \leq |a-b|$

(ii) $|a| < |b|$일 때,

$\quad |a|-|b| < 0$, $|a-b| > 0$이므로

$\qquad |a|-|b| < |a-b|$

(i), (ii)에서　　$|a|-|b| \leq |a-b|$

여기서 등호는 $|ab|=ab$, 즉 $ab \geq 0$이고 $|a| \geq |b|$

일 때 성립한다.

🄳 **풀이 참조**

462

$a>0$, $b>0$이므로

$\qquad \{\sqrt{2(a+b)}\}^2-(\sqrt{a}+\sqrt{b})^2$

$\qquad = 2(a+b)-(a+2\sqrt{ab}+b)$

$\qquad = a-2\sqrt{ab}+b$

$\qquad = (\sqrt{a}-\sqrt{b})^2$

a, b가 실수이므로　　$(\sqrt{a}-\sqrt{b})^2 \geq 0$

$\qquad \therefore \{\sqrt{2(a+b)}\}^2 \geq (\sqrt{a}+\sqrt{b})^2$

이때 $\sqrt{2(a+b)}>0$, $\sqrt{a}+\sqrt{b}>0$이므로

$\qquad \sqrt{2(a+b)} \geq \sqrt{a}+\sqrt{b}$

여기서 등호는 $\sqrt{a}=\sqrt{b}$, 즉 $a=b$일 때 성립한다.

🄳 **풀이 참조**

463

$3a>0$, $4b>0$이므로 산술평균과 기하평균의 관계에

의하여

$\qquad 3a+4b \geq 2\sqrt{3a \times 4b} = 4\sqrt{3ab}$

그런데 $ab=3$이므로　　$3a+4b \geq 4\sqrt{3 \times 3} = 12$

따라서 $3a+4b$의 최솟값은 12이다.

여기서 등호는 $3a=4b$일 때 성립하므로 $3a+4b=12$

에서　　$3a=4b=6$　　$\therefore a=2, b=\dfrac{3}{2}$

즉 $m=12$, $\alpha=2$, $\beta=\dfrac{3}{2}$이므로

$\qquad m+\alpha+\beta = \dfrac{31}{2}$　　🄳 $\dfrac{31}{2}$

464

$9a^2>0$, $b^2>0$이므로 산술평균과 기하평균의 관계에

의하여

$\qquad 9a^2+b^2 \geq 2\sqrt{9a^2 \times b^2} = 6ab \ (\because a>0, b>0)$

그런데 $9a^2+b^2=36$이므로　　$36 \geq 6ab$

$\qquad \therefore ab \leq 6$

$\qquad$ (단, 등호는 $9a^2=b^2$, 즉 $3a=b$일 때 성립)

따라서 ab의 최댓값은 6이다.　　🄳 **6**

465

$\dfrac{1}{x}+\dfrac{3}{y} = \dfrac{3x+y}{xy} = \dfrac{6}{xy}$　　$\cdots\cdots$ ㉠

$3x>0$, $y>0$이므로 산술평균과 기하평균의 관계에

의하여　　$3x+y \geq 2\sqrt{3xy}$

그런데 $3x+y=6$이므로　　$6 \geq 2\sqrt{3xy}$

$\qquad \therefore 3 \geq \sqrt{3xy}$ (단, 등호는 $3x=y$일 때 성립)

양변을 제곱하면　　$9 \geq 3xy$　　$\therefore xy \leq 3$

$\qquad \therefore \dfrac{6}{xy} \geq \dfrac{6}{3} = 2$

따라서 ㉠에서 $\dfrac{1}{x}+\dfrac{3}{y}$의 최솟값은 2이다.　　🄳 **2**

466

$(3a+4b)\left(\dfrac{3}{a}+\dfrac{1}{b}\right)=9+\dfrac{3a}{b}+\dfrac{12b}{a}+4$

$\qquad\qquad\qquad =\dfrac{3a}{b}+\dfrac{12b}{a}+13$

$\dfrac{3a}{b}>0$, $\dfrac{12b}{a}>0$이므로 산술평균과 기하평균의 관계에 의하여

$$\dfrac{3a}{b}+\dfrac{12b}{a}+13\geq 2\sqrt{\dfrac{3a}{b}\times\dfrac{12b}{a}}+13$$
$$=2\times 6+13=25$$

$\left(\text{단, 등호는 }\dfrac{3a}{b}=\dfrac{12b}{a},\text{ 즉 }a=2b\text{일 때 성립}\right)$

따라서 구하는 최솟값은 25이다.　　　**답 25**

467

$3x+5+\dfrac{3}{x+2}=3(x+2)+\dfrac{3}{x+2}-1$

$x>-2$에서 $x+2>0$이므로 산술평균과 기하평균의 관계에 의하여

$3(x+2)+\dfrac{3}{x+2}-1$

$\geq 2\sqrt{3(x+2)\times\dfrac{3}{x+2}}-1$

$=2\times 3-1=5$

$\left(\text{단, 등호는 }3(x+2)=\dfrac{3}{x+2},\text{ 즉 }x=-1\text{일 때 성립}\right)$

따라서 구하는 최솟값은 5이다.　　　**답 5**

468

오른쪽 그림과 같이 바깥쪽 직사각형의 가로의 길이를 x cm, 세로의 길이를 y cm라 하면

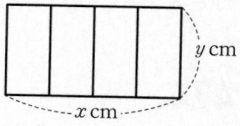

$2x+5y=40$

$x>0$, $y>0$에서 $2x>0$, $5y>0$이므로 산술평균과 기하평균의 관계에 의하여

$2x+5y\geq 2\sqrt{2x\times 5y}=2\sqrt{10xy}$

그런데 $2x+5y=40$이므로　　$40\geq 2\sqrt{10xy}$

$\sqrt{10xy}\leq 20$,　　$10xy\leq 400$

$\therefore xy\leq 40$

이때 바깥쪽 직사각형의 넓이는 xy cm²이므로 넓이의 최댓값은 40 cm²이다.

여기서 등호는 $2x=5y$일 때 성립하므로 $2x+5y=40$에서

$2x+2x=40$　　$\therefore x=10$

따라서 구하는 가로의 길이는 10 cm이다.

답 40 cm², 10 cm

469

오른쪽 그림과 같이 $\overline{OC}=x$, $\overline{CD}=y$라 하면 직각삼각형 OCD에서

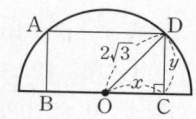

$x^2+y^2=(2\sqrt{3})^2=12$

$x>0$, $y>0$이므로 산술평균과 기하평균의 관계에 의하여

$x^2+y^2\geq 2\sqrt{x^2\times y^2}=2xy\ (\because\ x>0,\ y>0)$

그런데 $x^2+y^2=12$이므로　　$12\geq 2xy$

이때 직사각형 ABCD의 넓이는 $2xy$이므로 넓이의 최댓값은 12이다.

여기서 등호는 $x^2=y^2$일 때 성립하므로 $x^2=y^2=12$에서　$x^2=y^2=6$

$\therefore x=\sqrt{6},\ y=\sqrt{6}\ (\because\ x>0,\ y>0)$

따라서 직사각형 ABCD의 넓이가 최대일 때의 둘레의 길이는

$4x+2y=4\sqrt{6}+2\sqrt{6}=6\sqrt{6}$　　**답 $6\sqrt{6}$**

470

(1) a, b가 실수이므로 코시-슈바르츠의 부등식에 의하여　　$(2^2+4^2)(a^2+b^2)\geq(2a+4b)^2$

그런데 $a^2+b^2=10$이므로

$20\times 10\geq(2a+4b)^2$

$\therefore -10\sqrt{2}\leq 2a+4b\leq 10\sqrt{2}$

(단, 등호는 $b=2a$일 때 성립)

따라서 $2a+4b$의 최댓값은 $10\sqrt{2}$이다.

(2) a, b가 실수이므로 코시-슈바르츠의 부등식에 의하여　　$(2^2+5^2)(a^2+b^2)\geq(2a+5b)^2$

그런데 $2a+5b=29$이므로　　$29(a^2+b^2)\geq 29^2$

$\therefore a^2+b^2\geq 29$

(단, 등호는 $2b=5a$일 때 성립)

따라서 a^2+b^2의 최솟값은 29이다.

답 (1) $10\sqrt{2}$　(2) 29

471

직사각형의 가로, 세로의 길이를 각각 x, y라 하면 원의 지름이 직사각형의 대각선이므로

$$x^2+y^2=4^2=16$$

직사각형의 둘레의 길이는 $2x+2y$이고 x, y가 실수이므로 코시-슈바르츠의 부등식에 의하여

$$(2^2+2^2)(x^2+y^2)\geq(2x+2y)^2$$

그런데 $x^2+y^2=16$이므로

$$8\times16\geq(2x+2y)^2$$

이때 $x>0$, $y>0$이므로

$$0<2x+2y\leq8\sqrt{2}\ (단, \ 등호는\ x=y일\ 때\ 성립)$$

따라서 구하는 최댓값은 $8\sqrt{2}$이다.   답 $\mathbf{8\sqrt{2}}$

연습 문제   ●━ 본책 202~203쪽

472

전략 결론을 부정하여 모순이 생김을 보인다.

mn이 [⑦ 홀수]라 가정하면 m, n은 모두
[⑭ 홀수]이어야 하므로

$$m=2k-1, \ n=2l-1 \ (k, \ l은\ 자연수)$$

로 나타낼 수 있다. 이때

$$\begin{aligned}m^2+n^2&=(2k-1)^2+(2l-1)^2\\&=4k^2-4k+1+4l^2-4l+1\\&=2(2k^2-2k+2l^2-2l+1)\end{aligned}$$

이므로 m^2+n^2은 [⑮ 짝수]이다.

그런데 이것은 m^2+n^2이 [㉱ 홀수]라는 가정에 모순이다.

따라서 자연수 m, n에 대하여 m^2+n^2이 홀수이면 mn은 짝수이다.

답 ⑦ 홀수 ⑭ 홀수 ⑮ 짝수 ㉱ 홀수

473

전략 두 식의 차 또는 제곱의 차를 이용하여 참, 거짓을 판별한다.

ㄱ. $(\sqrt{a}-\sqrt{b})^2-(\sqrt{a-b})^2$
$=a-2\sqrt{ab}+b-(a-b)$
$=2(b-\sqrt{ab})$
$=2\sqrt{b}(\sqrt{b}-\sqrt{a})$

그런데 $\sqrt{b}>0$, $\sqrt{b}-\sqrt{a}<0$이므로

$$2\sqrt{b}(\sqrt{b}-\sqrt{a})<0$$
$$\therefore (\sqrt{a}-\sqrt{b})^2<(\sqrt{a-b})^2$$

이때 $\sqrt{a}-\sqrt{b}>0$, $\sqrt{a-b}>0$이므로

$$\sqrt{a}-\sqrt{b}<\sqrt{a-b} \ (거짓)$$

ㄴ. $a^3+b^3+c^3-3abc$
$=(a+b+c)(a^2+b^2+c^2-ab-bc-ca)$

그런데 $a+b+c>0$이고

$$\begin{aligned}&a^2+b^2+c^2-ab-bc-ca\\&=\frac{1}{2}(2a^2+2b^2+2c^2-2ab-2bc-2ca)\\&=\frac{1}{2}\{(a-b)^2+(b-c)^2+(c-a)^2\}\geq0\end{aligned}$$

이므로

$$a^3+b^3+c^3-3abc\geq0$$
$$\therefore a^3+b^3+c^3\geq3abc$$

여기서 등호는 $a-b=0$, $b-c=0$, $c-a=0$, 즉 $a=b=c$일 때 성립한다. (참)

ㄷ. $(|a|+|b|)^2-|a-b|^2$
$=a^2+2|ab|+b^2-(a^2-2ab+b^2)$
$=2(|ab|+ab)\geq0 \ (\because |ab|\geq-ab)$
$\therefore (|a|+|b|)^2\geq|a-b|^2$

이때 $|a|+|b|\geq0$, $|a-b|\geq0$이므로

$$|a|+|b|\geq|a-b|$$

여기서 등호는 $|ab|=-ab$, 즉 $ab\leq0$일 때 성립한다. (참)

이상에서 옳은 것은 ㄴ, ㄷ이다.   답 ㄴ, ㄷ

474

전략 산술평균과 기하평균의 관계를 이용한다.

$2x>0$, $5y>0$이므로 산술평균과 기하평균의 관계에 의하여

$$2x+5y\geq2\sqrt{2x\times5y}=2\sqrt{10xy}$$

그런데 $2x+5y=10$이므로

$$10\geq2\sqrt{10xy} \quad \therefore 5\geq\sqrt{10xy}$$

양변을 제곱하면

$$25\geq10xy \quad \therefore xy\leq\frac{5}{2}$$

따라서 xy의 최댓값은 $\frac{5}{2}$이다.

여기서 등호는 $2x=5y$일 때 성립하므로 $2x+5y=10$에서

$$2x=5y=5 \quad \therefore x=\frac{5}{2},\ y=1$$

즉 $a=\frac{5}{2}$, $b=\frac{5}{2}$, $c=1$이므로

$$a+b+c=6$$

답 6

475

전략 $\overline{AC}=x$, $\overline{BC}=y$로 놓고 산술평균과 기하평균의 관계를 이용하여 $\overline{AB}^2$의 최솟값을 구한다.

$\angle C=90°$인 직각삼각형 ABC에 대하여 $\overline{AC}=x$, $\overline{BC}=y$라 하면 직각삼각형 ABC의 넓이가 16이므로

$$\frac{1}{2}xy=16$$

$$\therefore xy=32 \qquad \cdots\cdots \ \ominus$$

피타고라스 정리에 의하여

$$\overline{AB}^2=\overline{AC}^2+\overline{BC}^2$$
$$=x^2+y^2 \qquad \cdots\cdots \ \bigcirc$$

이때 $x>0$, $y>0$에서 $x^2>0$, $y^2>0$이므로 산술평균과 기하평균의 관계에 의하여

$$x^2+y^2\geq 2\sqrt{x^2y^2}$$
$$=2xy=2\times 32 (\because \ \ominus)$$
$$=64 \ (단, \ 등호는 \ x=y일 \ 때 \ 성립)$$

따라서 $\bigcirc$에서 $\overline{AB}^2$의 최솟값은 64이다.

답 ③

476

전략 주어진 명제의 대우가 참임을 증명한다.

주어진 명제의 대우는

　세 자연수 a, b, c에 대하여 a, b, c가 모두 홀수이면 $a^2+b^2\neq c^2$이다.

자연수 l, m, n에 대하여

$$a=2l-1, \ b=2m-1, \ c=2n-1$$

이라 하면

$$a^2+b^2=(2l-1)^2+(2m-1)^2$$
$$=4l^2-4l+1+4m^2-4m+1$$
$$=2(2l^2-2l+2m^2-2m+1)$$
$$c^2=(2n-1)^2$$
$$=4n^2-4n+1$$
$$=2(2n^2-2n)+1$$

따라서 a^2+b^2은 짝수이고 c^2은 홀수이므로

$$a^2+b^2\neq c^2$$

즉 주어진 명제의 대우가 참이므로 주어진 명제도 참이다.

답 풀이 참조

477

전략 산술평균과 기하평균의 관계를 이용한다.

$3x>0$, $2y>0$이므로 산술평균과 기하평균의 관계에 의하여

$$3x+2y\geq 2\sqrt{3x\times 2y}=2\sqrt{6xy}$$

그런데 $3x+2y=16$이므로

$$2\sqrt{6xy}\leq 16 \ (단, \ 등호는 \ 3x=2y일 \ 때 \ 성립)$$

이때

$$(\sqrt{3x}+\sqrt{2y})^2=3x+2y+2\sqrt{6xy}$$
$$=16+2\sqrt{6xy}$$
$$\leq 16+16=32$$

이므로

$$0<\sqrt{3x}+\sqrt{2y}\leq 4\sqrt{2}$$

따라서 $\sqrt{3x}+\sqrt{2y}$의 최댓값은 $4\sqrt{2}$이다.

답 $4\sqrt{2}$

478

전략 주어진 식을 전개한 후 산술평균과 기하평균의 관계를 이용한다.

$a>0$, $b>0$, $c>0$이므로 산술평균과 기하평균의 관계에 의하여

$$\left(1+\frac{2b}{a}\right)\left(1+\frac{c}{b}\right)\left(1+\frac{a}{2c}\right)$$
$$=\left(1+\frac{c}{b}+\frac{2b}{a}+\frac{2c}{a}\right)\left(1+\frac{a}{2c}\right)$$
$$=1+\frac{c}{b}+\frac{2b}{a}+\frac{2c}{a}+\frac{a}{2c}+\frac{a}{2b}+\frac{b}{c}+1$$
$$=\left(\frac{c}{b}+\frac{b}{c}\right)+\left(\frac{2b}{a}+\frac{a}{2b}\right)+\left(\frac{2c}{a}+\frac{a}{2c}\right)+2$$
$$\geq 2\sqrt{\frac{c}{b}\times\frac{b}{c}}+2\sqrt{\frac{2b}{a}\times\frac{a}{2b}}+2\sqrt{\frac{2c}{a}\times\frac{a}{2c}}$$
$$\quad +2$$
$$=2+2+2+2=8$$

(단, 등호는 $a^2=4b^2=4c^2$, 즉 $a=2b=2c$일 때 성립)

따라서 구하는 최솟값은 8이다.

답 8

479

전략 이차방정식의 판별식을 이용하여 실수 a의 값의 범위를 구하고, 산술평균과 기하평균의 관계를 이용한다.

이차방정식 $x^2-2x+a=0$이 허근을 가지므로 판별식을 D라 하면

$$\frac{D}{4}=(-1)^2-a<0 \qquad \therefore a>1$$

즉 $a-1>0$이므로 산술평균과 기하평균의 관계에 의하여

$$a+\frac{4}{a-1}=(a-1)+\frac{4}{a-1}+1$$
$$\geq 2\sqrt{(a-1)\times\frac{4}{a-1}}+1$$
$$=2\times2+1=5$$

따라서 $a+\dfrac{4}{a-1}$의 최솟값은 5이다.

여기서 등호는 $a-1=\dfrac{4}{a-1}$일 때 성립하므로

$$(a-1)^2=4, \qquad a-1=2 \ (\because a-1>0)$$
$$\therefore a=3$$

즉 $m=5$, $n=3$이므로 $\qquad m+n=8$ 📋 **8**

480

전략 산술평균과 기하평균의 관계를 이용할 수 있도록 식을 변형한다.

$$\left(4-\frac{9b}{a}\right)\left(1-\frac{a}{b}\right)=4-\frac{4a}{b}-\frac{9b}{a}+9$$
$$=13-\left(\frac{4a}{b}+\frac{9b}{a}\right)$$

이때 $\dfrac{4a}{b}>0$, $\dfrac{9b}{a}>0$이므로 산술평균과 기하평균의 관계에 의하여

$$\frac{4a}{b}+\frac{9b}{a}\geq 2\sqrt{\frac{4a}{b}\times\frac{9b}{a}}$$
$$=2\times6=12$$

$$\left(\text{단, 등호는 }\frac{4a}{b}=\frac{9b}{a}, \text{ 즉 } 2a=3b\text{일 때 성립}\right)$$

$$\therefore \left(4-\frac{9b}{a}\right)\left(1-\frac{a}{b}\right)=13-\left(\frac{4a}{b}+\frac{9b}{a}\right)$$
$$\leq 13-12=1$$

따라서 $\left(4-\dfrac{9b}{a}\right)\left(1-\dfrac{a}{b}\right)$의 최댓값이 1이므로 부등식 $\left(4-\dfrac{9b}{a}\right)\left(1-\dfrac{a}{b}\right)\leq m$이 항상 성립하려면

$$m\geq 1$$ 📋 $m\geq 1$

481

전략 점 Q의 좌표를 이용하여 삼각형 OQR의 넓이를 a, b에 대한 식으로 나타낸다.

직선 OP의 기울기가 $\dfrac{b}{a}$이므로 직선 OP에 수직인 직선의 기울기는 $-\dfrac{a}{b}$이다.

따라서 점 $P(a, b)$를 지나고 직선 OP에 수직인 직선의 방정식은

$$y-b=-\frac{a}{b}(x-a)$$
$$\therefore y=-\frac{a}{b}x+\frac{a^2}{b}+b$$

$x=0$을 대입하면 $y=\dfrac{a^2}{b}+b$이므로

$$Q\left(0, \frac{a^2}{b}+b\right)$$

따라서 $\overline{OQ}=\dfrac{a^2}{b}+b$, $\overline{OR}=\dfrac{1}{a}$이므로

$$\triangle OQR=\frac{1}{2}\times\overline{OQ}\times\overline{OR}$$
$$=\frac{1}{2}\times\left(\frac{a^2}{b}+b\right)\times\frac{1}{a}$$
$$=\frac{1}{2}\left(\frac{a}{b}+\frac{b}{a}\right) \qquad \cdots\cdots \text{㉠}$$

이때 $\dfrac{a}{b}>0$, $\dfrac{b}{a}>0$이므로 산술평균과 기하평균의 관계에 의하여

$$\frac{a}{b}+\frac{b}{a}\geq 2\sqrt{\frac{a}{b}\times\frac{b}{a}}=2$$

$$(\text{단, 등호는 } a=b\text{일 때 성립})$$

따라서 ㉠에서

$$\triangle OQR\geq \frac{1}{2}\times2=1$$

즉 삼각형 OQR의 넓이의 최솟값은 1이다.

📋 ②

📝 **개념 노트**

두 직선 $y=mx+n$, $y=m'x+n'$에 대하여
① 두 직선이 수직이면 $mm'=-1$
② $mm'=-1$이면 두 직선은 수직이다.

1 함수

Ⅲ. 함수

01 함수

● 본책 206~214쪽

482
(1) 집합 X의 원소 1에 대응하는 집합 Y의 원소가 a, b의 2개이므로 함수가 아니다.
(2) 집합 X의 원소 4에 대응하는 집합 Y의 원소가 없으므로 함수가 아니다.
(3), (4) 집합 X의 각 원소에 집합 Y의 원소가 오직 하나씩 대응하므로 함수이다.

    🖪 **함수**: (3), (4)
        (3) **정의역**: $\{1, 2, 3\}$, **공역**: $\{a, b, c\}$,
           치역: $\{a, b, c\}$
        (4) **정의역**: $\{1, 2, 3, 4\}$, **공역**: $\{a, b, c\}$,
           치역: $\{a, b\}$

483
(1) 함수 $f(x)=-x+1$에 대하여 집합 X의 각 원소의 함숫값을 구하면
    $f(-1)=2, f(0)=1, f(1)=0$
따라서 함수 f의 치역은 $\{0, 1, 2\}$이다.
(2) 함수 $f(x)=x^3+x+1$에 대하여 집합 X의 각 원소의 함숫값을 구하면
    $f(-1)=-1, f(0)=1, f(1)=3$
따라서 함수 f의 치역은 $\{-1, 1, 3\}$이다.
(3) 함수 $f(x)=|x|-1$에 대하여 집합 X의 각 원소의 함숫값을 구하면
    $f(-1)=0, f(0)=-1, f(1)=0$
따라서 함수 f의 치역은 $\{-1, 0\}$이다.
    🖪 (1) $\{0, 1, 2\}$ (2) $\{-1, 1, 3\}$ (3) $\{-1, 0\}$

484
ㄱ. $f(-1)=0, g(-1)=-2$이므로
    $f(-1) \neq g(-1)$ ∴ $f \neq g$
ㄴ. $f(-1)=1, g(-1)=-1$이므로
    $f(-1) \neq g(-1)$ ∴ $f \neq g$

ㄷ. $f(-1)=g(-1)=-1, f(1)=g(1)=1$이므로
    $f=g$
이상에서 두 함수 f와 g가 서로 같은 함수인 것은 ㄷ뿐이다.
    🖪 ㄷ

485
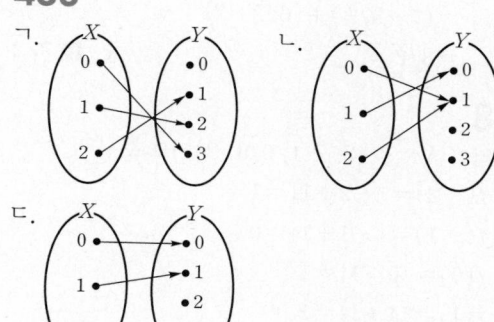

ㄷ. 집합 X의 원소 2에 대응하는 집합 Y의 원소가 없으므로 함수가 아니다.
이상에서 함수인 것은 ㄱ, ㄴ이다.
    🖪 ㄱ, ㄴ

486
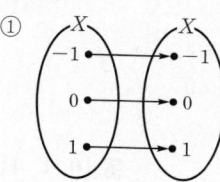
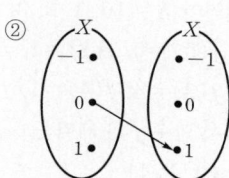
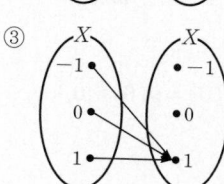
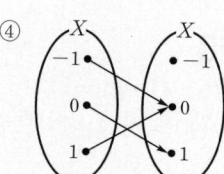
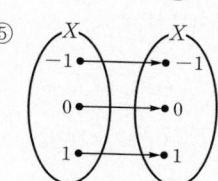

② 집합 X의 원소 -1, 1에 대응하는 집합 X의 원소가 없으므로 함수가 아니다.
    🖪 ②

487

$1-\sqrt{2}<0$이므로

$$f(1-\sqrt{2})=3(1-\sqrt{2})+4=7-3\sqrt{2}$$

$3-2\sqrt{2}>0$이므로

$$f(3-2\sqrt{2})=-3(3-2\sqrt{2})+2=6\sqrt{2}-7$$

$$\therefore f(1-\sqrt{2})+f(3-2\sqrt{2})$$
$$=(7-3\sqrt{2})+(6\sqrt{2}-7)$$
$$=3\sqrt{2}$$

답 $3\sqrt{2}$

488

정의역이 $X=\{-2, -1, 0, 1, 2\}$이므로

$$f(-2)=|-2+1|=1$$
$$f(-1)=|-1+1|=0$$
$$f(0)=|0+1|=1$$
$$f(1)=|1+1|=2$$
$$f(2)=|2+1|=3$$

따라서 함수 f의 치역은

$$\{0, 1, 2, 3\}$$

이므로 구하는 원소의 합은

$$0+1+2+3=6$$

답 6

489

정의역이 $X=\{0, 1, 2, 3, 4, 5\}$이므로

$$f(0)=0, f(1)=1, f(2)=4,$$
$$f(3)=4, f(4)=1, f(5)=0$$

따라서 함수 f의 치역은

$$\{0, 1, 4\}$$

답 $\{0, 1, 4\}$

490

ㄱ. $f(-1)=g(-1)=-1, f(0)=g(0)=0,$
  $f(1)=g(1)=1$이므로

$$f=g$$

ㄴ. $f(-1)=-1, h(-1)=1$이므로

$$f(-1)\neq h(-1)$$
$$\therefore f\neq h$$

ㄷ. $f(-1)=-1, p(-1)=\sqrt{(-1)^2}=1$이므로

$$f(-1)\neq p(-1)$$
$$\therefore f\neq p$$

이상에서 함수 f와 서로 같은 함수인 것은 ㄱ뿐이다.

답 ㄱ

491

$f(0)=g(0)$에서 $b=-3$

$f(1)=g(1)$에서

$$2+a-3=1+b \quad \therefore a=b+2$$

위의 식에 $b=-3$을 대입하면

$$a=-1$$
$$\therefore ab=-1\times(-3)=3$$

답 3

492

$f(x)=g(x)$에서

$$x^3+3x=6x^2-8x+6$$
$$x^3-6x^2+11x-6=0$$
$$(x-1)(x-2)(x-3)=0$$
$$\therefore x=1 \text{ 또는 } x=2 \text{ 또는 } x=3$$

따라서 구하는 집합 X는 집합 $\{1, 2, 3\}$의 공집합이 아닌 부분집합이므로

$$\{1\}, \{2\}, \{3\}, \{1, 2\}, \{1, 3\}, \{2, 3\},$$
$$\{1, 2, 3\}$$

답 풀이 참조

493

ㄱ. 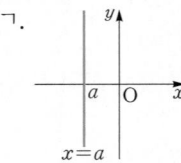   ㄴ.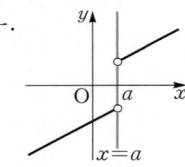

ㄷ. 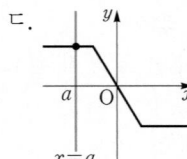   ㄹ.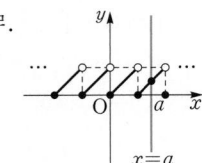

ㄱ. 실수 a에 대하여 직선 $x=a$와 만나지 않거나 무수히 많은 점에서 만나므로 함수의 그래프가 아니다.

ㄴ. 실수 a에 대하여 직선 $x=a$와 만나지 않기도 하므로 함수의 그래프가 아니다.

ㄷ, ㄹ. 실수 a에 대하여 직선 $x=a$와 오직 한 점에서 만나므로 함수의 그래프이다.

이상에서 함수의 그래프인 것은 ㄷ, ㄹ이다.

답 ㄷ, ㄹ

● 본책 215~216쪽

연습 문제

494

전략 집합 X의 각 원소에 집합 Y의 원소가 오직 하나씩 대응하는지 확인한다.

① 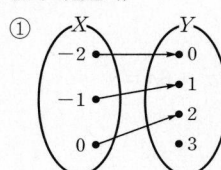 ②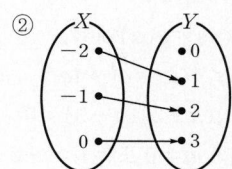

③ 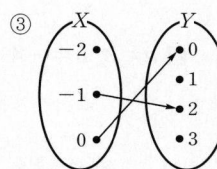 ④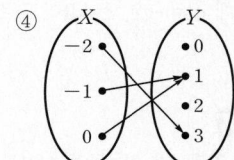

⑤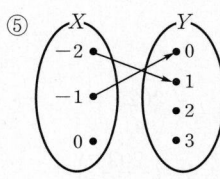

③ 집합 X의 원소 -2에 대응하는 집합 Y의 원소가 없으므로 함수가 아니다.

⑤ 집합 X의 원소 0에 대응하는 집합 Y의 원소가 없으므로 함수가 아니다.

답 ③, ⑤

495

전략 2, $\sqrt{3}+2$가 각각 유리수인지 무리수인지 판단하여 $f(2)$, $f(\sqrt{3}+2)$의 값을 구한다.

2는 유리수이므로
$$f(2)=-2\times2=-4$$
$\sqrt{3}+2$는 무리수이므로
$$f(\sqrt{3}+2)=(\sqrt{3}+2)-3=\sqrt{3}-1$$
$$\therefore f(2)+\sqrt{3}f(\sqrt{3}+2)=-4+\sqrt{3}(\sqrt{3}-1)$$
$$=-1-\sqrt{3}$$

답 $-1-\sqrt{3}$

496

전략 $x=15$, 16, 17, 18, 19일 때, 함숫값을 구한다.

$15=3\times5$이므로 $\qquad f(15)=2\times2=4$
$16=2^4$이므로 $\qquad f(16)=5$

17은 소수이므로 $\qquad f(17)=2$
$18=2\times3^2$이므로 $\qquad f(18)=2\times3=6$
19는 소수이므로 $\qquad f(19)=2$
따라서 함수 f의 치역은 $\qquad \{2, 4, 5, 6\}$
이므로 구하는 원소의 합은
$$2+4+5+6=17$$

답 17

📝 **개념 노트**

$N=p^a\times q^b$ (p, q는 서로 다른 소수, a, b는 자연수)일 때, 자연수 N의 양의 약수의 개수는
$$(a+1)\times(b+1)$$

497

전략 $f(1)=g(1)$, $f(3)=g(3)$임을 이용한다.

$f(1)=g(1)$에서
$$1+7a+2b=3a+b$$
$$\therefore 4a+b=-1 \qquad \cdots\cdots \text{㉠}$$
$f(3)=g(3)$에서
$$9+21a+2b=9a+b$$
$$\therefore 12a+b=-9 \qquad \cdots\cdots \text{㉡}$$
㉠, ㉡을 연립하여 풀면 $\qquad a=-1$, $b=3$
$$\therefore f(x)=x^2-7x+6, g(x)=-3x+3$$
따라서 $g(1)=0$, $g(3)=-6$이므로 함수 g의 치역은
$$\{-6, 0\}$$

답 $\{-6, 0\}$

498

전략 실수 a에 대하여 직선 $x=a$와 오직 한 점에서 만나야 함수의 그래프이다.

① 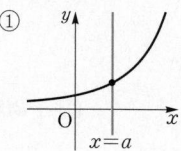 ②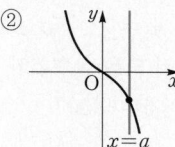

③ 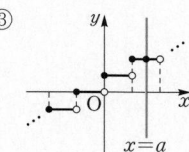 ④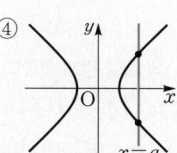

⑤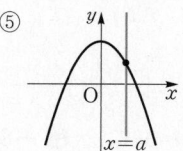

④ 실수 a에 대하여 직선 $x=a$와 만나지 않거나 두 점에서 만나기도 하므로 함수의 그래프가 아니다.

답 ④

499

전략 f가 X에서 Y로의 함수이면 $f(-1)$, $f(0)$, $f(1)$의 값이 집합 Y의 원소임을 이용한다.

집합 X의 각 원소의 함숫값을 구하면
$$f(-1)=a-(a+1)+2=1,$$
$$f(0)=2,$$
$$f(1)=a+(a+1)+2=2a+3$$

이때 $f(1)$의 값은 1, 2, 3 중 하나이어야 한다.

(i) $f(1)=1$일 때, $2a+3=1$에서 $\quad a=-1$

(ii) $f(1)=2$일 때, $2a+3=2$에서 $\quad a=-\dfrac{1}{2}$

(iii) $f(1)=3$일 때, $2a+3=3$에서 $\quad a=0$

이상에서 모든 a의 값의 합은
$$-1+\left(-\dfrac{1}{2}\right)+0=-\dfrac{3}{2}$$

답 $-\dfrac{3}{2}$

500

전략 $a<0$인 경우와 $a\geq0$인 경우로 나누어 생각한다.

(i) $a<0$일 때
$$f(a)=|a|+2=8$$에서
$$|a|=6 \quad \therefore a=-6\ (\because a<0)$$

(ii) $a\geq0$일 때
$$f(a)=a^2-3a-2=8$$에서
$$a^2-3a-10=0, \quad (a+2)(a-5)=0$$
$$\therefore a=5\ (\because a\geq0)$$

(i), (ii)에서 모든 실수 a의 값의 곱은
$$-6\times5=-30$$

답 -30

501

전략 $f(0)$의 값을 먼저 구한다.

$$f(a+b)=f(a)+f(b)+4 \qquad \cdots\cdots ㉠$$

㉠에 $a=0$, $b=0$을 대입하면
$$f(0)=f(0)+f(0)+4 \quad \therefore f(0)=-4$$

㉠에 $a=4$, $b=-4$를 대입하면
$$f(0)=f(4)+f(-4)+4$$
$$\therefore f(4)+f(-4)=f(0)-4=-8$$

답 -8

502

전략 $f(-2)=g(-2)$, $f(a)=g(a)$임을 이용한다.

$f(-2)=g(-2)$에서
$$0=-8-2b \quad \therefore b=-4$$
$$\therefore g(x)=x^3-4x$$

또 $f(a)=g(a)$에서
$$a^2+2a=a^3-4a, \qquad a^3-a^2-6a=0$$
$$a(a+2)(a-3)=0$$
$$\therefore a=0\ 또는\ a=-2\ 또는\ a=3$$

그런데 $a\neq-2$, $a\neq0$이므로 $\quad a=3$

답 $a=3$, $b=-4$

503

전략 조건 ㈎를 이용하여 $f(2025)$의 값을 $1\leq x<4$에서의 함숫값으로 나타낸다.

조건 ㈎에 의하여
$$f(2025)=f\left(4\times\dfrac{2025}{4}\right)=4f\left(\dfrac{2025}{4}\right)$$
$$=4f\left(4\times\dfrac{2025}{4^2}\right)=4^2f\left(\dfrac{2025}{4^2}\right)$$
$$\vdots$$
$$=4^5f\left(\dfrac{2025}{4^5}\right)$$

이때 $1<\dfrac{2025}{4^5}<2$이므로 조건 ㈏에 의하여
$$f\left(\dfrac{2025}{4^5}\right)=\left|3-\dfrac{2025}{4^5}\right|-1=2-\dfrac{2025}{4^5}$$
$$\therefore f(2025)=4^5f\left(\dfrac{2025}{4^5}\right)=4^5\times\left(2-\dfrac{2025}{4^5}\right)$$
$$=4^5\times2-2025$$
$$=2048-2025=23$$

답 23

504

전략 삼각형의 두 변의 길이의 합은 나머지 한 변의 길이보다 커야 함을 이용하여 a의 값의 범위를 구한다.

(i) 가장 긴 변의 길이가 a일 때
$a>10$이고 $a<6+10=16$이므로
$$10<a<16$$

(ii) 가장 긴 변의 길이가 10일 때
$a\leq10$이고 $10<a+6$이므로
$$4<a\leq10$$

(i), (ii)에서 $\quad 4<a<16$

이때 $f(a)=a+6+10=a+16$에서
$20<a+16<32$이므로
$$20<f(a)<32$$
따라서 $p=20$, $q=32$이므로
$$pq=640$$

답 **640**

505

전략 $f(x)=3$을 만족시키는 x의 값의 조건을 구한다.

$f(x)=3$이려면
$$x=4k+3\,(k는 음이 아닌 정수)$$
의 꼴이어야 한다.
따라서 함수 f의 정의역 X는 집합
$$\{x\,|\,x=4k+3,\ k=0,\ 1,\ 2,\ 3,\ \cdots,\ 6\},$$
즉 $\{3,\ 7,\ 11,\ 15,\ 19,\ 23,\ 27\}$
의 공집합이 아닌 부분집합이므로 구하는 정의역 X의 개수는
$$2^7-1=127$$

답 **127**

02 여러 가지 함수

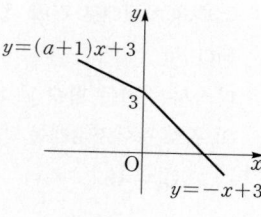

본책 217~221쪽

506

보기의 함수의 그래프를 각각 좌표평면에 나타내면 다음 그림과 같다.

ㄱ. 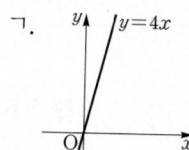 ㄴ.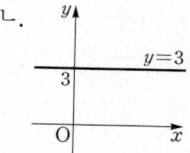

ㄷ. 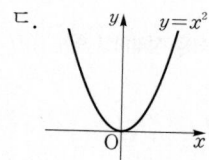 ㄹ.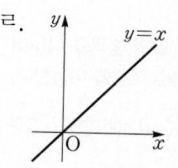

(1) 일대일대응은 그 그래프가 치역의 각 원소 k에 대하여 직선 $y=k$와 오직 한 점에서 만나고 치역과 공역이 같은 함수이므로 ㄱ, ㄹ이다.
(2) 상수함수는 그 그래프가 x축에 평행한 직선이므로 ㄴ이다.

(3) 항등함수는 그 그래프가 직선 $y=x$인 함수이므로 ㄹ이다.

답 (1) ㄱ, ㄹ (2) ㄴ (3) ㄹ

다른 풀이 (1) ㄱ. $f(x)=4x$라 하면 두 실수 x_1, x_2에 대하여 $f(x_1)=4x_1$, $f(x_2)=4x_2$이므로
$$x_1\neq x_2$$이면 $f(x_1)\neq f(x_2)$
이다.
또 치역은 실수 전체의 집합이므로 $y=4x$는 일대일대응이다.
ㄷ. $f(x)=x^2$이라 하면
$$f(-1)=f(1)=1$$
즉 $-1\neq1$이어도 $f(-1)=f(1)$이므로 일대일함수가 아니다.
따라서 일대일대응이 아니다.
ㄹ. $f(x)=x$라 하면 두 실수 x_1, x_2에 대하여 $f(x_1)=x_1$, $f(x_2)=x_2$이므로
$$x_1\neq x_2$$이면 $f(x_1)\neq f(x_2)$
이다.
또 치역은 실수 전체의 집합이므로 $y=x$는 일대일대응이다.

507

함수 f가 일대일대응이므로 $f(x)=-2x+b$의 그래프는 오른쪽 그림과 같이 두 점 $(-1,\ 7)$, $(a,\ -1)$을 지나야 한다.
$f(-1)=7$에서 $2+b=7$
$$\therefore\ b=5$$
$f(a)=-1$에서 $-2a+b=-1$
$$-2a+5=-1\qquad \therefore\ a=3$$
$$\therefore\ a-b=3-5=-2$$

답 **-2**

508

$x\geq0$에서
$f(x)=-x+3$이므로 함수 f가 일대일대응이 되려면 $y=f(x)$의 그래프는 오른쪽 그림과 같아야 한다.

즉 $x<0$에서 직선 $y=(a+1)x+3$의 기울기가 음수이어야 하므로

$$a+1<0 \quad \therefore a<-1$$

답 $a<-1$

509

함수 f는 항등함수이므로

$$f(5)=5, f(7)=7$$

함수 g는 상수함수이고 $g(5)=f(5)=5$이므로

$$g(x)=5 \quad \therefore g(7)=5$$

$$\therefore f(7)+g(7)=7+5=12$$

답 12

510

집합 X의 각 원소에 대응할 수 있는 집합 X의 원소는 -1, 0, 1의 3개이므로 함수의 개수는

$$a=3^3=27$$

일대일대응의 개수는 집합 X의 원소 -1, 0, 1에서 3개를 택하는 순열의 수와 같으므로

$$b={}_3P_3=6$$

상수함수의 개수는 집합 X의 원소 -1, 0, 1에서 1개를 택하는 경우의 수와 같으므로

$$c=3$$

$$\therefore a+b+c=27+6+3=36$$

답 36

511

(1) $x_1 \neq x_2$이면 $f(x_1) \neq f(x_2)$를 만족시키는 $f(x)$는 일대일함수이다.

따라서 이를 만족시키는 함수 $f(x)$의 개수는 집합 Y의 5개의 원소 중에서 2개를 택하는 순열의 수와 같으므로

$${}_5P_2=20$$

(2) 함수 $f(x)$가 $x_1<x_2$이면 $f(x_1)>f(x_2)$를 만족시키려면 집합 Y의 5개의 원소 중에서 2개를 택하여 큰 수부터 차례대로 집합 X의 원소 3, 5에 대응시키면 된다.

따라서 구하는 함수 $f(x)$의 개수는 집합 Y의 5개의 원소 중에서 2개를 택하는 조합의 수와 같으므로

$${}_5C_2=10$$

답 (1) 20 (2) 10

● 본책 222~223쪽

연습문제

512

전략 치역의 각 원소 k에 대하여 직선 $y=k$와 오직 한 점에서 만나야 일대일함수임을 이용한다.

ㄱ. 치역의 각 원소 k에 대하여 주어진 그래프와 직선 $y=k$가 오직 한 점에서 만나고 (치역)=(공역)이므로 일대일대응이다.

ㄴ. 치역의 각 원소 k에 대하여 주어진 그래프와 직선 $y=k$가 오직 한 점에서 만나므로 일대일함수이지만 치역이 $\{y|y<0\}$이므로 일대일대응이 아니다.

ㄷ. 치역의 각 원소 k에 대하여 주어진 그래프와 직선 $y=k$가 2개 이상의 점에서 만나므로 일대일함수가 아니다.

이상에서 일대일함수이지만 일대일대응이 아닌 것은 ㄴ뿐이다.

답 ㄴ

513

전략 일대일대응이 되도록 $y=f(x)$의 그래프를 그려 본다.

$$f(x)=x^2+2x+a$$
$$=(x+1)^2+a-1$$

이므로 $x \geq 2$일 때 함수 f가 일대일대응이 되려면 $y=f(x)$의 그래프는 오른쪽 그림과 같이 점 $(2, 3)$을 지나야 한다.

즉 $f(2)=3$에서

$$4+4+a=3$$

$$\therefore a=-5$$

답 -5

514

전략 x의 값의 범위를 나누어 $f(x)$의 식을 정리하고 함수 f가 일대일대응일 조건을 이용한다.

(i) $x \geq \dfrac{5}{2}$일 때, $2x-5 \geq 0$이므로

$$f(x)=(2x-5)+kx-3$$
$$=(k+2)x-8$$

(ii) $x<\dfrac{5}{2}$일 때, $2x-5<0$이므로

$$f(x)=-(2x-5)+kx-3$$
$$=(k-2)x+2$$

(i), (ii)에서
$$f(x) = \begin{cases} (k+2)x - 8 & \left(x \geq \dfrac{5}{2}\right) \\ (k-2)x + 2 & \left(x < \dfrac{5}{2}\right) \end{cases}$$

이때 함수 $f(x)$가 일대일대응이려면 $k+2 \neq 0$, $k-2 \neq 0$이고 두 직선 $y = (k+2)x - 8$, $y = (k-2)x + 2$의 기울기의 부호가 같아야 하므로
$$(k+2)(k-2) > 0$$
$$\therefore k < -2 \ \text{또는} \ k > 2 \qquad \text{답 } \boldsymbol{k < -2 \ \text{또는} \ k > 2}$$

515

전략 각 함수에서 $f(-1)$, $f(0)$, $f(1)$의 값을 구하여 항등함수인지 확인한다.

함수 f가 항등함수이려면
$$f(-1) = -1, \ f(0) = 0, \ f(1) = 1$$
이어야 한다.

④ $f(-1) = 1$이므로 항등함수가 아니다.

답 ④

516

전략 $f(1) = f(2) = f(3)$임을 이용한다.

함수 f가 상수함수이므로
$$f(1) = f(2) = f(3) = a \ (a \in Y)$$
라 하면 $\quad f(1) + f(2) + f(3) = 3a$
이때 a의 최댓값은 8이므로 $f(1) + f(2) + f(3)$의 최댓값은
$$3 \times 8 = 24$$
또 a의 최솟값은 4이므로 $f(1) + f(2) + f(3)$의 최솟값은
$$3 \times 4 = 12$$
따라서 최댓값과 최솟값의 합은
$$24 + 12 = 36 \qquad \text{답 } 36$$

517

전략 X에서 Y로의 함수에서 치역과 공역이 다른 함수를 제외한다.

집합 X의 각 원소에 대응할 수 있는 집합 Y의 원소는 d, e의 2개씩이므로 X에서 Y로의 함수의 개수는
$$2^3 = 8$$

이때 치역이 $\{d\}$ 또는 $\{e\}$인 함수의 개수는 2이므로 치역과 공역이 같은 함수의 개수는
$$8 - 2 = 6 \qquad \text{답 } 6$$

다른 풀이 정의역의 원소는 3개이고 치역의 원소는 2개이므로 집합 X의 원소 중 2개는 집합 Y의 같은 원소에 대응해야 한다.

(i) Y의 원소 d에 X의 원소가 2개 대응하는 경우

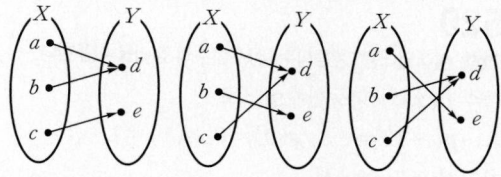

(ii) Y의 원소 e에 X의 원소가 2개 대응하는 경우

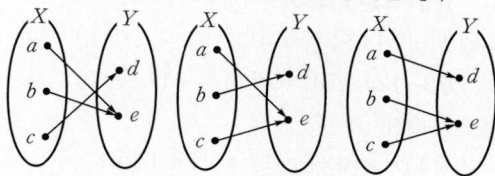

(i), (ii)에서 구하는 함수의 개수는
$$3 + 3 = 6$$

518

전략 b를 a에 대한 식으로 나타낸다.

$f(x) = x^2 - 4x + 3 = (x-2)^2 - 1$이므로 $x \geq a$에서 함수 $f(x)$가 일대일대응이 되려면
$$a \geq 2$$
이때 함수 $f(x)$의 치역은 $\{y \mid y \geq f(a)\}$이므로
$$b = f(a) = a^2 - 4a + 3$$
$$\therefore a - b = a - (a^2 - 4a + 3)$$
$$= -a^2 + 5a - 3$$
$$= -\left(a - \dfrac{5}{2}\right)^2 + \dfrac{13}{4}$$

즉 $a \geq 2$에서 $a - b$의 최댓값은 $\dfrac{13}{4}$이다.

따라서 $p = 4$, $q = 13$이므로
$$p + q = 17 \qquad \text{답 } 17$$

519

전략 $f(a) = a$를 만족시키는 a의 값을 구한다.

$f(x) = x^3 + x^2 - x$가 항등함수가 되려면 정의역의 각 원소 x에 대하여 $f(x) = x$를 만족시켜야 한다.

$x^3+x^2-x=x$에서

$$x^3+x^2-2x=0, \qquad x(x+2)(x-1)=0$$

$$\therefore \ x=0 \ \text{또는} \ x=-2 \ \text{또는} \ x=1$$

따라서 집합 X는 집합 $\{-2, 0, 1\}$의 공집합이 아닌 부분집합이므로 구하는 집합 X의 개수는

$$2^3-1=7 \qquad\qquad \text{답} \ 7$$

520

전략 일대일대응, 항등함수, 상수함수의 정의를 이용한다.

함수 $g(x)$가 항등함수이므로

$$g(-1)=-1, \ g(0)=0, \ g(1)=1$$

따라서 조건 ㈎에서

$$f(0)=h(1)=g(-1)=-1$$

이때 $h(x)$가 상수함수이므로

$$h(-1)=h(0)=h(1)=-1$$

조건 ㈏에서

$$f(1)=h(0)+g(1)=-1+1=0$$

즉 $f(0)=-1$, $f(1)=0$이고 $f(x)$는 일대일대응이므로

$$f(-1)=1$$

$$\therefore \ f(-1)-g(1)+h(0)$$
$$=1-1+(-1)=-1$$

$$\text{답} \ -1$$

521

전략 함숫값의 대소 관계가 정해진 함수의 개수는 조합의 수를 이용하여 구한다.

$f(1)<f(2)<f(3)<f(4)=6<f(5)$에서

$f(1)<f(2)<f(3)<6$이므로 집합 Y의 원소 1, 2, 3, 4, 5 중 3개를 택한 후 작은 수부터 차례대로 집합 X의 원소 1, 2, 3에 대응시키면 된다.

즉 $f(1)$, $f(2)$, $f(3)$의 값을 정하는 경우의 수는

$$_5C_3=_5C_2=10$$

또 $6<f(5)$이므로 집합 Y의 원소 7, 8 중 하나를 택한 후 집합 X의 원소 5에 대응시키면 된다.

즉 $f(5)$의 값을 정하는 경우의 수는

$$_2C_1=2$$

따라서 구하는 함수 f의 개수는

$$10\times2=20 \qquad\qquad \text{답} \ 20$$

해설 FOCUS

두 집합 X, Y의 원소의 개수가 각각 n, m $(m\geq n)$이고, X에서 Y로의 함수 f가 $x_1<x_2$이면 $f(x_1)<f(x_2)$를 만족시킬 때, 함수 f의 개수

⇨ 서로 다른 m개에서 n개를 택하는 조합의 수

⇨ $_mC_n$

522

전략 $f(a)=a$, $f(b)=b$, $f(c)=c$임을 이용한다.

함수 f가 항등함수이므로 정의역의 각 원소 x에 대하여 $f(x)=x$이어야 한다.

(i) $x<-2$일 때

$$f(x)=-4\text{이므로} \qquad x=-4$$

(ii) $-2\leq x\leq 1$일 때

$$f(x)=x\text{에서} \qquad 2x+1=x \qquad \therefore \ x=-1$$

(iii) $x>1$일 때

$$f(x)=3\text{이므로} \qquad x=3$$

이상에서 $X=\{-4, -1, 3\}$

$$\therefore \ a+b+c=-4+(-1)+3=-2 \qquad \text{답} \ -2$$

523

전략 주어진 조건을 파악하여 집합 X의 각 원소에 대응될 수 있는 공역의 원소의 개수를 구한다.

$f(x)=f(-x)$이므로

$$f(-3)=f(3), \ f(-1)=f(1)$$

$f(-3)$, $f(-1)$, $f(0)$의 값이 될 수 있는 것은 각각 -3, -1, 0, 1, 3의 5개씩이므로 $f(-3)$, $f(-1)$, $f(0)$의 값을 정하는 경우의 수는

$$5^3=125$$

$f(3)$, $f(1)$의 값은 각각 $f(-3)$, $f(-1)$의 값과 같아야 하므로 구하는 함수 f의 개수는

$$125\times1\times1=125 \qquad\qquad \text{답} \ 125$$

03 합성함수

● 본책 224~231쪽

524

⑴ $(g\circ f)(5)=g(f(5))=g(c)=4$

⑵ $(g\circ f)(6)=g(f(6))=g(d)=7$

(3) $(g \circ f)(7)=g(f(7))=g(b)=4$

(4) $(f \circ g)(a)=f(g(a))=f(5)=c$

(5) $(f \circ g)(b)=f(g(b))=f(4)=a$

(6) $(f \circ g)(c)=f(g(c))=f(4)=a$

답 (1) $\boldsymbol{4}$ (2) $\boldsymbol{7}$ (3) $\boldsymbol{4}$ (4) $\boldsymbol{c}$ (5) $\boldsymbol{a}$ (6) $\boldsymbol{a}$

525

(1) $(g \circ f)(x)=g(f(x))=g(2x+3)$
$$=-(2x+3)^2$$
$$=-4x^2-12x-9$$

(2) $(f \circ g)(x)=f(g(x))=f(-x^2)$
$$=2 \times (-x^2)+3=-2x^2+3$$

(3) $(f \circ f)(x)=f(f(x))=f(2x+3)$
$$=2(2x+3)+3=4x+9$$

(4) $(g \circ g)(x)=g(g(x))=g(-x^2)$
$$=-(-x^2)^2=-x^4$$

답 (1) $(\boldsymbol{g \circ f})(\boldsymbol{x})=\boldsymbol{-4x^2-12x-9}$
(2) $(\boldsymbol{f \circ g})(\boldsymbol{x})=\boldsymbol{-2x^2+3}$
(3) $(\boldsymbol{f \circ f})(\boldsymbol{x})=\boldsymbol{4x+9}$
(4) $(\boldsymbol{g \circ g})(\boldsymbol{x})=\boldsymbol{-x^4}$

526

(1) $(f \circ g)(x)=f(g(x))=f(-x+5)$
$$=(-x+5)^2-2$$
$$=x^2-10x+23$$
이므로
$$((f \circ g) \circ h)(x)$$
$$=(f \circ g)(h(x))$$
$$=(f \circ g)(2x-1)$$
$$=(2x-1)^2-10(2x-1)+23$$
$$=4x^2-24x+34$$

(2) $(g \circ h)(x)=g(h(x))=g(2x-1)$
$$=-(2x-1)+5$$
$$=-2x+6$$
이므로
$$(f \circ (g \circ h))(x)=f((g \circ h)(x))$$
$$=f(-2x+6)$$
$$=(-2x+6)^2-2$$
$$=4x^2-24x+34$$

(3) $(g \circ f)(x)=g(f(x))=g(x^2-2)$
$$=-(x^2-2)+5$$
$$=-x^2+7$$
이므로
$$((g \circ f) \circ h)(x)=(g \circ f)(h(x))$$
$$=(g \circ f)(2x-1)$$
$$=-(2x-1)^2+7$$
$$=-4x^2+4x+6$$

(4) $(h \circ g)(x)=h(g(x))=h(-x+5)$
$$=2(-x+5)-1$$
$$=-2x+9$$
이므로
$$(f \circ (h \circ g))(x)=f((h \circ g)(x))$$
$$=f(-2x+9)$$
$$=(-2x+9)^2-2$$
$$=4x^2-36x+79$$

답 (1) $((\boldsymbol{f \circ g}) \circ \boldsymbol{h})(\boldsymbol{x})=\boldsymbol{4x^2-24x+34}$
(2) $(\boldsymbol{f \circ (g \circ h)})(\boldsymbol{x})=\boldsymbol{4x^2-24x+34}$
(3) $((\boldsymbol{g \circ f}) \circ \boldsymbol{h})(\boldsymbol{x})=\boldsymbol{-4x^2+4x+6}$
(4) $(\boldsymbol{f \circ (h \circ g)})(\boldsymbol{x})=\boldsymbol{4x^2-36x+79}$

527

$(g \circ f)(x)=g(f(x))=3$

이때 $g(b)=3$이므로 $f(x)=b$에서
$$x=-1$$
답 $\boldsymbol{-1}$

528

$g(2)=-2+3=1$, $f(-1)=2 \times (-1)-1=-3$
이므로
$$(f \circ g)(2)+(g \circ f)(-1)$$
$$=f(g(2))+g(f(-1))$$
$$=f(1)+g(-3)$$
$$=(2 \times 1-1)+5=6$$
답 $\boldsymbol{6}$

529

$(g \circ f)(2)=g(f(2))=g(3)$이므로
$$g(3)=1$$
$(f \circ g)(1)=f(g(1))=f(3)$이므로
$$f(3)=1$$

이때 두 함수 f, g는 모두 일대일대응이므로

$f(1)=2$, $g(2)=2$

$\therefore (f \circ f)(3)+(g \circ f)(1)$

$\quad =f(f(3))+g(f(1))$

$\quad =f(1)+g(2)$

$\quad =2+2$

$\quad =4$ 답 4

530

$(f \circ g)(x)=f(g(x))=f(-x+k)$

$\qquad\qquad =2(-x+k)+3$

$\qquad\qquad =-2x+2k+3$

$(g \circ f)(x)=g(f(x))=g(2x+3)$

$\qquad\qquad =-(2x+3)+k$

$\qquad\qquad =-2x-3+k$

$f \circ g=g \circ f$이므로

$-2x+2k+3=-2x-3+k$

$2k+3=-3+k$

$\therefore k=-6$

따라서 $g(x)=-x-6$이므로

$g(-2)=-(-2)-6=-4$

답 -4

다른 풀이 $f \circ g=g \circ f$에서 $(f \circ g)(0)=(g \circ f)(0)$이므로

$f(g(0))=g(f(0))$

$f(k)=g(3)$, $2k+3=-3+k$

$\therefore k=-6$

531

$g(3)=-1$에서

$3b+2=-1$ $\therefore b=-1$

따라서 $f(x)=ax-1$, $g(x)=-x+2$에서

$(f \circ g)(x)=f(g(x))=f(-x+2)$

$\qquad\qquad =a(-x+2)-1$

$\qquad\qquad =-ax+2a-1$

$(g \circ f)(x)=g(f(x))=g(ax-1)$

$\qquad\qquad =-(ax-1)+2$

$\qquad\qquad =-ax+3$

$f \circ g=g \circ f$이므로

$-ax+2a-1=-ax+3$

$2a-1=3$ $\therefore a=2$

$\therefore ab=2 \times (-1)=-2$ 답 -2

532

주어진 대응에 의하여

$f(1)=2$, $f(2)=3$, $f(3)=4$, $f(4)=1$

$f \circ g=g \circ f$이므로

$f(g(x))=g(f(x))$ …… ㉠

㉠에 $x=1$을 대입하면

$f(g(1))=g(f(1))$

$g(1)=3$이므로 $f(3)=g(2)$

$\therefore g(2)=4$

㉠에 $x=2$를 대입하면

$f(g(2))=g(f(2))$

$f(4)=g(3)$ $\therefore g(3)=1$

㉠에 $x=3$을 대입하면

$f(g(3))=g(f(3))$

$f(1)=g(4)$ $\therefore g(4)=2$

$\therefore g(2)-g(4)=4-2=2$ 답 2

533

(1) $(f \circ h)(x)=f(h(x))=2h(x)-1$이므로

$(f \circ h)(x)=g(x)$에서

$2h(x)-1=-3x+4$

$\therefore h(x)=-\dfrac{3}{2}x+\dfrac{5}{2}$

(2) $(h \circ f)(x)=h(f(x))=h(2x-1)$이므로

$(h \circ f)(x)=g(x)$에서

$h(2x-1)=-3x+4$

$2x-1=t$라 하면 $x=\dfrac{1}{2}t+\dfrac{1}{2}$이므로

$h(t)=-3\left(\dfrac{1}{2}t+\dfrac{1}{2}\right)+4=-\dfrac{3}{2}t+\dfrac{5}{2}$

$\therefore h(x)=-\dfrac{3}{2}x+\dfrac{5}{2}$

(3) $(h \circ g \circ f)(x)=h(g(f(x)))$

$\qquad\qquad\qquad =h(g(2x-1))$

$\qquad\qquad\qquad =h(-6x+7)$ $\begin{array}{l} g(2x-1) \\ =-3(2x-1)+4 \\ =-6x+7 \end{array}$

$(h \circ g \circ f)(x) = g(x)$에서

$$h(-6x+7) = -3x+4$$

$-6x+7 = t$라 하면 $x = -\dfrac{1}{6}t + \dfrac{7}{6}$이므로

$$h(t) = -3\left(-\frac{1}{6}t + \frac{7}{6}\right) + 4 = \frac{1}{2}t + \frac{1}{2}$$

$$\therefore \boldsymbol{h(x) = \frac{1}{2}x + \frac{1}{2}}$$

답 풀이 참조

534

$\dfrac{x+1}{2} = t$라 하면 $x = 2t-1$

$$\therefore f(t) = 3(2t-1) + 2 = 6t-1$$

여기서 t 대신 $\dfrac{1-2x}{3}$를 대입하면

$$f\left(\frac{1-2x}{3}\right) = 6 \times \frac{1-2x}{3} - 1$$

$$= -4x+1$$

답 $\boldsymbol{f\left(\dfrac{1-2x}{3}\right) = -4x+1}$

535

$f^1(x) = f(x) = x+2$

$f^2(x) = (f \circ f^1)(x) = f(f^1(x)) = f(x+2) = x+4$

$f^3(x) = (f \circ f^2)(x) = f(f^2(x)) = f(x+4) = x+6$

$f^4(x) = (f \circ f^3)(x) = f(f^3(x)) = f(x+6) = x+8$

$$\vdots$$

$$\therefore f^n(x) = x+2n$$

따라서 $f^{2025}(x) = x + 2 \times 2025 = x + 4050$이므로

$$f^{2025}(1) = 1 + 4050 = 4051$$

답 **4051**

536

$f^1(x) = f(x) = \dfrac{x}{3}$

$f^2(x) = (f \circ f^1)(x) = f(f^1(x)) = f\left(\dfrac{x}{3}\right) = \dfrac{x}{3^2}$

$f^3(x) = (f \circ f^2)(x) = f(f^2(x)) = f\left(\dfrac{x}{3^2}\right) = \dfrac{x}{3^3}$

$f^4(x) = (f \circ f^3)(x) = f(f^3(x)) = f\left(\dfrac{x}{3^3}\right) = \dfrac{x}{3^4}$

$$\vdots$$

$$\therefore f^n(x) = \frac{x}{3^n}$$

$$\therefore f^5(729) + f^4(243) = \frac{729}{3^5} + \frac{243}{3^4}$$

$$= \frac{3^6}{3^5} + \frac{3^5}{3^4}$$

$$= 3 + 3 = 6$$

답 **6**

537

$f(1) = 5$, $f(5) = 1$이므로

$$f^2(1) = (f \circ f^1)(1) = f(f(1)) = f(5) = 1$$

$$f^3(1) = (f \circ f^2)(1) = f(f^2(1)) = f(1) = 5$$

$$f^4(1) = (f \circ f^3)(1) = f(f^3(1)) = f(5) = 1$$

$$\vdots$$

즉 $n = 1, 2, 3, \cdots$일 때, $f^n(1)$의 값은 $5, 1$이 이 순서대로 반복된다.

$$\therefore f^{100}(1) = 1$$

또 $f(3) = 7$, $f(7) = 3$이므로

$$f^2(3) = (f \circ f^1)(3) = f(f(3)) = f(7) = 3$$

$$f^3(3) = (f \circ f^2)(3) = f(f^2(3)) = f(3) = 7$$

$$f^4(3) = (f \circ f^3)(3) = f(f^3(3)) = f(7) = 3$$

$$\vdots$$

즉 $n = 1, 2, 3, \cdots$일 때, $f^n(3)$의 값은 $7, 3$이 이 순서대로 반복된다.

$$\therefore f^{101}(3) = 7$$

$$\therefore f^{100}(1) + f^{101}(3) = 1 + 7 = 8$$

답 **8**

538

주어진 그래프에서

$$f(x) = x-1 \ (0 \le x \le 2),$$

$$g(x) = \begin{cases} -x & (-1 \le x \le 0) \\ x & (0 \le x \le 1) \end{cases}$$

$$\therefore (g \circ f)(x)$$

$$= g(f(x))$$

$$= \begin{cases} -f(x) & (-1 \le f(x) \le 0) \\ f(x) & (0 \le f(x) \le 1) \end{cases}$$

$$= \begin{cases} -(x-1) & (-1 \le x-1 \le 0) \\ x-1 & (0 \le x-1 \le 1) \end{cases}$$

$$= \begin{cases} -x+1 & (0 \le x \le 1) \\ x-1 & (1 \le x \le 2) \end{cases}$$

따라서 함수 $y=(g \circ f)(x)$의
그래프는 오른쪽 그림과 같다.

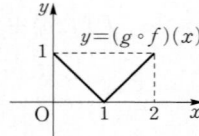

답 풀이 참조

● 본책 232~233쪽

539
전략 $(f \circ g)(k)=f(g(k))$임을 이용하여 함숫값을 구한다.
$(f \circ f \circ g \circ g)(\sqrt{2})$
$=f(f(g(g(\sqrt{2}))))$
$=f(f(g(-\sqrt{2})))$　　←$g(\sqrt{2})=-\sqrt{2}$
$=f(f(\sqrt{2}))$　　←$g(-\sqrt{2})=\sqrt{2}$
$=f(-2)$　　←$f(\sqrt{2})=-(\sqrt{2})^2=-2$
$=(-2)^2=4$

답 4

540
전략 집합 X의 각 원소 x에 대하여 $(g \circ f)(x)=x$임을 이용한다.
정의역이 $X=\{2, 3\}$인 함수 $g \circ f$가 항등함수이므로
　　$(g \circ f)(2)=2$, $(g \circ f)(3)=3$
$(g \circ f)(2)=2$에서
　　$g(f(2))=2$,　　$g(-a)=2$
　　$\therefore a^2-2a+b=2$　　……㉠
$(g \circ f)(3)=3$에서
　　$g(f(3))=3$,　　$g(0)=3$
　　$\therefore b=3$
㉠에 $b=3$을 대입하면
　　$a^2-2a+3=2$,　　$a^2-2a+1=0$
　　$(a-1)^2=0$　　$\therefore a=1$ (중근)
　　$\therefore a+b=1+3=4$

답 4

541
전략 $f(x)=ax+b$로 놓고 $f \circ f$를 구한다.

$f(x)=ax+b$ (a, b는 상수, $a \neq 0$)라 하면
　　$(f \circ f)(x)=f(f(x))=f(ax+b)$
　　　　　　　　$=a(ax+b)+b$
　　　　　　　　$=a^2x+ab+b$
이때 $a^2x+ab+b=9x-4$이므로
　　$a^2=9$, $ab+b=-4$
$a^2=9$에서　　$a=\pm3$
(i) $a=-3$일 때, $ab+b=-4$에서
　　　$-3b+b=-4$　　$\therefore b=2$
　　　$\therefore f(x)=-3x+2$
(ii) $a=3$일 때, $ab+b=-4$에서
　　　$3b+b=-4$　　$\therefore b=-1$
　　　$\therefore f(x)=3x-1$
(i), (ii)에서
　　$f(x)=-3x+2$ 또는 $f(x)=3x-1$

답 $f(x)=-3x+2$, $f(x)=3x-1$

542
전략 합성함수의 성질을 이용하여 $(f \circ (g \circ h))(x)$를 구한다.
$(f \circ (g \circ h))(x)=((f \circ g) \circ h)(x)$
　　　　　　　　$=(f \circ g)(h(x))$
　　　　　　　　$=(f \circ g)(x-1)$
　　　　　　　　$=(x-1)^2+4$
$(f \circ (g \circ h))(x)=20$에서
　　$(x-1)^2+4=20$,　　$x^2-2x-15=0$
　　$(x+3)(x-5)=0$
　　$\therefore x=-3$ 또는 $x=5$
따라서 구하는 x의 값의 곱은
　　$-3 \times 5=-15$

답 -15

543
전략 $h(x)=ax+b$로 놓고 $h \circ g \circ f=f$를 만족시키는 a, b의 값을 구한다.
$h(x)=ax+b$ (a, b는 상수, $a \neq 0$)라 하면
　　$(h \circ g \circ f)(x)=h(g(f(x)))=h(g(-x))$
　　　　　　　　$=h(-2x-1)$
　　　　　　　　$=a(-2x-1)+b$
　　　　　　　　$=-2ax-a+b$
$h \circ g \circ f=f$이므로　　$-2ax-a+b=-x$

즉 $-2a=-1$, $-a+b=0$이므로

$a=\dfrac{1}{2}$, $b=\dfrac{1}{2}$ $\therefore h(x)=\dfrac{1}{2}x+\dfrac{1}{2}$

따라서 $h(k)=4$에서

$\dfrac{1}{2}k+\dfrac{1}{2}=4$ $\therefore k=7$ 답 7

다른 풀이 $(h\circ g\circ f)(x)=f(x)$에서

$h(-2x-1)=-x$

양변에 $x=-4$를 대입하면

$h(7)=4$ $\therefore k=7$

544

전략 $f(n)$의 값이 짝수인 경우와 홀수인 경우로 나누어 생각한다.

$(f\circ f)(n)=f(f(n))=5$

(i) $f(n)$의 값이 홀수일 때

$f(f(n))=f(n)+1=5$이므로

$f(n)=4$

이는 $f(n)$의 값이 홀수라는 조건을 만족시키지 않는다.

(ii) $f(n)$의 값이 짝수일 때

$f(f(n))=\dfrac{f(n)}{2}+1=5$이므로

$f(n)=8$

n이 홀수이면 $f(n)=n+1=8$

$\therefore n=7$

n이 짝수이면 $f(n)=\dfrac{n}{2}+1=8$

$\therefore n=14$

(i), (ii)에서 $n=7$ 또는 $n=14$

따라서 구하는 자연수 n의 값의 합은

$7+14=21$ 답 21

다른 풀이 음이 아닌 정수 k에 대하여

(i) $n=4k+1$일 때

n이 홀수이므로 $f(n)=n+1=4k+2$

$f(n)$의 값이 짝수이므로

$(f\circ f)(n)=f(f(n))=f(4k+2)$

$=\dfrac{4k+2}{2}+1=2k+2$

따라서 $2k+2=5$이므로 $k=\dfrac{3}{2}$

이때 k가 정수라는 조건을 만족시키지 않는다.

(ii) $n=4k+2$일 때

n이 짝수이므로 $f(n)=\dfrac{n}{2}+1=2k+2$

$f(n)$의 값이 짝수이므로

$(f\circ f)(n)=f(f(n))=f(2k+2)$

$=\dfrac{2k+2}{2}+1=k+2$

따라서 $k+2=5$이므로 $k=3$

$\therefore n=4\times3+2=14$

(iii) $n=4k+3$일 때

n이 홀수이므로 $f(n)=n+1=4k+4$

$f(n)$의 값이 짝수이므로

$(f\circ f)(n)=f(f(n))=f(4k+4)$

$=\dfrac{4k+4}{2}+1=2k+3$

따라서 $2k+3=5$이므로 $k=1$

$\therefore n=4\times1+3=7$

(iv) $n=4k+4$일 때

n이 짝수이므로 $f(n)=\dfrac{n}{2}+1=2k+3$

$f(n)$의 값이 홀수이므로

$(f\circ f)(n)=f(f(n))=f(2k+3)$

$=2k+3+1=2k+4$

따라서 $2k+4=5$이므로 $k=\dfrac{1}{2}$

이때 k가 정수라는 조건을 만족시키지 않는다.

이상에서 $n=7$ 또는 $n=14$

545

전략 주어진 조건을 만족시키는 $f(2)$, $f(3)$의 값을 구한다.

함수 f가 일대일대응이고 $f(1)=3$이므로

$f(2)=4$, $f(3)=5$ 또는 $f(2)=5$, $f(3)=4$

(i) $f(2)=4$, $f(3)=5$일 때

$(g\circ f)(3)=g(f(3))=5$이므로 $g(5)=5$

그런데 $g(5)=6$이므로 조건을 만족시키지 않는다.

(ii) $f(2)=5$, $f(3)=4$일 때

$(g\circ f)(3)=g(f(3))=5$이므로 $g(4)=5$

이때 함수 g는 일대일대응이므로

$g(3)=7$

(i), (ii)에서 $g(3)=7$

$\therefore (g\circ f)(1)=g(f(1))=g(3)=7$ 답 7

참고 주어진 조건을 만족시키는 두 함수 f, g는 다음과 같다.

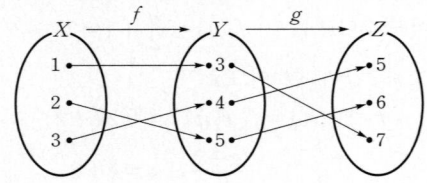

546

전략 주어진 조건을 만족시키는 a, b 사이의 관계식을 구한다.

$$(f \circ g)(x) = f(g(x)) = f(3x+4)$$
$$= -a(3x+4)+b$$
$$= -3ax-4a+b$$
$$(g \circ f)(x) = g(f(x)) = g(-ax+b)$$
$$= 3(-ax+b)+4$$
$$= -3ax+3b+4$$

$f \circ g = g \circ f$이므로

$$-3ax-4a+b = -3ax+3b+4$$
$$-4a+b = 3b+4, \qquad -2b = 4a+4$$
$$\therefore b = -2a-2$$
$$\therefore f(x) = -ax+b = -ax-2a-2$$
$$= (-x-2)a-2$$

따라서 함수 $y=f(x)$의 그래프는 a의 값에 관계없이
점 $(-2, -2)$를 지나므로

$$m=-2, \ n=-2$$
$$\therefore m+n=-4$$

답 **−4**

547

전략 $f^n(3)$ (n은 자연수)의 값의 규칙성을 파악한다.

$$f^1(3) = f(3) = 2$$
$$f^2(3) = (f \circ f^1)(3) = f(f^1(3)) = f(2) = 1$$
$$f^3(3) = (f \circ f^2)(3) = f(f^2(3)) = f(1) = 5$$
$$f^4(3) = (f \circ f^3)(3) = f(f^3(3)) = f(5) = 4$$
$$f^5(3) = (f \circ f^4)(3) = f(f^4(3)) = f(4) = 3$$
$$f^6(3) = (f \circ f^5)(3) = f(f^5(3)) = f(3) = 2$$
$$\vdots$$

즉 $n=1, 2, 3, \cdots$일 때, $f^n(3)$의 값은 2, 1, 5, 4, 3
이 이 순서대로 반복된다.

이때 $2024 = 5 \times 404 + 4$이므로

$$f^{2024}(3) = f^4(3) = 4$$

답 **4**

548

전략 구간을 나누어 $f \circ g$를 구한다.

$$(f \circ g)(x) = f(g(x))$$
$$= \begin{cases} (-x+7)-4 & (x<0) \\ (2x^2-4ax+7)-4 & (x \ge 0) \end{cases}$$
$$= \begin{cases} -x+3 & (x<0) \\ 2x^2-4ax+3 & (x \ge 0) \end{cases}$$

$y = 2x^2-4ax+3 = 2(x-a)^2-2a^2+3$이므로 $a \le 0$
이면 $f \circ g$의 치역이 $\{y \mid y \ge 3\}$이다.

$$\therefore a > 0$$

따라서 함수 $y=(f \circ g)(x)$의
치역이 $\{y \mid y \ge 1\}$이려면 오른
쪽 그림과 같이 함수
$y=2(x-a)^2-2a^2+3$의 그
래프의 꼭짓점의 y좌표가 1이
어야 하므로

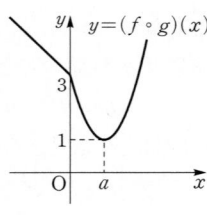

$$-2a^2+3=1, \qquad a^2=1$$
$$\therefore a=1 \ (\because a>0)$$

답 **1**

549

전략 주어진 그래프를 이용하여 $f^n(1)$ (n은 자연수)의 값의 규
칙성을 파악한다.

$$f(x) = \begin{cases} -2x+4 & (0 \le x < 2) \\ x-2 & (2 \le x \le 4) \end{cases}$$이므로

$$f^1(1) = f(1) = 2$$
$$f^2(1) = (f \circ f^1)(1) = f(f^1(1)) = f(2) = 0$$
$$f^3(1) = (f \circ f^2)(1) = f(f^2(1)) = f(0) = 4$$
$$f^4(1) = (f \circ f^3)(1) = f(f^3(1)) = f(4) = 2$$
$$\vdots$$

즉 $n=1, 2, 3, \cdots$일 때, $f^n(1)$의 값은 2, 0, 4가 이
순서대로 반복된다.

이때 $100 = 3 \times 33 + 1$이므로

$$f^1(1) + f^2(1) + f^3(1) + \cdots + f^{100}(1)$$
$$= 33 \times (2+0+4) + 2$$
$$= 200$$

답 **200**

550

전략 주어진 그래프에서 함수 $f(x)$의 식을 구한다.

$$f(x) = \begin{cases} 2x & \left(0 \le x \le \dfrac{1}{2}\right) \\ 2-2x & \left(\dfrac{1}{2} \le x \le 1\right) \end{cases} \text{이므로}$$

$$(f \circ f)(x) = f(f(x))$$

$$= \begin{cases} 2f(x) & \left(0 \le f(x) \le \dfrac{1}{2}\right) \\ 2-2f(x) & \left(\dfrac{1}{2} \le f(x) \le 1\right) \end{cases}$$

(i) $0 \le x \le \dfrac{1}{4}$ 일 때, $0 \le f(x) \le \dfrac{1}{2}$ 이므로

$$(f \circ f)(x) = 2f(x) = 2 \times 2x = 4x$$

(ii) $\dfrac{1}{4} \le x \le \dfrac{1}{2}$ 일 때, $\dfrac{1}{2} \le f(x) \le 1$ 이므로

$$(f \circ f)(x) = 2-2f(x) = 2-2 \times 2x$$
$$= 2-4x$$

(iii) $\dfrac{1}{2} \le x \le \dfrac{3}{4}$ 일 때, $\dfrac{1}{2} \le f(x) \le 1$ 이므로

$$(f \circ f)(x) = 2-2f(x) = 2-2(2-2x)$$
$$= 4x-2$$

(iv) $\dfrac{3}{4} \le x \le 1$ 일 때, $0 \le f(x) \le \dfrac{1}{2}$ 이므로

$$(f \circ f)(x) = 2f(x) = 2(2-2x)$$
$$= 4-4x$$

이상에서 함수 $y = (f \circ f)(x)$의 그래프는 오른쪽 그림과 같다.

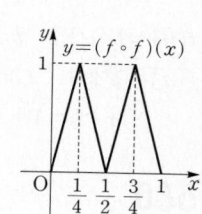

탑 풀이 참조

---

04 역함수   • 본책 234~243쪽

551

ㄴ. 집합 X의 원소 1, 2가 모두 집합 Y의 원소 b에 대응하므로 일대일대응이 아니다.
따라서 역함수가 존재하지 않는다.

ㄹ. 집합 X의 원소 1, 3이 모두 집합 Y의 원소 a에 대응하므로 일대일대응이 아니다.
따라서 역함수가 존재하지 않는다.

이상에서 역함수가 존재하는 것은 ㄱ, ㄷ이다.

탑 ㄱ, ㄷ

552

(1) $f^{-1}(5) = a$에서 $f(a) = 5$이므로
$$-2a+3 = 5 \qquad \therefore a = -1$$
(2) $f^{-1}(a) = -2$에서 $f(-2) = a$이므로
$$a = -2 \times (-2)+3 = 7$$

탑 (1) -1 (2) 7

553

(1) 함수 $y = 4x-2$는 일대일대응이므로 역함수가 존재한다.
$y = 4x-2$를 x에 대하여 풀면
$$4x = y+2 \qquad \therefore x = \frac{1}{4}y + \frac{1}{2}$$
x와 y를 서로 바꾸면 구하는 역함수는
$$y = \frac{1}{4}x + \frac{1}{2}$$

(2) 함수 $y = -\dfrac{1}{2}x + \dfrac{3}{2}$은 일대일대응이므로 역함수가 존재한다.
$y = -\dfrac{1}{2}x + \dfrac{3}{2}$을 x에 대하여 풀면
$$\frac{1}{2}x = -y + \frac{3}{2} \qquad \therefore x = -2y+3$$
x와 y를 서로 바꾸면 구하는 역함수는
$$y = -2x+3$$

탑 (1) $y = \dfrac{1}{4}x + \dfrac{1}{2}$ (2) $y = -2x+3$

554

(1) $f(1) = b$이므로 $f^{-1}(b) = 1$
(2) $(f^{-1})^{-1}(2) = f(2) = c$
(3) $(f^{-1} \circ f)(x) = x$이므로 $(f^{-1} \circ f)(4) = 4$
(4) $(f \circ f^{-1})(x) = x$이므로 $(f \circ f^{-1})(a) = a$

탑 (1) 1 (2) c (3) 4 (4) a

[다른 풀이] (3) $(f^{-1} \circ f)(4) = f^{-1}(f(4)) = f^{-1}(d) = 4$
(4) $(f \circ f^{-1})(a) = f(f^{-1}(a)) = f(3) = a$

555

함수 $f(x)$의 역함수가 $g(x)$이므로

$\qquad f^{-1}(x) = g(x)$ $\qquad\qquad$ …… ㉠

$g(8) = k$라 하면 $f(k) = 8$이므로

$\qquad -2k + 6 = 8$ $\quad \therefore k = -1$

$\qquad \therefore g(8) = -1$

한편 ㉠에서 $g^{-1}(x) = f(x)$이므로

$\qquad g^{-1}(3) = f(3) = -2 \times 3 + 6 = 0$

$\qquad \therefore g(8) + g^{-1}(3) = -1 + 0 = -1$ $\qquad$ 답 -1

556

$f(x) = ax + b$ (a, b는 상수, $a \neq 0$)라 하자.

$f^{-1}(1) = 3$에서 $f(3) = 1$이므로

$\qquad 3a + b = 1$ $\qquad\qquad$ …… ㉠

또 $(f \circ f)(3) = f(f(3)) = f(1) = -2$이므로

$\qquad a + b = -2$ $\qquad\qquad$ …… ㉡

㉠, ㉡을 연립하여 풀면

$\qquad a = \dfrac{3}{2}, \ b = -\dfrac{7}{2}$

따라서 $f(x) = \dfrac{3}{2}x - \dfrac{7}{2}$이므로

$\qquad f(-1) = -\dfrac{3}{2} - \dfrac{7}{2} = -5$ $\qquad$ 답 -5

557

$2x + 3 = t$라 하면 $x = \dfrac{t-3}{2}$이므로

$\qquad f(t) = -3 \times \dfrac{t-3}{2} + 4 = -\dfrac{3}{2}t + \dfrac{17}{2}$

즉 $f(x) = -\dfrac{3}{2}x + \dfrac{17}{2}$이므로

$\qquad f(7) = -\dfrac{21}{2} + \dfrac{17}{2} = -2$

$f^{-1}(7) = k$라 하면 $f(k) = 7$이므로

$\qquad -\dfrac{3}{2}k + \dfrac{17}{2} = 7, \quad -\dfrac{3}{2}k = -\dfrac{3}{2}$

$\qquad \therefore k = 1 \quad \therefore f^{-1}(7) = 1$

$\qquad \therefore f(7) + f^{-1}(7) = -2 + 1 = -1$ $\qquad$ 답 -1

[다른 풀이] $f(2x+3) = -3x + 4$ $\qquad$ …… ㉠

㉠에 $x = 2$를 대입하면 $\quad f(7) = -2$

㉠에 $x = -1$을 대입하면 $\quad f(1) = 7$

$\qquad \therefore f^{-1}(7) = 1$

558

함수 $f(x)$의 역함수가 존재하려면 $f(x)$가 일대일대응이어야 하므로 $y = f(x)$의 그래프는 다음 그림과 같아야 한다.

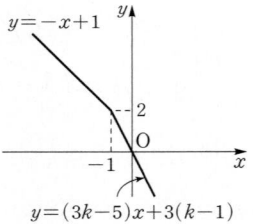

즉 $x \geq -1$에서 $y = (3k-5)x + 3(k-1)$의 그래프의 기울기가 음수이어야 하므로

$\qquad 3k - 5 < 0 \quad \therefore k < \dfrac{5}{3}$

따라서 정수 k의 최댓값은 1이다. $\qquad$ 답 1

559

함수 $f(x) = 3x + 2$의 역함수가 존재하므로 $f(x)$는 일대일대응이다.

이때 직선 $y = f(x)$의 기울기가 양수이므로

$\qquad f(0) = b, \ f(a) = 5$

$f(0) = b$에서 $\qquad b = 2$

$f(a) = 5$에서 $\qquad 3a + 2 = 5 \quad \therefore a = 1$

$\qquad \therefore a + b = 1 + 2 = 3$ $\qquad$ 답 3

560

$f(x) = ax + |x - 2| + 3 - 2a$에서

(i) $x \geq 2$일 때

$\qquad f(x) = ax + (x - 2) + 3 - 2a$

$\qquad\qquad = (a+1)x + 1 - 2a$

(ii) $x < 2$일 때

$\qquad f(x) = ax - (x - 2) + 3 - 2a$

$\qquad\qquad = (a-1)x + 5 - 2a$

(i), (ii)에서 함수 $f(x)$의 역함수가 존재하려면 $f(x)$가 일대일대응이어야 하므로 $a+1 \neq 0$, $a-1 \neq 0$이고 두 직선 $y = (a+1)x + 1 - 2a$와 $y = (a-1)x + 5 - 2a$의 기울기의 부호가 같아야 한다.

따라서 $(a+1)(a-1) > 0$이므로

$\qquad a < -1$ 또는 $a > 1$ $\qquad$ 답 $a < -1$ 또는 $a > 1$

561

$y = \dfrac{1}{3}x + 2$를 x에 대하여 풀면

$$\dfrac{1}{3}x = y - 2 \qquad \therefore x = 3y - 6$$

x와 y를 서로 바꾸면 $\qquad y = 3x - 6$

따라서 $3x - 6 = ax + b$이므로

$$a = 3,\ b = -6$$

$$\therefore ab = -18$$

답 -18

562

$$\begin{aligned} h(x) = (g \circ f)(x) &= g(f(x)) \\ &= g(-3x + 1) \\ &= (-3x + 1) - 2 \\ &= -3x - 1 \end{aligned}$$

$y = -3x - 1$로 놓고 x에 대하여 풀면

$$3x = -y - 1 \qquad \therefore x = -\dfrac{1}{3}y - \dfrac{1}{3}$$

x와 y를 서로 바꾸면 $\qquad y = -\dfrac{1}{3}x - \dfrac{1}{3}$

$$\therefore h^{-1}(x) = -\dfrac{1}{3}x - \dfrac{1}{3}$$

답 $h^{-1}(x) = -\dfrac{1}{3}x - \dfrac{1}{3}$

563

$3x - 2 = t$라 하면 $x = \dfrac{1}{3}t + \dfrac{2}{3}$이므로

$$f(t) = 6\left(\dfrac{1}{3}t + \dfrac{2}{3}\right) + 1 = 2t + 5$$

$$\therefore f(x) = 2x + 5$$

$y = 2x + 5$로 놓고 x에 대하여 풀면

$$2x = y - 5 \qquad \therefore x = \dfrac{1}{2}y - \dfrac{5}{2}$$

x와 y를 서로 바꾸면 $\qquad y = \dfrac{1}{2}x - \dfrac{5}{2}$

즉 $f^{-1}(x) = \dfrac{1}{2}x - \dfrac{5}{2}$이므로

$$a = \dfrac{1}{2},\ b = -\dfrac{5}{2}$$

답 $a = \dfrac{1}{2},\ b = -\dfrac{5}{2}$

564

$$\begin{aligned} (f^{-1} \circ g)^{-1}(3) = (g^{-1} \circ f)(3) &= g^{-1}(f(3)) \\ &= g^{-1}(5) \qquad \leftarrow f(3) = 2 \times 3 - 1 = 5 \end{aligned}$$

$g^{-1}(5) = k$라 하면 $g(k) = 5$이므로

$$\dfrac{1}{2}k - 1 = 5 \qquad \therefore k = 12$$

즉 $g^{-1}(5) = 12$이므로

$$(f^{-1} \circ g)^{-1}(3) = g^{-1}(5) = 12$$

답 12

565

$$\begin{aligned} (f \circ (g \circ f)^{-1} \circ f)(x) &= (f \circ f^{-1} \circ g^{-1} \circ f)(x) \qquad \leftarrow (g \circ f)^{-1} = f^{-1} \circ g^{-1} \\ &= (g^{-1} \circ f)(x) \qquad \leftarrow f \circ f^{-1} = I \end{aligned}$$

$g(x) = x + 4$에서 $y = x + 4$로 놓고 x에 대하여 풀면

$$x = y - 4$$

x와 y를 서로 바꾸면 $\qquad y = x - 4$

$$\therefore g^{-1}(x) = x - 4$$

$$\begin{aligned} \therefore (g^{-1} \circ f)(x) &= g^{-1}(f(x)) \\ &= g^{-1}(-2x + 1) \\ &= (-2x + 1) - 4 \\ &= -2x - 3 \end{aligned}$$

따라서 $-2x - 3 = ax + b$이므로

$$a = -2,\ b = -3$$

답 $a = -2,\ b = -3$

566

$$\begin{aligned} ((f^{-1} \circ g^{-1}) \circ f)(a) &= (f^{-1} \circ g^{-1})(f(a)) \\ &= (g \circ f)^{-1}(f(a)) \\ &= (g \circ f)^{-1}(2a + 1) = 1 \end{aligned}$$

따라서 $(g \circ f)(1) = 2a + 1$이므로

$$g(f(1)) = g(3) = 2a + 1$$

$$-\dfrac{1}{3} \times 3 + 4 = 2a + 1$$

$$\therefore a = 1$$

답 1

다른 풀이 $((f^{-1} \circ g^{-1}) \circ f)(a)$

$$= (f^{-1} \circ g^{-1})(f(a))$$

$$= f^{-1}(g^{-1}(f(a))) = 1$$

이므로

$$g^{-1}(f(a)) = f(1) = 2 \times 1 + 1 = 3$$

따라서 $f(a) = g(3)$이므로

$$2a + 1 = 3 \qquad \therefore a = 1$$

567

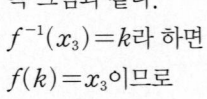

직선 $y=x$를 이용하여 y축과 점선이 만나는 점의 y좌표를 구하면 오른쪽 그림과 같다.

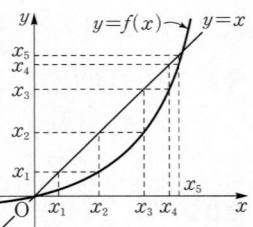

$f^{-1}(x_3)=k$라 하면
$f(k)=x_3$이므로
$$k=x_4$$
$$\therefore (f\circ f)^{-1}(x_3)=(f^{-1}\circ f^{-1})(x_3)$$
$$=f^{-1}(f^{-1}(x_3))=f^{-1}(x_4)$$

$f^{-1}(x_4)=l$이라 하면 $f(l)=x_4$이므로 $l=x_5$
$$\therefore (f\circ f)^{-1}(x_3)=f^{-1}(x_4)=x_5 \qquad \text{답 } x_5$$

568

직선 $y=x$를 이용하여 y축과 점선이 만나는 점의 y좌표를 구하면 오른쪽 그림과 같다.

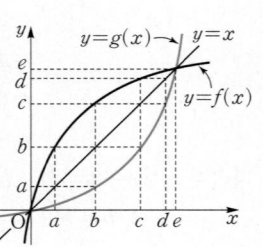

$$(f\circ f\circ g)^{-1}(c)$$
$$=(g^{-1}\circ f^{-1}\circ f^{-1})(c)$$
$$=g^{-1}(f^{-1}(f^{-1}(c)))$$

에서 $f^{-1}(c)=k$라 하면 $f(k)=c$이므로
$$k=b$$
$$\therefore (f\circ f\circ g)^{-1}(c)=g^{-1}(f^{-1}(f^{-1}(c)))$$
$$=g^{-1}(f^{-1}(b))$$

$f^{-1}(b)=l$이라 하면 $f(l)=b$이므로
$$l=a$$
$$\therefore (f\circ f\circ g)^{-1}(c)=g^{-1}(f^{-1}(b))=g^{-1}(a)$$

$g^{-1}(a)=m$이라 하면 $g(m)=a$이므로
$$m=b$$
$$\therefore (f\circ f\circ g)^{-1}(c)=g^{-1}(a)=b \qquad \text{답 } b$$

569

함수 $y=f(x)$의 그래프와 그 역함수 $y=f^{-1}(x)$의 그래프는 직선 $y=x$에 대하여 대칭이므로 오른쪽 그림과 같다.

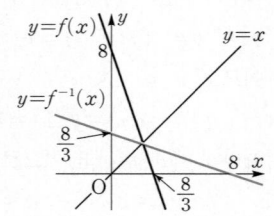

이때 함수 $y=f(x)$의 그래프와 그 역함수 $y=f^{-1}(x)$의 그래프의 교점은 함수 $y=f(x)$의 그래프와 직선 $y=x$의 교점과 같으므로

$-3x+8=x$에서
$$-4x=-8 \qquad \therefore x=2$$
따라서 교점의 좌표는 $(2, 2)$이므로
$$p=2,\ q=2$$
$$\therefore pq=4 \qquad \text{답 } 4$$

570

함수 $y=f(x)$의 그래프와 그 역함수 $y=f^{-1}(x)$의 그래프는 직선 $y=x$에 대하여 대칭이므로 오른쪽 그림과 같다.

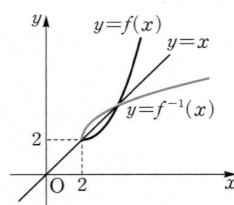

이때 함수 $y=f(x)$의 그래프와 그 역함수 $y=f^{-1}(x)$의 그래프의 교점은 함수 $y=f(x)$의 그래프와 직선 $y=x$의 교점과 같으므로

$\dfrac{1}{2}(x-2)^2+2=x$에서
$$x^2-6x+8=0, \qquad (x-2)(x-4)=0$$
$$\therefore x=2 \text{ 또는 } x=4$$
따라서 두 교점의 좌표는 $(2, 2)$, $(4, 4)$이므로 구하는 두 점 사이의 거리는
$$\sqrt{(4-2)^2+(4-2)^2}=2\sqrt{2} \qquad \text{답 } 2\sqrt{2}$$

연습 문제 ● 본책 244~246쪽

571

전략 $y=f^{-1}(x)$의 그래프가 점 (p, q)를 지나면 $f(q)=p$임을 이용한다.

$f(x)=ax+b$ (a, b는 상수, $a\neq 0$)라 하자.

$y=f(x)$, $y=f^{-1}(x)$의 그래프가 모두 점 $(-2, 5)$를 지나므로
$$f(-2)=5,\ f^{-1}(-2)=5$$

$f(-2)=5$에서 $\qquad -2a+b=5 \qquad$ ······ ㉠

$f^{-1}(-2)=5$에서 $f(5)=-2$이므로

$\qquad 5a+b=-2 \qquad$ ······ ㉡

㉠, ㉡을 연립하여 풀면

$\qquad a=-1,\ b=3$

따라서 $f(x)=-x+3$이므로

$\qquad f(1)=2$

$f^{-1}(-1)=k$라 하면 $f(k)=-1$이므로

$\qquad -k+3=-1 \qquad \therefore\ k=4$

즉 $f^{-1}(-1)=4$이므로

$\qquad f(1)+f^{-1}(-1)=2+4=6 \qquad$ 답 **6**

572

전략 f^{-1}를 직접 구하여 f와 비교한다.

$y=ax+1$로 놓고 x에 대하여 풀면

$\qquad ax=y-1 \qquad \therefore\ x=\dfrac{1}{a}y-\dfrac{1}{a}\ (\because\ a\neq 0)$

x와 y를 서로 바꾸면

$\qquad y=\dfrac{1}{a}x-\dfrac{1}{a}$

즉 $f^{-1}(x)=\dfrac{1}{a}x-\dfrac{1}{a}$이므로 $f=f^{-1}$에서

$\qquad ax+1=\dfrac{1}{a}x-\dfrac{1}{a}$

$\qquad a=\dfrac{1}{a},\ 1=-\dfrac{1}{a} \qquad \therefore\ a=-1 \qquad$ 답 **-1**

다른 풀이 $f=f^{-1}$이므로

$\qquad (f\circ f)(x)=x$

$(f\circ f)(x)=f(f(x))=f(ax+1)$

$\qquad\qquad\quad =a(ax+1)+1$

$\qquad\qquad\quad =a^2x+a+1$

이므로 $\qquad a^2x+a+1=x$

$\qquad a^2=1,\ a+1=0$

$\qquad \therefore\ a=-1$

573

전략 주어진 함숫값을 이용하여 k의 값을 구하고 역함수의 성질을 이용한다.

$f^{-1}(2)=1$에서 $f(1)=2$이므로

$\qquad 4+k=2 \qquad \therefore\ k=-2$

$\qquad \therefore\ f(x)=4x-2$

$(f\circ(f\circ f)^{-1})(4)=(f\circ(f^{-1}\circ f^{-1}))(4)$

$\qquad\qquad\qquad\qquad =((f\circ f^{-1})\circ f^{-1})(4)$

$\qquad\qquad\qquad\qquad =f^{-1}(4)$

에서 $f^{-1}(4)=p$라 하면 $f(p)=4$이므로

$\qquad 4p-2=4 \qquad \therefore\ p=\dfrac{3}{2}$

즉 $f^{-1}(4)=\dfrac{3}{2}$이므로

$\qquad (f\circ(f\circ f)^{-1})(4)=f^{-1}(4)=\dfrac{3}{2} \qquad$ 답 $\dfrac{3}{2}$

574

전략 역함수의 성질을 이용하여 $((f^{-1}\circ g)^{-1}\circ f)(-2)$를 간단히 한다.

$((f^{-1}\circ g)^{-1}\circ f)(-2)$

$=(g^{-1}\circ f\circ f)(-2)$

$=g^{-1}(f(f(-2)))$

$=g^{-1}(f(-1)) \qquad \leftarrow f(-2)=-2+1=-1$

$=g^{-1}(0) \qquad\quad \leftarrow f(-1)=-1+1=0$

이때 $g^{-1}(0)=k$라 하면 $g(k)=0$이므로

$\qquad k+1=0 \qquad \therefore\ k=-1$

즉 $g^{-1}(0)=-1$이므로

$\qquad ((f^{-1}\circ g)^{-1}\circ f)(-2)=g^{-1}(0)=-1$

답 **-1**

575

전략 주어진 그래프를 이용하여 $f(x)$와 $g(x)$의 함숫값을 구한다.

직선 $y=x$를 이용하여 y축과 점선이 만나는 점의 y좌표를 구하면 오른쪽 그림과 같다.

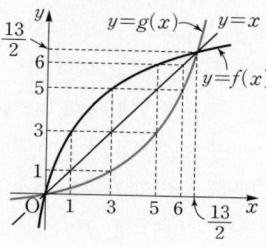

$f^{-1}(6)=k$라 하면

$f(k)=6$이므로

$\qquad k=5$

$\qquad \therefore\ (g\circ f^{-1})(6)=g(f^{-1}(6))=g(5)=3$

또 $(f^{-1}\circ g)(5)=f^{-1}(g(5))=f^{-1}(3)$에서

$f^{-1}(3)=l$이라 하면 $f(l)=3$이므로 $\qquad l=1$

$\qquad \therefore\ (f^{-1}\circ g)(5)=f^{-1}(3)=1$

$\qquad \therefore\ (g\circ f^{-1})(6)+(f^{-1}\circ g)(5)=3+1=4$

답 **4**

576

전략 $f^{-1}(6)=a$로 놓고 $a\geq2$인 경우와 $a<2$인 경우로 나누어 생각한다.

$(f\circ f)(3)=f(f(3))=f(9)$ ← $f(3)=3\times3=9$
$\qquad\qquad\quad =3\times9=27$

한편 $f^{-1}(-6)=a$라 하면 $f(a)=-6$

(i) $a\geq2$일 때

$\quad f(a)=3a$이므로

$\qquad 3a=-6$ $\therefore a=-2$

$\quad$ 그런데 $a\geq2$이므로 조건을 만족시키지 않는다.

(ii) $a<2$일 때

$\quad f(a)=-a^2+5a$이므로

$\qquad -a^2+5a=-6,\qquad a^2-5a-6=0$

$\qquad (a+1)(a-6)=0$

$\qquad \therefore a=-1\ (\because a<2)$

(i), (ii)에서 $a=-1$

즉 $f^{-1}(-6)=-1$이므로

$\qquad (f\circ f)(3)+f^{-1}(-6)=26$ 답 **26**

577

전략 주어진 조건을 이용하여 함숫값을 구한다.

$f(1)+2f(3)=12$에서

$\quad f(1)=2,\ f(3)=5$ 또는 $f(1)=4,\ f(3)=4$

그런데 함수 f의 역함수가 존재하므로 함수 f는 일대일대응이다.

$\qquad \therefore f(1)=2,\ f(3)=5$ $\cdots\cdots$ ㉠

또 $f^{-1}(1)-f^{-1}(3)=2$에서

$\quad f^{-1}(1)=3,\ f^{-1}(3)=1$

$\quad$ 또는 $f^{-1}(1)=4,\ f^{-1}(3)=2$

$\quad$ 또는 $f^{-1}(1)=5,\ f^{-1}(3)=3$

그런데 ㉠에서 $f^{-1}(2)=1,\ f^{-1}(5)=3$이므로

$\quad f^{-1}(1)=4,\ f^{-1}(3)=2$

즉 $f(1)=2,\ f(2)=3,\ f(3)=5,\ f(4)=1$이므로

$\quad f(5)=4$

$\qquad \therefore f(4)+f^{-1}(4)=1+5=6$ 답 ②

578

전략 주어진 조건에서 $f(-1)=3$, $(f\circ g)(x)=2x+1$임을 이용한다.

$f^{-1}(3)=-1$에서 $f(-1)=3$이므로

$\quad -a+b=3$ $\cdots\cdots$ ㉠

$(f\circ g)^{-1}(2x+1)=x$에서

$\quad (f\circ g)(x)=2x+1$

$f(g(x))=f(x+c)=a(x+c)+b$
$\qquad\qquad\qquad\quad =ax+ac+b$

이므로 $ax+ac+b=2x+1$

$\qquad \therefore a=2,\ ac+b=1$ $\cdots\cdots$ ㉡

㉠, ㉡에서 $a=2,\ b=5,\ c=-2$

$\qquad \therefore a+b+c=5$ 답 **5**

579

전략 역함수의 성질을 이용하여 $h^{-1}\circ g^{-1}\circ f^{-1}$를 $f\circ g$와 h로 나타낸다.

$(h^{-1}\circ g^{-1}\circ f^{-1})(1)=(h^{-1}\circ(f\circ g)^{-1})(1)$
$\qquad\qquad\qquad\qquad\qquad =h^{-1}((f\circ g)^{-1}(1))$

$(f\circ g)^{-1}(1)=k$라 하면 $(f\circ g)(k)=1$이므로

$\quad 2k-3=1$ $\therefore k=2$

$\qquad \therefore (h^{-1}\circ g^{-1}\circ f^{-1})(1)=h^{-1}((f\circ g)^{-1}(1))$
$\qquad\qquad\qquad\qquad\qquad\qquad =h^{-1}(2)$

$h^{-1}(2)=l$이라 하면 $h(l)=2$이므로

$\quad l+1=2$ $\therefore l=1$

$\qquad \therefore (h^{-1}\circ g^{-1}\circ f^{-1})(1)=h^{-1}(2)=1$ 답 **1**

다른 풀이 $h^{-1}\circ g^{-1}\circ f^{-1}=(f\circ g\circ h)^{-1}$이고

$\quad (f\circ g\circ h)(x)=(f\circ g)(h(x))$
$\qquad\qquad\qquad\qquad =(f\circ g)(x+1)$
$\qquad\qquad\qquad\qquad =2(x+1)-3=2x-1$

이때 $(f\circ g\circ h)^{-1}(1)=k$라 하면 $(f\circ g\circ h)(k)=1$

이므로 $2k-1=1$

$\qquad \therefore k=1$

즉 $(f\circ g\circ h)^{-1}(1)=1$이므로

$\quad (h^{-1}\circ g^{-1}\circ f^{-1})(1)=(f\circ g\circ h)^{-1}(1)=1$

580

전략 역함수의 성질을 이용한다.

$f^{-1}(2)=1$에서 $f(1)=2$이므로

$\quad -1+k=2$ $\therefore k=3$

$\qquad \therefore f(x)=-x|x|+3$

$$(g^{-1} \circ f)^{-1}(2) = (f^{-1} \circ g)(2) = f^{-1}(g(2))$$
$$= f^{-1}(5) \quad \leftarrow g(2) = 2 \times 2 + 1 = 5$$

에서 $f^{-1}(5) = a$라 하면 $f(a) = 5$이므로

$$-a|a| + 3 = 5 \qquad \therefore a|a| = -2$$

(i) $a \geq 0$일 때

$|a| = a$이므로 $\qquad a^2 = -2$

이때 $a \geq 0$인 a는 존재하지 않는다.

(ii) $a < 0$일 때

$|a| = -a$이므로 $\qquad -a^2 = -2$
$$a^2 = 2 \qquad \therefore a = -\sqrt{2} \ (\because a < 0)$$

(i), (ii)에서 $\qquad a = -\sqrt{2}$

즉 $f^{-1}(5) = -\sqrt{2}$이므로

$$(g^{-1} \circ f)^{-1}(2) = f^{-1}(5) = -\sqrt{2}$$

답 $-\sqrt{2}$

581

전략 점선과 x축이 만나는 점의 x좌표를 구한다.

직선 $y = x$를 이용하여 x축과 점선이 만나는 점의 x좌표를 구하면 오른쪽 그림과 같다.

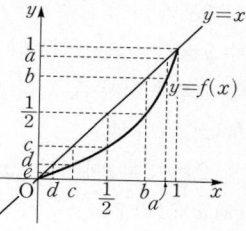

$g\left(\dfrac{1}{2}\right) = f^{-1}\left(\dfrac{1}{2}\right) = k$라

하면 $f(k) = \dfrac{1}{2}$이므로

$$k = b$$
$$\therefore (g \circ g)\left(\dfrac{1}{2}\right) = g\left(g\left(\dfrac{1}{2}\right)\right) = g(b)$$

$g(b) = f^{-1}(b) = l$이라 하면 $f(l) = b$이므로

$$l = a$$
$$\therefore (g \circ g)\left(\dfrac{1}{2}\right) = g(b) = a$$

답 a

582

전략 함수 $y = f(x)$의 그래프와 그 역함수의 그래프가 만나려면 함수 $y = f(x)$의 그래프와 직선 $y = x$가 만나야 함을 이용한다.

함수 $y = f(x)$의 그래프와 그 역함수 $y = g(x)$의 그래프는 직선 $y = x$에 대하여 대칭이므로 방정식 $f(x) = g(x)$가 실근을 가지려면 방정식 $f(x) = x$가 실근을 가져야 한다.

$\dfrac{1}{2}x^2 + a = x$에서 $\qquad x^2 - 2x + 2a = 0$

이 이차방정식의 판별식을 D라 하면

$$\frac{D}{4} = (-1)^2 - 2a \geq 0$$

$$\therefore a \leq \frac{1}{2}$$

답 $a \leq \dfrac{1}{2}$

583

전략 $h(x) = 3x + 1$로 놓고 $f(h(x))$의 역함수를 구한다.

$h(x) = 3x + 1$이라 하자.

$y = 3x + 1$로 놓고 x에 대하여 풀면

$$3x = y - 1 \qquad \therefore x = \frac{1}{3}y - \frac{1}{3}$$

x와 y를 서로 바꾸면 $\qquad y = \dfrac{1}{3}x - \dfrac{1}{3}$

$$\therefore h^{-1}(x) = \frac{1}{3}x - \frac{1}{3}$$

$f(3x+1) = f(h(x)) = (f \circ h)(x)$이므로

$$f^{-1}(3x+1) = (f \circ h)^{-1}(x) = (h^{-1} \circ f^{-1})(x)$$
$$= h^{-1}(f^{-1}(x)) = h^{-1}(g(x))$$
$$= \frac{1}{3}g(x) - \frac{1}{3}$$

따라서 $a = \dfrac{1}{3}$, $b = -\dfrac{1}{3}$이므로

$$ab = -\frac{1}{9}$$

답 $-\dfrac{1}{9}$

다른 풀이 $y = f(3x+1)$로 놓으면

$$f^{-1}(y) = 3x + 1 \qquad \therefore x = \frac{f^{-1}(y) - 1}{3}$$

x와 y를 서로 바꾸면

$$y = \frac{f^{-1}(x) - 1}{3} = \frac{g(x) - 1}{3}$$

따라서 함수 $f(3x+1)$의 역함수는

$$\frac{1}{3}g(x) - \frac{1}{3}$$

584

전략 조건을 만족시키는 함수 f, g를 구한다.

ㄱ. $X \cap Y = \{2, 3, 4\}$이므로 조건 (나)에서

$$g(2) - f(2) = 1,$$
$$g(3) - f(3) = 1,$$
$$g(4) - f(4) = 1$$

이때 $g(x)$의 최댓값이 5이므로

$$f(2) \leq 4, \ f(3) \leq 4, \ f(4) \leq 4$$

조건 ㈎에서 함수 f가 일대일대응이므로
$$\{f(2),\ f(3),\ f(4)\}=\{2,\ 3,\ 4\}$$
이때 $g(x)=f(x)+1\ (x=2,\ 3,\ 4)$이므로
$$\{g(2),\ g(3),\ g(4)\}=\{3,\ 4,\ 5\}=Z\ (참)$$
ㄴ. ㄱ에서 $\{f(2),\ f(3),\ f(4)\}=\{2,\ 3,\ 4\}$이고
함수 f는 일대일대응이므로 $f(1)=5$
$$\therefore\ f^{-1}(5)=1\ (거짓)$$
ㄷ. ㄴ에서 $f(1)=5$이므로 $f(3)<g(2)<f(1)$에서
$$f(3)<g(2)<5 \qquad \cdots\cdots\ \bigcirc$$
(ⅰ) $g(2)=3$인 경우
$f(2)=g(2)-1=2$이고 함수 f는 일대일대
응이므로
$$f(3)=3\ 또는\ f(3)=4$$
이는 $\bigcirc$을 만족시키지 않는다.
(ⅱ) $g(2)=4$인 경우
$f(2)=g(2)-1=3$이고 함수 f는 일대일대
응이므로
$$f(3)=2\ 또는\ f(3)=4$$
그런데 $\bigcirc$에서 $f(3)<4$이므로
$$f(3)=2$$
$$\therefore\ f(4)=4$$
(ⅰ), (ⅱ)에서
$$f(4)+g(2)=4+4=8\ (거짓)$$
이상에서 옳은 것은 ㄱ뿐이다.   **답 ①**

585

전략 함수 $y=f(x)$의 그래프와 그 역함수의 그래프의 교점이
직선 $y=x$ 위에 존재함을 이용한다.

함수 $y=f(x)$의 그래프
와 그 역함수 $y=f^{-1}(x)$
의 그래프는 직선 $y=x$에
대하여 대칭이므로 오른
쪽 그림과 같다.
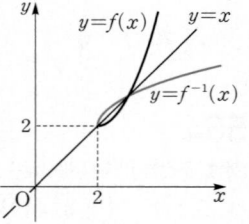
이때 함수 $y=f(x)$의 그
래프와 그 역함수의 그래
프의 두 교점이 직선 $y=x$ 위에 있으므로 두 교점의
좌표를 $(\alpha,\ \alpha)$, $(\beta,\ \beta)$라 하면 α, β는 이차방정식
$$x^2-4x+a=x,\ 즉\ x^2-5x+a=0$$
의 두 실근이다.

이차방정식의 근과 계수의 관계에 의하여
$$\alpha+\beta=5,\ \alpha\beta=a$$
한편 두 교점 사이의 거리가 $\sqrt{2}$이므로
$$\sqrt{(\alpha-\beta)^2+(\alpha-\beta)^2}=\sqrt{2}$$
$$(\alpha-\beta)^2=1, \qquad (\alpha+\beta)^2-4\alpha\beta=1$$
$$25-4a=1 \qquad \therefore\ a=6 \qquad\qquad \textbf{답 6}$$

586

전략 함수 $y=f(x)$의 그래프와 직선 $y=x$의 교점을 이용한다.

함수 $y=f(x)$의 그래
프와 그 역함수
$y=f^{-1}(x)$의 그래프
는 직선 $y=x$에 대하
여 대칭이므로 오른쪽
그림과 같다.
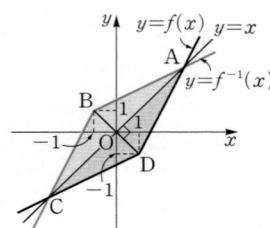
이때 함수 $y=f(x)$의
그래프와 그 역함수 $y=f^{-1}(x)$의 그래프의 교점은 함
수 $y=f(x)$의 그래프와 직선 $y=x$의 교점과 같다.
두 교점을 각각 A, C라 하면
(ⅰ) $x \geq 1$일 때
$2x-3=x$에서 $x=3$
(ⅱ) $x<1$일 때
$\dfrac{1}{2}x-\dfrac{3}{2}=x$에서 $x=-3$
(ⅰ), (ⅱ)에서 A$(3,\ 3)$, C$(-3,\ -3)$
$$\therefore\ \overline{\text{AC}}=\sqrt{(3+3)^2+(3+3)^2}=6\sqrt{2}$$
또 위의 그림에서 B$(-1,\ 1)$, D$(1,\ -1)$이므로
$$\overline{\text{BD}}=\sqrt{(1+1)^2+(-1-1)^2}=2\sqrt{2}$$
이때 두 함수 $y=f(x)$, $y=f^{-1}(x)$의 그래프로 둘러
싸인 사각형 ABCD는 마름모이므로 구하는 넓이는
$$\frac{1}{2}\times\overline{\text{AC}}\times\overline{\text{BD}}=\frac{1}{2}\times6\sqrt{2}\times2\sqrt{2}=12$$
     답 12

참고 $\overline{\text{AC}}\perp\overline{\text{BD}}$이고 $\overline{\text{OA}}=\overline{\text{OC}}$, $\overline{\text{OB}}=\overline{\text{OD}}$이므로 사각형
ABCD의 대각선은 서로 다른 것을 수직이등분한다.
따라서 사각형 ABCD는 마름모이다.

2 유리함수

III. 함수

01 유리식

• 본책 248~257쪽

587

$\dfrac{2x+y}{5} = \dfrac{x+2y}{7} = k \ (k \neq 0)$로 놓으면

$2x+y = 5k$, $x+2y = 7k$

두 식을 연립하여 풀면 $x = k$, $y = 3k$

$\therefore \dfrac{xy - x^2}{xy + y^2} = \dfrac{k \times 3k - k^2}{k \times 3k + (3k)^2} = \dfrac{2k^2}{12k^2} = \dfrac{1}{6}$

답 $\dfrac{1}{6}$

다른 풀이 $\dfrac{2x+y}{5} = \dfrac{x+2y}{7}$에서

$7(2x+y) = 5(x+2y)$, $\quad 14x + 7y = 5x + 10y$

$9x = 3y \quad \therefore y = 3x$

주어진 식에 $y = 3x$를 대입하면

$\dfrac{xy - x^2}{xy + y^2} = \dfrac{x \times 3x - x^2}{x \times 3x + (3x)^2}$

$= \dfrac{2x^2}{12x^2} = \dfrac{1}{6} \ (\because x \neq 0)$

588

(1) $(x+y):(y+z):(z+x) = 3:4:5$이므로 0이
아닌 상수 k에 대하여

$x+y = 3k \qquad \cdots\cdots \ \bigcirc$

$y+z = 4k \qquad \cdots\cdots \ \bigcirc$

$z+x = 5k \qquad \cdots\cdots \ \bigcirc$

로 놓을 수 있다.

$\bigcirc + \bigcirc + \bigcirc$을 하면

$2(x+y+z) = 12k$

$\therefore x+y+z = 6k \qquad \cdots\cdots \ \bigcirc$

$\bigcirc$에 $\bigcirc$, $\bigcirc$, $\bigcirc$을 각각 대입하여 정리하면

$x = 2k$, $y = k$, $z = 3k$

$\therefore x:y:z = 2k:k:3k = 2:1:3$

(2) $\dfrac{xy - yz + zx}{x^2 + y^2 + z^2} = \dfrac{2k \times k - k \times 3k + 3k \times 2k}{(2k)^2 + k^2 + (3k)^2}$

$= \dfrac{5k^2}{14k^2} = \dfrac{5}{14}$

답 (1) $2:1:3$ (2) $\dfrac{5}{14}$

589

답 (1) ㄷ, ㄹ (2) ㄱ, ㄴ, ㅁ, ㅂ

590

(1) $\dfrac{1}{x^2 - 3x} = \dfrac{1}{x(x-3)}$이므로 두 식을 통분하면

$$\dfrac{1}{x(x-3)}, \ \dfrac{x}{x(x-3)}$$

(2) $\dfrac{2}{x^2 - 1} = \dfrac{2}{(x+1)(x-1)}$,

$\dfrac{3}{x^2 + 4x + 3} = \dfrac{3}{(x+3)(x+1)}$이므로 두 식을
통분하면

$$\dfrac{2(x+3)}{(x+3)(x+1)(x-1)},$$

$$\dfrac{3(x-1)}{(x+3)(x+1)(x-1)}$$

답 풀이 참조

591

(1) $\dfrac{x^2 - 5x + 6}{x^2 - 7x + 12} = \dfrac{(x-2)(x-3)}{(x-3)(x-4)}$

$= \dfrac{x-2}{x-4}$

(2) $\dfrac{x^4 - y^4}{(x+y)(x^3 - y^3)}$

$= \dfrac{(x^2 + y^2)(x+y)(x-y)}{(x+y)(x-y)(x^2 + xy + y^2)}$

$= \dfrac{x^2 + y^2}{x^2 + xy + y^2}$

답 (1) $\dfrac{x-2}{x-4}$ (2) $\dfrac{x^2 + y^2}{x^2 + xy + y^2}$

592

(1) $\dfrac{2}{x+2} + \dfrac{3}{x+3} = \dfrac{2(x+3) + 3(x+2)}{(x+2)(x+3)}$

$= \dfrac{5x + 12}{(x+2)(x+3)}$

(2) $\dfrac{1}{x-1} - \dfrac{6}{2x+1} = \dfrac{2x+1 - 6(x-1)}{(x-1)(2x+1)}$

$= \dfrac{-4x + 7}{(x-1)(2x+1)}$

(3) $\dfrac{x+2}{x^2+3x} \times \dfrac{x+3}{2x} = \dfrac{x+2}{x(x+3)} \times \dfrac{x+3}{2x}$

$\qquad\qquad\qquad = \dfrac{x+2}{2x^2}$

(4) $\dfrac{x^2-1}{x+2} \div \dfrac{x+1}{x} = \dfrac{(x+1)(x-1)}{x+2} \times \dfrac{x}{x+1}$

$\qquad\qquad\qquad = \dfrac{x(x-1)}{x+2}$

답 (1) $\dfrac{5x+12}{(x+2)(x+3)}$　　(2) $\dfrac{-4x+7}{(x-1)(2x+1)}$

　　(3) $\dfrac{x+2}{2x^2}$　　(4) $\dfrac{x(x-1)}{x+2}$

593

(1) $\dfrac{3x+1}{x^2-1} - \dfrac{2x+3}{x^2+3x+2} + \dfrac{x-2}{x^2+x-2}$

$= \dfrac{3x+1}{(x+1)(x-1)} - \dfrac{2x+3}{(x+2)(x+1)}$

$\quad + \dfrac{x-2}{(x+2)(x-1)}$

$= \dfrac{(3x+1)(x+2)-(2x+3)(x-1)+(x-2)(x+1)}{(x+2)(x+1)(x-1)}$

$= \dfrac{3x^2+7x+2-(2x^2+x-3)+x^2-x-2}{(x+2)(x+1)(x-1)}$

$= \dfrac{2x^2+5x+3}{(x+2)(x+1)(x-1)}$

$= \dfrac{(2x+3)(x+1)}{(x+2)(x+1)(x-1)}$

$= \dfrac{2x+3}{(x+2)(x-1)}$

(2) $\dfrac{6x^2-x-1}{x^2-9} \times \dfrac{x^2-x-6}{3x^2-2x-1} \div \dfrac{2x^2+3x-2}{x^2+2x-3}$

$= \dfrac{(3x+1)(2x-1)}{(x+3)(x-3)} \times \dfrac{(x+2)(x-3)}{(3x+1)(x-1)}$

$\quad \div \dfrac{(x+2)(2x-1)}{(x+3)(x-1)}$

$= \dfrac{(3x+1)(2x-1)}{(x+3)(x-3)} \times \dfrac{(x+2)(x-3)}{(3x+1)(x-1)}$

$\quad \times \dfrac{(x+3)(x-1)}{(x+2)(2x-1)}$

$= 1$

답 (1) $\dfrac{2x+3}{(x+2)(x-1)}$　　(2) 1

594

주어진 식의 우변을 통분하여 정리하면

$\dfrac{a}{x-1} + \dfrac{bx+a}{x^2+x+1}$

$= \dfrac{a(x^2+x+1)+(bx+a)(x-1)}{(x-1)(x^2+x+1)}$

$= \dfrac{(a+b)x^2+(2a-b)x}{x^3-1}$

즉 $\dfrac{3x}{x^3-1} = \dfrac{(a+b)x^2+(2a-b)x}{x^3-1}$ 가 x에 대한 항

등식이므로

$a+b=0, \ 2a-b=3$

두 식을 연립하여 풀면

$a=1, \ b=-1$

$\therefore \ ab=-1$　　답 -1

다른 풀이 $x^3-1=(x-1)(x^2+x+1)$이므로 주어진

식의 양변에 $(x-1)(x^2+x+1)$을 곱하면

$3x=a(x^2+x+1)+(bx+a)(x-1)$

$\therefore \ 3x=(a+b)x^2+(2a-b)x$

이 식이 x에 대한 항등식이므로

$a+b=0, \ 2a-b=3$

두 식을 연립하여 풀면

$a=1, \ b=-1$

📝 **개념 노트**

항등식의 성질

① $ax^2+bx+c=0$이 x에 대한 항등식

$\Longleftrightarrow a=0, \ b=0, \ c=0$

② $ax^2+bx+c=a'x^2+b'x+c'$이 x에 대한 항등식

$\Longleftrightarrow a=a', \ b=b', \ c=c'$

595

주어진 식의 좌변을 통분하여 정리하면

$\dfrac{2}{x} + \dfrac{a}{x-1} + \dfrac{b}{x-2}$

$= \dfrac{2(x-1)(x-2)+ax(x-2)+bx(x-1)}{x(x-1)(x-2)}$

$= \dfrac{2x^2-6x+4+ax^2-2ax+bx^2-bx}{x(x-1)(x-2)}$

$= \dfrac{(2+a+b)x^2+(-6-2a-b)x+4}{x(x-1)(x-2)}$

즉

$$\frac{(2+a+b)x^2+(-6-2a-b)x+4}{x(x-1)(x-2)}$$

$$=\frac{-x+4}{x(x-1)(x-2)}$$

가 x에 대한 항등식이므로

$$2+a+b=0, \ -6-2a-b=-1$$

$$\therefore a+b=-2, \ 2a+b=-5$$

두 식을 연립하여 풀면 $a=-3, \ b=1$

$$\therefore a-b=-4$$

답 −4

596

(1) $\dfrac{x^2-x-3}{x+1}-\dfrac{x^2-4x+6}{x-2}$

$=\dfrac{(x+1)(x-2)-1}{x+1}-\dfrac{(x-2)^2+2}{x-2}$

$=\left(x-2-\dfrac{1}{x+1}\right)-\left(x-2+\dfrac{2}{x-2}\right)$

$=-\dfrac{1}{x+1}-\dfrac{2}{x-2}=\dfrac{-(x-2)-2(x+1)}{(x+1)(x-2)}$

$=\dfrac{-3x}{(x+1)(x-2)}$

(2) $\dfrac{x+3}{x+4}+\dfrac{x+7}{x+8}-\dfrac{x+1}{x+2}-\dfrac{x+5}{x+6}$

$=\dfrac{(x+4)-1}{x+4}+\dfrac{(x+8)-1}{x+8}$

$\quad-\dfrac{(x+2)-1}{x+2}-\dfrac{(x+6)-1}{x+6}$

$=\left(1-\dfrac{1}{x+4}\right)+\left(1-\dfrac{1}{x+8}\right)$

$\quad-\left(1-\dfrac{1}{x+2}\right)-\left(1-\dfrac{1}{x+6}\right)$

$=\left(\dfrac{1}{x+2}-\dfrac{1}{x+4}\right)+\left(\dfrac{1}{x+6}-\dfrac{1}{x+8}\right)$

$=\dfrac{x+4-(x+2)}{(x+2)(x+4)}+\dfrac{x+8-(x+6)}{(x+6)(x+8)}$

$=\dfrac{2}{(x+2)(x+4)}+\dfrac{2}{(x+6)(x+8)}$

$=\dfrac{2(x+6)(x+8)+2(x+2)(x+4)}{(x+2)(x+4)(x+6)(x+8)}$

$=\dfrac{4(x^2+10x+28)}{(x+2)(x+4)(x+6)(x+8)}$

답 풀이 참조

597

(1) $\dfrac{1}{x^2+x}+\dfrac{2}{x^2+4x+3}+\dfrac{3}{x^2+9x+18}-\dfrac{6}{x^2+6x}$

$=\dfrac{1}{x(x+1)}+\dfrac{2}{(x+1)(x+3)}$

$\quad+\dfrac{3}{(x+3)(x+6)}-\dfrac{6}{x(x+6)}$

$=\left(\dfrac{1}{x}-\dfrac{1}{x+1}\right)+\left(\dfrac{1}{x+1}-\dfrac{1}{x+3}\right)$

$\quad+\left(\dfrac{1}{x+3}-\dfrac{1}{x+6}\right)-\left(\dfrac{1}{x}-\dfrac{1}{x+6}\right)$

$=0$

(2) $\dfrac{1}{1\times3}+\dfrac{1}{3\times5}+\dfrac{1}{5\times7}+\dfrac{1}{7\times9}+\dfrac{1}{9\times11}$

$=\dfrac{1}{3-1}\left(1-\dfrac{1}{3}\right)+\dfrac{1}{5-3}\left(\dfrac{1}{3}-\dfrac{1}{5}\right)$

$\quad+\dfrac{1}{7-5}\left(\dfrac{1}{5}-\dfrac{1}{7}\right)+\dfrac{1}{9-7}\left(\dfrac{1}{7}-\dfrac{1}{9}\right)$

$\quad+\dfrac{1}{11-9}\left(\dfrac{1}{9}-\dfrac{1}{11}\right)$

$=\dfrac{1}{2}\left\{\left(1-\dfrac{1}{3}\right)+\left(\dfrac{1}{3}-\dfrac{1}{5}\right)+\left(\dfrac{1}{5}-\dfrac{1}{7}\right)\right.$

$\quad\left.+\left(\dfrac{1}{7}-\dfrac{1}{9}\right)+\left(\dfrac{1}{9}-\dfrac{1}{11}\right)\right\}$

$=\dfrac{1}{2}\left(1-\dfrac{1}{11}\right)=\dfrac{5}{11}$

답 (1) 0   (2) $\dfrac{5}{11}$

598

$\dfrac{2}{x(x-2)}+\dfrac{4}{x(x+4)}+\dfrac{6}{(x+4)(x+10)}$

$=\left(\dfrac{1}{x-2}-\dfrac{1}{x}\right)+\left(\dfrac{1}{x}-\dfrac{1}{x+4}\right)+\left(\dfrac{1}{x+4}-\dfrac{1}{x+10}\right)$

$=\dfrac{1}{x-2}-\dfrac{1}{x+10}=\dfrac{x+10-(x-2)}{(x-2)(x+10)}$

$=\dfrac{12}{(x-2)(x+10)}$

즉 $\dfrac{12}{(x-2)(x+10)}=\dfrac{a}{(x+b)(x+c)}$ 가 x에 대한

항등식이므로

$$a=12, \ b=-2, \ c=10 \ \text{또는}$$

$$a=12, \ b=10, \ c=-2$$

$$\therefore a+b+c=20$$

답 20

599

(1)
$$\dfrac{\dfrac{1}{x+2}-\dfrac{1}{x+3}}{\dfrac{1}{x+3}-\dfrac{1}{x+4}}=\dfrac{\dfrac{x+3-(x+2)}{(x+2)(x+3)}}{\dfrac{x+4-(x+3)}{(x+3)(x+4)}}$$

$$=\dfrac{\dfrac{1}{(x+2)(x+3)}}{\dfrac{1}{(x+3)(x+4)}}$$

$$=\dfrac{(x+3)(x+4)}{(x+2)(x+3)}$$

$$=\dfrac{x+4}{x+2}$$

(2)
$$\dfrac{1-\dfrac{2x-y}{x+y}}{\dfrac{y}{x+y}-1}=\dfrac{\dfrac{x+y-(2x-y)}{x+y}}{\dfrac{y-(x+y)}{x+y}}$$

$$=\dfrac{\dfrac{-x+2y}{x+y}}{\dfrac{-x}{x+y}}$$

$$=\dfrac{(-x+2y)(x+y)}{-x(x+y)}$$

$$=\dfrac{x-2y}{x}$$

(3)
$$\dfrac{1+\dfrac{2}{x}}{x-3-\dfrac{5}{x+1}}=\dfrac{\dfrac{x+2}{x}}{\dfrac{(x-3)(x+1)-5}{x+1}}$$

$$=\dfrac{\dfrac{x+2}{x}}{\dfrac{x^2-2x-8}{x+1}}$$

$$=\dfrac{(x+2)(x+1)}{x(x+2)(x-4)}$$

$$=\dfrac{x+1}{x(x-4)}$$

답 (1) $\dfrac{x+4}{x+2}$ (2) $\dfrac{x-2y}{x}$ (3) $\dfrac{x+1}{x(x-4)}$

(다른 풀이) (2) (주어진 식) $=\dfrac{\left(1-\dfrac{2x-y}{x+y}\right)\times(x+y)}{\left(\dfrac{y}{x+y}-1\right)\times(x+y)}$

$$=\dfrac{x+y-(2x-y)}{y-(x+y)}$$

$$=\dfrac{x-2y}{x}$$

600

$$\dfrac{17}{72}=\dfrac{1}{\dfrac{72}{17}}=\dfrac{1}{4+\dfrac{4}{17}}$$

$$=\dfrac{1}{4+\dfrac{1}{\dfrac{17}{4}}}=\dfrac{1}{4+\dfrac{1}{4+\dfrac{1}{4}}}$$

따라서 $a=4$, $b=4$, $c=4$이므로

$$a+b+c=12$$ 답 12

601

(1) $2x^2-5x-2=0$에서 $x\neq0$이므로 양변을 x로 나누면

$$2x-5-\dfrac{2}{x}=0, \qquad 2x-\dfrac{2}{x}=5$$

$$\therefore\ x-\dfrac{1}{x}=\dfrac{5}{2}$$

$$\therefore\ 8x^3-4x^2-\dfrac{4}{x^2}-\dfrac{8}{x^3}$$

$$=8\left(x^3-\dfrac{1}{x^3}\right)-4\left(x^2+\dfrac{1}{x^2}\right)$$

$$=8\left\{\left(x-\dfrac{1}{x}\right)^3+3\left(x-\dfrac{1}{x}\right)\right\}$$

$$\quad-4\left\{\left(x-\dfrac{1}{x}\right)^2+2\right\}$$

$$=8\times\left\{\left(\dfrac{5}{2}\right)^3+3\times\dfrac{5}{2}\right\}-4\times\left\{\left(\dfrac{5}{2}\right)^2+2\right\}$$

$$=185-33$$

$$=152$$

(2) (주어진 식)

$$=\dfrac{x+y}{(1+x)(1+y)(x+y)}$$

$$\quad+\dfrac{x(1+y)}{(1+x)(x+y)(1+y)}$$

$$\quad+\dfrac{y(1+x)}{(1+y)(x+y)(1+x)}$$

$$=\dfrac{x+y+x(1+y)+y(1+x)}{(1+x)(1+y)(x+y)}$$

$$=\dfrac{2x+2y+2xy}{(1+x)(1+y)(x+y)}$$

$$=\dfrac{2(x+y+xy)}{(1+x)(1+y)(x+y)}$$

$$=0$$

답 (1) 152 (2) 0

연습 문제 • 본책 258쪽

602

전략 주어진 식을 통분하여 계산한다.

(주어진 식)

$$= \frac{2+x+2-x}{(2-x)(2+x)} + \frac{4}{4+x^2} + \frac{32}{16+x^4}$$

$$= \frac{4}{4-x^2} + \frac{4}{4+x^2} + \frac{32}{16+x^4}$$

$$= \frac{4(4+x^2)+4(4-x^2)}{(4-x^2)(4+x^2)} + \frac{32}{16+x^4}$$

$$= \frac{32}{16-x^4} + \frac{32}{16+x^4}$$

$$= \frac{32(16+x^4)+32(16-x^4)}{(16-x^4)(16+x^4)}$$

$$= \frac{1024}{256-x^8}$$

답 $\dfrac{1024}{256-x^8}$

603

전략 분자를 분모로 나누어 다항식과 분자가 상수인 분수식의 합으로 변형한다.

주어진 식의 좌변을 정리하면

$$\frac{2x+3}{x+1} - \frac{3x+7}{x+2} + \frac{3x+10}{x+3} - \frac{2x+9}{x+4}$$

$$= \frac{2(x+1)+1}{x+1} - \frac{3(x+2)+1}{x+2}$$
$$\quad + \frac{3(x+3)+1}{x+3} - \frac{2(x+4)+1}{x+4}$$

$$= \left(2+\frac{1}{x+1}\right) - \left(3+\frac{1}{x+2}\right)$$
$$\quad + \left(3+\frac{1}{x+3}\right) - \left(2+\frac{1}{x+4}\right)$$

$$= \left(\frac{1}{x+1} - \frac{1}{x+2}\right) + \left(\frac{1}{x+3} - \frac{1}{x+4}\right)$$

$$= \frac{x+2-(x+1)}{(x+1)(x+2)} + \frac{x+4-(x+3)}{(x+3)(x+4)}$$

$$= \frac{1}{(x+1)(x+2)} + \frac{1}{(x+3)(x+4)}$$

$$= \frac{(x+3)(x+4)+(x+1)(x+2)}{(x+1)(x+2)(x+3)(x+4)}$$

$$= \frac{2x^2+10x+14}{(x+1)(x+2)(x+3)(x+4)}$$

즉

$$\frac{2x^2+10x+14}{(x+1)(x+2)(x+3)(x+4)}$$

$$= \frac{ax^2+bx+c}{(x+1)(x+2)(x+3)(x+4)}$$

가 x에 대한 항등식이므로

$$a=2,\ b=10,\ c=14$$
$$\therefore abc=280$$

답 280

604

전략 분모와 분자를 각각 통분하여 간단히 한다.

$$\frac{\dfrac{1}{x-2} - \dfrac{1}{x+3}}{\dfrac{1}{x-2} + \dfrac{1}{x+3}} + \frac{\dfrac{1}{x+2} - \dfrac{1}{x-3}}{\dfrac{1}{x+2} + \dfrac{1}{x-3}}$$

$$= \frac{\dfrac{x+3-(x-2)}{(x-2)(x+3)}}{\dfrac{x+3+x-2}{(x-2)(x+3)}} + \frac{\dfrac{x-3-(x+2)}{(x+2)(x-3)}}{\dfrac{x-3+x+2}{(x+2)(x-3)}}$$

$$= \frac{5(x-2)(x+3)}{(x-2)(x+3)(2x+1)}$$
$$\quad + \frac{-5(x+2)(x-3)}{(x+2)(x-3)(2x-1)}$$

$$= \frac{5}{2x+1} + \frac{-5}{2x-1} = \frac{5(2x-1)-5(2x+1)}{(2x+1)(2x-1)}$$

$$= \frac{-10}{(2x+1)(2x-1)}$$

답 $\dfrac{-10}{(2x+1)(2x-1)}$

605

전략 $\dfrac{1}{f(x)}$ 을 부분분수로 변형한다.

$$f(x) = \frac{4x^2-1}{3} = \frac{(2x-1)(2x+1)}{3}$$ 이므로

$$\frac{1}{f(x)} = \frac{3}{(2x-1)(2x+1)}$$

$$= \frac{3}{2}\left(\frac{1}{2x-1} - \frac{1}{2x+1}\right)$$

$$\therefore \frac{1}{f(1)} + \frac{1}{f(2)} + \frac{1}{f(3)} + \cdots + \frac{1}{f(20)}$$

$$= \frac{3}{2}\left\{\left(1-\frac{1}{3}\right) + \left(\frac{1}{3}-\frac{1}{5}\right) + \left(\frac{1}{5}-\frac{1}{7}\right) + \cdots \right.$$
$$\left. + \left(\frac{1}{39}-\frac{1}{41}\right)\right\}$$

$$= \frac{3}{2}\left(1-\frac{1}{41}\right) = \frac{60}{41}$$

답 $\dfrac{60}{41}$

606

전략 $x^2-3x+1=0$을 변형하여 $\dfrac{1}{3-x}=x$임을 이용한다.

$x^2-3x+1=0$에서 $x\neq0$이므로 양변을 x로 나누면

$$x-3+\frac{1}{x}=0, \qquad 3-x=\frac{1}{x}$$

$$\therefore \frac{1}{3-x}=x$$

$$\therefore 3-\cfrac{1}{3-\cfrac{1}{3-\cfrac{1}{3-x}}}=3-\cfrac{1}{3-\cfrac{1}{3-x}}$$

$$=3-\frac{1}{3-x}$$

$$=3-x$$

$$=\frac{1}{x} \qquad \text{답 ④}$$

607

전략 주어진 유리식을 통분한 후 분자를 인수분해한다.

$\dfrac{1}{a}+\dfrac{1}{b}+\dfrac{1}{c}=0$에서 $\dfrac{ab+bc+ca}{abc}=0$

$$\therefore ab+bc+ca=0 \qquad \cdots\cdots \text{㉠}$$

$$\frac{a^2}{(a+b)(a+c)}+\frac{b^2}{(b+a)(b+c)}+\frac{c^2}{(c+b)(c+a)}$$
$$+\frac{3abc}{(a+b)(b+c)(c+a)}$$
$$=\frac{a^2(b+c)}{(a+b)(a+c)(b+c)}+\frac{b^2(c+a)}{(b+a)(b+c)(c+a)}$$
$$+\frac{c^2(a+b)}{(c+b)(c+a)(a+b)}+\frac{3abc}{(a+b)(b+c)(c+a)}$$
$$=\frac{a^2(b+c)+b^2(c+a)+c^2(a+b)+3abc}{(a+b)(b+c)(c+a)}$$

이때

$$a^2(b+c)+b^2(c+a)+c^2(a+b)+3abc$$
$$=a^2b+a^2c+b^2c+b^2a+c^2a+c^2b+3abc$$
$$=(a^2b+b^2a+abc)+(b^2c+c^2b+abc)$$
$$\quad +(a^2c+c^2a+abc)$$
$$=ab(a+b+c)+bc(a+b+c)+ca(a+b+c)$$
$$=(a+b+c)(ab+bc+ca)$$

이므로

$$(\text{주어진 식})=\frac{(a+b+c)(ab+bc+ca)}{(a+b)(b+c)(c+a)}$$
$$=0 \ (\because \text{㉠}) \qquad \text{답 0}$$

---

02 유리함수

● 본책 259~270쪽

608

(1) $\{x\,|\,x\neq0\text{인 실수}\}$

(2) $x+3=0$에서 $\qquad x=-3$

따라서 주어진 함수의 정의역은

$$\{x\,|\,x\neq-3\text{인 실수}\}$$

(3) $3x-5=0$에서 $\qquad x=\dfrac{5}{3}$

따라서 주어진 함수의 정의역은

$$\left\{x\,\middle|\,x\neq\frac{5}{3}\text{인 실수}\right\}$$

(4) $x^2-4=0$에서 $\qquad x=\pm2$

따라서 주어진 함수의 정의역은

$$\{x\,|\,x\neq\pm2\text{인 실수}\}$$

답 풀이 참조

609

(1) $y=\dfrac{2}{x}$의 그래프는 오른쪽 그림과 같고, **점근선의 방정식은 $x=0$, $y=0$이다.**

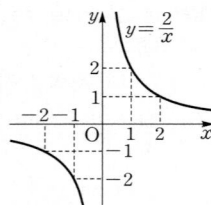

(2) $y=-\dfrac{3}{x}$의 그래프는 오른쪽 그림과 같고, **점근선의 방정식은 $x=0$, $y=0$이다.**

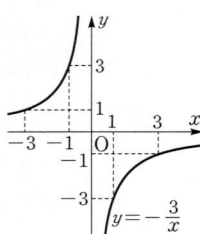

(3) $y=\dfrac{1}{x-1}$의 그래프는 $y=\dfrac{1}{x}$의 그래프를 x축의 방향으로 1만큼 평행이동한 것이다.

따라서 주어진 함수의 그래프는 오른쪽 그림과 같고, **점근선의 방정식은 $x=1$, $y=0$이다.**

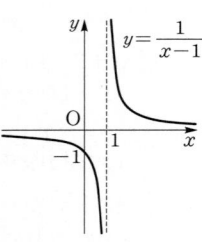

(4) $y=-\dfrac{1}{x}+2$의 그래프는

$y=-\dfrac{1}{x}$의 그래프를 y축의

방향으로 2만큼 평행이동한

것이다.

따라서 주어진 함수의 그래

프는 오른쪽 그림과 같고, **점근선의 방정식은 $x=0$,**

$y=2$이다.

🔑 풀이 참조

610

(1) $y=\dfrac{4x-15}{x-3}=\dfrac{4(x-3)-3}{x-3}$

$\qquad =-\dfrac{3}{x-3}+4$

(2) $y=\dfrac{-5x-7}{x+2}=\dfrac{-5(x+2)+3}{x+2}$

$\qquad =\dfrac{3}{x+2}-5$

🔑 (1) $y=-\dfrac{3}{x-3}+4$ (2) $y=\dfrac{3}{x+2}-5$

611

(1) $y=-\dfrac{2}{x+2}+1$의 그래프는 $y=-\dfrac{2}{x}$의 그래프를

x축의 방향으로 -2만큼, y축의 방향으로 1만큼

평행이동한 것이다.

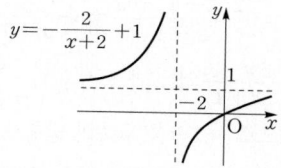

따라서 그래프는 위의 그림과 같고,

정의역은 $\{x\,|\,x\neq-2$인 실수$\}$

치역은 $\{y\,|\,y\neq1$인 실수$\}$

점근선의 방정식은 $x=-2,\ y=1$

(2) $y=\dfrac{-2x+1}{x+3}=\dfrac{-2(x+3)+7}{x+3}=\dfrac{7}{x+3}-2$

이므로 주어진 유리함수의 그래프는 $y=\dfrac{7}{x}$의 그래

프를 x축의 방향으로 -3만큼, y축의 방향으로 -2

만큼 평행이동한 것이다.

따라서 그래프는 오른쪽

그림과 같고,

정의역은

$\qquad \{x\,|\,x\neq-3$인 실수$\}$

치역은

$\qquad \{y\,|\,y\neq-2$인 실수$\}$

점근선의 방정식은 $x=-3,\ y=-2$

(3) $y=\dfrac{6-x}{x-3}=\dfrac{-(x-3)+3}{x-3}=\dfrac{3}{x-3}-1$

이므로 주어진 유리함수의 그래프는 $y=\dfrac{3}{x}$의 그래

프를 x축의 방향으로 3만큼, y축의 방향으로 -1만

큼 평행이동한 것이다.

따라서 그래프는 오른

쪽 그림과 같고,

정의역은

$\qquad \{x\,|\,x\neq3$인 실수$\}$

치역은

$\qquad \{y\,|\,y\neq-1$인 실수$\}$

점근선의 방정식은 $x=3,\ y=-1$

🔑 풀이 참조

612

$y=-\dfrac{3}{x}$의 그래프를 x축의 방향으로 3만큼, y축의

방향으로 -2만큼 평행이동한 그래프의 식은

$$y=-\dfrac{3}{x-3}-2=\dfrac{-2x+3}{x-3}$$

이 식이 $y=\dfrac{ax+b}{x-c}$와 같아야 하므로

$a=-2,\ b=3,\ c=3$

$\therefore abc=-18$

🔑 -18

613

ㄱ. $y=\dfrac{x-1}{x-3}=\dfrac{(x-3)+2}{x-3}=\dfrac{2}{x-3}+1$

이므로 $y=\dfrac{x-1}{x-3}$의 그래프를 x축의 방향으로

-3만큼, y축의 방향으로 -1만큼 평행이동하면

$y=\dfrac{2}{x}$의 그래프와 겹쳐진다.

ㄴ. $y=\dfrac{2x+2}{x+2}=\dfrac{2(x+2)-2}{x+2}=-\dfrac{2}{x+2}+2$

이므로 $y=\dfrac{2x+2}{x+2}$ 의 그래프를 x축의 방향으로 2만큼, y축의 방향으로 -2만큼 평행이동하면 $y=-\dfrac{2}{x}$ 의 그래프와 겹쳐진다.

ㄷ. $y=\dfrac{-4x-2}{x+1}=\dfrac{-4(x+1)+2}{x+1}=\dfrac{2}{x+1}-4$

이므로 $y=\dfrac{-4x-2}{x+1}$ 의 그래프를 x축의 방향으로 1만큼, y축의 방향으로 4만큼 평행이동하면 $y=\dfrac{2}{x}$ 의 그래프와 겹쳐진다.

이상에서 평행이동에 의하여 그 그래프가 $y=\dfrac{2}{x}$ 의 그래프와 겹쳐지는 것은 ㄱ, ㄷ이다.

답 ㄱ, ㄷ

614

$y=\dfrac{4x+3}{x+1}=\dfrac{4(x+1)-1}{x+1}$

$\quad =-\dfrac{1}{x+1}+4$

이므로 이 함수의 그래프를 x축의 방향으로 a만큼, y축의 방향으로 b만큼 평행이동한 그래프의 식은

$$y=-\dfrac{1}{x-a+1}+b+4 \qquad \cdots\cdots \text{㉠}$$

이때 $y=\dfrac{3x-4}{x-1}=\dfrac{3(x-1)-1}{x-1}=-\dfrac{1}{x-1}+3$ 이고, 이 함수의 그래프와 ㉠의 그래프가 일치하므로

$\quad -a+1=-1,\ b+4=3$

$\quad \therefore a=2,\ b=-1$

$\quad \therefore a+b=1$

답 **1**

[다른 풀이] $y=\dfrac{4x+3}{x+1}$ 의 그래프를 x축의 방향으로 a만큼, y축의 방향으로 b만큼 평행이동한 그래프의 식은

$$y=\dfrac{4(x-a)+3}{(x-a)+1}+b$$

$$\quad =\dfrac{4x-4a+3+b(x-a+1)}{x-a+1}$$

$$\quad =\dfrac{(4+b)x-ab-4a+b+3}{x-a+1}$$

이 함수의 그래프가 함수 $y=\dfrac{3x-4}{x-1}$ 의 그래프와 일치하므로

$\quad -a+1=-1,\ 4+b=3,$

$\quad -ab-4a+b+3=-4$

$\quad \therefore a=2,\ b=-1$

615

$y=\dfrac{2x+3}{x+2}=\dfrac{2(x+2)-1}{x+2}$

$\quad =-\dfrac{1}{x+2}+2$

이므로 $y=\dfrac{2x+3}{x+2}$ 의 그래프는 $y=-\dfrac{1}{x}$ 의 그래프를 x축의 방향으로 -2만큼, y축의 방향으로 2만큼 평행이동한 것이다.

$y=\dfrac{3}{2}$ 일 때 $x=0$, $y=3$일 때 $x=-3$이므로 오른쪽 그림에서 치역이 $\left\{y\,\middle|\,y\le\dfrac{3}{2}\ \text{또는}\ y\ge 3\right\}$ 일 때,

정의역은

$\quad \{x\,|\,-3\le x<-2\ \text{또는}\ -2<x\le 0\}$

답 $\{x\,|\,-3\le x<-2\ \text{또는}\ -2<x\le 0\}$

616

$y=\dfrac{2x-3}{x+1}=\dfrac{2(x+1)-5}{x+1}=-\dfrac{5}{x+1}+2$

이므로 $y=\dfrac{2x-3}{x+1}$ 의 그래프는 $y=-\dfrac{5}{x}$ 의 그래프를 x축의 방향으로 -1만큼, y축의 방향으로 2만큼 평행이동한 것이다.

따라서 $0\le x\le 2$에서 $y=\dfrac{2x-3}{x+1}$ 의 그래프는 오른쪽 그림과 같으므로

$\quad x=2$일 때 최댓값 $\dfrac{1}{3}$,

$\quad x=0$일 때 최솟값 -3

을 갖는다.

답 **최댓값: $\dfrac{1}{3}$, 최솟값: -3**

617

$$y=\frac{3x+k}{x+2}=\frac{3(x+2)+k-6}{x+2}=\frac{k-6}{x+2}+3$$

이므로 $y=\dfrac{3x+k}{x+2}$의 그래프는 $y=\dfrac{k-6}{x}$의 그래프

를 x축의 방향으로 -2만큼, y축의 방향으로 3만큼 평
행이동한 것이다.

이때 $k>6$에서 $k-6>0$이므
로 $0\le x\le a$에서 주어진 유리
함수의 그래프는 오른쪽 그림
과 같다.

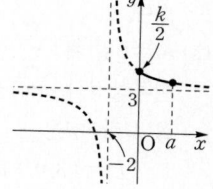

따라서 $x=0$일 때 최댓값 5를
가지므로

$$\frac{k}{2}=5 \qquad \therefore k=10$$

$x=a$일 때 최솟값 4를 가지므로

$$\frac{3a+10}{a+2}=4, \qquad 3a+10=4a+8$$

$$\therefore a=2$$

$$\therefore a+k=2+10=12$$ 　답 **12**

618

$$y=\frac{5x+6}{2x+3}=\frac{\frac{5}{2}(2x+3)-\frac{3}{2}}{2x+3}=-\frac{\frac{3}{2}}{2x+3}+\frac{5}{2}$$

이므로 그래프의 점근선의 방정식은

$$x=-\frac{3}{2}, y=\frac{5}{2}$$

따라서 주어진 유리함수의 그래프는 두 점근선의 교점
$\left(-\dfrac{3}{2},\ \dfrac{5}{2}\right)$에 대하여 대칭이므로

$$a=-\frac{3}{2}, b=\frac{5}{2}$$

$$\therefore a+b=1$$ 　답 **1**

619

$$y=\frac{3x+4}{x+2}=\frac{3(x+2)-2}{x+2}=-\frac{2}{x+2}+3$$

이므로 그래프의 점근선의 방정식은

$$x=-2, y=3$$

이때 주어진 유리함수의 그래프가 직선 $y=-x+k$에
대하여 대칭이므로 직선 $y=-x+k$는 두 점근선의
교점 $(-2, 3)$을 지난다.

즉 $3=-(-2)+k$이므로

$$k=1$$ 　답 **1**

620

$$y=\frac{bx+3}{x+a}=\frac{b(x+a)-ab+3}{x+a}=\frac{-ab+3}{x+a}+b$$

이므로 그래프의 점근선의 방정식은

$$x=-a, y=b$$

이때 주어진 유리함수의 그래프가 두 직선 $y=x+6$,
$y=-x-2$에 대하여 대칭이므로 두 직선은 각각 두
점근선의 교점 $(-a, b)$를 지난다.

즉 $b=-a+6, b=a-2$이므로

$$a=4, b=2$$

$$\therefore ab=8$$ 　답 **8**

다른 풀이 $y=\dfrac{bx+3}{x+a}$의 그래프는 두 직선 $y=x+6$,
$y=-x-2$에 대하여 대칭이므로 두 직선의 교점
$(-4, 2)$에 대하여 대칭이다.

즉 점근선의 방정식은 $x=-4, y=2$이므로 함수의 식
을 $y=\dfrac{k}{x+4}+2\ (k\ne0)$로 놓으면

$$y=\frac{k}{x+4}+2=\frac{k+2(x+4)}{x+4}=\frac{2x+8+k}{x+4}$$

따라서 $\dfrac{2x+8+k}{x+4}=\dfrac{bx+3}{x+a}$이므로

$$a=4, b=2, k=-5$$

621

$y=\dfrac{k}{x+a}+b$의 그래프의 점근선의 방정식이 $x=3$,
$y=2$이므로 　　$a=-3, b=2$

따라서 함수 $y=\dfrac{k}{x-3}+2$의 그래프가 점 $(2, 0)$을
지나므로

$$0=-k+2 \qquad \therefore k=2$$

$$\therefore a+b+k=-3+2+2=1$$ 　답 **1**

622

점근선의 방정식이 $x=2, y=3$이므로 함수의 식을

$$y=\frac{k}{x-2}+3\ (k\ne0) \qquad\qquad \cdots\cdots \,\ominus$$

으로 놓을 수 있다.

⊙의 그래프가 점 $(3, 1)$을 지나므로

$$1=k+3 \qquad \therefore k=-2$$

⊙에 $k=-2$를 대입하면

$$y=\frac{-2}{x-2}+3=\frac{-2+3(x-2)}{x-2}=\frac{3x-8}{x-2}$$

$$\therefore a=-2,\ b=3,\ c=-8$$

🔖 $a=-2$, $b=3$, $c=-8$

623

$y=\dfrac{bx-7}{x+a}$의 정의역이 $\{x\,|\,x\neq-2$인 실수$\}$, 치역이 $\{y\,|\,y\neq4$인 실수$\}$이므로 그래프의 점근선의 방정식은

$$x=-2,\ y=4$$

따라서 함수의 식을 $y=\dfrac{k}{x+2}+4\ (k\neq0)$로 놓으면

$$y=\frac{k}{x+2}+4=\frac{k+4(x+2)}{x+2}=\frac{4x+8+k}{x+2}$$

즉 $\dfrac{bx-7}{x+a}=\dfrac{4x+8+k}{x+2}$이므로

$$a=2,\ b=4,\ k=-15$$

$$\therefore ab=8$$

🔖 8

624

유리함수 $y=-\dfrac{3}{x}+3$의 그래프와 직선 $y=3x+a$가 한 점에서 만나려면 방정식

$$-\frac{3}{x}+3=3x+a,\ \text{즉}\ 3x^2+(a-3)x+3=0$$

이 중근을 가져야 한다.

이차방정식 $3x^2+(a-3)x+3=0$의 판별식을 D라 하면

$$D=(a-3)^2-4\times3\times3=0$$
$$a^2-6a-27=0,\qquad (a+3)(a-9)=0$$
$$\therefore a=-3\ \text{또는}\ a=9$$

따라서 모든 실수 a의 값의 합은

$$-3+9=6$$

🔖 6

625

유리함수 $y=\dfrac{2}{x-1}+2$의 그래프와 직선

$mx-y-2m=0$, 즉 $y=m(x-2)$가 만나려면 방정식

$$\frac{2}{x-1}+2=m(x-2),\ \text{즉}$$
$$mx^2-(3m+2)x+2m=0$$

이 실근을 가져야 한다.

(i) $m=0$일 때

$$-2x=0$$에서 $$x=0$$

따라서 방정식의 실근이 존재하므로 조건을 만족시킨다.

(ii) $m\neq0$일 때

이차방정식 $mx^2-(3m+2)x+2m=0$의 판별식을 D라 하면

$$D=(3m+2)^2-4\times m\times2m\geq0$$
$$\therefore m^2+12m+4\geq0$$

이때 이차방정식 $m^2+12m+4=0$의 두 근이 $m=-6\pm4\sqrt{2}$이므로 부등식의 해는

$$m\leq-6-4\sqrt{2}\ \text{또는}\ -6+4\sqrt{2}\leq m<0$$
$$\text{또는}\ m>0$$

(i), (ii)에서 구하는 m의 값의 범위는

$$m\leq-6-4\sqrt{2}\ \text{또는}\ m\geq-6+4\sqrt{2}$$

🔖 $m\leq-6-4\sqrt{2}$ 또는 $m\geq-6+4\sqrt{2}$

626

$f(x)=1-\dfrac{1}{x}=\dfrac{x-1}{x}$에 대하여

$$f^2(x)=(f\circ f)(x)=f(f(x))$$
$$=1-\frac{1}{\frac{x-1}{x}}=1-\frac{x}{x-1}=-\frac{1}{x-1}$$

$$f^3(x)=(f\circ f^2)(x)=f(f^2(x))$$
$$=1-\frac{1}{-\frac{1}{x-1}}=1+x-1=x$$

$$f^4(x)=(f\circ f^3)(x)=f(f^3(x))=f(x)$$
$$=1-\frac{1}{x}$$

$$f^5(x)=(f\circ f^4)(x)=f(f^4(x))=f(f(x))$$
$$=-\frac{1}{x-1}$$

$$f^6(x)=(f\circ f^5)(x)=f(f^5(x))=f(f^2(x))$$
$$=x$$

$$\vdots$$

따라서 자연수 k에 대하여

$$f^n(x)=\begin{cases} 1-\dfrac{1}{x} & (n=3k-2) \\ -\dfrac{1}{x-1} & (n=3k-1) \\ x & (n=3k) \end{cases}$$

$$\therefore f^{200}(x)=f^{3\times67-1}(x)=-\frac{1}{x-1}$$

답 $f^{200}(x)=-\dfrac{1}{x-1}$

해설 Focus

함수 f를 n번 합성하는 문제는 $f^1,\ f^2,\ f^3,\ \cdots$을 직접 구한 다음 f^n을 추론하여 해결할 수 있다.
특히 $f^n(x)=x$를 만족시키는 자연수 n이 존재하면 f^n이 반복되는 규칙을 이용한다.

627

주어진 그래프에서
$$f(1)=0,\ f(0)=1$$
이므로
$$f^1(1)=f(1)=0$$
$$f^2(1)=(f\circ f^1)(1)=f(f^1(1))=f(0)=1$$
$$f^3(1)=(f\circ f^2)(1)=f(f^2(1))=f(1)=0$$
$$f^4(1)=(f\circ f^3)(1)=f(f^3(1))=f(0)=1$$
$$\vdots$$
따라서 자연수 n에 대하여
$$f^n(1)=\begin{cases} 0 & (n은\ 홀수) \\ 1 & (n은\ 짝수) \end{cases}$$
$$\therefore f^{500}(1)=1$$

답 1

다른 풀이 주어진 유리함수의 그래프의 점근선의 방정식이 $x=-1,\ y=-1$이므로
$$f(x)=\frac{k}{x+1}-1\ (k>0) \qquad \cdots\cdots ㉠$$
로 놓을 수 있다.
㉠의 그래프가 점 $(1,\ 0)$을 지나므로
$$0=\frac{k}{2}-1 \qquad \therefore k=2$$
㉠에 $k=2$를 대입하면
$$f(x)=\frac{2}{x+1}-1=\frac{-x+1}{x+1}$$

$f(x)=\dfrac{-x+1}{x+1}$에서
$$f^2(x)=(f\circ f^1)(x)=f(f(x))$$
$$=\frac{-\dfrac{-x+1}{x+1}+1}{\dfrac{-x+1}{x+1}+1}=\frac{\dfrac{2x}{x+1}}{\dfrac{2}{x+1}}$$
$$=\frac{2x}{2}=x$$
$$f^3(x)=(f\circ f^2)(x)=f(f^2(x))=f(x)$$
$$=\frac{-x+1}{x+1}$$
$$f^4(x)=(f\circ f^3)(x)=f(f^3(x))=f(f(x))$$
$$=x$$
$$\vdots$$
따라서 자연수 n에 대하여
$$f^n(x)=\begin{cases} \dfrac{-x+1}{x+1} & (n은\ 홀수) \\ x & (n은\ 짝수) \end{cases}$$
즉 $f^{500}(x)=x$이므로 $\qquad f^{500}(1)=1$

628

$y=\dfrac{ax+b}{2x+c}$로 놓고 x에 대하여 풀면
$$y(2x+c)=ax+b, \qquad (2y-a)x=-cy+b$$
$$\therefore x=\frac{-cy+b}{2y-a}$$
x와 y를 서로 바꾸면 $\qquad y=\dfrac{-cx+b}{2x-a}$
따라서 $\dfrac{-cx+b}{2x-a}=\dfrac{-x+3}{2x-1}$이므로
$$a=1,\ b=3,\ c=1$$

답 $a=1,\ b=3,\ c=1$

다른 풀이 $(f^{-1})^{-1}=f$이므로 $f^{-1}(x)$의 역함수는 $f(x)$이다.
$y=\dfrac{-x+3}{2x-1}$으로 놓고 x에 대하여 풀면
$$y(2x-1)=-x+3, \qquad (2y+1)x=y+3$$
$$\therefore x=\frac{y+3}{2y+1}$$
x와 y를 서로 바꾸면 $\qquad y=\dfrac{x+3}{2x+1}$
따라서 $\dfrac{x+3}{2x+1}=\dfrac{ax+b}{2x+c}$이므로
$$a=1,\ b=3,\ c=1$$

629

$(f \circ g)(x) = x$이므로 $g(x)$는 $f(x)$의 역함수이다.

$y = \dfrac{2x+1}{x-2}$로 놓고 x에 대하여 풀면

$$y(x-2) = 2x+1, \qquad (y-2)x = 2y+1$$

$$\therefore \ x = \dfrac{2y+1}{y-2}$$

x와 y를 서로 바꾸면 $\quad y = \dfrac{2x+1}{x-2}$

$$\therefore \ g(x) = \dfrac{2x+1}{x-2}$$

$$\therefore \ (g \circ g)(3) = g(g(3)) \quad \leftarrow g(3) = \dfrac{2 \times 3 + 1}{3-2} = 7$$

$$= g(7) = \dfrac{2 \times 7 + 1}{7 - 2}$$

$$= 3 \qquad \qquad \text{답 3}$$

다른 풀이 $g(3) = k$라 하면 $f(k) = 3$이므로

$$\dfrac{2k+1}{k-2} = 3, \qquad 2k+1 = 3k-6$$

$$\therefore \ k = 7 \qquad \therefore \ g(3) = 7$$

$g(7) = l$이라 하면 $f(l) = 7$이므로

$$\dfrac{2l+1}{l-2} = 7, \qquad 2l+1 = 7l-14$$

$$\therefore \ l = 3 \qquad \therefore \ g(7) = 3$$

$$\therefore \ (g \circ g)(3) = g(g(3)) = g(7) = 3$$

630

$f(x) = \dfrac{ax+b}{-x+2}$의 그래프가 점 $(3, -9)$를 지나므로

$$-9 = \dfrac{3a+b}{-3+2} \qquad \therefore \ 3a+b = 9 \quad \cdots\cdots \ \text{㉠}$$

또 함수 $f(x)$의 역함수를 $f^{-1}(x)$라 하면 $y = f^{-1}(x)$의 그래프가 점 $(3, -9)$를 지나므로

$$f^{-1}(3) = -9 \qquad \therefore \ f(-9) = 3$$

즉 $3 = \dfrac{-9a+b}{9+2}$이므로

$$-9a+b = 33 \qquad\qquad \cdots\cdots \ \text{㉡}$$

㉠, ㉡을 연립하여 풀면

$$a = -2, \ b = 15 \qquad \text{답} \ a = -2, \ b = 15$$

📝 개념노트

함수 $y = f(x)$의 역함수 $y = f^{-1}(x)$가 존재할 때, 함수 $y = f(x)$의 그래프가 점 (a, b)를 지나면
$$f(a) = b \iff f^{-1}(b) = a$$

연습문제 · 본책 271~273쪽

631

전략 유리함수 $y = \dfrac{k}{x-p} + q \ (k \neq 0)$의 그래프의 점근선의 방정식은 $x = p$, $y = q$임을 이용한다.

$$y = \dfrac{ax+3}{2x+1} = \dfrac{\dfrac{a}{2}(2x+1) - \dfrac{a}{2} + 3}{2x+1}$$

$$= \dfrac{-\dfrac{a}{2} + 3}{2x+1} + \dfrac{a}{2}$$

이므로 그래프의 점근선의 방정식은

$$x = -\dfrac{1}{2}, \ y = \dfrac{a}{2}$$

$$y = \dfrac{x-2}{3x+b} = \dfrac{\dfrac{1}{3}(3x+b) - \dfrac{b}{3} - 2}{3x+b}$$

$$= \dfrac{-\dfrac{b}{3} + 2}{3x+b} + \dfrac{1}{3}$$

이므로 그래프의 점근선의 방정식은

$$x = -\dfrac{b}{3}, \ y = \dfrac{1}{3}$$

따라서 $-\dfrac{1}{2} = -\dfrac{b}{3}$, $\dfrac{a}{2} = \dfrac{1}{3}$이므로

$$a = \dfrac{2}{3}, \ b = \dfrac{3}{2} \qquad \therefore \ ab = 1 \qquad \text{답 1}$$

632

전략 $y = \dfrac{k-4x}{x+2}$를 $y = \dfrac{m}{x-p} + q$의 꼴로 변형하고 주어진 범위에서 그래프를 그려 본다.

$$y = \dfrac{k-4x}{x+2} = \dfrac{-4(x+2) + k + 8}{x+2} = \dfrac{k+8}{x+2} - 4$$

이므로 $y = \dfrac{k-4x}{x+2}$의 그래프는 $y = \dfrac{k+8}{x}$의 그래프를 x축의 방향으로 -2만큼, y축의 방향으로 -4만큼 평행이동한 것이다.

이때 $k > -8$에서 $k+8 > 0$이므로 $-1 \leq x \leq 1$에서 $y = \dfrac{k-4x}{x+2}$의 그래프는 오른쪽 그림과 같다.

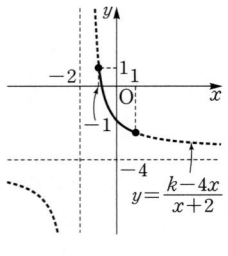

따라서 $x = -1$일 때 최댓값 1을 가지므로

$$\frac{k+4}{-1+2}=1 \qquad \therefore k=-3$$

또 $x=1$일 때 최솟값 m을 가지므로

$$m=\frac{-3-4}{1+2}=-\frac{7}{3}$$

$$\therefore k+m=-\frac{16}{3}$$

답 $-\dfrac{16}{3}$

633

전략 $y=\dfrac{x+1}{2x-4}$을 $y=\dfrac{k}{x-p}+q$의 꼴로 변형하여 그래프를 그려 본다.

$$y=\frac{x+1}{2x-4}=\frac{\frac{1}{2}(2x-4)+3}{2x-4}=\frac{3}{2x-4}+\frac{1}{2}$$

이므로 $y=\dfrac{x+1}{2x-4}$의 그래프는 $y=\dfrac{3}{2x}$의 그래프를

x축의 방향으로 2만큼, y축의 방향으로 $\dfrac{1}{2}$만큼 평행

이동한 것이다.

③ 그래프는 오른쪽 그림과 같으므로 모든 사분면을 지난다.

④ 그래프는 두 점근선의 교점 $\left(2,\ \dfrac{1}{2}\right)$을 지나고 기울기가 ±1인 두 직선에 대하여 대칭이다.

점 $\left(2,\ \dfrac{1}{2}\right)$을 지나고 기울기가 ±1인 직선의 방정

식은 $\quad y-\dfrac{1}{2}=\pm(x-2)$

$$\therefore y=x-\frac{3}{2},\ y=-x+\frac{5}{2}$$

즉 두 직선 $y=x-\dfrac{3}{2},\ y=-x+\dfrac{5}{2}$에 대하여 대칭이다.

답 ④

634

전략 $f^n(6)$의 값의 규칙성을 파악한다.

$f^1(6)=f(6)=5$

$f^2(6)=(f\circ f^1)(6)=f(f^1(6))=f(5)=6$

$f^3(6)=(f\circ f^2)(6)=f(f^2(6))=f(6)=5$

$f^4(6)=(f\circ f^3)(6)=f(f^3(6))=f(5)=6$

$\vdots$

따라서 자연수 n에 대하여

$$f^n(6)=\begin{cases} 5 & (n\text{은 홀수}) \\ 6 & (n\text{은 짝수}) \end{cases}$$

$$\therefore f^{2024}(6)=6$$

답 6

다른 풀이 $f^1(x)=f(x)=\dfrac{3x-3}{x-3}$이므로

$$f^2(x)=(f\circ f^1)(x)=f(f(x))$$

$$=\frac{3\times\frac{3x-3}{x-3}-3}{\frac{3x-3}{x-3}-3}=\frac{\frac{6x}{x-3}}{\frac{6}{x-3}}=x$$

$\vdots$

따라서 자연수 n에 대하여

$$f^n(x)=\begin{cases} \dfrac{3x-3}{x-3} & (n\text{은 홀수}) \\ x & (n\text{은 짝수}) \end{cases}$$

즉 $f^{2024}(x)=x$이므로 $\quad f^{2024}(6)=6$

635

전략 역함수의 성질을 이용한다.

$$(g^{-1}\circ f)^{-1}(2)=(f^{-1}\circ g)(2)$$
$$=f^{-1}(g(2))$$
$$=f^{-1}\left(\frac{5}{2}\right) \qquad \leftarrow g(2)=\frac{3\times2-1}{2}=\frac{5}{2}$$

$f^{-1}\left(\dfrac{5}{2}\right)=k$라 하면 $f(k)=\dfrac{5}{2}$이므로

$$\frac{2k}{k+1}=\frac{5}{2},\qquad 4k=5k+5 \qquad \therefore k=-5$$

즉 $f^{-1}\left(\dfrac{5}{2}\right)=-5$이므로

$$(g^{-1}\circ f)^{-1}(2)=f^{-1}\left(\frac{5}{2}\right)=-5$$

답 -5

636

전략 주어진 두 함수가 역함수 관계임을 이용한다.

주어진 두 함수의 그래프가 직선 $y=x$에 대하여 대칭이므로 두 함수는 역함수 관계이다.

$y=-\dfrac{2x+3}{2x+5}$을 x에 대하여 풀면

$$y(2x+5)=-2x-3$$
$$(2y+2)x=-5y-3$$
$$\therefore x=\frac{-5y-3}{2y+2}$$

x와 y를 서로 바꾸면 $\qquad y=\dfrac{-5x-3}{2x+2}$

따라서 $\dfrac{-5x-3}{2x+2}=\dfrac{ax-3}{2x+b}$ 이므로

$\qquad a=-5,\ b=2$

$\qquad \therefore b-a=7$ 答 **7**

637

전략 주어진 함수식을 이용하여 세 점 A, B, C의 좌표를 구한다.

$y=\dfrac{k}{x-2}+1$에서 $y=0$이면 $\qquad 0=\dfrac{k}{x-2}+1$

$\qquad -1=\dfrac{k}{x-2},\qquad -x+2=k$

$\qquad \therefore x=2-k \qquad \therefore \mathrm{A}(2-k,\,0)$

$y=\dfrac{k}{x-2}+1$에서 $x=0$이면 $\qquad y=-\dfrac{k}{2}+1$

$\qquad \therefore \mathrm{B}\left(0,\,-\dfrac{k}{2}+1\right)$

곡선 $y=\dfrac{k}{x-2}+1$의 두 점근선의 방정식은

$x=2,\ y=1$이므로 $\qquad \mathrm{C}(2,\,1)$

이때 세 점 A, B, C가 한 직선 위에 있으면

(직선 AB의 기울기)＝(직선 AC의 기울기)이다.

직선 AB의 기울기는 $\qquad \dfrac{-\dfrac{k}{2}+1-0}{0-(2-k)}=-\dfrac{1}{2}$

직선 AC의 기울기는 $\qquad \dfrac{1-0}{2-(2-k)}=\dfrac{1}{k}$

즉 $-\dfrac{1}{2}=\dfrac{1}{k}$이므로 $\qquad k=-2$ 答 ④

638

전략 주어진 두 유리함수를 $y=\dfrac{k}{x-p}+q$의 꼴로 변형하여 그래프의 점근선의 방정식을 구한다.

$y=\dfrac{2x-3}{x-a}=\dfrac{2(x-a)+2a-3}{x-a}=\dfrac{2a-3}{x-a}+2$

이므로 그래프의 점근선의 방정식은

$\qquad x=a,\ y=2$

$y=\dfrac{-ax+2}{x-2}=\dfrac{-a(x-2)-2a+2}{x-2}$

$\qquad =\dfrac{-2a+2}{x-2}-a$

이므로 그래프의 점근선의 방정식은

$\qquad x=2,\ y=-a$

(i) $0<a<2$일 때

점근선으로 둘러싸인 직사각형의 넓이가 3이므로

$\qquad (2-a)(2+a)=3$

$\qquad 4-a^2=3,\qquad a^2=1$

$\qquad \therefore a=1\ (\because 0<a<2)$

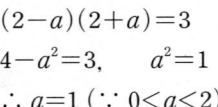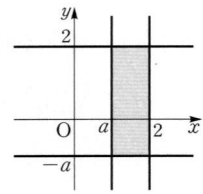

(ii) $a>2$일 때

점근선으로 둘러싸인 직사각형의 넓이가 3이므로

$\qquad (a-2)(2+a)=3$

$\qquad a^2-4=3,\qquad a^2=7$

$\qquad \therefore a=\sqrt{7}\ (\because a>2)$

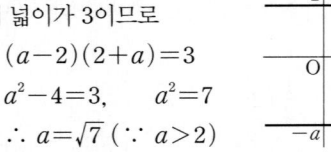

(i), (ii)에서 $\qquad a=1$ 또는 $a=\sqrt{7}$

따라서 모든 a의 값의 곱은

$\qquad 1\times \sqrt{7}=\sqrt{7}$ 答 $\sqrt{7}$

639

전략 $y=\dfrac{bx+c}{ax-1}$ 를 $y=\dfrac{k}{x-p}+q$의 꼴로 변형하여 그래프의 점근선의 방정식을 구한다.

$y=\dfrac{bx+c}{ax-1}=\dfrac{\dfrac{b}{a}(ax-1)+\dfrac{b}{a}+c}{ax-1}$

$\qquad =\dfrac{\dfrac{b}{a}+c}{ax-1}+\dfrac{b}{a}$

이므로 그래프의 점근선의 방정식은

$\qquad x=\dfrac{1}{a},\ y=\dfrac{b}{a}$

주어진 그래프에서 $\dfrac{1}{a}>0,\ \dfrac{b}{a}>0$이므로

$\qquad a>0,\ b>0$

또 $x=0$일 때 y의 값이 0보다 크므로

$\qquad -c>0 \qquad \therefore c<0$

따라서 옳은 것은 ㄱ, ㄷ이다. 答 ㄱ, ㄷ

640

전략 방정식 $\dfrac{2x-4}{x-1}=kx+1$의 실근이 존재하지 않음을 이용한다.

$A\cap B=\varnothing$이므로 유리함수 $y=\dfrac{2x-4}{x-1}$의 그래프와

직선 $y=kx+1$은 만나지 않는다.

따라서 방정식

$$\frac{2x-4}{x-1}=kx+1, \ \ \text{즉 } kx^2-(k+1)x+3=0$$

이 실근을 갖지 않아야 한다.

(ⅰ) $k=0$일 때

$-x+3=0$에서 $x=3$

따라서 방정식의 실근이 존재하므로 조건을 만족시키지 않는다.

(ⅱ) $k\neq0$일 때

이차방정식 $kx^2-(k+1)x+3=0$의 판별식을 D라 하면

$$D=\{-(k+1)\}^2-4\times k\times3<0$$

$$\therefore k^2-10k+1<0$$

이때 이차방정식 $k^2-10k+1=0$의 두 근이

$k=5\pm2\sqrt{6}$이므로 부등식의 해는

$$5-2\sqrt{6}<k<5+2\sqrt{6}$$

(ⅰ), (ⅱ)에서 구하는 k의 값의 범위는

$$5-2\sqrt{6}<k<5+2\sqrt{6}$$

답 $5-2\sqrt{6}<k<5+2\sqrt{6}$

641

전략 $y=f(x)$로 놓고 x에 대하여 푼 다음 x와 y를 서로 바꾸어 $g(x)$를 구한다.

$y=\dfrac{4x+1}{x-1}$로 놓고 x에 대하여 풀면

$$y(x-1)=4x+1$$

$$(y-4)x=y+1$$

$$\therefore x=\frac{y+1}{y-4}$$

x와 y를 서로 바꾸면

$$y=\frac{x+1}{x-4}$$

$$\therefore g(x)=\frac{x+1}{x-4}$$

$$=\frac{(x-4)+5}{x-4}$$

$$=\frac{5}{x-4}+1$$

이때 $y=g(x)$의 그래프를 x축의 방향으로 m만큼, y축의 방향으로 n만큼 평행이동하면

$$y=\frac{5}{x-m-4}+n+1$$

$$f(x)=\frac{4x+1}{x-1}=\frac{4(x-1)+5}{x-1}$$

$$=\frac{5}{x-1}+4$$

에서 $\dfrac{5}{x-m-4}+n+1=\dfrac{5}{x-1}+4$이므로

$$-m-4=-1, \ n+1=4$$

$$\therefore m=-3, \ n=3$$

$$\therefore n-m=6$$

답 6

642

전략 $\overline{AB}$, $\overline{AC}$의 길이를 이용하여 $\triangle ABC$의 넓이를 k에 대한 식으로 나타낸다.

점 A의 좌표를 $\left(a, \dfrac{1}{a}\right) (a>0)$이라 하면 점 B의 y좌표는 $\dfrac{1}{a}$이므로 $\dfrac{k}{x}=\dfrac{1}{a}$에서

$$x=ak \ \ \therefore B\left(ak, \frac{1}{a}\right)$$

점 C의 x좌표는 a이므로

$$C\left(a, \frac{k}{a}\right)$$

이때 $k>1$이므로

$$\overline{AB}=ak-a=a(k-1),$$

$$\overline{AC}=\frac{k}{a}-\frac{1}{a}=\frac{k-1}{a}$$

$$\therefore \triangle ABC=\frac{1}{2}\times\overline{AB}\times\overline{AC}$$

$$=\frac{1}{2}\times a(k-1)\times\frac{k-1}{a}$$

$$=\frac{1}{2}(k-1)^2$$

즉 $\dfrac{1}{2}(k-1)^2=50$이므로

$$(k-1)^2=100, \ \ k-1=\pm10$$

$$\therefore k=11 \ (\because k>1)$$

답 11

643

전략 $y=\left|f(x+a)+\dfrac{a}{2}\right|$의 그래프가 y축에 대하여 대칭일 조건을 파악한다.

함수 $y=\left|f(x+a)+\dfrac{a}{2}\right|$의 그래프는 함수

$y=f(x+a)+\dfrac{a}{2}$의 그래프에서 $y<0$인 부분을 x축에 대하여 대칭이동한 것이다.

따라서 $y=\left|f(x+a)+\dfrac{a}{2}\right|$의 그래프가 y축에 대하여 대칭이려면 함수 $y=f(x+a)+\dfrac{a}{2}$의 그래프의 점근선의 방정식이 다음 그림과 같이 $x=0$, $y=0$이어야 한다.

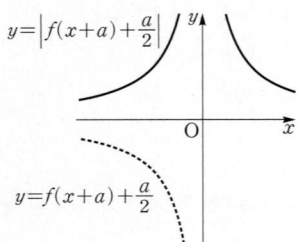

$f(x)=\dfrac{a}{x-6}+b$에서

$$f(x+a)+\dfrac{a}{2}=\dfrac{a}{x+a-6}+b+\dfrac{a}{2}$$

이므로 $y=f(x+a)+\dfrac{a}{2}$의 그래프의 점근선의 방정식은

$$x=6-a,\ y=b+\dfrac{a}{2}$$

이 점근선의 방정식이 $x=0$, $y=0$이어야 하므로

$$6-a=0,\ b+\dfrac{a}{2}=0$$

$$\therefore\ a=6,\ b=-3$$

따라서 $f(x)=\dfrac{6}{x-6}-3$이므로

$$f(b)=f(-3)=\dfrac{6}{-3-6}-3$$

$$=-\dfrac{11}{3}$$

답 ④

644

전략 산술평균과 기하평균의 관계를 이용한다.

점 P의 좌표를 $\left(a,\ \dfrac{2a-3}{a-2}\right)(a>2)$이라 하면

$$\overline{\mathrm{PA}}=\dfrac{2a-3}{a-2},\ \overline{\mathrm{PB}}=a$$

$$\therefore\ \overline{\mathrm{PA}}+\overline{\mathrm{PB}}=\dfrac{2a-3}{a-2}+a$$

$$=\dfrac{2(a-2)+1}{a-2}+a$$

$$=\dfrac{1}{a-2}+a+2$$

이때 $a>2$이므로 $a-2>0$

따라서 산술평균과 기하평균의 관계에 의하여

$$\dfrac{1}{a-2}+a+2=\dfrac{1}{a-2}+a-2+4$$

$$\geq 2\sqrt{\dfrac{1}{a-2}\times(a-2)}+4$$

$$=2+4$$

$$=6$$

여기서 등호는 $\dfrac{1}{a-2}=a-2$일 때 성립하므로

$$(a-2)^2=1$$

$$a-2=\pm 1$$

$$\therefore\ a=3\ (\because\ a>2)$$

따라서 $\overline{\mathrm{PA}}+\overline{\mathrm{PB}}$는 $a=3$일 때 최솟값 6을 가지므로

$$m=6,\ p=3$$

$$\therefore\ m+p=9$$

답 9

645

전략 주어진 부등식을 $y=\dfrac{2x}{x+1}$의 그래프와 두 직선 $y=ax$, $y=bx$의 위치 관계로 생각한다.

$$y=\dfrac{2x}{x+1}=\dfrac{2(x+1)-2}{x+1}$$

$$=-\dfrac{2}{x+1}+2$$

이므로 $y=\dfrac{2x}{x+1}$의 그래프는 $y=-\dfrac{2}{x}$의 그래프를 x축의 방향으로 -1만큼, y축의 방향으로 2만큼 평행이동한 것이다.

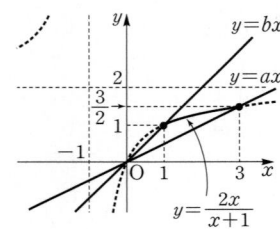

따라서 $1\leq x\leq 3$에서 $y=\dfrac{2x}{x+1}$의 그래프는 위의 그림과 같다.

이때 두 직선 $y=ax$, $y=bx$는 a, b의 값에 관계없이 항상 원점을 지난다.

(i) 직선 $y=ax$가 점 $\left(3,\ \dfrac{3}{2}\right)$을 지날 때

$$\dfrac{3}{2}=3a \text{에서}\qquad a=\dfrac{1}{2}$$

$ax \leq \dfrac{2x}{x+1}$ 이려면 직선 $y=ax$가 $y=\dfrac{2x}{x+1}$의 그 래프와 만나거나 그래프보다 아래쪽에 있어야 하므로 $a \leq \dfrac{1}{2}$

(ii) 직선 $y=bx$가 점 $(1, 1)$을 지날 때

$$b=1$$

$\dfrac{2x}{x+1} \leq bx$ 이려면 직선 $y=bx$가 $y=\dfrac{2x}{x+1}$의 그 래프와 만나거나 그래프보다 위쪽에 있어야 하므로 $b \geq 1$

(i), (ii)에서 $b-a \geq \dfrac{1}{2}$

따라서 $b-a$의 최솟값은 $\dfrac{1}{2}$이다.   📘 $\dfrac{1}{2}$

646

전략 먼저 조건 ㈎에서 $y=f(x)$의 그래프의 점근선의 조건을 파악한다.

조건 ㈎에서 방정식 $|f(x)|=2$는 오직 하나의 실근을 가져야 한다.

$|f(x)|=2$에서 $f(x)=2$ 또는 $f(x)=-2$

따라서 함수 $y=f(x)$의 그래프가 직선 $y=2$와 한 점에서 만나고 직선 $y=-2$와 만나지 않거나 직선 $y=-2$와 한 점에서 만나고 직선 $y=2$와 만나지 않아야 한다.

함수 $y=f(x)$의 치역은 $\{y \,|\, y \neq b$인 실수$\}$이고 $f(x)$는 일대일함수이므로 $y=f(x)$의 그래프와 직선 $y=k$ (k는 실수)의 교점의 개수는 $k=b$이면 0이고, $k \neq b$이면 1이다.

즉 두 직선 $y=2$, $y=-2$ 중 하나는 곡선 $y=f(x)$의 점근선이어야 한다.

이때 곡선 $y=f(x)$의 점근선의 방정식은 $x=0$, $y=b$이므로

$$b=2 \text{ 또는 } b=-2$$

한편 $f^{-1}(2)=k$라 하면 $f(k)=2$이므로

$$\dfrac{a}{k}+b=2, \qquad \dfrac{a}{k}=2-b$$

$$\therefore k=\dfrac{a}{2-b}$$

$$\therefore f^{-1}(2)=\dfrac{a}{2-b}$$

조건 ㈏에서 $f^{-1}(2)=f(2)-1$이므로

$$\dfrac{a}{2-b}=\dfrac{a}{2}+b-1 \qquad \cdots\cdots \text{㉠}$$

이때 $b \neq 2$이므로

$$b=-2$$

㉠에 $b=-2$를 대입하면

$$\dfrac{a}{2-(-2)}=\dfrac{a}{2}-2-1$$

$$\dfrac{a}{4}=\dfrac{a}{2}-3, \qquad -\dfrac{a}{4}=-3$$

$$\therefore a=12$$

따라서 $f(x)=\dfrac{12}{x}-2$이므로

$$f(8)=\dfrac{12}{8}-2=-\dfrac{1}{2}$$

📘 ①

🔎 해설 Focus

$f(x)=\dfrac{a}{x}+b$의 그래프의 점근선의 방정식은 $x=0$, $y=b$이므로 조건 ㈎를 만족시키도록 $y=|f(x)|$의 그래프를 그려 보면 다음 그림과 같다.

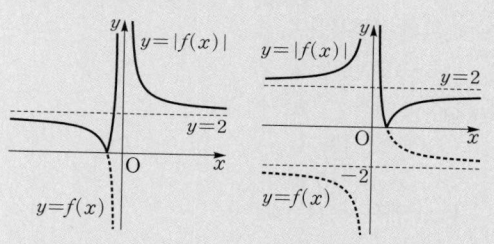

위의 그림에서 $b=2$ 또는 $b=-2$임을 알 수 있다.

01 무리식

● 본책 276~278쪽

647

(1) $\sqrt{x+1}$ 에서 $x+1\geq0$

     $\therefore x\geq-1$

(2) $\sqrt{x-1}$ 에서 $x-1\geq0$

     $\therefore x\geq1$ ······ ㉠

   $\sqrt{2x-4}$ 에서 $2x-4\geq0$

     $\therefore x\geq2$ ······ ㉡

   ㉠, ㉡의 공통부분은

     $x\geq2$

(3) $\sqrt{x+3}$ 에서 $x+3\geq0$

     $\therefore x\geq-3$ ······ ㉠

   $\dfrac{1}{\sqrt{2-x}}$ 에서 $2-x>0$

     $\therefore x<2$ ······ ㉡

   ㉠, ㉡의 공통부분은

     $-3\leq x<2$

(4) $\sqrt{2x-1}$ 에서 $2x-1\geq0$

     $\therefore x\geq\dfrac{1}{2}$ ······ ㉠

   $\sqrt{4-x}$ 에서 $4-x>0$

     $\therefore x<4$ ······ ㉡

   ㉠, ㉡의 공통부분은

     $\dfrac{1}{2}\leq x<4$

답 (1) $x\geq-1$

(2) $x\geq2$

(3) $-3\leq x<2$

(4) $\dfrac{1}{2}\leq x<4$

648

(1) $\dfrac{x}{\sqrt{x+4}-2}=\dfrac{x(\sqrt{x+4}+2)}{(\sqrt{x+4}-2)(\sqrt{x+4}+2)}$

     $=\dfrac{x(\sqrt{x+4}+2)}{x+4-4}$

     $=\sqrt{x+4}+2$

(2) $\dfrac{6}{\sqrt{x+3}-\sqrt{x-3}}$

   $=\dfrac{6(\sqrt{x+3}+\sqrt{x-3})}{(\sqrt{x+3}-\sqrt{x-3})(\sqrt{x+3}+\sqrt{x-3})}$

   $=\dfrac{6(\sqrt{x+3}+\sqrt{x-3})}{x+3-(x-3)}$

   $=\sqrt{x+3}+\sqrt{x-3}$

(3) $\dfrac{\sqrt{x-2}-1}{\sqrt{x-2}+1}=\dfrac{(\sqrt{x-2}-1)^2}{(\sqrt{x-2}+1)(\sqrt{x-2}-1)}$

     $=\dfrac{x-2-2\sqrt{x-2}+1}{x-2-1}$

     $=\dfrac{x-1-2\sqrt{x-2}}{x-3}$

답 (1) $\sqrt{x+4}+2$ (2) $\sqrt{x+3}+\sqrt{x-3}$

     (3) $\dfrac{x-1-2\sqrt{x-2}}{x-3}$

649

(1) $\dfrac{1}{\sqrt{x}+\sqrt{y}}-\dfrac{1}{\sqrt{x}-\sqrt{y}}$

   $=\dfrac{(\sqrt{x}-\sqrt{y})-(\sqrt{x}+\sqrt{y})}{(\sqrt{x}+\sqrt{y})(\sqrt{x}-\sqrt{y})}$

   $=\dfrac{-2\sqrt{y}}{x-y}$

(2) $\dfrac{2x}{2-\sqrt{x+1}}+\dfrac{2x}{2+\sqrt{x+1}}$

   $=\dfrac{2x(2+\sqrt{x+1})+2x(2-\sqrt{x+1})}{(2-\sqrt{x+1})(2+\sqrt{x+1})}$

   $=\dfrac{4x+2x\sqrt{x+1}+4x-2x\sqrt{x+1}}{4-(x+1)}$

   $=\dfrac{8x}{3-x}$

답 (1) $\dfrac{-2\sqrt{y}}{x-y}$ (2) $\dfrac{8x}{3-x}$

650

(1) $\dfrac{1}{x+\sqrt{x^2-1}}+\dfrac{1}{x-\sqrt{x^2-1}}$

   $=\dfrac{(x-\sqrt{x^2-1})+(x+\sqrt{x^2-1})}{(x+\sqrt{x^2-1})(x-\sqrt{x^2-1})}$

   $=\dfrac{2x}{x^2-(x^2-1)}=2x$

(2) $\dfrac{x}{\sqrt{x}+\sqrt{x-1}} - \dfrac{x}{\sqrt{x}-\sqrt{x-1}}$

$= \dfrac{x(\sqrt{x}-\sqrt{x-1})-x(\sqrt{x}+\sqrt{x-1})}{(\sqrt{x}+\sqrt{x-1})(\sqrt{x}-\sqrt{x-1})}$

$= \dfrac{x\sqrt{x}-x\sqrt{x-1}-x\sqrt{x}-x\sqrt{x-1}}{x-(x-1)}$

$= -2x\sqrt{x-1}$

답 (1) $2x$　(2) $-2x\sqrt{x-1}$

651

$\dfrac{\sqrt{x}+\sqrt{y}}{\sqrt{x}-\sqrt{y}} = \dfrac{(\sqrt{x}+\sqrt{y})^2}{(\sqrt{x}-\sqrt{y})(\sqrt{x}+\sqrt{y})}$

$= \dfrac{x+y+2\sqrt{xy}}{x-y}$ ← $x>0$, $y>0$이므로 $\sqrt{x}\sqrt{y}=\sqrt{xy}$

이때 $x=\dfrac{1}{\sqrt{2}-1}=\sqrt{2}+1$, $y=\dfrac{1}{\sqrt{2}+1}=\sqrt{2}-1$에서

$x+y=(\sqrt{2}+1)+(\sqrt{2}-1)=2\sqrt{2}$,

$x-y=(\sqrt{2}+1)-(\sqrt{2}-1)=2$,

$xy=(\sqrt{2}+1)(\sqrt{2}-1)=1$

$\therefore \dfrac{\sqrt{x}+\sqrt{y}}{\sqrt{x}-\sqrt{y}}=\dfrac{2\sqrt{2}+2}{2}=\sqrt{2}+1$　답 $\sqrt{2}+1$

652

$f(x)=\dfrac{\sqrt{x}-\sqrt{x+1}}{(\sqrt{x}+\sqrt{x+1})(\sqrt{x}-\sqrt{x+1})}$

$= \dfrac{\sqrt{x}-\sqrt{x+1}}{x-(x+1)}$

$= \sqrt{x+1}-\sqrt{x}$

$\therefore f(1)+f(2)+f(3)+\cdots+f(99)$

$= (\sqrt{2}-\sqrt{1})+(\sqrt{3}-\sqrt{2})+(\sqrt{4}-\sqrt{3})$

$\quad +\cdots+(\sqrt{99}-\sqrt{98})+(\sqrt{100}-\sqrt{99})$

$= -1+10$

$= 9$　답 9

02　무리함수

• 본책 279~288쪽

653

ㄴ. $y=-\sqrt{5}x$는 다항함수이다.

ㄷ. $x\leq2$이면　$y=\sqrt{(2-x)^2}=2-x$

$x>2$이면　$y=\sqrt{(2-x)^2}=x-2$

따라서 무리함수가 아니다.

이상에서 무리함수는 ㄱ, ㄹ, ㅁ이다.　답 ㄱ, ㄹ, ㅁ

654

(1) $-3-x\geq0$에서 $x\leq-3$이므로 정의역은

$\{x|x\leq-3\}$

(2) $x+2\geq0$에서 $x\geq-2$이므로 정의역은

$\{x|x\geq-2\}$

(3) $2x-4\geq0$에서 $x\geq2$이므로 정의역은

$\{x|x\geq2\}$

(4) $1-x^2\geq0$에서

$x^2-1\leq0$,　$(x+1)(x-1)\leq0$

$\therefore -1\leq x\leq1$

따라서 정의역은　$\{x|-1\leq x\leq1\}$

답 (1) $\{x|x\leq-3\}$

(2) $\{x|x\geq-2\}$

(3) $\{x|x\geq2\}$

(4) $\{x|-1\leq x\leq1\}$

655

(1) $y=\sqrt{9x}$의 그래프는 오른쪽 그림과 같고,

정의역은　$\{x|x\geq0\}$

치역은　$\{y|y\geq0\}$

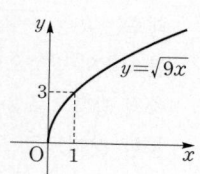

(2) $y=-\sqrt{16x}$의 그래프는 오른쪽 그림과 같고,

정의역은　$\{x|x\geq0\}$

치역은　$\{y|y\leq0\}$

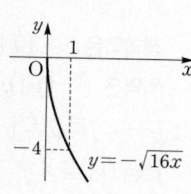

(3) $y=\sqrt{-(x-3)}$의 그래프는 $y=\sqrt{-x}$의 그래프를 x축의 방향으로 3만큼 평행이동한 것이므로 오른쪽 그림과 같고,

정의역은　$\{x|x\leq3\}$

치역은　$\{y|y\geq0\}$

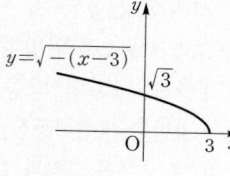

(4) $y=-\sqrt{x-2}+1$의 그래프
는 $y=-\sqrt{x}$의 그래프를 x
축의 방향으로 2만큼, y축의
방향으로 1만큼 평행이동한
것이므로 오른쪽 그림과 같고,

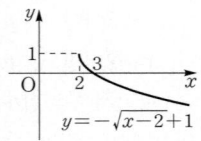

정의역은 $\{x|x\geq2\}$

치역은 $\{y|y\leq1\}$

답 풀이 참조

656

(1) $y=\sqrt{3x-2}-1=\sqrt{3\left(x-\dfrac{2}{3}\right)}-1$

따라서 $y=\sqrt{3x-2}-1$의 그
래프는 $y=\sqrt{3x}$의 그래프를
x축의 방향으로 $\dfrac{2}{3}$만큼, y축
의 방향으로 -1만큼 평행이
동한 것이므로 오른쪽 그림과 같고,

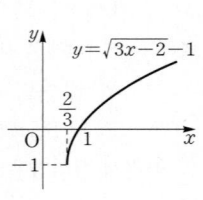

정의역은 $\left\{x\left|x\geq\dfrac{2}{3}\right.\right\}$

치역은 $\{y|y\geq-1\}$

(2) $y=\sqrt{6-2x}+2=\sqrt{-2(x-3)}+2$

따라서 $y=\sqrt{6-2x}+2$의 그
래프는 $y=\sqrt{-2x}$의 그래프
를 x축의 방향으로 3만큼, y
축의 방향으로 2만큼 평행이
동한 것이므로 오른쪽 그림
과 같고,

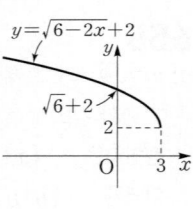

정의역은 $\{x|x\leq3\}$

치역은 $\{y|y\geq2\}$

(3) $y=-\sqrt{-x+1}-2=-\sqrt{-(x-1)}-2$

따라서 $y=-\sqrt{-x+1}-2$
의 그래프는 $y=-\sqrt{-x}$의
그래프를 x축의 방향으로
1만큼, y축의 방향으로
-2만큼 평행이동한 것이
므로 오른쪽 그림과 같고,

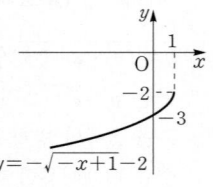

정의역은 $\{x|x\leq1\}$

치역은 $\{y|y\leq-2\}$

(4) $y=2-\sqrt{2x-5}=-\sqrt{2\left(x-\dfrac{5}{2}\right)}+2$

따라서 $y=2-\sqrt{2x-5}$의
그래프는 $y=-\sqrt{2x}$의 그
래프를 x축의 방향으로 $\dfrac{5}{2}$
만큼, y의 방향으로 2만
큼 평행이동한 것이므로 위의 그림과 같고,

정의역은 $\left\{x\left|x\geq\dfrac{5}{2}\right.\right\}$

치역은 $\{y|y\leq2\}$

답 풀이 참조

657

ㄱ. $a>0$이면 치역이 $\{y|y\geq0\}$이므로 그래프가 제3
사분면과 제4사분면을 지나지 않는다. (참)

ㄴ. $b<0$이면 정의역이 $\{x|x\leq0\}$이므로 $a>0$이면
그래프가 제2사분면을 지난다. (거짓)

ㄷ. $ab>0$이면 $a>0, b>0$ 또는 $a<0, b<0$
이때 $a<0, b<0$이면 그래프가 제3사분면을 지
난다. (거짓)

이상에서 옳은 것은 ㄱ뿐이다. **답** ㄱ

658

$y=\sqrt{ax-3}+2$의 그래프를 x축의 방향으로 b만큼, y
축의 방향으로 c만큼 평행이동한 그래프의 식은

$$y=\sqrt{a(x-b)-3}+2+c$$

$$\therefore y=\sqrt{ax-ab-3}+2+c$$

이 함수의 그래프가 $y=\sqrt{5x+2}$의 그래프와 일치하
므로 $a=5, -ab-3=2, 2+c=0$

$$\therefore a=5, b=-1, c=-2$$

$$\therefore abc=10$$ **답** 10

659

ㄱ. $y=-\sqrt{x}$의 그래프를 원점에 대하여 대칭이동하
면 $y=\sqrt{-x}$의 그래프와 겹쳐진다.

ㄴ. $y=\sqrt{-2x+6}=\sqrt{-2(x-3)}$

따라서 $y=\sqrt{-2x+6}$의 그래프를 x축의 방향으
로 -3만큼 평행이동하면 $y=\sqrt{-2x}$의 그래프와
겹쳐진다.

ㄷ. $y=-\sqrt{4-x}+7=-\sqrt{-(x-4)}+7$
  따라서 $y=-\sqrt{4-x}+7$의 그래프를 x축의 방향
  으로 -4만큼, y축의 방향으로 -7만큼 평행이동
  한 후 x축에 대하여 대칭이동하면 $y=\sqrt{-x}$의 그
  래프와 겹쳐진다.

이상에서 평행이동 또는 대칭이동에 의하여 무리함수
$y=\sqrt{-x}$의 그래프와 겹쳐지는 것은 ㄱ, ㄷ이다.

답 ㄱ, ㄷ

개념 노트

도형의 대칭이동

방정식 $f(x,\ y)=0$이 나타내는 도형을 x축, y축, 원점,
직선 $y=x$에 대하여 대칭이동한 도형의 방정식은 다음
과 같다.

① x축에 대한 대칭이동 ⇨ y 대신 $-y$를 대입
  ⇨ $f(x,\ -y)=0$
② y축에 대한 대칭이동 ⇨ x 대신 $-x$를 대입
  ⇨ $f(-x,\ y)=0$
③ 원점에 대한 대칭이동
  ⇨ x 대신 $-x$, y 대신 $-y$를 대입
  ⇨ $f(-x,\ -y)=0$
④ 직선 $y=x$에 대한 대칭이동
  ⇨ x 대신 y, y 대신 x를 대입
  ⇨ $f(y,\ x)=0$

660

$y=\sqrt{-x+2}$의 그래프를 x축의 방향으로 1만큼, y축
의 방향으로 -2만큼 평행이동한 그래프의 식은

$$y=\sqrt{-(x-1)+2}-2$$
$$\therefore y=\sqrt{-x+3}-2$$

$y=\sqrt{-x+3}-2$의 그래프를 y축에 대하여 대칭이동
한 그래프의 식은

$$y=\sqrt{-(-x)+3}-2$$
$$\therefore y=\sqrt{x+3}-2$$

따라서 $a=1$, $b=3$, $c=-2$이므로

$$a+b+c=2$$

답 2

661

$y=-\sqrt{4x-4}+3=-\sqrt{4(x-1)}+3$

이므로 주어진 함수의 그래프는 $y=-\sqrt{4x}$의 그래프
를 x축의 방향으로 1만큼, y축의 방향으로 3만큼 평행
이동한 것이다.

$y=-1$일 때, $-1=-\sqrt{4x-4}+3$에서

$$\sqrt{4x-4}=4,\qquad 4x-4=16$$
$$\therefore x=5$$

$y=1$일 때, $1=-\sqrt{4x-4}+3$에서

$$\sqrt{4x-4}=2,\qquad 4x-4=4$$
$$\therefore x=2$$

따라서 오른쪽 그림에서
치역이 $\{y\,|\,-1\le y\le1\}$
일 때, 정의역은
$$\{x\,|\,2\le x\le5\}$$

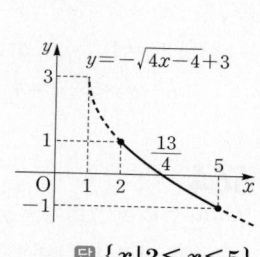

답 $\{x\,|\,2\le x\le5\}$

662

$y=-\sqrt{-3x+3}-1=-\sqrt{-3(x-1)}-1$

이므로 주어진 함수의 그래프는 $y=-\sqrt{-3x}$의 그래
프를 x축의 방향으로 1만큼, y축의 방향으로 -1만큼
평행이동한 것이다.

따라서 $-2\le x\le1$에서
$y=-\sqrt{-3x+3}-1$의
그래프는 오른쪽 그림과
같으므로
$x=1$일 때 최댓값
  $a=-\sqrt{-3+3}-1=-1$,
$x=-2$일 때 최솟값
  $b=-\sqrt{6+3}-1=-4$
를 갖는다.

$$\therefore a-b=3$$

답 3

663

$y=\sqrt{3-2x}+2=\sqrt{-2\left(x-\dfrac{3}{2}\right)}+2$

이므로 주어진 함수의 그래프는 $y=\sqrt{-2x}$의 그래프
를 x축의 방향으로 $\dfrac{3}{2}$만큼, y축의 방향으로 2만큼 평
행이동한 것이다.

따라서 $-3\le x\le a$에서 $y=\sqrt{3-2x}+2$의 그래프는 오른쪽 그림과 같으므로 $x=-3$일 때 최댓값

$$b=\sqrt{3+6}+2=5,$$

$x=a$일 때 최솟값

$$\sqrt{3-2a}+2$$

를 갖는다.

즉 $\sqrt{3-2a}+2=3$이므로 $\sqrt{3-2a}=1$

$$3-2a=1 \quad \therefore a=1$$

$$\therefore b-a=5-1=4 \qquad \boxed{\text{달}}\ 4$$

664

주어진 함수의 그래프는 $y=\sqrt{-ax}\ (a>0)$의 그래프를 x축의 방향으로 4만큼, y축의 방향으로 -1만큼 평행이동한 것이므로 함수의 식을

$$y=\sqrt{-a(x-4)}-1 \qquad \cdots\cdots \ \bigcirc$$

로 놓을 수 있다.

이때 $\bigcirc$의 그래프가 점 $(0,\ 1)$을 지나므로

$$1=\sqrt{4a}-1, \quad \sqrt{4a}=2$$

$$4a=4 \quad \therefore a=1$$

$\bigcirc$에 $a=1$을 대입하면

$$y=\sqrt{-(x-4)}-1=\sqrt{-x+4}-1$$

따라서 $a=1,\ b=4,\ c=-1$이므로

$$a+b+c=4 \qquad \boxed{\text{달}}\ 4$$

665

주어진 함수의 그래프는 $y=-\sqrt{ax}\ (a<0)$의 그래프를 x축의 방향으로 1만큼, y축의 방향으로 1만큼 평행이동한 것이므로 함수의 식을

$$y=-\sqrt{a(x-1)}+1 \qquad \cdots\cdots \ \bigcirc$$

로 놓을 수 있다.

이때 $\bigcirc$의 그래프가 점 $(0,\ 0)$을 지나므로

$$0=-\sqrt{-a}+1, \quad \sqrt{-a}=1$$

$$-a=1 \quad \therefore a=-1$$

$\bigcirc$에 $a=-1$을 대입하면

$$y=-\sqrt{-(x-1)}+1=-\sqrt{-x+1}+1$$

$$\therefore f(x)=-\sqrt{-x+1}+1$$

$f(k)=-1$에서

$$-1=-\sqrt{-k+1}+1$$

$$\sqrt{-k+1}=2, \quad -k+1=4$$

$$\therefore k=-3 \qquad\qquad \boxed{\text{달}}\ -3$$

666

$ax+9\ge0$에서 $ax\ge-9$

이때 주어진 함수의 정의역이 $\{x\,|\,x\ge-3\}$이므로

$$a>0$$

따라서 $ax\ge-9$에서 $x\ge-\dfrac{9}{a}$이므로

$$-\dfrac{9}{a}=-3 \quad \therefore a=3$$

또 주어진 함수의 치역이 $\{y\,|\,y\le b\}$이므로

$$b=2$$

$$\therefore ab=6 \qquad\qquad \boxed{\text{달}}\ 6$$

667

$y=\sqrt{4x-8}=\sqrt{4(x-2)}$

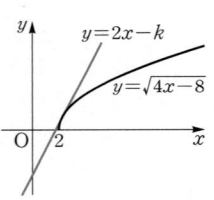

이므로 주어진 무리함수의 그래프는 $y=\sqrt{4x}$의 그래프를 x축의 방향으로 2만큼 평행이동한 것이다.

또 $y=2x-k$는 기울기가 2이고 y절편이 $-k$인 직선이다.

무리함수 $y=\sqrt{4x-8}$의 그래프와 직선 $y=2x-k$가 접할 때, $\sqrt{4x-8}=2x-k$에서 양변을 제곱하면

$$4x-8=(2x-k)^2$$

$$4x-8=4x^2-4kx+k^2$$

$$\therefore 4x^2-4(k+1)x+k^2+8=0$$

이 이차방정식의 판별식을 D라 하면

$$\frac{D}{4}=\{-2(k+1)\}^2-4(k^2+8)=0$$

$$8k-28=0 \quad \therefore k=\frac{7}{2}$$

따라서 무리함수 $y=\sqrt{4x-8}$의 그래프와 직선 $y=2x-k$가 만나지 않으려면

$$-k>-\frac{7}{2} \quad \therefore k<\frac{7}{2}$$

$$\boxed{\text{달}}\ k<\frac{7}{2}$$

668

$y=-\sqrt{6-2x}=-\sqrt{-2(x-3)}$

이므로 주어진 무리함수의 그래프는 $y=-\sqrt{-2x}$의 그래프를 x축의 방향으로 3만큼 평행이동한 것이다.

또 $y=x+k$는 기울기가 1이고 y절편이 k인 직선이다.

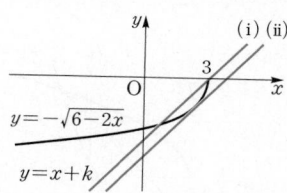

(ⅰ) 직선 $y=x+k$가 점 $(3,\,0)$을 지날 때

$0=3+k$

$\therefore k=-3$

(ⅱ) 무리함수 $y=-\sqrt{6-2x}$의 그래프와 직선 $y=x+k$가 접할 때

$-\sqrt{6-2x}=x+k$의 양변을 제곱하면

$6-2x=(x+k)^2$

$6-2x=x^2+2kx+k^2$

$\therefore x^2+2(k+1)x+k^2-6=0$

이 이차방정식의 판별식을 D라 하면

$\dfrac{D}{4}=(k+1)^2-(k^2-6)=0$

$2k+7=0$

$\therefore k=-\dfrac{7}{2}$

따라서 주어진 무리함수의 그래프와 직선이 한 점에서 만나려면 직선이 (ⅰ)보다 위쪽에 있거나 (ⅱ)이어야 하므로

$k>-3$ 또는 $k=-\dfrac{7}{2}$

답 $k>-3$ 또는 $k=-\dfrac{7}{2}$

669

$y=-\sqrt{2x-8}=-\sqrt{2(x-4)}$

이므로 주어진 무리함수의 그래프는 $y=-\sqrt{2x}$의 그래프를 x축의 방향으로 4만큼 평행이동한 것이다.

또 직선 $y=mx$는 m의 값에 관계없이 항상 원점을 지난다.

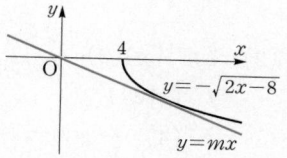

무리함수 $y=-\sqrt{2x-8}$의 그래프와 직선 $y=mx$가 서로 다른 두 점에서 만나려면 위의 그림에서

$m<0$

무리함수 $y=-\sqrt{2x-8}$의 그래프와 직선 $y=mx$가 접할 때, $-\sqrt{2x-8}=mx$에서 양변을 제곱하면

$2x-8=m^2x^2$

$\therefore m^2x^2-2x+8=0$

이 이차방정식의 판별식을 D라 하면

$\dfrac{D}{4}=(-1)^2-m^2\times 8=0$

$1-8m^2=0,\qquad m^2=\dfrac{1}{8}$

$\therefore m=-\dfrac{\sqrt{2}}{4}\ (\because m<0)$

따라서 무리함수 $y=-\sqrt{2x-8}$의 그래프와 직선 $y=mx$가 서로 다른 두 점에서 만나려면

$-\dfrac{\sqrt{2}}{4}<m<0$

답 $-\dfrac{\sqrt{2}}{4}<m<0$

670

$y=x^2-8x+10\ (x\le 4)$이라 하면

$y=(x-4)^2-6$

에서 치역이 $\{y\,|\,y\ge -6\}$이므로 역함수의 정의역은 $\{x\,|\,x\ge -6\}$이다.

$y=(x-4)^2-6$에서

$y+6=(x-4)^2$

$\therefore x-4=\pm\sqrt{y+6}$

그런데 $x\le 4$에서 $x-4\le 0$이므로

$x-4=-\sqrt{y+6}$

$\therefore x=-\sqrt{y+6}+4$

x와 y를 서로 바꾸면

$y=-\sqrt{x+6}+4$

$\therefore f^{-1}(x)=-\sqrt{x+6}+4\ (x\ge -6)$

따라서 $a=1,\ b=6,\ c=4,\ d=-6$이므로

$ab-cd=1\times 6-4\times(-6)=30$

답 30

671

$(g^{-1} \circ f)^{-1}(2) = (f^{-1} \circ g)(2)$
$\qquad\qquad\qquad = f^{-1}(g(2))$
$\qquad\qquad\qquad = f^{-1}(4) \quad \leftarrow g(2) = \sqrt{4+5}+1 = 4$

$f^{-1}(4) = k$라 하면 $f(k) = 4$이므로

$\qquad \sqrt{k+3} = 4, \qquad k+3 = 16$

$\qquad \therefore k = 13$

$\qquad \therefore (g^{-1} \circ f)^{-1}(2) = f^{-1}(4) = 13$ **답 13**

672

$f(x) = \sqrt{ax+b}$의 그래프가 점 $(2, 5)$를 지나므로

$\qquad \sqrt{2a+b} = 5$

$\qquad \therefore 2a+b = 25 \qquad \cdots\cdots \text{㉠}$

또 $y = f^{-1}(x)$의 그래프가 점 $(2, 5)$를 지나므로

$f^{-1}(2) = 5$에서 $\qquad f(5) = 2$

$\qquad \sqrt{5a+b} = 2$

$\qquad \therefore 5a+b = 4 \qquad \cdots\cdots \text{㉡}$

㉠, ㉡을 연립하여 풀면

$\qquad a = -7, \ b = 39$

따라서 $f(x) = \sqrt{-7x+39}$이므로

$\qquad f(1) = \sqrt{-7+39} = 4\sqrt{2}$ **답 $4\sqrt{2}$**

673

함수 $y = f(x)$의 그래프와 그 역함수 $y = f^{-1}(x)$의 그래프는 직선 $y = x$에 대하여 대칭이므로 오른쪽 그림과 같다.

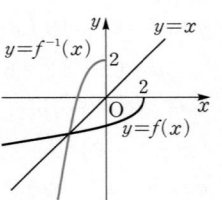

따라서 두 함수 $y = f(x)$, $y = f^{-1}(x)$의 그래프의 교점은 $y = f(x)$의 그래프와 직선 $y = x$의 교점과 같으므로 $-\sqrt{2-x} = x$에서 양변을 제곱하면

$\qquad 2-x = x^2, \qquad x^2+x-2 = 0$

$\qquad (x+2)(x-1) = 0$

$\qquad \therefore x = -2 \ \text{또는} \ x = 1$

그런데 $x \leq 0$이므로 $\qquad x = -2$

따라서 교점의 좌표는 $(-2, -2)$이므로

$\qquad a = -2, \ b = -2$

$\qquad \therefore a+b = -4$ **답 -4**

674

함수 $y = \sqrt{2x+7} - 2$에서 x와 y를 서로 바꾸면 $x = \sqrt{2y+7} - 2$이므로 두 함수는 서로 역함수이다. 따라서 두 함수 $y = \sqrt{2x+7} - 2$와 $x = \sqrt{2y+7} - 2$의 그래프는 직선 $y = x$에 대하여 대칭이므로 다음 그림과 같다.

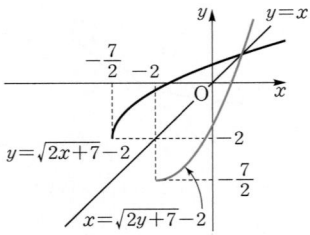

즉 두 함수의 그래프의 교점은 $y = \sqrt{2x+7} - 2$의 그래프와 직선 $y = x$의 교점과 같다.

$\sqrt{2x+7} - 2 = x$에서 $\qquad \sqrt{2x+7} = x+2$

양변을 제곱하면

$\qquad 2x+7 = x^2+4x+4$

$\qquad x^2+2x-3 = 0, \qquad (x+3)(x-1) = 0$

$\qquad \therefore x = -3 \ \text{또는} \ x = 1$

그런데 $x \geq -2$이므로

$\qquad x = 1$

따라서 구하는 교점의 좌표는 $(1, 1)$이다. **답 $(1, 1)$**

675

함수 $y = 2\sqrt{x-2}$의 그래프를 x축의 방향으로 a만큼 평행이동한 그래프의 식은

$\qquad y = 2\sqrt{x-a-2}$

즉 $f(x) = 2\sqrt{x-a-2}$이고, 함수 $y = f(x)$의 그래프와 그 역함수 $y = f^{-1}(x)$의 그래프는 직선 $y = x$에 대하여 대칭이므로 오른쪽 그림과 같이 두 함수

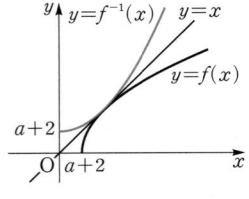

$y = f(x)$, $y = f^{-1}(x)$의 그래프가 접하면 $y = f(x)$의 그래프와 직선 $y = x$도 접한다.

$2\sqrt{x-a-2} = x$에서 양변을 제곱하면

$\qquad 4(x-a-2) = x^2$

$\qquad \therefore x^2-4x+4a+8 = 0$

이 이차방정식의 판별식을 D라 하면

$$\frac{D}{4} = (-2)^2 - (4a+8) = 0$$

$$-4a-4=0 \qquad \therefore a=-1$$

답 -1

ㄴ. 정의역은 $\{x \mid x \le 2\}$, 치역은 $\{y \mid y \le 4\}$이다.

(참)

ㄷ. 주어진 무리함수의 그래프는 제1, 2, 3사분면을 지난다. (거짓)

이상에서 옳은 것은 ㄱ, ㄴ이다.

답 ㄱ, ㄴ

연습 문제

● 본책 289~291쪽

676

전략 분모의 유리화를 이용하여 $\dfrac{1}{f(x)}$을 간단히 한다.

$f(x) = \sqrt{2x+1} + \sqrt{2x-1}$에서

$$\frac{1}{f(x)} = \frac{1}{\sqrt{2x+1}+\sqrt{2x-1}}$$

$$= \frac{\sqrt{2x+1}-\sqrt{2x-1}}{(\sqrt{2x+1}+\sqrt{2x-1})(\sqrt{2x+1}-\sqrt{2x-1})}$$

$$= \frac{\sqrt{2x+1}-\sqrt{2x-1}}{2x+1-(2x-1)}$$

$$= \frac{1}{2}(\sqrt{2x+1}-\sqrt{2x-1})$$

$$\therefore \frac{1}{f(1)} + \frac{1}{f(2)} + \frac{1}{f(3)} + \cdots + \frac{1}{f(24)}$$

$$= \frac{1}{2}\{(\sqrt{3}-\sqrt{1})+(\sqrt{5}-\sqrt{3})+(\sqrt{7}-\sqrt{5})$$

$$+ \cdots + (\sqrt{49}-\sqrt{47})\}$$

$$= \frac{1}{2} \times (-1+7) = 3$$

답 3

677

전략 주어진 무리함수를 $y=-\sqrt{a(x-p)}+q$의 꼴로 변형하여 그래프를 그린다.

$$y = -\sqrt{6-3x}+4 = -\sqrt{-3(x-2)}+4$$

따라서 주어진 함수의 그래프는 $y=-\sqrt{-3x}$의 그래프를 x축의 방향으로 2만큼, y축의 방향으로 4만큼 평행이동한 것이므로 오른쪽 그림과 같다.

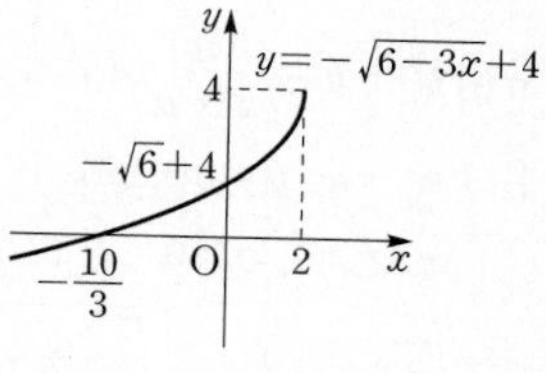

ㄱ. 함수의 그래프를 x축의 방향으로 -2만큼, y축의 방향으로 -4만큼 평행이동하면 $y=-\sqrt{-3x}$의 그래프와 일치한다. (참)

678

전략 그래프가 지나는 점의 좌표를 대입하여 a의 값을 구한다.

함수 $y=-\sqrt{x-a}+a+2$의 그래프가 점 $(a, -a)$를 지나므로

$$-a = -\sqrt{a-a}+a+2$$

$$2a=-2 \qquad \therefore a=-1$$

함수 $y=-\sqrt{x+1}+1$의 그래프는 함수 $y=-\sqrt{x}$의 그래프를 x축의 방향으로 -1만큼, y축의 방향으로 1만큼 평행이동한 것이므로 오른쪽 그림과 같다.

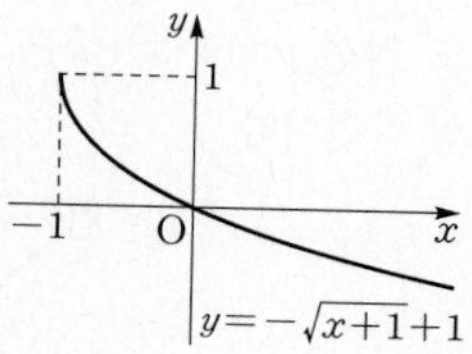

따라서 함수 $y=-\sqrt{x+1}+1$의 치역은

$$\{y \mid y \le 1\}$$

답 ①

679

전략 $y=\sqrt{ax+b}+1$의 그래프의 개형을 이용한다.

$$y = \sqrt{ax+b}+1 = \sqrt{a\left(x+\frac{b}{a}\right)}+1$$

이므로 주어진 함수의 그래프는 $y=\sqrt{ax}$의 그래프를 x축의 방향으로 $-\dfrac{b}{a}$만큼, y축의 방향으로 1만큼 평행이동한 것이다.

이때 $a<0$이므로 $-6 \le x \le 0$에서 $y=\sqrt{ax+b}+1$의 그래프는 오른쪽 그림과 같다.

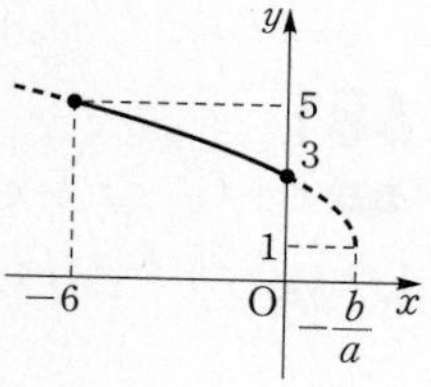

즉 $x=-6$일 때 최댓값 5, $x=0$일 때 최솟값 3을 가지므로

$$\sqrt{-6a+b}+1 = 5 \qquad \cdots\cdots \text{㉠}$$

$$\sqrt{b}+1 = 3 \qquad \cdots\cdots \text{㉡}$$

㉡에서 $\sqrt{b}=2 \qquad \therefore b=4$

㉠에 $b=4$를 대입하면
$$\sqrt{-6a+4}+1=5$$
$$\sqrt{-6a+4}=4, \qquad -6a+4=16$$
$$\therefore a=-2$$
$$\therefore ab=-2\times4=-8 \qquad \text{답} -8$$

680

전략 주어진 무리함수의 그래프를 그리고 무리함수의 그래프와 직선이 제1사분면에서 만나기 위한 k의 값의 범위를 구한다.

$$y=5-2\sqrt{1-x}=-2\sqrt{-(x-1)}+5$$

이므로 주어진 무리함수의 그래프는 $y=-2\sqrt{-x}$의 그래프를 x축의 방향으로 1만큼, y축의 방향으로 5만큼 평행이동한 것이다.

또 직선 $y=-x+k$는 기울기가 -1이고 y절편이 k인 직선이다.

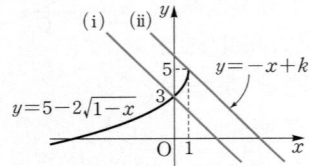

(i) 직선 $y=-x+k$가 점 $(0, 3)$을 지날 때
$$3=0+k \qquad \therefore k=3$$

(ii) 직선 $y=-x+k$가 점 $(1, 5)$를 지날 때
$$5=-1+k \qquad \therefore k=6$$

주어진 무리함수의 그래프와 직선이 제1사분면에서 만나려면 직선이 (ii)이거나 (i)과 (ii) 사이에 있어야 하므로

$$3<k\leq6$$

따라서 정수 k는 4, 5, 6이므로 구하는 합은
$$4+5+6=15 \qquad \text{답} ③$$

681

전략 $(g\circ f)^{-1}=f^{-1}\circ g^{-1}$, $f\circ f^{-1}=I$임을 이용한다.

$$
\begin{aligned}
(f\circ(g\circ f)^{-1}\circ f)(4) &=(f\circ(f^{-1}\circ g^{-1})\circ f)(4)\\
&=(g^{-1}\circ f)(4)\\
&=g^{-1}(f(4))\\
&=g^{-1}(2) \quad \leftarrow f(4)=\frac{4+2}{4-1}=2
\end{aligned}
$$

$g^{-1}(2)=k$라 하면 $g(k)=2$이므로
$$\sqrt{2k-1}=2$$

양변을 제곱하면 $\quad 2k-1=4$
$$\therefore k=\frac{5}{2}$$
$$\therefore (f\circ(g\circ f)^{-1}\circ f)(4)=g^{-1}(2)=\frac{5}{2} \qquad \text{답} \frac{5}{2}$$

682

전략 $y=\sqrt{k(x-p)}+q$의 꼴로 변형하여 무리함수의 그래프를 그려 본다.

$$y=\sqrt{-x+2}+a=\sqrt{-(x-2)}+a$$

따라서 주어진 함수의 그래프는 $y=\sqrt{-x}$의 그래프를 x축의 방향으로 2만큼, y축의 방향으로 a만큼 평행이동한 것이다.

(i) $y=\sqrt{-x+2}+a$의 그래프가 점 $(0, 0)$을 지날 때
$$0=\sqrt{2}+a$$
$$\therefore a=-\sqrt{2}$$

(ii) $y=\sqrt{-x+2}+a$의 그래프가 점 $(2, 0)$을 지날 때
$$0=\sqrt{-2+2}+a$$
$$\therefore a=0$$

주어진 무리함수의 그래프가 제4사분면은 지나고 제3사분면은 지나지 않으려면 그래프가 (i)이거나 (i)과 (ii) 사이에 있어야 하므로
$$-\sqrt{2}\leq a<0 \qquad \text{답} -\sqrt{2}\leq a<0$$

683

전략 주어진 유리함수의 그래프에서 a, b, c의 부호를 알아낸다.

주어진 유리함수의 그래프에서
$$b<0$$

유리함수 $y=\dfrac{b}{x+a}+c$의 그래프의 점근선의 방정식은 $x=-a$, $y=c$이므로
$$-a>0, c>0 \qquad \therefore a<0, c>0$$

$y=\sqrt{ax+b}+c=\sqrt{a\left(x+\dfrac{b}{a}\right)}+c$이므로 함수 $y=\sqrt{ax+b}+c$의 그래프는 $y=\sqrt{ax}$의 그래프를 x축의 방향으로 $-\dfrac{b}{a}$만큼, y축의 방향으로 c만큼 평행이동한 것이다.

이때 $a<0$, $-\dfrac{b}{a}<0$, $c>0$이므로 함수

$y=\sqrt{ax+b}+c$의 그래프의 개형으로 알맞은 것은 ④

이다.

답 ④

684

전략 무리함수 $y=\sqrt{x-2}+3$의 그래프와 직선 $y=ax-3a+1$

이 만나도록 하는 a의 값의 범위를 구한다.

무리함수 $y=\sqrt{x-2}+3$의
그래프는 $y=\sqrt{x}$의 그래프
를 x축의 방향으로 2만큼,
y축의 방향으로 3만큼 평
행이동한 것이다.

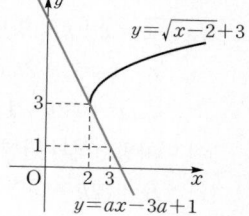

또 $y=ax-3a+1$에서

$\quad y=a(x-3)+1$

따라서 직선 $y=ax-3a+1$은 a의 값에 관계없이 항

상 점 $(3, 1)$을 지난다.

이때 $A \cap B \neq \varnothing$이므로 무리함수 $y=\sqrt{x-2}+3$의 그

래프와 직선 $y=ax-3a+1$이 만나야 한다.

직선 $y=ax-3a+1$이 점 $(2, 3)$을 지날 때,

$\quad 3=2a-3a+1$

$\quad \therefore a=-2$

무리함수 $y=\sqrt{x-2}+3$의 그래프와 직선

$y=ax-3a+1$이 만나려면 직선의 기울기가 양수이

거나 점 $(2, 3)$을 지날 때보다 작거나 같아야 하므로

$\quad a \leq -2$ 또는 $a>0$

답 $a \leq -2$ 또는 $a>0$

685

전략 $f^{-1}(a)=b$이면 $f(b)=a$임을 이용한다.

$f^{-1}(g(x))=2x$의 양변에 $x=3$을 대입하면

$\quad f^{-1}(g(3))=6$

$\quad \therefore g(3)=f(6)=\sqrt{18-12}=\sqrt{6}$

답 ③

다른 풀이 $y=\sqrt{3x-12}$라 하면

$\quad y^2=3x-12 \qquad \therefore x=\dfrac{1}{3}y^2+4$

x와 y를 서로 바꾸면

$\quad y=\dfrac{1}{3}x^2+4$

이때 함수 $y=\sqrt{3x-12}$의 치역은 $\{y \mid y \geq 0\}$이므로

$f^{-1}(x)$의 정의역은 $\{x \mid x \geq 0\}$이다.

$\quad \therefore f^{-1}(x)=\dfrac{1}{3}x^2+4 \ (x \geq 0)$

따라서 $f^{-1}(g(x))=2x$에서

$\quad \dfrac{1}{3}\{g(x)\}^2+4=2x, \qquad \{g(x)\}^2=6x-12$

$\quad \therefore g(x)=\sqrt{6x-12} \ (\because g(x) \geq 0)$

$\quad \therefore g(3)=\sqrt{18-12}=\sqrt{6}$

686

전략 $f^{-1}(m)=n$이면 $f(n)=m$임을 이용한다.

$x \geq 3$에서

$\quad y=\sqrt{2x-6}+1=\sqrt{2(x-3)}+1$

$x<3$에서

$\quad y=-\sqrt{-x+3}+1=-\sqrt{-(x-3)}+1$

따라서 함수 $y=f(x)$의
그래프는 오른쪽 그림과
같다.

$f^{-1}(3)=a$라 하면

$\quad f(a)=3$

$f(a) \geq 1$에서 $a>3$이므로

$\quad \sqrt{2a-6}+1=3 \qquad \therefore \sqrt{2a-6}=2$

양변을 제곱하면 $\quad 2a-6=4$

$\quad \therefore a=5 \qquad \therefore f^{-1}(3)=5$

$f^{-1}(-2)=b$라 하면 $\quad f(b)=-2$

$f(b)<1$에서 $b<3$이므로

$\quad -\sqrt{-b+3}+1=-2 \qquad \therefore \sqrt{-b+3}=3$

양변을 제곱하면 $\quad -b+3=9$

$\quad \therefore b=-6 \qquad \therefore f^{-1}(-2)=-6$

$\quad \therefore f^{-1}(3)+f^{-1}(-2)=5+(-6)=-1$

답 -1

687

전략 주어진 이차함수의 그래프의 식을 구하여 역함수를 구한다.

이차함수 $y=f(x)$의 그래프의 꼭짓점의 좌표가

$(2, 3)$이므로

$\quad f(x)=a(x-2)^2+3 \ (a>0)$

으로 놓을 수 있다.

$y=f(x)$의 그래프가 점 $(3, 4)$를 지나므로

$\quad\quad 4=a+3 \quad\quad \therefore a=1$

$\quad\quad \therefore f(x)=(x-2)^2+3 \ (x\geq 2)$

$y=(x-2)^2+3 \ (x\geq 2)$이라 하면

$\quad\quad (x-2)^2=y-3$

$\quad\quad \therefore x-2=\pm\sqrt{y-3}$

그런데 $x\geq 2$에서 $x-2\geq 0$이므로

$\quad\quad x-2=\sqrt{y-3}$

$\quad\quad \therefore x=\sqrt{y-3}+2$

x와 y를 서로 바꾸면 $\quad y=\sqrt{x-3}+2$

이때 함수 $y=f(x)$의 치역은 $\{y|y\geq 3\}$이므로

$f^{-1}(x)$의 정의역은 $\{x|x\geq 3\}$이다.

$\quad\quad \therefore f^{-1}(x)=\sqrt{x-3}+2 \ (x\geq 3)$

$y=f^{-1}(x)$의 그래프는 $y=\sqrt{x}$의 그래프를 x축의 방향으로 3만큼, y축의 방향으로 2만큼 평행이동한 것이다.

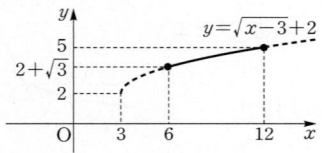

따라서 $6\leq x\leq 12$에서 $y=f^{-1}(x)$의 그래프는 위의 그림과 같으므로 $x=12$일 때 최댓값 $\sqrt{12-3}+2=5$를 갖는다.　**탭 5**

（다른 풀이） $y=f^{-1}(x)$의 그래프는 $y=f(x)$의 그래프와 직선 $y=x$에 대하여 대칭이므로 x의 값이 증가할 때 y의 값도 증가한다.

즉 $6\leq x\leq 12$에서 $f^{-1}(x)$는 $x=12$일 때 최대이므로 구하는 최댓값은

$\quad\quad f^{-1}(12)$

$f^{-1}(12)=k$라 하면 $f(k)=12$이므로

$\quad\quad (k-2)^2+3=12, \quad\quad (k-2)^2=9$

$\quad\quad k-2=\pm 3 \quad\quad \therefore k=5 \ (\because k\geq 2)$

688

전략 $x\geq 1$인 경우와 $x<1$인 경우로 나누어 그래프를 그린다.

$y=\sqrt{|x-1|}$에서

$x\geq 1$일 때, $\quad y=\sqrt{x-1}$

$x<1$일 때, $\quad y=\sqrt{-(x-1)}$

따라서 $y=\sqrt{|x-1|}$의 그래프는 다음 그림과 같다.

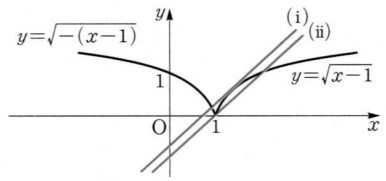

(i) 무리함수 $y=\sqrt{x-1}$의 그래프와 직선 $y=x+k$가 접할 때

$\sqrt{x-1}=x+k$의 양변을 제곱하면

$\quad\quad x-1=x^2+2kx+k^2$

$\quad\quad \therefore x^2+(2k-1)x+k^2+1=0$

이 이차방정식의 판별식을 D라 하면

$\quad\quad D=(2k-1)^2-4(k^2+1)=0$

$\quad\quad -4k-3=0$

$\quad\quad \therefore k=-\dfrac{3}{4}$

(ii) 직선 $y=x+k$가 점 $(1, 0)$을 지날 때

$\quad\quad 0=1+k \quad\quad \therefore k=-1$

따라서 함수 $y=\sqrt{|x-1|}$의 그래프와 직선 $y=x+k$가 서로 다른 세 점에서 만나려면 직선이 (i)과 (ii) 사이에 있어야 하므로

$\quad\quad -1<k<-\dfrac{3}{4}$　　　**탭** $-1<k<-\dfrac{3}{4}$

689

전략 $y=f(x)$와 그 역함수의 그래프의 교점은 $y=f(x)$의 그래프와 직선 $y=x$의 교점과 일치함을 이용한다.

$$y=\sqrt{2x-a}+2=\sqrt{2\left(x-\dfrac{a}{2}\right)}+2$$

이므로 $y=f(x)$의 그래프는 $y=\sqrt{2x}$의 그래프를 x축의 방향으로 $\dfrac{a}{2}$만큼, y축의 방향으로 2만큼 평행이동한 것이다.

이때 함수 $y=f(x)$의 그래프와 그 역함수 $y=f^{-1}(x)$의 그래프는 직선 $y=x$에 대하여 대칭이므로 오른쪽 그림과 같이 두 함수 $y=f(x)$, $y=f^{-1}(x)$의 그래프의 교점은 $y=f(x)$의 그래프와 직선 $y=x$의 교점과 같다.

$\sqrt{2x-a}+2=x$에서

$\qquad \sqrt{2x-a}=x-2$

양변을 제곱하면 $\qquad 2x-a=x^2-4x+4$

$\qquad \therefore x^2-6x+4+a=0 \qquad \cdots\cdots \bigcirc$

이차방정식 $\bigcirc$의 두 근을 α, β $(\alpha < \beta)$라 하면 두 교점의 좌표는 (α, α), (β, β)이고 두 교점 사이의 거리가 $2\sqrt{2}$이므로

$\qquad \sqrt{(\alpha-\beta)^2+(\alpha-\beta)^2}=2\sqrt{2}$

$\qquad 2(\alpha-\beta)^2=8 \qquad \therefore (\alpha-\beta)^2=4$

이차방정식 $\bigcirc$에서 근과 계수의 관계에 의하여

$\qquad \alpha+\beta=6, \ \alpha\beta=4+a$

$(\alpha-\beta)^2=(\alpha+\beta)^2-4\alpha\beta$이므로

$\qquad 4=36-4(4+a), \qquad 4=-4a+20$

$\qquad \therefore a=4$ $\qquad$ 답 **4**

690

전략 두 함수 $f(x)$, $g(x)$가 서로 역함수 관계임을 이용한다.

$y=\sqrt{4x+5}$ $(y\geq 0)$라 하면

$\qquad y^2=4x+5 \qquad \therefore x=\dfrac{1}{4}y^2-\dfrac{5}{4}$

x와 y를 서로 바꾸면

$\qquad y=\dfrac{1}{4}x^2-\dfrac{5}{4}$ $(x\geq 0)$

즉 함수 $g(x)=\dfrac{1}{4}(x^2-5)$ $(x\geq 0)$는 함수 $f(x)$의 역함수이다.

따라서 함수 $y=f(x)$의 그래프와 그 역함수 $y=g(x)$의 그래프는 직선 $y=x$에 대하여 대칭이므로 두 함수 $y=f(x)$, $y=g(x)$의 그래프의 교점은 $y=f(x)$의 그래프와 직선 $y=x$의 교점과 같다.

$\sqrt{4x+5}=x$에서 $\qquad 4x+5=x^2$

$\qquad x^2-4x-5=0, \qquad (x+1)(x-5)=0$

$\qquad \therefore x=5 \ (\because x\geq 0)$

$\qquad \therefore A(5, 5)$

점 B와 점 C는 직선 $y=x$에 대하여 대칭이므로

$\qquad C(3, 1)$

$\qquad \therefore \overline{BC}=\sqrt{(3-1)^2+(1-3)^2}=2\sqrt{2}$

직선 l은 기울기가 -1이고 점 B를 지나므로 직선 l의 방정식은

$\qquad y=-(x-1)+3 \qquad \therefore x+y-4=0$

점 $A(5, 5)$와 직선 l 사이의 거리는

$\qquad \dfrac{|5+5-4|}{\sqrt{1^2+1^2}}=3\sqrt{2}$

따라서 삼각형 ABC의 넓이는

$\qquad \dfrac{1}{2}\times 2\sqrt{2}\times 3\sqrt{2}=6$ $\qquad$ 답 **6**